NATURWISSENSCHAFTLICHE MONOGRAPHIEN UND LEHRBÜCHER

HERAUSGEGEBEN VON

DER SCHRIFTLEITUNG DER „NATURWISSENSCHAFTEN“

VIERTER BAND

EINFÜHRUNG IN DIE GEOPHYSIK

VON

A. PREY · C. MAINKA · E. TAMS

BERLIN
VERLAG VON JULIUS SPRINGER
1922

EINFÜHRUNG IN DIE GEOPHYSIK

VON

PROFESSOR DR. A. PREY · PRAG
PROFESSOR DR. C. MAINKA · GÖTTINGEN
PROFESSOR DR. E. TAMS · HAMBURG

MIT 82 TEXTABBILDUNGEN

BERLIN
VERLAG VON JULIUS SPRINGER
1922

ISBN-13: 978-3-642-89131-1 e-ISBN-13: 978-3-642-90987-0
DOI: 10.1007/978-3-642-90987-0

Softcover reprint of the hardcover 1st edition 1922

Vorwort

Der Wert geophysikalischer Untersuchungen ist ein doppelter: einerseits dienen sie der Erforschung der Erde, ihrer Konstitution und der Kräfte, welche bei ihrem Aufbau tätig sind, andererseits sind sie ein Prüfstein für unsere physikalischen Vorstellungen; denn sie erlauben uns zu beurteilen, inwieweit die im engen Bereich abgeleiteten Gesetze sich auf die riesigen Verhältnisse der Erde ausdehnen lassen. Eine nicht unwesentliche Hilfe findet die geophysische Forschung durch die Astronomie, also von einem Gebiete, in welchem auch die ungeheuren Dimensionen eine Rolle spielen, wo sie aber im Gegenteil vereinfachend wirken; denn nur die großen Entfernungen der Gestirne bewirken, daß sich die astronomischen Probleme mit so außerordentlicher Genauigkeit lösen lassen.

Das vorliegende Buch soll darlegen, wie man durch Beobachtungen auf der Erdoberfläche und durch Zusammenfassen aller Kenntnisse aus anderen Gebieten zu den geophysikalischen Ergebnissen gelangt. Bei der außerordentlich weiten Verzweigung des Gegenstandes war es natürlich nicht möglich, allen Spezialuntersuchungen gerecht zu werden, dafür wurden die Grundlagen mit einer gewissen Breite entwickelt, so daß das Buch zur Einführung dienen kann. Die zahlreichen Literaturangaben ermöglichen ein eingehenderes Studium auf Grund der Originalarbeiten. Da sich das Buch vornehmlich an Physiker, also an ein mathematisch gebildetes Publikum wendet, so konnte in allen Fällen, wo eine solche Behandlung überhaupt möglich ist, der mathematische Weg beschritten werden. Um aber jenen Lesern, welche nicht die Absicht haben, der mathematischen Analyse in allen Einzelheiten zu folgen, die Lektüre zu erleichtern, und auch zur besseren Übersicht, wurden längere Entwicklungen in Kleindruck verwiesen. Es besteht somit die Möglichkeit sie zu überspringen, ohne das sichere Gefühl, welches die mathematische Stütze bietet, dabei zu verlieren. Ein breiter Raum wurde auch den Instrumenten und ihrer Behandlung, sowie den Beobachtungs- und Messungsmethoden eingeräumt.

Das Buch zerfällt in drei Teile. Der erste Teil enthält die geophysikalischen Ergebnisse, welche durch die Methoden der höheren Geodäsie gewonnen werden können. Es ist noch nicht lange her, daß die Geodäsie eine Hilfswissenschaft der Geophysik geworden ist. Ihr ursprünglicher Zweck war nur die Bestimmung der Größe und Gestalt der Erde. Man hat aber bald erkannt, wie sehr die Größen, welche der geodätischen Messung unterliegen, von der Konstitution der Erde als Ganzes und ihrer Kruste abhängig sind. Die Ergebnisse sind qualitativ vielfach unbestimmt, quantitativ aber von solcher außerordentlichen Sicherheit, daß sich jede Theorie über die Konstitution der Erde oder ihrer Kruste unbedingt damit auseinandersetzen muß.

Der zweite Teil behandelt die rein physikalische Seite der Erdbebenkunde, jenes wichtigen Forschungsgebietes, von welchem eigentlich die Geophysik ihren Ausgang genommen. Es gelangen die Instrumente und Methoden sowie die physikalischen Theorien der Ausbreitung der Erdbebenwellen zur kurzen Besprechung, während die dabei auftretenden seismogenetischen Fragen im dritten Teil zur Behandlung gelangen. Eine Einführung in die Geophysik, auch eine solche in die Erdbebenkunde, gewinnt ferner angesichts der heutigen Bestrebungen, auch geophysikalische Arbeitsweisen für die volkswirtschaftliche Aufschließung der obersten Erdkruste verwendbar zu machen, an Bedeutung.

Der dritte Teil endlich bewegt sich in dem Grenzgebiete von Geophysik und Geologie und behandelt die dynamischen Vorgänge, welche zur Bildung von Kontinenten und Ozeanen, Gebirgen und Vulkanen führen und dabei auch den Anlaß zu Erdbeben und langsamen Niveauverschiebungen geben.

Die drei Teile haben verschiedene Verfasser. Sie hoffen aber, daß es ihnen doch gelungen ist, ein einheitliches Werk zu schaffen, aus welchem zu ersehen ist, bis zu welcher Stufe unsere Erkenntnis fortgeschritten ist, was bereits als sicherer Besitz gelten kann, aber auch was noch zweifelhaft erscheint und Schwierigkeiten bietet, die vielleicht später Anlaß geben können, unsere Vorstellungen und Ansichten neuerdings zu ändern.

Im August 1922.

A. Prey.
C. Mainka.
E. Tams.

Inhaltsverzeichnis.

ERSTER TEIL.

Anwendung der Methoden der Erdmessung auf geophysische Probleme. Von Professor Dr. A. Prey.

ZWEITER TEIL.

Erdbebenwellen. Von Professor Dr. C. Mainka.

DRITTER TEIL.

Die endogendynamischen Vorgänge der Erde.

Von Professor Dr. E. Tams.

Erster Teil.

Anwendung der Methoden der Erdmessung auf geophysische Probleme.

Von Professor Dr. **A. Prey.**

Einleitung.

Die erste Frage, mit welcher sich die Geophysik zu beschäftigen hat, ist die nach der *Gestalt* und *Größe* der Erde. Abgesehen davon, daß es die Grundlage der geophysikalischen Forschung sein muß, den Schauplatz aller Vorgänge in dieser Hinsicht kennen zu lernen, kommt diesen beiden Punkten auch sonst noch eine besondere Wichtigkeit zu. Die Gestalt der Erde wird uns einen Fingerzeig geben, in welchem Zustande der Beweglichkeit sich die Massen, aus welchen sie sich zusammensetzt, nicht bloß früher, sondern auch heute noch befinden. Die Größe der Erde aber bietet die Erklärung für manche Erscheinung, die sonst unverständlich bleiben müßte. Nur die ungeheuren Dimensionen, in denen sich die Vorgänge abspielen, liefern den Schlüssel zur Lösung vieler Rätsel, welche sich an die Eigenschaften der Materie knüpfen.

Wenn wir von der Gestalt der Erde sprechen, so müssen wir zuerst definieren, was wir unter der Erdoberfläche zu verstehen haben. Was sich zunächst dem Auge darbietet, ist die sogenannte *physische Erdoberfläche;* daß diese mit ihrem unendlichen Gewirr von Bergen und Tälern, Kontinenten und Meeren sich zu einer mathematischen Behandlung nicht eignet, ist klar. Hier herrscht zuviel der Zufall, als daß das Gesetz der Erdgestalt deutlich genug zum Ausdruck kommen könnte. Im Verhältnisse zur Größe der Erde sind aber die Erhebungen und Vertiefungen so klein, daß bei den ersten Untersuchungen über die Erdgestalt auf sie überhaupt nicht Rücksicht genommen wurde. In der Tat ist die Erde im Verhältnisse so glatt wie ein Apfel. Man konnte daher mit großer Annäherung an Stelle der physischen Erdoberfläche eine *theoretische* in Form einer einfachen geometrischen Fläche setzen, als welche zunächst die Kugel, dann das Rotationsellipsoid in Betracht kam.

Heute haben sich die Methoden so verfeinert, und die Anforderungen so gesteigert, daß wir mit so einfachen Vorstellungen nicht mehr auskommen. Was wir heute als *theoretische Erdoberfläche* ansehen, ist nicht minder kompliziert als die physische, wenn auch alle Unterschiede in ihr außerordentlich verflacht erscheinen. Es bleibt daher auch, wie wir später sehen werden, nichts übrig, als diese Fläche punktweise zu bestimmen, und auf eine mathematische Formel zu verzichten. Es scheint die Frage berechtigt, was diese theoretische Erdoberfläche vor der physischen voraus hat.

Der Behandlung der physischen Erdoberfläche würden große Übelstände anhaften, die hauptsächlich darin bestehen, daß hier der Begriff des Höhenunterschiedes eine bedeutende Rolle spielt. Die Höhe ist nach unserem menschlichen Empfinden etwas ganz anderes als die horizontalen Dimensionen, was wieder mit dem mechanischen Begriff der Arbeit zusammenhängt. Wenn wir also auch geometrisch die Höhe ohne Schwierigkeit als dritte Koordinate einführen können, so bleibt sie doch immer etwas anderes als die andern beiden. In der Tat sind wir der Überzeugung, daß wir beim Besteigen eines Berges uns über die Erdoberfläche erheben. Es erscheint darum praktisch, als theoretische Erdoberfläche eine solche zu wählen, welche in allen ihren Teilen horizontal ist, bei welcher also die Höhe nichts zu tun hat, die ihrerseits dann wieder Gegenstand einer selbständigen Untersuchung sein muß. Diese theoretische Oberfläche fällt nun noch näher als die physische mit einer einfachen geometrischen Fläche zusammen, so daß die mathematische Behandlung von dieser geringen Abweichung bedeutenden Nutzen ziehen kann.

Mit der Bedingung, daß die theoretische Oberfläche überall horizontal sein soll, haben wir ihre Definition eigentlich schon gewonnen. Sie ist somit eine Fläche, welche in jedem ihrer Punkte auf der zugehörigen Schwererichtung senkrecht steht. Da die Erde eine rotierende Masse vorstellt, so setzt sich die resultierende Schwerkraft zusammen einerseits aus der gesamten Anziehung aller Massen der Erde, andererseits aus der Fliehkraft, welche durch die Umdrehung erzeugt wird. Auf der Resultierenden dieser beiden Kräfte steht die theoretische Erdoberfläche senkrecht. Wir bezeichnen eine Fläche dieser Eigenschaft als eine *Niveaufläche*, welcher Ausdruck von den Eigenschaften der Flüssigkeiten hergenommen ist. Eine Flüssigkeitsmasse, welche den oben beschriebenen Kräften ausgesetzt ist, bildet eine freie Oberfläche von der Eigenschaft, daß die resultierende Kraft auf der Oberfläche senkrecht steht. Dieses Gesetz ist leicht begreiflich. Stünde nämlich die Resultierende schief zur Oberfläche, so würde eine Komponente in die Oberfläche fallen. Wegen der leichten Beweglichkeit der Flüssigkeitsteilchen müßte sofort eine seitliche Bewegung der Flüssigkeit, also eine Strömung entstehen, die so lange andauert, bis sich die Masse so verschoben hat, daß die seitliche Komponente verschwunden ist.

Daß man die Erdoberfläche nach hydrostatischen Gesetzen behandeln kann, hat man früher als einen Beweis angesehen, daß die Erde ehemals flüssig gewesen sei. Obwohl wir vorläufig keinen Grund haben, von dieser Annahme abzugehen, können wir doch dieses Argument nicht mehr als stichhältig erachten; wir müssen vielmehr annehmen, daß die

Erde auch heute noch unter dem Einfluß der auf sie wirkenden Kräfte sich wie ein flüssiger oder wenigstens plastischer Körper verhält. Gerade dies ist eine Erscheinung, die sich nur aus der gewaltigen Größe der Erde erklären läßt. Nur der ungeheure Druck, der im Innern herrscht, kann die große Festigkeit der Erdmasse überwinden. Wir können daher nur für tiefere Schichten die nötige Verschiebbarkeit in Anspruch nehmen. Die äußeren Schichten, welche keinem so hohen Druck ausgesetzt sind, behalten ihre feste Form. Die physische Erdoberfläche wird daher nicht mit der Niveaufläche zusammenfallen. Wir werden sehen, daß für diese äußersten Schollen der Begriff des Schwimmens zur Anwendung kommt.

Ein leichtflüssiges Erdinneres, wie man sich's früher vorgestellt hat, müssen wir heute ablehnen. Die Erdkruste könnte bei noch so großer Festigkeit dieser Beweglichkeit nicht standhalten. Die Erdoberfläche müßte sich selbst wie eine Flüssigkeit bewegen, was besonders bei der Flutbewegung in Erscheinung treten müßte.

Betrachten wir die Erde als homogene Masse und sehen wir von der Rotation ab, so liefern die Gesetze der Hydrostatik als Niveaufläche die *Kugel.* Berücksichtigen wir die Rotation, nehmen aber die Masse noch weiter als homogen an, so kommen wir zu einem *Rotationsellipsoid.* Bedenken wir aber, daß die Erde nicht homogen ist, sondern daß wir jedenfalls mit einer bedeutenden Zunahme der Dichte nach innen zu rechnen haben, so erhalten wir eine kompliziertere Fläche, die man allgemein als *Rotationssphäroid oder Niveausphäroid* bezeichnen. Aber auch das ist noch nicht genau genug. Alle Massenunregelmäßigkeiten der Erdoberfläche spiegeln sich in kleinen oder größeren Verbiegungen der Niveaufläche wieder. Sie wird also tatsächlich so kompliziert, daß wir mit einem mathematischen Gesetz nicht auskommen. Wir können die Erdoberfläche nicht in irgendeine Klasse von Flächen einordnen, sie muß als ein Individuum aufgeführt werden, und man gibt ihr den Namen *Geoid.*

Die Meeresfläche bildet ein Stück des Geoides; denn da das Meer eine Flüssigkeitsmasse ist, so muß diese demselben Gesetze gehorchen. Wir müssen dabei von allen Störungen, welche die Wasserfläche in Unruhe bringen, absehen. Wir denken uns also den Einfluß von Wind und Luftdruck, von Ebbe und Flut sowie des verschiedenen Salzgehaltes und der verschiedenen Temperatur weg. Diese Fläche, welche das ruhende Meer bildet, unter den Kontinenten fortgesetzt, unter steter Wahrung des Gesetzes, daß sie überall auf der Schwerrichtung senkrecht stehen muß, ist das Geoid. Man gebraucht darum auch öfter die Vorstellung, daß man sich die Kontinente von einem unendlich verzweigten Netz von unendlich feinen Kanälen durchzogen denkt, in welche das Wasser eindringt. Die freie Oberfläche, die es in den Kanälen bildet, bildet das Geoid. Die Kanäle müssen dabei unendlich fein gedacht werden, denn ein Kanal von endlichen Dimensionen würde einen Massenausfall bedeuten, der das Geoid schon verschiebt.

Es ist klar, daß man sich in jeder beliebigen Höhe über der Erde oder in ihrem Innern Flächen mit der gleichen Eigenschaft konstruieren kann. Sie bilden in ihrer Gesamtheit das System der Niveauflächen der Erde. Diejenige unter ihnen, welche in ihrem sichtbaren Teile mit der Meeresfläche zusammenfällt, ist dadurch vor den anderen ausgezeichnet. Diese heißt das *Geoid.*

Zur Bestimmung des Geoides oder einer ihm entsprechenden Näherungsfigur (Rotationsellipsoid) stehen uns folgende Methoden zur Verfügung:

1. Die direkte Messung mit Hilfe der Gradmessungen und des Triangulierungsverfahrens.
2. Die Schwermessungen.
3. Die Untersuchung der Störungen der Mondbewegung.
4. Die Bestimmung der Parallaxe des Mondes.

Die beiden letzten sind astronomische Methoden (s. Kapitel V). Speziell die vierte Methode ist in ihrer Anwendung äußerst schwierig und liefert nur Resultate von mäßiger Genauigkeit. Wir lassen sie ganz unberücksichtigt.

Mit allen unseren Arbeiten sind wir an die physische Erdoberfläche gebunden, während das Ziel der Operationen die Bestimmung der theoretischen Erdoberfläche, des Geoides, ist. Es spielt daher die *Seehöhe* eine bedeutende Rolle. Als Ergänzung und zur endgültigen Durchführung der beiden Hauptgruppen geodätischer Operationen dient also die *Höhenmessung* oder das *Nivellement.*

Wir widmen somit der Triangulierung, den Schweremessungen und dem Nivellement die ersten drei Kapitel. Was sich aus diesen Messungen für die Konstitution der Erde ableiten läßt, bildet den Inhalt des fünften Kapitels. Da hier die Begriffe der Gezeitentheorie sehr notwendig gebraucht werden, wurde diese, die übrigens selbst einen wichtigen Teil der Geophysik bildet, als viertes Kapitel eingeschoben.

I. Bestimmung des Geoides durch Triangulierung.

Solange man die Erde als Kugel ansieht, reduziert sich das Problem auf eine sehr einfache Aufgabe. Wenn man auf der Erde ein Bogenstück b und den zugehörigen Zentriwinkel mißt, so ergibt sich der Radius r der Erde aus der einfachen Gleichung

$$b = r\alpha. \qquad (1)$$

Da diese Gleichung r als einzige Unbekannte enthält, so genügt eine einzige solche Messung. Während man sich im Altertum die Größe b auf irgendeinem indirekten Wege zu verschaffen suchte, Eratosthenes z. B. aus den Schriften der Feldmesser, haben die arabischen Astronomen die Strecke b direkt mit einem Maßstabe gemessen. Es ist klar, daß die

Bestimmung um so sicherer ausfallen wird, je größer der gemessene Bogen ist, andererseits aber steigt mit der Größe des Bogens auch die Schwierigkeit der Messung, nicht nur wegen der damit verbundenen Vergrößerung der Arbeit, sondern weil auch das Terrain im allgemeinen viel zu kompliziert ist, um auf so große Strecken eine genaue Messung zu gestatten. Deshalb verwendet man heute das seit SNELLIUS (17. Jahrhundert) eingeführte Verfahren der *Triangulierung*. Dieses besteht darin, daß man statt der ganzen Strecke AB (Abb. 1) eine kleinere Strecke MN als *Grundlinie* oder *Basis* mißt und die Bestimmung von AB mit Hilfe einer Dreieckskette und durch Vermittlung von Winkelmessungen durchführt. Man mißt zu diesem Zwecke die Winkel im Dreieck MNA. Dann kann man die Seiten MA und NA berechnen. Die Messung des dritten Winkels dient zur Kontrolle. Man mißt dann ferner die sämtlichen Winkel in allen Dreiecken, wodurch es möglich wird, der Reihe nach sämtliche übrigen Seiten aller Dreiecke zu berechnen. Die überschüssig gemessenen Winkel geben eine Kontrolle und schützen gegen grobe Fehler. Es hat dann weiter keine Schwierigkeit die Entfernung AB zu berechnen.

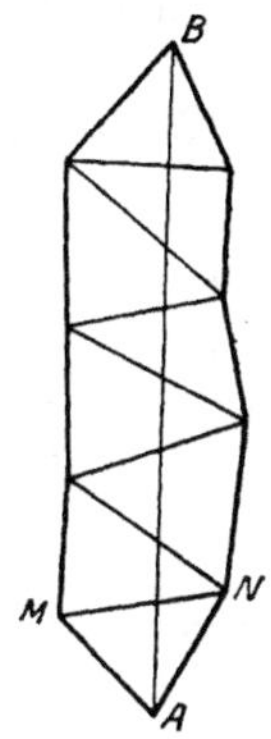

Abb. 1.

Die Bestimmung des Zentriwinkels α kann nur auf astronomischem Wege erfolgen. Da nun die Bestimmung der geographischen Breite eine schon im Altertum geübte Kunst war, während die Bestimmung des Längenunterschiedes bis in die neueste Zeit herauf große Schwierigkeiten bereitete, so war man gezwungen, die Richtung AB in die Nord-Südlinie zu legen, so daß AB ein Stück eines Meridianbogens wurde. Da es also darauf ankam, die Länge eines Meridiangrades zu bestimmen, entstand der Name *Gradmessung*. Auf diese einfache Messung beschränkte man sich bis zu den Tagen DOMENICO CASSINIS in der zweiten Hälfte des 17. Jahrhunderts. Die Gradmessung im Meridian von Paris war damals die größte Leistung auf diesem Gebiet.

Als NEWTON auf Grund seines Gravitationsgesetzes die Lehre von der *Abplattung* der Erde aufstellte, ergab sich die Notwendigkeit, die Messung über einen größeren Teil der Erde auszudehnen. Man erkannte, daß man mit der obigen Gleichung (1) auch weiter das Auslangen finden konnte, wenn man unter r nicht mehr den Erdradius, der für die abgeplattete Erde keinen Sinn mehr hat, verstand, sondern den der betreffenden Stelle zugehörigen Krümmungsradius der Meridiankurve. Man verlängerte die französische Gradmessung so weit als möglich nach Norden und Süden in der Erwartung, für das eine Ende ein anderes r zu erhalten, wie für das andere. Nachdem sich die Entfernung der beiden Endpunkte als zu gering erwies, um den Unterschied mit Sicherheit zu konstatieren, entschloß man sich, zwei getrennte Gradmessungen durchzuführen, und dieselben so weit auseinander zu verlegen, daß der

Unterschied möglichst groß werden mußte. Die eine Messung wurde in Lappland vorgenommen, die andere in Peru. Die Resultate zeigten in der Tat den gesuchten Unterschied, und führten damit zur ersten Bestimmung der Abplattung.

Es sei in Abb. 2 AP der Meridianschnitt der Erde, den wir elliptisch voraussetzen. Es seien M und N die Endpunkte einer Gradmessung. Wir errichten in diesen Punkten die Normalen zur Ellipse; sie schneiden sich in einem Punkte C. Rückt M unendlich nahe an N heran, so fällt C mit dem Krümmungsmittelpunkt zusammen. CM wird dann der Radius des Kreises, der sich an diesem Punkte der Ellipse am besten anschließt. Man kann also ein kleines Stück des Meridians durch einen Bogen dieses Krümmungskreises ersetzen. Ist die Gleichung der Ellipse gegeben durch

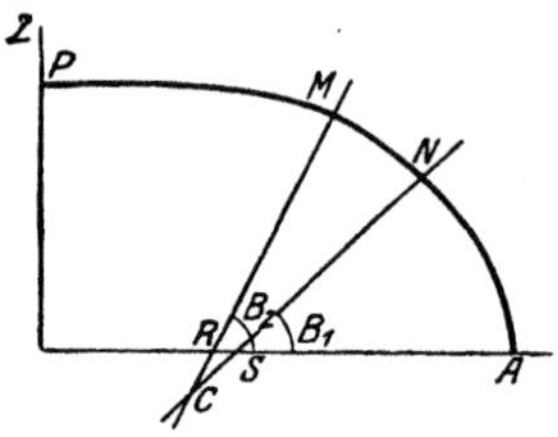

Abb. 2.

$$\frac{x^2}{a^2} + \frac{z^2}{c^2} = 1 \quad \text{und} \quad c^2 = a^2(1 - e^2), \tag{2}$$

so ist die Länge des Krümmungsradius r:

$$r = \frac{a(1 - e^2)}{(1 - e^2 \sin^2 B)^{\frac{3}{2}}}, \tag{3}$$

wo B die geographische Breite bedeutet. Diese ist durch den Winkel gegeben, den die Normale in einem Ort M mit dem Äquator einschließt. Um das einzusehen, müssen wir bedenken, daß wir unsere astronomischen Instrumente nach der im Beobachtungspunkte herrschenden Schwerrichtung, die identisch ist mit der Normalen zur Erdoberfläche, orientieren. Wir stellen ja die Hauptachse des Instrumentes mit Hilfe einer Libelle vertikal. Daher beziehen sich alle astronomischen Beobachtungen auf die Richtung dieser Vertikalen. Eine Breitenbeobachtung gibt also den Winkel der Normalen mit dem Äquator. Dementsprechend wird auch der Winkel α, der Breitenunterschied der beiden Endpunkte M und N, gleich dem Unterschied der Winkel in R und S, oder auch gleich dem Winkel in C.

Es ist also

$$\alpha = B_2 - B_1, \tag{4}$$

und wir können schreiben

$$b = \frac{a(1 - e^2)}{(1 - e^2 \sin^2 B)^{\frac{3}{2}}} (B_2 - B_1) \tag{5}$$

wobei für B das arithmetische Mittel aus B_1 und B_2 genommen werden kann. Die Gleichung erhält zwei Unbekannte a und e. Es reichen also zwei Gradmessungen aus, um sie zu bestimmen. Es ist für eine zweite Messung

$$b' = \frac{a(1 - e^2)}{(1 - e\sin^2 B')^{\frac{3}{2}}}(B_2' - B_1'), \tag{6}$$

und aus den beiden Gleichungen (5) und (6) erhalten wir a und e. Statt der Exzentrizität e führt man gewöhnlich die Abplattung $\mathfrak{a}$ ein, welche durch die Gleichung

$$\mathfrak{a} = \frac{a - c}{a} \tag{7}$$

definiert wird. Da $c = a\sqrt{1 - e^2}$ ist, so finden wir durch Reihenentwicklung unter Vernachlässigung der Glieder mit e^4

$$\mathfrak{a} = 1 - \sqrt{1 - e^2} = \frac{e^2}{2}. \tag{8}$$

Seit man mit Hilfe der Telegraphie auch den geographischen Längenunterschied mit außerordentlicher Genauigkeit bestimmen kann, verwendet man auch Längengradmessungen. Ist der Radius des Parallelkreises von der Breite B gleich ϱ:

$$\varrho = \frac{a\cos B}{\sqrt{1 - e^2\sin^2 B}} \tag{9}$$

und der Längenunterschied zweier Orte $d\lambda$:

$$d\lambda = L_2 - L_1, \tag{10}$$

so ist der zugehörige Bogen des Parallelkreises:

$$b = \frac{a\cos B}{\sqrt{1 - e^2\sin^2 B}}(L_2 - L_1). \tag{11}$$

Mit den Zwecken der Gradmessung verbindet man auch die der Landesvermessung, welche die Grundlage für die Herstellung der Karten, des Katasters usw. bildet. In diesem Falle handelt es sich nicht um die Bestimmung der Entfernung der Endpunkte, sondern um die Festlegung aller Dreieckspunkte. Netze für die Landesvermessung werden sich nicht auf Meridiane und Parallelkreise beschränken, sondern das Gebiet gleichmäßig überdecken, doch wird es auch hier unter Umständen praktisch sein, namentlich in großen, neu zu vermessenden, Gebieten, die langgestreckte Form beizubehalten, und das Land z. B. mit einem Raster nordsüdlich und ostwestlicher gerichteter Dreiecksketten zu überdecken. Man erhält dann in verhältnismäßig kurzer Zeit wenigstens ein Skelett, an welches später die in die Lücken fallenden Punkte angeknüpft werden können.

In allen Ländern sind Arbeiten dieser Art im Gange, welche für die höheren Zwecke der Erdmessung wenigstens bis zu Beginn des Krieges durch internationale Vereinbarung geregelt wurden. Von größeren Unternehmungen dieser Art, die zum Teil auch schon zu Ende geführt sind, seien erwähnt: Die Arbeiten im Pariser Meridian, welche nach Norden ihre Fortsetzung durch England bis zu den Shetlands-Inseln, nach Süden durch Vermittlung des spanisch-algerischen Anschlusses bis Langhuat findet. Der große russisch-skandinavische Meridianbogen, der von der Donaumündung bis zum Nordkap reicht. Mit dem großen afrikanischen Bogen, welcher im Zuge des 30. Meridians Kapstadt mit der Nordküste Ägyptens verbinden soll, wird der russisch-skandinavische einen Bogen von 105° bilden. Die französische Gradmessung in Ecuador ist als eine Erneuerung der alten Arbeiten aus der ersten Hälfte des 18. Jahrhunderts aufzufassen. Sie wird in den peruanischen und chilenischen Arbeiten eine bedeutende Verlängerung nach Süden finden. Die Gradmessung in Spitzbergen vertritt ihrerseits nunmehr als nördlichste auf der Erde die alte Lappländische; endlich die Messung der Vereinigten Staaten längs des 98. Meridians.

An Längengradmessungen sei hervorgehoben: Die europäische Längengradmessung im 52. Meridian von Feaghmain bis Warschau; der Bogen wird einst bis zum Ural reichen. Ein neuer Bogen folgt dem 48. Parallelkreis von Brest bis Astrachan. In Amerika: die transkontinentale Triangulierung von New-Jersey bis Kalifornien.

Auch schiefe Bogen wurden gemessen: so der westliche schiefe Bogen in Kalifornien und der östliche Bogen von Maine nach Louisiana.

Von großer Wichtigkeit ist auch die geplante Verbindung der indischen mit den russischen Messungen in Zentralasien.

Die Werte der Äquatorachse der Erde und der Abplattung, welche aus diesen Untersuchungen folgen, stimmen keineswegs miteinander überein. Anfang des 19. Jahrhunderts glaubte man die Ursache dieser Unterschiede in Beobachtungsfehlern und Fehleranhäufungen zu finden. Bessel berechnete daher (1841) nach einem Ausgleichsverfahren aus 10 der damals besten Gradmessungen die Dimensionen der Erde. Er fand:

$$a = 6\,377\,397.15 \text{ m} \qquad b = 6\,356\,078.96 \qquad \mathfrak{a} = \frac{1}{299.15}.$$

Später fand Clarke (1880) aus den anglo-französischen, russisch-skandinavischen und speziell den indischen Arbeiten:

$$a = 6\,378\,249 \text{ m} \qquad b = 6\,356\,515 \qquad \mathfrak{a} = \frac{1}{293.5}.\text{[1]} \qquad (12)$$

Der Wert weicht von dem Besselschen nicht unerheblich ab. Der Grund dafür fand sich in dem Einflusse der indischen Gradmessung. Man erkannte nun, daß hier nicht etwa ein Mangel der indischen Arbeiten vorlag, sondern daß die Erdoberfläche in Indien offenbar tatsächlich einer stärker abgeplatteten Fläche entspricht als in Europa. Man mußte daraus den allgemeinen Schluß ziehen, daß ein Ellipsoid nicht für die

[1]) Eine kleine Zusammenstellung gebräuchlicher Werte der Erddimensionen findet sich im General-Bericht der XV. Konferenz der intern. Erdmessung. Budapest 1906. Annexe A XII, S. 229.

ganze Erde ausreicht, und daß es daher notwendig ist, die Erdoberfläche stückweise zu bestimmen. Endlich kann man auch dabei nicht stehen bleiben, sondern die Erdoberfläche muß punktweise bestimmt werden. Die Reihenfolge der Arbeiten, welche zu diesem Ziele führen, ist die folgende:

1. **Vorarbeiten.** Zunächst wird das ganze zu vermessende Gebiet einer Rekognoszierung unterzogen, deren Aufgabe darin besteht, die Dreieckspunkte ausfindig zu machen. Für die Auswahl derselben ist eine Reihe von Gesichtspunkten maßgebend.

a) Das betrachtete Gebiet soll mit einem Netz von Dreiecken möglichst gleichmäßig überdeckt sein. Dies gilt hauptsächlich für Netze, welche der Landesvermessung dienen sollen. Die Form der Dreiecke soll möglichst günstig sein, d. h. die Dreiecksseiten sollen möglichst sichere Schnittpunkte liefern. Der günstigste Schnitt erfolgt bei senkrechtem Einschneiden. Da aber in einem Dreiecke nur ein Winkel ein rechter sein kann, so erhält man die gleichmäßigste Verteilung, wenn man die Dreicke tunlichst gleichseitig macht.

b) Die Entfernung der Punkte soll etwa 30—50 km betragen, doch läßt sich diesbezüglich keine Regel angeben, weil hier die örtlichen Verhältnisse eine sehr große Rolle spielen und oft zu kleineren oder größeren Seitenlängen zwingen. Die größten Seiten des europäischen Dreiecksnetzes gehören den Dreiecken an, welche Meeresteile überspannen, so die Verbindung von Italien mit Dalmatien[1]) und Sardinien, von England mit Irland[2]), endlich auch von Spanien mit Algier[3]). Hier kommen Seiten bis 270 km Länge vor. Noch längere Visuren weist das indische Netz auf in jenen Dreieckseiten, welche nach den Hochgipfeln des Himalaya gelegt sind. Sie erreichen eine Länge von 300 km. Da diese Gipfel nicht zugänglich sind, also dort keine Triangulierungszeichen aufgestellt werden können, so gibt nur die Messung aus sehr großer Distanz die Gewähr, daß von mehreren Punkten die gleiche Spitze eingeschnitten wird. Selbstverständlich können solche Seiten nur einseitig beobachtet werden.

c) Die gewählten Punkte müssen von allen benachbarten leicht sichtbar sein und müssen, wenn nötig, durch entsprechende Zeichen, welche eine genaue Einstellung im Fadenkreuz eines Fernrohrs ermöglichen, kenntlich gemacht werden. Punkte also, welche sich nicht (wie Kirchturmspitzen, Blitzableiter usw.) von Haus aus schon dazu eignen, müssen entsprechend hergerichtet werden. Zu diesem Zwecke werden Holzpyramiden mit einem weithin sichtbaren Zeichen am oberen Ende als *Triangulierungszeichen* aufgestellt. Bei dunstiger Luft und sehr großen

---

[1]) Astronomisch-geodät. Arbeiten des mil. geogr. Institutes in Wien. Bd. II.

[2]) Bericht über die Triangulationen von R. HELMERT und L. KRÜGER. Verhandl. d. XIV. allg. Konf. d. internat. Erdmessung. Kopenhagen 1903. Beilage B XIII.

[3]) R. SCHUMANN, Der neue westeuropäische Meridianbogen: Verhandl. d. XV. allg. Konf. d. internat. Erdmessung. Budapest 1906. Beilage A XIII^{b}.

Entfernungen verwendet man *Heliostaten.* Man arbeitet auch bei Nacht mit künstlichen Lichtquellen, die sich übrigens auch bei Tage bewähren.

d) Die Punkte müssen auch selbst die Möglichkeit bieten, daselbst ein Universalinstrument oder einen Theodoliten aufzustellen, derart, daß der Fußpunkt des Triangulierungszeichens und der Aufstellungspunkt des Instrumentes zusammenfallen oder leicht aufeinander reduziert werden können.

e) Damit die einmal gewählten und in die Triangulierung einbezogenen Punkte nicht wieder verloren gehen, müssen sie eine dauernde Markierung erhalten. Eine solche wird oft auf der Platte des Instrumentenpfeilers angebracht, zur Sicherung gegen Zerstörung aber auch unterirdisch auf einer versenkten Steinplatte. In den Stein wird z. B. eine kleine Bleiplatte eingelassen, und darauf durch den Schnittpunkt zweier eingeritzter Linien der Punkt markiert. Die Übertragung der Marke vom Triangulierungszeichen auf den Stein geschieht durch einen Senkel.

f) Die Rekognoszierung erstreckt sich auch auf die Auswahl eines brauchbaren Terrains für die *Basismessung.* Dafür kommt eine möglichst ebene und gerade Strecke in der Länge von einigen Kilometern in Betracht.

2. **Basismessung.** Bis vor kurzem waren für die Basismessungen ausschließlich Maßstäbe aus festem Material, Holz, Eisen oder Messing in Gebrauch. Ein Basisapparat besteht meist aus mehreren Meßstangen [1]), deren Länge vor dem Gebrauch durch Vergleich mit einem Normalmaßstabe aufs genaueste bestimmt wird. Die Durchführung der Arbeit beginnt mit der Zurichtung des Terrains, indem kleine Hindernisse entfernt, Gebüsche und Strauchwerk umgeschlagen, kleine Gräben ausgefüllt werden müssen. Die Meßstangen werden auf eigene Unterlagen gelegt, welche nicht nur eine sichere Lagerung ermöglichen, sondern auch mit Hilfe von Schrauben noch kleine Verschiebungen der Stangen gestatten, um sie genau in die richtige Richtung zu bringen und an die bereits liegenden Stangen nahe genug und ohne Stoß anzuschließen. Da durch einen Stoß meist ein Teil der schon geleisteten Arbeit verdorben wird, läßt man Zwischenräume zwischen den Meßstangen, die nun mit möglichster Genauigkeit zu messen sind:, hierzu dienen: Meßkeile (Besselscher Apparat) [2]), Schieber mit Nonien (österreichischer Apparat) [3]), Mikroskope (niederländischer Apparat von Repsold) [4]) oder Mikroskoptheodolite (spanischer Apparat von Ibanez) [5]).

Besondere Aufmerksamkeit muß der Temperatur der Stangen zugewendet werden. Es werden entweder die Quecksilberkugeln von Thermometern in den Stangenkörper eingesenkt (österreichischer Apparat)

---

[1]) Der spanische Basisapparat besteht nur aus einer Meßstange.

[2]) Gradmessung in Westpreußen.

[3]) Mitteilungen des mil. geogr. Inst. III. Bd.

[4]) J. Oudemans, Triangulation de l'île de Java.

[5]) Verhandl. d. IX. Konferenz d. intern. Erdmessung. Annexe A V.

oder die Stangen als Metallthermometer aus Metallen mit verschiedenen Ausdehnungskoeffizienten gebildet (BESSELscher Apparat, Apparat von SCHOTT der coast and geodetic survey)[1]). Die Ausdehnungskoeffizienten müssen auf das genaueste ermittelt werden. Zum Schutze gegen die direkte Sonnenstrahlung werden leichte Dächer aus Leinwand verwendet, die dem Luftzug den Zutritt nicht verwehren.

Es ist begreiflich, daß die Basismessung mit solchen Apparaten außerordentlich langsam fortschreitet, und eine sehr mühevolle Arbeit ist. Statt also eine ganze Dreieckseite von vielen Kilometern Länge zu messen, wählt man die Basis nur wenige Kilometer lang, etwa 3—10 km. Dieselbe wird dann durch ein eigenes Basisentwicklungsnetz mit einer großen Seite verbunden. Da in einem solchen Netz die Dreieckseiten naturgemäß anwachsen müssen, so muß dabei auf die günstigste Form der Dreiecke verzichtet werden. Es hat sich ergeben, daß die berechnete Dreieckseite im Verhältnisse zur Länge zwar geringere Genauigkeit erhält, wie die gemessene Grundlinie, daß sie aber nicht ungenauer wird als die allgemeine Genauigkeit des Netzes noch zuläßt[2]).

In neuester Zeit hat man statt der schwerfälligen Meßstangen die sogenannten Jäderindrähte oder Jäderinbänder[3]) eingeführt. Dieselben sind aus dem gegen Wärme außerordentlich unempfindlichen Invar angefertigt und besitzen gewöhnlich eine Länge von 24 m oder 50 m. Die Enden laufen in prismatische Metallstücke aus, welche feine Teilungen tragen. Die Drähte oder Bänder werden durch Gewichte gespannt, so daß die Teilungen neben Marken zu liegen kommen, die an festen Stativen angebracht sind. Da solche Drähte nicht gerade gespannt werden können, sondern die Form einer Kettenlinie annehmen, so ist die gemessene Strecke nicht gleich der absoluten Länge der Drähte. Man muß daher die „effektive" Länge der Drähte unter gleichen Umständen ermitteln, wie sie dann bei der Basismessung herrschen. Man verwendet zu diesem Zwecke eine Versuchsbasis, welche vorher mit einem Stangenapparate wiederholt und aufs genaueste gemessen wurde. Die Frage, ob die Drähte oder Bänder vorzuziehen sind, ist noch offen. Bänder sind dem Einfluß des Windes stärker ausgesetzt, unterliegen aber nicht so leicht den mikroskopisch-kleinen Knickungen, die bei Drähten so leicht vorkommen, und die Länge des Drahtes beeinflussen.

Da die Arbeiten mit diesen Apparaten außerordentlich viel rascher vor sich gehen, so kann man die Längen der Grundlinie viel größer wählen, und auch die Zahl der Grundlinien bedeutend vermehren. Die längste

[1]) Verhandl. d. XI. Konferenz d. internat. Erdmessung. Annexe A V.

[2]) A. FERRERO: Rapport sur les triangulation présenté a la douzième conférence générale à Stuttgart an 1898 (Association géodésique internationale, Florence 1899).

[3]) J. R. BENOIT und CH. ED. GUILLAUME: Mesure rapide des bases géodésiques, Paris 1908 (Bureau international des poids et mesures).

bisher gemessene Basis ist die von LA CRUZ in Mexiko mit 39 km[1]). Das entspricht bereits der Länge einer großen Dreieckseite, ein Entwicklungsnetz ist dann überflüssig. Auch die Messungen in Transvaal weisen Basislängen bis 34 km auf[2]).

Bei Stangenapparaten sowohl, wie bei Drähten oder Bändern, ist eine Neigungskorrektion zu berücksichtigen. Dazu muß bei jeder Stange, sobald sie in ihre Lage gebracht ist, ihre Neigung bestimmt, bei den Jäderinapparaten der Höhenunterschied der beiden Endmarken gemessen werden. Die Länge der Basis ergibt sich aus der Summe der wegen Neigung korrigierten Einzelwerte. Die Genauigkeit, die mit einer modernen Basismessung erreicht wird, beträgt im Durchschnitt 1 : 1 000 000 bis 1 : 2 000 000.

Die Länge der Basis wird auf das Meeresniveau reduziert, wozu die einfache Formel dient

$$b' = b \cdot \frac{r}{r+h} = b\left(1 - \frac{h}{r}\right), \tag{13}$$

wenn r den Krümmungsradius der Erde in der Richtung der Basis und h die mittlere Höhe über dem Meere bedeutet. Da r gleich 6.4 Millionen Meter ist, so muß h auf wenige Meter genau sein, wenn in b' die gleiche Genauigkeit wie b erhalten bleiben soll.

3. **Winkelmessungen.** Die Winkelmessung wird mit einem Theodoliten oder Universale vorgenommen. Man geht heute meist nach der Methode der „Richtungen" vor, d. h. man stellt, von einem Dreieckspunkte A angefangen (Abb. 3), der eine Nullrichtung festlegt, der Reihe nach sämtliche sichtbaren Dreieckspunkte B, C, D, E ein. Hierauf wird das Instrument durchgeschlagen und dieselben Punkte in umgekehrter Reihenfolge eingestellt. Gelingt es, dabei alle Punkte zu erhalten, ohne daß einer wegen schlechter Sicht, Luftunruhe oder Nebel ausgelassen werden muß, so spricht man von einem vollständigen Satze. Die Messung wird dann mit verstelltem Horizontalkreise mehrmals wiederholt. Die Winkel ergeben sich durch Subtraktion der Werte der einzelnen Richtungen voneinander, der Winkel zwischen der letzten und ersten Richtung eventuell durch Subtraktion von 360°. Die Bedingung, daß die rund um den Beobachtungspunkt liegenden Winkel die Summe 360° geben müssen, erfüllt sich damit von selbst. Werden auf allen Stationen alle Richtungen beobachtet, so sind in dem Dreiecksnetz dann sämtliche Winkel gemessen. Fehlt auf einer Station ein oder die andere Richtung, so erscheint sie einseitig beobachtet, wenn sie auf der Gegenstation er-

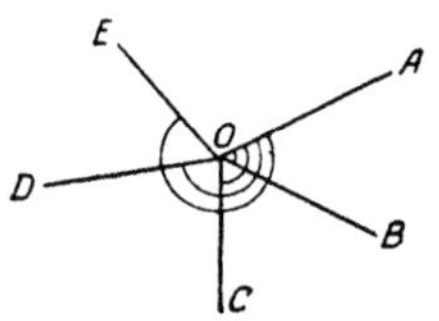

Abb. 3.

[1]) Verhandl. der XVI. Konf. d. intern. Erdmessung, 1909, Bd. I, Annex A XI.
[2]) Verhandl. der XV. Konf. d. intern. Erdmessung, 1906, Bd. I, Annex A I.

halten wurde. Fehlt sie auch dort, so fällt sie überhaupt aus dem Dreiecksnetz fort[1]).

4. **Astronomische Stationen.** In möglichst vielen Dreieckspunkten wird auf astronomischem Wege die geographische Breite, Länge und das Azimut einer Dreieckseite bestimmt. Punkte, in denen alle diese drei Stücke gemessen sind, heißen vollständige astronomische Stationen. Meistens fehlt jedoch die geographische Länge, die noch vor kurzem zu ihrer Bestimmung den größten Aufwand verlangte, nämlich die gleichzeitige Mitarbeit einer zweiten Station, die mit der ersten durch eine direkte telegraphische Linie verbunden ist. Die Einführung der drahtlosen Telegraphie wird hier Wandel schaffen, was deshalb zu begrüßen ist, weil, wie später gezeigt wird, den Längenmessungen eine besondere Bedeutung zukommt.

5. **Berechnungsarbeiten.** Soweit die Punkte des Netzes nicht im Meeresniveau liegen, müssen wir uns dieselben darauf projiziert denken. Das ganze Netz erscheint dann auf dem Geoid ausgebreitet. Zur Berechnung der Dreiecke müßten nun die Krümmungsverhältnisse des Geoides zugrunde gelegt werden. Diese sind aber nicht nur zu kompliziert, um mathematisch verwendet zu werden, sie sind auch zunächst unbekannt, denn das Geoid soll erst auf Grund dieser Messungen berechnet werden. Da nun das Geoid außerordentlich nahe mit einem Rotationsellipsoid zusammenfällt, so kann man eine solche Fläche statt des Geoides zur Rechnung benutzen. Zu dieser wird dann das Geoid in Beziehung gesetzt und man nennt in diesem Sinne das Rotationsellipsoid ein Bezugs- oder *Referenzellipsoid*. Welches Ellipsoid man hierfür verwendet, ist innerhalb gewisser Grenzen eigentlich gleichgültig. Die meisten Arbeiten gründen sich auf das Ellipsoid von Bessel oder das von Clarke. Diese wurden seinerzeit aus Beobachtungen gewonnen und sind daher mit einer gewissen Unsicherheit behaftet. Wenn man sie aber als Referenzellipsoide benutzt, so sieht man sie als geometrische Flächen an, die mit absoluter Genauigkeit gegeben sind. Die nicht angegebenen Dezimalstellen werden also als Nullen angesehen, und man kann dann auf diesen Flächen mit beliebiger Genauigkeit rechnen.

Auf ein solches Referenzellipsoid denken wir uns das Netz ausgebreitet. Dazu wählen wir einen Netzpunkt, in dem die geographische Breite und das Azimut einer Seite bestimmt sind, als Ausgangspunkt. Die geographische Länge brauchen wir nicht; wir können den Meridian des Punktes als Nullmeridian ansehen. Wir bringen nun den ersten Netzpunkt an seine Stelle, d. h. an jenen Punkt, der auf dem Referenzellipsoid die gleiche geographische Breite hat. Es fällt also hier die Nor-

---

[1]) Vielfach verwendet man auch das Verfahren der Winkelmessung in allen Kombinationen nach Schreiber. Bei entsprechender Wahl in der Zahl der Beobachtungen wird es den Richtungsmessungen ganz äquivalent (S. Wellisch: Theorie und Praxis der Ausgleichsrechnung II. Bd., S. 66).

male zum Geoid mit der Normalen zum Referenzellipsoid zusammen. Geben wir nun auch der gemessenen Seite auf dem Referenzellipsoid das astronomisch bestimmte Azimut, so ist damit die Lage des ganzen Netzes bestimmt.

Über die Lage des Referenzellipsoides zum Geoid ist damit folgendes festgesetzt: Im Ausgangspunkte hat es mit dem Geoid die Normale gemeinsam und seine kurze Achse ist zur Rotationsachse der Erde parallel. Wurde die Basis auf das Meeresniveau reduziert, so schneiden sich Geoid und Referenzellipsoid unterhalb der Basis.

6. Die Berechnungsarbeiten beginnen mit der

Stationsausgleichung. Diese besteht darin, daß man aus den gesamten an einer Station gemachten Richtungsbeobachtungen nach der Methode der kleinsten Quadrate die besten Werte für die einzelnen Richtungen ableitet. Wenn lauter vollständige Sätze beobachtet sind, reduziert sich die Rechnung auf eine einfache Mittelbildung.

7. **Reduktion der Horizontalwinkel.** Die gemessenen Winkel sind Horizontalwinkel, da sie an einem Horizontalkreis abgelesen werden. Sie stellen die Winkel vor, die von den nach den Dreieckspunkten gelegten Vertikalebenen eingeschlossen werden. Die aus der Stationsausgleichung gewonnenen Richtungen bedürfen noch einiger Korrektionen.

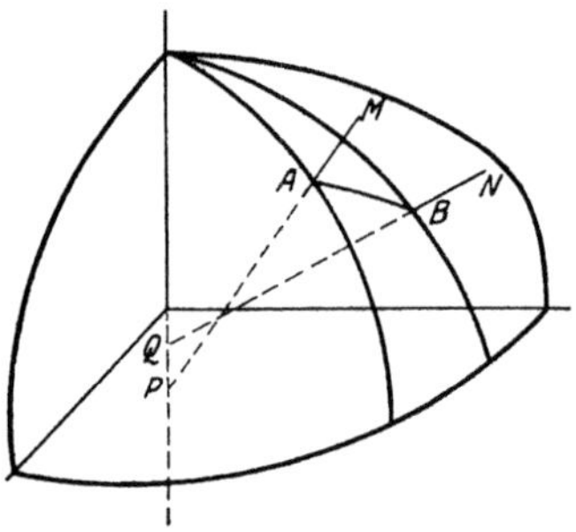

Abb. 4.

a) Reduktion wegen der *Seehöhe* der anvisierten Punkte. Der gemessene Winkel bezieht sich auf die Vertikalebene des Beobachtungspunktes und enthält daher dessen Lotrichtung. Da nun die Normalen eines Ellipsoides sich im allgemeinen nicht schneiden, so wird die Vertikale des anvisierten Punktes nicht in die Vertikalebene des Beobachtungspunktes fallen (Abb. 4).

Ist somit in Abb. 4 AMB die Vertikalebene von Punkt A nach B, AB der zugehörige Vertikalschnitt, so wird der Punkt B, wenn man ihn längs der Normalen BN verschiebt, sofort aus der Vertikalebene AMB heraustreten. Einem Punkt in der Höhe h über B wird also eine andere Vertikalebene vom Punkt A aus und damit eine andere Richtung entsprechen als dem Punkte B selbst. Es muß also an den Horizontalwinkel eine Höhenkorrektion angebracht werden, welche von der geographischen Breite und dem Azimut der Richtung AB abhängen wird. Es ist[1])

$$\Delta a = -\frac{1}{2} e^2 \frac{h}{a} \cos^2 B_1 \sin 2 a_{12} \cdot 206\,265\,. \qquad (14)$$

[1]) A. Helmert: Die mathem. u. physik. Theorien der höheren Geodäsie, Bd. I. S. 189.

Hier ist a und e Äquatorhalbmesser und Exzentrizität der Meridianellipse, B_1 die geographische Breite von A, a_{12} das Azimut der Vertikalebenen AMB, h die Meereshöhe des beobachteten Punktes.

Die Korrektion beträgt im Maximum

$$\begin{array}{lll} \text{für } h = & 640\,\text{m} : \Delta a = & 0''069 \\ & 1280 & 0.14 \\ & 1920 & 0.21 \end{array} \qquad (15)$$

Die Seehöhe des Punktes A ist einflußlos, denn wir können A beliebig längs AM verschieben, ohne daß A aus der Vertikalebene AMB tritt.

Die außerordentlich kleine Krümmung der Lotlinien spielt keine Rolle. Da das Netz auf dem Referenzellipsoid ausgebreitet wird, so wäre es eigentlich richtiger, statt der Seehöhe die Höhe über dem Referenzellipsoid einzuführen.

b) Reduktion auf die *geodätische Linie.* Aus den obigen Auseinandersetzungen ergibt sich, daß beim Rückblick von B nach A eine andere Vertikalebene in Frage kommt als beim Blick von A nach B. Sie enthält die Vertikale BN und kann daher nicht mit AMB zusammenfallen. Es wird daher auch der Vertikalschnitt von B nach A nicht mit dem von A nach B zusammenfallen. Es folgt daraus, daß das aus den beobachteten Winkeln gebildete Netz überhaupt noch kein reales geometrisches Gebilde darstellt, da von jedem Punkte aus andere Seiten beobachtet werden als von den entsprechenden Gegenpunkten (Abb. 5). Es entsteht eine Zweideutigkeit, die unbedingt beseitigt werden muß. Zu diesem Zwecke wählt man als Verbindungslinie zweier Punkte A und B statt der Vertikalschnitte die geodätische Linie, deren Grundeigenschaft darin besteht, daß sie die kürzeste Verbindungslinie der beiden Punkte darstellt. Sie hat außer dieser Eindeutigkeit auch noch den Vorteil, daß sie auf dem Rotationsellipsoid durch eine sehr einfache Beziehung dargestellt wird. Ist α das Azimut der Tangentenrichtung in einem Punkte der Linie, dessen reduzierte Breite gleich β ist, so lautet die Gleichung der geodätischen Linie:

Abb. 5.

$$\sin\alpha \cos\beta = \text{konst.} \qquad (16)$$

Die Bedeutung des Begriffes „reduzierte Breite“ ist aus Abb. 6 ersichtlich. Die Beziehung zur geographischen Breite B ist gegeben durch

$$\operatorname{tg}\beta = \sqrt{1 - e^2}\,\operatorname{tg} B;$$

denn ist in Abb. 6 AP die Meridianellipse mit den Achsen a und c und AP' der über dem Äquatordurchmesser errichtete Kreis, so ist nach bekannten Sätzen und unter Benutzung der Gl. 2:

$$MR = \frac{c}{a} M'R \quad \text{und} \quad \operatorname{tg} B = \frac{a^2 z}{c^2 x},$$

da B durch die Richtung der Normalen MQ bestimmt ist. Somit:

$$\operatorname{tg} B = \frac{a^2}{c^2} \cdot \frac{MR}{OR} = \frac{a}{c} \cdot \frac{M'R}{OR} = \frac{a}{c} \operatorname{tg} \beta = \frac{1}{\sqrt{1-e^2}} \operatorname{tg} \beta . \tag{17}$$

Das Azimut der geodätischen Linie heißt das *geodätische Azimut* zum Unterschiede vom Azimut des Vertikalschnittes: dem *astronomischen Azimut.* Die Differenz zwischen beiden ist die gesuchte Korrektion; sie ist gegeben durch[1])

$$\Delta a = \frac{1}{12} e^2 \frac{s^2}{\varrho^2} \cos^2 B_1 \sin 2 a_{12} \cdot 206\,265 .$$

Wir finden im Maximum:

$$\begin{array}{rlrl} \text{für } s = & 64 \text{ km} & \Delta a = & 0''.011 \\ & 128 \;\;\text{„} & = & 0.046 \\ & 192 \;\;\text{„} & = & 0.103 \\ & 256 \;\;\text{„} & = & 0.184 \end{array} \tag{18}$$

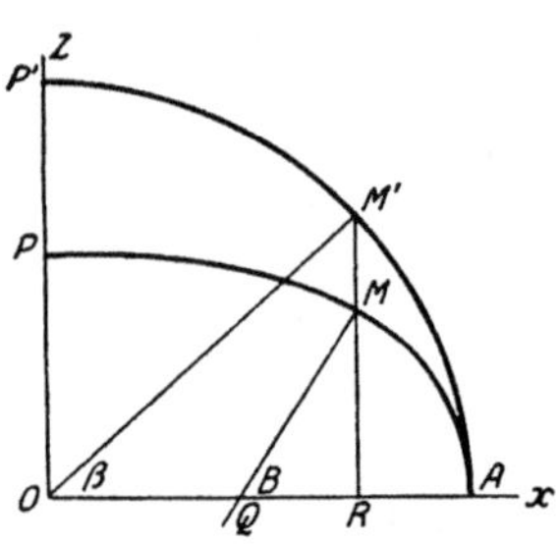

Abb. 6.

Für mäßig lange Dreieckseiten ist der Betrag sehr klein, und kann meist vernachlässigt werden. Er steigt aber mit dem Quadrat der Distanz und wird daher für längere Strecken bedeutend.

c) Die regelmäßige *Lateralrefraktion.* Sie rührt von der Abplattung der Luftschichten her, und beträgt im ganzen nur etwa $^1/_7$ des Unterschiedes zwischen astronomischem und geodätischem Azimut[2]), ist also für mäßige Distanzen immer zu vernachlässigen. Sie wird bei weitem übertroffen von der unregelmäßigen Lateralrefraktion[3]), die sich aber der Berechnung entzieht. Die Praxis der Winkelmessung lehrt, daß man vor Refraktionsstörungen am sichersten ist, wenn die Luftunruhe bedeutend ist. Bei ruhiger Luft können sich leichter anomale Schichtungen erhalten.

8. **Aufstellung der Bedingungsgleichungen.** Zwischen den einzelnen Stücken des Netzes bestehen Beziehungen, welche sich aus den geometrischen Gesetzen des Referenzellipsoides ableiten lassen, und welche dazu dienen, aus den bekannten Stücken die unbekannten abzuleiten. Eine gewisse Zahl von bekannten Stücken stellt das Minimum dar, welches eben ausreicht, alle anderen zu berechnen. Es werden aber immer überflüssige Stücke gemessen, die dann zur Kontrolle auch berechnet werden können. Wären nun die Beobachtungen fehlerfrei, so müßten die berechneten und die beobachteten Werte übereinstimmen. — In der Tat werden aber Widersprüche bleiben, die beseitigt werden müssen,

1) R. Helmert l. c. Bd. I, S. 332.

2) A. Sonderhof: Die geodätischen Korrektionen der auf dem Sphäroid beobachteten Horizontalwinkel (Gruneris Archiv der Mathem. u. Physik, Bd. 51, 1870).

3) A. Fischer: Einfluß der Lateralrefraktion auf das Messen von Horizontalwinkeln. Berlin 1882.

wenn das Resultat überhaupt ein geometrisch mögliches Gebilde sein soll. Die überflüssig gemessenen Stücke bringen also Bedingungsgleichungen mit sich, welche strenge erfüllt sein müssen. Es sind daher an den gemessenen, durch die Stationsausgleichung und die oben angegebenen Reduktionen verbesserten Richtungen noch weitere Verbesserungen anzubringen, welche durch die geometrischen Bedingungen des Netzes gegeben sind.

Wir müssen zuerst die Zahl der Bedingungsgleichungen ableiten[1]). Sie ist gleich der Zahl der überflüssig gemessenen Stücke. Das erste Dreieck verlangt zu seiner Berechnung eine Seite und zwei Winkel; jeder weitere Dreieckspunkt verlangt zu seiner Festlegung zwei weitere Winkel. Besteht das ganze Netz aus p Punkten, so braucht es somit im ganzen 1 Seite und $2 + 2(p - 3) = 2p - 4$ Winkel. Sind in dem Netz n Seiten (durch Basismessungen) und m Winkel bestimmt worden, so ist die Zahl der Bedingungsgleichungen:

$$n + m - (2p - 4) - 1 = n + m - 2p + 3. \qquad (19)$$

Die Bedingungsgleichungen zerfallen in *Winkelgleichungen* und *Seitengleichungen*.

Die Winkelgleichungen entstehen aus den Gesetzen über die Winkelsummen in Dreiecken und Polygonen auf dem Rotationsellipsoide; ihre Zahl läßt sich folgendermaßen bestimmen. Wir verbinden die p Punkte des Netzes durch einen einfachen in sich selbst zurückkehrenden Linienzug. Es entsteht ein Polygon, dessen Winkelsumme eine Bedingungsgleichung liefert. Es sei z. B. in Abb. 7: $ABCDEA$ ein solches Polygon. In der Ebene müßte die Winkelsumme sechs rechte Winkel betragen. Jede weitere Seite, die man in das Polygon einfügt (AC), gibt, wenn die Winkel an beiden Enden beobachtet sind, eine neue Bedingungsgleichung. Ist also l die Gesamtzahl der beiderseitig beobachteten Seiten, so haben wir $l - p$ Seiten einzuschalten, und daher im ganzen

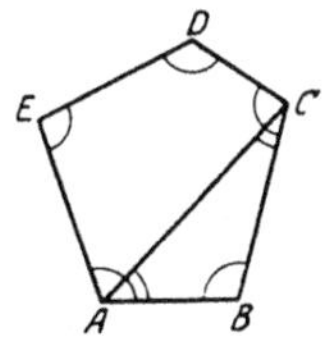

Abb. 7.

$$l - p + 1 \qquad (20)$$

Winkelgleichungen. Eine einseitig beobachtete Seite gibt keine Winkelgleichung.

Alle übrigen Gleichungen sind Seitengleichungen. Sie haben die Form des mehrfach angewandten Sinussatzes. Ein einfaches Beispiel aus der ebenen Trigonometrie soll dies erläutern. Es sei (Abb. 8) $ABCDE$ ein Netz, bestehend aus vier Dreiecken. Die gemessenen Richtungen sind durch Bogen angedeutet. Es lassen sich danach sämtliche Dreieckswinkel bestimmen. Wir können nun von AB ausgehend

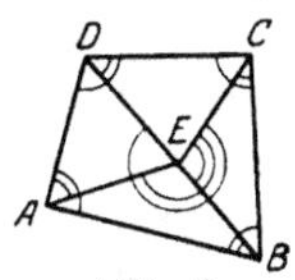

Abb. 8.

[1]) L. WELLISCH: Theorie und Praxis der Ausgleichungsrechnung. 2. Bd. Wien, Leipzig 1909/10.

CD auf zwei Wegen berechnen, einmal auf dem Wege über die Seiten AE und DE, das andere Mal auf dem Wege über die Seiten BE und CE. Durch dreimalige Anwendung des Sinussatzes finden wir

$$CD = AB \cdot \frac{\sin ABE}{\sin AEB} \cdot \frac{\sin DAE}{\sin ADE} \cdot \frac{\sin DEC}{\sin DCE}$$

und

$$CD = AB \cdot \frac{\sin BAE}{\sin AEB} \cdot \frac{\sin CBE}{\sin BCE} \cdot \frac{\sin DEC}{\sin CDE},$$

somit

$$\frac{\sin ABE \cdot \sin DAE}{\sin ADE \cdot \sin DCE} = \frac{\sin BAE \cdot \sin CBE}{\sin BCE \cdot \sin CDE}. \tag{21}$$

Aus diesen Seitengleichungen fällt die Länge ganz heraus. Die Basis tritt somit in keiner Bedingungsgleichung auf.

Schließt sich immer nur ein Dreieck mit einer Seite an ein anderes an (Abb. 9), so läßt sich jede Seite nur auf einem Wege berechnen. Ein solches Gebilde bezeichnet man als *Dreieckskette*, in einer solchen gibt es keine Seitengleichung.

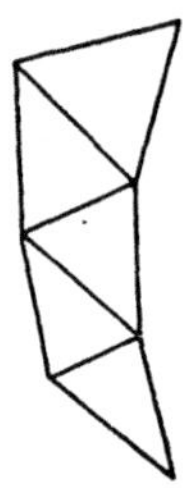

Abb. 9.

Sind mehrere Basismessungen in dem Netze enthalten, so kann man dieselben als weitere Bedingungen einführen und verlangen, daß sie durch die Stücke des Netzes genau dargestellt werden. Die entstehenden Bedingungsgleichungen werden dann natürlich die Längen enthalten müssen. Eine Schwierigkeit entsteht daraus, daß man zwar alle Basismessungen auf das Meeresniveau reduzieren kann, daß man aber dem Referenzellipsoid keine solche Lage geben kann, daß es das Geoid unterhalb aller Basen schneidet. Korrekterweise hat man also nicht mit der Meereshöhe, sondern mit der Höhe über dem Referenzellipsoid zu reduzieren.

Die weiteren Basismessungen selbst als verbesserungsbedürftige Stücke einzuführen, ist nicht berechtigt. Die Verbesserung dürfte meist größer ausfallen als die Genauigkeit der Messung erlaubt. Man kann sich auch darauf beschränken solche Basismessungen nur zur Kontrolle zu verwenden.

Wird ein Netz an ein bereits ausgeglichenes angeschlossen, so bringen die Anschlußstücke neue Bedingungen mit sich. Dieser Fall tritt oft ein, da man größere Netze nur in Teilen ausgleichen kann.

Es ist außerordentlich wichtig, die Zahl der Bedingungsgleichungen festzustellen; nur so schützt man sich vor Auslassungen, die das Resultat verderben. Bei ihrer Aufstellung kann man die Abplattung vernachlässigen und rein sphärisch vorgehen. In den Winkelgleichungen erscheint dann das sphärische Exzeß.

9. **Netzausgleichung**[1]). Diese erfolgt nach der Methode der kleinsten

[1]) R. HELMERT: Die Ausgleichungsrechnung nach der Methode der kleinsten Quadrate. 2. Aufl., 1907.

Quadrate nach „*bedingten Beobachtungen*". Es seien $x_1, x_2 \ldots x_n$ die beobachteten durch den Stationsausgleich und die nachfolgenden Reduktionen verbesserten Richtungen. An diese sollen weitere Verbesserungen $v_1, v_2 \ldots v_n$ derart angebracht werden, daß eine gewisse Anzahl von Bedingungsgleichungen

$$\varphi_1 = 0, \quad \varphi_2 = 0 \cdots \varphi_r = 0$$

streng erfüllt werden und gleichzeitig die Quadratsumme der Verbesserungen, eventuell unter Einführung von Gewichten g, ein Minimum wird. Also unter Anwendung des Gaussschen Summensymbols:

$$[gvv] = \text{Minimum.}$$

Es liegt also eine Minimumaufgabe mit Nebenbedingungen vor. Bezeichnen wir mit $2k_1, 2k_2 \ldots 2k_r$ Multiplikatoren, die vorläufig noch unbekannt bleiben, so muß nach bekannten Regeln

$$[gvv] - 2k_1\varphi_1 - 2k_2\varphi_2 - \cdots - 2k_r\varphi_r = \text{Minimum} \tag{22}$$

sein. Wir verwandeln die Größen $\varphi_1, \varphi_2 \ldots \varphi_r$ in lineare Ausdrücke. Sind $x_1, x_2 \ldots x_n$ die Ausgangswerte, und $v_1, v_2 \ldots v_n$ die Verbesserungen, so müssen die verbesserten Werte $x_1 + v_1, x_2 + v_2 \ldots x_n + v_n$ die Bedingungsgleichungen erfüllen. Also

$$\varphi_i(x_1 + v_1, x_2 + v_2 \cdots x_n + v_n) = 0, \quad i = 1, 2 \cdots r. \tag{23}$$

Da die v kleine Werte sind, so können wir nach dem Taylorschen Lehrsatze entwickeln, und finden, wenn wir die Glieder zweiter Ordnung vernachlässigen, die nach $v_1, v_2 \ldots v_n$ linearen Gleichungen:

$$\varphi_i(x_1 x_2 \cdots x_n) + \frac{d\varphi_i}{dx_1} \cdot v_1 + \frac{d\varphi_i}{dx_2} \cdot v_2 + \cdots + \frac{d\varphi_i}{dx_n} \cdot v_n = 0 \qquad i = 1, 2 \cdots r$$

oder abgekürzt

$$\begin{array}{l} w_1 + a_1 v_1 + a_2 v_2 + \cdots + a_n v_n = 0 \\ w_2 + b_1 v_1 + b_2 v_2 + \cdots + b_n v_n = 0 \\ \cdots\cdots\cdots\cdots\cdots \\ w_r + q_1 v_1 + q_2 v_2 + \cdots + q_n v_n = 0, \end{array} \tag{24}$$

wo die Koeffizienten $a_1, a_2 \ldots b_1 \ldots$ bekannte Größen sind. Die Größen $w_1, w_2 \ldots w_r$ wären gleich Null, wenn die $x_1, x_2 \ldots x_n$ schon den Bedingungsgleichungen entsprächen. Sie stellen also die Widersprüche vor, die in dem unausgeglichenen Netze noch enthalten sind.

Die Grundgleichung (22) geht nun über in

$$[gvv] - 2k_1(w_1 + [av]) - 2k_2(w_2 + [bv]) - \cdots - 2k_r(w_r + [qv]) = \text{Minimum.} \tag{25}$$

Wir haben die Differentialquotienten dieses Ausdruckes nach $v_1, v_2 \ldots v_n$ der Reihe nach gleich Null zu setzen und finden:

$$\begin{array}{l} g_1 v_1 - (a_1 k_1 + b_1 k_2 + \cdots + q_1 k_r) = 0 \\ g_2 v_2 - (a_2 k_1 + b_2 k_2 + \cdots + q_2 k_r) = 0 \\ \cdots\cdots\cdots\cdots\cdots \\ g_n v_n - (a_n k_1 + b_n k_2 + \cdots + q_n k_r) = 0. \end{array} \tag{26}$$

Dies sind die sogenannten *Korrelatengleichungen*, welche mit den r-Bedingungsgleichungen (24) zusammen $n+r$ lineare Gleichungen zur Bestimmung der $n+r$-Größen $v_1, v_2 \dots v_n$, k_1, $k_2 \dots k_r$ bilden.

Substituieren wir die Werte von v_1, $v_2 \dots v_n$ aus (26):

$$\begin{aligned} v_1 &= k_1 \frac{a_1}{g_1} + k_2 \frac{b_1}{g_1} + \cdots + k_r \frac{q_1}{g_1} \\ v_2 &= k_1 \frac{a_2}{g_2} + k_2 \frac{b_2}{g_2} + \cdots + k_r \frac{q_2}{g_2} \\ &\cdots\cdots\cdots\cdots \\ v_n &= k_1 \frac{a_n}{g_n} + k_2 \frac{b_n}{g_n} + \cdots + k_r \frac{q_n}{g_n} \end{aligned} \tag{27}$$

in (24), so finden wir die r-Normalgleichungen

$$\begin{aligned} \left[\frac{aa}{g}\right] k_1 + \left[\frac{ab}{g}\right] k_2 + \cdots + \left[\frac{aq}{g}\right] k_r + w_1 &= 0 \\ \left[\frac{ab}{g}\right] k_1 + \left[\frac{bb}{g}\right] k_2 + \cdots + \left[\frac{bq}{g}\right] k_r + w_2 &= 0 \\ \cdots\cdots\cdots\cdots\cdots\cdots \\ \left[\frac{aq}{g}\right] k_1 + \left[\frac{bq}{g}\right] k_2 + \cdots + \left[\frac{qq}{g}\right] k_r + w_r &= 0, \end{aligned} \tag{28}$$

deren Auflösung die Größen k_1, $k_2 \dots k_r$ liefert, die, in (26) eingesetzt, endlich zu den gesuchten Größen v_1, $v_2 \dots v_n$ führen.

$$x_1 + v_1, \quad x_2 + v_2 \quad \cdots \quad x_n + v_n$$

sind die ausgeglichenen Werte der Richtungen. Diese bilden nun ein widerspruchsfreies System, aus welchem sich alle Dreieckswinkel und Dreieckseiten berechnen lassen, wozu die Formeln der sphärischen Trigonometrie in der Regel genügen.

10. **Die geodätische Übertragung.** Wir haben von Anfang an das Dreiecksnetz so auf dem Rotationsellipsoid ausgebreitet, daß im Ausgangspunkte die geographische Breite mit der direkt gemessenen identisch ist, und die erste Dreieckseite so gelegt, daß ihr Azimut auf dem Ellipsoid gleich dem astronomisch beobachteten wird. Dadurch ist die Lage des ganzen Netzes bestimmt, und wir können nun von Punkt zu Punkt fortschreitend die geographischen Koordinaten und die Azimute der Seiten berechnen. Die erhaltenen Größen beziehen sich dann alle auf das zugrunde gelegte Referenzellipsoid.

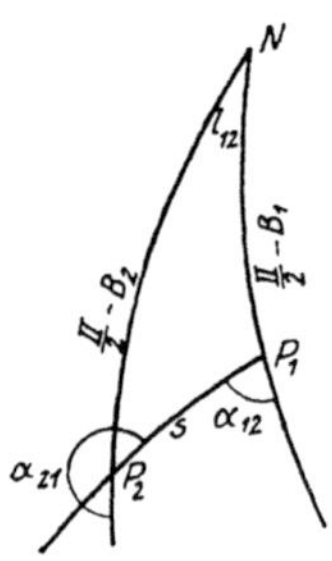

Abb. 10.

Für kleine Dreiecke, bei deren Berechnung man die Abplattung vernachlässigen kann, gibt die sphärische Trigonometrie folgende Formeln, die für das Dreieck zwischen dem Pole und den beiden Punkten mit den geographischen Breiten B_1 und B_2, der Längendifferenz $L_{12} = L_2 - L_1$ und der sphärischen Distanz s gelten (Abb. 10):

$$\begin{aligned}\cos B_2 \sin \alpha_{21} &= -\cos B_1 \sin \alpha_{12}\\ \sin B_2 &= \sin B_1 \cos s - \cos B_1 \sin s \cos \alpha_{12}\\ \cos B_2 \sin L_{12} &= \sin s \sin \alpha_{12}\,.\end{aligned}$$

α_{12} und α_{21} haben die aus der Abbildung ersichtliche Bedeutung.

Wegen der Kleinheit der Distanz kann man diese Formel noch vereinfachen. Setzen wir

$$B_2 = B_1 + dB \qquad \alpha_{21} = 180 + \alpha_{12} + d\alpha \qquad L_{12} = dL$$

und
$$\cos s = 1 \qquad \sin s = \frac{s}{a_0},$$

wo s die Distanz im Längenmaß und a_0 den Äquatorradius bedeutet, so findet man leicht:

$$\begin{aligned} dB &= -\varrho'' \cos \alpha_{12} \cdot \frac{s}{a_0}\\ dL &= \varrho'' \sec B_1 \sin \alpha_{12} \cdot \frac{s}{a_0} \qquad \varrho'' = 206265''\\ d\alpha &= -\varrho'' \tan B_1 \sin \alpha_{12} \cdot \frac{s}{a_0}\,.\end{aligned}$$

Wenn aber die Berechnung der Koordinaten durch ein ganzes großes Netz durchgeführt werden soll, in dem sich Hunderte von Dreiecken aneinander reihen, dann reichen diese Formeln nicht aus. Man muß dann die Abplattung berücksichtigen und auch höhere Potenzen von $\frac{s}{a_0}$ mitnehmen. Bis auf Größen zweiter Ordnung genau sind die folgenden Formeln[1]):

$$\begin{aligned} dB &= -\varrho'' W_1^3 \frac{1}{1-e^2}\left[\cos \alpha_{12} \cdot \frac{s}{a_0} + \tfrac{1}{2} W_1 \tan B_1 \sin^2 \alpha_{12} \cdot \frac{s^2}{a_0^2}\right]\\ dL &= \varrho'' W_1 \sec B_1 \left[\sin \alpha_{12} \cdot \frac{s}{a_0} - \tfrac{1}{2} W_1 \tan B_1 \sin 2\alpha_{12} \cdot \frac{s^2}{a_0^2}\right] \qquad (29)\\ d\alpha &= -\varrho'' W_1 \sin \alpha_{12} \left[\tan B_1 \cdot \frac{s}{a_0} - \tfrac{1}{2} W_1 (1 + 2\tan^2 B_1) \cos \alpha_{12} \frac{s^2}{a_0^2}\right]\\ W_1 &= \sqrt{1 - e^2 \sin^2 B_1}\,.\end{aligned}$$

11. **Lotabweichungen.** Vergleicht man die gefundenen Werte mit denen, welche die direkte astronomische Beobachtung ergeben hat, so findet man gewisse Unterschiede. Diese haben zweifachen Charakter: einerseits wird man ein stetiges Anwachsen beobachten von dem Ausgangspunkt an, in welchem der Annahme nach der Unterschied gleich Null ist; andererseits wird dieses Anwachsen unregelmäßig, wohl auch stellenweise durch eine Abnahme unterbrochen sein. Das stetige Anwachsen rührt davon her, daß das angenommene Referenzellipsoid im Ganzen andere Krümmungsverhältnisse aufweist als das Geoid an dieser Stelle.

[1]) R. HELMERT: Die mathem. und physik. Theorien der höheren Geodäsie. 1. Bd., S. 298.

Die Schwankungen rühren von den unregelmäßigen Verbiegungen des Geoides her, die lokalen Charakter tragen. Man bezeichnet sie als Lotstörungen, den systematischen Teil aber zum Unterschiede gewöhnlich als Lotabweichungen; man nennt die ersteren auch bisweilen absolut, weil sie durch die tatsächliche Massenlagerung hervorgerufen werden, die letzteren relativ, weil sie von der willkürlich gewählten Lage und Form des Refernzellipsoides abhängen.

Die Richtung des Lotes in einem Punkt ist durch zwei Winkel bestimmt: die geographische Länge und Breite, die Lotabweichungen also durch die Unterschiede zwischen den geodätischen (auf dem Ellipsoid berechneten) und astronomischen Werten dieser Größen. Man kann sie auch ausdrücken durch die entsprechende Verschiebung des Zenitpunktes nach Größe und Richtung. Beträgt die Abweichung ϑ Bogensekunden in der Richtung des Azimutes A, vom ellipsoidischen Zenit aus gezählt, so erhält man eine südliche bzw. westliche Komponente der Lotabweichung durch

$$\xi = \vartheta \cos A \qquad \eta = \vartheta \sin A. \tag{30}$$

Durch die Unterschiede in der geographischen Position ausgedrückt, ist:

$$\xi = dB \qquad \eta = -\cos B\, dL, \tag{31}$$

wenn die Längen nach Osten positiv gezählt werden. dB und dL erscheinen dann im Sinne: ellipsoidisch-astronomisch.

Die geodätische Übertragung liefert noch eine dritte Größe: nämlich außer den geographischen Koordinaten noch das Azimut der Dreieckseiten, welches, mit dem astronomischen Wert verglichen, ebenfalls einen kleinen Unterschied da liefert. Da aber zwei Größen nach dem Obigen schon ausreichen, jeden Punkt festzulegen, wodurch auch die Azimute gegeben sind, so muß diese dritte Größe von den anderen beiden abhängen; es muß zwischen den Größen dB, dL und da eine Relation bestehen.

Es sei in Abb. 11 P_1 der Ausgangspunkt, in welchem nach Annahme die Lotabweichung verschwindet; P_2 und P_2' das geodätische und astronomische Zenit eines zweiten Punktes. Die von P_2 gegen P_1 gemessene Zenitdistanz sei z', die von der geodätisch berechneten z nur wenig verschieden ist. P_2P_2' ist der Betrag ϑ der Lotabweichung, ihre Richtung ist durch das Azimut A gegeben.

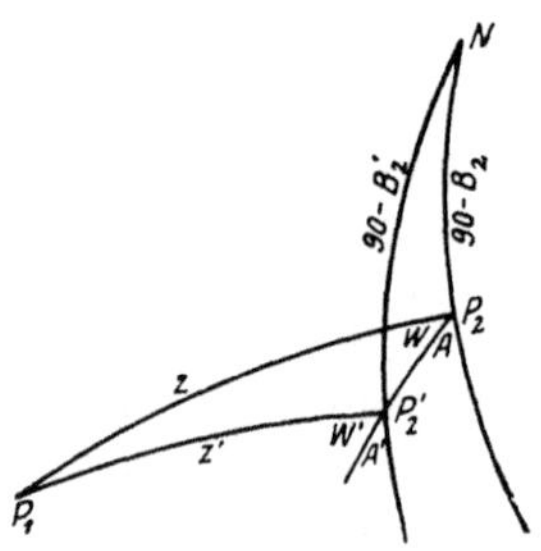

Abb. 11.

Ist ferner N der Nordpol, so ist $W + A = a$ das geodätische, $W' + A' = a'$ das astronomische Azimut von P_1. Es ist also

$$da = a - a' = (W - W') + (A - A').$$

Das sphärische Dreieck $P_1\, P_2\, P_2'$ liefert dann:

$$\tan\frac{z+z'}{2} = -\frac{\sin\frac{W+W'}{2}}{\sin\frac{W-W'}{2}}\tan\frac{\vartheta}{2}$$

oder, da man mit Rücksicht auf die Kleinheit der Unterschiede:

$$W+W' = 2W, \quad z+z' = 2z$$

setzen kann, und ϑ ein kleiner Winkel ist:

$$W - W' = -\vartheta \operatorname{ctan} z \sin W = -\vartheta \operatorname{ctan} z \sin(a-A). \tag{32}$$

Ebenso gibt das sphärische Dreieck $N P_2 P_2'$:

$$\operatorname{ctan}\frac{B_2+B_2'}{2} = \frac{\sin\frac{A+A'}{2}}{\sin\frac{A-A'}{2}}\tan\frac{\vartheta}{2}$$

oder ähnlich gekürzt wie früher

$$A - A' = \vartheta \tan B_2 \sin A. \tag{33}$$

Es wird also

$$da = -\vartheta \operatorname{ctg} z \sin(a-A) + \vartheta \tan B_2 \sin A. \tag{34}$$

Da z für terrestrische Objekte immer nahe an 90° ist, so ist ctg z eine kleine Größe. Wir können daher das erste Glied vernachlässigen, und es bleibt

$$da = \vartheta \tan B_2 \sin A = \eta \tan B_2$$

oder nach (31)

$$da = -dL \sin B_2. \tag{35}$$

Dies ist die gesuchte Beziehung; sie führt den Namen *Laplacesche Gleichung*. Sie gestattet zu entscheiden, ob ein gefundenes System von Lotabweichungen geometrisch möglich ist. Soweit diese Gleichung erfüllt ist, können die Lotabweichungen als real angesehen werden. Die Reste die noch bleiben, fallen den unvermeidlichen Beobachtungsfehlern und ihrer Anhäufung zur Last. Es ist daher außerordentlich wichtig, die Zahl der Punkte, auf denen alle drei Größen beobachtet sind, der sogenannten *Laplaceschen Punkte*, möglichst groß zu machen. Wie oben bemerkt, ist es namentlich die geographische Länge, die in den meisten astronomischen Punkten fehlt.

Es liegt eine Willkürlichkeit darin, die Lotabweichungen im Ausgangspunkte gleich Null zu setzen, und so über die Lage des Referenzellipsoides von vornherein eine feste Annahme zu machen. Es erscheint daher richtiger, die Lage des Referenzellipsoides vorläufig unbestimmt zu lassen und für die Lotabweichungen im Ausgangspunkte zwei Größen ξ_0 und η_0 einzuführen, die dann später so bestimmt werden müssen, daß der Anschluß des Referenzellipsoides an das Geoid ein möglichst guter wird.

Wir müssen zu diesem Zwecke Formeln für den Zusammenhang zwischen den Lotabweichungen zweier Punkte, 1 und 2, ableiten. Um diese in einfacher Weise zu gewinnen, erinnern wir an zwei bekannte Differentialformeln der sphärischen Trigonometrie. Sind a, b, c die drei Seiten und A, B, C der Reihe nach die ihnen gegenüberliegenden Winkel, so ist

$$\begin{aligned} da &= \cos C db + \cos B dc + \sin C \sin b dA \\ \sin a dB &= \sin C db - \cos a \sin B dc - \cos C \sin b dA \\ \sin a dC &= \sin B dc - \cos a \sin C db - \cos B \sin c dA . \end{aligned}$$

Die dritte Formel entsteht aus der zweiten durch Vertauschung von B mit C und b mit c.

Wir bezeichnen wieder mit B_1 und B_2 die geographischen Breiten zweier Netzpunkte, mit $L_{12} = L_2 - L_1$ ihren Längenunterschied, ferner mit α_{12} und α_{21} ihre gegenseitigen Azimute (Abb. 10). Es seien dies die durch geodätische Übertragung gefundenen Werte. Die astronomische Beboachtung in B_1 habe nun andere Werte ergeben: B'_1 L'_1 α'_{12}. Dann können wir durch Anwendung der obigen Formeln leicht bestimmen, welche Werte B''_2, L''_2, α''_{21} wir für die zweite Station erhalten hätten, wenn wir statt von den geodätischen von den astronomischen Werten ausgegangen wären. Wir setzen

$$\begin{aligned} B'_1 - B_1 &= dB_1 \qquad & L'_1 - L_1 &= dL_1 \qquad & \alpha'_{12} - \alpha_{12} &= d\alpha_{12} \\ B''_2 - B_2 &= dB_2 \qquad & L''_2 - L_2 &= dL_2 \qquad & \alpha''_{21} - \alpha_{21} &= d\alpha_{21} \end{aligned}$$

und finden dann, wenn wir vorläufig den Bogen $s = B_1 B_2$ als unveränderlich betrachten, fast unmittelbar die folgenden Ausdrücke:

$$\begin{aligned} dB_2 &= \sin L_{12} \cos B_1 \, d\alpha_{12} + \cos L_{12} dB_1 \\ dL_2 &= dL_1 - \sin L_{12} \operatorname{cosec} \alpha_{12} \cos \alpha_{12} \, d\alpha_{12} + \tan B_2 \sin L_{12} dB_1 \\ d\alpha_{21} &= \cos L_{12} \cos B_1 \sec B_2 \, d\alpha_{12} - \sec B_2 \sin L_{12} \, dB_1 . \end{aligned} \tag{36}$$

Die in B_2 auf astronomischem Wege gefundenen Werte seien B'_2, L'_2, α'_{21}. Führen wir nun die Lotabweichungen ein durch die Gleichungen

$$\begin{aligned} -dB_1 &= B_1 - B'_1 = \xi_1 & B_2 - B'_2 &= \xi_2 \\ -dL_1 &= L_1 - L'_1 = -\eta_1 \sec B_1 & L_2 - L'_2 &= -\eta_2 \sec B_2 \\ -d\alpha_{12} &= \alpha_{12} - \alpha'_{12} = \eta_1 \tan B_1 & \alpha_{21} - \alpha'_{21} &= \eta_2 \tan B_2 , \end{aligned} \tag{37}$$

so wird

$$\begin{aligned} dB_2 &= B''_2 - B_2 = B''_2 - B'_2 - \xi_2 \\ dL_2 &= L''_2 - L_2 = L''_2 - L'_2 + \eta_2 \sec B_2 \\ d\alpha_{21} &= \alpha''_{21} - \alpha_{21} = \alpha''_{21} - \alpha'_{21} - \eta_2 \tan B_2 \end{aligned} \tag{38}$$

und nach (36)

$$\begin{aligned} & B''_2 - B'_2 - \xi_2 + \sin L_{12} \sin B_1 \cdot \eta_1 \\ & \qquad + \cos L_{12} \cdot \xi_1 = 0 \\ & L''_2 - L'_2 + \eta_2 \sec B_2 - (\sec B_1 + \sin L_{12} \operatorname{cosec} \alpha_{12} \cos \alpha_{21} \tan B_1) \eta_1 \\ & \qquad + \tan B_2 \sin L_{12} \cdot \xi_1 = 0 \\ & \alpha''_{21} - \alpha'_{21} - \eta_2 \tan B_2 + \cos L_{12} \sec B_2 \sin B_1 \cdot \eta_1 \\ & \qquad - \sec B_2 \sin L_{12} \cdot \xi_1 = 0 . \end{aligned} \tag{39}$$

Eliminiert man aus den letzten beiden Gleichungen (39) die Größe η_2, so erhält man die LAPLACEsche Gleichung nunmehr in der folgenden Form:

$$\begin{aligned}(\alpha''_{21} - \alpha'_{21}) + \sin B_2 (L''_2 - L'_2) + \eta_1 \{\cos L_{12} \sin B_1 \sec B_2 \\ - (\sec B_1 + \sin L_{12} \operatorname{cosec} \alpha_{12} \cos \alpha_{21} \tan B_1) \sin B_2\} \\ - \xi_1 (\sec B_2 \sin L_{12} - \tan B_2 \sin B_2 \sin L_{12}) = 0.\end{aligned} \tag{40}$$

Es treten also auch hier die von ξ_1 und η_1 abhängigen Glieder auf.

Zur Anwendung dieser Formeln denken wir uns den Ausgangspunkt mit allen astronomischen Stationen des Netzes durch geodätische Linien verbunden, deren Länge und Azimut aus den Resultaten der geodätischen Übertragung berechnet werden können. Es sind dann ξ_1 und η_1 mit ξ_0 und η_0 identisch, während ξ_2 und η_2 die Lotabweichung für einen beliebigen Netzpunkt bedeuten. Wir erhalten also allgemein nach (39) Gleichungen von der Form

$$\begin{aligned}\xi_i &= - l_i + a_i \xi_0 + b_i \eta_0 \\ \eta_i &= - l'_i + a'_i \xi_0 + b'_i \eta_0 .\end{aligned} \tag{41}$$

Bei vollständigen astronomischen Stationen erhalten wir die letztere Gleichung in zwei Formen, eine aus der Länge und eine aus dem Azimut.

Wir bestimmen nun durch ein Ausgleichsverfahren nach der Methode der kleinsten Quadrate die Werte von $\xi_0 = x$ und $\eta_0 = y$ so, daß die Summe

$$\Sigma(\xi_i^2 + \eta_i^2) = \text{Minimum} \qquad i = 0, 1, 2 \cdots \tag{42}$$

wird. Die Summe ist auszudehnen über alle Punkte, auch den ersten. Wir haben also die Gleichungen

$$\begin{aligned}\xi_0 &= x ; \quad \eta_0 = y \\ \xi_1 &= - l_1 + a_1 x + b_1 y ; \quad \eta_1 = - l'_1 + a'_1 x + b'_1 y = - l''_1 + a''_1 x + b''_1 y \\ \xi_2 &= - l_2 + a_2 x + b_2 y ; \quad \eta_2 = - l'_2 + a'_2 x + b'_2 y = - l''_2 + a''_2 x + b''_2 y \\ &\cdots\cdots\cdots\cdots\cdots\cdots\cdots\cdots\cdots\end{aligned} \tag{43}$$

Für alle vollständigen astronomischen Stationen, für welche die η-Gleichungen doppelt auftreten, entsteht aus der LAPLACEschen Beziehung noch eine Bedingungsgleichung von der Form

$$- n + c x + d y = 0. \tag{44}$$

Der Ausgleich kann daher nach dem früher geschilderten Verfahren der „bedingten Beobachtungen" durchgeführt werden.

Mit diesem Ausgleich kann man auch eine Verbesserung der Form und Größe des Referenzellipsoides verbinden. Es treten dann in den Gleichungen noch zwei neue Unbekannte auf:

$$\frac{da}{a} \quad \text{und} \quad d(e^2),$$

wenn a den Äquatorradius und e die Exzentrizität des ursprünglich gewählten Referenzellipsoides bedeutet. Endlich können auch die Längen und Azimute der Verbindungslinien verbessert werden.

Es würde hier zu weit führen, zu zeigen, wie man den Ausgleich in der Praxis vereinfacht und ihn dazu in einen solchen nach vermittelnden Beobachtungen umwandelt.

12. **Das astronomische Nivellement.** Wir finden so ein System von Lotabweichungen, welches durch die Wahl eines nach Lage und Form besonders günstigen Referenzellipsoides vom systematischen Teile möglichst befreit ist. Die verbleibenden Reste sind dann nur mehr dem Geoid zuzuschreiben, dessen komplizierte Form in denselben zum Ausdruck kommt. Man kann nun die Entfernung zwischen dem Geoid und dem Referenzellipsoid punktweise bestimmen, vorausgesetzt, daß die Zahl der astronomischen Stationen groß genug ist und sie sich so nahe aneinander befinden, daß die Lotstörungen nicht mehr ein ganz regelloses Verhalten zeigen. Man vereinigt am besten die Punkte zu beiläufig geradlinigen Zügen und berechnet die in die Richtung des Zuges fallende Komponente γ der Lotabweichung. Geht man dann von einem Punkt aus, in welchem die Lotabweichung gleich Null ist, so ist für einen Punkt in der Entfernung s der Höhenunterschied der beiden Flächen genähert (Abb. 12):

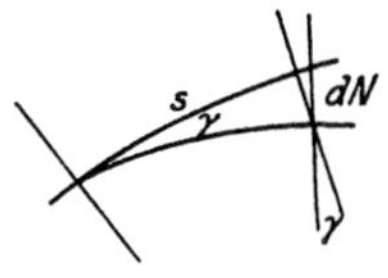

Abb. 12.

$$\Delta N = \frac{\gamma'' \cdot s}{206265}.$$

Diese Größe summiert sich von Station zu Station, und wir erhalten

$$N = \Sigma \frac{\gamma'' \cdot s}{206265}.$$

Hierbei ist nur der geringe Einfluß der Krümmung der Lotlinien vernachlässigt. Wie man auch diesen berücksichtigt, zeigt HELMERT in zwei Abhandlungen[1]), deren Ergebnisse GALLE[2]) bei seinen Untersuchungen über das Geoid im Harze verwendet hat.

Man wird meist meridionale Züge legen, da auch die Breitenbestimmungen meist überwiegen werden; doch wird man auch Züge in der Richtung der Parallelkreise legen müssen. Sind mehrfache Verbindungen möglich, so wird man auch hier zu einem Ausgleichsverfahren greifen. Diese Methode, die Höhenlage des Geoids gegen das Referenzellipsoid zu bestimmen, heißt das *astronomische Nivellement.*

Um ganz streng vorzugehen, wäre nun eigentlich das ganze Ausgleichsverfahren von Anfang an zu wiederholen, und zwar aus folgendem Grunde: Wir haben das ganze Netz, welches auf dem Geoid gemessen

---

[1]) F. H. HELMERT: Zur Bestimmung kleiner Flächenstücke des Geoides aus Lotabweichungen mit Rücksicht auf Lotkrümmung. 1. Mitteil. (Sitzungsber. d. preuß. Akad. d. Wiss. 1900), 2. Mitteil. 1901.

[2]) A. GALLE: Das Geoid im Harz. (Veröffentl. d. preuß. geod. Inst. Neue Folge 61); dazu: Lotabweichungen im Harz und in seiner weiteren Umgebung. (Ibid. 36.)

wurde, auf das Referenzellipsoid gelegt, und haben dabei alle Winkel beibehalten. Hätten wir aber die Beobachtung gleich auf dem Referenzellipsoid gemacht, so hätten wir andere Winkel gemessen. Solange die Beziehung zwischen den beiden Flächen nicht bekannt ist, bleibt auch nichts anderes übrig, als die Winkel ungeändert zu übertragen. Wenn aber diese Beziehung durch ein Lotabweichunssystem festgelegt ist, so lassen sich die zugehörigen Winkelreduktionen berechnen.

Auch die Reduktion wegen Höhe (S. 15) wäre statt mit der Seehöhe mit der Höhe über dem Referenzellipsoid durchzuführen. Die beiden unterscheiden sich um die Größe N.

Ferner haben wir die Basis auf das Meeresniveau reduziert; nun kann die Basismessung auf das Referenzellipsoid bezogen werden, wozu wieder die oben abgeleitete Größe N gebraucht wird.

Wenn man aber, wie früher gezeigt wurde, jenes Referenzellipsoid sucht, welches sich in dem betreffenden Gebiete dem Geoid am besten anschließt, so vermeidet man das systematische Anwachsen der Lotabweichungen vom Ausgangspunkte an. Es bleiben die Winkelreduktionen auf das Referenzellipsoid immer so klein, daß eine Wiederholung des Ausgleiches sich kaum lohnen dürfte. Man begnügt sich somit mit dem ersten Resultate.

Das Schlußergebnis des gesamten Komplexes von Operationen ist also

1. die Bestimmung des günstigsten Referenzellipsoides nach Größe, Form und Lage;
2. die punktweise Bestimmung des Geoides durch die Höhendifferenz N zwischen Geoid und Referenzellipsoid.

Was nun die Resultate betrifft, die auf diesem Wege gewonnen wurden, so ist in erster Linie zu erwähnen, daß — wie sich übrigens von vornherein vermuten läßt — das Referenzellipsoid, welches den besten Anschluß an das Geoid gibt, bei Gradmessungen in verschiedenen Gebieten sehr verschieden ausfällt, woraus wir schließen müssen, daß das Geoid in seinen einzelnen Teilen durch verschiedene Ellipsoide dargestellt wird. Man kann also von einem „Erdellipsoid", welches allen Anforderungen entspricht, nicht reden. Was die Dimensionen der Erde betrifft, so läßt sich aus Helmerts Angaben[1]) folgende Zusammenstellung ableiten.

Bezeichnet a_0 die Äquatorhalbachse der Erde nach Bessel, so findet sich unter Beibehaltung der Besselschen Abplattung $\frac{1}{299.15}$:

russ.-skand.	Gradmessung	$a = a_0 + 1058 \text{ m} \pm 127$
westeurop.	Bogen	$= a_0 + 538 \quad \pm 155$
	nördl. Teil	$= a_0 + 788 \quad \pm 400$
	südl. Teil	$= a_0 + 145 \quad \pm 330$

[1]) R. Helmert: Die Größe der Erde. 1. Mitteil. Sitzungsber. d. preuß. Akad. d. Wiss. 1906, XXVIII. Vgl. auch: Verhandl. der XV. allg. Konferenz der intern. Erdmessung. Budapest 1906, Beilage B XIV.

europ. Längengradmessung in 52° Br.	$= a_0 + 594$	± 105
westl. Teil	$= a_0 + 475$	± 166
östl. Teil	$= a_0 + 1236$	± 505
nach neuen Verbesserungen	$= a_0 + 660$	± 105
russ. Teil.	$= a_0 - 47$	± 650
Vereinigte Staaten[1])	$= a_0 + 991$	± 53

Man erkennt, daß die Größe des Referenzellipsoides in den einzelnen Teilen um mehrere hundert Meter schwankt. Die Genauigkeit, welche erreicht ist, beträgt abgesehen von den Teilresultaten etwa $\pm$ 150 m. Von weiteren Arbeiten, die Resultate in dieser Richtung erwarten lassen, wurde schon oben gesprochen.

Die Untersuchungen über die Form des Geoides konnten bisher aus leicht begreiflichen Gründen in großem Maßstabe nicht durchgeführt werden, ist doch hierfür ein außerordentlich dichtes Netz von astronomischen Stationen notwendig, das noch nicht vorliegt. Für den östlichen Teil der Vereinigten Staaten hat HAYFORD schon 1903 auf Grund eines graphischen Verfahrens versucht, die Geoidform abzuleiten[2]). An Detailuntersuchungen kleiner Gebiete sei hervorgehoben die schon erwähnte Arbeit GALLES über den Harz, und die Arbeit SCHUMANNS über das astronomische Nivellement in Krain[3]), ferner die Arbeiten in Hessen[4]), Württemberg[5]) und der Schweiz[6]).

II. Die Bestimmung des Geoides aus Schweremessungen.

1. Die Eigenschaften der Niveauflächen.

Zunächst ist der Beweis zu führen, daß die Bestimmung der Form der Erde aus Schweremessungen überhaupt möglich ist. Dieser Beweis gelingt auf Grund einiger wichtiger Eigenschaften der Niveauflächen, die im folgenden zur Besprechung gelangen sollen.

Wenn wir eine Masse längs einer horizontalen Fläche verschieben, die im übrigen ganz beliebig gestaltet sein kann, so wird dabei keine Arbeit geleistet. Wenn wir von einem beliebigen Punkte des Raumes eine Masse auf die Fläche bringen, so ist die von der Masse dabei ge-

[1]) HELMERT: Über die Genauigkeit der Dimensionen des HAYFORDschen Erdellipsoides. Sitzungsber. d. preuß. Akad. d. Wiss. 1911 II.

[2]) Generalbericht der 14. allg. Konferenz der intern. Erdmessung. 1903. 1. Bd. Annexe A 11.

[3]) R. SCHUMANN: Vorläufige Untersuchung über ein astronomisches Nivellement bei Laibach in Krain. Veröffentl. d. Gradmessungsbureaus in Wien. XVI. Bd.

[4]) Astronomisches Nivellement durch das Großherzogtum Hessen (Veröffentl. d. hessischen Kommissars f. d. intern. Erdmessung).

[5]) Astronomisches Nivellement durch Württemberg (Veröffentl. d. württembergischen Kommission f. d. intern. Erdmessung. Stuttgart 1909).

[6]) Procès-verbal de la 63ième séance de la commission géodésique Suisse tenue le 31 mars 1917 (Neuchâtel 1917).

leistete Arbeit von dem Wege unabhängig. Gäbe es nämlich einen anderen Weg, auf welchem die geleistete Arbeit geringer wäre, so könnte man diesen als Rückweg zum Ausgangspunkt benutzen. Man könnte dann auf diese Weise immer wieder aus Nichts Arbeit gewinnen, was unmöglich ist. Wählen wir den Ausgangspunkt im Unendlichen, so können wir sagen: Die Niveaufläche enthält alle Punkte, welche aus dem Unendlichen mit gleicher Arbeitsleistung erreicht werden können. Wir können somit jeder Niveaufläche und somit überhaupt jedem Punkte des Raumes einen Arbeitswert W zuweisen, der die Arbeit angibt, die geleistet werden muß, um die Masseneinheit aus dem Unendlichen in den gegebenen Punkt zu bringen. In diesem Sinne ist W eine Funktion des Ortes, also z. B. der drei rechtwinkligen Koordinaten x, y, z:

$$W = W(x, y, z)\,. \tag{1}$$

Die Gleichung

$$W = W(xyz) = C \tag{2}$$

stellt die Gesamtheit aller Punkte dar, in welchen W den gleichen Wert annimmt, sie ist also die Gleichung der Niveaufläche.

Die sämtlichen Niveauflächen unterscheiden sich durch die verschiedenen Werte der Konstante C.

Wenn wir von einer Niveaufläche $W = C$ zu einer benachbarten übergehen, so ändert sich C in $C + d\,C$. Bei diesem Übergang wird eine Arbeit geleistet, welche gegeben ist durch: Kraft × Weg. Für die Niveaufläche der Erde ist die Kraft gegeben durch: Schwerebeschleunigung × Masse. Die letztere nehmen wir gleich der Masseneinheit. Ist der Abstand zweier Niveauflächen an irgendeiner Stelle gleich dh, die zugehörige Schwere gleich g, so ist die Arbeit gleich gdh, somit

$$dC = -gdh\,,$$

wobei das Minuszeichen bedeutet, daß bei Erhebung über die Erde, also bei positivem dh, Arbeit gegen die Schwere geleistet werden muß. Da auf der zweiten Niveaufläche $C' = C + dC$ wieder eine Konstante ist, so ist auch dC konstant. Zwischen den beiden Niveauflächen ist somit überall

$$gdh = \text{const.} \tag{3}$$

Wo also g einen größeren Wert hat, ist dh kleiner, die Niveauflächen liegen enger beisammen, und umgekehrt, wo g kleiner ist, treten sie weiter auseinander. Da g nirgends unendlich wird, kann dh nicht Null werden. Zwei Niveauflächen mit verschiedenem C können sich also weder schneiden noch berühren.

Da wir auch für $d\,C : dW$ setzen können, so folgt

$$dW = -gdh \quad \text{oder} \quad g = -\frac{\partial W}{\partial h}\,. \tag{4}$$

Die Funktion W hat also die Eigenschaft, nach h differenziert die Schwere zu liefern.

Legen wir ein rechtwinkliges Koordinatensystem so, daß die z-Achse in der Richtung nach abwärts fällt, die x- und y-Achse daher in die Niveaufläche zu liegen kommen, so ist:

$$\frac{\partial W}{\partial x} = 0 \qquad \frac{\partial W}{\partial y} = 0 \qquad \frac{\partial W}{\partial z} = -\frac{\partial W}{dh} = g. \tag{5}$$

Führen wir wir ein beliebiges anderes Koordinatensystem $x'\,y'\,z'$ durch die Transformationsgleichungen:

$$\begin{aligned} x' &= x\cos\alpha_1 + y\cos\beta_1 + z\cos\gamma_1 \\ y' &= x\cos\alpha_2 + y\cos\beta_2 + z\cos\gamma_2 \\ z' &= x\cos\alpha_3 + y\cos\beta_3 + z\cos\gamma_3 \end{aligned}$$

ein, so ist

$$\begin{aligned} \frac{\partial W}{\partial x'}\cdot\frac{\partial x'}{\partial x} + \frac{\partial W}{\partial y'}\cdot\frac{\partial y'}{\partial x} + \frac{\partial W}{\partial z'}\cdot\frac{\partial z'}{\partial x} &= \frac{\partial W}{\partial x'}\cos\alpha_1 + \frac{\partial W}{\partial y'}\cos\alpha_2 + \frac{\partial W}{\partial z'}\cos\alpha_3 = 0 \\ \frac{\partial W}{\partial x'}\cdot\frac{\partial x'}{\partial y} + \frac{\partial W}{\partial y'}\cdot\frac{\partial y'}{\partial y} + \frac{\partial W}{\partial z'}\cdot\frac{\partial z'}{\partial y} &= \frac{\partial W}{\partial x'}\cos\beta_1 + \frac{\partial W}{\partial y'}\cos\beta_2 + \frac{\partial W}{\partial z'}\cos\beta_3 = 0 \\ \frac{\partial W}{\partial x'}\cdot\frac{\partial x'}{\partial z} + \frac{\partial W}{\partial y'}\cdot\frac{\partial y'}{\partial z} + \frac{\partial W}{\partial z'}\cdot\frac{\partial z'}{\partial z} &= \frac{\partial W}{\partial x'}\cos\gamma_1 + \frac{\partial W}{\partial y'}\cos\gamma_2 + \frac{\partial W}{\partial z'}\cos\gamma_3 = g \end{aligned}$$

Oder mit Hilfe der bekannten Gleichungen, die zwischen den Richtungskosinus bestehen:

$$\frac{\partial W}{\partial x'} = g\cos\gamma_1 \qquad \frac{\partial W}{\partial y'} = g\cos\gamma_2 \qquad \frac{\partial W}{\partial z'} = g\cos\gamma_3. \tag{6}$$

γ_1, γ_2 und γ_3 sind aber die Neigungswinkel der alten z-Achse, welche mit der Richtung der Schwere zusammenfällt, gegen die drei neuen Achsen. $\frac{\partial W}{\partial x'}, \frac{\partial W}{\partial y'}, \frac{\partial W}{\partial z'}$ sind also die Komponenten von g, die in die neuen Achsenrichtungen fallen. Es folgt also, daß die Funktion W, nach einer beliebigen Richtung differenziert, die in diese Richtung fallende Komponente der Schwere liefert. Eine solche Funktion heißen wir das *Potential* oder *Kräftefunktion.* Die Niveauflächen sind daher *Flächen gleichen Potentials* oder *Potentialflächen.*

Wir können die allgemeine Gleichung der Niveauflächen leicht ableiten. Es seien X, Y, Z die Anziehungskomponenten der Erdmasse, die wir uns beliebig gestaltet und aus Massen verschiedener Dichte zusammengesetzt denken können, auf einem Punkt $P\,(x, y, z)$ mit der Masse 1. Der Koordinatenanfangspunkt liege im Schwerpunkt.

Sind x', y', z' die Koordinaten eines Massenelementes dm der Erde, so ist:

$$X = \int \frac{k^2(x'-x)}{e^3}\,dm$$

$$Y = \int \frac{k^2(y'-y)}{e^3}\,dm \qquad e^2 = (x'-x)^2 + (y'-y)^2 + (z'-z)^2 \tag{7}$$

$$Z = \int \frac{k^2(z'-z)}{e^3}\,dm,$$

indem $\frac{k^2 dm}{e^2}$ die Anziehung in der Verbindungslinie der beiden Punkte, und $\frac{x'-x}{e}$, $\frac{y'-y}{e}$, $\frac{z'-z}{e}$ die Kosinus der Richtungswinkel sind, welche die Verbindungslinie mit den drei Achsen einschließt. Die Integrale sind über die ganze Masse der Erde zu erstrecken.

Die Komponenten der Fliehkraft in den drei Richtungen sind, wenn wir die z-Achse zur Rotationsachse wählen und ω die Umdrehungsgeschwindigkeit ist:

$$+\omega^2 x \qquad +\omega^2 y \qquad 0 \tag{8}$$

Es sind also die drei Komponenten der Schwerkraft:

$$\begin{aligned} g_x &= \int \frac{k^2(x'-x)}{e^3}\,dm + \omega^2 x \\ g_y &= \int \frac{k^2(y'-y)}{e^3}\,dm + \omega^2 y \\ g_z &= \int \frac{k^2(z'-z)}{e^3}\,dm\,. \end{aligned} \tag{9}$$

Die Funktion W, welche, nach den drei Richtungen x, y, z differenziert, g_x, g_y, g_z ergibt, ist:

$$W = \int \frac{k^2\,dm}{e} + \frac{\omega^2}{2}(x^2+y^2) = V + \frac{\omega^2}{2}(x^2+y^2)\,. \tag{10}$$

Für Punkte, die an der Erdrotation nicht teilnehmen, fällt das zweite Glied rechts weg.

Bezeichnet $d\sigma$ ein räumliches Winkelelement, dessen Scheitel im Punkte P liege, so können wir dm in der Form schreiben:

$$dm = e^2\,d\sigma\,de\,.$$

dm ist also von der Ordnung e^2, $(x'-x)\,dm$ von der Ordnung e^3. Es bleiben also die Integrale (9) auch an der Stelle $e = 0$ endlich; um so mehr das Integral (10). Es ist also das Potential und seine ersten Ableitungen in allen Punkten endlich und stetig.

Bezüglich des zweiten Differentialquotienten gilt das nicht mehr. Bei der Untersuchung über ihr Verhalten unterscheiden wir zwischen Punkten, die außerhalb der Erdmasse liegen, und solchen, die innerhalb liegen.

Punkt P außerhalb. Gleichung von Laplace. Für einen Punkt außerhalb der Erde ist die Funktion $\frac{1}{e}$ mit ihren sämtlichen Ableitungen stets endlich und stetig. Es ist also auch die Funktion W außerhalb der Erde mit allen ihren Ableitungen beliebig hoher Ordnung endlich und stetig. W hat somit weder Kanten noch Ecken und es können, solange $g > 0$ ist, auch keine Selbstberührungspunkte und Schneiden vorkommen.

Wir bilden aus (9) und (10)

$$\frac{\partial W}{\partial x} = g_x \qquad \frac{\partial^2 W}{\partial x^2} = -3\int \frac{k^2 dm}{e^4}(x' - x)\cdot\frac{\partial e}{\partial x} - \int\frac{k^2 dm}{e^3} + \omega^2$$

$$\frac{\partial W}{\partial y} = g_y \qquad \frac{\partial^2 W}{\partial y^2} = -3\int \frac{k^2 dm}{e^4}(y' - y)\cdot\frac{\partial e}{\partial y} - \int\frac{k^2 dm}{e^3} + \omega^3$$

$$\frac{\partial W}{\partial z} = g_z \qquad \frac{\partial^2 W}{\partial z^2} = -3\int \frac{k^2 dm}{e^4}(z' - z)\cdot\frac{\partial e}{\partial z} - \int\frac{k^2 dm}{e^3}$$

oder

$$\frac{\partial^2 W}{\partial x^2} = 3\int \frac{k^2 dm}{e^5}(x' - x)^2 - \int\frac{k^2 dm}{e^3} + \omega^2$$

$$\frac{\partial^2 W}{\partial y^2} = 3\int \frac{k^2 dm}{e^5}(y' - y)^2 - \int\frac{k^2 dm}{e^3} + \omega^2$$

$$\frac{\partial^2 W}{\partial z^2} = 3\int \frac{k^2 dm}{e^5}(z' - z)^2 - \int\frac{k^2 dm}{e^3}.$$

Daraus ergibt sich

$$\frac{\partial^2 W}{\partial x^2} + \frac{\partial^2 W}{\partial y^2} + \frac{\partial^2 W}{\partial z^2} = 2\omega^2. \tag{11}$$

Für Punkte, welche an der Rotation nicht teilnehmen:

$$\frac{\partial^2 V}{\partial x^2} + \frac{\partial^2 V}{\partial y^2} + \frac{\partial^2 V}{\partial z^2} = 0. \tag{12}$$

Dies ist die *Laplacesche Gleichung*. Sie gilt für das Gravitationspotential außerhalb der anziehenden Massen.

Punkt P innerhalb. Gleichung von Poisson. Liegt der Punkt P innerhalb der Erdmasse, so schließen wir ihn zunächst durch eine kleine Kugel aus (Abb. 13). Das Potential zerfällt dann in zwei Teile. Der erste Teil rührt von der gesamten Masse her mit Ausschluß der kleinen Kugel. Für diese Massen ist P ein äußerer Punkt.

Abb. 13.

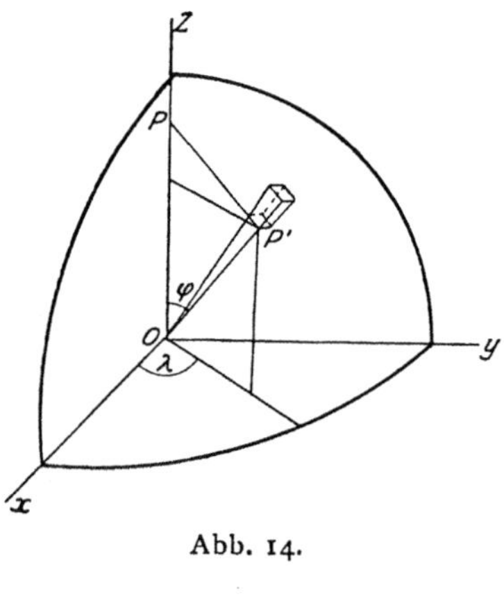

Abb. 14.

Das zugehörige Potential sei V_a. Den zweiten Teil bildet das Potential der kleinen Kugel, die wir zunächst noch als endlich annehmen, später aber unendlich klein werden lassen. Wir können deshalb die Dichte dieser Kugel als konstant und gleich der Dichte in P voraussetzen. Dieses Potential sei V_i. Endlich sei F das Potential der Fliehkraft.

Somit

$$W = V_a + V_i + F. \tag{13}$$

Wir brauchen nun einen Ausdruck für das Potential V_i einer Kugel auf einen Punkt in ihrem Innern. Wir legen den Anfangspunkt eines Koordinatensystems in den Mittelpunkt der Kugel und lassen die z-Achse durch den angezogenen Punkt P gehen. Der Abstand von P vom Mittelpunkte sei a, der Radius der Kugel R. Sind r, φ, λ die Polarkoordinaten eines beliebigen Punktes P' der Kugel, so ist (Abb. 14)

$$PP' = e = \sqrt{a^2 + r^2 - 2ar\cos\varphi}. \tag{14}$$

Das Volumelement wird ein unendlich kleines Prisma, welches den Meridianbogen $r\,d\varphi$ und den Bogen des Parallelkreises $r\sin\varphi\,d\lambda$ zu Grundkanten und dr zur Höhe hat. Ist ϑ die Dichte, so ist das Massenelement:

$$dm = \vartheta r^2 \sin\varphi\, dr\, d\varphi\, d\lambda. \tag{15}$$

Wir erhalten somit

$$V_i = k^2\vartheta \int_0^R\int_0^\pi\int_0^{2\pi} \frac{r^2\sin\varphi\, dr\, d\varphi\, d\lambda}{e}, \tag{16}$$

wobei die Integration über die ganze Kugel zu erstrecken ist, also in bezug auf r von 0 bis R, in bezug auf φ von 0 bis π, in bezug auf λ von 0 bis 2π.

Die Integration nach λ läßt sich sofort ausführen und gibt den Faktor 2π. Statt φ führen wir die Variable e ein. Es ist nach (14)

$$2e\,de = 2ar\sin\varphi\, d\varphi$$

oder

$$r\sin\varphi\, d\varphi = \frac{e\,de}{a}.$$

Zur Grenzbestimmung dient folgende Überlegung: Setzen wir in (14) $\varphi = 0$, so erhalten wir

$$e = a - r \quad \text{oder} \quad e = r - a.$$

Den ersten Wert müssen wir nehmen für alle Punkte der Kugel mit $r < a$, den zweiten Wert für alle Punkte mit $r > a$; für $\varphi = \pi$ wird in beiden Fällen

$$e = a + r.$$

Das Integral zerfällt also in zwei Teile; im ersten geht r von 0 bis a, im zweiten von a bis R. Also:

$$\begin{aligned} V_i &= 2\pi k^2\vartheta \int_0^a\int_{a-r}^{a+r} \frac{r\,dr\,de}{a} + 2\pi k^2\vartheta \int_a^R\int_{r-a}^{r+a} \frac{r\,dr\,de}{a} \\ &= \frac{2\pi k^2\vartheta}{a}\int_0^a 2r^2\,dr + 2\pi k^2\vartheta\int_a^R \cdot 2r\,dr \\ &= \frac{4\pi k^2\vartheta}{a}\cdot\frac{a^3}{3} + 4\pi k^2\vartheta\left(\frac{R^2}{2} - \frac{a^2}{2}\right) \\ &= 2\pi k^2\vartheta\left(R^2 - \frac{a^2}{3}\right). \end{aligned} \tag{17}$$

Es ist also

$$W = V_a + 2\pi k^2 \vartheta \left(R^2 - \frac{a^2}{3}\right) + \frac{\omega^2}{2}(x^2 + y^2). \tag{18}$$

Gehen wir zur Grenze über, indem wir R und a gleichzeitig Null werden lassen, so bleibt

$$W = V_a + \frac{\omega^2}{2}(x^2 + y^2). \tag{19}$$

Es bleibt also auch das Potential auf den inneren Punkt überall endlich und stetig. Da die Dichte ϑ im angezogenen Punkte nicht mehr vorkommt, so gilt das auch an der Grenzfläche zweier Medien, wo sich ϑ sprunghaft ändert.

Wir bilden nun die ersten Differentialquotienten von (18). Sind ξ, η, ζ die Koordinaten des Mittelpunktes der kleinen Kugel, so ist

$$a^2 = (\xi - x)^2 + (\eta - y)^2 - (\zeta - z)^2.$$

Somit

$$\frac{\partial W}{\partial x} = \frac{\partial V_a}{\partial x} + \frac{4}{3}\pi k^2 \vartheta (\xi - x) + \omega^2 x$$
$$\frac{\partial W}{\partial y} = \frac{\partial V_a}{\partial y} + \frac{4}{3}\pi k^2 \vartheta (\eta - y) + \omega^2 y$$
$$\frac{\partial W}{\partial z} = \frac{\partial V_a}{\partial z} + \frac{4}{3}\pi k^2 \vartheta (\zeta - z).$$

Gehen wir hier zur Grenze über, so wird $\xi - x = \eta - y = \zeta - z = 0$. Es bleiben also auch die ersten Differentialquotienten des Potentiales auf einen inneren Punkt stetig, auch an Stellen, wo sich die Dichte sprunghaft ändert.

Die zweiten Differentialquotienten werden

$$\begin{aligned} \frac{\partial^2 W}{\partial x^2} &= \frac{\partial^2 V_a}{\partial x^2} - \frac{4}{3}\pi k^2 \vartheta + \omega^2 \\ \frac{\partial^2 W}{\partial y^2} &= \frac{\partial^2 V_a}{\partial y^2} - \frac{4}{3}\pi k^2 \vartheta + \omega^2 \\ \frac{\partial^2 W}{\partial z^2} &= \frac{\partial^2 V_a}{\partial z^2} - \frac{4}{3}\pi k^2 \vartheta. \end{aligned} \tag{20}$$

Bilden wir die Summe der drei Gleichungen (20), so wird

$$\frac{\partial^2 W}{\partial x^2} + \frac{\partial^2 W}{\partial y^2} + \frac{\partial^2 W}{\partial z^2} = \frac{\partial^2 V_a}{\partial x^2} + \frac{\partial^2 V_a}{\partial y^2} + \frac{\partial^2 V_a}{\partial z^2} - 4\pi k^2 \vartheta + 2\omega^2.$$

Da nun V_a der Laplaceschen Gleichung genügt, so erhalten wir

$$\frac{\partial^2 W}{\partial x^2} + \frac{\partial^2 W}{\partial y^2} + \frac{\partial^2 W}{\partial z^2} = -4\pi k^2 \vartheta + 2\omega^2. \tag{21}$$

Für die Anziehungskraft allein wird:

$$\frac{\partial^2 V}{\partial x^2} + \frac{\partial^2 V}{\partial y^2} + \frac{\partial^2 V}{\partial z^2} = -4\pi k^2 \vartheta. \tag{22}$$

Es sind also die zweiten Differentialquotienten endlich und stetig, so lange in ϑ kein Sprung vorkommt. Wo sich aber ϑ unstetig ändert, da ändern sich auch die zweiten Differentialquotienten unstetig. Es folgt daraus, daß beim Durchgang einer Niveaufläche durch eine Unstetigkeitsstelle der Dichte sich ihre Krümmungsverhältnisse unstetig ändern, während die Fläche selbst ohne Unstetigkeit und ohne Kanten und Ecken in das neue Mittel eintritt. Die Niveauflächen setzen sich daher aus Stücken verschiedener geometrischer Flächen zusammen, die an den Stellen der Dichtesprünge stetig ineinander übergehen. Die Beziehung 22 heißt die *Poissonsche Gleichung*.

Meridiane und Parallele. Wir haben über die Erde gar keine Voraussetzung gemacht. Die obigen Sätze gelten für eine beliebig gestaltete und zusammengesetzte Erde, die also auch gar keine Ähnlichkeit mit einer Kugel oder einem Ellipsoide haben müßte. Aber auch unter diesen Umständen verlieren die alten Definitionen der Meridiane und Parallelen nicht ihre Bedeutung. Eine Ebene senkrecht zur Rotationsachse gibt uns die Richtung des Äquators. Alle Punkte, deren Lotrichtung dieser Ebene parallel sind, gehören dem Äquator an. Alle Punkte, deren Lotlinien mit dieser Ebene den Winkel B einschließen, bilden zusammen den Parallel mit der geographischen Breite B. Legen wir durch die Lotrichtung eines Punktes eine Ebene parallel zur Rotationsachse, so stellt diese die Meridianebene des Punktes vor. Diese Ebene wird also im allgemeinen die Rotationsachse selbst nicht enthalten. Die Gesamtheit aller Punkte, deren Meridianebene unter sich parallel sind, bilden den geographischen Meridian.

Meridiane und Parallelen sind geschlossene Linien, welche aber an Übergangsstellen, wo die Dichte einen Sprung macht, Knickungen aufweisen. Dies ist aus folgendem ersichtlich. Die Richtung der Meridianebene eines Ortes ist durch die Richtung der Schwere gegeben, welche ihrerseits von den Werten der drei Schwerkomponenten $\frac{\partial W}{\partial x}, \frac{\partial W}{\partial y}, \frac{\partial W}{\partial z}$ abhängt. Für einen benachbarten Punkt gleicher Länge sind die zu diesem zweiten Punkte gehörigen Schwerekomponenten maßgebend. Der Unterschied in den Schwerekomponenten der beiden Punkte wird aber von den zweiten Differentialquotienten abhängig sein, die nach dem früheren an Stellen der Unstetigkeit der Dichte, selbst Unstetigkeiten aufweisen. Die Meridianlinien müssen also an solchen Stellen Knickungen zeigen. Das Gleiche gilt von den Parallelen.

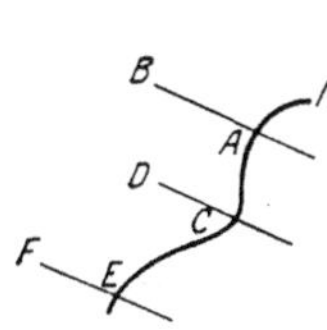

Abb. 15.

Der Name „Parallel*kreis*" kann natürlich nicht aufrecht erhalten werden, weil diese Linien keineswegs mehr Kreise sind. Mit Helmert spricht man daher nur von „Parallen".

Es ist nicht ausgeschlossen, daß eine solche Linie aus zwei oder mehreren Zügen besteht, die eine Zeitlang getrennt verlaufen. Ist z. B. in Abb. 15 N ein Stück der Erdoberfläche längs eines Meridians und

AB, CD und EF parallele Lotrichtungen, so haben A, C und E gleiche geographische Breite. Das kann aber nur eintreten, wenn die Krümmung der Niveaufläche stellenweise negativ wird. Ebenso wäre es nicht ausgeschlossen, daß mehrere Punkte existieren mit der Breite 90°, also mehrere Pole; es müßten die Lote dieser Orte parallel der Erdachse sein.

Negative Krümmungen treten immer auf, wo die Niveauflächen in eine Gebirgsmasse eintreten, doch beschränken sie sich auf so kleine Räume, daß sie praktisch nicht in Frage kommen[1]).

Satz von Gauss. Es sei eine beliebige Fläche S gegeben; das Oberflächenelement $d\sigma$ im Punkt A habe von einem beliebigen Punkte P den Abstand u (Abb. 16). Der Winkel zwischen u und der nach außen gerichteten Normalen n sei (nu). Wir betrachten das Integral

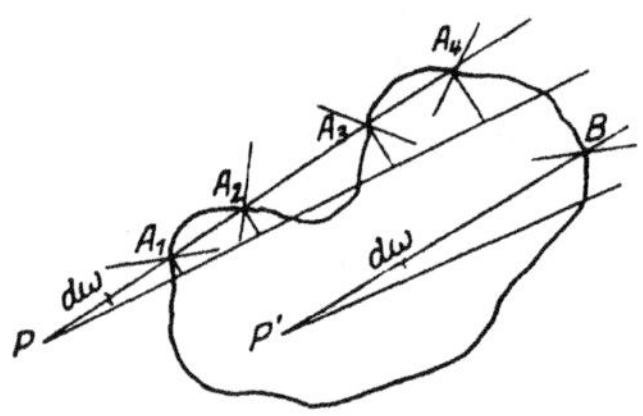

Abb. 16.

$$J = \int \frac{\cos(nu)}{u^2}\, d\sigma. \qquad (23)$$

Wir machen den Punkt P zur Spitze eines unendlich dünnen Kegels mit dem räumlichen Öffnungswinkel $d\omega$. Dieser Kegel trifft die Fläche S in den Punkten A_1, A_2, A_3, A_4 in den Entfernungen u_1, u_2, u_3, u_4 vom Punkte P.

Es ist dann

$$d\sigma_1 = \frac{-u_1^2 d\omega}{\cos(n_1 u_1)} \quad d\sigma_2 = \frac{u_2^2 d\omega}{\cos(n_2 u_2)} \quad d\sigma_3 = \frac{-u_3^2 d\omega}{\cos(n_3 u_3)} \quad d\sigma_4 = \frac{u_4^2 d\omega}{\cos(n_4 u_4)}.$$

Da die $d\sigma$ wesentlich positiv sind, so muß dort, wo die Winkel in zweiten Quadraten liegen, d. i. an allen Eintrittsstellen des Kegels, ein negatives Vorzeichen gesetzt werden. Die Summe der zu $d\omega$ gehörigen Elemente des Integrals wird also

$$-d\omega + d\omega - d\omega + d\omega + \cdots$$

Ist nun P ein Punkt außerhalb F, so ist die Zahl der Durchstoßpunkte immer eine gerade; die Summe wird also Null und zwar für jeden beliebigen Elementarkegel mit der Spitze in P; somit verschwindet das ganze Integral J; also

$$J = \int \frac{\cos(nu)}{u^2}\, d\sigma = 0 \text{ für } P \text{ außerhalb } S. \qquad (24)$$

Liegt der Punkt (P') dagegen innerhalb S, so ist die Zahl der Durchstoßpunkte immer ungerade, und es bleibt bei jedem Elementarkegel ein positives $d\omega$ übrig; J reduziert sich somit auf

$$J = \int d\omega.$$

---

[1]) Nach M. Brillouin: Mémoire sur l'ellipticité du géoide dans le tunnel du Simplon (Mémoires presentées par divers savants à l'acad. des sciences de l'inst. de France, tome XXIII) sind auch in Tunnelbohrungen negative Krümmungen vorhanden.

Da nun für einen Punkt innerhalb S alle $d\omega$ um P' herum in Betracht kommen, so wird

$$J = \int \frac{\cos(nu)}{u^2}\, d\sigma = 4\pi \text{ für } P \text{ innerhalb } S. \tag{25}$$

Wir betrachten nun einen beliebigen Körper und eine beliebige Fläche S, die ihn vollständig umschließt. Es sei P ein Punkt dieser Fläche und u seine Entfernung von einem Massenelement dm des Körpers. Die Anziehungskomponente senkrecht zur Fläche S ist dann

$$\frac{\partial V}{\partial n} = -k^2 \int \frac{dm}{u^2} \cdot \cos(nu),$$

wobei das Integral über die ganze Masse auszudehnen ist.

Multiplizieren wir nun mit $d\sigma$ und integrieren über die ganze Fläche S, so wird

$$\int_S \frac{\partial V}{\partial n} \cdot d\sigma = -k^2 \int dm \int_S \frac{\cos(nu)}{u^2}\, d\sigma. \tag{26}$$

Da nun alle Massenelemente innerhalb der Fläche S liegen, so ist das letzte Integral nach (25) gleich 4π; somit

$$\int_S \frac{\partial V}{\partial n} \cdot d\sigma = -4\pi k^2 \int dm = -4\pi k^2 M. \tag{27}$$

Das ist der Ausdruck des Satzes von Gauss.

Bildet man also für eine die ganze Masse umschließende Fläche S die Komponenten der Anziehungskraft, die mit der Normalen zusammenfallen, nach außen positiv gerechnet, multipliziert mit dem zugehörigen Flächenelement, und integriert über die ganze Fläche S, so ist das Resultat gleich $-4\pi k^2$ mal der ganzen eingeschlossenen Masse.

Satz von Green[1]. Es sei F eine Funktion, welche in einem gegebenen Raume T überall endlich und stetig bleibt. Es ist dann

$$J = \int\int\int \frac{\partial F}{\partial x}\, dx\, dy\, dz = \int\int (F_2 - F_1)\, dy\, dz,$$

wenn F_1 und F_2 die Werte von F an jenen Stellen bedeuten, wo eine zur x-Achse parallele Gerade in T eintritt oder aus T austritt und das dreifache Integral links über den ganzen Raum T, das zweifache rechts über seine Oberfläche ausgedehnt ist. Dafür können wir, ähnlich wie beim Gaussschen Satze schreiben

$$J = \int\int F\, d\sigma \cos\alpha,$$

wenn α der Winkel ist, den die nach außen gerichtete Normale zur Fläche mit der x-Achse bildet. Bezeichnen wir mit dn das Linienelement der Normalen nach außen gerichtet, so ist

$$\cos\alpha = \frac{dx}{dn}$$

[1] F. Tisserand: Traité de mécanique céleste, tome II.

und daher

$$J = \iint F \cdot \frac{\partial x}{\partial n} d\sigma$$

oder, da $dx\,dy\,dz = dv$ ist,

$$J = \int \frac{\partial F}{\partial x} dv = \int F \frac{\partial x}{\partial n} \cdot d\sigma, \tag{28}$$

wo das erste Integral über den Raum T, das zweite über seine Oberfläche erstreckt ist.

Wir nehmen nun an, wir hätten zwei Funktionen U und V, die beide innerhalb T endlich und stetig seien, und wir betrachten das über T ausgedehnte Integral

$$J = \int_T \left(\frac{\partial U}{\partial x} \cdot \frac{\partial V}{\partial x} + \frac{\partial U}{\partial y} \cdot \frac{\partial V}{\partial y} + \frac{\partial U}{\partial z} \cdot \frac{\partial V}{\partial z} \right) dv. \tag{29}$$

Es ist dann

$$J = \int_T \frac{\partial}{\partial x}\left(U \frac{\partial V}{\partial x} \right) dv + \int_T \frac{\partial}{\partial y}\left(U \frac{\partial V}{\partial y} \right) dv + \int_T \frac{\partial}{\partial z}\left(U \frac{\partial V}{\partial z} \right) dv$$
$$- \int_T U \left(\frac{\partial^2 V}{\partial x^2} + \frac{\partial^2 V}{\partial y^2} + \frac{\partial^2 V}{\partial z^2} \right) dv$$

oder abkürzungsweise

$$J = -\int_T U \Delta_2 V dv + \int_T \frac{\partial}{\partial x}\left(U \frac{\partial V}{\partial x} \right) dv + \int_T \frac{\partial}{\partial y}\left(U \frac{\partial V}{\partial y} \right) dv + \int_T \frac{\partial}{\partial z}\left(U \frac{\partial V}{\partial z} \right) dv. \tag{30}$$

Auf die letzten drei Integrale können wir den eben unter (28) abgeleiteten Satz anwenden, indem wir für F der Reihe nach $U \frac{\partial V}{\partial x}$, $U \frac{\partial V}{\partial y}$ und $U \frac{\partial V}{\partial z}$ setzen. Es wird dann

$$J = -\int_T U \Delta_2 V dv + \int_S U \left(\frac{\partial V}{\partial x} \cdot \frac{\partial x}{\partial n} + \frac{\partial V}{\partial y} \cdot \frac{\partial y}{\partial n} + \frac{\partial V}{\partial z} \cdot \frac{\partial z}{\partial n} \right) d\sigma$$
$$= -\int_T U \Delta_2 V dv + \int_S U \cdot \frac{\partial V}{\partial n} \cdot d\sigma. \tag{31}$$

Wir denken uns nun den Raum T von zwei Flächen S und S' begrenzt. Die innere Fläche S umschließe alle anziehenden Massen deren Summe wieder M sei; die äußere S' sei eine Kugel von sehr großem Radius. Der Raum T enthält dann selbst keine Massen. Die in S eingeschlossenen Massen erzeugen im Raum T ein Potential V, welches, da T keine Massen enthält, der Bedingung geneigt

$$\Delta_2 V = 0.$$

Wir ersetzen nun die Massenverteilung innerhalb S durch eine andere, welche auf der Fläche S die gleichen Werte $\frac{\partial V}{\partial n}$ erzeugt. Das

Potential dieser neuen Massenverteilung innerhalb T sei V', und es wird auch für diesen Fall

$$\varDelta_2 V' = 0$$

sein. Setzen wir

$$V - V' = W, \tag{32}$$

so wird

$$\varDelta_2^2 W = 0 \quad \text{und} \quad \left(\frac{\partial W}{\partial n}\right)_S = \frac{\partial V}{\partial n} - \frac{\partial V'}{\partial n} = 0. \tag{33}$$

Wir setzen nun in dem Ausdrucke (29) oder (31) für beide Funktionen U und V die Funktion W ein. Da sich hier die Integrationen über den Raum T bzw. seine Begrenzungen S und S' ausdehnen, so erhalten wir

$$\int\left[\left(\frac{\partial W}{\partial x}\right)^2 + \left(\frac{\partial W}{\partial y}\right)^2 + \left(\frac{\partial W}{\partial z}\right)^2\right] dv$$

$$= -\int W \varDelta_2 W dv + \int\limits_S W \frac{\partial W}{\partial n} d\sigma + \int\limits_{S'} W \frac{\partial W}{\partial n} d\sigma. \tag{34}$$

Wegen (33) verschwinden die ersten beiden Integrale auf der rechten Seite

Ist ferner R der Radius der Kugel S', so wird für wachsendes R sowohl V als V' sich mehr und mehr dem Werte $\frac{k^2 M}{R}$ nähern. Lassen wir also R unendlich werden, so verschwindet auch das letzte Integral, und es bleibt

$$\int\left[\left(\frac{\partial W}{\partial x}\right)^2 + \left(\frac{\partial W}{\partial y}\right)^2 + \left(\frac{\partial W}{\partial z}\right)^2\right] dv = 0, \tag{35}$$

was nur möglich ist für

$$\frac{\partial W}{\partial x} = 0 \qquad \frac{\partial W}{\partial y} = 0 \qquad \frac{\partial W}{\partial z} = 0.$$

Daraus folgt

$$W = V - V' = \text{const.},$$

und da für $R = \infty$, $W = 0$ wird, so muß die Konstante verschwinden. Somit

$$V = V'. \tag{36}$$

Alle Massenverteilungen, welche auf einer gegebenen Fläche S die gleichen Werte von $\frac{\partial V}{\partial n}$ erzeugen, erzeugen auch im ganzen übrigen Raume das gleiche Potential, welches somit durch die Werte von $\frac{\partial V}{\partial n}$ auf der Fläche S bestimmt ist. Damit ist aber auch der Verlauf aller Niveauflächen gegeben. Es ergibt sich somit die Möglichkeit, aus Schwerebestimmungen die Gestalt der Niveauflächen zu bestimmen, denn die Werte $\frac{\partial V}{\partial n}$ sind die Komponenten der Schwere senkrecht zur Fläche S. Ist S selbst eine Niveaufläche, so fällt $\frac{\partial V}{\partial n}$ mit der Schwere zusammen.

Um V aus $\left(\frac{\partial V}{\partial n}\right)_S$ wirklich zu berechnen, gehen wir wieder auf Gl. (31) zurück. Vertauschen wir darin U und V so wird, da J nach (29) ungeändert bleibt:

$$J = -\int_T V \Delta_2 U dv + \int_S V \frac{\partial U}{\partial n} \cdot d\sigma$$

oder mit (31) zusammen

$$\int_T (V \Delta_2 U - U \Delta_2 V) dv = \int_S \left(U \frac{\partial V}{\partial n} - V \frac{\partial U}{\partial n}\right) d\sigma. \tag{37}$$

Diese Gleichung führt den Namen *Theorem von Green.*

Wir nehmen nun für V das Potential einer Masse M im Raume T außerhalb einer die Masse ganz umschließenden, sonst beliebigen Fläche S. Für U nehmen wir eine Funktion in der Form

$$U = U_1 + \frac{1}{r},$$

wo r die Entfernung von einem beliebig im Raume T gewählten Punkte P bezeichne. U_1 sei eine Funktion, von der wir vorerst nichts voraussetzen, als daß sie im ganzen Raume T mit ihren ersten Ableitungen endlich und stetig sei und im Unendlichen verschwinde. Da nun U im Punkte P unendlich wird, die Gl. (37) aber nur dort gilt, wo U und V endlich bleiben, so müssen wir P durch eine kleine Kugel S' ausschließen. Nach außen denken wir uns T durch eine Kugel S'' von sehr großem Radius begrenzt. Es ist dann

$$\begin{aligned} \int_T \left[V \Delta_2 \left(U_1 + \frac{1}{r}\right) - \left(U_1 + \frac{1}{r}\right) \Delta_2 V\right] dv \\ = \int_S \left[\left(U_1 + \frac{1}{r}\right)\frac{\partial V}{\partial n} - V \frac{\partial}{\partial n}\left(U_1 + \frac{1}{r}\right)\right] d\sigma \\ + \int_{S'} \left[\left(U_1 + \frac{1}{r}\right)\frac{\partial V}{\partial n} - V \frac{\partial}{\partial n}\left(U_1 + \frac{1}{r}\right)\right] d\sigma \quad (38) \\ + \int_{S''} \left[\left(U_1 + \frac{1}{r}\right)\frac{\partial V}{\partial n} - V \frac{\partial}{\partial n}\left(U_1 + \frac{1}{r}\right)\right] d\sigma. \end{aligned}$$

In allen Punkten, wo keine Massen sind, also im ganzen Raume T, ist $\Delta_2 V = 0$; ebenso ist $\Delta_2 \left(\frac{1}{r}\right) = 0$. Es verschwindet somit auf der linken Seite alles bis auf $\int_T V \Delta_2 U_1 dv$, auch wenn wir S'' unendlich werden lassen. In diesem Falle verschwindet auch das letzte Integral rechts, da $\left(U_1 + \frac{1}{r}\right) \cdot \frac{\partial V}{\partial n}$ und $V \frac{\partial}{\partial n}\left(U_1 + \frac{1}{r}\right)$ klein werden wie r^{-3}, während $d\sigma$ groß wird nur wie r^2.

Betrachten wir nun das vorletzte Integral, in welchem wir S' immer näher und näher um P zusammenziehen. Ist ε der Radius der kleinen Kugel, so ist, da die Normalen in S' nach außen gegen T zu ziehen sind: $dn = -dr$ und

$$\frac{\partial}{\partial n}\left(\frac{1}{r}\right)_S = -\frac{\partial}{\partial r}\left(\frac{1}{r}\right)_S = \left(\frac{1}{r^2}\right)_S = \frac{1}{\varepsilon^2},$$

ferner, wenn wir vorühergehend Polarkoordinaten mit dem Pole in P einführen:

$$d\sigma = \varepsilon^2 \sin\vartheta \, d\vartheta \, d\psi .$$

Es wird also

$$\int\limits_{S'} V \frac{\partial}{\partial n}\left(U_1 + \frac{1}{r}\right) d\sigma = \int\limits_{S'} V \frac{\partial U_1}{\partial n} \varepsilon^2 \sin\vartheta \, d\vartheta \, d\psi + \int\limits_{S'} V \sin\vartheta \, d\vartheta \, d\psi .$$

Das erste Integral links verschwindet, wenn ε gleich Null wird, da $\frac{\partial U_1}{\partial n}$ endlich bleibt. Im zweiten Integral nimmt V den zu P gehörigen Wert V_P an, und es wird

$$\int\limits_{S} V \sin\vartheta \, d\vartheta \, d\psi = V_P \int\limits_0^{2\pi} \int\limits_0^{\frac{\pi}{2}} \sin\vartheta \, d\vartheta \, d\psi = 4\pi V_P . \tag{39}$$

Dagegen wird mit verschwindendem ε

$$\int\limits_{S'} \left(U_1 + \frac{1}{r}\right)\frac{\partial V}{\partial n} \cdot d\sigma = \int\limits_0^{2\pi} \int\limits_0^{\frac{\pi}{2}} \left(U_1 + \frac{1}{r}\right)\frac{\partial V}{\partial n} \cdot \varepsilon^2 \sin\vartheta \, d\vartheta \, d\psi = 0 .$$

Es bleibt also von (38) übrig

$$\int\limits_{T} V \Delta_2 U_1 \, dv = -4\pi V_P + \int\limits_{S} \left[\left(U_1 + \frac{1}{r}\right)\frac{\partial V}{\partial n} - V \frac{\partial\left(U_1 + \frac{1}{r}\right)}{\partial n}\right] d\sigma . \tag{40}$$

Wir legen nun U_1 noch folgende Bedingungen auf:

1. Es soll im ganzen Raume T

$$\Delta_2 U_1 = 0$$

sein;

2. soll U_1 so beschaffen sein, daß in allen Punkten der Fläche S

$$\frac{\partial\left(U_1 + \frac{1}{r}\right)}{\partial n} = 0$$

ist. Die Funktion U_1 führt dann den Namen *Greensche Funktion* (sogenannte 2. Greensche Funktion); ihre Existenz wird in der Potentialtheorie bewiesen[1]). Nach Einführung dieser Bedingungen reduziert sich (40) auf

[1]) P. S. Lejeune Dirichlet: Vorlesungen über die im umgekehrten Verhältnis des Quadrates der Entfernung wirkenden Kräfte, herausgegeben von F. Grube. Leipzig 1876.

$$4\pi V = \int\limits_S \left(U_1 + \frac{1}{r}\right) \frac{\partial V}{\partial n} d\sigma,$$

wo wir den Index P bei V weglassen können. Die Gleichung drückt immer das Potential V in einem beliebigen Punkte von T aus durch die Werte $\frac{\partial V}{\partial n}$ auf der Fläche S. Die Funktion unter dem Integralzeichen ist abhängig von den Koordinaten $x\,y\,z$ des Punktes, für welchen V gilt, da r die Koordinaten von P enthält. Setzen wir V einer Konstanten gleich, so bleibt

$$\int\limits_S \left(U_1 + \frac{1}{r}\right) \frac{\partial V}{\partial n} d\sigma = f(xyz) = C, \tag{41}$$

d. i. die Gleichung der Niveaufläche[1]).

Damit ist die Aufgabe, die Niveaufläche aus den auf einer beliebigen Fläche S gegebenen Werten $\frac{\partial V}{\partial n}$ zu bestimmen, gelöst.

2. Instrumente und Methoden zur Schweremessung.

Wir unterscheiden absolute und relative Schweremessungen. Bei absoluten Messungen wird die Größe der Schwere nach physikalischen Methoden an einer Station selbständig und unabhängig festgestellt, während bei relativen Messungen der Unterschied der Schwere gegen ihren Wert an einer Haupt- oder Ausgangsstation bestimmt wird.

Das Instrument für *absolute Messungen* ist heute ausschließlich das *Reversionspendel.* Dasselbe beruht auf dem folgenden Prinzip: Zu jeder beliebigen Achse, um welche ein Körper schwingt, läßt sich eine zweite parallele Achse finden, derart, daß die Schwingungsdauer für beide Achsen die gleiche ist. Der gegenseitige Abstand der beiden Achsen ist dann gleich der Länge des einfachen Pendels gleicher Schwingungsdauer, und die Schwere findet sich aus der bekannten Formel $t = \pi \sqrt{\frac{l}{g}}$. Ist also die Schwingungsdauer bestimmt, so kommt es nur noch auf eine möglichst genaue Messung des Abstandes der beiden Achsen an. Auf diese letztere ist besonderes Gewicht zu legen; es gehören dazu nicht nur sehr genaue Meßinstrumente, sondern auch eine einwandfreie Temperaturbestimmung des Pendelkörpers, endlich die genaueste Kenntnis des Ausdehnungskoeffizienten sowohl des Pendels als auch des verwendeten Maßstabes.

Man bringt den Maßstab meist vertikal unmittelbar neben dem Pendel an, derart, daß ein direkter Vergleich desselben mit dem Abstand

---

[1]) Man kann diesen Sätzen auch solche gegenüberstellen, bei welchen auf der Fläche S statt $\frac{\partial V}{\partial n}$ der Potentialwert V selbst gegeben ist, doch haben diese für die Geodäsie keine weitere Bedeutung.

der Pendelachsen mit Hilfe eines Mikroskopträgers (Komparator) möglich ist. Die Pendelachsen selbst sind durch Achat- oder Stahlschneiden gebildet, mit welchen das Pendel auf dem Lager aufliegt.

Bei der ***Bestimmung der Schwingungsdauer*** hat sich am besten die sogenannte Koinzidenzmethode bewährt. Man vergleicht die Schwingungen des freien Pendels mit denen eines Uhrpendels von beiläufig gleicher Dauer und beobachtet die Momente, in welchen beide Pendel gleichzeitig durch die Ruhelage gehen. Ist das Intervall zwischen zwei solchen „Koinzidenzen" gleich N Schwingungen des Uhrpendels, so hat das freie Pendel in der gleichen Zeit $N+1$ oder $N-1$ Schwingungen gemacht, je nachdem es schneller oder langsamer schwingt als das Uhrpendel. Die Dauer einer Schwingung des freien Pendels ist also $\frac{N}{N+1}$ oder $\frac{N}{N-1}$ mal der Dauer der Schwingung des Uhrpendels.

Da die gleichzeitige Beobachtung zweier Pendel verwirrend wirkt, wendet man die stroboskopische Methode an. Man beobachtet das freie Pendel durch ein Fernrohr, welches derart mit der Uhr in Verbindung steht, daß der Durchblick nach jeder Uhrschwingung nur auf einen kurzen Augenblick möglich ist. Man sieht dann das freie Pendel bei jeder Öffnung des Durchblickes nur um so viel verschoben, als der Differenz der Schwingungszeiten entspricht. Man kann dann mit großer Genauigkeit feststellen, wann das Bild des freien Pendels die Ruhelage passiert, und dies für den Augenblick der Koinzidenz gelten lassen. Zur Steigerung der Genauigkeit wird man eine größere Anzahl von Koinzidenzen beobachten.

Hat man die Schwingungsdauer des freien Pendels durch die des Uhrpendels ausgedrückt, so hat man noch wegen des Uhrganges zu reduzieren. Zu diesem Zwecke muß man gleichzeitig mit der Reihe der Pendelbeobachtungen möglichst oft und möglichst genau auf astronomischem Wege den Stand der Uhr bestimmen. Aus der Änderung dieses Standes innerhalb einer gewissen Zeit folgt dann, wieviel die Uhr im Laufe des Tages voreilt oder zurückbleibt, und daraus läßt sich die Dauer der Uhrpendelschwingung in mittlerer Zeit berechnen, so daß man nun auch die Schwingungsdauer des freien Pendels in mittlerer Zeit ausdrücken kann.

Die Zeit zwischen je zwei aufeinander folgenden Koinzidenzen ist nicht gleich wegen des Einflusses der mit der Zeit abnehmenden Größe des Pendelausschlages. Es muß daher eine Reduktion auf den unendlich kleinen Schwingungsbogen vorgenommen werden, da nur für diesen die einfache Formel $t = \pi \sqrt{\frac{l}{g}}$ gilt. Ist der Schwingungsbogen gleich α, so gilt für eine Schwingung die Gleichung

$$t_0 = t\left(1 - \frac{\alpha^2}{16}\right), \qquad (1)$$

wenn t die beobachtete und t_0 die auf unendlich kleinen Schwingungsbogen reduzierte Schwingungszeit ist. Bei Koinzidenzbeobachtungen kommt eine Summierung zustande, die mit Rücksicht auf das komplizierte, von Luftwiderstand und Luftreibung abhängende Gesetz der Amplitudenabnahme mathematisch ziemlich verwickelt ist[1]).

Auch bei der größten Präzision wird es dem Mechaniker nicht möglich sein, ein Reversionspendel zu konstruieren, welches auf beiden Schneiden genau mit gleicher Schwingungsdauer schwingt. Man erhält also zwei verschiedene Schwingungsdauern und aus der Längenmessung einen Schneidenabstand, der keinem der beiden Werte als Länge des einfachen Pendels entspricht.

Bezeichnen wir die Trägheitsmomente des Pendels bezüglich der beiden Schneiden mit K_1 und K_2, die zugehörigen Schwingungszeiten mit t_1 und t_2, ferner mit s_1 und s_2 die Entfernung der Schneiden vom Schwerpunkt des Pendels, mit M seine Masse und endlich mit g die Beschleunigung der Schwere, so ist nach der bekannten Formel für das physische Pendel:

$$t_1 = \pi\sqrt{\frac{K_1}{Mgs_1}} = \pi, \qquad t_2 = \pi\sqrt{\frac{K_2}{Mgs_2}}. \tag{2}$$

Ist l der gemessene Schneidenabstand, so ist

$$l = s_1 + s_2 \tag{3}$$

und die Schwingungsdauer des einfachen Pendels dieser Länge

$$t = \pi\sqrt{\frac{l}{g}}. \tag{4}$$

Das Trägheitsmoment um den Schwerpunkt sei K_0. Es ist dann

$$K_1 = K_0 + Ms_1^2, \quad K_2 = K_0 + Ms_2^2 \tag{5}$$

und

$$t_1 = \pi\sqrt{\frac{K_0}{Mgs_1} + \frac{s_1}{g}}, \qquad t_2 = \pi\sqrt{\frac{K_0}{Mg\,s_2} + \frac{s_2}{g}}. \tag{6}$$

Aus diesen beiden Gleichungen findet man durch Elimination von $\frac{K_0}{Mg}$ leicht:

$$g = \frac{\pi^2(s_1^2 - s_2^2)}{t_1^2 s_1 - t_2^2 s_2}. \tag{7}$$

Führen wir dies in (4) ein, so wird mit Berücksichtigung von (3)

$$t = \pi\sqrt{\frac{l(t_1^2 s_1 - t_2^2 s_2)}{\pi^2(s_1^2 - s_2^2)}} = \sqrt{\frac{t_1^2 s_1 - t_2^2 s_2}{s_1 - s_2}}.$$

---

[1]) Th. v. Oppolzer: Beiträge zur Ermittlung der Reduktion auf den unendlich kleinen Schwingungsbogen. Sitzungsber. d. Akad. d. Wiss. in Wien, Bd. LXXXVI, 1882. A. Prey: Konvergenzuntersuchungen zum Gesetz der Amplitudenabnahme bei Pendelbeobachtungen. Sitzungsber. d. Akad. d. Wiss. in Wien, Bd. CXV, 1906.

Dieser Ausdruck läßt sich noch in folgender Weise transformieren: Es ist

$$t^2 = \frac{t_1^2 s_1 - t_2^2 s_2}{s_1 - s_2} = \frac{t_1^2 + t_2^2}{2} + \frac{t_1^2 - t_2^2}{2} \cdot \frac{s_1 + s_2}{s_1 - s_2}$$

$$= \frac{(t_1 + t_2)^2}{4} + \frac{(t_1 - t_2)^2}{4} + \frac{t_1^2 - t_2^2}{2} \cdot \frac{s_1 + s_2}{s_1 - s_2}.$$

Vernachlässigen wir das zweite Glied auf der rechten Seite, was erlaubt ist, da t_1 immer sehr nahe gleich t_2 sein wird, so bleibt

$$t^2 = \left(\frac{t_1 + t_2}{2}\right)^2 \left[1 + \frac{2(t_1 - t_2)}{(t_1 + t_2)} \cdot \frac{s_1 + s_2}{s_1 - s_2}\right]$$

und

$$t = \frac{t_1 + t_2}{2}\left[1 + \frac{t_1 - t_2}{t_1 + t_2} \cdot \frac{s_1 + s_2}{s_1 - s_2}\right] = \frac{t_1 + t_2}{2} + \frac{t_1 - t_2}{2} \cdot \frac{s_1 + s_2}{s_1 - s_2}. \quad (8)$$

t ist die Schwingungsdauer eines einfachen Pendels von der Länge des gemessenen Schneidenabstandes. Sie unterscheidet sich von dem arithmetischen Mittel der beiden beobachteten Schwingungszeiten um die kleine Korrektion, welche durch das letzte Glied dargestellt wird. Diese wird um so kleiner, je besser t_1 und t_2 miteinander übereinstimmen und je größer der Unterschied $s_1 - s_2$ ist. Es muß also der Schwerpunkt sehr unsymmetrisch liegen. Man konstruiert die Pendel meist so, daß der Schwerpunkt in $^2/_3$ der Länge zu liegen kommt. Man bringt zu diesem Zwecke an der Pendelstange zwei äußerlich symmetrische, dem Gewichte nach stark verschiedene Pendelkörper an, und läßt das Pendel einmal mit dem schweren Gewichte unten, dann mit dem schweren Gewichte oben schwingen.

Statt das Pendel umzukehren, kann man auch bloß die Gewichte vertauschen. Am vorteilhaftesten ist es, wenn die Gewichte in das Innere der Pendelstange versenkt sind. Man erreicht damit beim Vertauschen der Gewichte die vollkommene Identität der äußeren Oberfläche, was mit Rücksicht auf die umgebende Luft sehr wichtig ist (Apparat von Defforges).

Der *Einfluß der umgebenden Luft* macht sich in dreifacher Weise geltend: 1. durch die Reibung zwischen Luft und Pendelkörper, 2. durch den Auftrieb, 3. durch die Masse der mitbewegten Luft. Der erste Punkt macht sich durch Auftreten eines der ersten und eines der zweiten Potenz der Geschwindigkeit proportionalen Gliedes in der Differentialgleichung der Pendelbewegung bemerkbar. Die Integration liefert das Gesetz der Amplitudenabnahme, welches bei der schon erwähnten Reduktion auf den unendlich kleinen Schwingungsbogen in Anwendung kommt.

Der Auftrieb ändert das Drehmoment der Schwere. Ist M_l die Masse der verdängten Luft und s_l die Entfernung ihres Schwerpunktes von der Drehungsachse, der mit dem Volumschwerpunkt zusammenfällt, so ist in (2) statt Ms_1 oder Ms_2 zu setzen:

$$Ms_1 - M_l s_l; \quad Ms_2 - M_l s_l.$$

Durch die Masse der mitgeführten Luft erfährt das Trägheitsmoment eine Veränderung. Bezeichnen wir diesen Zuwachs mit k, so haben wir statt (2) nunmehr die Gleichungen

$$t_1 = \pi \sqrt{\frac{K_0 + M s_1^2 + k}{g(M s_1 - M_l s_l)}} \qquad t_2 = \pi \sqrt{\frac{K_0 + M s_2^2 + k}{g(M s_2 - M_l s_l)}}. \tag{9}$$

Ist wieder $l = s_1 + s_2$ die Länge des einfachen Pendels von der Schwingungszeit t, also $t = \pi \sqrt{\frac{l}{g}}$, so findet man leicht:

$$t_1^2 (s_1 + s_2)(M s_1 - M_l s_l) = t^2 (K_0 + k + M s_1^2)$$
$$t_2^2 (s_1 + s_2)(M s_2 - M_l s_l) = t^2 (K_0 + k + M s_2^2)$$

und daraus durch Elimination von $K_0 + k$:

$$t^2 = (s_1 + s_2) \cdot \frac{M(s_1 t_1^2 - s_2 t_2^2) - M_l s_l (t_1^2 - t_2^2)}{M(s_1^2 - s_2^2)} = \frac{s_1 t_1^2 - s_2 t_2^2}{s_1 - s_2} - \frac{M_l}{M} \cdot \frac{s_l}{s_1 - s_2} (t_1^2 - t_2^2).$$

Das erste Glied rechts ist das Quadrat der ohne Rücksicht auf die Luft berechneten Schwingungszeit. Nennen wir diese vorübergehend τ, so ist

$$t^2 = \tau^2 \left(1 - \frac{M_l}{M} \cdot \frac{s_l (t_1^2 - t_2^2)}{s_1 t_1^2 - s_2 t_2^2}\right). \tag{10}$$

Da t_1 und t_2 nahezu gleich sind, so ist der Zähler des 2. Gliedes eine sehr kleine Größe, während der Nenner von der Ordnung $s_1 - s_2$ ist, welche Größe absichtlich möglichst groß gemacht wird. Da $\frac{M_l}{M}$ auch sehr klein ist, so ist das ganze Glied so unwesentlich, daß es vernachlässigt werden kann. Es bleibt dann wieder

$$t = \tau. \tag{11}$$

Durch das Prinzip des Reversionspendels wird also auch dieser Teil des Lufteinflusses eliminiert.

Zur Reduktion der Beobachtungen sind noch eine Reihe von Untersuchungen und daraus entspringende Korrektionen nötig. Sie betreffen die Form der aus Stahl oder Achat gebildeten Schneiden, auf welchen die Pendel schwingen, sowie die Deformationen, welche diese und die Lager unter dem Druck des Pendelgewichtes erleiden, ferner das Rollen und Gleiten der Schneiden auf dem Lager, die Deformation des Pendels und des Maßstabes unter ihrem eigenen Gewichte, sowie eine eventuelle elastische Deformation des Pendels selbst[1]).

Zu den wichtigsten Korrektionen gehört die wegen des *Mitschwingens* des Stativs und des Untergrundes. Bezeichnet ε einen Elastizitätskoeffizienten, M die Masse des Pendels, s den Schwerpunktabstand von

---

[1]) F. Kühnen und Th. Furtwängler: Bestimmung der absoluten Größe der Schwerkraft zu Potsdam mit Reversionspendeln (Veröffentl. d. preuß. geod. Inst. Neue Folge Nr. 27). R. Helmert: Beiträge zur Theorie des Reversionspendels (Veröffentl. d. preuß. geod. Inst. und Zentralbureaus der internat. Erdmessung, 1898).

der Schneide und l die Länge des zugehörigen einfachen Pendels, so ist die durch das Mitschwingen gestörte Schwingungsdauer t'

$$t' = t\left(1 - \frac{Mgs}{2\varepsilon l^2}\right).$$

Es ist also für Schwingungen mit schwerem Gewichte oben bzw. unten:

$$t_1' = \pi\sqrt{\frac{K_0}{Mgs_1} + \frac{s_1}{g}}\left(1 - \frac{Mgs_1}{2\varepsilon l^2}\right),\quad t_2' = \pi\sqrt{\frac{K_0}{Mgs_2} + \frac{s_2}{g}}\left(1 - \frac{Mgs_2}{2\varepsilon l^2}\right). \quad (12)$$

Damit man außer $\frac{K_0}{Mg}$ auch noch $\frac{g}{\varepsilon}$ eliminieren kann, müssen noch weitere Beobachtungen gemacht werden, bei denen $\frac{g}{\varepsilon}$ andere Koeffizienten erhält. Man erreicht das dadurch, daß man ein zweites Pendel nimmt, welches dem ersten äußerlich gleich ist, aber ein anderes M hat, wie es bei v. Oppolzer[1]) geschieht. Setzt man in Formel (7) (S. 44) für die Schwingunszeiten die Ausdrücke (12) ein, so wird unter Vernachlässigung von Gliedern zweiter Ordnung

$$g = \frac{\pi^2(s_1^2 - s_2^2)}{t_1^2 s_1 - t_2^2 s_2 - \frac{Mg}{l^2\varepsilon}(t_1^2 s_1^2 - t_2^2 s_2^2)} = \frac{\pi^2(s_1^2 - s_2^2)}{t_1^2 s_1 - t_2^2 s_2}\left[1 + \frac{Mg}{l^2\varepsilon}\cdot\frac{t_1^2 s_1^2 - t_2^2 s_2^2}{t_1^2 s_1 - t_2^2 s_2}\right]$$

Bezeichnen wir nun die nach (7) mit dem einen Pendel gefundene Schwere mit g_1, die mit dem anderen gefundene mit g_2, so ist

$$g = g_1\left[1 + \frac{M_1 g}{l^2\varepsilon}\cdot\frac{t_1^2 s_1^2 - t_2^2 s_2^2}{t_1^2 s_1 - t_2^1 s_2}\right]$$

$$g = g_2\left[1 + \frac{M_2 g}{l^2\varepsilon}\cdot\frac{t_1^2 s_1^2 - t_2^2 s_2^2}{t_1^2 s_1 - t_2 s_2}\right].$$

Da nun wegen der vollständigen Proportionalität der Dimensionen beider Pendel der Koeffizient von M_1 bzw. M_2 in den beiden Gleichungen der gleiche ist, so findet man

$$g(M_2 - M_1) = g_1 M_2 - g_2 M_1$$

oder nach einfacher Transformation

$$g = \frac{g_1 M_2 - g_2 M_1}{M_2 - M_1} = \frac{1}{2}(g_1 + g_2) + \frac{1}{2}(g_1 - g_2)\frac{M_2 + M_1}{M_2 - M_1}. \quad (13)$$

Noch besser ist es, das zweite Pendel kürzer zu nehmen, ihm aber die gleiche Masse zu geben, nach dem Vorgange von Defforges[2]). Man hat dabei den Vorteil, daß der Druck auf Schneide und Unterlagen der gleiche bleibt.

---

[1]) C. S. Peirce: De l'influence de la flexibilité du trépied sur l'oscillation du pendule à reversion (Verhandl. d. V. allgem. Konf. d. europ. Gradmessung zu Stuttgart 1877); Bestimmung der Länge des Sekundenpendels in Wien (Astron. Arb. d. Gradmessungsbureaus in Wien, XIV. Bd.).

[2]) Defforges: Mémoire sur la mesure de l'intensité de la pesanteur. Verhandl. der Konf. d. perman. Kommission der internat. Erdmessung in Nizza. 1887. Annexe Vc.

Man kann den Einfluß des Mitschwingens auch direkt bestimmen. Dies kann sowohl statisch wie dynamisch geschehen. Die *statische Methode* besteht darin, daß das Stativ durch einen Zug von bekannter Größe, der in der Höhe des Aufhängepunktes angreift, beansprucht wird. Die kleine Verschiebung, die es dabei erfährt, wird mit einem Fühlhebel oder einem Mikroskop gemessen. Auch eine optische Methode, bei der die Verschiebung der Interferenzstreifen des Lichtes gemessen werden, wird heute angewendet[1]).

Bei den *dynamischen Methoden* wird der Einfluß von willkürlich erzeugten Schwingungen des Stativs auf den Bewegungszustand eines Pendels untersucht. Dazu gehört das sogenannte „*Wippverfahren*"[2]). Auf das Stativ werden im Takte der Pendelschwingungen eine Anzahl von Stößen ausgeübt, deren Größe durch ein Dynamometer oder einfache Federwage gemessen wird, und man beobachtet den Ausschlag, den das zu Anfang ruhende und in kleine Schwingungen geratende Pendel macht. Man kann dabei als Hilfspendel ein leichtes Fadenpendel verwenden.

Statt der mit dem Dynamometer ausgeübten Stöße kann man auch die Wirkung eines schwingenden Pendels selbst verwenden. Man hat dann auf demselben Stativ zwei schwingende Pendel anzubringen, ein treibendes und ein getriebenes. Dies ist das sogenannte „*Zweipendelverfahren*".

Endlich kann man auch die durch die Schwingungen des Pendels erzeugten Bewegungen des Stativs direkt, z. B. nach der Interferenzmethode, messen.

Mit dem Einfluß plötzlicher Erschütterungen der ganzen Aufstellung befaßt sich SCHIÖTZ[3]).

Man erkennt, daß die absolute Bestimmung der Schwerkraft zu den mühevollsten und umständlichsten Arbeiten gehört. Man wird sich daher hier auf das geringste Maß beschränken und nur an wenigen Hauptstationen solche Messungen vornehmen.

Relative Schweremessungen. An allen übrigen Stationen, deren Zahl möglichst groß sein soll, wird man sich mit relativen Messungen begnügen. In diesem Falle handelt es sich nur um die Bestimmung des Unterschiedes der Schwere gegen ihren Wert in der Ausgangsstation. Man beobachtet zu diesem Zwecke in beiden Stationen mit dem gleichen Apparate, und es werden daher alle Einflüsse, welche bei beiden Beobachtungen in gleicher Weise wirken, von selbst herausfallen. Es wird dabei nur darauf ankommen, die Pendel so zu konstruieren, daß sie beim

1) DEFFORGES l. c.

2) R. SCHUMANN: Über eine Methode, das Mitschwingen bei relativen Schweremessungen zu bestimmen (Zeitschr. f. Instrumentenkunde, Bd. 17, 1897).

3) O. E. SCHIÖTZ: Resultate der in Norwegen ausgeführten Pendelbeobachtungen, nebst Untersuchung über den Einfluß von Bodenerschütterungen auf die Schwingungszeit eines Pendels, 1894.

Transporte und bei längerem Gebrauche keinen Veränderungen unterliegen. Man heißt solche Pendel *invariabel.*

Am gebräuchlichsten sind noch immer die von STERNECK eingeführten Halbsekundenpendel. Während aber der ursprüngliche STERNECKsche Apparat nur Raum für ein Pendel bot, konstruiert man jetzt Stative für drei oder vier Pendel. Man erreicht damit nicht nur die leichte Möglichkeit der Bestimmung des Mitschwingens, sondern auch eine gegenseitige Kontrolle der einzelnen Pendel gegenüber plötzlichen oder fortschreitenden Änderungen. Die Schwingungsdauer wird auch hier nach der Koinzidenzmethode bestimmt, der STERNECK eine besonders brauchbare Form gegeben hat[1]). Eine genaue Zeitbestimmung zur Berechnung der Länge der Uhrsekunde ist ebenso unerläßlich wie bei absoluten Messungen. Man kann sie nur dann entbehren, wenn man gleichzeitig an beiden Stationen beobachtet und zwei Uhren benutzt, welche durch eine elektrische Verbindung synchronisiert sind. In diesem Falle braucht man die Kenntnis der Zeit nicht, da alle Uhrfehler beide Beobachtungen in gleicher Weise beeinflussen. Es braucht nicht einmal eine gute Uhr zu sein, doch muß auf die Sychronisierung große Sorgfalt verwendet werden. Nach den Angaben von CORNU muß für eine genügende Dämpfung der freien Schwingung der getriebenen Uhr gesorgt werden. Eine Schwierigkeit bei diesem Verfahren liegt in der Herstellung der langen und sicher funktionierenden Leitung. Ein Vergleich der beiden verwen deten Apparate an der Ausgangsstation bezüglich ihrer Schwingungsdauer ist gleichfalls von Wichtigkeit.

Die gleiche Sorgfalt ist auf die Bestimmung des Mitschwingens zu legen. Man verwendet auch hier meist das Zweipendelverfahren[2]).

Die Konstanten für die Korrektionen wegen Temperatur und Luftdruck werden in der Ausgangsstation bestimmt.

Alle invariablen Pendel müssen sowohl vor als nach ihrer Verwendung auf den Stationen in der Ausgangsstation auf ihre Schwingungsdauer untersucht werden. Ist die Schwingungszeit an der Ausgangsstation t_0, auf einer anderen Station t_1, ist in beiden Fällen die unveränderliche reduzierte Länge l und die Schwere g_0 und g_1, so ist

$$t_0 = \pi \sqrt{\frac{l}{g_0}}, \qquad t_1 = \pi \sqrt{\frac{l}{g_1}},$$

also

$$t_0^2 : t_1^2 = g_1 : g_0 . \tag{14}$$

Setzen wir $\quad t_1 = t_0 + \Delta t \quad$ und $\quad g_1 = g_0 + \Delta g,$

[1]) R. v. STERNECK: Der neue Pendelapparat des kk. mil. geogr. Institutes: Mitteilungen des mil. geogr. Institutes in Wien, VII. Bd. 1887.

[2]) Eine Verbesserung des STERNECKschen Apparates und der Aufhängungsvorrichtung stammt von G. LORENZONI: Il supporto bipendolare „Mioni" a recipienti pneumatici (Verhandl. d. XVII. allg. Konf. d. intern. Erdmessung, Hamburg 1912, Bd. I, Beilage A, XXIII.

so finden wir

$$\varDelta g = -\frac{2 g_0}{t_0} \varDelta t\,, \tag{15}$$

Aus dem Unterschied der Schwingungszeiten folgt also sofort der Schwereunterschied.

Die Unveränderlichkeit der Pendel ist eine Grundbedingung dieser Operationen. Darum ist nach jeder Rückkehr des Apparates eine Kontrollmessung auszuführen. Zeigt sich dabei von Jahr zu Jahr eine kontinuierliche Veränderung, so kann man sie in Rechnung ziehen. Das Eintreten plötzlicher Änderungen kann man nur im Vergleich mit anderen Pendeln konstatieren. Das ist, wie bereits erwähnt, der Grund, warum die Apparate mit mehreren Pendeln ausgestattet werden.

Neben der STERNECKschen Anordnung sei noch die von DEFFORGES erwähnt. Während bei STERNECK die Pendel nur ein Pendelgewicht haben und immer in der gleichen Lage schwingen, konstruiert DEFFORGES die unveränderlichen Pendel als Reversionspendel ähnlicher Form, wie bei seinem Apparat für absolute Messungen. Man kann hier vorgehen wie bei absoluten Messungen, also das Pendel mit schwerem Gewicht oben oder unten schwingen lassen und auch Pendel verschiedener Länge zur Bestimmung des Mitschwingens anwenden. Gegenüber absoluten Messungen erspart man die Längenmessung.

Bestimmung der Schwere mit Hilfe von Siedethermometern. Alle Pendelapparate benötigen eine feste Aufstellung. Es war daher lange Zeit nicht möglich, von dem großen Teile der Erde, der mit Wasser bedeckt ist, irgendwelche Anhaltspunkte über die daselbst herrschenden Schwereverhältnisse zu gewinnen. Nunmehr ist es gelungen, mit Hilfe von Siedethermometern Beobachtungen anzustellen, welche allen Anforderungen entsprechen. Das Prinzip ist das folgende. Das Quecksilber in einem Barometer hält dem Druck der äußeren Luft das Gleichgewicht. Nehmen wir an, daß unter sonst gleichen Umständen die Schwere größer ist, so ist auch der Druck der Luft größer, in gleichem Verhältnis aber auch das Gewicht des Quecksilbers. Es hält also jetzt eine Säule von gleicher Höhe wie früher dem Luftdruck das Gleichgewicht; die Schwereänderung wird nicht sichtbar. Es wird also bei verschiedener Schwere die gleiche Höhe der Quecksilbersäule verschiedenem Luftdruck entsprechen, und umgekehrt der gleiche Luftdruck durch verschiedenen Barometerstand ausgedrückt erscheinen.

Andererseits ist bekannt, daß die Siedetemperatur des Wassers vom Luftdruck abhängig ist und mit demselben steigt und fällt. Leitet man den Luftdruck aus der Siedetemperatur ab, so erhält man seinen absoluten Wert. Der Unterschied zwischen diesem Werte B und der Angabe des Quecksilberbarometers b heißt die *Schwerekorrektion* s:

$$B - b = s\,. \tag{16}$$

Ist ϱ die Dichte des Quecksilbers und g die Schwere am Beobachtungspunkte, so ist das Gewicht der Quecksilbersäule pro Flächeneinheit:

$$b\varrho g.$$

Wäre unter sonst gleichen Umständen die Schwere gleich ihrem Werte unter der Breite 45°: g_{45}, so ist der zugehörige Barometerstand b_{45} gegeben durch

$$b_{45}\,\varrho\, g_{45} = b\varrho g$$

oder

$$b_{45}\, g_{45} = bg. \tag{17}$$

b_{45} ist aber nichts anderes als das B, weil man den mit dem Siedethermometer festgestellten Druck auf die Normalschwere g_{45} bezieht. Es ist also

$$B = b_{45} = b \cdot \frac{g}{g_{45}} \tag{18}$$

und

$$s = b\left(\frac{g}{g_{45}} - 1\right). \tag{19}$$

Setzen wir

$$g = g_{45} + \Delta g,$$

so bleibt

$$s = b \cdot \frac{\Delta g}{g_{45}}$$

oder

$$\Delta g = \frac{B - b}{b} \cdot g_{45}. \tag{20}$$

Es ergibt sich somit der Schwereunterschied gegen g_{45}. Man kann davon noch den regelmäßigen Teil, der von der Seehöhe und der geographischen Breite herrührt, abtrennen und erhält dann den reinen Wert der Schwerestörung (siehe S. 132).

Die praktische Anwendung der Methode ist äußerst schwierig, doch hat sie HECKER auf seinen großen Reisen ausgebildet und gezeigt, daß sie brauchbare Resultate liefern kann[1]).

Welche Schwierigkeiten diese Messungen bieten, kann daraus entnommen werden, daß die Siedetemperatur des Wassers auf 0,001° bis 0,002° C, der Barometerstand auf etwa 0,01 mm genau bestimmt werden muß.

Dementsprechend waren alle Fehlerquellen aufzudecken und ihr Einfluß auf das Resultat aufs eingehendste zu untersuchen.

---

1) O. HECKER: Bestimmung der Schwerkraft auf dem Atlantischen Ozean sowie in Rio de Janeiro, Lissabon und Madrid (Veröffentl. d. preuß. geod. Institutes. Neue Folge Nr. 11). Bestimmung der Schwerkraft auf dem Indischen und Großen Ozean (Zentralbureau der intern. Erdmessung. Neue Folge Nr. 16). Bestimmung der Schwerkraft auf dem Schwarzen Meere und an dessen Küste sowie neue Ausgleichung der Schwerkraftmessungen auf dem Atlantischen, Indischen und Großen Ozean (Zentralbureau d. intern. Erdmessung. Neue Folge Nr. 20).

Die Siedethermometer, welche vorher aufs genaueste geprüft sein müssen und deren Korrektion für jedes Zehntel eines Grades in dem in Betracht kommenden Teil (98°—101° C) bestimmt wird, tauchen so weit in das Kochgefäß ein, daß nur ein ganz kurzes Stück des Fadens (etwa 0,03° C entsprechend) herausragt. Wenn diese Normallänge eingehalten wird, so braucht eine Korrektion wegen des herausragenden Fadens nicht angebracht zu werden. Auch die übrigen Einflüsse, die untersucht wurden — Höhe der verwendeten Spiritusflamme, Abstand des Thermometergefäßes von dem Drahtnetz, welches eingeführt ist, um die Thermometerkugel vor Spritzwasser zu schützen, Abnahme des Wassers im Kochgefäß — erwiesen sich als unwesentlich. Etwa 4 Minuten nach Beginn des Siedens haben die Thermometer die Temperatur des Dampfes angenommen. Unter dem Einfluß der Hitze aber macht sich eine Vergrößerung des Quecksilbergefäßes bemerkbar, die von einem gewissen Augenblicke an der Zeit proportional sein dürfte. Für diesen Zeitpunkt wählte HECKER den Moment: Beginn des Siedens + 8 Minuten. Die Veränderlichkeit der Thermometer wurde an der Ausgangsstation festgestellt. Nach Anbringung dieser Korrektion sind weitere Änderungen in dem Stande der Thermometer tatsächlichen Druckänderungen zuzuschreiben, die auf diese Weise auch bestimmt werden können[1]).

Die Behandlung des Siedeapparates erscheint als der einfachere Teil der Operationen. Viel größere Schwierigkeiten machen die Quecksilberbarometer, da sich bei diesen infolge der Bewegung des Schiffes die Erscheinung des sogenannten „Pumpens" einstellt, wodurch das Quecksilber immer zu hoch steht. Durch eine symmetrische Anordnung der Stellung des Kapillarrohres gelang es, diese Erscheinung auf ein Minimum herabzudrücken. Die Aufhängung in kardanischen Lagern beseitigt zwar einen großen Teil des Einflusses der Drehbewegungen des Schiffes, starke Vertikalbewegungen machen aber die Stellung der Quecksilberkuppe so unruhig, daß bei hohem Seegang die Ablesung unmöglich wird. HECKER hat darum eine photographische Registrierung eingeführt, die sich sehr bewährt hat. Eine besondere Behandlung verlangt auch die Trägheit der Barometer. Die Bewegung des Schiffes wurde zuerst mit einem Aneroid bestimmt; als sich diese Instrumente nicht hinlänglich verläßlich zeigten, wurde die Stärke des Pumpens bei einem der photographischen Barometer zu Hilfe genommen.

Zu den bei der Reduktion zu berücksichtigenden Umständen gehört auch die horizontale Bewegung des Schiffes bei der Fahrt, da die Geschwindigkeit des Schiffes zusammen mit der der Erddrehung einen geänderten Wert der Fliehkraft ergibt.

Zur Bestimmung der Schwerkraft auf der See wurden schon früher auch andere Methoden in Vorschlag gebracht. Sie beruhen meist darauf,

[1]) R. COZZA: (Il nuovo cimento 14) schlägt die Verwendung von Luftthermometern statt der Quecksilberthermometer vor.

den Einfluß der Änderung des Druckes einer schweren Masse auf einen elastischen Körper, z. B. eine Metallfeder oder eine eingeschlossene Gasmasse, zu bestimmen. Keiner dieser Apparate hat sich bewährt. Meist fehlt es an der Möglichkeit, den Temperatureinfluß hinlänglich genau zu ermitteln. Einen neuartigen Apparat, bei welchem dieser Einfluß kompensiert wird, hat MADSEN konstruiert[1]).

Drehwage von Eötvös. Ein Instrument, mit welchem zwar nicht die Schwere, aber ihre Veränderungen innerhalb sehr kleiner Distanzen bestimmt werden können, ist die Drehwage in der Form, die ihr EÖTVÖS gegeben hat. Es handelte sich dabei hauptsächlich darum, dem Instrument eine Empfindlichkeit zu geben, daß Drehmomente von der Ordnung 10^{-9} *c g s* noch konstatierbar erscheinen. Das Instrument führt den Namen *Schwerevariometer*.

EÖTVÖS[2]) verwendet die Drehwage in zwei Formen. Die erste ist die gewöhnliche, bei welcher ein horizontaler Wagebalken von etwa 40 cm Länge, der an den Enden kleine zylindrische Gewichte trägt, in seiner Mitte an einem dünnen Platin-, Iridium- oder Quarzfaden[3]) aufgehängt ist. Bei der zweiten Form ist das eine Gewicht an einem Drahte um 65 cm tiefer aufgehängt. Zum Schutze gegen äußere Einflüsse sind alle Bestandteile durch doppelt- oder dreiwandige Messingröhren geschützt. Zur Sicherheit werden überdies die Beobachtungen hauptsächlich zur Nachtzeit angestellt.

Um zu erkennen, was mit diesem Instrument gemessen werden kann, diene die folgende Entwicklung.

Wir legen in den Aufhängepunkt des Wagebalkens in der ersten Form den Anfangspunkt eines Koordinatensystems, dessen z-Achse nach abwärts gerichtet sei; die Richtung des Stabes, der in der xy-Ebene liegt, schließe mit der nach Süden gerichteten x-Achse den Winkel α ein (Abb. 17)[4]).

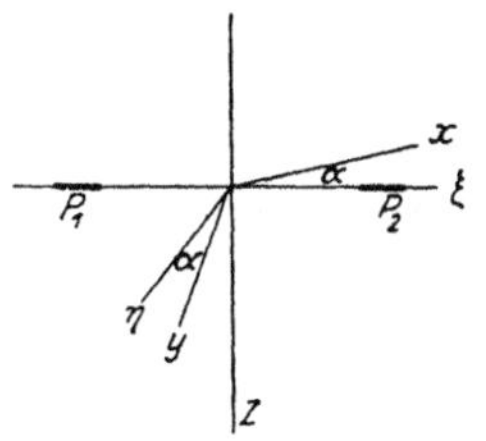

Abb. 17.

An einem beliebigen Punkte (x, y) des Stabes mit der Masse dm greifen die horizontalen[5]) Komponenten der Schwere g_x und g_y an. Die dritte Komponente kommt nicht in Frage, da nur die Horizontalbewegung des Stabes beobachtet wird. Das Drehmoment dieser beiden Komponenten ist dann

$$df = (xg_y - yg_x)\,dm. \tag{21}$$

1) V. H. O. MADSEN: Statischer Schwereapparat (Verhandl. der XVII. allg. Konferenz der intern. Erdmessung in Hamburg 1912, Beilage A VII).

2) R. EÖTVÖS: Untersuchungen über Gravitation und Erdmagnetismus (WIEDEMANNS Annalen Bd. 59, 1896); vgl. auch Verhandl. der XV., XVI. und XVII. allg. Konf. d. intern. Erdmessung.

3) M. BRILLOUIN: Mémoire sur l'ellipticité du géoide dans le tunnel du Simplon (Mém. présentées par divers savants à l'acad. des scienc. de l'inst. de France, t. XXIII). Hier wurden statt der Fäden Bänder verwendet vom Durchschnitt: $150^{\mu} \times 34^{\mu}$.

4) W. JORDAN: Handbuch der Vermessungskunde. Stuttgart 1916, III. Bd., S. 750.

5) „Horizontal" in bezug auf den Koordinaten-Anfangspunkt.

Sind nun die Werte für die Mitte des Stabes g_{x0} und g_{y0}, so gibt die Entwicklung:

$$g_x = g_{x_0} + \left(\frac{\partial g_x}{\partial x}\right)_0 x + \left(\frac{\partial g_x}{\partial y}\right)_0 y + \left(\frac{\partial g_x}{\partial z}\right)_0 z + \cdots$$
$$g_y = g_{y_0} + \left(\frac{\partial g_y}{\partial x}\right)_0 x + \left(\frac{\partial g_y}{\partial y}\right)_0 y + \left(\frac{\partial g_y}{\partial z}\right)_0 z + \cdots$$

Da die z-Achse mit der Richtung der Schwere zusammenfällt, so sind im Anfangspunkte die Horizontalkomponenten der Schwere gleich Null:

$$g_{x_0} = g_{y_0} = 0 .$$

Ferner ist nach der Definition des Potentiales:

$$g_x = \frac{\partial W}{\partial x}, \qquad g_y = \frac{\partial W}{\partial y},$$

somit

$$\begin{aligned} g_x &= \left(\frac{\partial^2 W}{\partial x^2}\right)_0 x + \left(\frac{\partial^2 W}{\partial x\,\partial y}\right)_0 y + \left(\frac{\partial^2 W}{\partial x\,\partial z}\right)_0 z \\ g_y &= \left(\frac{\partial^2 W}{\partial x\,\partial y}\right)_0 x + \left(\frac{\partial^2 W}{\partial y^2}\right)_0 y + \left(\frac{\partial^2 W}{\partial y\,\partial z}\right)_0 z . \end{aligned} \tag{22}$$

Damit finden wir

$$df = \left(\frac{\partial^2 W}{\partial y^2} - \frac{\partial^2 W}{\partial x^2}\right)_0 xy\,dm + \left(\frac{\partial^2 W}{\partial x\,\partial y}\right)_0 (x^2 - y^2)\,dm + \left(\frac{\partial^2 W}{\partial y\,\partial z}\right)_0 xz\,dm - \left(\frac{\partial^2 W}{\partial x\,\partial z}\right)_0 yz\,dm .$$

Um das gesamte Drehmoment zu finden, haben wir diesen Ausdruck über die ganze Masse des Stabes zu integrieren: Daher

$$f = \left(\frac{\partial^2 W}{\partial y^2} - \frac{\partial^2 W}{\partial x^2}\right)_0 \int xy\,dm + \left(\frac{\partial^2 W}{\partial x\,\partial y}\right)_0 \int (x^2 - y^2)\,dm + \left(\frac{\partial^2 W}{\partial y\,\partial z}\right)_0 \int xz\,dm - \left(\frac{\partial^2 W}{\partial x\,\partial z}\right)_0 \int yz\,dm . \tag{23}$$

Wir führen nun ein neues Koordinatensystem ξ, η, ζ ein, dessen ζ-Achse mit der alten z-Achse zusammenfalle; die ξ-Achse aber liege in der Richtung des Stabes, so daß der Winkel $(x\xi)$ gleich α ist. Dann ist

$$\begin{aligned} x &= \xi \cos\alpha - \eta \sin\alpha \\ y &= \xi \sin\alpha + \eta \cos\alpha \\ z &= \zeta \end{aligned} \tag{24}$$

und

$$\begin{aligned} f = {} & \left(\frac{\partial^2 W}{\partial y^2} - \frac{\partial^2 W}{\partial x^2}\right)_0 \frac{1}{2} \sin 2\alpha \int (\xi^2 - \eta^2)\,dm + \left(\frac{\partial^2 W}{\partial y^2} - \frac{\partial^2 W}{\partial x^2}\right) \cos 2\alpha \int \xi\eta\,dm \\ & + \left(\frac{\partial^2 W}{\partial x\,\partial y}\right)_0 \cos 2\alpha \int (\xi^2 - \eta^2)\,dm - \left(\frac{\partial^2 W}{\partial x\,\partial y}\right)_0 2 \sin 2\alpha \int \xi\eta\,dm \\ & + \left(\frac{\partial^2 W}{\partial y\,\partial z}\right)_0 \cos\alpha \int \xi\zeta\,dm - \left(\frac{\partial^2 W}{\partial y\,\partial z}\right)_0 \sin\alpha \int \eta\zeta\,dm \\ & - \left(\frac{\partial^2 W}{\partial x\,\partial z}\right)_0 \sin\alpha \int \xi\zeta\,dm - \left(\frac{\partial^2 W}{\partial x\,\partial z}\right)_0 \cos\alpha \int \eta\zeta\,dm . \end{aligned} \tag{25}$$

Aus Gründen der Symmetrie ist nun

$$\int \xi \eta \, dm = \int \eta \zeta \, dm = \int \zeta \xi \, dm = 0 \tag{26}$$

und die drei Achsen ξ, η, ζ fallen mit den Hauptachsen der Trägheit des Stabes zusammen. Es ist dann

$$\int (\xi^2 + \eta^2) \, dm = \varkappa \tag{27}$$

das Trägheitsmoment bezüglich der ζ-Achse. Da η von der Größenordnung der Querdimensionen des Stabes ist und daher gegenüber der Längsdimension ξ eine kleine Größe bleibt, so kann man setzen:

$$\int (\xi^2 - \eta^2) \, dm = \int (\xi^2 + \eta^2) \, dm = \varkappa\,^{1)} . \tag{28}$$

Es bleibt also

$$f = \frac{\varkappa}{2} \left(\frac{\partial^2 W}{\partial y^2} - \frac{\partial^2 W}{\partial x^2} \right)_0 \sin 2\alpha + \varkappa \left(\frac{\partial^2 W}{\partial x \, \partial y} \right)_0 \cos 2\alpha . \tag{29}$$

Ist der Stab durch dieses Drehmoment der Schwerkraft aus seiner Ruhelage herausgedreht worden, so ist damit die Torsionselastizität des Fadens geweckt, welche dem Drehmoment entgegenwirkt. Bei einem gewissen Torsionswinkel θ halten sich beide das Gleichgewicht. Die Torsionskraft ist aber dem Ausschlag proportional, also ist

$$f = \tau \theta , \tag{30}$$

wo τ eine von dem Material und den Dimensionen des Fadens abhängige Konstante ist. Wir finden also

$$\theta = \frac{\varkappa}{2\tau} \left(\frac{\partial^2 W}{\partial y^2} - \frac{\partial^2 W}{\partial x^2} \right) \sin 2\alpha + \frac{\varkappa}{\tau} \frac{\partial^2 W}{\partial x \, \partial y} \cos 2\alpha . \tag{31}$$

Zur Ablesung des Winkels α dient ein kleiner Horizontalkreis mit Zeiger am oberen Ende des Fadens, um dessen Mitte die ganze Tragvorrichtung gedreht werden kann. Der Winkel θ wird durch Spiegelablesung bestimmt. Da die Nullstellung noch unbekannt ist, setzen wir

$$\theta = \vartheta - \vartheta_0 , \tag{32}$$

wo ϑ_0 den Winkel für die Nullstellung bedeutet. Führt man statt dessen die direkten Ablesungen an der Skala n und n_0 ein und ist D die Entfernung des Spiegels von der Skala, so ist

$$\theta = \vartheta - \vartheta_0 = \frac{n - n_0}{2D} . \tag{33}$$

Wir erhalten somit die folgende Gleichung

$$\frac{n}{2D} = \frac{n_0}{2D} + \frac{\varkappa}{2\tau} \left(\frac{\partial^2 W}{\partial y^2} - \frac{\partial^2 W}{\partial x^2} \right) \sin^2 \alpha + \frac{\varkappa}{\tau} \frac{\partial^2 W}{\partial x \, \partial y} \cos 2\alpha \tag{34}$$

[1]) Bei Brillouin (l. c.) ist das Verhältnis der beiden Integrale gleich 1 — 0,003.

mit den drei Unbekannten

$$\frac{n_0}{2D}, \quad \frac{\partial^2 W}{\partial y^2} - \frac{\partial^2 W}{\partial x^2} \quad \text{und} \quad \frac{\partial^2 W}{\partial x \, \partial y}. \tag{35}$$

Aus drei Beobachtungen mit drei verschiedenen α lassen sich diese drei Größen bestimmen. Die Werte werden um so sicherer ausfallen, je größer die Konstante $\frac{\varkappa}{\tau}$ ist; umso größer wird das n, um so empfindlicher auch der Apparat. Zur Bestimmung der Größe $\frac{\varkappa}{\tau}$ dienen Schwingungsversuche. Wird der Stab aus seiner Gleichgewichtslage gebracht und sich selbst überlassen, so vollführt er Schwingungen, deren Dauer demselben Gesetze folgt, wie die Schwingungen eines Pendels bei kleinem Schwingungsbogen, da hier wie dort die Kraft dem Ausschlage proportional ist. Mit dem Trägheitsmoment $\varkappa$ und dem Drehmomente $\tau\theta$ wird die Differentialgleichung der Bewegung

$$\varkappa \frac{\partial^2 \theta}{dt^2} = \tau \theta,$$

deren Integration auf den Ausdruck:

$$t = \pi \sqrt{\frac{\varkappa}{\tau}} \tag{36}$$

für die Schwingungszeit führt. Um den Einfluß des Drehmomentes, das von den Schwereverhältnissen herrührt, zu eliminieren, muß man auch diese Schwingungsversuche in verschiedenen Azimuten durchführen. Um $\varkappa$ möglichst groß zu erhalten, muß die Schwingungszeit sehr groß gewählt werden. Es gelang, eine Dauer von 700 Sek. zu erreichen. Mit Rücksicht auf einige Einflüsse, welche auch den Faktor $\frac{1}{\tau}$ erhalten und welche möglichst klein gehalten werden sollen, scheint es besser, die Länge von t durch ein größeres Trägheitsmoment als durch Wahl eines kleineren τ zu erreichen.

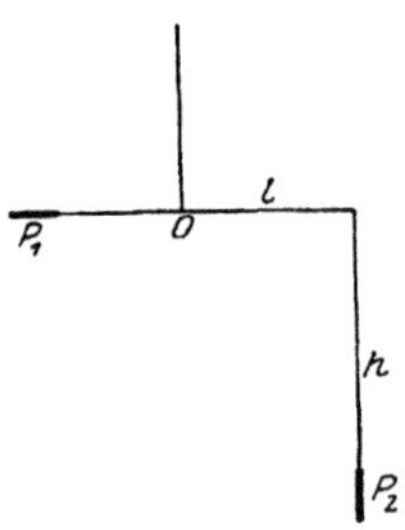

Abb. 18.

Bei der zweiten Form der Eötvösschen Drehwage hängt ein Gewicht um h tiefer als das andere (Abb. 18).

In der allgemeinen Gleichung (25) ist dann wieder

$$\int \xi \eta \, dm = \int \eta \zeta \, dm = 0,$$

weil bezüglich der Ebene $\eta = 0$ alles symmetrisch bleibt. In dem letzten Integrale $\int \xi \zeta \, dm$ können wir wegen der kleinen Dimensionen des Gewichtes P_2: ξ gleich der Länge des halben Stabes und ζ gleich h nehmen, und finden

$$\int \xi \zeta \, dm = lh \int dm = lhM, \tag{37}$$

wenn M die Masse des Gewichtes P_2 bedeutet. Wir erhalten dann

$$\begin{aligned}\frac{n}{2D} = \frac{n_0}{2D} + \frac{\varkappa}{2\tau}\left(\frac{\partial^2 W}{\partial y^2} - \frac{\partial^2 W}{\partial x^2}\right)_0 \sin 2\alpha + \frac{\varkappa}{\tau}\left(\frac{\partial^2 W}{\partial x\,\partial y}\right)_0 \cos 2\alpha \\ - \frac{lhM}{\tau}\left(\frac{\partial^2 W}{\partial x\,\partial z}\right)_0 \sin\alpha + \frac{lhM}{\tau}\left(\frac{\partial^2 W}{\partial y\,\partial z}\right)_0 \cos\alpha\,.\end{aligned} \tag{38}$$

Es sind somit jetzt fünf Unbekannte:

$$\frac{n_0}{2D},\quad \left(\frac{\partial^2 W}{\partial y^2} - \frac{\partial^2 W}{\partial x^2}\right)_0,\quad \left(\frac{\partial^2 W}{\partial x\,\partial y}\right)_0,\quad \left(\frac{\partial^2 W}{\partial x\,\partial z}\right)_0,\quad \left(\frac{\partial^2 W}{\partial y\,\partial z}\right)_0 \tag{39}$$

in der Gleichung, die aus Beobachtungen in fünf verschiedenen Stellungen des Stabes bestimmt werden können.

Zur Beschleunigung der Arbeiten hat Eötvös ein *Doppel-Schwerevariometer* konstruiert, bei welchem in einem Gehäuse zwei Gehänge untergebracht sind, die in bezug auf das tiefer liegende Gewicht entgegengesetzte Lage haben. Es kann also hier gleichzeitig in zwei im Azimut um 180° verschiedenen Richtungen beobachtet werden. Aus drei Stellungen erhält man dann sechs Bestimmungen, dazu aber für das zweite Gehänge den Nullpunkt n_0' als sechste Unbekannte.

Es erübrigt nun noch, die geodätische Bedeutung der gefundenen Größen zu erörtern[1]).

1. Die beiden Größen[2])

$$\begin{aligned}\frac{\partial^2 W}{\partial x\,\partial z} &= \frac{\partial}{\partial x}\left(\frac{\partial W}{\partial z}\right) = \frac{\partial g}{\partial x} \\ \frac{\partial^2 W}{\partial y\,\partial z} &= \frac{\partial}{\partial y}\left(\frac{\partial W}{\partial z}\right) = \frac{\partial g}{\partial y}\end{aligned} \tag{40}$$

sind die *Gradienten der Schwerkraft* in der Niveaufläche, d. i. die Veränderung der Schwere bei einer horizontalen Ortsveränderung. Der totale horizontale Gradient wird

$$\frac{\partial g}{\partial s} = \sqrt{\left(\frac{\partial^2 W}{\partial x\,\partial z}\right)^2 + \left(\frac{\partial^2 W}{\partial y\,\partial z}\right)^2}$$

und seine Richtung wird

$$\tan\alpha = \frac{\dfrac{\partial^2 W}{\partial y\,dz}}{\dfrac{\partial^2 W}{\partial x\,\partial z}}\,. \tag{41}$$

2. Es sei in zwei benachbarten Punkten der Niveaufläche, die in der Richtung des Gradienten liegen, die Schwere g und g'. Die Ent-

---

1) R. Eötvös: Bestimmung der Gradienten der Schwerkraft und ihrer Niveauflächen mit Hilfe der Drehwage (Verhandl. d. XV. allg. Konf. d. intern. Erdmessung in Budapest 1906, Beilage A, XIX).

2) Die Indices o können nunmehr wegbleiben.

fernung der benachbarten Niveaufläche an diesen beiden Punkten sei dz und dz'. Somit

$$g\,dz = g'\,dz'$$

und

$$g' = g + \frac{\partial g}{\partial s} \cdot ds\,.$$

Ist ferner ε der kleine Winkel zwischen den beiden Niveauflächen, so ist

$$dz - dz' = \varepsilon\, ds\,.$$

Andererseits muß, wenn r der Krümmungsradius der Lotlinie ist,

$$r \cdot \varepsilon = dz$$

sein. Es ist also

$$dz' = dz - \varepsilon\, ds = dz\left(1 - \frac{ds}{r}\right)$$

und

$$g'\,dz' = \left(g + \frac{dg}{ds}\,ds\right)\left(1 - \frac{ds}{r}\right)$$

oder

$$\frac{dg}{ds} - \frac{g}{r} - \frac{dg}{ds} \cdot \frac{ds}{r} = 0\,.$$

Das letzte Glied ist zweiter Ordnung und verschwindet; es bleibt somit

$$r = \frac{g}{\frac{\partial g}{\partial s}} = \frac{g}{\sqrt{\left(\frac{\partial^2 W}{\partial x\, \partial z}\right)^2 + \left(\frac{\partial^2 W}{\partial y\, \partial z}\right)^2}}\,. \tag{42}$$

Als zweite Größe folgt also der *Krümmungsradius der Lotlinie*, wenn g bekannt ist.

3. Die *Abweichung der Niveaufläche von der Kugelgestalt* kann gemessen werden durch die Differenz der reziproken Hauptkrümmungsradien $\frac{1}{\varrho_1}$ und $\frac{1}{\varrho_2}$. Die Theorie der gekrümmten Flächen gibt:

$$\begin{aligned} \varrho_1 &= \frac{r + t - \sqrt{(r-t)^2 + 4s^2}}{2(rt - s^2)} \\ \varrho_2 &= \frac{r + t + \sqrt{(r-t)^2 + 4s^2}}{2(rt - s^2)}, \end{aligned} \tag{43}$$

wobei die Flächengleichung in der Form $z = f(xy)$ vorausgesetzt ist, und die bekannten Gaussschen Bezeichnungen eingeführt sind:

$$r = \frac{\partial^2 z}{\partial x^2}, \qquad s = \frac{\partial^2 z}{\partial x\, \partial y}, \qquad t = \frac{\partial^2 z}{\partial y^2}\,. \tag{44}$$

Hat die Flächengleichung die Form

$$W(xyz) = \text{const},$$

so ist

$$r = -\frac{\frac{\partial^2 W}{\partial x^2}\cdot\frac{\partial W}{\partial z} - \frac{\partial^2 W}{\partial x \partial z}\cdot\frac{\partial W}{\partial x}}{\left(\frac{\partial W}{\partial z}\right)^2},$$

$$s = -\frac{\frac{\partial^2 W}{\partial x \partial y}\cdot\frac{\partial W}{\partial z} - \frac{\partial^2 W}{\partial y \partial z}\cdot\frac{\partial W}{\partial x}}{\left(\frac{\partial W}{\partial z}\right)^2} = -\frac{\frac{\partial^2 W}{\partial x \partial y}\cdot\frac{\partial W}{\partial z} - \frac{\partial^2 W}{\partial x \partial z}\cdot\frac{\partial W}{\partial y}}{\left(\frac{\partial W}{\partial z}\right)^2},$$

$$t = -\frac{\frac{\partial^2 W}{\partial y^2}\cdot\frac{\partial W}{\partial z} - \frac{\partial^2 W}{\partial y \partial z}\cdot\frac{\partial W}{\partial y}}{\left(\frac{\partial W}{\partial z}\right)^2}.$$

Für die besondere Lage unseres Koordinatensystems ist $\frac{\partial W}{\partial z} = g$ und $\frac{\partial W}{\partial x} = \frac{\partial W}{\partial y} = 0$. Es reduzieren sich also r, s, t auf die folgenden Ausdrücke

$$r = -\frac{1}{g}\cdot\frac{\partial^2 W}{\partial x^2}, \qquad s = -\frac{1}{g}\cdot\frac{\partial^2 W}{\partial x \partial y}, \qquad t = -\frac{1}{g}\cdot\frac{\partial^2 W}{\partial y^2}. \tag{45}$$

Wir finden aus (43) leicht

$$\frac{1}{\varrho_1} - \frac{1}{\varrho_2} = \sqrt{(r-t)^2 + 4s^2} = \frac{1}{g}\sqrt{\left(\frac{\partial^2 W}{\partial x^2} - \frac{\partial^2 W}{\partial y^2}\right)^2 + 4\left(\frac{\partial^2 W}{\partial x \partial y}\right)^2}. \tag{46}$$

Es läßt sich also auch diese Größe aus den Beobachtungen mit der Drehwage bestimmen.

4. Die *Winkel* λ_1 und λ_2, die die beiden *Hauptschnitte* mit der xz-Ebene bilden, sind gegeben durch

$$\tan 2\lambda_1 = \tan 2\lambda_2 = \frac{2s}{t-r} = -\frac{2\frac{\partial^2 W}{\partial x \partial y}}{\frac{\partial^2 W}{\partial y^2} - \frac{\partial^2 W}{\partial x^2}}. \tag{47}$$

Sind die Stationen eng genug aneinander, derart, daß man den in einer Station gefundenen Gradienten der Schwerkraft bis zur nächsten gelten lassen kann, so erhält man durch Aufsummieren die Schweredifferenzen der einzelnen Stationen und im Anschluß an eine Pendelstation den Schwerewert selbst.

Zur vollständigen Bestimmung der Niveauflächen reichen die fünf Unbekannten nicht aus. Es fehlt die Größe $\frac{\partial^2 W}{\partial z^2}$. Wäre diese bekannt, so gäbe die LAPLACEsche Gleichung

$$\frac{\partial^2 W}{\partial x^2} + \frac{\partial^2 W}{\partial y^2} = 2\omega^2 - \frac{\partial^2 W}{\partial z^2}$$

und da die Beobachtung die Differenz der beiden Glieder auf der linken Seite vermitteln läßt, so folgten nun auch die Werte von $\frac{\partial^2 W}{\partial x^2}$ und $\frac{\partial^2 W}{\partial y^2}$.[1]) Man muß also noch eine Annahme als 6. Stück dazu nehmen. Man wählt z. B. die relative Lotabweichung zweier Beobachtungspunkte auf Grund astronomischer Daten und kann dann durch schrittweises Vorgehen das ganze System der Lotabweichungen und damit auch die Form der Niveauflächen bestimmen.

Die Drehwage bildet somit ein vorzügliches Mittel zur Feststellung von Störungen im Verlaufe der Schwere und zur Feststellung des Vorhandenseins unterirdischer Störungsmassen. Sie kann daher auch der Geologie wichtige Dienste leisten[2]).

3. Das Clairautsche Theorem.

Die Möglichkeit, auf Grund von Schweremessungen die Form des Geoides zu bestimmen, wurde schon auf S. 42 auf Grund des Greenschen Satzes dargetan, der aussagt: Wenn der Verlauf der Schwerewerte längs einer beliebigen Fläche gegeben ist, so läßt sich das Potential aller von der Fläche umschlossenen Massen im ganzen Raume außerhalb derselben angeben und daher auch die Form der Potentialflächen bestimmen. Zur Anwendung auf die Erde müssen wir also eine Fläche wählen, welche die ganze Erdmasse umschließt. Als solche käme z. B. die physische Erdoberfläche selbst in Betracht. Es ist aber von vornherein klar, daß wir sie nicht brauchen können. Wir müßten die Zahl der Schwerestationen so groß machen, daß trotz des außerordentlich raschen Wechsels der Bodenform sich doch noch ein systematischer Gang in den Werten zeigt; sonst kann man das Integral in (41) S. 42 nicht einmal numerisch ausführen. Überdies brächte die Durchführung die Schwierigkeit mit sich, daß wir die Schwerekomponenten senkrecht zur Fläche brauchen. Es müßte also die Schwere nicht nur nach ihrer Größe, sondern auch nach ihrer Richtung zur physischen Erdoberfläche bestimmt werden.

Von dieser letzteren Schwierigkeit wird man frei, wenn man statt der physischen Erdoberfläche eine Niveaufläche wählt. Nimmt man aber hierfür das Geoid selbst, so entsteht eine neue Schwierigkeit daraus, daß es nicht die Gesamtheit aller Massen umschließt: die großen kontinentalen Erhebungen ragen heraus. Deshalb hat Brillouin[3]) den Vorschlag

---

[1]) Einen Apparat zur Bestimmung von $\frac{d^2 W}{dz^2}$ gibt A. Berroth: Die vertikal schwingende Drehwage (Zeitschrift f. Instrumentenkunde, 40. Jahrg., 1920).

[2]) W. Schweydar: Die Bedeutung der Drehwage von Eötvös für die geologische Forschung nebst Mitteilung einiger Ergebnisse (Zeitschrift f. prakt. Geologie, 26. Jahrg., 1918).

[3]) M. Brillouin: Les definitions de la forme de la terre (Revue générale des sciences pures et appliquées, 1900). Les reductions de la pesanteur au niveau de la mer (ibid.).

gemacht, eine Niveaufläche zu wählen, welche 10 km $\left(\text{genauer } \frac{100}{g}\right)$ oberhalb der Erdoberfläche verläuft, und die Schwerebeobachtungen auf diese zu reduzieren. Dieser Vorschlag, obwohl theoretisch einwandfrei, scheitert an der praktischen Undurchführbarkeit. Die Ungenauigkeit der Reduktionsgrößen würde das ganze Resultat in Frage stellen.

Es bleibt nur ein Ausweg: Man verwendet doch das Geoid, die außerhalb gelegenen Massen aber werden in irgendeiner Weise in das Innere verlegt gedacht, so daß für das praktische Bedürfnis das Geoid dann so behandelt werden kann, als ob alle Masse in seinem Innern lägen. Diesem Grundgedanken entspringt die von HELMERT entwickelte *Kondensationsmethode*[1]).

Diese Methode besteht darin, daß die gesamten außerhalb einer gewissen Fläche gelegenen Massen auf diese selbst verlegt gedacht werden, so daß sie daselbst als Flächenbelegung erscheinen. Als Fläche nimmt HELMERT eine Parallelfläche zur Erdoberfläche, welche in einer Tiefe von 21 km verläuft. Diese Größe entspricht dem linearen Werte der Abplattung. Da diese Fläche für den vorliegenden Zweck genau genug durch eine Kugel ersetzt werden kann, so braucht man nicht die ganze zwischen der Kugel und der Erdoberfläche gelegene Masse zu verlegen, sondern nur die Unterschiede, die sich gegenüber einer homogenen Schicht von 21 km Dicke und der mittleren Dichte der Erdoberfläche (etwa 2,8) ergeben, da bekanntlich eine homogene Hohlkugel sich nach außen genau so äußert, als ob ihre ganze Masse im Mittelpunkt vereinigt wäre. Die Verschiebung ihrer Masse auf eine Kugel von geringerem Radius ändert also an der Anziehung außerhalb derselben nichts.

Es ist klar, daß mit der Verschiebung der Massen auch andere Veränderungen verbunden sein werden. Zunächst verschiebt sich das Geoid selbst um einen Betrag, den HELMERT im Maximum auf $\pm$ 10 m schätzt. Dieser Änderung der Höhenlage entspricht an sich schon eine Korrektion der Schwerewerte, die aber nur den Betrag von etwa 1 : 300 000 ($3{,}10^{-3}$ cm) erreicht. Es wird aber durch die Verlegung der Massen die Schwere selbst auch direkt verändert in einem Betrage, den HELMERT im Maximum auf 4 : 10 000 ($4{,}10^{-1}$ cm) des ganzen Wertes schätzt. Dieser Betrag erscheint nun wohl sehr groß, wird aber keinesfalls jemals erreicht. Ihre außerordentliche Verwendbarkeit verdankt die Methode, die schon zu den besten Resultaten geführt hat, besonders dem Umstande, daß in der Erdoberfläche ein allgemeiner Massenausgleich stattfindet, von dem später noch genauer zu sprechen sein wird. Danach entsprechen den sichtbaren Erhebungen der Massen über der Erdoberfläche unterirdische Massendefekte. Die Kondensation wird also gewissermaßen die überschüssigen Massen oberhalb der Erdoberfläche in den Boden hineindrängen, wo sie Platz finden. Dadurch wird eine gleichmäßigere Massen-

[1]) R. HELMERT: Math.-phys. Theorien, II. Bd., S. 148ff.

verteilung erzeugt, und die Änderung der Schwerewerte wird im Sinne eines glatteren Verlaufes an der Erdoberfläche vor sich gehen. Der Einfluß der Zufälligkeiten des Terrains wird herabgedrückt.

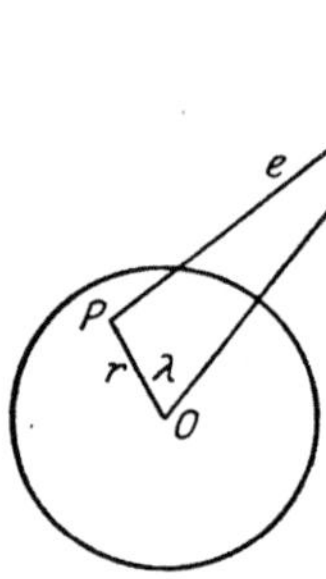

Abb. 19.

Mit der Verlegung der Massen nach innen ist auch ein mathematischer Vorteil verknüpft. Das Potential v der Anziehung eines Punktes P eines beliebigen Körpers auf einen Punkt P' (Abb. 19) stellt sich dar in der Form:

$$v = \frac{k^2\,dm}{e},$$

wo k^2 die Gravitationskonstante, dm das Massenelement in P und e die Entfernung PP' ist.

Es ist nun nach der Figur:

$$e = \sqrt{r^2 + r'^2 - 2\,r\,r' \cos\lambda} = r' \sqrt{1 - 2\frac{r}{r'}\cos\lambda + \frac{r^2}{r'^2}}\,. \qquad (1)$$

Wenn $r < r'$, so läßt sich dieser Ausdruck nach Potenzen von $\frac{r}{r'}$ entwickeln.

Zur Bestimmung des Potentiales des ganzen Körpers ist eine Integration über alle Massen desselben notwendig. Es nimmt dabei r alle Werte bis zur Oberfläche an; wir können also obige Entwicklung nur dann verwenden, wenn r' größer ist, als der größte Wert von r, der überhaupt vorkommen kann. Wenn aber P' auf der physischen Erdoberfläche liegt, so wird dies nicht der Fall sein. Liegt z. B. P' an einer Küste (Abb. 20), so werden alle Punkte P im Innern der Kontinentalmasse größere Entfernung von O haben, als der Küstenpunkt P'. Man müßte dann für diese Punkte e in der Form ansetzen:

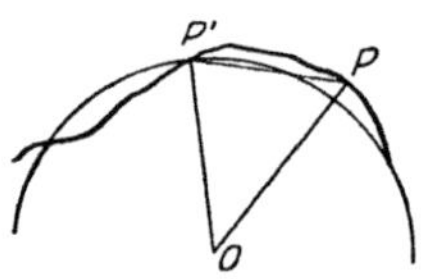

Abb. 20.

$$e = r\sqrt{1 - 2\frac{r'}{r}\cos\lambda + \frac{r'^2}{r^2}} \qquad (2)$$

und nach $\frac{r'}{r}$ entwickeln. Es wäre so nicht möglich, das Potential durch ein einziges Integral auszudrücken, wie es für theoretische Untersuchungen, z. B. für die Ableitung des Clairautschen Theorems, wünschenswert ist. Handelt es sich aber nur um die Reduktion der Schwere auf das Meeresniveau, so kann man in der Tat für die äußeren und inneren Massen getrennte Entwicklungen anwenden[1]).

Eine Weiterbildung der Helmertschen Kondensationsmethode ist die *Inversionsmethode* von Rudzki[2]). Auch hier wird eine Verlegung der

[1]) A. Prey: Über die Reduktion der Schwerebeobachtungen auf das Meeresniveau (Sitzungsber. d. Akad. d. Wiss. in Wien, Bd. CXIII, Abt. IIa).

[2]) M. P. Rudzki: Physik der Erde, Leipzig 1911.

Massen vorgeschlagen, es wird aber von vornherein die Bedingung gestellt, daß sich dadurch das Geoid nicht ändern soll.

Im Punkt M außerhalb des Geoides befinde sich die Masse m (Abb. 21). Wir sollen diese Masse ersetzen durch eine Masse m', die auf der Verbindungslinie OM gelegen ist, so daß das Potential von m' auf einem beliebigen Punkt Q der Niveaufläche ungeändert bleibt. Die Bedingung lautet also

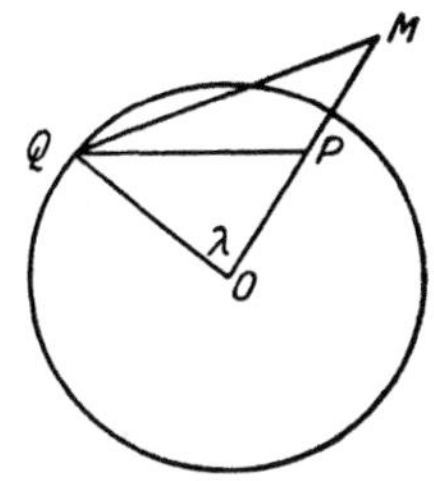

Abb. 21.

$$\frac{k^2 m}{\sqrt{R^2+r^2-2Rr\cos\lambda}}=\frac{k^2 m'}{\sqrt{R^2+r'^2-2Rr'\cos\lambda}}, \quad (3)$$

wenn $OQ=R$, $OM=r$ und $OP=r'$ gesetzt wird. Man genügt dieser Bedingung durch den Ansatz

$$r'=\frac{R^2}{r} \quad \text{und} \quad m'=m\cdot\frac{R}{r}. \quad (4)$$

Durch eine derartige Verlegung und Veränderung der Massen ändert sich also die Geoidfläche nicht. Dagegen ändert sich im ganzen übrigen Raume sowohl das Potential wie die Schwere, und auch auf der Niveaufläche selbst bleibt die Schwere nicht die gleiche; das letztere hat weiter keine Bedeutung, da es sich nur um die Bestimmung der Form der Fläche handelt. Es ändert sich aber auch die ganze Erdmasse und zwar in einem Betrage von $\frac{1}{396{,}10^6}$.

Der Einfluß der Verlegung der Massen auf die Schwerewerte muß in Rechnung gezogen werden. Doch ist mit der Verlegung der Massen nach dem Innern, welche eigentlich nur von theoretischen Erwägungen gefordert wird, die Reduktion der beobachteten Schwerewerte nicht beendet.

Sie verlangen zunächst noch eine *Korrektion wegen der Höhe.* Faßt man die Erde als Kugel von der Masse E und dem Radius R auf, so ist die Schwere in der Höhe h gegeben durch

$$g=\frac{Ek^2}{(R+h)^2}$$

oder, da h eine kleine Größe gegen R ist:

$$g=\frac{Ek^2}{R^2}\left(1-\frac{2h}{R}\right)=g_0\left(1-\frac{2h}{R}\right)=g_0\,(1-0{,}000\,000\,3147\,h), \quad (5)$$

wenn g_0 die Schwere im Meeresniveau bedeutet und h in Metern ausgedrückt ist[1]).

[1]) R. HELMERT: Die Schwerkraft und die Massenverteilung der Erde (Enzyklop. d. math. Wiss. Bd. VI). Daselbst wird auch die Abplattung berücksichtigt; ebenso: R. HELMERT: Über die Reduktion der auf der physischen Erdoberfläche beobachteten Schwerebeschleunigungen auf ein gemeinsames Niveau: 1. Mitteilung (Sitzungsber. d. preuß. Akad. d. Wiss. 1902, XXXVI); 2. Mitteilung (1903, XXXI).

Die weitere Reduktion auf das Meeresniveau berücksichtigt die zufällige Massenverteilung in der näheren und weiteren Umgebung des Beobachtungspunktes. Hierüber wird in einem besonderen Kapitel (S. 132) genauer gehandelt werden, wo auch gezeigt wird, daß die Reduktion je nach dem Ziele der Untersuchung verschieden durchgeführt werden muß. Hier sei nur folgendes bemerkt. Die Zahl der Schwerebeobachtungen, die wir besitzen, ist viel zu gering, als daß wir eine Bestimmung des Geoides in seiner ganzen Kompliziertheit versuchen könnten. Es gilt hier das Gleiche, was auf S. 60 bezüglich der physischen Erdoberfläche gesagt wurde. Wir müssen uns also darauf beschränken, eine Näherungsfigur, etwa ein Rotationsellipsoid oder Rotationssphäroid, zu bestimmen. Dazu müssen nun die Beobachtungen so behandelt werden, daß sie längs dieser Fläche einen möglichst glatten Verlauf zeigen, sie müssen also von zufälligen und lokalen Einflüssen befreit sein, und man hat eine dementsprechende Reduktionsmethode zu wählen, z. B. auf Grund des Begriffes der Isostasie (siehe S. 138).

Wir wollen die Werte in diesem Sinne korrigiert voraussetzen, und zeigen, wie wir dann die Form der Fläche bestimmen können. Die Grundlage hierfür bietet das *Clairautsche Theorem.*

Das Potential eines beliebigen Körpers auf einen Punkt außerhalb desselben ist gegeben durch

$$V = k^2 \int \frac{dm}{e}\,. \tag{6}$$

Es seien x, y, z die Koordinaten des anziehenden Punktes, x', y', z' die des angezogenen, somit

$$e = \sqrt{(x'-x)^2 + (y'-y)^2 + (z'-z)^2} = \sqrt{r^2 + r'^2 - 2rr'\cos\gamma}$$

$$r^2 = x^2 + y^2 + z^2 \qquad r'^2 = x'^2 + y'^2 + z'^2 \qquad \cos\gamma = \frac{xx' + yy' + zz'}{rr'}\,. \tag{7}$$

γ ist dann der Winkel zwischen r und r'. Wir setzen voraus, daß

$$r' > r$$

ist. Dann wird durch Entwicklung nach Potenzen von $\frac{r}{r'}$ bis auf Glieder 2. Ordnung

$$\frac{1}{e} = \frac{1}{\sqrt{r^2 + r'^2 - 2rr'\cos\gamma}} = \frac{1}{r'}\left(1 - 2\frac{r}{r'}\cos\gamma + \frac{r^2}{r'^2}\right)^{-\frac{1}{2}}$$

$$= \frac{1}{r'}\left[1 + \frac{r}{r'}\cos\gamma + \left(\frac{r}{r'}\right)^2\left(-\frac{1}{2} + \frac{3}{2}\cos^2\gamma\right)\right] \tag{8}$$

$$= \frac{1}{r'}\left\{1 + \frac{1}{r'^2}(xx' + yy' + zz') + \frac{1}{2r'^4}[(-(x^2+y^2+z^2)(x'^2+y'^2+z'^2) + 3(xx'+yy'+zz')^2)]\right\}.$$

Dieser Ausdruck kann leicht in die Form gebracht werden:

$$\frac{1}{e} = \frac{1}{r'} + \frac{1}{r'^3}(xx'+yy'+zz') + \frac{x'^2}{2r'^5}(2x^2 - y^2 - z^2) + \frac{y'^2}{2r'^5}(2y^2 - z^2 - x^2)$$

$$+ \frac{z'^2}{2r'^5}(2z^2 - x^2 - y^2) + \frac{3x'y'}{r'^5}\cdot xy + \frac{3y'z'}{r'^5}\cdot yz + \frac{3z'x'}{r'^5}\cdot zx\,.$$

Wir finden somit für V

$$V = \frac{k^2}{r'}\int dm + \frac{k^2 x'}{r'^3}\int x\,dm + \frac{k^2 y'}{r'^3}\int y\,dm + \frac{k^2 z'}{r'^2}\int z\,dm$$

$$+ \frac{k^2 x'^2}{2r'^5}\int (2x^2 - y^2 - z^2)\,dm + \frac{k^2 y'^2}{2r'^5}\int (2y^2 - z^2 - x^2)\,dm$$

$$+ \frac{k^2 z'^2}{2r'^5}\int (2z^2 - x^2 - y^2)\,dm$$

$$+ \frac{3x'y'}{r'^5}\int xy\,dm + \frac{3y'z'}{r'^5}\int yz\,dm + \frac{3z'x'}{r'^5}\int zx\,dm,$$

wo die Integrale über die ganze Erdmasse auszudehnen sind.

Es ist zunächst, wenn E die Erdmasse bezeichnet,

$$\int dm = E. \tag{9}$$

Wählen wir ferner als Koordinatenanfangspunkt den Schwerpunkt, so ist

$$\int x\,dm = \int y\,dm = \int z\,dm = 0. \tag{10}$$

Wir führen nun die Trägheits- und Deviationsmomente nach den bekannten Definitionen ein

$$\begin{array}{lll} A = \int (y^2 + z^2)\,dm & B = \int (z^2 + x^2)\,dm & C = \int (x^2 + y^2)\,dm \\ D = \int yz\,dm & E = \int zx\,dm & F = \int xy\,dm. \end{array} \tag{11}$$

Wählen wir das Koordinatensystem so, daß $D = E = F = 0$ wird, so werden A, B und C die Hauptträgheitsmomente. Es wird nun

$$V = \frac{k^2 M}{r'} + \frac{k^2 x'^2}{2r'^5}(B + C - 2A) + \frac{k^2 y'^2}{2r'^5}(C + A - 2B) + \frac{k^2 z'^2}{2r'^5}(A + B - 2C). \tag{12}$$

Führen wir für x', y' und z' Polarkoordinaten ein:

$$\begin{aligned} x' &= r' \cos\varphi' \cos\lambda' \\ y' &= r' \cos\varphi' \sin\lambda' \\ z' &= r' \sin\varphi', \end{aligned} \tag{13}$$

wo φ' die geozentrische Breite, und λ' die geographische Länge ist, so wird

$$x'^2 = r'^2 \cos^2\varphi' \cdot \frac{1}{2}(1 + \cos 2\lambda)$$

$$y'^2 = r'^2 \cos^2\varphi' \cdot \frac{1}{2}(1 - \cos 2\lambda)$$

$$z'^2 = r'^2 \sin^2\varphi'.$$

Setzen wir diese Ausdrücke in (12) ein, fassen die Glieder, welche λ enthalten, zusammen und fügen endlich noch das Potential der Fliehkraft: $\frac{\omega^2 r'^2}{2}\cos^2\varphi'$ hinzu, so erhalten wir für das Potential W der Erde auf einen Punkt, der an der Erddrehung teilnimmt[1]),

$$W = \frac{k^2 E}{r} + \frac{k^2}{2r^3}\left(C - \frac{A+B}{2}\right)(1 - 3\sin^2\varphi) + \frac{3k^2}{4r^3}(B - A)\cos^2\varphi\cos 2\lambda$$

$$+ \frac{\omega^2 r^2}{2}\cos^2\varphi, \tag{14}$$

wobei die Striche bei den Koordinaten des angezogenen Punktes als nunmehr gegenstandslos wegbleiben können.

1) Über die Konvergenz der Entwicklung nach $\frac{r}{r'}$ bis zur Oberfläche siehe: CALLANDREAU, Sur le developpement en série du potentiel des sphéroides de révolution (Journal de l'école polytechn. 1889).

Das erste Glied entspricht dem Potential einer homogenen Kugel von der Masse E, oder dem Potential einer Masse E, die wir uns im Schwerpunkt vereinigt denken können: so wirkt jede Masse auf eine Entfernung, die so groß ist, daß die weiteren Glieder vernachlässigt werden können. In diesem Falle ist die Anziehung nach außen von der Massenverteilung im Innern unabhängig.

Die innere Massenanordnung tritt durch die Trägheitsmomente ein. Da die Erde mit sehr großer Annäherung ein Rotationskörper ist, so ist

$$A = B \tag{15}$$

und wir erhalten

$$W = \frac{k^2 E}{r} + \frac{k^2}{2r^3}(C - A)(1 - 3\sin^2\varphi) + \frac{\omega^2 r^2}{2}\cos^2\varphi. \tag{16}$$

Wir haben nun zunächst einen Ausdruck für die Schwere abzuleiten, wozu wir nach der Definition des Potentials den Ausdruck W nach der Schwererichtung zu differenzieren haben. Unter Vernachlässigung von Gliedern höherer Ordnung können wir hierfür einfach die Richtung von r nehmen. Es wird[1]:

$$g = -\frac{\partial W}{\partial r} = \frac{k^2 E}{r^2} + \frac{3k^2}{2r^4}(C - A)(1 - 3\sin^2\varphi) - \omega^2 r\cos^2\varphi$$

$$= \frac{k^2 E}{r^2}\left[1 + \frac{3(C - A)}{2r^2 E}(1 - 3\sin^2\varphi) - \frac{\omega^2 r^3}{k^2 E}\cos^2\varphi\right]. \tag{17}$$

Für die Erdoberfläche können wir in den kleinen Gliedern in der Klammer r durch a ersetzen, wo a den Äquatorradius der Erde bedeutet; somit:

$$g = \frac{k^2 E}{r^2}\left[1 + \frac{3(C - A)}{2a^2 E}(1 - 3\sin^2\varphi) - \frac{\omega^2 a^3}{k^2 E}\cos^2\varphi\right]. \tag{18}$$

Längs der Erdoberfläche ist W konstant. Es sei

$$W = W_0. \tag{19}$$

Dann finden wir aus Gl. (16) mit derselben Genauigkeit, wie oben

$$r = \frac{k^2 E}{W_0}\left[1 + \frac{C - A}{2a^2 E}(1 - 3\sin^2\varphi) + \frac{\omega^2 a^3}{2k^2 E}\cos^2\varphi\right]. \tag{20}$$

Damit können wir r aus Gl. (18) eliminieren. Es wird dann

$$g = \frac{W_0^2}{k^2 E}\left[1 + \frac{3(C-A)}{2a^2 E}(1 - 3\sin^2\varphi) - \frac{\omega^2 a^3}{k^2 E}\cos^2\varphi\right]\left[1 + \frac{C-A}{2a^2 E}(1 - 3\sin^2\varphi) + \frac{\omega^2 a^3}{2k^2 E}\cos^2\varphi\right]^{-2}$$

$$= \frac{W_0^2}{k^2 E}\left[1 + \frac{3(C-A)}{2a^2 E}(1 - 3\sin^2\varphi) - \frac{\omega^2 a^3}{k^2 E}\cos^2\varphi\right]\left[1 - \frac{C-A}{a^2 E}(1 - 3\sin^2\varphi) - \frac{\omega^2 a^3}{k^2 E}\cos^2\varphi\right]$$

$$= \frac{W_0}{k^2 E}\left[1 + \frac{C-A}{2a^2 E}(1 - 3\sin^2\varphi) - \frac{2\omega^2 a^3}{k^2 E}\cos^2\varphi\right]. \tag{21}$$

Ersetzen wir $\cos^2\varphi$ durch $1 - \sin^2\varphi$, so finden wir mit gleicher Genauigkeit

$$g = \frac{W_0}{k^2 E}\left[1 + \frac{C - A}{2a^2 E} - \frac{2\omega^2 a^3}{k^2 E} + \left(\frac{2\omega^2 a^3}{k^2 E} - \frac{3(C - A)}{2a^2 E}\right)\sin^2\varphi\right]$$

$$= \frac{W_0}{k^2 E}\left[1 + \frac{C - A}{2a^2 E} - \frac{2\omega^2 a^3}{k^2 E}\right]\left[1 + \left(\frac{2\omega^2 a^3}{k^2 E} - \frac{3(C - A)}{2a^2 E}\right)\sin^2\varphi\right], \tag{22}$$

wofür wir abkürzend schreiben:

$$g = g_a(1 + \mathfrak{b}\sin^2\varphi). \tag{23}$$

g_a ist also die Schwere am Äquator. Entsprechend können wir nach Gl. (20) setzen

$$r = \frac{k^2 E}{W_0}\left[1 + \frac{C - A}{2a^2 E} + \frac{\omega^2 a^3}{2k^2 E}\right]\left[1 - \left(\frac{\omega^2 a^3}{2k^2 E} + \frac{3(C - A)}{2a^2 E}\right)\sin^2\varphi\right]$$

$$= a(1 - \mathfrak{a}\sin^2\varphi). \tag{24}$$

[1] Die folgende Ableitung folgt im wesentlichen HELMERT: Theorien II. S. 73 ff.

Es ist also

$$\mathfrak{a} = \frac{\omega^2 a^3}{2 k^2 E} + \frac{3(C-A)}{2 a^2 E}, \tag{25}$$

$$\mathfrak{b} = \frac{2\omega^2 a^3}{k^2 E} - \frac{3(C-A)}{2 a^2 E}; \tag{26}$$

somit:

$$\mathfrak{a} + \mathfrak{b} = \frac{5\omega^2 a^3}{2 k^2 E} = \frac{5}{2}\mathfrak{c}. \tag{27}$$

Diese Gleichung stellt das *Clairautsche Theorem* dar.

Die Bedeutung der drei Größen $\mathfrak{a}$, $\mathfrak{b}$, $\mathfrak{c}$ läßt sich leicht angeben. Bezeichnen wir die Polarachse der Meridianellipse mit c, so ist (für $\varphi = 90^\circ$) Gl. (24):

$$c = a(1 - \mathfrak{a}),$$

also

$$\mathfrak{a} = \frac{a - c}{a}; \tag{28}$$

$\mathfrak{a}$ ist somit die Abplattung.

Bezeichnen wir weiter mit g_p die Schwere am Pole, so finden wir aus (23)

$$g_p = g_a(1 + \mathfrak{b}),$$

somit

$$\mathfrak{b} = \frac{g_p - g_a}{g_a}; \tag{29}$$

$\mathfrak{b}$ ist also das Verhältnis des Unterschiedes der Schwere am Äquator und am Pole zur Schwere am Äquator.

Die Größe $\mathfrak{c}$ endlich können wir in der Form schreiben

$$\mathfrak{c} = \frac{\omega^2 a}{\frac{k^2 E}{a^2}} = \frac{\omega^2 a}{g_a}; \tag{30}$$

$\mathfrak{c}$ ist also das Verhältnis der Fliehkraft zur Schwere am Äquator.

Das Clairautsche Theorem drückt eine Beziehung zwischen lauter Oberflächengrößen aus: der Abplattung, der Fliehkraft und den Schwerewerten. Bei seiner Ableitung wurde nichts vorausgesetzt, als daß die Erde ein Rotationskörper von nahezu kugeliger Form ist, der um seine Hauptträgheitsachse rotiert. Über die Anordnung der Massen im Innern wurde keine Voraussetzung gemacht. Der Satz gilt also unabhängig von dieser.

Da nach (25) und (27)

$$\frac{3}{2}\frac{C-A}{E} = a^2\left(\mathfrak{a} - \frac{\mathfrak{c}}{2}\right) \quad \text{und} \quad \frac{\omega^2}{2k^2E} = \frac{\mathfrak{c}}{2a^3}$$

ist, so wird aus (16)

$$W = \frac{k^2 E}{r}\left[1 + \frac{a^2}{r^2}\left(\mathfrak{a} - \frac{\mathfrak{c}}{2}\right)\left(\frac{1}{3} - \sin^3\varphi\right) + \frac{r^3}{a^3}\cdot\frac{\mathfrak{c}}{2}\cos^2\varphi\right].$$

Das Potential im Punkte $(r\varphi)$ eines beliebigen Meridianes enthält also außer den Koordinaten nur Oberflächengrößen, wie es der Satz von GREEN verlangt.

Aus Gl. (25) erkennt man, daß $\frac{\omega^2}{g}$ und $\frac{C-A}{E}$ mit der Abplattung von gleicher Größenanordnung sind. Es wurden also bei der obigen Ableitung immer nur Größen von der Ordnung des Quadrates der Abplattung vernachlässigt.

Das CLAIRAUTsche Theorem gestattet nun die Bestimmung der Erdgestalt aus dem Verlauf der Schwere. Ist es auf Grund zahlreicher Messungen gelungen, die Schwerewerte auf der Erde durch eine Formel von der Gestalt (23) darzustellen, so werden g_a und $\mathfrak{b}$ und damit auch g_p bekannt. Die Größe $\mathfrak{c}$ erhält man aus der bekannten Umdrehungszeit der Erde; das CLAIRAUTsche Theorem (27) liefert dann die zugehörige Abplattung, und damit die Erdfigur, die mit Rücksicht auf die eingeführte Genauigkeit vorläufig als Rotationsellipsoid aufgefaßt werden muß.

Entwickelt man in dem Ausdrucke 8) noch weitere Glieder, so erhält man das CLAIRAUTsche Theorem in erweiterter Form, wobei in den Zusatzgliedern eine Abweichung von der Rotationsform und ein Unterschied zwischen der Nord- und Südhalbkugel zum Ausdrucke kommt. Da heute fast 3000 Schwerestationen zur Verfügung stehen, so erschien es aussichtsvoll die Erdgestalt auf solche kleine Abweichungen von der Symmetrie zu untersuchen. Eine entsprechende Auswahl unter den Stationen ist dabei unerläßlch. Da die Befreiung der Schwerewerte von dem Einfluß unregelmäßiger Massenverteilung sehr schwierig ist, so kann man nur solche Stationen heranziehen, die voraussichtlich störungsfrei sind. BERROTH[1]), der auf Grund des neuesten Materials diese Berechnungen durchgeführt hat, verwendet etwa 400 Stationen. Alle Stationen in Gebirgsgegenden und in 100 km Umkreis derselben, ferner alle Stationen in tief eingeschnittenen Tälern, an größeren Binnenseen, auf Bergen, die sich stark aus der Umgebung abheben, endlich alle Stationen über 1500 m Meereshöhe oder mit Schwerestörungen über $100{,}10^{-3}$ cm/sek^2 wurden ausgeschieden. Eine Trennung zwischen Festland- und Küstenstationen erwies sich als notwendig.

Als Hauptergebnis wird gefunden

$$\left.\begin{aligned} g &= \underset{\pm 4,4}{978{,}046}\{1 + \underset{\pm 7,7}{0{,}005\,296}\sin^2 B + \underset{\pm 45}{0{,}000\,011\,6}\cos^2 B\cos 2(L+10^0) \\ &\qquad - 0{,}000\,007\sin^2 2B\} \\ &\text{oder} \\ g &= 980{,}629\{1 - 0{,}002\,640\cos 2B + 0{,}000\,011\,6\cos^2 B\cos 2(L+10^0) \\ &\qquad - 0{,}000\,007\sin^2 2B\}. \end{aligned}\right\} \quad (31)$$

[1]) A. BERROTH: Die Erdgestalt und die Hauptträgheitsmomente A und B der Erde im Äquator aus Messungen der Schwerkraft (Beiträge zur Geophysik, XIV. Bd., 3. Heft, 1916).

Daraus findet sich die Abplattung in ihrer Abhängigkeit von der Länge L von Greenwich:

$$\mathfrak{a} = 0{,}003358 + 0{,}000012 \cos 2(L + 10^{\circ}). \tag{32}$$

Der Äquator erscheint somit etwas elliptisch, die große Achse fällt 10° westlich von Greenwich, die kleine etwa in die Richtung nach Vorderindien. Die Abplattung des Meridians 10° westlich von Greenwich wird

$$\mathfrak{a} = 0{,}003358 + 0{,}000012 = 0{,}003370 = \frac{1}{296{,}7}, \tag{33}$$

die Abplattung des Meridians 80° östlich von Greenwich:

$$\mathfrak{a} = 0{,}003358 - 0{,}000012 = 0{,}003346 = \frac{1}{298{,}9}, \tag{34}$$

im Mittel:

$$\frac{1}{297{,}8}. \tag{35}$$

Der Unterschied der beiden Halbachsen des Äquators wird:

$$a - b = 150\,\text{m} \pm 58\,\text{m} \tag{36}$$

und der Unterschied der Trägheitsmomente

$$B - A = \underset{\pm 5}{0{,}000016}\, Ma^2. \tag{37}$$

Nimmt man ein Glied hinzu, welches einen Unterschied der beiden Halbkugeln entspricht, so findet man

$$\begin{aligned} \mathfrak{a}_{(\text{Nordhalbkugel})} &= \frac{1}{298{,}2} \qquad \text{Polarachse (Nord)} = c - 65\,\text{m} \\ \mathfrak{a}_{(\text{Südhalbkugel})} &= \frac{1}{300{,}0} \qquad \text{Polarachse (Süd)} = c + 65\,\text{m}. \end{aligned} \tag{38}$$

Für Küstenstationen folgt eine etwas andere Formel, wobei der konstante Unterschied zwischen Küsten- und Festlandswerten im Hauptwerte zum Ausdruck kommt. HELMERT[1]) findet durch eine gemeinsame Behandlung als derzeit brauchbarste Formel für das Festland:

$$\begin{aligned} g = \underset{\pm 4}{978{,}052}\,\{1 &+ \underset{\pm 7}{0{,}005285} \sin^2 B - 0{,}000007 \sin^2 2B \\ &+ \underset{\pm 4}{0{,}000018} \cos^2 B \cos 2(L + \underset{\pm 6}{17^{\circ}})\}. \end{aligned} \tag{39}$$

Für Küstenstationen wird der Grundwert 978,068. Der mittlere Wert der Abplattung wird nun $\frac{1}{296{,}7}$ und der Unterschied der Äquatorhalbachsen: 230 m. Die Lage derselben ist beiläufig die gleiche wie früher.

Der Unterschied der beiden Äquatorachsen fällt somit recht klein aus, und fällt gewiß innerhalb der Störungen, die das Geoid durch die kontinentalen Massen erfährt, so daß es fraglich ist, ob sich das Geoid

[1]) R. HELMERT: Neue Formeln für den Verlauf der Schwerkraft im Meeresniveau beim Festlande (Sitzungsber. d. preuß. Akad. d. Wiss., 1915, XLI).

einem dreiachsigen Ellipsoid besser anpaßt als einem Rotationsellipsoid. Merkwürdigerweise hat der CLARKEsche Versuch von 1878 ein dreiachsiges Ellipsoid aus den Gradmessungen zu bestimmen, die gleichen Achsenrichtungen, allerdings aber den doppelten Unterschied in der Länge (465 m) ergeben.

Der Unterschied in den Trägheitsmomenten (37) kann natürlich ebenso seine Erklärung in einem Unterschiede der Äquatorachsen, wie in einer entsprechenden Massenlagerung im Erdinnern finden.

III. Die Bestimmung der Seehöhe.

Es hat sich gezeigt, daß bei den geodätischen Operationen stets wieder der Begriff der Seehöhe gebraucht wurde, da das Geoid oder die eingeführte Referenzfläche nicht mit der physischen Erdoberfläche zusammenfällt, an welche wir mit unseren Beobachtungen gebunden sind. Es ergab sich daher immer die Notwendigkeit einer Reduktion.

Unter Seehöhe oder Meereshöhe verstehen wir die Entfernung irgendeines Punktes der physischen Erdoberfläche von dem entsprechenden Punkte des Geoides (der Meeresfläche), gemessen längs der Lotlinie. Die letztere besitzt eine flache Krümmung, von der wir aber im folgenden absehen können. Die Seehöhe unterscheidet sich von der Höhe über einem Referenzellipsoid durch die schon öfter eingeführte Größe N (S. 26). Ist diese bekannt, so können wir von der Seehöhe zur Höhe über dem Referenzellipsoid übergehen und umgekehrt; sind aber beide Höhen bekannt, so folgt umgekehrt aus ihnen die Größe N.

Zur Höhenmessung stehen uns drei Methoden zur Verfügung: 1. *das geometrische*, 2. *das trigonometrische Nivellement*, 3. *die barometrische Höhenmessung*.

4. Das geometrische Nivellement.

Dieses besteht darin, daß man mit Hilfe eines horizontal gestellten Fernrohres (Nivellierinstrumentes) nach vorwärts und nach rückwärts eine horizontale Visur nach einer aufgestellten Meßlatte herstellt. Die Differenz der Lesungen ergibt den Höhenunterschied. Die Zielweiten wählt man nicht zu groß (etwa 80 m) und möglichst gleich. Dadurch erzielt man den Vorteil, daß der Einfluß der Refraktion wenigstens so weit herausfällt, als der Lichtstrahl beiderseits als symmetrisch angenommen werden kann. Das Gleiche gilt von der Krümmung der Niveauflächen. Für die Zwecke der höheren Geodäsie kommt das geometrische Nivellement nur in seiner genauesten Lage als *Präzisionsnivellement* in Betracht.

Die angewandten Instrumente[1]) haben meist Fernrohre von 30 bis 40 mm Öffnung und etwa 30—40facher Vergrößerung. Die Libellen haben einen Parswert von etwa 5″.

[1]) W. JORDAN: Handbuch der Vermessungskunde, II. Bd., 1914.

Außerordentlich groß ist die Zahl der Typen der in Verwendung stehenden Ziellatten. Es werden sowohl solche mit Stricheinteilung gebraucht, wie solche mit Feldereinteilung, bei welchen die aneinander stoßenden Felder durch abwechselnde Färbung kenntlich sind. Bei ersteren ist gewöhnlich eine Halbzentimetereinteilung durchgeführt. Bei den letzteren macht man auch Doppelmillimeter- oder Millimetereinteilung. Zur Sicherheit arbeitet man gleichzeitig mit zwei Latten oder auch mit einer Wendelatte: das ist eine Latte, welche auf beiden Seiten eine Einteilung trägt; die beiden Einteilungen sind in der Regel um ein Stück gegeneinander verschoben, um möglichst unabhängige Lesungen zu erhalten.

Zur guten Aufstellung der Latten werden eigene Untersätze konstruiert, die ein Gewicht von etwa 2.5 kg besitzen müssen und fest in den Boden gedrückt werden. Sie tragen oben meist einen Dorn oder eine gewölbte Oberfläche, auf welche die Latte mit einem passenden Schuh aufgesetzt wird. Zur Senkrechtstellung dient eine Dosenlibelle.

Die Ablesung erfolgt in ihrer einfachsten Form durch die Schätzung der Stellung des horizontalen Mittelfadens gegenüber der Einteilung der Latte. Zur Steigerung der Genauigkeit liest man auch an mehreren (drei) Fäden ab und reduziert die äußeren Lesungen auf die Mitte. Noch größere Genauigkeit erhält man, wenn man auf die Teilstriche der Latte selbst einstellt, wobei man den Mittelfaden am besten durch einen Doppelfaden ersetzt. Bei Feldereinteilung stellt man auf die Mitte des Feldes ein. Bei dieser Operation bleibt das Fernrohr nicht horizontal, sondern erhält einen kleinen Neigungswinkel, der mit der Libelle oder mikrometrisch gemessen wird. Zu diesem Zweck erhält das Instrument eine Kippschraube mit geteiltem Kopf. Statt das Fernrohr zu kippen, hat man auch den Versuch gemacht, die Fernrohrachse parallel zu sich selbst zu heben oder zu senken, um den Horizontalfaden in die Höhe eines Teilstriches oder der Mitte eines Feldes zu bringen.

Von außerordentlicher Wichtigkeit ist es, daß die Lattenlänge aufs genaueste mit einem Normalmaße verglichen ist, und daß namentlich ihre Abhängigkeit von Temperatur und Feuchtigkeit festgestellt wird.

Die gewöhnliche Reduktion des geometrischen Nivellements besteht darin, daß man die Summe der abgelesenen Höhenunterschiede als Σdh bildet. Es läßt sich nun leicht zeigen, daß diese Summe nicht die Meereshöhe vorstellt, daß sie überhaupt gar keine richtige Höhe liefert, weil ihr die Grundeigenschaft mathematischer Größe fehlt: man kann sie nicht durch Addieren und Subtrahieren zu Höhen von anderen Punkten zusammensetzen: mit anderen Worten, das Resultat des Nivellements, wenn es so gewonnen wird, ist vom Wege abhängig. Der Grund liegt darin, daß die Niveauflächen nicht parallel sind.

Wenn ein Nivellementzug einer Niveaufläche folgt, so wird das Ergebnis Σdh immer gleich Null sein, denn die Niveaufläche ist überall horizontal, wenn sie auch noch so komplizierte Krümmungsverhältnisse aufweist. Es werden alle dh einzeln gleich Null sein. Es seien nun in Abb. 22 AB und $A'B'$ zwei Niveauflächen, und wir denken uns von A nach B' auf zwei Wegen nivelliert. Folgen wir zuerst der Linie AB, so erhalten wir das Ergebnis Null. Nivelliert man längs der Lotlinie BB', was natürlich nur gedankenmäßig möglich ist, so erhalten wir für Σdh die Länge BB'. Es ergibt sich also als Höhe von B' über A die Größe BB'. Nivellieren wir aber zuerst von A nach A', so erhalten wir für die Höhe von B' über A den Wert AA', weil das Nivellement längs $A'B'$ wieder Null gibt. Da die Niveauflächen nicht parallel sind, also AA' nicht gleich BB' ist, so erhält man auf diesen beiden Wegen verschiedene Werte für die Höhe von B' über A.

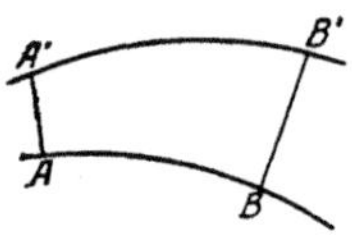

Abb. 22.

Wir können das auch so ausdrücken: Nivelliert man um das Viereck $ABB'A'$ nach A zurück, so ist das Nivellementergebnis $\Sigma dh = BB' - AA' > 0$. Wegen des Nichtparallelismus der Niveauflächen ist also der Ausdruck Σdh über eine geschlossene Figur von Null verschieden. Wir heißen diesen Rest den *sphäroidischen Schlußfehler*.

Man kommt also so nicht zu dem richtigen Begriff der Höhe, denn diese muß eindeutig sein: nur dann kann man Höhenunterschiede als Differenzen von Meereshöhen herstellen.

Obwohl das Nivellement längs einer Niveaufläche keine Höhendifferenzen anzeigt, ist doch die Meereshöhe in ihren einzelnen Punkten nicht die gleiche. Nur in der Meeresfläche selbst ist die Höhe überall gleich Null. Längs der Niveauflächen ist aber, wie wir schon wissen, eine andere Größe konstant, nämlich das Potential oder der Arbeitswert W. Um von einer Niveaufläche auf eine andere zu gelangen, ist immer die gleiche Arbeitsleistung erforderlich ohne Rücksicht auf den Weg. Für unmittelbar benachbarte Niveauflächen ist diese Arbeit gegeben durch $g\,dh$, wenn dh der Abstand der beiden Flächen in einem beliebigen Punkte, und g die daselbst herrschende Schwere bedeutet.

Jeder Punkt über der Meeresfläche ist also durch einen bestimmten W-Wert charakterisiert. Man hat daher auch vorgeschlagen, statt des Begriffes der Höhe direkt diesen Arbeitswert einzuführen. Wir hätten dann statt der Höhe des Punktes B über A zu setzen:

$$W_B = W_A + \Sigma g\,dh, \qquad (1)$$

wo die dh dem Nivellement entnommen werden und g die zugehörigen Schwerewerte sind. Diesem Vorschlag wohnt auch eine praktische Bedeutung inne, um so mehr, als der Wert von g so nahe gleich 10 m ist, daß sich leicht eine Einheit finden läßt, in der die W-Werte auch numerisch mit den Höhenwerten fast zusammenfallen. Überdies ist der Rückweg zu wirklichen Höhenwerten sehr einfach: Dividiert man den Unterschied $W_A - W_B = \Delta W$ zweier Niveauflächen durch einen konstanten Wert der Schwere, z. B. durch g_{45}, so hat die Größe

$$\frac{\Delta W}{g_{45}} = \frac{1}{g_{45}} \Sigma g\, dh, \tag{2}$$

wieder die Dimension einer Höhe. Solche Höhenangaben heißen *dynamische Koten.*

Diese Höhen, die dem praktischen Bedürfnis ganz entsprechend sind, da gerade der Arbeitsbegriff an der Höhe das Wichtige ist, sind aber weit davon entfernt, die für die theoretischen Zwecke nötigen Meereshöhen zu liefern. Näher kommen wir diesem Begriffe in der folgenden Weise, wobei allerdings klar werden wird, daß wir zu wirklichen Meereshöhen durch das geometrische Nivellement überhaupt nicht gelangen können.

Es sei in Abb. 23 $A''B''$ die Meeresfläche[1]), ACB die Niveaufläche durch den Ausgangspunkt der Messung A, $4'C'$ die Niveaufläche durch den Punkt C', dessen Meereshöhe bestimmt werden soll. Die Linien AA'', $C'CC''$, BB'' sind die den einzelnen Punkten entsprechenden Lotlinien. Es ist dann AA'' die Seehöhe des Punktes A und $C'C''$ die gesuchte Seehöhe des Punktes C'. Das Nivellement geht schrittweise von A nach C' vor, und das direkte Nivellementergebnis ist

$$1,1' + 2,2' + 3,3 + 4,4' = \Sigma dh.$$

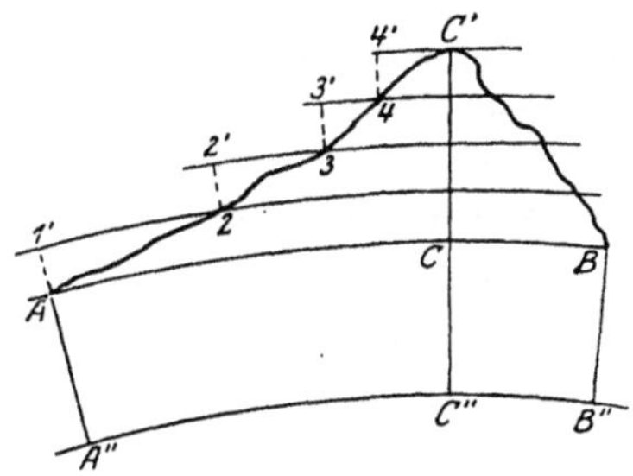

Abb. 23.

Es ist nun nach dem Gesagten weder Σdh gleich CC', noch auch die Seehöhe von C' gleich $AA'' + CC'$, weil $AA'' \neq CC''$ ist. Wir haben daher die Höhenunterschiede aus dem Nivellement, ebenso wie die Höhe AA'' auf die entsprechenden Größen unter dem Punkt C' zurückzuführen, wozu wir die Schwerewerte brauchen.

Zwischen zwei Niveauflächen ist überall

$$g \cdot dh = g' dh'. \tag{3}$$

Bezeichnen wir mit Buchstaben ohne Index die laufenden Werte im Nivellement, und mit dh_C, g_C die entsprechenden Werte in der Lotlinie von C, so ist

$$g\,dh = g_C\,dh_C \quad \text{oder} \quad dh_C = \frac{g}{g_C} \cdot dh. \tag{4}$$

Daher

$$CC' = \Sigma \frac{g}{g_C} \cdot dh \quad \text{und ebenso} \quad CC'' = \int_{A''}^{A} \frac{g_A}{g_C}\, dh,$$

wo in der letzten Gleichung die Summe zweckdienlich durch ein Integral ersetzt ist. Die Größe g kann an Ort und Stelle beobachtet werden, die

[1]) Nach Helmert: Theorien II, S. 500 ff.

Größen g_C und g_A aber, die für Punkte gelten, welche im Innern der Erde gelegen sind, können wir nicht bestimmen, und daran scheitert die genaue Bestimmung der Meereshöhe. Wir müssen uns begnügen, für die Schwere den normalen Wert einzuführen, der nach (5) S. 63 und (39) S. 69 gegeben ist durch:

$$g = 9^{\text{m}}.8064\,(1 - 0{,}002\,64 \cos 2B)\,[1 - 0{,}000\,000\,314\,7\,h] \tag{5}$$

oder abkürzungsweise:

$$g = g_{45}\,(1 - \beta \cos 2B)\,(1 - \gamma h) = g_{45}\,(1 - \beta \cos 2\beta - \gamma h). \tag{6}$$

Bezeichnen wir mit B_A und B_C die geographischen Breiten und mit h_A und h_C die Meereshöhen entsprechender Punkte unter A und C', so ist

$$\begin{aligned}\frac{g_A}{g_C} &= \frac{1 - \beta \cos 2B_A}{1 - \beta \cos 2B_C} \cdot \frac{1 - \gamma h_A}{1 - \gamma h_C} \\ &= [1 + 2\beta \sin(B_A + B_C) \sin(B_A - B_C)][1 - \gamma(h_A - h_C)].\end{aligned} \tag{7}$$

Hier kann das von γ abhängige Glied ohne weiteres wegbleiben, da der Unterschied $h_A - h_C$ selbst nur von der Ordnung der gesuchten Korrektion ist.

Wir finden also

$$CC'' = \int_{A''}^{A} \frac{g_A}{g_C} \cdot dh = (1 + 2\beta \sin(B_A + B_C) \sin(B_A - B_C))\, H_A, \tag{8}$$

wo $H_A = AA''$ gleich der Seehöhe von A ist. Ist $B_A - B_C = \varDelta B$, der stets kleine Breitenunterschied in Bogensekunden, B eine mittlere Breite und ω die Winkeleinheit ($\omega = 206\,265''$), so können wir schreiben:

$$CC'' = \left(1 + 2\beta \sin 2B \cdot \frac{\varDelta B}{\omega}\right) H_A. \tag{9}$$

In der gleichen Weise finden wir

$$CC' = \sum_A^B [1 + 2\beta \sin(B + B_C) \sin(B - B_C)]\, dh. \tag{10}$$

Hier ist B die geographische Breite des Instrumentenstandes beim Nivellement, und dh die zugehörige Differenz der Lattenablesungen; oder:

$$CC' = \sum_A^C dh + 2 \sum_A^C \beta \sin 2B \frac{dB}{\omega} \cdot dh \text{ mit: } dB = B - B_C. \tag{11}$$

Das erste Glied rechter Hand ist das direkte Nivellementergebnis. Fügen wir nun (8) und (11) zusammen, so ergibt sich

$$H_C = H_A + \sum_A^C dh + 2\beta \sin 2B \frac{\varDelta B}{\omega} \cdot H_A + 2\beta \sum_A^C \sin 2B \frac{dB}{\omega} dh. \tag{12}$$

Das letzte Glied stellt die Korrektion dar, die an $\Sigma\, dh$ anzubringen ist, um die Höhe von C' über der Niveaufläche von A zu erhalten; sie führt den Namen *orthometrische Korrektion* der Höhe von C' über A. Das vorletzte Glied stellt noch eine weitere Verbesserung dar, welche der Höhenänderung in der Niveaufläche durch A Rechnung trägt. Beide zusammen gestatten endlich aus H_A die Höhe H_C zu berechnen.

Die so gefundenen Werte sind zwar nicht die wahren Meereshöhen, da sie statt mit den richtigen mit den normalen Schwerewerten gerechnet sind; sie sind ihnen aber praktisch gleich zu halten.

Man kann den Ausdruck für die orthometrische Korrektion auch noch in anderer Form darstellen. Es ist wieder mit Vernachlässigung des Höhengliedes:

$$\frac{g}{g_C} = 1 - \beta \cos 2B + \beta \cos 2B_C$$

und

$$CC' = \sum_A^C [1 - \beta \cos 2B + \beta \cos 2B_C]\, dh$$

$$= \sum_A^C dh - \beta \sum_A^C \cos 2B\, dh + \beta \cos 2B_C \sum_A^C dh. \quad (13)$$

Auf das zweite Glied rechts wenden wir das Prinzip der partiellen Integration an:

$$\sum_A^C \cos 2B\, dh = \int_A^C \cos 2B\, dh =$$

$$= \cos 2B_C \cdot H_C - \cos 2B_A \cdot H_A + 2\int_A^C \sin 2B \cdot dB \cdot h$$

$$= \cos 2B_C \cdot H_C - \cos 2B_A \cdot H_A + 2\sum_A^C \sin 2B \cdot dB \cdot h.$$

Setzen wir dies ein und ersetzen dabei noch im letzten Glied von (13) $\sum_A^C dh$ durch $H_C - H_A$, so bleibt mit Vernachlässigung des Unterschiedes zwischen B_A und B_C

$$CC' = \sum_A^C dh + 2\beta \sum h \cdot \sin 2B \cdot dB.$$

Ist dM das entsprechende Meridianstück in Kilometern, so ist

$$dM = dB \cdot \varrho, \quad \varrho = 6377 \text{ km},$$

somit

$$CC' = \sum_A^C dh + \frac{2\beta}{\varrho} \sum_A^C h \sin 2B \cdot dM.$$

Wir finden so die von LALLEMAND[1]) gegebene Form. Das Summenglied läßt sich leicht mit Hilfe eines Meridianprofiles berechnen oder auch mit einem Planimeter oder Integraphen bestimmen.

Wird ein geschlossenes Polygon nivelliert, so wird Ausgangspunkt und Endpunkt identisch, also $H_A = H_C$ und $B_A = B_C$ und ΔB im vorletzten Glied von (12) = Null. Es bleibt

$$\sum_A^A dh = -2\beta \sum_A^A \sin 2B \cdot \frac{dB}{\omega} dh \qquad (14)$$

der Ausdruck für den orthometrischen Schlußfehler, gleich der negativen orthometrischen Korrektion. Wir können eine ähnliche Rechnung für die dynamischen Höhen durchführen.

Der dynamische Höhenunterschied ist nach (2) gegeben durch

$$H_C - H_A = \sum_A^C \frac{g\,dh}{g_{45}} = \sum_0^C \frac{g\,dh}{g_{45}} - \sum_0^A \frac{g\,dh}{g_{45}}, \qquad (15)$$

wo die Bildung der Differenz, weil sie auf den Eigenschaften des Potentiales beruht, ohne weiteres zulässig ist. Setzen wir[1])

$$g = g_{45}(1 + \delta), \qquad (16)$$

so wird

$$H_C - H_A = \sum_A^C dh + \sum_A^C \delta\, dh. \qquad (17)$$

Die Größe $\sum_A^C \delta dh$ wird als *dynamische Korrektion* bezeichnet. Da nach (6) $\delta = -\beta \cos 2B - \gamma h$ ist, so erhalten wir

$$H_C = H_A + \sum_A^C dh - \beta \sum_A^C \cos 2B\, dh - \frac{\gamma}{2}(H_C^2 - H_A^2) \qquad (18)$$

Für ein geschlossenes Polygon wird

$$\sum_A^A dh = \beta \sum_A^A \cos 2B\, dh \qquad (19)$$

Dies ist der *dynamische Schlußfehler.*

Die Beziehung zwischen der orthometrischen und der dynamischen Korrektion ist leicht herzustellen. Wir denken uns von einem Punkt A im Meeresniveau nach einen Punkt C, der genau über A liegt, nivelliert. Dann ist in (12) dB und $\Delta B = 0$, und die orthometrische Korrektion verschwindet. Σdh wird mit der orthometrischen Höhe identisch. Die dynamische Höhe wird nach (18) aber gleich

$$\sum dh - \beta \cos 2B \sum dh - \gamma \frac{H^2}{2}. \qquad (20)$$

[1]) CH. LALLEMAND: Note sur la théorie du nivellement (Verhandl. d. perman. Komm. der internat. Erdmessung in Nizza, 1887, Annexe Vf.).

Der Unterschied ζ zwischen beiden also

$$\zeta = -\beta \cos 2B \sum dh - \gamma \frac{H^2}{2} = -\beta \cos 2B \cdot H - \gamma \frac{H^2}{2} \cdot \qquad (21)$$

Trägt man sich graphisch $-\beta \cos 2B$ als x und H als y auf, so gibt die Gleichung

$$\zeta = xy - \frac{\gamma}{2} \cdot y^2 \qquad (22)$$

Hyperbeln, welche Punkte gleichen ζ-Wertes miteinander verbinden. Man kann sich für jedes Land, seiner Größe und seiner Höhenlage entsprechend, diese Kurven konstruieren, und kann dann von den orthometrischen Höhen sofort zu den dynamischen übergehen, und umgekehrt.

Wir haben in (12) und (18) die normale Schwere eingeführt. Bei den dynamischen Höhen, bei welchen nach (2) nur die Schwere an den Beobachtungspunkten eine Rolle spielt, könnte man auch die wahren Werte der Schwere einführen. Dazu müßte an jedem Instrumentenstand des Nivellements eine Schwerebestimmung gemacht werden. Mit den gewöhnlichen Instrumenten und Methoden wäre aber dazu ein Arbeitsaufwand erforderlich, der alles Leistbare weit überstiege. Vielleicht wird die Eötvössche Drehwage hier gute Dienste leisten. Abgesehen von dieser praktischen Schwierigkeit besteht kein Hindernis, vollständig korrekte dynamische Höhen zu ermitteln. Bei den orthometrischen Höhen, wo die früher mit g_C bezeichnete Schwere innerhalb der Erde eine Rolle spielt, ist eine ganz einwandfreie Behandlung unmöglich.

Die oben berechneten Korrektionen dürfen nicht vernachlässigt werden. Erstens: weil die sachliche Unmöglichkeit, die im Schlußfehler liegt, beseitigt werden muß; zweitens: weil sie auch recht bedeutende Werte annehmen können. Helmert[1]) zeigt, daß bei einem Nivellement, welches die Alpen, als Gebirgszug von 2500 m mittlerer Kammhöhe betrachtet, im mittleren Teile überquert, und auf einem Umwege um die Alpen zum Ausgangspunkt zurückkehrt, der sphäroidische Schlußfehler den Betrag von 0,4 m erreicht. Auch der Fehler der nivellierten Höhen wäre von der gleichen Größenordnung.

Die durch Massenunregelmäßigkeiten erzeugten Schwerestörungen spielen eine viel geringere Rolle als der regelmäßige Teil der Schwereunterschiede. Sterneck[2]) verwendet seine eigenen Schwerebeobachtungen in Tirol zur Reduktion einer Nivellementschleife, welche die Alpen im Zuge des Brenners übersetzt und im Meeresniveau zum Ausgangspunkt zurückkehrt. Er findet für den dynamischen Schlußfehler nach Gl. (16) $= -0{,}135$ m, während die Einführung der normalen Schwere $= -0{,}117$ m

---

[1]) R. Helmert: Theorien II, S. 510.

[2]) R. v. Sterneck: Die Schwerkraft in den Alpen (Mitteil. d. mil. geogr. Inst. in Wien, XI. Bd.). Vgl. auch die anderen Arbeiten von R. v. Sterneck in Bd. XII, XIII und XVII.

liefert. Der durch die Schwerestörungen verursachte Fehler ist also nur 18 mm. Der Grund hierfür liegt in der unterirdischen Kompensation der Alpenmasse.

Bei größeren Nivellementzügen, welche auch bedeutende Höhen überschreiten, können aus der Vernachlässigung der Korrektionen mit Rücksicht auf die Unvollkommenheiten in der Kompensation bedeutende Fehler entstehen.

Um die Resultate des Nivellements zu verwerten, muß ein bestimmter Nullpunkt gewählt werden; der Name „Meereshöhe" deutet nun darauf hin, daß dieser Nullpunkt mit der Meeresfläche zusammenfallen soll. Wir werden aber später sehen (S. 129), daß die Bestimmung der mittleren Höhe des Meeres eine Aufgabe für sich ist, die mehr Unsicherheit mit sich bringt als das geometrische Nivellement selbst. Man wählt also einen theoretischen Nullpunkt als „*Normalnull*", dem eine bestimmte Seehöhe zugeschrieben wird. Die Lage der Meeresfläche muß dann ihrerseits gegen „Normalnull" bestimmt werden.

Solche Nullpunkte werden auf Grund geologischer Untersuchungen in Gegenden hergestellt, welche voraussichtlich keinen Veränderungen unterliegen. In mächtige Steinblöcke oder auch in den gewachsenen Fels wird ein metallener Bolzen eingelassen, dessen Mitte oder oberer Rand den Nullpunkt bezeichnet; der Bolzen wird durch einen Deckel gegen äußere Verletzungen geschützt, eventuell die ganze Anlage durch Erdreich bedeckt. Solche unterirdisch festgelegte Punkte erhalten auch eine oberirdische Markierung. Eine mehrfache Markierung ist von Nutzen, wenn es sich darum handelt, die Unveränderlichkeit der Erdscholle, auf welcher der Nullpunkt liegt, festzustellen. So besteht z. B. der neue preußische Nullpunkt aus fünf Marken, die durch genaue Messungen miteinander in Beziehung gesetzt sind und sich gegenseitig kontrollieren[1]).

Das Präzisionsnivellement folgt im allgemeinen dem Zug der Hauptstraßen und Eisenbahnen. Die Strecke wird in einzelne Teile geteilt und jedes Stück für sich zweimal in entgegengesetztem Sinne gemessen. Die Nivellementzüge bilden Schleifen oder Polygone, und so ein das ganze Land überspannendes Netz, in welchem viele Punkte mit anderen auf mehrfache Weise verbunden sind. Dies liefert eine Kontrolle für die Güte der Resultate und bietet die Möglichkeit, durch einen Ausgleich ein einheitliches System von Höhenwerten zu schaffen.

Wichtige Punkte (Repérepunkte) erhalten gut versicherte, minder wichtige einfache Höhenmarken.

Die Nivellements werden von Zeit zu Zeit wiederholt, um sich von der Beständigkeit der Höhen zu überzeugen. Gefundene Veränderungen

[1]) Verhandl. d. XVII. allg. Konferenz d. intern. Erdmessung in Hamburg, 1912, Bd. I, Beilage A, VII.

können ebensowohl nur die Höhenmarke oder ihre nächste Umgebung wie ein weites Gebiet betreffen. Besonders nach großen Erdbeben sind solche Veränderungen wahrscheinlich. So hat man nach dem großen Erdbeben in Messina (23. Dezember 1908) Höhenänderungen bis zu 60 cm gefunden[1]).

Die für ein Präzisionsnivellement festgesetzte Genauigkeit beträgt ± 3 mm auf den Kilometer. Die Fortschritte im Instrumentenbau und der Meßtechnik haben gezeigt, daß diese Grenze heute meist nicht erreicht wird. Deshalb wurde auf der XVII. allgemeinen Konferenz der internationalen Erdmessung beschlossen, diese Grenze herabzusetzen. Man bezeichnet nach dem Vorschlage von LALLEMAND[2]) als *Nivellement hoher Präzision* ein Nivellement mit nur 1,5 mm Kilometerfehler. Diese Genauigkeit wird hauptsächlich durch sorgfältige Berücksichtigung systematischer Fehler erreicht. Nach dem letzten Berichte[1]) sind auf der ganzen Erde nunmehr 323 000 km nivelliert und fast 241 000 Höhenmarken angebracht.

5. Das trigonometrische Nivellement.

Dasselbe besteht darin, daß man mit Hilfe eines entsprechenden Instrumentes (Theodolit, Universale, Nivellierinstrument mit STAMPFERscher Schraube) den Winkel mißt, den die Gesichtslinie nach einem entfernten Objekte mit der Horizontalebene einschließt. Diese Horizontalebene ist der Berührungsebene des Geoides parallel (Abb. 24). Wäre nun der Verlauf des Geoides bekannt, so würden auf diesem Wege sofort Meereshöhen resultieren, vorausgesetzt, daß es gelingt, den gemessenen Höhenwinkel vom Einfluß der Refraktion zu befreien. Was aber den Verlauf des Geoides anbelangt, so haben wir gesehen, daß wir zu seiner Bestimmung ein Referenzellipsoid einführen mußten. Der ganze Komplex der Triangulierungsarbeiten ergab dann die schon mehrfach erwähnte Größe N, die Entfernung zwischen Geoid und Referenzellipsoid. Der Verlauf des letzteren ist bekannt. Wir werden also die gemessene Höhe so reduzieren, daß sie sich statt auf die Berührungsfläche des Geoides auf die des Referenzellipsoides bezieht, werden so zunächst die Höhen über dieser Fläche erhalten, und können dann mit Hilfe der Größen N auf Meereshöhen übergehen.

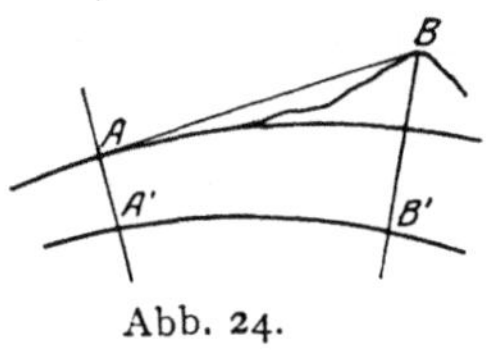

Abb. 24.

[1]) CH. LALLEMAND: Rapport générale sur les nivellements de précision (ibidem Bd. II, Annex B, VIII). Vgl. auch M. SCHMIDT: Ergänzungsmessungen zum bayrischen Präzisions-Nivellement 1 (1908), 2 (1919).

[2]) CH. LALLEMAND: Note sur la mesure de la précision des nivellements et projet de création d'une nouvelle catègorie des nivellements dits de haute précision (ibidem Bd. II, Annex B, VIII b).

Der Winkel, den die beiden Beziehungsebenen miteinander einschließen, ist durch die Lotabweichung λ gegeben. Es sei in Abb. 25 Z und Z' die Richtung der Normalen zum Referenzellipsoid und zum Geoid, also ellipsoidisches und wahres Zenit eines Punktes A; z_{12} und z'_{12} die zugehörigen Zenitdistanzen und a_{12} bzw. a'_{12} die Azimute des anvisierten Punktes. $ZZ' = \lambda$ sei der Betrag der Lotabweichung; ihre Richtung sei durch das Azimut α gegeben. Es ist dann

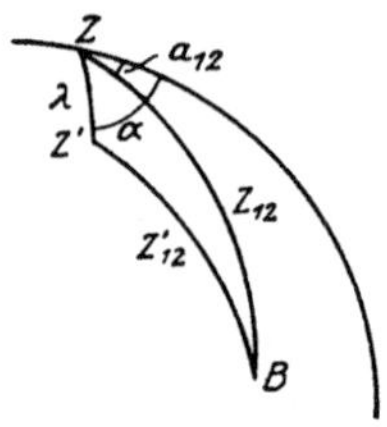

Abb. 25.

$$\cos z'_{12} = \cos z_{12} \cos \lambda + \sin z_{12} \sin \lambda \cdot \cos(\alpha - a_{12}). \quad (1)$$

Da λ immer ein kleiner Winkel ist, so können wir $\cos \lambda = 1$ setzen und den Sinus mit dem Bogen vertauschen; somit:

$$\cos z'_{12} = \cos z_{12} + \lambda \sin z_{12} \cos(\alpha - a_{12}). \quad (2)$$

Setzen wir ferner

$$\lambda \cos \alpha = \xi \qquad \lambda \sin \alpha = \eta, \quad (3)$$

so daß ξ und η die südliche und westliche Komponente der Lotabweichung sind, und bedenken, daß z_{12} und z'_{12} sich nur um kleine Beträge unterscheiden, so finden wir

$$z_{12} - z'_{12} = \xi \cos a_{12} + \eta \sin a_{12}, \quad (4)$$

welche Gleichung zur Reduktion der wahren Zenitdistanz auf die ellipsoidische dient.

Es seien nun in den beiden Punkten P_1 und P_2 der physischen Erdoberfläche die wahren gegenseitigen Zenitdistanzen z'_{12} und z'_{21}. Wir reduzieren sie auf ellipsoidische Werte nach (4) und bringen den Einfluß der Refraktion an. Dieser kann im allgemeinen dem Winkel γ (Abb. 26) proportional gesetzt werden. Die so korrigierten Zenitdistanzen sind nun[1]):

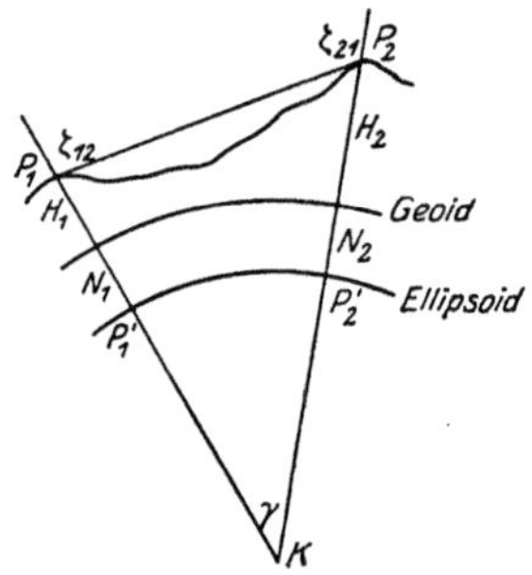

Abb. 26.

$$\begin{aligned} \zeta_{12} &= z'_{12} + \frac{k_1 \gamma}{2} + \xi_1 \cos a_{12} + \eta_1 \sin a_{12} \\ \zeta_{21} &= z'_{21} + \frac{k_2 \gamma}{2} + \xi_2 \cos a_{21} + \eta_2 \sin a_{21}. \end{aligned} \quad (5)$$

Der Winkel γ ist der Konvergenzwinkel der beiden Lotlinien, die in Abb. 26 sich in K schneiden. Dies ist insofern nicht korrekt, als die beiden Lotlinien in der Regel überhaupt keinen Schnittpunkt haben. Bei den kleinen Distanzen P_1P_2 gehen sie aber jedenfalls so nahe aneinander vorbei, daß dieser Umstand außer acht bleiben kann[2]).

[1]) R. HELMERT: Die mathem. und physik. Theorien der höheren Geodäsie, Bd. I, S. 518.

[2]) Die Krümmung der Lotlinie wird vernachlässigt. Sie beträgt für eine Höhe von 600 m höchstens 0,1″ (ibid. Bd. II, S. 99).

k heißt der Refraktionskoeffizient, und $\frac{k\gamma}{2}$ ist dann der Winkel, den die letzte Tangente an den Lichtstrahl mit der geraden Verbindungslinie P_1P_2 anschließt. Die Werte von k_1 und k_2 in den beiden Punkten P_1 und P_2 sind im allgemeinen voneinander verschieden.

H_1 und H_2 sind die beiden Seehöhen, N_1 und N_2 die Abstände zwischen Geoid und Referenzellipsoid, so daß wir setzen können

$$d_1 = P_1K = \varrho_{12} + H_1 + N_1 \qquad d_2 = P_2K = \varrho'_{12} + H_2 + N_2. \tag{6}$$

wo ϱ_{12} und ϱ'_{12} die Krümmungsradien der in der Richtung P_1P_2 gelegten Vertikalschnitte des Ellipsoides sind.

Nach einem bekannten Satze der ebenen Trigonometrie ist dann:

$$(d_2 - d_1) : (d_2 + d_1) = \tan \frac{1}{2}(\zeta_{21} - \zeta_{12}) : \tan\left[180 - \frac{1}{2}(\zeta_{21} + \zeta_{12})\right], \tag{7}$$

Ist nur in P_1 beobachtet worden, in welchem Falle wir von einer einseitigen Zenitdistanz sprechen, so müssen wir aus dieser Gleichung ζ_{21} eliminieren. Es ist

$$\zeta_{21} = 180 - \zeta_{12} + \gamma, \tag{8}$$

somit:

$$d_2 - d_1 = (d_1 + d_2) \tan \frac{\gamma}{2} \operatorname{ctan}\left(\zeta_{12} - \frac{\gamma}{2}\right). \tag{9}$$

Der Unterschied $\varrho'_{12} - \varrho_{12}$ ist nach HELMERT[1]) gleich $\frac{1}{12}\varrho\gamma^3$, wo man für ϱ das arithmetische Mittel aus ϱ_{12} und ϱ'_{12} nehmen kann. Auf der rechten Seite spielt das kleine Glied keine Rolle. Wir setzen hier also

$$\gamma \cdot \varrho = s_0 \quad \text{und} \quad \tan \frac{\gamma}{2} = \frac{\gamma}{2}\left(1 + \frac{\gamma^2}{12}\right). \tag{10}$$

So finden wir unter Benutzung von (6):

$$H_2 - H_1 + N_2 - N_1 = s_m \left(1 + \frac{s_0^2}{12\varrho^2}\right) \operatorname{ctan}\left(\zeta_{12} - \frac{\gamma}{2}\right) - \frac{1}{12}\varrho\gamma^3 \tag{11}$$

mit

$$s_m = s_0 \left(1 + \frac{H_1 + H_2 + N_1 + N_2}{2\varrho}\right). \tag{12}$$

s_m stellt dann die Entfernung zwischen P_1 und P_2 in einem mittleren Niveau vor. Zu ihrer Berechnung reichen Näherungswerte von H und N aus.

Zusammen mit den ganzen Triangulierungsoperationen, welche die Größen N_1 und N_2 liefern, erhält man somit tatsächlich die gesuchte Differenz der Meereshöhen $H_2 - H_1$. Man kann aber auch umgekehrt, da das geometrische Nivellement Werte liefert, welche praktisch als mit den Meereshöhen identisch angesehen werden können, das trigonome-

[1]) Ibid. Bd. II, S. 563.

trische Nivellement nun dazu verwenden, die Größe N zu bestimmen. Es ist dann in Gl. (11) $H_2 - H_1$ als bekannt anzusehen.

Überhaupt gibt theoretisch das trigonometrische Nivellement ein Mittel in die Hand, die Erdfigur ganz unabhängig von jeder Hypothese zu bestimmen. Wenn man bei der Triangulierung immer auch die Zenitdistanzen mit entsprechender Genauigkeit mißt, so könnte man, von zwei Punkten (Basisendpunkten) ausgehend, die rechtwinkligen Koordinaten sämtlicher Netzpunkte in bezug auf ein gegebenes Koordinatensystem berechnen. Man erhielte die Punkte des Netzes als Eckpunkte eines Polyeders. Mit Hilfe des geometrischen Nivellements könnte man dann auf das Geoid übergehen.

Leider scheitern diese Operationen an der Unmöglichkeit die Refraktion entsprechend genau zu bestimmen: so bleibt nichts übrig, als auf den großen Nutzen, den die trigonometrische Höhenmessung bringen könnte, zu verzichten, und sie nur als Mittel zur Höhenbestimmung zu verwenden, und zwar als ein Mittel, welches zwar rascher, aber mit viel geringerer Genauigkeit arbeitet als das geometrische Nivellement.

Jedenfalls muß man sich bemühen, die Refraktion möglichst genau zu bestimmen, oder Methoden zu wählen, bei welchen sie möglichst unwirksam ist. Wird die Höhe gegenseitig beobachtet, also nicht nur ζ_{12}, sondern auch ζ_{21} bestimmt, so läßt sich der größte Teil der Refraktion eliminieren. Er wird nach (7), (10) und (12)

$$H_2 - H_1 + N_2 - N_1 = s_m \left(1 + \frac{s_0^2}{12\varrho^2}\right) \tan \frac{1}{2} \left(\zeta_{21} - \zeta_{12}\right) - \frac{1}{12} \varrho \gamma^3 \quad (13)$$

mit

$$\zeta_{21} - \zeta_{12} = z'_{21} - z'_{12} + \frac{1}{2}(k_2 - k_1)\gamma + \xi_2 \cos a_{21} + \eta_2 \sin a_{21} - \xi_1 \cos a_{12} - \eta_1 \sin a_{12}. \quad (14)$$

Kann man annehmen, daß der Lichtstrahl symmetrisch verläuft, so hat man $k_1 = k_2$ zu setzen und die Refraktion fällt heraus.

Man hat viele Mühe darauf verwendet, die Größe k zu bestimmen. Man entwickelt zu diesem Zwecke den theoretischen Ausdruck für diese Größe auf Grund der bekannten Eigenschaften der Atmosphäre, unter Berücksichtigung des Einflusses von Temperatur, Luftdruck und Feuchtigkeit. Man kann natürlich in einer solchen Formel, deren Koeffizienten auf Grund von Beobachtungen bestimmt werden müssen, nur mittlere Verhältnisse zum Ausdruck bringen, die in einzelnen Fällen von den wahren Verhältnissen sehr stark abweichen können. Man wird daher mit Hilfe des gefundenen Wertes für k nur dann brauchbare Werte der Refraktion erhalten, wenn man die Beobachtungen über einen längeren Zeitraum, etwa über 24 Stunden, erstreckt, oder jene Tagesstunden aussucht, zu welchen eine normale Lagerung der Luftschichten vorausgesetzt werden kann. Die wichtigsten Untersuchungen auf diesem Gebiete rühren von BAUERNFEIND[1]) und HARTL[2]) her. Letzterer stellt sich die Aufgabe, den Wert von k in Beziehung zu setzen zur geographischen Lage, namentlich zur Nähe des Meeres oder des Gebirges, endlich auch die Abhängigkeit von der Zeit oder vom Sonnenstand festzustellen. Der Wert von k liegt bei 0,1—0,2.

Die Hauptschwierigkeit bei der Bestimmung der Refraktion liegt darin, daß man die Dichteverhältnisse der Luft längs des ganzen Verlaufes des Lichtstrahles kennen sollte. In der Tat kann man aber die meteorologischen Elemente nur in unmittelbarster Nähe der Beobachtungsstationen bestimmen, und gerade hier, in der Nähe des Bodens, folgt der Lichtstrahl meist einem ganz anderen Gesetze als in der freien Luft. Nach BAUERNFEINDS Untersuchungen verläuft der Lichtstrahl nahe dem Boden fast geradlinig; erst in der Höhe von einigen Metern beginnt die Krümmung. Auf die Veränderung des Refraktionskoeffizienten bei Annäherung an eine Wasserfläche geht HELMERT[3]) ein. Hier werden auch die interessanten Untersuchungen von KOSS über die Beobachtung der Kimmtiefe besprochen[4]).

6. Die barometrische Höhenmessung.

Wenn wir annehmen, daß die Luft bloß unter dem Einfluß ihres Gewichtes einen Gleichgewichtszustand annimmt, und auch die Wärmeverteilung nur von der Höhe abhängt, so fallen die Flächen gleichen Druckes mit den Potentialflächen der Schwere zusammen. Es stehen dann die Druckdifferenzen mit den Potentialdifferenzen in einem direkten Zusammenhange.

Ist ϑ die Dichte der Luft in irgendeinem Punkte und g die Schwere daselbst, so ist die Abnahme des Druckes pro Flächeneinheit bei Erhebung um dh gleich dem Gewicht eines Luftquantums, dessen Basis die Flächeneinheit und dessen Höhe gleich dh ist. Also

$$dp \doteq -g\vartheta\, dh \quad \text{oder} \quad dh = -\frac{dp}{g\vartheta}. \tag{1}$$

Da die Druckdifferenz zwischen den beiden Stationen (A und C', Abb. 27) von den über A zwischen A und A' liegenden Luftmassen her-

---

[1]) C. M. BAUERNFEIND: Ergebnisse aus den Beobachtungen der terrestrischen Refraktion. 1. Mitteilung (Abh. d. bayr. Akad. d. Wiss., 1880, Bd. 13, 3. Abt.). 2. Mitteilung. ibidem Bd. 15. 3. Mitteilung. ibidem Bd. 16.

[2]) H. HARTL: Beitrag zum Studium der terrestrischen Strahlenbrechung (Mitteilungen des mil. geogr. Inst. in Wien, III. Bd.). Über mittlere Refraktionskoeffizienten (ibidem Bd. IV).

[3]) R. HELMERT: Trigonometrische Höhenbestimmung und Refraktionskoeffizienten in der Nähe des Meeresspiegels (Sitzungsber. d. preuß. Akad. d. Wiss., 1908, XXVI).

[4]) Expedition S. M. Schiff Pola ins Rote Meer (Denkschr. d. Akad. d. Wiss. in Wien, Bd. 69). Folgerungen aus den Kimmtiefenbeobachtungen zu Verudella. (Ann. d. Hydrographie, Dez. 1903).

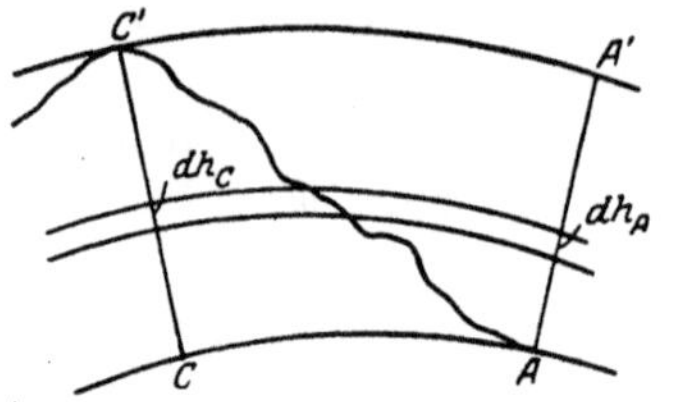

Abb. 27.

rührt, so sind in (1) die zu der Linie AA' gehörigen Werte einzusetzen. Die Größe dh entspricht dann der Entfernung zweier Flächen gleichen Druckes oder zweier Niveauflächen in dem entsprechenden Punkte oberhalb A. Wir setzen daher

$$dh_A = -\frac{dp}{g_A \vartheta}. \qquad (2)$$

Wollen wir die Entfernung derselben beiden Flächen an der Stelle C haben, so haben wir ebenso wie auf S. 73 mit $\frac{g_A}{g_C}$ zu multiplizieren.

Somit

$$dh_C = -\frac{dp}{g_C \cdot \vartheta}. \qquad (3)$$

Könnten wir hier die wahren Schwerewerte einführen, so würde die Integration direkt auf die Differenz der Meereshöhen von A und C' führen. Da die wahren Werte aber unbekannt sind, so müssen wir uns mit den normalen Werten (5) bzw. (6) (S. 74) begnügen. Es ist dann

$$g_C = g_{45}(1 - \beta \cos 2B_C)(1 - \gamma h) \qquad (4)$$

und wir finden mit Berücksichtigung der Kleinheit von β

$$(1 - \gamma h)\, dh_C = -\frac{1}{g_{45}}(1 + \beta \cos 2B_C) \cdot \frac{dp}{\vartheta}. \qquad (5)$$

Ist t das arithmetische Mittel der Temperatur in A und C', und nehmen wir an, daß wir diese Mitteltemperatur für die ganze Luftsäule gelten lassen können, so ist nach dem Gay-Lussac-Mariotteschen Gesetze

$$\vartheta = \vartheta_0 \cdot \frac{p}{p_0} \cdot \frac{1}{1 + \alpha t}. \qquad (6)$$

Hier ist p_0 der Druck von 760 mm Quecksilber bei der Schwere g_{45}. Ist also δ die Dichte des Quecksilbers, so ist

$$p_0 = 0{,}76 \cdot \delta \cdot g_{45}. \qquad (7)$$

ϑ_0 ist die zugehörige Dichte der trockenen Luft. Die Feuchtigkeit wird berücksichtigt durch Multiplikation mit dem Faktor

$$1 - 0{,}377 \frac{e}{p} \qquad (8)$$

wenn e den Dampfdruck bezeichnet. Hier können für e und p Mittelwerte verwendet werden. Wir finden nun

$$(1 - \gamma h)\, dh = -\frac{0{,}76}{\vartheta_0}\,\delta\,(1 + \alpha t)\left(1 + 0{,}377\frac{e}{p}\right)(1 + \beta \cos 2B_C)\frac{dp}{p}. \qquad (9)$$

Integrieren wir nun von $h = H_A$ bis H_C, so finden wir

$$H_C - H_A - \gamma \frac{H_C^2 - H_A^2}{2}$$

$$= -\frac{0{,}76 \cdot \delta}{\vartheta_0}(1+\alpha t)\left(1+0{,}377\frac{e}{p}\right)(1+\beta\cos 2B_C)\log\operatorname{nat}\frac{p_C}{p_A}$$

oder wenn wir gemeine Logarithmen verwenden,

$$\left(H_C - H_A\right)\left[1 - \gamma\frac{H_A + H_C}{2}\right]$$

$$= -\frac{0{,}76 \cdot \delta}{\vartheta_0 \cdot \mu}(1+\alpha t)\left(1+0{,}0377\frac{e}{p}\right)(1+\beta\cos 2B_C)\log\frac{p_C}{p_A} \quad (10$$

mit

$$\mu = \log e = 0{,}434\,295.$$

Faßt man alle Konstanten zusammen, so ergibt sich mit $\delta = 13{,}596$ und $\vartheta_0 = 0{,}001293$

$$K = \frac{0{,}76 \cdot 13{,}596}{0{,}001\,293 \cdot 0{,}434\,295} = 18400. \quad (11)$$

Die vollständige Formel lautet also, wenn wir noch $\frac{H_A + H_C}{2} = H$ und γ nach (5) (II, 3), S. 63 gleich $\frac{2}{R}$ setzen:

$$H_C - H_A$$

$$= 18400(1+\alpha t)\left(1+0{,}377\frac{e}{p}\right)(1+\beta\cos 2B_C)\left(1+\frac{2H}{R}\right)\log\frac{p_A}{p_C}. \quad (12)$$

Die so gefundene Höhendifferenz entspricht dem, was wir auf S. 70 orthometrische Höhen genannt haben. Aus der Entwicklung ergibt sich, daß man in den Faktor der Schwerereduktion die Breite B_C einzuführen hat, nicht, wie üblich, $\frac{B_A + B_C}{2}$.

Die Größen p_A und p_C sind als Werte des absoluten Druckes zu verstehen, wie man ihn nach Anbringen sämtlicher Korrektionen an der Lesung von Quecksilber- oder Aneroidbarometern erhält, oder wie man sie etwa durch Siedethermometer gewinnt. Es darf also bei Quecksilberthermometern die Schwerereduktion nicht vergessen werden. Daß die obige Formel bereits eine solche enthält, hat mit der richtigen Ableitung von p_A oder p_C nichts zu tun. Jene bezieht sich auf das Gewicht der Luft, während für das Quecksilberbarometer auch das Gewicht des Quecksilbers in Betracht kommt.

Wir können die barometrischen Höhenunterschiede auch als dynamische ableiten. Gehen wir von der Gleichung

$$dW = g\,dh$$

aus, so wird

$$W_C - W_A = \int g\,dh = -\int\frac{dp}{\vartheta} \quad (13)$$

unabhängig von der Schwere. Dividieren wir durch einen konstanten Wert, z. B. g_{45}, so erhalten wir

$$\frac{W_C - W_A}{g_{45}} = H_C - H_A = -\frac{1}{g_{45}} \int \frac{dp}{\vartheta}. \tag{14}$$

Es bleibt nun die ganze frühere Ableitung erhalten, nur fehlen die von der normalen Schwere herrührenden Faktoren. Wir erhalten also für den dynamischen Höhenunterschied

$$H_C - H_A = 18\,400\,(1 + \alpha t)\left(1 + 0{,}377\,\frac{e}{p}\right) \log \frac{p_A}{p_C}. \tag{15}$$

Wegen der Kompliziertheit der meteorologischen Zustände kann die barometrische Methode mit den anderen beiden nicht konkurrieren, auch nicht mit der trigonometrischen, bei welcher die meteorologischen Faktoren nur in die Refraktionskorrektion eintreten, während bei der barometrischen Messung die Luftzustände das Wesentliche sind. Nach Jordan[1]) ist der Fehler einer Messung bei geringen Höhenunterschieden (200 m) etwa 1—2 m, steigt aber rasch mit der Höhendifferenz. Die größte Unsicherheit bringt dabei die Unkenntnis der mittleren Lufttemperatur mit sich. Nur lange, über viele Jahre ausgedehnte Beobachtungsreihen können zu guten Resultaten führen, und auch hier sind systematische Fehler in großem Ausmaße zu erwarten.

Wenn wir nun die drei Methoden der Höhenmessung überblicken, so können wir zusammenfassend sagen, daß sie alle drei theoretisch Meereshöhen liefern könnten, daß aber die Durchführung an der Unkenntnis, sei es der Schwerewerte, sei es der meteorologischen Elemente scheitert. Das geometrische Nivellement aber liefert Werte, die wenigstens praktisch den Meereshöhen gleichgehalten werden können.

IV. Theorie der Gezeiten.

7. Allgemeines; Grundgleichungen; Entwicklung des Flutpotentiales.

Es wurde bisher vielfach vom Meeresniveau gesprochen und darunter jene mittlere Lage des Meeresspiegels verstanden, welche er in Abwesenheit aller störenden Ursachen annähme. Solche sind: Luftdruck und Wind, die Temperatur und die Verschiedenheit des Salzgehaltes, und namentlich auch jene durch die Anziehung von Sonne und Mond hervorgerufene periodische Schwankung, die man als Gezeiten (Tiden) bezeichnet. Die Untersuchung dieser letzteren Erscheinung bildet eines der schwierigsten und kompliziertesten Probleme, dessen befriedigende Lösung bisher noch nicht gelungen ist.

Wir haben in folgendem diese Aufgabe in ihren Grundzügen zu behandeln. Die Erscheinung der Gezeiten, charakterisiert durch perio-

[1]) W. Jordan: Handbuch der Vermessungskunde, II. Bd., S. 702.

disches Steigen und Fallen des Wassers, durch den Wechsel von Flut und Ebbe, entsteht dadurch, daß die Erde zum Teil mit einer Wassermasse bedeckt ist, welche gegenüber dem festen Erdkern eine gewisse Beweglichkeit besitzt. Betrachten wir nun das System Erde—Mond, so haben wir die Erde als eine freischwebende Kugel aufzufassen, welche mit einer gewissen Beschleunigung gegen den Mond fällt, während auch umgekehrt der Mond gegen die Erde fällt. In der Tat müßten die beiden Gestirne aufeinander stürzen, wenn nicht die seitlichen Geschwindigkeiten vorhanden wären. Die Größe der Beschleunigung der Erde gegen den Mond[1]) hängt außer von der Mondmasse noch von der Entfernung ab. Die dem Mond zugekehrten Wassermassen sind demselben näher, erhalten somit eine größere Beschleunigung als der Erdmittelpunkt, und suchen diesem in der Richtung zum Monde vorauszueilen: es entsteht also hier eine Kraft, welche das Wasser zu heben sucht. Die Wassermassen auf der entgegengesetzten Seite sind weiter vom Monde entfernt als der Erdmittelpunkt: ihre Beschleunigung also geringer: sie

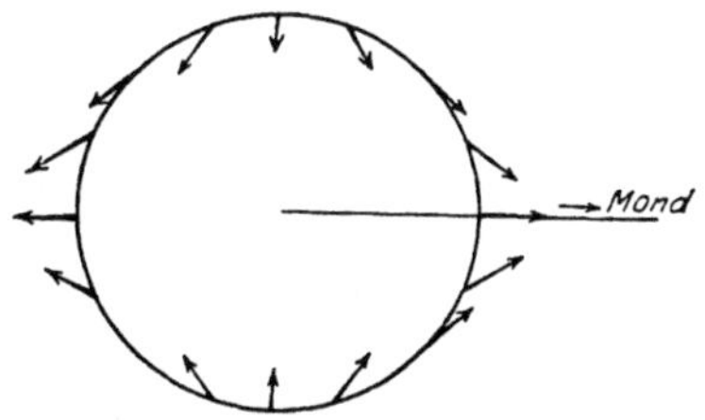

Abb. 28.

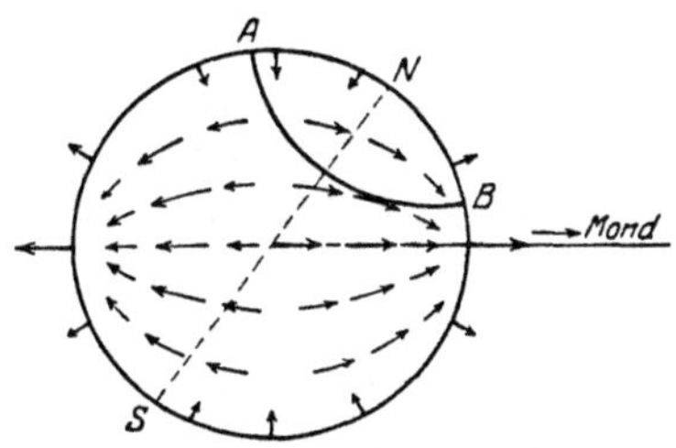

Abb. 29.

suchen hinter der Bewegung der Erde gegen den Mond zurückzubleiben. Es entsteht also auch hier eine nach außen gerichtete Kraft; auf einem Gürtel zwischen diesen beiden entgegengesetzten Punkten entsteht eine Kraft, welche gegen den Erdmittelpunkt wirkt und die Fläche des Wassers zu erniedrigen strebt. In allen anderen Punkten steht die Kraft schief zur Oberfläche. Es entsteht also ein Kräftesystem, wie es in Abb. 28 angedeutet ist.

Zerlegt man jede Kraft in ihre Horizontal- und Vertikalkomponente, so erhält man das System der Abb. 29. Hier sind längs der Peripherie die Vertikalkomponenten, im Innern des Kreises die Horizontalkomponenten eingetragen. Unter dem Einfluß dieser Kräfte müßten die Wassermassen, wenn sie rasch genug folgen könnten, die Form annehmen, welche in Abb. 30 punktiert eingezeichnet ist.

Indem sich die Erde täglich einmal um ihre Achse dreht, dreht sie sich unter diesem Kräftesystem durch; es treten immer neue Wasser-

[1]) Es ist nicht die relative Beschleunigung gegen den Mond, sondern gegen den gemeinsamen Schwerpunkt Erde—Mond zu nehmen.

massen in die gleiche Stellung zum Mond und werden zu entsprechender Bewegung angeregt, steigen empor und sinken wieder hinab, und zwar ist sofort einzusehen, daß dies zweimal des Tages stattfinden muß: Nehmen wir an, es sei in Abb. 29 *NS* die Erdachse, so beschreibt ein beliebiger Punkt einen Kreis um den Pol: ein solcher sei durch *AB* dargestellt. Man erkennt sofort, daß, wenn der Mond nicht im Äquator steht, dieser Kreis unsymmetrisch gegen das Kräftesystem verläuft. Daraus folgt, daß die beiden Hochwasser eines Tages im allgemeinen nicht gleich ausfallen werden. Der Unterschied ist um so größer, je größer die Deklination des Mondes ist, und zwar gleichgültig, ob die Deklination eine nördliche oder eine südliche ist, indem sich dabei nur die beiden Fluten vertauschen. Da nun der Mond in jedem Monate alle Deklinationen, die er erreichen kann, durchläuft, so hat er die Hälfte dieser Zeit nördliche, die andere Hälfte südliche Deklination, und es entsteht auf diesem Wege eine halbmonatliche Ungleichheit. Es ist klar, daß sich alle Ungleichheiten, welche in der Mondbewegung enthalten sind, in dem Kräftesystem äußern werden, also auch Flutbewegungen veranlassen werden. Nun kommt noch die Sonne hinzu, deren Bewegungsperioden ebenfalls in der Flutkraft vertreten sein müssen: es wird eine halbtägige und eine ganztägige Sonnenflut, eine halbjährige und eine ganzjährlge auftreten usw.

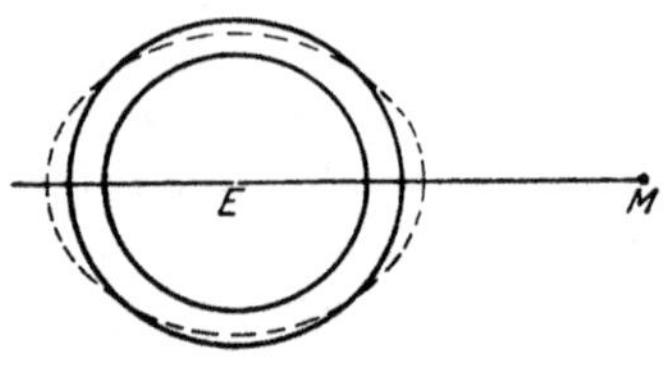

Abb. 30.

Man kann zunächst nur sagen, daß die Flutbewegung mindestens ebenso kompliziert sein muß wie die Kraft, welche sie erregt. Es ist aber außerordentlich schwierig anzugeben, welche Bewegung das Wasser tatsächlich ausführen wird. Es handelt sich dabei um die Lösung der folgenden hydrodynamischen Aufgabe: Welche Bewegung macht eine auf einer rotierenden Kugelfläche verteilte Wassermasse unter dem Einfluß der aus den astronomischen Daten abgeleiteten Flutkräfte.

Wir haben also von den hydrodynamischen Grundgleichungen auszugehen. Sind X, Y, Z die Komponenten der auf die Masseneinheit wirkenden Kräfte, p der Druck und ϑ die Dichte des Wassers, so lauten die Gleichungen

$$\begin{aligned} \frac{d^2x}{dt^2} &= X - \frac{1}{\vartheta} \cdot \frac{\partial p}{\partial x} \\ \frac{d^2y}{dt^2} &= Y - \frac{1}{\vartheta} \cdot \frac{\partial p}{\partial y} \\ \frac{d^2z}{dt^2} &= Z - \frac{1}{\vartheta} \cdot \frac{\partial p}{\partial z}. \end{aligned} \tag{1}$$

Die Größen X, Y, Z enthalten einerseits die Anziehung der Erde, andererseits die Flutkraft, so daß wir setzen können:

$$X = X_1 + X_2 \qquad Y = Y_1 + Y_2 \qquad Z = Z_1 + Z_2. \tag{2}$$

Bezeichnen wir die Erdmasse mit E, so wird, die Erde als Kugel vom Radius r vorausgesetzt,

$$X_1 = -\frac{k^2 E}{r^2} \cdot \frac{x}{r} \qquad Y_1 = -\frac{k^2 E}{r^2} \cdot \frac{y}{r} \qquad Z_1 = -\frac{k^2 E}{r^2} \cdot \frac{z}{r}$$

$$\text{mit } r^2 = x^2 + y^2 + z^2. \tag{3}$$

Führen wir die Funktion

$$V_1 = \frac{k^2 E}{r} \tag{4}$$

ein, die nichts anderes ist, als die Potentialfunktion von X, Y, Z, so ist

$$X_1 = \frac{\partial V_1}{\partial x} \qquad Y_1 = \frac{\partial V_1}{\partial y}$$

$$Z_1 = \frac{\partial V_1}{\partial z}. \tag{5}$$

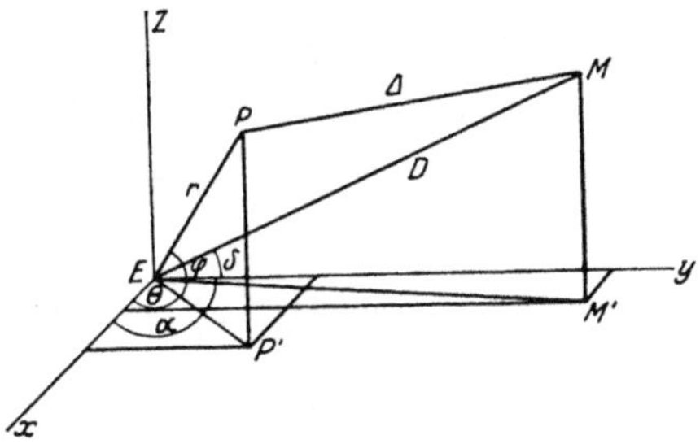

Abb. 31.

Zur Ableitung von X_2, Y_2, Z_2 betrachten wir Abb. 31. Es sei E der Erdmittelpunkt, P ein Punkt der Wassermasse; seine Koordinaten: x, y, z; ξ, η, ζ seien die Koordinaten des Mondes, dessen Masse gleich M sei. X_2, Y_2, Z_2 sind dann gegeben durch die Differenz der Anziehungskomponenten von M auf den Punkt P und den Punkt E. Somit

$$\begin{aligned} X_2 &= \frac{k^2 M(\xi - x)}{\Delta^3} - \frac{k^2 M \xi}{D^3} \\ Y_2 &= \frac{k^2 M(\eta - y)}{\Delta^3} - \frac{k^2 M \eta}{D^3} \\ Z_2 &= \frac{k^2 M(\zeta - z)}{\Delta^3} - \frac{k^2 M \zeta}{D^3}. \end{aligned} \tag{6}$$

Bezeichnen wir den Winkel PEM mit ψ, so ist

$$\Delta = \sqrt{D^2 + r^2 - 2 r D \cos\psi} = D \sqrt{1 - 2\frac{r}{D}\cos\psi + \frac{r^2}{D^2}}$$

$$\frac{1}{\Delta^3} = \frac{1}{D^3}\left(1 - 2\frac{r}{D}\cos\psi + \frac{r^2}{D^2}\right)^{-\frac{3}{2}} = \frac{1}{D^3}\left(1 + 3\frac{r}{D}\cos\psi\right), \tag{7}$$

wobei wir das Glied mit $\frac{r^2}{D^2}$ vernachlässigen. Somit wird mit gleicher Genauigkeit

$$X_2 = \frac{k^2 M}{D^3}\left[(\xi - x)\left(1 + 3\frac{r}{D}\cos\psi\right) - \xi\right] = \frac{k^2 M}{D^3}\left(-x + \frac{3 r \xi}{D}\cos\psi\right)$$

$$Y_2 = \frac{k^2 M}{D^3}\left(-y + \frac{3 r \eta}{D}\cos\psi\right)$$

$$Z_2 = \frac{k^2 M}{D^3}\left(-z + \frac{3 r \zeta}{D}\cos\psi\right)$$

oder, da $\cos\psi = \frac{\xi x + \eta y + \zeta z}{rD}$ ist:

$$X_2 = -\frac{k^2 M x}{D^3} + \frac{3k^2 M}{D^5}\xi(\xi x + \eta y + \zeta z)$$
$$Y_2 = -\frac{k^2 M y}{D^3} + \frac{3k^2 M}{D^5}\eta(\xi x + \eta y + \zeta z) \quad (8)$$
$$Z_2 = -\frac{k^2 M z}{D^3} + \frac{3k^2 M}{D^5}\zeta(\xi x + \eta y + \zeta z).$$

Setzen wir

$$V_2 = -\frac{k^2 M}{2D^3}(x^2 + y^2 + z^2) + \frac{3k^2 M}{2D^5}(\xi x + \eta y + \zeta z)^2$$
$$= \frac{k^2 M r^2}{2D^3}(3\cos^2\psi - 1) \quad (9)$$

so ist

$$X_2 = \frac{\partial V_2}{\partial x} \quad Y_2 = \frac{\partial V_2}{\partial y} \quad Z_2 = \frac{\partial V_2}{\partial z}. \quad (10)$$

Fügen wir noch die von der Sonne herrührenden Glieder hinzu, so ist nun

$$V = V_1 + V_2 = \frac{k^2 E}{r} + \frac{k^2 M r^2}{2D^3}(3\cos^2\psi - 1) + \frac{k^2 S r^2}{2D'^3}(3\cos^2\psi' - 1), \quad (11)$$

wo S die Sonnenmasse bezeichnet. Die Grundgleichungen nehmen nun die Form an:

$$\frac{d^2 x}{dt^2} = \frac{\partial}{\partial x}\left(V - \frac{1}{\vartheta}p\right)$$
$$\frac{d^2 y}{dt^2} = \frac{\partial}{\partial y}\left(V - \frac{1}{\vartheta}p\right) \quad (12)$$
$$\frac{d^2 z}{dt^2} = \frac{\partial}{\partial z}\left(V - \frac{1}{\vartheta}p\right).$$

Die Größen ψ und ψ' lassen sich durch die astronomischen Daten der Mond- und Sonnenbewegung darstellen. Wir führen Polarkoordinaten ein:

$$x = r\cos\varphi\cos\Theta \quad \xi = D\cos\delta\cos\alpha \quad \xi' = D'\cos\delta'\cos\alpha'$$
$$y = r\cos\varphi\sin\Theta \quad \eta = D\cos\delta\sin\alpha \quad \eta' = D'\cos\delta'\sin\alpha' \quad (13)$$
$$z = r\sin\varphi \quad \zeta = D\sin\delta \quad \zeta' = D'\sin\delta'.$$

Wenn wir annehmen, daß in Abb. 31 die xy-Ebene mit dem Äquator zusammenfällt, und die x-Achse nach dem Frühlingspunkt weist, so ist φ die geozentrische Breite und Θ die Sternzeit des Punktes P; α und δ Rektaszension und Deklination des Mondes, α' und δ' dieselben Größen für die Sonne. r, D und D' sind wie früher die Entfernungen vom Erdmittelpunkte.

Es ist dann

$$\xi x + \eta y + \zeta z = rD\cos\psi = rD(\cos\varphi\cos\delta\cos(\Theta-\alpha) + \sin\varphi\sin\delta)$$

$$\begin{aligned} 3\cos^2\psi - 1 &= 3\cos^2\varphi\cos^2\delta\cos^2(\Theta-\alpha) + 6\sin\varphi\cos\varphi\sin\delta\cos\delta\cos(\Theta-\alpha) \\ &\qquad + 3\sin^2\varphi\sin^2\delta - 1 \\ &= \frac{3}{2}\cos^2\varphi\cos^2\delta + 3\sin^2\varphi^2\sin^2\delta - 1 \\ &\quad + \frac{3}{2}\sin 2\varphi\sin 2\delta\cos(\Theta-\alpha) \\ &\quad + \frac{3}{2}\cos^2\varphi\cos^2\delta\cos 2(\Theta-\alpha). \end{aligned} \tag{14}$$

Wir können hier drei Gattungen von Gliedern unterscheiden. Das erste Glied enthält den Stundenwinkel $s = \Theta - \alpha$ nicht. Da sich δ langsam ändert, so kann es für kurze Zeit als konstant gelten. Nimmt man auf die Veränderung von δ Rücksicht, und bedenkt, daß die trigonometrischen Funktionen nur im Quadrat vorkommen, so kommt diesem Glied die Periode von einem halben Monat zu. Das zweite Glied enthält den Kosinus des einfachen Stundenwinkels des Mondes; es ist also im wesentlichen ein Glied von der Periode eines Tages. Das dritte Glied endlich enthält den doppelten Stundenwinkel, hat also die Periode eines halben Tages. Die entsprechenden Glieder für die Sonne haben eine halbjährige und ebenfalls eine ganztägige und eine halbtägige Periode.

Wir haben also langperiodische, ganztägige und halbtägige Glieder. Diese bilden drei Hauptgruppen, deren Unterscheidung aus der raschen Veränderlichkeit des Stundenwinkels entspringt. Nimmt man auf die langsame Veränderlichkeit der übrigen Größen: δ, δ', D und D' Rücksicht, so spaltet sich jedes Glied in eine Anzahl von einzelnen Gliedern, deren Perioden gruppenweise wenig voneinander verschieden sind. Die Astronomie lehrt, wie man imstande ist, den ganzen Ausdruck für V in lauter einfache periodische Funktionen aufzulösen.

Um den Weg anzudeuten, wie eine solche Entwicklung durchzuführen ist, betrachten wir z. B. das 2. Glied für die Sonne, d. i. abgesehen von konstanten Faktoren, der Ausdruck

$$\frac{1}{D'^3}\sin 2\delta'\cos(\Theta - \alpha').$$

Ist ε die Schiefe der Ekliptik, so ist nach Abb. 32

$$\tan\delta' = \sin\alpha'\tan\varepsilon. \tag{15}$$

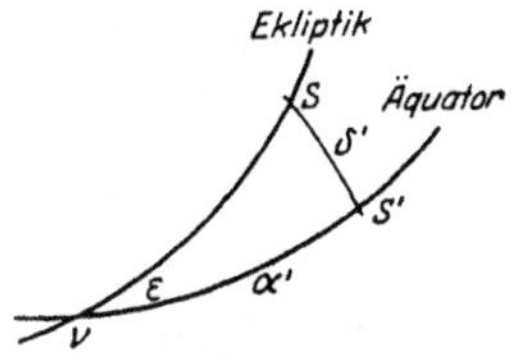

Abb. 32.

Daher:

$$\sin 2\delta' = \frac{2\tan\delta'}{1+\tan^2\delta'} = \frac{2\sin\alpha'\tan\varepsilon}{1+\sin^2\alpha'\tan^2\varepsilon}.$$

Da $\sin^2\alpha'\tan^2\varepsilon$ immer < 1 ist, kann man den Nenner nach Potenzen dieser Größe entwickeln und erhält $\sin 2\delta'$ in der Form

$$\sin 2\delta' = a_1\sin\alpha' + a_3\sin^3\alpha' + a_5\sin^5\alpha' + \cdots,$$

wo a_1, a_3, a_5 Konstante sind, welche nur von ε abhängen. Verwandelt man die Potenzen von $\sin \alpha'$ in die Funktionen der mehrfachen Winkel, so wird

$$\sin 2\delta' = b_1 \sin \alpha' + b_3 \sin 3\alpha' + b_5 \sin 5\alpha' + \cdots \tag{16}$$

Es wird dann weiter

$$\begin{aligned}\sin 2\delta' \cos(\Theta - \alpha') &= b_1 \sin \alpha' \cos(\Theta - \alpha') + b_3 \sin 3\alpha' \cos(\Theta - \alpha') + \cdots \\ &= \frac{b_1}{2}[\sin \Theta - \sin(\Theta - 2\alpha')] + \frac{b_3}{2}[\sin(\Theta + 2\alpha') - \sin(\Theta - 4\alpha')] + \cdots,\end{aligned} \tag{17}$$

so daß die Glieder allgemein die Form haben:

$$c_i \sin(\Theta + i\alpha'), \tag{17'}$$

wo i eine positive oder negative gerade Zahl oder Null ist.

Θ ist die Sternzeit; sie ändert sich im Laufe eines Sterntages um 24^h. Bezeichnen wir mit t die mittlere Zeit, verflossen seit einem gegebenen Anfangsmomente, und mit ω die Rotationsgeschwindigkeit der Erde, bezogen auf mittlere Zeit (so daß für $t = 86164$ mittl. Sekunden $\omega t = 2\pi$ wird), so ist

$$\Theta = \omega t + \Theta_0. \tag{18}$$

Hier bedeutet Θ_0 die Sternzeit für den gewählten Ausgangsmoment; wir erhalten dann

$$\sin 2\delta' \cos(\Theta - \alpha') = \Sigma c_i \sin(\omega t + i\alpha' + \Theta_0). \tag{19}$$

Die Rektaszension der Sonne ändert sich keineswegs proportional der Zeit, sie läßt sich aber durch eine Reihe ausdrücken, welche nach dem Vielfachen der mittleren Länge fortschreitet. Bezeichnen wir die mittlere Bewegung der Sonne mit n', so ist die mittlere Länge gegeben durch $n't + L_0$, wo L_0 die mittlere Länge für die Zeit $t = 0$ ist. Es ist dann

$$\begin{aligned}\alpha' = L_0 + n't &+ d_1 \sin n't + d_2 \sin 2n't + \cdots \\ &+ e_1 \cos n't + e_2 \cos 2n't + \cdots.\end{aligned} \tag{20}$$

Die Größen d und e sind konstante Größen, welche von der Exzentrizität der Erdbahn und der Schiefe der Ekliptik abhängen.

Für die Reihe (20) schreiben wir abkürzend:

$$\alpha' = L_0 + n't + z; \tag{21}$$

z ist dann bekanntlich nichts anderes als die Zeitgleichung. Setzen wir dies in (19) ein, so wird, wenn K eine neue Konstante bedeutet

$$\begin{aligned}\sin 2\delta' \cos(\vartheta - \alpha') &= \Sigma c_i \sin(\omega t + in't + iz + K_i) \qquad i = 0, \pm 2, \pm 4 \ldots \\ &= \Sigma c_i \sin[(\omega + in')t + K_i] \cos iz \\ &+ \Sigma c_i \cos[(\omega + in')t + K_i] \quad \sin iz.\end{aligned} \tag{22}$$

z ist ein kleiner Winkel, und da wir uns auf die ersten Werte von i beschränken können, so dürfen wir setzen

$$\cos iz = 1 - \frac{i^2 z^2}{2} + \cdots \qquad \sin iz = iz - \frac{i^3 z^3}{6} + \cdots \tag{23}$$

Setzen wir hier die Reihe für z aus (20) ein, und entwickeln die auftretenden Potenzen und Produkte in die Funktionen der vielfachen Winkel, so können wir $\cos iz$ und $\sin iz$ durch eine Reihe darstellen, welche nach sin und cos der Vielfachen von $n't$ fortschreitet.

Das gleiche gilt von dem Faktor $\frac{1}{D'^3}$, dessen Veränderlichkeit durch die Exzentrizität der Erdbahn bedingt ist, und somit ebenfalls eine jährliche Periode hat.

Wir hätten die Reihen für $\sin iz$ und $\cos iz$ oben einzusetzen und mit der Reihe für $\frac{1}{D'^3}$ zu multiplizieren; hierauf wieder die Produkte durch die Funktionen der vielfachen Winkel zu ersetzen, wodurch eine Reihe von der folgenden Form entsteht

$$\frac{1}{D'^3} \sin 2\delta' \cos(\Theta - a') = \sum_k A_k \sin[(\omega + kn')t + B_k], \tag{24}$$

wo k ganze Zahlen sind, die auch negativ sein können und B_k neue Konstante bedeuten.

Die Reihe konvergiert sehr rasch, so daß man sich auf die ersten k-Werte beschränken kann. Behält man also nur die ersten Glieder bei, so erhalten wir aus dem betrachteten Glied (15) eine ganze Gruppe neuer Glieder mit den Perioden

$$\frac{2\pi}{\omega}, \quad \frac{2\pi}{\omega + n'}, \quad \frac{2\pi}{\omega - n'}, \quad \frac{2\pi}{\omega + 2n'}, \quad \frac{2\pi}{\omega - 2n'}, \quad \ldots \tag{25}$$

n' ist im Verhältnis zu ω eine kleine Größe: ωt erreicht im Laufe eines Sterntages den Wert von 24^h, denn ω ist nichts anderes als die Umdrehungsgeschwindigkeit der Erde; $n't$ erreicht aber den Wert von 360^0 oder 24^h erst im Laufe eines ganzen Jahres, und im Laufe eines Tages nur 4^m; ist also 365 mal kleiner. Die Perioden (25) sind also nur wenig voneinander verschieden, und alle beiläufig von der Länge eines Tages.

Wollen wir uns auf die Hauptglieder beschränken, so können wir in (22) $\cos iz = 1$ und $\sin iz = 0$ setzen, und $\frac{1}{D'^3}$ konstant nehmen. Gl. (17) zeigt uns dann, daß die wichtigsten Glieder den Werten $i = 0$ und $i = -2$ entsprechen. Dazu gehören die Perioden

$$\frac{2\pi}{\omega} \quad \text{und} \quad \frac{2\pi}{\omega - 2n'}. \tag{26}$$

In ähnlicher Weise sind auch die übrigen Glieder zu behandeln. Beim Monde werden aber die Entwicklungen noch weitläufiger, da seine Bewegung noch viel verwickelter ist, als die der Sonne; auch ist die Exzentrizität seiner Bahn viel größer, $\frac{1}{D^3}$ also viel stärker veränderlich als $\frac{1}{D'^3}$. Beim Monde muß ferner auf die wichtigsten Störungen seiner Bewegung durch die Sonne (Knotenbewegung, Perigäumbewegung, Evektion, Variation) Rücksicht genommen werden.

Wir stellen im folgenden die wichtigsten Perioden nach KRÜMMEL[1]) zusammen. In der ersten Kolumne finden wir den Namen des Gliedes in der zweiten die hierfür gebräuchliche symbolische Bezeichnung. In der dritten Kolumne steht die Periode in der vierten das Argument des betreffenden Gliedes; die auf die Sonne bezüglichen Größen sind wie bisher mit einem Strich versehen, p bedeutet die Bewegung des Mondperipäums; die anderen Bezeichnungen sind bekannt. Die Zahlen der fünften Kolumne erhält man, wenn man 360 durch die Zahlen der dritten dividiert. Die letzte Kolumne gibt das Verhältnis der Koeffizienten der einzelnen Glieder zu dem von M_2 (= 100).

[1]) O. KRÜMMEL: Handbuch der Ozeanographie. Stuttgart 1911, 2. Aufl., II. Bd., S. 265. (Bibliothek geographischer Handbücher.) Vgl. auch: SCHWEYDAR: Harmonische Analyse der Lotstörungen durch Sonne und Mond. (Veröffentl. d. preuß. geod. Institutes. Neue Folge Nr. 9.) S. 5.

Name der Teiltide	Symbol	Periode in Stunden	Winkelgeschwindigkeit nach der Entstehung	Winkelgeschwindigkeit in Graden pro Stunde	Verhältnis der Koeffizienten
			1. Mondtiden.		
			a) halbtägige:		
Hauptmondtide . . .	M_2	12,42	$2(\omega - n)$	29,98410	100,0
Mond-Sonnentide . .	K_2	11,97	2ω	30,08214	8,6
Größere ellipt. Tide .	N	12,66	$2\omega - 3n + p$	28,43973	19,4
Kleinere » » .	L	12,19	$2\omega - n - p$	29,52848	3,8
Ellipt. Tide 2. Ordng.	$2N$	12,91	$2\omega - 4n + 2p$	27,89535	2,6
Größere Evektionstide	ν	12,63	$2\omega - 3n - p + 2n'$	28,51258	3,8
Kleinere »	λ	12,22	$2\omega - n + p - 2n'$	29,45563	0,7
Variationstide . . .	μ	12,87	$2\omega - 4n + 2n'$	27,96821	2,4
			b) eintägige:		
Mondtide	O	25,82	$\omega - 2n$	13,94304	41,5
Mond-Sonnentide . .	K_1	23,93	ω	15,04107	39,9
Größere ellipt. Tide .	Q	26,87	$\omega - 3n + p$	13,39866	8,0
Kleinere » » .	M	24,84	$\omega - n$	14,49205	3,6
» » » .	J	23,10	$\omega + n - p$	15,58544	3,3
			c) von längerer Periode:		
Monatliche Tide. . .	Mm	661,30	$n - p$	0,54437	4,6
14 tägige Tide . . .	Mf	327,86	$2n$	1,09803	8,6
			2. Sonnentiden.		
			a) halbtägige:		
Hauptmondtide . . .	S_2	12,00	$2(\omega - n')$	30,00000	46,5
Mondtide (Sonnenteil) .	K_2	11,97	2ω	30,08214	4,0
Größere ellipt. Tide .	T	12,01	$2\omega - 3n'$	29,95893	2,7
			b) eintägige:		
Sonnentide	P	24,07	$\omega - 2n'$	14,95893	19,3
Mond-Sonnentide . .	K_1	23,93	ω	15,04107	18,5
			c) von längerer Periode:		
Halbjährige Tide . .	Ssa	2191,43	$2n'$	0,08214	4,0

Jedem dieser Glieder wird in der Fluterscheinung eine Welle entsprechen. Man bezeichnet eine solche Welle als *Partialtide.*

Wir werden im folgenden das Flutpotential je nach Bedarf in der unentwickelten Form (9) und (14) oder in der entwickelten Form, wie sie der obigen Tabelle zugrunde liegt, voraussetzen.

8. Die Gleichgewichtstheorie.

Den ersten Versuch der Behandlung des Flutproblems bildet die sogenannte Gleichgewichtstheorie, die auf Bernoulli, Euler und Mac Laurin zurückgeht. Man erhält die zugehörigen Gleichungen dadurch, daß man in (12), S. 90 die linken Seiten gleich Null setzt.

Die Grundgleichungen gehen über in

$$\begin{aligned}\frac{\partial}{\partial x}\left(V-\frac{1}{\vartheta}p\right)&=0\\ \frac{\partial}{\partial y}\left(V-\frac{1}{\vartheta}p\right)&=0\\ \frac{\partial}{\partial z}\left(V-\frac{1}{\vartheta}p\right)&=0,\end{aligned}\tag{1}$$

woraus folgt

$$V-\frac{1}{\vartheta}p=\text{const.}\tag{2}$$

Da die Dichte des Wassers konstant ist, und ferner der Druck an der Oberfläche, der nichts anderes als der Luftdruck ist, ebenfalls als konstant angesehen werden muß, weil wir von der ungleichen Luftdruckverteilung absehen, so erhalten wir

$$V=\text{const.}\tag{3}$$

als Gleichung der Oberfläche. Die Gleichgewichtstheorie verlangt also, daß sich die Wassermasse in jedem Augenblicke der Niveaufläche anpaßt. Sie kann kaum als eine physikalische, sondern mehr als eine geometrische Behandlung des Problems aufgefaßt werden, und besteht in nichts anderem als in der Bestimmung der jeweiligen Form der Niveaufläche.

Wir haben also nach (9), S. 90

$$V=\frac{k^2E}{r}+\frac{k^2Mr^2}{2D^3}(3\cos^2\psi-1)+\frac{k^2Sr^2}{2D'^3}(3\cos^2\psi'-1)=\text{const.}\tag{4}$$

Setzen wir

$$r=r_0+h \qquad \text{oder} \qquad \frac{1}{r}=\frac{1}{r_0}\left(1-\frac{h}{r_0}\right),\tag{5}$$

wo r_0 den Radius der ungestörten Wasserfläche bedeutet, so wird

$$\frac{k^2E}{r_0}-\frac{k^2Eh}{r_0{}^2}+\frac{k^2Mr_0^2}{2D^3}(3\cos^2\psi-1)+\frac{k^2Sr_0^2}{2D'^3}(3\cos^2\psi'-1)=\text{const},$$

wo wir in den kleinen Gliedern r durch r_0 ersetzen können.

Wäre M und S gleich Null, so müßte auch h gleich Null sein. Die Konstante wird also gleich $\frac{k^2E}{r_0}$. Wir finden somit

$$\begin{aligned}h&=\frac{Mr_0^4}{2ED^3}(3\cos^2\psi-1)+\frac{Sr_0^4}{2ED'^3}(3\cos^2\psi'-1)\\ &=A(3\cos^2\psi-1)+A'(3\cos^2\psi'-1).\end{aligned}\tag{6}$$

Betrachten wir zunächst den Mond allein, so erreicht h sein Maximum für $\cos\psi=\pm 1$, also für $\psi=0$ und $\psi=180$, also wenn der Mond im Zenit oder Nadir steht. Dagegen erreicht h sein Minimum für $\cos\psi=0$ oder $\psi=90$, also für aufgehenden oder untergehenden Mond. Und zwar ist

$$h_{\text{Max.}}=2A,\quad h_{\text{Min.}}=-A.\tag{7}$$

Die Erhebung ist also doppelt so groß wie die Senkung. Das gleiche gilt für die Sonne. Führen wir die numerischen Werte ein, so haben wir zu setzen:

$$r_0 = 6{,}377 \cdot 10^6 m \quad \frac{r_0}{D} = \frac{1}{59{,}678} \quad \frac{r_0}{D'} = \frac{1}{2347{,}9} \qquad \frac{M}{E} = \frac{1}{82} \quad \frac{S}{E} = 322\,000. \tag{8}$$

Damit findet sich

$$A = 0^{\mathrm{m}}18 \quad A' = 0.08. \tag{9}$$

$$\begin{array}{llcl} \text{Es ist also die maximale Erhebung gleich} & 2A + 2A' & = & 0^{\mathrm{m}}52 \\ \text{» Senkung »} & -A - A' & = & -0.26. \end{array} \tag{10}$$

Betrachten wir die Glieder der drei Gattungen, wie sie in der Entwicklung (14), S. 91 auftreten, gesondert, und beginnen mit dem wichtigsten Gliede, nämlich dem der dritten Gattung, so ist

$$h_3 = A \cdot \frac{3}{2} \cos^2\varphi \cos^2\delta \cos 2(\Theta - \alpha) + A' \cdot \frac{3}{2} \cos^2\varphi \cos^2\delta' \cos 2(\Theta - \alpha'). \tag{11}$$

Es lagern sich also zwei halbtägige Wellen übereinander, die sich zu einer einzigen Schwingung mit veränderlicher Amplitude und Phase vereinigen lassen. Wir setzen

$$\Theta - \alpha' = \Theta - \alpha + (\alpha - \alpha'),$$

somit

$$\cos 2(\Theta - \alpha') = \cos 2(\Theta - \alpha) \cos 2(\alpha - \alpha') - \sin 2(\Theta - \alpha) \sin 2(\alpha - \alpha').$$

Führen wir nun die folgenden Bezeichnungen ein:

$$\begin{aligned} A \cdot \frac{3}{2} \cos^2\varphi \cos^2\delta + A' \cdot \frac{3}{2} \cos^2\varphi \cos^2\delta' \cos 2(\alpha - \alpha') &= f_3 \cos 2 F_3 \\ A' \cdot \frac{3}{2} \cos^2\varphi \cos^2\delta' \sin 2(\alpha - \alpha') &= f_3 \sin 2 F_3, \end{aligned} \tag{12}$$

so geht (11) über in

$$h_3 = f_3 \cos 2(F_3 + \Theta - \alpha). \tag{13}$$

Die Auflösung der Gleichung (12) liefert zur Bestimmung von f und F die Ausdrücke

$$\begin{aligned} f_3 &= \frac{3}{2} \cos^2\varphi \sqrt{A^2 \cos^4\delta + A'^2 \cos^4\delta' + 2AA' \cos^2\delta \cos^2\delta' \cos 2(\alpha - \alpha')} \\ \tan 2F_3 &= \frac{A' \cos^2\delta \sin 2(\alpha - \alpha')}{A \cos^2\delta + A \cos^2\delta' \cos 2(\alpha - \alpha')}. \end{aligned} \tag{14}$$

Die Amplitude f_3 erreicht ihr Maximum, wenn $\alpha = \alpha'$ oder $\alpha = \alpha' + 180°$ wird, das ist im Augenblicke der Konjunktion oder Opposition von Sonne und Mond, also zur Zeit der Syzygien oder zur Zeit von Neu- und Vollmond. Man bezeichnet die zugehörige Flut als *Springflut*.

Gleichzeitig wird $F_3 = 0$; h_3 erreicht also nach (13) das Maximum im Moment $\Theta = \alpha$ oder $\Theta = \alpha + 180$. Dies entspricht dem Augenblicke der oberen oder unteren Kulmination des Mondes, welche zur Zeit der Syzygien mit Mittag und Mitternacht nahe zusammenfällt.

Die Amplitude f_3 erreicht ihr Minimum, wenn $\cos 2(\alpha - \alpha') = -1$, also $\alpha - \alpha'$ gleich 90° oder 270° wird, das ist zur Zeit der Quadratur des Mondes (erstes und letztes Viertel). h_3 hat dann die geringste Schwankung, man bezeichnet die zugehörige Flut als *Nippflut.*

Auch hier wird $F_3 = 0$, und das Maximum von h_3 wird wieder erreicht für $\Theta = \alpha$, also wieder zur Zeit der oberen und unteren Kulmination des Mondes, das ist beiläufig um 6^h morgens und abends.

Zu allen anderen Zeiten wird $F_3 \neq 0$ sein. Es tritt also eine Phasenverschiebung ein, und das Hochwasser wird nicht mehr mit der Kulmination des Mondes zusammenfallen.

In bezug auf die Deklination ist die Schwankung größer, wenn δ oder δ' gleich Null sind. Diese Bedingung ist für beide Gestirne gleichzeitig näherungsweise erfüllt bei Voll- oder Neumond zur Zeit der Äquinoktien.

Unter sonst gleichen Umständen ist die Flut am Äquator am größten, weil hier $\cos\varphi = 1$ wird.

Für die Glieder der zweiten Gattung erhalten wir

$$h_2 = \frac{3}{2} A \sin 2\varphi \sin 2\delta \cos(\Theta - \alpha) + \frac{3}{2} A' \sin 2\varphi \sin 2\delta' \cos(\Theta - \alpha'). \tag{15}$$

Die beiden Glieder können ähnlich wie bei h_3 in ein Glied mit veränderlicher Amplitude und Phase zusammengezogen werden. Die Periode ist ganztägig. Wir finden

$$h_2 = f_2 \cos(F_2 + \vartheta - \alpha) \tag{16}$$

$$\left.\begin{aligned} f_2 &= \frac{3}{2} \sin 2\varphi \sqrt{A^2 \sin^2 2\delta + A'^2 \sin^2 2\delta' + 2AA' \sin 2\delta \sin 2\delta' \cos(\alpha - \alpha')} \\ \tan F_2 &= \frac{A' \sin 2\delta \sin(\alpha - \alpha')}{A \sin 2\delta + A' \sin 2\delta' \cos(\alpha - \alpha')}. \end{aligned}\right\} \tag{17}$$

Die Amplitude ist im allgemeinen kleiner als f_3, da sie statt $\cos^2\delta$, welches zwischen 0,778 und 1 schwankt, $\sin 2\delta$ enthält, das zwischen 0 und 0,829 eingeschlossen bleibt. Die größte Schwankung tritt ein für $\alpha = \alpha'$ (Neumond), die kleinste für $\alpha - \alpha' = 180$ (Vollmond). In beiden Fällen wird $F_2 = 0$: das Hochwasser fällt mit der Kulmination des Mondes zusammen.

Bezüglich der Deklination ist die Schwankung am größten, wenn δ und δ' im Maximum sind.

Die ganztägige Flut verschwindet sowohl am Äquator wie am Pol wegen des Faktors $\sin 2\varphi$.

Das Glied der ersten Gattung endlich,

$$\begin{aligned} h_1 &= A\left[\frac{3}{2}\cos^2\varphi\cos^2\delta + 3\sin^2\varphi\sin^2\delta - 1\right] \\ &\quad + A'\left[\frac{3}{2}\cos^2\varphi\cos^2\delta' + 3\sin\varphi\sin^2\delta' - 1\right] \end{aligned} \tag{18}$$

läßt sich leicht auf die Form bringen:

$$A\left[(3\sin^2\varphi - 1)\left(1 - \frac{3}{2}\cos^2\delta\right)\right] + A'\left[(3\sin^2\varphi - 1)\left(1 - \frac{3}{2}\cos^2\delta'\right)\right]. \quad (19)$$

Dieses Glied ist nur veränderlich, insoweit es δ und δ' enthält. Da es von diesen Größen nur Funktionen im Quadrat enthält, so nimmt h_1 die gleichen Werte für positives und negatives δ bzw. δ' an. Die Periode von h_1 wird also nur die Hälfte der Periode von δ bzw. δ' sein, also ein halber Monat und ein halbes Jahr. Da δ selbst beim Monde $\pm 28°$ nicht überschreitet, so ist immer $1 - \frac{3}{2}\cos^2\delta < 0$. Solange also auch $3\sin^2\varphi - 1 < 0$ oder $\varphi < 35°$ ist, wird h_1 immer positiv sein. Es steht also immer infolge der Flutkraft der Meeresspiegel am Äquator während des ganzen Jahres höher als ohne die Fluterscheinungen.

Eine Verbesserung dieser Theorie kann dadurch eingeführt werden, daß man die Änderung der Anziehung in Rechnung zieht, die dadurch entsteht, daß das Wasser unter den Flutkräften seine Form ändert.

Dazu gibt die Theorie der Kugelfunktionen ein einfaches Mittel an die Hand. Dort wird gezeigt, daß man jede auf der Kugel gegebene Funktion, also auch die Verteilung der Fluthöhen durch eine Summe der folgenden Form darstellen kann:

$$h = r_0 \Sigma Y_n(\mu\lambda). \quad (20)$$

Hier ist

$$\left.\begin{aligned} &\mu = \sin\varphi \qquad \lambda = \text{geogr. Länge} \\ &Y_n(\mu\lambda) = \sum_{j=0}^{\infty} A_{nj} P_{nj}(\mu)\cos j\lambda + \sum_{j=0}^{\infty} B_{nj} P_{nj}(\mu)\sin j\lambda \\ &P_{nj}(\mu) = (1-\mu^2)^{\frac{j}{2}} \frac{\partial^j P_n(\mu)}{\partial\mu^j} \\ &P_n(\mu) = \frac{2n!}{2^n(n!)^2}\left[\mu^n - \frac{n(n-1)}{2(2n-1)}\mu^{n-2} + \frac{n(n-1)(n-2)(n-3)}{2\cdot 4(2n-1)(2n-3)}\mu^{n-4} - \ldots\right] \end{aligned}\right\} \quad (21)$$

Die A_{nj} und B_{nj} sind konstante Koeffizienten.

Nehmen wir nun an, wir hätten eine Kugel vom Radius r_0 und der Dichte ϑ_m auf der Oberfläche mit Massen der gleichen Dichte belegt, deren Höhe durch eine solche Entwicklung gegeben sei, so daß also

$$r = r_0(1 + \Sigma Y_n) \quad (22)$$

ist, so zeigt die Theorie der Kugelfunktion, daß das Potential dieses Körpers auf einen Punkt seiner Oberfläche gegeben ist durch

$$V = \frac{4\pi k^2 \vartheta_m r_0^2}{3}\left(1 - \Sigma \frac{2(n-1)}{2n+1} Y_n\right). \quad (23)$$

Wir denken uns nun die Erde als eine Kugel vom Radius r_0 und der Dichte ϑ_m, bedeckt mit einem Ozean von der Tiefe $r_0 d$ und der Dichte $\vartheta (= 1)$, auf welchem sich eine Fluterscheinung abspielt, die in einem gegebenen Augenblicke dargestellt sei durch die Reihe $r_0 \Sigma Y_n$. d und ΣY_n sind gegenüber r_0 als kleine Größen zu betrachten. Es ist dann die Entfernung r eines Punktes der Oberfläche vom Erdmittelpunkte gleich

$$r = r_0(1 + d + \Sigma Y_n). \quad (24)$$

Das Potential des Körpers auf einen Punkt seiner Oberfläche setzt sich nun zusammen:

1. aus dem Potential des Kernes, einer Kugel vom Radius r_0 und der Dichte ϑ_m:

$$V_1 = \frac{4\pi k^2 r_0^3 \vartheta_m}{3 r_0 (1 + d + \Sigma Y_n)} = \frac{4\pi k^2 r_0^2 \vartheta_m}{3}(1 - d - \Sigma Y_n); \tag{25}$$

2. aus dem Potential einer Hohlkugel von der Dichte ϑ, auf welcher die Massen in der Höhe $r_0 \Sigma Y_n$ lagern. Dieses Potential stellt sich dar als Differenz des Potentials einer Vollkugel vom Radius $r_0(1 + d)$ mit den aufgelagerten Massen und der Dichte ϑ und einer Vollkugel vom Radius r_0 und der gleichen Dichte. Wir erhalten also nach (23):

$$\begin{aligned} V_2 &= \frac{4\pi k^2 r_0^2 (1 + d)^2 \vartheta}{3}\left(1 - \Sigma \frac{2(n-1)}{2n+1} \cdot Y_n\right) - \frac{4\pi k^2 r_0^2 \vartheta}{3(1 + d + \Sigma Y_n)} \\ &= \frac{4\pi k^2 r_0^2 (1 + 2d) \vartheta}{3}\left(1 - \Sigma \frac{2(n-1)}{2n+1} \cdot Y_n\right) - \frac{4\pi k^2 r_0^2 \vartheta}{3}(1 - d - \Sigma Y_n) \\ &= \frac{4\pi k^2 r_0^2 \vartheta}{3}\left[1 - \Sigma \frac{2(n-1)}{2n+1} \cdot Y_n + 2d - 1 + d + \Sigma Y_n\right] \\ &= \frac{4\pi k^2 r_0^2 \vartheta}{3}\left[3d + \Sigma \frac{3}{2n+1} \cdot Y_n\right]. \end{aligned} \tag{26}$$

Fügen wir nun V_1 und V_2 zusammen, so erhalten wir das Potential der mit der gestörten Wasserfläche bedeckten Erde auf einen Punkt ihrer Oberfläche. Dies haben wir in (4) an Stelle von $\frac{k^2 E}{r}$ einzusetzen. Wir erhalten

$$\frac{4\pi k^2 r_0^2 \vartheta_m}{3}(1 - d - \Sigma Y_n) + \frac{4\pi k^2 r_0^2 \vartheta}{3}\left[3d + \Sigma \frac{3}{2n+1} \cdot Y_n\right] + \frac{k^2 M r_0^2}{2 D^3}(3\cos^2\psi - 1) + \frac{k^2 S r_0^2}{2 D'^3}(3\cos^2\psi' - 1) = \text{konst.} \tag{27}$$

Da für $M = S = 0$ auch die Fluterscheinung d. i. ΣY_n verschwinden muß, so bleibt für die Bestimmung der Konstanten

$$\frac{4\pi k^2 r_0 \vartheta_m}{3}(1 - d) + \frac{4\pi k^2 r_0 \vartheta}{3} \cdot 3d = \text{const.}$$

Es heben sich also diese Glieder gegen die Konstante auf der rechten Seite weg, und wir erhalten

$$-\frac{4\pi k^2 r_0^2}{3}\left[\vartheta_m \Sigma Y_n - \vartheta \Sigma \frac{3}{2n+1} \cdot Y_n\right] + \frac{k^2 M r_0^2}{2 D^3}(3\cos^2\psi - 1) + \frac{k^2 S r_0^2}{2 D'^3}(3\cos^2\psi' - 1) = 0. \tag{28}$$

Es ist nun nach (21) sofort zu sehen, daß $3\cos^2\psi - 1$ und $3\cos\psi' - 1$ Kugelfunktionen zweiter Ordnung sind, und zwar ist

$$\frac{1}{2}(3\cos^2\psi - 1) = P_2(\cos\psi), \quad \frac{1}{2}(3\cos^2\psi' - 1) = P_2(\cos\psi'),$$

wobei $\cos\psi$ und $\cos\psi'$ die Form haben

$$\begin{aligned} \cos\psi &= \mu \sin\delta + \sqrt{1-\mu^2}\cos\delta\cos(\Theta - \alpha) = \mu\sin\delta + \sqrt{1-\mu^2}\cos\delta\cos(\Theta_0 + \lambda - \alpha) \\ \cos\psi' &= \mu \sin\delta' + \sqrt{1-\mu^2}\cos\delta'\cos(\Theta - \alpha') = \mu\sin\delta' + \sqrt{1-\mu^2}\cos\delta'\cos(\Theta_0 + \lambda - \alpha'), \end{aligned}$$

wenn Θ_0 die Sternzeit des Nullmeridians bedeutet.

Soll nun die obige Gleichung (28) für alle Werte von μ und λ erfüllt sein, so müssen alle Y mit Ausnahme von Y_2 verschwinden: denn da die letzten beiden Glieder in (28) nur Kugelfunktionen zweiter Ordnung enthalten, so dürfen auch im 1. Gliede nur solche vorkommen. Somit ist:

$$Y_0 = Y_1 = Y_3 = \cdots = 0 \qquad h = r_0 Y_2 \tag{29}$$

und es bleibt mit $n = 2$

$$-h \cdot \frac{4\pi k^2 r_0}{3}\left(\vartheta_m - \frac{3}{5}\vartheta\right) + \frac{k^2 M r_0^2}{2D^3}(3\cos^2\psi - 1) + \frac{k^2 S r_0^2}{2D'^3}(3\cos^2\psi' - 1) = 0,$$

oder da

$$\frac{4\pi r_0^3 \vartheta_m}{3} = E$$

ist

$$h\left(1 - \frac{3}{5}\frac{\vartheta}{\vartheta_m}\right) = \frac{3 M r_0^4}{2 E D^3}(3\cos^2\psi - 1) + \frac{3 S r_0^4}{2 E D'^3}(3\cos^2\psi' - 1). \qquad (30)$$

Vergleicht man dies mit (6) und bezeichnet die dort berechnete Höhe der Flut mit h_0, so ist

$$h = h_0 \cdot \frac{1}{1 - \dfrac{3\vartheta}{5\vartheta_m}}. \qquad (31)$$

Die mittlere Dichte der Erde ist 5,5, die Dichte des Wassers ist 1. Der Faktor wird also gleich 1,12.

Zur Berücksichtigung der Anziehung der durch die Flut gestörten Wassermasse auf sich selbst, müssen also alle Werte, welche aus der Gleichgewichtstheorie folgen, mit 1,12 multipliziert werden.

Der Vergleich mit den Beobachtungen zeigt sofort die Unzulänglichkeit der Gleichgewichtstheorie. Nicht nur, daß die beobachteten Fluthöhen bei weitem größer sind als die Zahlen (10), es fallen auch die Zeiten des Eintrittes von Hoch- und Niedrigwasser keineswegs mit den von der Theorie geforderten zusammen. Der Grund liegt darin, daß die Gleichgewichtstheorie Eigenschaften des Wassers voraussetzt, welche es nicht hat. Das Wasser ist nicht so beweglich, daß es in jedem Augenblicke die geforderte Gleichgewichtslage annehmen kann, und würde auch, wenn diese erreicht wäre, infolge der Trägheit sofort darüber hinausgehen. Nur wenn sich die Kraft langsam ändert, der gleiche Zustand annähernd längere Zeit erhalten bleibt, dann hätte das Wasser Zeit, in der betreffenden Lage zur Ruhe zu kommen. Die Gleichgewichtstheorie kann also höchstens auf die langperiodischen Glieder Anwendung finden.

Aus diesen Bemerkungen ist ersichtlich, daß die Gezeiten nicht als ein *hydrostatisches*, sondern als ein *hydrodynamisches* Problem zu behandeln sind, und daß daher die unverkürzten Formeln (12), S. 90 genommen werden müssen.

9. Dynamische Theorie von Laplace.[1]

Wir gehen also auf das System (12), S. 90 zurück. Darin ist V, das Potential der störenden Kräfte, gegeben, ϑ die Dichte des Wassers bekannt; x, y, z und p sind unbekannt und als Funktionen der Zeit und der Anfangswerte $x_0\, y_0\, z_0$ und p_0 zu bestimmen. Wir brauchen also noch eine vierte Gleichung. Diese wird gewonnen aus der Tatsache, daß bei der ganzen Bewegung die gesamte Masse des Wassers die gleiche bleiben

[1] P. S. LAPLACE: Traité de mécanique céleste, livre IV.

muß, und heißt die *Kontinuitätsgleichung.* Sie ist auch der Ausdruck dafür, daß in ein Volumelement im Innern des Wassers nicht mehr Flüssigkeit eintreten kann, als in der gleichen Zeit austritt. Die Dichte des Wassers wird dabei konstant vorausgesetzt. Die Hydrodynamik lehrt, daß die Kontinuitätsgleichung die Form besitzt:

$$\frac{\partial}{\partial x}\left(\frac{dx}{dt}\right)+\frac{\partial}{\partial y}\left(\frac{dy}{dt}\right)+\frac{\partial}{\partial z}\left(\frac{dz}{dt}\right)=0. \tag{1}$$

Man erkennt nun sofort, daß das Gleichungssystem zweierlei Integrale zuläßt. Setzen wir nämlich vorübergehend: $x = x_0 + x_1 + x_2$, $y = y_0 + y_1 + y_2$, $z = z_0 + z_1 + z_2$ und $p = p_0 + p_1 + p_2$, so können wir das System in zwei zerlegen:

$$\begin{aligned}
\frac{d^2 x_1}{dt^2} &= -\frac{1}{\vartheta}\cdot\frac{\partial p_1}{\partial x} \quad \text{und} \quad & \frac{d^2 x_2}{dt^2} &= \frac{\partial}{\partial x}\left(V-\frac{1}{\vartheta}\cdot p_2\right)\\
\frac{d^2 y_1}{dt^2} &= -\frac{1}{\vartheta}\cdot\frac{\partial p_1}{\partial y} & \frac{d^2 y_2}{dt^2} &= \frac{\partial}{\partial y}\left(V-\frac{1}{\vartheta}\cdot p_2\right)\\
\frac{d^2 z_1}{dt^2} &= -\frac{1}{\vartheta}\cdot\frac{\partial p_1}{\partial z} & \frac{d^2 z_2}{dt^2} &= \frac{\partial}{\partial z}\left(V-\frac{1}{\vartheta}\cdot p_2\right),
\end{aligned} \tag{2}$$

wobei $x_0\, y_0\, z_0$ und p_0 als konstante Anfangswerte zu betrachten sind.

In dem ersten System kommen die störenden Kräfte überhaupt nicht vor; das Integral stellt die sogenannten *freien Schwingungen* der Wassermasse dar. Die Perioden dieser Schwingungen hängen nur von der Masse des Wassers, seiner Tiefe und der Konfiguration seiner Begrenzung ab. Das zweite System läßt nur Integrale zu, welche dieselbe Periode besitzen wie die störende Kraft. Solche Schwingungen heißen *erzwungene Schwingungen.*

Laplace untersucht nur diese zweite Gattung von Integralen, indem er von der Annahme ausgeht, daß durch die innere Reibung die freien Schwingungen immer wieder vernichtet werden. Inwieweit dies den Tatsachen entspricht, werden wir später zu besprechen haben.

Ferner setzt Laplace voraus, daß das Meer die ganze Erdoberfläche bedeckt. Auch der Einfluß dieser Beschränkung wird später in Betracht zu ziehen sein.

Endlich vernachlässigt Laplace die Vertikalbeschleunigung des Wassers überhaupt. Dies sieht zunächst paradox aus: Die zu untersuchende Erscheinung äußert sich im wesentlichen in einer Hebung und Senkung des Wasserspiegels, und gerade diese Richtung trifft die Vernachlässigung. Es ist dies aber doch berechtigt: Die Vertikalkomponente der Flutkraft kommt gegenüber der Schwere gar nicht zur Geltung; dagegen kommt die Horizontalbewegung des Wassers zur vollen Entwicklung. Die Fluterscheinung entsteht also nicht dadurch, daß das Wasser von der Flutkraft gehoben wird, sondern dadurch, daß es von allen Seiten zusammenströmt und der Überschuß naturgemäß nach oben ausweichen muß.

Es sei

$$\begin{aligned} x &= r\cos\varphi\cos(\omega t+\lambda)\\ y &= r\cos\varphi\,\sin(\omega t+\lambda)\\ z &= r\sin\varphi\,, \end{aligned} \tag{3}$$

worin φ und λ die geographische Länge und Breite eines Wasserteilchens bedeuten. Wir setzen $\omega t+\lambda=l$ und bilden zunächst die ersten Differentialquotienten von x, y und z, wobei wir der LAPLACEschen Hypothese entsprechend $\frac{dr}{dt}=0$ setzen. Wir finden

$$\begin{aligned} \frac{dx}{dt} &= -r\sin\varphi\cos l\frac{d\varphi}{dt} - r\cos\varphi\sin l\cdot\left(\omega+\frac{d\lambda}{dt}\right)\\ \frac{dy}{dt} &= -r\sin\varphi\sin l\frac{d\varphi}{dt} + r\cos\varphi\cos l\cdot\left(\omega+\frac{d\lambda}{dt}\right)\\ \frac{dz}{dt} &= \quad r\cos\varphi\frac{d\varphi}{dt}. \end{aligned} \tag{4}$$

Daraus leiten wir die zweiten Differentialquotienten ab, wobei wir Größen 2. Ordnung, also die Quadrate und Produkte der ersten Differentialquotienten vernachlässigen. Es ergibt sich

$$\begin{aligned} \frac{d^2x}{dt^2} &= -r\sin\varphi\cos l\frac{d^2\varphi}{dt^2} + 2r\sin\varphi\sin l\cdot\omega\frac{d\varphi}{dt} - r\cos\varphi\cos l\left(\omega^2+2\omega\frac{d\lambda}{dt}\right)\\ &\qquad - r\cos\varphi\sin l\frac{d^2\lambda}{dt^2}\\ \frac{d^2y}{dt^2} &= -r\sin\varphi\sin l\frac{d^2\varphi}{dt^2} - 2r\sin\varphi\cos l\cdot\omega\frac{d\varphi}{dt} - r\cos\varphi\sin l\left(\omega^2+2\omega\frac{d\lambda}{dt}\right)\\ &\qquad + r\cos\varphi\cos l\frac{d^2\lambda}{dt^2}\\ \frac{d^2z}{dt^2} &= \quad r\cos\varphi\frac{d^2\varphi}{dt^2}. \end{aligned} \tag{5}$$

Es ist ferner

$$\begin{aligned} \frac{\partial V}{\partial x} &= \frac{\partial V}{\partial r}\cdot\frac{\partial r}{\partial x} + \frac{\partial V}{\partial\varphi}\cdot\frac{\partial\varphi}{\partial x} + \frac{\partial V}{\partial l}\cdot\frac{\partial l}{\partial x}\\ \frac{\partial V}{\partial y} &= \frac{\partial V}{\partial r}\cdot\frac{\partial r}{\partial y} + \frac{\partial V}{\partial\varphi}\cdot\frac{\partial\varphi}{\partial y} + \frac{\partial V}{\partial l}\cdot\frac{\partial l}{\partial y}\\ \frac{\partial V}{\partial z} &= \frac{\partial V}{\partial r}\cdot\frac{\partial r}{\partial z} + \frac{\partial V}{\partial\varphi}\cdot\frac{\partial\varphi}{\partial z} + \frac{\partial V}{\partial l}\cdot\frac{\partial l}{\partial z}. \end{aligned} \tag{6}$$

Zur Berechnung der Differentiale von r, φ und l nach x, y, z haben wir aus (3) $r\varphi$ und l durch x, y, z auszudrücken. Wir finden leicht

$$r^2 = x^2+y^2+z^2,\qquad \sin\varphi = \frac{z}{\sqrt{x^2+y^2+z^2}} = \frac{z}{r},\qquad \operatorname{tg} l = \frac{y}{x},$$

somit

$$\begin{aligned} \frac{\partial r}{\partial x} &= \frac{x}{r} = \cos\varphi\cos l, & \cos\varphi\cdot\frac{\partial\varphi}{\partial x} &= -\frac{z}{r^2}\cdot\frac{\partial r}{\partial x} = -\frac{zx}{r^3} = -\frac{\sin\varphi\cos\varphi\cos l}{r}\\ \frac{\partial r}{\partial y} &= \frac{y}{r} = \cos\varphi\sin l, & \cos\varphi\cdot\frac{\partial\varphi}{\partial y} &= -\frac{z}{r^2}\cdot\frac{\partial r}{\partial y} = -\frac{zy}{r^3} = -\frac{\sin\varphi\cos\varphi\sin l}{r}\\ \frac{\partial r}{\partial z} &= \frac{z}{r} = \sin\varphi, & \cos\varphi\cdot\frac{\partial\varphi}{\partial z} &= -\frac{z}{r^2}\cdot\frac{\partial r}{\partial z} + \frac{1}{r} = -\frac{z^2}{r^3} + \frac{1}{r} = \frac{x^2+y^2}{r^3} = \frac{\cos^2\varphi}{r} \end{aligned} \tag{7}$$

$$\begin{aligned} \frac{1}{\cos^2 l}\frac{\partial l}{\partial x} &= -\frac{y}{x^2} = -\frac{\cos\varphi\sin l}{r\cos^2\varphi\cdot\cos^2 l}\\ \frac{1}{\cos^2 l}\frac{\partial l}{\partial y} &= \frac{1}{x} = \frac{1}{r\cos\varphi\cos l}\\ \frac{1}{\cos^2 l}\frac{\partial l}{\partial z} &= 0. \end{aligned}$$

Es wird also

$$
\begin{aligned}
\frac{\partial V}{\partial x} &= \frac{\partial V}{\partial r}\cdot\cos\varphi\cos l - \frac{\partial V}{\partial\varphi}\cdot\frac{\sin\varphi\cos l}{r} - \frac{\partial V}{\partial l}\cdot\frac{\sin l}{r\cos\varphi}\\
\frac{\partial V}{\partial y} &= \frac{\partial V}{\partial r}\cdot\cos\varphi\sin l - \frac{\partial V}{\partial\varphi}\cdot\frac{\sin\varphi\sin l}{r} + \frac{\partial V}{\partial l}\cdot\frac{\cos l}{r\cos\varphi}\\
\frac{\partial V}{\partial z} &= \frac{\partial V}{\partial r}\cdot\sin\varphi \qquad + \frac{\partial V}{\partial\varphi}\cdot\frac{\cos\varphi}{r}
\end{aligned}
\tag{8}
$$

und entsprechende Ausdrücke ergeben sich für $\frac{\partial p}{\partial x}$, $\frac{\partial p}{\partial y}$ und $\frac{\partial p}{\partial z}$, die nun zusammen mit (8) und (5) in (2) einzusetzen sind. Multiplizieren wir die so entstandenen Gleichungen der Reihe nach mit:

$$\cos\varphi\cos l,\qquad \cos\varphi\sin l\quad\text{und}\quad\sin\varphi$$

und addieren, so findet man eine Gleichung für $\frac{\partial V}{\partial r} - \frac{1}{\vartheta}\frac{\partial p}{\partial r}$; entsprechende Gleichungen für die Koordinaten φ und l ergeben sich durch Multiplikation mit

$$-r\sin\varphi\cos l,\qquad -r\sin\varphi\sin l,\qquad +r\cos\varphi,$$

bzw.

$$-r\sin l,\qquad r\cos l,\qquad 0.$$

Die Gleichungen erhalten so die Form:

$$
\begin{aligned}
-r\cos^2\varphi\left(\omega^2 + 2\omega\frac{d\lambda}{dt}\right) &= \frac{\partial V}{\partial r} - \frac{1}{\vartheta}\cdot\frac{\partial p}{\partial r}\\
r^2\sin\varphi\cos\varphi\left(\omega^2 + 2\omega\frac{d\lambda}{dt}\right) + \frac{r^2 d^2\varphi}{dt^2} &= \frac{\partial V}{\partial\varphi} - \frac{1}{\vartheta}\cdot\frac{\partial p}{\partial\varphi}\\
-2\omega r^2\sin\varphi\cos\varphi\frac{d\varphi}{dt} + r^2\cos^2\varphi\frac{d^2\lambda}{dt^2} &= \frac{\partial V}{\partial l} - \frac{1}{\vartheta}\cdot\frac{\partial p}{\partial l}.
\end{aligned}
\tag{9}
$$

Wir haben auch die *Kontinuitätsgleichung* in eine entsprechende Form zu bringen. Das Volumelement in Polarkoordinaten ist gegeben durch

$$r^2\cos\varphi\, d\varphi\, d\lambda\, dr. \tag{10}$$

Für dr nehmen wir die Tiefe des Meeres $=\gamma$; wir nehmen also als Volumelement eine unendlich dünne Flüssigkeitssäule, welche vom Meeresgrund bis zur Oberfläche reicht. Durch die Bewegung gehen φ, λ und r über in

$$\varphi + u,\qquad \lambda + v,\qquad r + r_1. \tag{11}$$

Es wird daher aus

$$
\begin{aligned}
\cos\varphi:&\qquad \cos\varphi - u\sin\varphi = \cos\varphi(1 - u\operatorname{tg}\varphi)\\
d\varphi:&\qquad d\varphi + \frac{\partial u}{\partial\varphi}d\varphi = d\varphi\left(1 + \frac{\partial u}{\partial\varphi}\right)\\
d\lambda:&\qquad d\lambda + \frac{\partial v}{\partial\lambda}d\lambda = d\lambda\left(1 + \frac{\partial v}{\partial\lambda}\right)\\
\gamma:&\qquad \gamma + \frac{\partial\gamma}{\partial\varphi}\cdot u + \frac{\partial\gamma}{\partial\lambda}\cdot v + r_1,
\end{aligned}
\tag{12}
$$

$\frac{\partial\gamma}{\partial\varphi}$ und $\frac{\partial\gamma}{\partial\lambda}$ entsprechen hier der Änderung von γ, so weit sie vom Meeresgrund herrührt; dazu kommt noch die Fluthöhe r_1, welche mit den anderen Gliedern zusammen die gesamte Wassertiefe gibt. Das Volumelement deformiert sich also in:

$$
\begin{aligned}
&r^2\cos\varphi(1 - u\operatorname{tg}\varphi)\left(1 + \frac{\partial u}{\partial\varphi}\right)\left(1 + \frac{\partial u}{\partial\lambda}\right)\gamma\left(1 + \frac{u}{\gamma}\cdot\frac{\partial\gamma}{\partial\varphi} + \frac{v}{\gamma}\cdot\frac{\partial\gamma}{\partial\lambda} + \frac{r_1}{\gamma}\right)d\varphi\, d\lambda\\
&= r^2\cos\varphi\,\gamma\, d\varphi\, d\lambda\left[1 - u\operatorname{tg}\varphi + \frac{\partial u}{\partial\varphi} + \frac{\partial u}{\partial\lambda} + \frac{u}{\gamma}\cdot\frac{\partial\gamma}{\partial\varphi} + \frac{v}{\gamma}\cdot\frac{\partial\gamma}{\partial\lambda} + \frac{r_1}{\gamma}\right].
\end{aligned}
$$

Die Kontinuität verlangt, daß das neue Volumelement dem alten gleich sei. Es muß also der Faktor in der eckigen Klammer gleich 1 sein, oder

$$-u\operatorname{tg}\varphi + \frac{\partial u}{\partial\varphi} + \frac{\partial u}{\partial\lambda} + \frac{u}{\gamma}\cdot\frac{\partial\gamma}{\partial\varphi} + \frac{v}{\gamma}\cdot\frac{\partial\gamma}{\partial\lambda} + \frac{r_1}{\gamma} = 0.$$

Daraus finden wir für r_1 oder die Fluthöhe h:

$$r_1 = h = u\gamma \operatorname{tg}\varphi - \frac{\partial}{\partial\varphi}(u\gamma) - \frac{\partial}{\partial\lambda}(v\gamma). \tag{13}$$

Weiter wird

$$h\cos\varphi = u\gamma\sin\varphi - \cos\varphi\frac{\partial}{\partial\varphi}(u\gamma) - \cos\varphi\frac{\partial}{\partial\lambda}(v\gamma).$$

Die ersten beiden Glieder rechter Hand geben zusammen das vollständige Differential von $u\gamma\cos\varphi$ nach φ; und da im letzten Gliede nur nach λ differentiiert wird, können wir auch hier $\cos\varphi$ unter das Differentialzeichen nehmen. Es wird also

$$h\cdot\cos\varphi + \frac{\partial}{\partial\varphi}(u\gamma\cos\varphi) + \frac{\partial}{\partial\lambda}(v\gamma\cos\varphi) = 0. \tag{14}$$

Diese Art der Ableitung der Kontinuitätsgleichung führt die Bedingung ein, daß die Wasserteilchen, welche zu Beginn in einer Senkrechten übereinander gelagert waren, auch während der ganzen Bewegung in dieser gegenseitigen Lage verbleiben. Damit ist vorausgesetzt, daß alle übereinander gelegenen Teilchen die gleiche Horizontalgeschwindigkeit haben.

Die Gleichungen (9) und (14) bilden die Grundlage der LAPLACEschen Theorie.

Integration. LAPLACE zerlegt nun das System (9) in drei Systeme und setzt zu diesem Zwecke

$$p = p_1 + p_2 + p_3 \quad \text{und} \quad V = V_1 + V_2. \tag{15}$$

Die drei Systeme lauten:

$$\left.\begin{aligned}
\frac{\partial V_1}{\partial r} - \frac{1}{\vartheta}\cdot\frac{\partial p_1}{\partial r} &= -\omega^2 r\cos^2\varphi \\
\frac{\partial V_1}{\partial\varphi} - \frac{1}{\vartheta}\cdot\frac{\partial p_1}{\partial\varphi} &= \omega^2 r^2\sin\varphi\cos\varphi \\
\frac{\partial V_1}{\partial l} - \frac{1}{\vartheta}\cdot\frac{\partial p_1}{\partial l} &= 0
\end{aligned}\right\} \text{I} \qquad
\left.\begin{aligned}
\frac{\partial V_2}{\partial r} - \frac{1}{\vartheta}\cdot\frac{\partial p_2}{\partial r} &= 0 \\
\frac{\partial V_2}{\partial\varphi} - \frac{1}{\vartheta}\cdot\frac{\partial p_2}{\partial\varphi} &= 0 \\
\frac{\partial V_2}{\partial l} - \frac{1}{\vartheta}\cdot\frac{\partial p_2}{\partial l} &= 0
\end{aligned}\right\} \text{II}$$

$$\left.\begin{aligned}
-\frac{1}{\vartheta}\cdot\frac{\partial p_3}{\partial r} &= -2\omega r\cos^2\varphi\frac{d\lambda}{dt} \\
-\frac{1}{\vartheta}\cdot\frac{\partial p_3}{\partial\varphi} &= 2\omega r^2\sin\varphi\cos\varphi\frac{d\lambda}{dt} + r^2\frac{d^2\varphi}{dt^2} \\
-\frac{1}{\vartheta}\cdot\frac{\partial p_3}{\partial l} &= -2\omega r^2\sin\varphi\cos\varphi\frac{d\varphi}{dt} + r^2\cos^2\varphi\frac{d^2\lambda}{dt^2}
\end{aligned}\right\}\cdot \text{III} \tag{16}$$

Da es sich um lineare Differentialgleichungen handelt, ist diese Zerlegung gestattet.

Wir behandeln zunächst System I. Das Integral lautet

$$V_1 - \frac{1}{\vartheta}p_1 = -\frac{\omega^2 r^2}{2}\cos^2\varphi + \text{const}. \tag{17}$$

Ist V_0 der Wert des Potentiales in der ungestörten Wasserfläche und h die Fluthöhe, so ist

$$V_1 = V_0 + \frac{\partial V}{\partial r}\cdot h.$$

Nach der Definition des Potentiales ist nun $\frac{\partial V}{\partial r} = -g$, gleich der negativen Schwerbeschleunigung: somit

$$V_1 = V_0 - gh. \tag{18}$$

Die Größe $\frac{\omega^2 r^2}{2}\cos^2\varphi$ ist nichts anderes als das Potential der Fliehkraft, also eine Größe, die nach den Ausführungen im Kapitel II von der Ordnung der Abplattung ist. Wir dürfen uns daher auch in V_0 nicht auf den einfachen Ausdruck (4) S. 89 beschränken, sondern den genaueren nehmen, der in Gleichung (16), S. 66 enthalten ist, nämlich:

$$V_0 = \frac{k^2 E}{r_0} + \frac{k^2}{2 r_0^3}(C - A)(1 - 3\sin^2\varphi).$$

Setzen wir nun in (17) ein, so erhalten wir:

$$\frac{k^2 E}{r_0} + \frac{k^2}{2 r_0^3}(C - A)(1 - 3\sin^2\varphi) + \frac{\omega^2 r^2}{2}\cos^2\varphi - gh - \frac{1}{\vartheta}p_1 = \text{const.} \tag{19}$$

Die ersten drei Glieder zusammen sind aber nach (16) und (19), S. 66 gleich der Größe W, welche längs der ungestörten Erdoberfläche gleich einer Konstanten W_0 ist. Fassen wir somit alles, was in (19) konstant ist, in eine Größe zusammen, so wird

$$p_1 = C - h\vartheta g, \tag{20}$$

wo C eine neue Konstante bedeutet. Diese Gleichung gilt, wie man sieht, auch für die abgeplattete Erde.

Das System II enthält die Gleichgewichtstheorie und ist durch die Ausführungen von S. 94—100 erledigt. Das Integral lautet:

$$\frac{1}{\vartheta}p_2 = V_2 + C_2. \tag{21}$$

Es bleibt nun noch das System III. Es ist nach (15)

$$p = p_1 + p_2 + p_3.$$

Für die Oberfläche können wir diesen Druck = Null setzen (wenn wir vom Luftdruck absehen). Es ist dann

$$\begin{aligned} p_3 &= -p_1 - p_2 = -C + h\vartheta g - \vartheta(V_2 + C_2) \\ &= \vartheta(hg - V_2), \end{aligned} \tag{22}$$

wobei wir die Konstanten gleich Null setzen müssen, da für $\vartheta = 0$ auch p_3 verschwinden muß.

Wir setzen das Integral in der Form der Glieder in V_2 voraus:

$$\begin{aligned} h &= a\cos(it + k\lambda + \varepsilon) \\ hg - V_2 = \frac{p_3}{\vartheta} &= a'\cos(it + k\lambda + \varepsilon) \\ u &= b\cos(it + k\lambda + \varepsilon) \\ v &= c\sin(it + k\lambda + \varepsilon). \end{aligned} \tag{23}$$

$$V_2 = A\Big[(3\cos^2\varphi - 1)\Big(1 - \frac{3}{2}\cos^2\delta\Big) + \frac{3}{2}\sin 2\varphi\sin 2\delta\cos(\omega t + \lambda + \varepsilon) + \frac{3}{2}\cos^2\varphi\cos^2\delta\cos 2(\omega t + \lambda + \varepsilon).$$

Hier ist t die mittlere Zeit eines Ausgangsmeridians und λ die geographische Länge, so daß die $\Theta - \alpha$ in Gleichung (14), S. 91 ersetzt ist durch

$$\Theta_0 + \omega t + \lambda - \alpha = \omega t + \lambda + \varepsilon .$$

Ein beliebiges Glied von V_2 hat dann die Form

$$F(\varphi) \cos (i t + k \lambda + \varepsilon), \tag{24}$$

wo in $F(\varphi)$ auch die als konstant zu betrachtende Größe δ enthalten ist; u und v sind wie in (11) die veränderlichen Teile von φ und λ.

Setzen wir nun (23) in die zweite und dritte Gleichung des Systems III ein, so finden wir

$$\left[-\frac{\partial a'}{\partial \varphi} - 2\omega r^2 \sin\varphi \cos\varphi \cdot c i + r^2 \cdot b i^2\right] \cos(i t + k\lambda + \varepsilon) = 0$$

$$\left[a' k - 2\omega r^2 \sin\varphi \cos\varphi \cdot b i + r^2 \cos^2\varphi \cdot c i^2\right] \sin(i t + k\lambda + \varepsilon) = 0 .$$

Da diese Gleichungen für alle Werte von t erfüllt sein sollen, so folgt, daß die eckigen Klammern für sich verschwinden müssen:

$$-\frac{\partial a'}{\partial \varphi} - 2\omega r^2 \sin\varphi \cos\varphi \cdot c i + r^2 b i^2 = 0$$

$$a' k - 2\omega r^2 \sin\varphi \cos\varphi \cdot b i + r^2 \cos^2\varphi \, c i^2 = 0 .$$

Daraus findet man

$$\left.\begin{aligned} b &= \frac{\dfrac{\partial a'}{\partial \varphi} i \cos\varphi - 2 a' k \omega \sin\varphi}{r^2 \cos\varphi \, i (i^2 - 4\omega^2 \sin^2\varphi)} \\ c &= \frac{2 \dfrac{\partial a'}{\partial \varphi} \omega \sin\varphi \cos\varphi - a' k i}{r^2 \cos^2\varphi \cdot i (i^2 - 4\omega^2 \sin^2\varphi)} . \end{aligned}\right\} \tag{25}$$

Die erste Gleichung des Systems III spielt keine Rolle, da wir die Bewegung in der Richtung r vernachlässigt haben.

Wenn wir nun ein Glied der Flutkraft herausgreifen:

$$F(\varphi) \cdot \cos(i\omega + k\lambda + \varepsilon)$$

und in die zweite Gleichung (23) für V_2 einsetzen, so fällt wieder $\cos (i\omega + k\lambda + \varepsilon)$ als Faktor heraus, und wir erhalten

$$g a - F(\varphi) = a'$$

oder

$$a = \frac{a' + F(\varphi)}{g} . \tag{26}$$

Endlich bleibt noch die Kontinuitätsgleichung (14) zu behandeln. Wir führen hier die Voraussetzung ein, daß die Tiefe des Meeres nur von φ abhängt, daß also die Tiefe des Meeres vom Pol zum Äquator nach irgendeinem Gesetze variiert, längs jedes Parallelkreises aber konstant ist. Dann ist γ von λ unabhängig, und wir finden unter Benutzung von (26), wenn wir den Faktor $\cos (i\omega + k\lambda + \varepsilon)$ wieder gleich unterdrücken:

$$\frac{a' + F(\varphi)}{g} \cos\varphi + \frac{\partial}{\partial \varphi} (b \gamma \cos\varphi) + c k \gamma \cos\varphi = 0 . \tag{27}$$

Fall konstanter Meerestiefe. Um zu prüfen, ob die gefundenen Gleichungen trotz der eingeführten Beschränkungen wenigstens das Wesen der Sache treffen, untersucht LAPLACE die Frage, inwieweit sich gewisse Eigentümlichkeiten der Fluterscheinungen, die beobachtet wurden, darstellen lassen. Es wird zunächst die Frage behandelt: Gibt es eine Konfiguration des Meeresgrundes, bei welcher die tägliche Flut verschwindet? Für diese ist zu setzen:

$$i = \omega \qquad k = 1$$
$$F(\varphi) = G_1 \sin\varphi \cos\varphi$$

Wir können uns hier, wie auf S. 96 gezeigt, das Mond- und das Sonnenglied vereinigt denken. Da nun nach der Voraussetzung $a = 0$ werden soll, so folgt aus (26)

$$a' = -G_1 \sin\varphi \cos\varphi$$

und

$$\frac{\partial a'}{\partial \varphi} = -G_1(\cos^2\varphi - \sin^2\varphi). \tag{28}$$

Damit findet sich aus (25):

$$\begin{aligned} b &= \frac{-G_1\omega(\cos^2\varphi - \sin^2\varphi)\cos\varphi + 2G_1\omega\sin^2\varphi\cos\varphi}{r^2\omega^3\cos\varphi(1-4\sin^2\varphi)} = -\frac{G_1}{r^2\omega^2} \\ c &= \frac{-2G_1\omega\sin\varphi\cos\varphi(\cos^2\varphi - \sin^2\varphi) + G_1\omega\sin\varphi\cos\varphi}{r^2\omega^3\cos^2\varphi(1-4\sin^2\varphi)} = -\frac{G_1\tan\varphi}{r^2\omega^2}. \end{aligned} \tag{29}$$

Dies ist in die Kontinuitätsgleichung (27) einzusetzen. Das erste Glied verschwindet wegen $a = 0$ und es bleibt

$$-\frac{G_1}{r^2\omega^2}\frac{\partial}{\partial\varphi}(\gamma\cos\varphi) - \frac{G_1\tan\varphi}{r^2\omega^2}\cdot\gamma\cos\varphi = 0$$

oder

$$\frac{\partial}{\partial\varphi}(\gamma\cos\varphi) + \gamma\sin\varphi = 0.$$

Daher

$$\frac{\partial\gamma}{\partial\varphi} = 0$$

oder

$$\gamma = \text{const.} \tag{30}$$

Auf einem die ganze Erde bedeckenden Ozean mit konstanter Tiefe verschwindet somit die eintägige Flut; das bezieht sich aber nur auf die Fluthöhe. Es bleiben noch Horizontalbewegungen des Wassers von eintägiger Periode, wie sich daraus ergibt, daß b und c nicht Null sind.

Ein Versuch, die gleiche Bedingung für die halbtägige Flut zu erfüllen, führt zu dem Tiefengesetz

$$\gamma = C\,\mathrm{ctan}\,\varphi. \tag{31}$$

Da hier die Tiefe am Äquator unendlich werden müßte, so ist die Erfüllung dieser Bedingung unmöglich. Es gibt also kein Tiefengesetz, bei welchem die halbtägigen Gezeiten verschwinden.

Integration in geschlossener Form. LAPLACE sucht weiter solche Fälle auf, bei welchen eine Integration in geschlossener Form möglich ist. Wir wollen hier den Fall $i = 2\omega$, $k = 2$ vornehmen, welcher den halbtägigen Gezeiten entspricht. Es ist also hier:

$$V_2 = G_2 \cos^2\varphi \cos(2\omega t + 2\lambda + \varepsilon) = F_2 \cos(2\omega t + 2\lambda + \varepsilon) \qquad (32)$$

zu setzen. Wir gelangen zu geschlossenen Ausdrücken unter der Annahme

$$a' = H_2 \cos^2\varphi$$
$$\frac{\partial a'}{\partial \varphi} = -2 H_2 \sin\varphi \cos\varphi\,. \qquad (33)$$

Setzen wir in (25) ein, so findet man leicht:

$$b = -\frac{H_2 \tan\varphi}{r^2\omega^2} \qquad c = -\frac{H_2(1 + \sin^2\varphi)}{2 r^2\omega^2 \cos^2\varphi}\,. \qquad (34)$$

Führen wir dies in die Kontinuitätsgleichung (27) ein, so erhalten wir:

$$\frac{H_2 + G_2}{g}\cos^3\varphi - \frac{H_2}{r^2\omega^2}\frac{\partial}{\partial\varphi}(\gamma\sin\varphi) - \frac{H_2}{r^2\omega^2}\gamma \cdot \frac{1 + \sin^2\varphi}{\cos\varphi} = 0$$

oder

$$\frac{H_2 + G_2}{H_2} \cdot \frac{r^2\omega^2}{g}\cos^4\varphi = \frac{\partial\gamma}{\partial\varphi}\sin\varphi\cos\varphi + 2\gamma\,. \qquad (35)$$

Das Integral dieser Gleichung hat die Form

$$\gamma = C\cos^2\varphi\,. \qquad (36)$$

Setzt man in (35) ein, so ergibt sich zwischen C und H_2 die Beziehung

$$C = \frac{H_2 + G_2}{2 H_2} \cdot \frac{r^2\omega^2}{g}$$

oder

$$H_2 = \frac{G_2 r^2\omega^2}{2 C g - r^2\omega^2}\,. \qquad (37)$$

Ist also C und damit das Tiefengesetz (36) gegeben, so gibt diese Gleichung die Größe H_2. Die Fluthöhe ergibt sich endlich aus (26):

$$a = \frac{a' + F_2(\varphi)}{g} = \frac{H_2 + G_2}{g}\cos^2\varphi = \frac{G_2\cos^2\varphi}{g} \cdot \frac{2 C g}{2 C g - r^2\omega^2} = \frac{2 G_2 \gamma}{2 C g - r^2\omega^2}\,. \qquad (38)$$

Aus dieser Gleichung folgt, daß a negativ, die Flut also umgekehrt wird, wenn

$$C < \frac{r^2\omega^2}{2g} \qquad (39)$$

ist. Nun ist

$$\frac{r^2\omega^2}{2g} = \frac{1}{2} \cdot \frac{r\omega^2}{g} \cdot r = \frac{1}{2} \cdot \frac{1}{289} \cdot 6{,}38 \cdot 10^6 \text{ Meter} = 11\,000 \text{ m}\,. \qquad (40)$$

Wenn also C, die Tiefe des Meeres am Äquator, kleiner als 11 km ist, verläuft die Flut umgekehrt, d. h. es ist Hoch- und Niedrigwasser im Verhältnis zur Flutkraft vertauscht. Für normale Meerestiefen wäre dies also immer der Fall.

Für die eintägige Flut ergibt sich ähnliches bei einem Tiefengesetz

$$\gamma = l - q \sin^2 \varphi . \tag{41}$$

Die Umkehrung tritt hier ein, wenn

$$q < \frac{\omega^2 r^2}{2g} = 11 \text{ km} \tag{42}$$

ist, ein Fall, der ebenfalls in der Natur immer verwirklicht ist.

Integration durch Reihen, Theorie von Hough. Unter der Annahme $\gamma = \text{const}$ versucht LAPLACE die Höhe der halbtägigen Flut zu berechnen. Er setzt zu diesem Zwecke a in Form einer Reihe voraus, welche nach Potenzen von $x^2 = \cos^2 \varphi$ fortschreitet. Es gelingt, die Koeffizienten durch ein Kettenbruchverfahren herzustellen. Für geringe Tiefen konvergiert die Reihe sehr schwach, für größere Tiefen besser und besser; für sehr große Tiefen nähert sich das Resultat dem der Gleichgewichtstheorie.

HOUGH[1]) hat die Theorie von LAPLACE bedeutend verbessert, indem er eine Entwicklung von a nach Kugelfunktionen voraussetzt. Dies hat auch den Vorteil, daß sich die Anziehung des Wassers leichter in Rechnung ziehen läßt.

Ein breiter Raum wird der Bestimmung der Perioden der freien Schwingungen der Wassermasse bei konstanter Tiefe eingeräumt. Die Kenntnis dieser Perioden ist aus zwei Gründen von großer Wichtigkeit. Erstens scheint die innere Reibung des Wassers doch so gering zu sein, daß die stets erregten freien Schwingungen nicht so rasch vernichtet werden. Sie werden also neben den erzwungenen Schwingungen auch noch eine Rolle spielen. Zweitens, weil bei genauem Zusammenfallen einer Periode der freien Schwingungen mit einer der erzwungenen die zugehörige Amplitude theoretisch unendlich werden muß. Es müßte also jedenfalls ein besonderes Anwachsen der betreffenden Partialtide beobachtet werden.

Da die Länge der Perioden der freien Schwingungen von der Tiefe des Wassers abhängig sind, so läßt sich für jede Periode der Flutkraft eine kritische Tiefe bestimmen, bei welcher sie der Periode einer freien Schwingung gleich wird. So würde für die halbtägige Sonnenflut $\gamma = 2248$ und 8894 m kritische Tiefen sein, während für die Mondflut die entsprechenden Werte 1965 und 7937 m sind.

Es wird aber auch gezeigt, daß das Zusammenfallen von freier und erzwungener Schwingung sehr genau sein muß. Beträgt die Differenz nur 1 Minute, so wächst in dem von HOUGH betrachteten Beispiele die Flut

[1]) S. S. HOUGH: On the application of harmonic analysis to the dynamical theory of the tides (Phil. Trans., series A, Bd. 189, 1897); part II: On the general integration of LAPLACES dynamical equations (Phil. Trans., series A, Bd. 191). Den Einfluß der Abplattung berücksichtigt C. HILLEBRAND: Die dynamische Theorie der Gezeiten auf einem MAC-LAURINschen Ellipsoid (Denkschriften d. Akad. d. Wiss. in Wien, Bd. LXXXIX, 1913).

auf den 250fachen Betrag ihres Gleichgewichtswertes an, erreicht dagegen bei einer Differenz von 5 Minuten nur $^1/_{10}$ ihres Gleichgewichtswertes.

Beim Überschreiten der kritischen Tiefe vertauscht sich Hochwasser und Niedrigwasser. Wenn also die Tiefe des Meeres zwischen 2248 und 1965 m liegt, so ist nach HOUGH die halbtägige Mondflut verkehrt, und halbtägige Sonnenflut direkt. Es fällt hier die Periode der freien Schwingung zwischen die Perioden der beiden Partialtiden hinein. Bei einer Tiefe zwischen 8894 und 7937 m wäre der Fall umgekehrt.

10. Die Kanaltheorie der Gezeiten von Airy.

Eine Grundvoraussetzung, auf welcher die Theorie von LAPLACE beruht, findet sich in der Natur nicht erfüllt: es ist dies die Annahme, daß die ganze Erde vom Meere bedeckt ist. Es ist aber festgestellt, daß gerade die Begrenzung des Meeres, die Küstenformation von außerordentlichem Einfluß auf die Entwicklung der Gezeiten ist. In der Tat zeigt sich, daß das Phänomen an einer kleinen Insel im freien Ozean ganz anders verläuft als an der Küste oder in kleinen Meeresteilen.

Ein Versuch der Lösung der Aufgabe von dieser Zeit näherzukommen, rührt von AIRY[1]) her, dessen Kanaltheorie geeignet ist, die Flutvorgänge in der Nähe der Küste, namentlich in Flußmündungen und engen Meeresstraßen zu studieren.

Wir betrachten einen schmalen und geradlinigen Kanal von konstantem Querschnitt mit parallelen lotrechten Wänden. Die x-Achse falle in seine Längsrichtung. Die y-Achse sei vertikal nach aufwärts gerichtet; die z-Richtung bleibt unberücksichtigt. Wenn wir wieder, wie bei LAPLACE, die Vertikalbeschleunigung vernachlässigen, so ist der Druck in irgendeinem Punkt x, y nur hydrostatisch zu rechnen. Es ist also

$$p = g\vartheta \cdot (y_0 + \eta - y). \tag{1}$$

Hier ist y_0 die Ordinate der ungestörten Oberfläche und η die Verschiebung in der Vertikalrichtung. Somit

$$\frac{\partial p}{\partial x} = g\vartheta \cdot \frac{\partial \eta}{\partial x}. \tag{2}$$

Dies ist von y unabhängig. Es haben somit alle Teile mit gleichem x die gleiche Bewegung; alle Teile, die zu Anfang in einer Vertikalebene liegen, bleiben in dieser; die Horizontalgeschwindigkeit ist also nur von x und t, nicht aber von y abhängig. Wir behandeln zunächst den Fall der freien Schwingungen.

Die hydrodynamische Grundgleichung[2])

---

[1]) AIRY: Tides and waves (Enzyklopädia metropolitana).

[2]) Verfolgt man ein Wasserteilchen auf seiner Bahn, so lautet die Grundgleichung

$$\frac{\delta^2 x}{dt^2} + u \cdot \frac{\partial u}{\partial x} + v \cdot \frac{\partial v}{\partial x} + w \cdot \frac{\partial w}{\partial x} = \frac{\partial}{\partial x}\left(V - \frac{1}{v} \cdot \frac{\partial p}{\partial x}\right),$$

wenn u, v, w die Geschwindigkeiten sind. Bei kleinen Geschwindigkeiten aber kann man die Glieder, die in uvw zweiter Ordnung sind, vernachlässigen.

$$\frac{d^2x}{dt^2} = \frac{\partial}{\partial x}\left(V - \frac{1}{\vartheta}\cdot p\right), \tag{3}$$

in der wir bei Abwesenheit äußerer Kräfte $V = 0$ zu setzen haben, vereinfacht sich in diesem Falle zu:

$$\frac{d^2x}{dt^2} = -\frac{1}{\vartheta}\cdot\frac{\partial p}{\partial x}. \tag{4}$$

Setzen wir $x = x_0 + \xi$, wo ξ die Horizontalverschiebung aus der Anfangslage bedeutet, so wird nach (4) und (2)

$$\frac{\partial^2 \xi}{\partial t^2} = -\frac{1}{\vartheta}\cdot\frac{\partial p}{\partial x} = -g\cdot\frac{\partial \eta}{\partial x}. \tag{5}$$

Die Kontinuitätsgleichung erhalten wir in folgender Weise: Ist γ die Tiefe und b die Breite des Kanals, so ist zwischen den Ebenen mit den Abszissen x und $x + dx$ zu Anfang der Bewegung die Masse:

$$\delta b \gamma dx$$

enthalten. Durch die Bewegung geht γ in $\gamma + \eta$ und dx in $dx + \frac{\partial \xi}{\partial x} dx$ über. Es muß also, da die Wassermasse die gleiche bleibt,

$$b\gamma dx = b(\gamma + \eta)\left(dx + \frac{\partial \xi}{\partial x} dx\right)$$

oder, unter Vernachlässigung von Gliedern höherer Ordnung,

$$\eta = -\gamma\frac{\partial \xi}{\partial x} \tag{6}$$

sein. Eliminieren wir aus (5) und (6) die Größe η, so erhalten wir

$$\frac{\partial^2 \xi}{\partial t^2} = g\gamma\frac{\partial^2 \xi}{\partial x^2}. \tag{7}$$

Ist mit dieser Gleichung ξ gefunden, so gibt Gleichung (6) das zugehörige η. Das Integral von (7) stellt sich bekanntlich in seiner allgemeinsten Form dar durch:

$$\xi = F(x - ct) + f(x + ct), \tag{8}$$

wo $c = \sqrt{g\gamma}$ ist und F und f ganz willkürliche Funktionen bedeuten. Durch diesen Ausdruck werden zwei mit der Geschwindigkeit c fortschreitende Wellen dargestellt, von denen sich die eine in der positiven Richtung, die andere in der negativen Richtung fortpflanzt.

Die Fortpflanzungsgeschwindigkeit ist der Quadratwurzel aus der Tiefe des Wassers proportional.

Für den Fall des Flutproblems haben wir V nicht Null zu setzen, sondern wir haben hierfür den Ausdruck

$$V = \frac{k^2 E}{r} + \frac{k^2 M a^2}{2 D^3}(3\cos^2\psi - 1) + \frac{k^2 S a^2}{2 D'^2}(3\cos^2\psi' - 1)$$

aus (11), S. 90 einzuführen. Das erste Glied ist eine Konstante und spielt keine Rolle; indem wir uns weiterhin auf den Mond beschränken, lassen wir auch das letzte Glied beiseite. Die Differentialgleichung lautet nun

$$\frac{\partial^2 \xi}{\partial t^2} = c^2 \frac{\partial^2 \xi}{\partial x^2} + \frac{\partial V}{\partial x}. \tag{9}$$

Wir nehmen nun an, der Kanal falle mit dem Äquator zusammen und es beschreibe auch der Mond eine im Äquator liegende kreisförmige Bahn; seine relative Winkelgeschwindigkeit gegen einen Punkt der Erde ist $\omega - n$ (S. 94). Da ψ die Zenitdistanz des Mondes ist, so können wir jetzt schreiben[1]):

$$\psi = (\omega - n)\, t + \frac{x}{a} + \varepsilon. \tag{10}$$

$\frac{x}{a}$ ist hier der der Länge x entsprechende Bogen längs des Äquators nach Osten positiv gezählt, und ε ist die Zenitdistanz des Mondes für $x = t = 0$. Wir haben dann nach (9) auf der rechten Seite der Gleichung (7) das Glied

$$\frac{\partial V}{\partial x} = -\frac{3}{2} \cdot \frac{k^2 M a^2}{D^3} \sin 2\psi \cdot \frac{\partial \psi}{\partial x} = -\frac{3}{2} \cdot \frac{k^2 M a}{D^3} \sin 2\left[(\omega - n)\, t + \frac{x}{a} + \varepsilon\right]$$

$$= -f \sin 2\left[(\omega - n)\, t + \frac{x}{a} + \varepsilon\right]$$

hinzuzufügen. Die Gleichung lautet jetzt

$$\frac{\partial^2 \xi}{\partial t^2} = c^2 \frac{\partial^2 \xi}{\partial x^2} - f \sin 2\left[(\omega - n)\, t + \frac{x}{a} + \varepsilon\right]. \tag{11}$$

Das Integral hat die Form

$$\xi = A \sin 2\left[(\omega - n)\, t + \frac{x}{a} + \varepsilon\right]. \tag{12}$$

Beim Einsetzen in (11) fällt der Sinus heraus und es bleibt die Beziehung

$$-4\,(\omega - n)^2 A = -c^2 \cdot \frac{4}{a^2} \cdot A - f$$

oder

$$A = -\frac{1}{4} \cdot \frac{f a^2}{c^2 - a^2 (\omega - n)^2},$$

somit

$$\xi = -\frac{1}{4} \cdot \frac{f a^2}{c^2 - a^2 (\omega - n)^2} \sin 2\left[(\omega - n)\, t + \frac{x}{a} + \varepsilon\right] \tag{13}$$

und nach (6)

$$\eta = \frac{1}{2} \cdot \frac{\gamma f a}{c^2 - a^2 (\omega - n)^2} \cos 2\left[\omega - n)\, t + \frac{x}{a} + \varepsilon\right]. \tag{14}$$

Die Flut ist also halbtägig (wie in diesem einfachen Falle vorauszusehen war). Steht der Mond im Zenit, ist also:

$$(\omega - n)\, t + \frac{x}{a} + \varepsilon = 0,$$

---

[1]) H. LAMB: Lehrbuch der Hydrodynamik (deutsche Ausgabe v. FRIEDEL) S. 312 ff.

so wird die Fluthöhe

$$\eta = \frac{1}{2} \cdot \frac{\gamma f a}{c^2 - a^2 (\omega - n)^2}. \tag{15}$$

Wenn somit

$c < a(\omega - n)$, so ist die Flut invers, ist dagegen
$c > a(\omega - n)$, so ist die Flut direkt.

Nun ist für die Erde

$$\frac{c^2}{a^2(\omega - n)^2} = \frac{\gamma g}{a^2(\omega - n)^2} = \frac{g}{a(\omega - n)^2} \cdot \frac{\gamma}{a} = 311 \cdot \frac{\gamma}{a}. \tag{16}$$

Für die auf der Erde vorkommenden Tiefen wird $\frac{\gamma}{a}$ im Höchstfalle $^1/_{600}$; es ist also immer der erste Fall verwirklicht.

$a(n - \omega)$ ist die Geschwindigkeit, mit der sich ein Punkt der Wasserfläche unter dem Monde wegdreht, c ist die Geschwindigkeit der freien Welle. Es ist also durchwegs die erste Geschwindigkeit größer als die zweite. Es kommt hier ein allgemeines Gesetz der erzwungenen Schwingungen zum Ausdruck. Immer wenn die Fortpflanzungsgeschwindigkeit der erzwungenen Schwingung größer ist als die der freien, tritt diese Umkehrung ein.

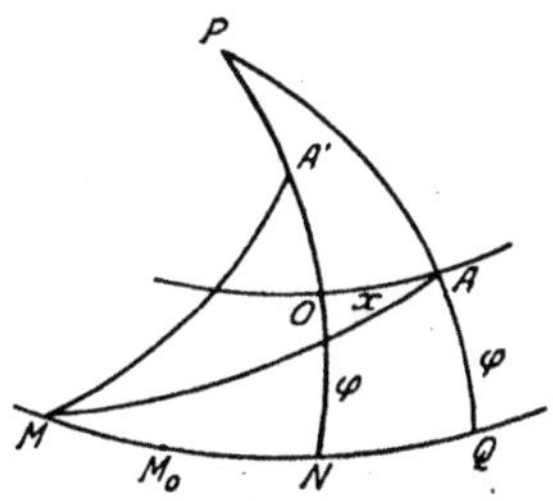

Abb. 33.

Ähnlich ist der Fall zu behandeln, wenn der Kanal in einem Parallelkreis verläuft. Es sei dann in Abb. 33 M die Stellung des Mondes im Äquator MQ zur Zeit t, genauer: der Punkt der Erde, für welchen der Mond im Zenit steht, M_0 die Stellung zur Zeit $t = 0$ und $M_0 N = \varepsilon$. Es ist dann

$$MN = (\omega - n)t + \varepsilon.$$

OA sei das Stück x des Kanales in Längenmaß oder $\frac{x}{\alpha}$ im Bogen des größten Kreises; dann ist der Bogen $NQ = OA \sec\varphi = \frac{x}{\alpha} \sec\varphi$; somit

$$MQ = (\omega - n)t + \frac{x}{a\cos\varphi} + \varepsilon. \tag{17}$$

Da noch AQ gleich der konstanten geographischen Breite φ des Kanales ist, so ist in dem sphärischen Dreiecke MAQ

$$\cos MA = \cos\varphi \cos\left[(\omega - n)t + \frac{x}{a\cos\varphi} + \varepsilon\right]. \tag{18}$$

MA ist aber die Zenitdistanz des Mondes im betrachteten Punkt A, somit gleich ψ. Es wird also nun

$$V = \frac{k^2 E}{r} + \frac{k^2 M a^2}{2 D^3} \left\{3\cos^2\varphi \cos^2\left[(\omega - n)t + \frac{x}{a\cos\varphi} + \varepsilon\right] - 1\right\} \tag{19}$$

und wenn der konstante Faktor wieder mit f bezeichnet wird

$$\frac{\partial V}{\partial x} = -f \cos\varphi \sin 2\left[(\omega - n)t + \frac{x}{a\cos\varphi} + \varepsilon\right]. \tag{20}$$

Das Integral muß nun die Form haben:

$$\xi = A \sin 2\left[(\omega - n)t + \frac{x}{a\cos\varphi} + \varepsilon\right] \tag{21}$$

und wir finden durch Einsetzen in (9) die Beziehung

$$-4(\omega - n)^2 A = -\frac{4c^2}{a^2\cos^2\varphi}\cdot A - f\cos\varphi$$

oder

$$A = -\frac{1}{4}\frac{f a^2\cos^3\varphi}{c^2 - a^2(\omega - n)^2\cos^2\varphi},$$

also

$$\xi = -\frac{1}{4}\frac{f a^2\cos^3\varphi}{c^2 - a^2(\omega - n)^2\cos^2\varphi}\sin 2\left[(\omega - n)t + \frac{x}{a\cos\varphi} + \varepsilon\right], \tag{22}$$

$$\eta = \frac{1}{2}\frac{\gamma f a\cos^2\varphi}{c^2 - a^2(\omega - n)^2\cos^2\varphi}\cos 2\left[(\omega - n)t + \frac{x}{a\cos\varphi} + \varepsilon\right]. \tag{23}$$

Die Flut ist wieder direkt oder verkehrt, je nachdem

$$c \gtreqless a(\omega - n)\cos\varphi$$

ist. Da nun $\cos\varphi$ mit wachsender Breite abnimmt, so können hier auch bei mäßigen Tiefen direkte Fluten entstehen. Es können also unter sonst gleichen Umständen in höheren Breiten die Fluterscheinungen ganz anders verlaufen, als in niederen.

Wir betrachten als dritten Fall einen Kanal in der Richtung des Meridianes; von der Abplattung der Erde und damit auch eigentlich vom Einfluß der Erdrotation sehen wir dabei ab. Rechnen wir die x vom Äquator nach Norden, so wird jetzt (Abb. 33) für den Punkt A' des Kanales:

$$\cos\psi = \cos\frac{x}{a}\cos\left((\omega - n)t + \varepsilon\right)$$

und daher, wenn f wieder den konstanten Teil bedeutet,

$$\frac{\partial V}{\partial x} = -f\sin\frac{2x}{a}\cos^2\left[(\omega - n)\mathrm{t} + \varepsilon\right]$$

$$= -\frac{f}{2}\sin\frac{2x}{a}\{1 + \cos 2\left[(\omega - n)t + \varepsilon\right]\}. \tag{24}$$

Da $\frac{\partial V}{\partial x}$ jetzt ein von t unabhängiges Glied enthält, so muß ξ die Form haben:

$$\xi = A\sin\frac{2x}{a} + B\sin\frac{2x}{a}\cos 2\left[(\omega - n)t + \varepsilon\right]. \tag{25}$$

Setzen wir in (9) ein, so finden wir

$$-4(\omega-n)^2 B \sin\frac{2x}{a}\cdot\cos 2[(\omega-n)t+\varepsilon] = c^2\Big[-\frac{4A}{a^2}\sin\frac{2x}{a}$$
$$-\frac{4B}{a^2}\sin\frac{2x}{a}\cdot\cos 2[(\omega-n)t+\varepsilon]\Big]-\frac{f}{2}\sin\frac{2x}{a}[1+\cos 2(\omega-n)t+\varepsilon].$$

Soll diese Gleichung für alle Werte von x und t erfüllt sein, so müssen die Glieder, welche t enthalten, für sich verschwinden, und ebenso die Glieder, die t nicht enthalten. Wir finden so

$$A=-\frac{fa^2}{8c^2} \qquad B=-\frac{fa^2}{8[c^2-a^2(\omega-n)^2]}$$

und

$$\xi=-\frac{fa^2}{8c^2}\sin\frac{2x}{a}-\frac{fa^2}{8[c^2-a^2(\omega-n)^2]}\sin\frac{2x}{a}\cos 2[(\omega-n)t+\varepsilon], \quad (26)$$

$$\eta=-\frac{\gamma f a}{4c^2}\cos\frac{2x}{a}+\frac{\gamma f a}{4[c^2-a^2(\omega-n)^2]}\cos\frac{2x}{a}\cos 2[(\omega-n)t+\varepsilon]. \quad (27)$$

Das erste Glied stellt eine konstante Deformation der Oberfläche dar, und damit für jedes x eine Veränderung des mittleren Niveaus. Sie ist für $\frac{x}{a}=\varphi<45^\circ$ positiv, für $\frac{x}{a}=\varphi>45^\circ$ negativ.

Der Koeffizient des zweiten Gliedes ist für die auf der Erde vorkommenden Tiefen ($c<a(\omega-n)$) negativ. Es ist also wegen des Faktors $\cos\frac{2x}{a}$ für Breiten $<45^\circ$ die Flut invers, für Breiten $>45^\circ$ direkt.

Es ist hervorzuheben, daß in allen Formeln für die Erhebung des Wassers über die Gleichgewichtslage: (14), (23) und (27), auch (38), S. 108, die Tiefe des Wassers als Faktor erscheint. Der Gezeitenhub wächst also mit der Meerestiefe. Das ist eine Folge der Annahme, daß die Horizontalbewegung in allen Tiefen die gleiche ist. Da die Erhebung des Wassers von dem seitlichen Zusammenströmen herrührt, so kommt bei größerer Tiefe auch ein größerer Wasserüberschuß zustande. Die Flutbewegung wird also in den tiefen Ozeanen am stärksten erregt. Daß in der Nähe der Küste auch außerordentlich große Fluthöhen vorkommen, rührt von den Querschnittverengungen der Meeresteile her.

Wenn der Kanal keine konstante Breite hat, so wird, wenn die Veränderung des Querschnittes an einer Stelle plötzlich erfolgt, dort eine Reflexion der fortschreitenden Welle stattfinden. Die Amplitude der reflektierten Welle wird um so geringer sein, je allmählicher der Übergang ist. Bei ganz langsamem Übergang tritt keine Reflexion ein; es bleibt dann die ganze Energie in der fortschreitenden Welle, deren Amplitude aber bei Verengerung des Kanales größer werden muß. Verengert sich der Kanal bei gleichbleibender Tiefe, so wird die Amplitude wachsen, ohne daß sich dabei die Wellenlänge ändert. Nimmt aber auch die Tiefe ab, so wird gleichzeitig auch die Wellenlänge kleiner[1]).

[1]) H. Lamb, l. c. S. 317 ff.

Es erklärt sich so das Anwachsen der Flut in engen Meeresteilen und Flußmündungen.

Die Theorie der Wasserwellen zeigt, daß, solange das Wasser hinlänglich tief ist gegenüber der Erhebung der Welle, die Fortpflanzungsgeschwindigkeit c_0 von der Amplitude unabhängig gleich $\sqrt{g\gamma}$ ist. Ist diese Bedingung nicht erfüllt, so gilt die Formel

$$c = c_0\left(1 + \frac{3}{2}\frac{\eta}{\gamma}\right), \tag{28}$$

wo η die Erhebung der Welle ist. Bei sehr geringer Tiefe kann es daher vorkommen, daß sich der Wellenkamm mit merklich anderer Geschwindigkeit fortpflanzt als das Wellental, weil für den ersteren die Tiefe des Wassers größer ist. In diesem Falle pflanzt sich die Welle nicht mehr in unveränderter Gestalt fort, sondern sie wird an der Vorderseite immer steiler und steiler, weil der Kamm dem Tal vorzukommen bestrebt ist. Es wird sich endlich der Wellenkamm überstürzen und es entsteht jene Erscheinung, welche als Bore, Barre, Maskaret, Pororoca, auch als Sprungwelle, Flutbrandung oder Stürmer bekannt ist[1]). Sie besteht in einem so plötzlichen Ansteigen des Wassers, daß es mauerartig oder wie ein mächtig schäumender Wasserfall heranrückt. Die Erscheinung tritt in vielen Flußmündungen auf: am berühmtesten ist die des Amazonenstromes, und des Tsien-tang-kiang in China. Auch die Seine zeigt sie deutlich. Sie ist offenbar an bestimmte Konfigurationen der Küste und des Grundes gebunden. Da aber die gewaltige Wasserbewegung den Meeresboden stark verändert, so zerstört sich der Vorgang mit der Zeit selbst.

Da sich nach den obigen Darlegungen die Flutwelle mit einer von der Tiefe des Wassers abhängigen Geschwindigkeit fortpflanzt, also mit einer Geschwindigkeit, die von der scheinbaren Winkelgeschwindigkeit der fluterzeugenden Körper sehr verschieden ist, so folgt, daß sich der Eintritt des Hochwassers im Verhältnis zur Kulmination des Mondes verschieben muß.

Wir bezeichnen die Zeitdifferenz zwischen der Kulmination des Mondes und dem darauffolgenden Hochwasser als *Mondflutintervall*. Dasselbe ist für die verschiedenen Phasen des Mondes verschieden. Die Differenz kann bis zu mehreren Stunden anwachsen[2]). Das Mondflutintervall, welches dem Neumond entspricht, führt den Namen *Hafenzeit*. Sie ist für jeden Ort eine andere, bildet aber für jeden einzelnen Ort eine für den Verlauf des Flutphänomens charakteristische Konstante.

Wenn die durch die Flutkraft erregte Welle auf ein Hindernis trifft, eine Insel, Küste, oder die vielfach gestalteten Ufer einer Flußmündung usw., so wird die Welle ganz oder teilweise reflektiert. Die reflektierte

[1]) O. KRÜMMEL, Handbuch der Ozeanographie, II, S. 299ff. Auch die Gezeitenströmung scheint dabei mitzuspielen.

[2]) R. v. STERNECK sen.: Das Fortschreiten der Flutwelle im Adriatischen Meere (Sitzungsber. d. Akad. d. Wiss. in Wien, Bd. CXVII, Abt. IIa, 1908).

Welle läuft der primären entgegen und kommt mit dieser zur Interferenz. Wenn eine Welle in sich selbst reflektiert wird, so bilden sich *stehende Wellen*. Dieser Fall ist nicht ausgeschlossen, doch wird er bei der Kompliziertheit der Küstenkonfiguration äußerst selten sein. Die Welle wird meist nur teilweise reflektiert, hat also nach der Reflexion eine andere Amplitude, und trifft die primäre Welle meist unter irgendeinem spitzen Winkel, wodurch sehr verwickelte Bewegungen entstehen, aber keine stehenden Wellen, deren Zustandekommen auch durch die ablenkende Kraft der Erdrotation verhindert wird.

Wenn es also nicht ganz ausgeschlossen ist, daß sich stehende Wellen bilden, so kann man ihnen doch keineswegs die allgemeine Verbreitung zuschreiben, welche HARRIS[1]) ihnen geben will. Er teilt den ganzen Ozean in Gebiete, die für sich eine stehende Schwingung ausführen sollen. Der Gesichtspunkt, nach welchem diese Gebiete ausgesucht werden, besteht darin, daß an den gegenüberliegenden Stellen der Küste die Hafenzeiten um 6 Stunden verschieden sein sollen. Da aber diese Einteilung sich in keiner Weise an die Küstenkonfiguration, an Inseln oder submarine Rücken oder Schwellen anlehnt, scheint ihr die physikalische Bedeutung zu mangeln. Die Ausbildung solcher stehender Wellen dürfte also sehr unwahrscheinlich sein.

Dagegen können in kleinen Meeresteilen leichter solche Wellen entstehen, und zwar kann die Entstehung der vielfach beobachteten *Amphidromien* ihnen zugeschrieben werden. Es zeigt sich z. B. in der Adria, daß die Hafenzeiten, bei der Ostküste der Straße von Otranto beginnend, längs der ganzen dalmatinischen Küste und um den Nordrand herum beständig wachsen. Dies setzt sich an der italienischen Küste fort, bis beim Ausgange wieder der Anfangswert erreicht wird. Es läuft also das Hochwasser allerdings mit ziemlich wechselnder Geschwindigkeit um das ganze Adriatische Meer herum. v. STERNECK[2]) hat gezeigt, daß sich diese Bewegung aus der Interferenz zweier stehender Wellen erklären läßt.

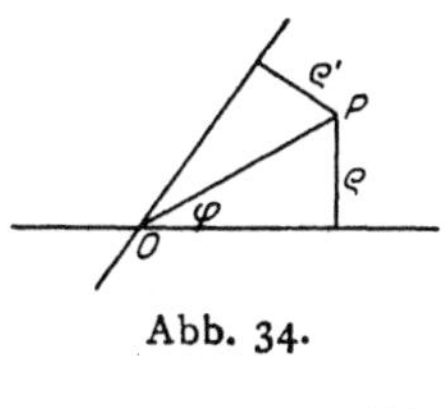

Abb. 34.

Es seien ϱ und ϱ' (Abb. 34) die Entfernungen eines Punktes der Wasserfläche von den Knotenlinien zweier stehender Schwingungen. Diese Knotenlinien sollen einen beliebigen Winkel miteinander einschließen. Die Erhebung η setzt sich aus zwei Teilen zusammen, welche den beiden Schwingungen entstammen, und von denen jeder der Entfernung von der zugehörigen Knotenlinie proportional ist. Wir können also setzen:

$$\eta = A\varrho \sin\frac{2\pi}{T}(t+\tau) + A'\varrho' \sin\frac{2\pi}{T}(t+\tau'). \tag{29}$$

---

1) ROLLIN A. HARRIS: Manual of tides (U. S. coast survey report 1900 App. 7, 1904 App. 5).

2) R. v. STERNECK sen., l. c.

Hier ist t die Zeit, welche zur Erhebung η gehört; A, A', τ und τ' sind Konstante. T ist die beiden Schwingungen gemeinsame Schwingungszeit, deren Dauer durch die Periode der Flutkraft bestimmt wird.

Setzen wir $t + \tau = t'$ und $\tau' - \tau = \delta$, so ist, wenn wir noch zur Vereinfachung $A = A'$ nehmen,

$$\eta = A\left[\varrho \sin\frac{2\pi t'}{T} + \varrho' \sin\frac{2\pi(t'+\delta)}{T}\right]. \tag{30}$$

Das Maximum findet statt, wenn

$$\frac{\partial \eta}{\partial t} = A \cdot \frac{2\pi}{T}\left[\varrho \cos\frac{2\pi t'}{T} + \varrho' \cos\frac{2\pi(t'+\delta)}{T}\right] = 0 \tag{31}$$

ist. Somit

$$\frac{\varrho}{\varrho'} = \tan\frac{2\pi t'}{T} \sin\frac{2\pi\delta}{T} - \cos\frac{2\pi\delta}{T}. \tag{32}$$

Nehmen wir z. B. an, daß die beiden Knotenlinien aufeinander sekrecht stehen, so können wir Polarkoordinaten einführen:

$$\varrho = r \sin\varphi \qquad \varrho' = r\cos\varphi$$

und es wird

$$\tan\varphi = \tan\frac{2\pi t'}{T} \sin\frac{2\pi\delta}{T} - \cos\frac{2\pi\delta}{T}. \tag{33}$$

Der Positionswinkel φ des Hochwassers ist also mit der Zeit veränderlich, aber nicht der Zeit proportional. Das Hochwasser wandert mit veränderlicher Geschwindigkeit um den Mittelpunkt herum.

Die interessanten Untersuchungen über die Gezeiten der Adria von v. STERNECK (jun.)[1]), die sich an die seines Vaters anschließen, haben viel zur Klärung des ganzen Flutproblems beigetragen. Es wird gezeigt, daß eine Schwingung um eine ost-westliche Knotenlinie die eigentliche Gezeitenbewegung der Adria vorstellt, welche im wesentlichen ein Mitschwingen mit der am Eingang im Kanal von Otranto herrschenden Bewegung ist. Durch den ablenkenden Einfluß der Erdrotation wird eine zweite Schwingung (Querschwingung) hervorgerufen, welche mit der ersten zur Interferenz kommt und so die beobachtete Amphidromie veranlaßt.

Die Lage der Knotenlinien stehender Schwingungen wird sehr stark durch den Zufluß und Abfluß des Wassers beeinflußt, wodurch eine gleichmäßige Hebung und Senkung des Wasserspiegels als Ganzes herbeigeführt wird. STERNECK[2]) berechnet, daß das westliche Mittelmeerbecken,

[1]) R. v. STERNECK jun.: Über den Einfluß der Erdrotation auf die halbtägigen Gezeiten der Adria (Sitzungsber. d. Akad. d. Wiss. in Wien, Bd. CXXIII, Abt. IIa, 1914). Zur hydrodynamischen Theorie der Adriagezeiten (ibid. Bd. CXXIV, 1915). Die Gezeitenerscheinungen in der Adria, II. Teil, (Denkschrift d. Akad. d. Wiss. in Wien 96. Bd., 1919); vgl. auch A. DEFANT, Zur Theorie der Gezeiten im Adriatischen Meere (Ann. der Hydrographie 1914).

[2]) R. v. STERNECK jun.: Das Gezeitenphänomen im westlichen Mittelmeer (Sitzungsber. d. Akad. d. Wiss. in Wien, Bd. CXXI, Abt. IIa 1912). Zur Theorie der Gezeiten des Mittelmeeres (ibid. Bd. CXXII, 1913). Hydrodynamische Theorie der halbtägigen Gezeiten des Mittelmeeres (ibid. Bd. CXXIV, 1915).

welches eine Schaukelbewegung um eine von Spanien nach Algerien ziehende Knotenlinie ausführt, wenn westlich der Knotenlinie Hochwasser herrscht, um 112,5 km^3 Wasser weniger enthält als zur Zeit des Niedrigwassers. Diese Wassermasse muß also durch die Straße von Gibraltar und die Straßen von Messina und Tunis innerhalb von 12 Stunden aus- und einströmen. Auf Grund dieses Wassertransportes muß der ganze Spiegel des westlichen Mittelmeeres eine Schwankung von 13,3 cm machen. Die Knotenlinie wird also nicht dort erscheinen, wo sie bei einem ungestörten Schwingungsvorgang hinfällt, sondern dort, wo sich die Schwingung mit der allgemeinen Hebung und Senkung des Wasserspiegels kompensiert. So erklärt sich, daß die Knotenlinie des westlichen Mittelmeeres nicht in der Mitte liegt, sondern weit im Westen. Ihr nordwestliches Ende liegt zwischen Valencia und Alicante, ihr südwestliches zwischen Oran und Algier, so daß sie das Becken im Verhältnis 1 : 6 teilt.

In kleinen und seichten Meeresteilen können auch sogenannte *Kombinationstiden* (*zusammengesetzte Gezeiten*) und *Obertiden* (*Nebengezeiten*) entstehen, welche den entsprechenden Erscheinungen in der Akustik analog sind.

Man erhält eine übersichtliche Darstellung des Gezeitenvorganges, wenn man sich die sogenannten *Flutstundenlinien* (*Isorhachien*) zeichnet: das sind Linien, welche die Orte gleichzeitigen Hochwassers miteinander verbinden. Man erhält die Zeit des Hochwassers, wenn man zu der in Zeit eines Ausgangsmeridians ausgedrückten Kulminationszeit des Mondes das Flutstundenintervall addiert. Man verwendet hierzu meist den Neumond und die Hafenzeit. Da aber die Hafenzeiten nur für Küstenpunkte bekannt sind, ist der Verlauf dieser Linien meist hypothetisch. Nur in kleineren Meeresteilen lassen sie sich mit einiger Sicherheit angeben. Es lassen sich daraus aber nur die fortschreitenden Wellen ersehen, die stehenden Wellen kommen nicht zum Ausdruck.

11. Gezeitenströmungen.

Die Gezeitenbewegung besteht nicht bloß in einem Steigen und Fallen des Wassers, sondern auch in einer seitlichen Verschiebung. Wir haben schon bei der LAPLACEschen Theorie gesehen, daß diese sogar das Wesentliche ist. Jedes Teilchen beschreibt dabei eine geschlossene Bahn um eine gewisse Ruhelage. Wäre die Tiefe des Wassers gegen die Wellenlänge groß, so wären diese Bahnen Kreise. Bei den Gezeiten ist aber gerade das Gegenteil der Fall: Die Wellenlänge beträgt mehrere tausend Kilometer, während die Tiefe des Wassers 10 km nicht übersteigt. Die Bahnen der Teilchen sind dann ganz flache Ellipsen. Es sei (Abb. 35) $ABCD$ eine solche Bahn.

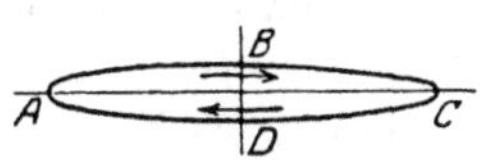

Abb. 35.

Ist die Fortpflanzungsrichtung von links nach rechts, so wird die Bahn in der Richtung der Pfeile durchlaufen. Wir sehen, daß zur Zeit des

Hochwassers in *B* auch die größte Geschwindigkeit in der Richtung der Fortpflanzung herrscht, während zur Zeit des Niedrigwassers in *D* die gleiche Bewegung in der entgegengesetzten Richtung stattfindet. In *A* und *C* findet nur eine Auf- und Abwärts-bewegung statt.

Aus diesem Vorgang resultieren die Gegenzeitströmungen. Die Geschwindigkeit derselben ist sehr stark von der Tiefe des Wassers abhängig. So findet BÖRGEN[1]) für eine Tiefe von

30 m	und	einen	Tidenhub	von	3 m : 1,7	Seemeilen	pro	Stunde
	"	"	"	"	4,5 bis 6 m : 3,4	"	"	"
60 m	"	"	"	"	3 m : 1,2	"	"	"
	"	"	"	"	4,5 bis 6 m : 2,4	"	"	"

Für eine Tiefe von 5000 m, also für den offenen Ozean, ergibt sich bei einer Hubhöhe von 1,3 m nur 65 m in der Stunde.

Hieraus folgt, daß die Flutströmungen namentlich in der Nähe des Landes in seichten Gewässern von Wichtigkeit sein werden. Besonders zu bemerken ist, daß der Strom seine Richtung ändert, oder wie der seemännische Ausdruck lautet: kentert, nicht zur Zeit des Hochwassers, wo er vielmehr seine größte Entwickiung hat, sondern zur Zeit des Mittelwassers, so daß z. B. in der Elbe und auch in der Themse der Flutstrom noch lange landeinwärts läuft, wenn auch das Wasser bereits im Sinken ist. Es ist das ein Zeichen, daß wir es nicht mit einer Strömung zu tun haben, die durch Niveaudifferenzen hervorgerufen wird, sondern die zum Schwingungsvorgang gehört. Es zeigen sich natürlich auch hier, wie in allen Gezeitenerscheinungen, die größten Unregelmäßigkeiten und Abweichungen von der Regel, wobei auch die Niveaudifferenzen eine Rolle spielen müssen.

Die Gezeitenströme können auch Anlaß zu Interferenzen geben, wie die Vertikalverschiebungen. Sowie es hier zu Amphidromien kommt, entstehen bei den horizontalen Bewegungen *Drehströme*, d. h. der Strom kentert nicht direkt von einer Richtung in die entgegengesetzte, sondern er dreht sich durch alle Richtungen der Windrose. Es kommt dabei auf die Phasendifferenz der beiden interferierenden Wellenzüge an. Bei einem Unterschied von 6 oder 12 Stunden entsteht kein Drehstrom, in anderen Fällen immer, und zwar geht die Drehung nach rechts oder links, je nachdem die eine oder die andere Welle früher ihr Maximum erreicht[2]). Drehströme werden nur entstehen, wenn sich die beiden Wellenzüge kreuzen.

Wenn die Wellenzüge sich unter 180° treffen und ihr Phasenunterschied 12 Stunden ist, so erreichen sie gleichzeitig das Hochwasser; ihre Strömungsrichtung ist aber wegen der entgegengesetzten Fortpflanzungsrichtung entgegengesetzt. Bei gleicher Intensität werden sich also die Strömungen aufheben, die Fluthöhen aber summieren. Es entsteht eine

[1]) Annalen der Hydrographie 1880.

[2]) O. KRÜMMEL: Handbuch der Ozeanographie, II. Bd., S. 279 ff.

Gezeitenerscheinung mit ausschließlich vertikaler Bewegung ohne seitliche Strömungen, wie z. B. bei der Insel Man. Ist aber die Phasendifferenz nur 6 Stunden, so tritt das Entgegengesetzte ein: es werden sich die Vertikalbewegungen zerstören und die Strömungen verstärken. So erklären sich z. B. die sonderbaren Gezeitenerscheinungen von Surabaya (Java), wo die Hubhöhe der halbtägigen Gezeiten ganz verschwindet, und die halbtägige Strömung so stark ist, daß sie die ganztägige vollständig überdeckt, während sich in vertikaler Richtung nur die ganztägige Welle bemerkbar macht. In der Sundastraße herrscht dagegen der halbtägige Hub und die ganztägige Strömung[1]).

Stetige Strömungen des Meeres mit konstanter Deformation der Oberfläche gehören, wie in der Hydrodynamik gezeigt wird, auch zur Lösung des Problems der freien Schwingungen.

Setzen wir (22) S. 105 in die zweite und dritte Gleichung von (16, III) S. 104 ein, so erhalten diese die Form:

$$\begin{aligned} -\frac{\partial(gh-V_2)}{\partial\varphi} &= 2\omega r^2\sin\varphi\cos\varphi\frac{d\lambda}{dt}+r^2\frac{d^2\varphi}{dt^2} \\ -\frac{\partial(gh-V_2)}{\partial l} &= -2\omega r^2\sin\varphi\cos\varphi\frac{d\varphi}{dt}+r^2\cos^2\varphi\cdot\frac{d^2\lambda}{dt^2}. \end{aligned} \tag{1}$$

Für den Fall der freien Schwingungen ist $V_2 = 0$ zu setzen. Führen wir die Geschwindigkeitskomponenten U und V in der Richtung des Meridians und Parallelkreises ein:

$$U = r\frac{d\varphi}{dt}, \quad V = r\cos\varphi\cdot\frac{d\lambda}{dt}, \tag{2}$$

so finden wir

$$\begin{aligned} -\frac{1}{r}\frac{\partial(gh)}{\partial\varphi} &= 2\omega V\sin\varphi+\frac{dU}{dt} \\ -\frac{1}{r\cos\varphi}\cdot\frac{\partial(gh)}{\partial\lambda} &= -2\omega U\sin\varphi+\frac{dV}{dt}. \end{aligned} \tag{3}$$

Dazu tritt noch die Kontinuitätsgleichung: Wenn wir in derselben auch die Geschwindigkeitskomponenten haben wollen, so müssen wir sie nach der Zeit differenzieren und

$$\frac{du}{dt}=\frac{d\varphi}{dt}=\frac{1}{r}U, \quad \frac{dv}{dt}=\frac{d\lambda}{dt}=\frac{1}{r\cos\varphi}\cdot V \tag{4}$$

setzen. Unter Vernachlässigung von Produkten der kleinen Glieder, wird aus (14) S. 104

$$\cos\varphi\cdot\frac{dh}{dt}=-\frac{1}{r}\left[\frac{\partial}{\partial\varphi}(U\gamma\cos\varphi)+\frac{\partial}{\partial\lambda}\cdot(V\gamma)\right]. \tag{5}$$

Man sieht nun sofort, daß die drei Gleichungen (3) und (5) durch von der Zeit unabhängige Werte von U, V und h erfüllt werden. Wenn nämlich $\frac{dU}{dt}=\frac{dV}{dt}=\frac{dh}{dt}=0$ ist, so verschwindet die Zeit ganz aus den Gleichungen.

Denn in diesem Falle gehen (3) über in

$$\begin{aligned} -\frac{g}{r}\frac{\partial h}{\partial\varphi} &= 2\omega V\sin\varphi, \\ -\frac{g}{r\cos\varphi}\cdot\frac{\partial h}{\partial\lambda} &= -2\omega U\sin\varphi \end{aligned}$$

oder

$$\begin{aligned} U &= \frac{g}{2\omega r\sin\varphi\cos\varphi}\cdot\frac{\partial h}{\partial\lambda}, \\ V &= -\frac{g}{2\omega r\sin\varphi}\cdot\frac{\partial h}{\partial\varphi}. \end{aligned} \tag{6}$$

[1]) O. Krümmel, S. 283.

In (5) wird die linke Seite gleich Null, und die rechte wird durch Einsetzen von (6):

$$\frac{g}{2r^2\omega}\left[\frac{\partial}{\partial\varphi}\left(\frac{\gamma}{\sin\varphi}\cdot\frac{\partial h}{\partial\lambda}\right)-\frac{\partial}{\partial\lambda}\left(\frac{\gamma}{\sin\varphi}\cdot\frac{\partial h}{\partial\varphi}\right)\right]=0$$

oder, da sich das Glied mit $\frac{\partial^2 h}{\partial\varphi\,\partial\lambda}$ weghebt:

$$\frac{\partial(\gamma\operatorname{cosec}\varphi)}{\partial\varphi}\cdot\frac{\partial h}{\partial\lambda}-\frac{\partial(\gamma\operatorname{cosec}\varphi)}{\partial\lambda}\cdot\frac{\partial h}{\partial\varphi}=0. \tag{7}$$

Dieser Bedingung wird durch eine Annahme von der Form:

$$h=f(\gamma\operatorname{cosec}\varphi) \tag{8}$$

genügt. Wenn also die Bedingungen (6) erfüllt sind und h die Form (8) hat, so ist eine stationäre Strömung möglich, wobei die Oberfläche des Wassers die durch (8) gegebene Form beständig beibehält.

Wir suchen die Veränderung von h längs der Bahn eines Wasserteilchens. Es ist

$$dh=\frac{\partial h}{\partial\varphi}\cdot d\varphi+\frac{\partial h}{\partial\lambda}\cdot d\lambda.$$

Die den Geschwindigkeiten U und V entsprechenden Verschiebungen sind

$$d\varphi=\frac{U}{r}\,dt,\qquad d\lambda=\frac{V}{r\cos\varphi}\,dt.$$

Setzen wir für U und V die Werte (6), so wird

$$dh=0. \tag{9}$$

Die Strömungslinien sind also parallel den Höhenlinien der gestörten Oberfläche, und zwar gilt dies für ein ganz beliebiges Tiefengesetz. Längs jeder Strömungslinie ist also nach (8)

$$\gamma\operatorname{cosec}\varphi=\text{const}, \tag{10}$$

nach welcher Gleichung man die Strömungslinien der Ozeane zeichnen könnte. Im speziellen folgt daraus, daß auch die Küstenlinie mit $\gamma=0$ eine Strömungslinie sein muß.

Der Vergleich mit einer Tiefenkarte des Atlantischen Ozeans gibt nach Hough aber ein ganz anderes Bild, als die tatsächlichen Strömungen. Der Grund ist darin zu finden, daß die letzteren großenteils auch durch andere Ursachen bedingt sind. In der Tat ist das Stromsystem der Oberfläche mit dem in der Tiefe nicht identisch, was bei Gezeitenströmungen der Fall sein müßte. Es ist also vorläufig nicht entschieden, ob solche Strömungen vorhanden sind, ob sie durch innere Reibung vernichtet werden, oder ob sie durch Strömungen anderer Art nur überdeckt sind.

12. Seiches.

Aus dem Vorigen ist es klar geworden, daß auch die Eigenschwingungen des Wassers an den Gezeiten Anteil haben, besonders dann, wenn die Periode der Eigenschwingung des betreffenden Meeresteiles mit einer Periode der fluterzeugenden Kraft übereinstimmt, also eine Art Resonanz entsteht. Es kann aber ein Meeresteil auch abgesehen von den Gezeiten Schwingungen ausführen, welche durch andere Einflüsse ausgelöst werden, so namentlich durch plötzliche Luftdruckveränderungen, Stürme usw. Diese Wellen werden mit den Flutwellen die Eigenschaft der konstanten Periode teilen, werden sich von ihnen aber dadurch unterscheiden, daß die Amplitude vom Augenblick der Erregung an immer abnehmen muß. Sind die Perioden dieser Bewegung von der der Gezeiten stark verschieden, so werden sie sich über die Flutbewegung lagern, aber doch leicht kenntlich sein. Sind aber die Perioden wenig verschieden, so werden sich die beiden Erscheinungen so miteinander vermischen, daß ihre Trennung nur mit großen Schwierigkeiten gelingt. Ihre Kenntnis ist für das Verständnis der Fluterscheinungen von großer Wichtigkeit. Sie ist aber auch sonst von allgemeinerem Interesse, weil alle Binnenseen diese Erscheinung zeigen müssen. In der Tat wurden solche Schwingungen zuerst am Genfer See entdeckt und untersucht.

Die theoretische Bestimmung der Schwingungsdauer stößt auf große Schwierigkeiten. Für ein rechteckiges Gefäß gilt die *Meriansche Formel*

$$t^2 = \frac{4\pi l}{g} \operatorname{cot\,hyp} \frac{\pi \gamma}{l} \tag{1}$$

Hier ist l die Länge des Gefäßes und γ die Tiefe des Wassers. Für den Fall, daß γ klein ist gegen l, vereinfacht sie sich zu

$$t = \frac{2l}{\sqrt{g\gamma}}. \tag{2}$$

Diese Formeln reichen für beliebig geformte Becken nicht aus. Für solche galt lange die Formel von Du Boys[1]) als einziges Hilfsmittel. Man gelangt zu dieser durch folgende Überlegung. Die Welle pflanzt sich über die Fläche des Sees fort mit einer Geschwindigkeit, die in jedem Punkt der zugehörigen Tiefe entspricht. Die Welle wird am Ende reflektiert und kehrt mit dem gleichen Wechsel der Geschwindigkeit wieder zurück, um mit dem ersten Zuge zu interferieren. Die Schwingungszeit ist also gegeben durch die Zeit, in der die Welle die ganze Länge des Sees hin und zurück durcheilt.

Ist die Tiefe an einer Stelle γ, so wird das Stück dl zurückgelegt in der Zeit

$$dt = \frac{dl}{\sqrt{\gamma g}}.$$

Die ganze Schwingungszeit ist also

$$t = \frac{2}{\sqrt{g}} \int \frac{dl}{\sqrt{\gamma}}.$$

Das Integral wird als Summe berechnet. Man zeichnet sich zu diesem Zweck die Tiefenlinie des Sees ein, teilt sie in eine gewisse Anzahl von Teilen, innerhalb deren die Tiefe wenig und nur in einfacher Weise variiert. Sind dann die Abschnitte $a_1\, a_2 \ldots a_n$ und $\gamma_1\, \gamma_2 \ldots \gamma_n$ die zugehörigen Tiefen, so wird

$$t = \frac{4}{\sqrt{g}} \sum \frac{a_{i+i} - a_1}{\sqrt{\gamma_{i+i}} + \sqrt{\gamma_1}}. \tag{3}$$

Wenn diese Formel den Tatsachen nicht entspricht, so ist der Grund hierfür leicht anzugeben. Es kommen nämlich darin nur die Tiefen längs

1) Du Boys: Essai théorique sur les seiches (Arch. d. sciences phys. et mat. Genève 3me pér., tome XXV, 1891).

der Tiefenlinie zum Wort, während die stets wechselnde Form der Querschnitte ganz unberücksichtigt bleibt.

Diesen Umständen trägt die von CHRYSTAL[1]) auf mathematischer Basis entwickelte Formel Rechnung. Das Resultat kann dahin ausgesprochen werden, daß die Schwingungszeit wieder nach der Du Boysschen Formel gerechnet werden kann, wenn man statt y die Ordinaten der sogenannten „Normalkurve" einführt. Diese erhält man in folgender Weise. Man denke sich senkrecht zur Tallinie Querschnitte durch den See gelegt. Ihr Flächeninhalt sei q; die zugehörige Breite des Sees b. Als Abszisse nimmt man nun die Fläche des Sees gerechnet von einem Anfangspunkte bis zu dem betreffenden Querschnitte, als Ordinate das Produkt $q \cdot b = \sigma$. Der Punkt, für welchen σ am größten ist, wird zum Anfangspunkt gemacht. In den meisten Fällen wird sich diese Kurve durch zwei einfache Züge darstellen lassen, die meist die Form von Parabeln oder geraden Linien haben werden. Für diese einfachen Fälle läßt sich dann die von CHRYSTAL aufgestellte Differentialgleichung integrieren. Nach der Form der Normalkurve unterscheidet man konvexe und konkave Becken, je nachdem die Größe σ für die Mitte kleiner oder größer ist als für die Enden. Die konvexen Becken bieten der rechnerischen Behandlung größere Schwierigkeiten als die konkaven.

Auch über die Lage der Knotenlinien gibt die CHRYSTALsche Theorie Rechenschaft.

Für Becken, welche wenig von einer regelmäßigen, rechteckigen Form abweichen, geben HONDA, TERADA und ISITANI[2]) eine Formel: Ist S_0 der mittlere Querschnitt

$$S_0 = b_0 \gamma_0$$

und ΔS und Δb die Abweichungen des Querschnitts und der Breite vom Mittelwerte

$$S = S_0 + \Delta S$$
$$b = b_0 + \Delta b,$$

ferner l die Länge des Beckens, so wird die Schwingungsdauer:

$$t = \frac{2l}{\sqrt{g\gamma_0}} \left\{ 1 + \frac{1}{2l} \int_0^l \cos \frac{2\pi x}{l} \left(\frac{\Delta b}{b_0} + \frac{\Delta S}{S_0} \right) dx \right\} . \tag{4}$$

Becken, welche durch eine Öffnung mit dem freien Meere in Verbindung stehen, bedürfen bei Berechnung der Dauer ihrer freien Schwin-

[1]) G. CHRYSTAL: On the hydrodynamical theory of seiches (Trans. of R. Soc. of Edinburgh Bd. 41, 1905). A. ENDROS: Vergleichende Zusammenstellung der Hauptseiches-perioden der bis jetzt untersuchten Seen mit Anwendung auf verwandte Probleme Petermanns Mitteilungen 64. Bd., 1908). W. HALBFASS: Der heutige Stand der Seichesforschung (Zeitschr. d. Ges. f. Erdkunde, Berlin 1907).

[2]) K. HONDA, T. TERADA and D. ISITANI: On the secundary undulations of oceanic tides (Philosoph. Magazin Vol XV, series 6th, 1908) Eine neue Methode gibt A. DEFANT (Annalen der Hydrographie 46). Vgl. auch die „Restmethode" von STERNECK jun. (Sitzungsberichte der Wiener Akad. 124. Bd.)

gung einer Mündungskorrektion, ähnlich wie offene Pfeifen in der Akustik. Es ist dann:

$$t = \frac{4l}{\sqrt{g\gamma}}\left[1 + \frac{4b}{\pi l}\left(0{,}923 + \log\frac{4l}{\pi b}\right)\right]^{\frac{1}{2}}. \qquad (5)$$

Die Schwingungen, welche bei den verschiedenen Seen auftreten und denen die obigen Formeln gerecht zu werden suchen, sind sehr komplizierter Art. Zunächst tritt meist eine Einknotenschwingung auf, bei welcher die ganze Wasserfläche um eine Knotenlinie schwingt, die aber keineswegs durch die Mitte des Sees gehen muß. Es kommen auch Fälle vor, wo mehrere Einknotenschwingungen mit verschiedener Dauer auftreten, wie z. B. beim Gardasee. Der Grund hierfür scheint in der Gabelung des Südendes in zwei der Tiefe nach recht verschiedene Ausläufer zu liegen.

Es treten ferner Zwei- und Dreiknotenschwingungen, die unharmonisch sind, und auch Querschwingungen auf. Die letzteren sind meist bedingt durch deutlich ausgeprägte seitliche Buchten. Namentlich wenn sich solche gegenüberliegen, ist der Fall günstig. An solchen Schwingungen nimmt meist nicht die ganze Fläche des Sees, sondern nur ein Querstreifen teil. Der Idealfall eines Troges mit parallelen Wänden scheint hier am besten verwirklicht.

In Binnenseen sind diese Seiches die einzigen regelmäßigen Bewegungen; während die Gezeiten wegen der geringen Tiefe keine Rolle spielen. Kleine Meeresteile, welche durch eine mehr oder minder breite Straße mit dem offenen Meere in Verbindung stehen, erhalten das für die Flut notwendige Wasser durch diesen Verbindungsweg, wie überhaupt der Vorgang durch den Verlauf außerhalb des Meeresteiles geregelt wird[1]).

Wie sich in einem solchen Falle die Eigenschwingungen mit der Fluterscheinung kombinieren, dafür geben die berühmten Euripusströmungen ein schönes Beispiel. Zur Zeit der Springflut wechselt unter der Brücke von Chalkis die Richtung des Gezeitenstromes alle 6 Stunden, also offenbar im Zusammenhange mit den Fluten des Ägäischen Meeres, welche für die Gezeiten im Euripus maßgebend sind. Zur Zeit der Nippflut jedoch wechselt die Strömung 11—14mal täglich die Richtung. Es kommt also in der Zeit, in welcher der Einfluß der ägäischen Flut nicht so übermäßig ist, die Eigenschwingung des Euripus zur Geltung, für welche v. STERNECK[2]) in guter Übereinstimmung mit den Beobachtungen den Wert von $2^1/_2$ Stunden berechnet.

---

1) Eine vollständige dynamische Theorie der Gezeiten in abgeschlossenen oder gegen den Ozean geöffneten Meeresteilen gibt A. DEFANT: Untersuchungen über die Gezeitenerscheinungen in Mittel- und Randmeeren, in Buchten und Kanälen (Denkschriften d. Akad. d. Wiss. in Wien, Bd. 96, 1919.)

2) R. v. STERNECK jun.: Zur Theorie der Euripusströmungen (Sitzungsber. d. Akad. d. Wiss. in Wien, Abt. IIa, 125. Bd.).

Wenn wir nun die Fülle der Tatsachen überblicken, so können wir die ganze Erscheinung der Gezeiten etwa folgendermaßen charakterisieren. Es handelt sich im wesentlichen um eine erzwungene Schwingung der Wassermassen der Erde, hervorgerufen durch die fluterzeugende Kraft des Mondes und der Sonne, welche für die Periode der Schwingungen maßgebend bleibt. Im übrigen wird die Art der Schwingung einzig und allein durch die Konfiguration der Küste und die Tiefe des Meeres bestimmt. Da die Höhe der Flut im allgemeinen der Tiefe des Meeres proportional ist (vgl. Gleichung [38], S. 108 und [14], [23], [27] auf S. 112 ff.), so wird die Flut hauptsächlich auf den großen Ozeanen ihren Ursprung haben. Die dort entstandenen Wellen laufen als fortschreitende Wellen mit der der Tiefe des Wassers entsprechenden Geschwindigkeit in die seichteren Meeresteile, wobei sie nur die Periode beibehalten, aber sowohl Form wie Amplitude verändern. Ganze oder teilweise Reflexionen geben zu stehenden Schwingungen, Amphidromien, Drehströmen und anderen komplizierten Bewegungsformen Veranlassung. Koinzidenzen mit den Perioden der Eigenschwingung einzelner Teile werden eine bedeutende Steigerung einer oder der anderen Partialtide zur Folge haben.

Aus alledem erhellt, daß ein vollständiges Verständnis des Vorganges nur dadurch gewonnen werden kann, daß man ihn in die Einzelschwingungen auflöst. Läge eine solche Auflösung für eine größere Anzahl von Stationen vor, so könnte man beurteilen, welche Wellen stehende sind, welche fortschreitende, welche durch Resonanz verstärkt sind usw.

13. Die harmonische Analyse.

Wir brauchen also ein Mittel, um die ganze komplizierte Erscheinung in ihre einzelnen Bestandteile aufzulösen. Dieses Hilfsmittel ist die von Kelvin[1]) und Darwin[2]) ersonnene, von Börgen[3]) verbesserte Methode der harmonischen Analyse. Als Grundlage für ihre Anwendung denken wir uns den Verlauf der Gezeiten an irgendeinem Orte mit Hilfe eines selbstregistrierenden Instrumentes durch mehrere Jahre hindurch ununterbrochen aufgezeichnet.

Ein solches Instrument, *Flutmesser* genannt, besteht aus einem Schwimmer, der an einer Schnur hängt. Diese Schnur führt über eine Rolle zu einem Gegengewicht. Der Schwimmer macht die Hebung und Senkung des Wassers mit, und die Rolle, welche dadurch gedreht wird, setzt einen Stift in Bewegung, der auf einem durch ein Uhrwerk vorbeigeführten Papierstreifen schreibt. Der Schwimmer muß in einem Rohr enthalten sein, welches eine Weite von 8—15 cm besitzt, und welches bis zu einer gewissen Tiefe (womöglich 2—3 m unter das tiefste Niedrig-

[1]) Lord Kelvin (W. Thomson): (Brit. Ass. Report 1872, 1876, 1878).

[2]) G. H. Darwin: Harmonic Analysis of Tidal-observations (Brit. Ass. Rep. 1884, 1885, 1886 und Report of the 53th meeting of the brit. ass. helt at Southport 1883).

[3]) C. Börgen: Über eine neue Methode, die harmonischen Konstanten der Gezeiten abzuleiten (Ann. d. Hydrographie 1894).

wasser) hinabreicht. Das Rohr darf nicht zu eng sein, weil sonst das Wasser nicht genügend Zutritt hat und dann etwas ganz anderes gemessen wird als der Gezeitenhub; es darf auch nicht zu weit sein, weil sich sonst der Einfluß des Wellenschlages geltend macht. Aus dem letzteren Grunde muß das Rohr auch tiefer unter Wasserfläche enden.

Wir betrachten nun irgendeine Partialtide, z. B. M_2 — ihre Periode ist 12·42 Stunden —, und teilen die ganze Beobachtungsreihe von einem beliebigen Punkte ausgehend in Intervalle von dieser Länge, so wird sich in jedem dieser Intervalle die Partialtide M_2 in der gleichen Weise abspielen. Alle anderen Partialtiden werden aber in jedem Intervall anders zu liegen kommen, und wenn man die Zahl der Intervalle groß genug gewählt hat, so werden sie schließlich in allen möglichen Lagen gegen M_2 enthalten sein. Wir denken uns nun jedes Intervall in eine Anzahl gleiche Teile geteilt, z. B. in zwölf; so daß jeder Teil gleich einer Mondstunde wird, und aus der Aufzeichnung des Flutmessers die zugehörigen Wasserstände abgelesen. Wir schreiben dann diese Werte so auf, daß die zur ersten Mondstunde des Intervalles gehörigen Zahlen untereinander kommen, ebenso die zur zweiten und so fort, bis zur zwölften. Wir erhalten so viele Zeiten, als wir Intervalle von 12·42 Stunden (= 12 Mondstunden) haben. Bilden wir nun kolonnenweise die Summen, so werden sich die Einflüsse aller übrigen Partialtiden aufheben; nur M_2, da es innerhalb des gewählten Intervalles immer gleich wirkt, wird sich aufsummieren und so von den anderen abgetrennt werden. Dividieren wir durch die Zahl der Intervalle, so erhält man Werte, die sich in der einfachen Form:

$$A \cdot \cos(\omega t + \varkappa)$$

darstellen lassen. A ist die Amplitude, $\varkappa$ die Phase (auch *$\varkappa$-Zahl* oder *Alter der Flut* genannt).

Teilt man die Beobachtungsreihe in Intervalle ein, die einer anderen Periode der fluterzeugenden Kraft entsprechen, so kann man eine andere Partialtide absondern, und so fort, bis man alle gewünschten Glieder herausgeschält hat.

Nach diesen Darlegungen wäre es eigentlich notwendig, zur Bestimmung jeder Partialtide eigene Werte aus der Aufzeichnung des Flutmessers abzulesen. So müßte man z. B. für die halbtägige Sonnenflut S_2, deren Periode 12·00 Stunden ist, die Ablesung von mittlerer zu mittlerer Stunde annehmen, während die Mondflut M_2 die Werte für jede Mondstunde verlangt. Das wäre nicht nur sehr mühevoll und zeitraubend, sondern es wäre damit auch von vornherein die Heranziehung jenes Beobachtungsmateriales ausgeschlossen, welches nicht mit selbstregistrierenden Instrumenten, sondern durch direkte Ablesung am Instrumente in bestimmten Zeitintervallen gewonnen würde.

Man kann sich aber die Sache ohne merklichen Fehler dadurch vereinfachen, daß man nur eine Ablesung vornimmt, etwa nach mittleren

Stunden, und bei der Zusammenstellung für die einzelnen Partialtiden statt des richtigen Wertes den nächstgelegenen abgelesenen nimmt.

BÖRGEN[1]) hat diese Methode bedeutend verbessert. Durch eine besondere Gruppierung des Materiales wird eine große Ersparnis an Rechenarbeit gemacht. Der Grundgedanke ist der folgende: Wir denken uns wieder die Werte von mittlerer zu mittlerer Stunde gegeben und so untereinander geschrieben, daß die zu gleicher Tagesstunde gehörigen Werte in eine senkrechte Reihe kommen. Summieren wir eine solche Reihe, z. B. über n Tage, so werden die entsprechenden Werte der Partialtiden S_1 und S_2, deren Periode ein ganzer oder ein halber mittlerer Tag ist, sich aufsummieren. Die übrigen Partialtiden werden in der verschiedensten Weise eintreten. Es läßt sich nun eine Zahl n angeben, bei der der Einfluß einer gewissen Partialtide, sagen wir M_2, ein positives Maximum wird. Es werden sich aber dann in derselben Reihe andere n aufeinanderfolgende Werte finden, in welchen der Einfluß von M_2 ein negatives Maximum wird, während S_1 und S_2 in der gleichen Weise wirken, da sie zur selben Tagesstunde gehören. Nimmt man die Differenz der beiden Summen, so fällt S_1 und S_2 heraus, während M_2 verdoppelt wird. Diesen Vorgang denken wir uns m mal wiederholt, und die m Resultate neuerlich addiert. Bei richtiger Wahl der Zeiten und des Wertes von m gelingt es, den Einfluß der nicht zu berechnenden Glieder möglichst zurückzudrängen. Ein bleibender Rest kann als Korrektion in Rechnung gebracht werden.

Der geschilderte Vorgang wird für jede Sonnenstunde wiederholt Man erhält so 24 Größen D_t, die 24 Gleichungen zur Bestimmung der Partialtide mit der Periode $\frac{2\pi}{i}$ von der Form liefern:

$$D_t = -A \cos i\,t + B \sin i\,t \qquad t = 1, 2 \ldots \cdot 24^h$$

Aus diesen Gleichungen werden die beiden Unbekannten A und B nach der Methode der kleinsten Quadrate bestimmt. Die Bedeutung von A und B ist gegeben durch:

$$A = F \cdot R \sin(\zeta - N)$$
$$B = F \cdot R \cos(\zeta - N)$$

Hier ist R und ζ die gesuchte Amplitude und Phase der Partialtide, während F und N bekannte Größen sind.

Wenn ein ganzjähriges Material vorliegt, so braucht man nach dieser Methode z. B. zur Bestimmung von M_2 nur 92 entsprechend ausgewählte Tage, während die DARWINsche alle 365 braucht. Dagegen verlangt die BÖRGENsche Methode ein lückenloseres Material, da von den ausgesuchten Zeilen keine fehlen darf.

---

[1]) C. BÖRGEN: l. c. (S. 118). Siehe auch W. SCHWEYDAR: Harmonische Analyse der Lotstörungen durch Sonne und Mond (Veröffentl. d. preuss. geod. Institutes. Neue Folge 59) und: Lotschwankung und Deformation der Erde durch Flutkräfte (Zentralbureau der internationalen Erdmeussng. Neue Folge 38.)

Auch so bleibt die Ermittelung der harmonischen Konstanten eine umfangreiche Arbeit. Wenn diese aber geleistet ist, so gewinnt man damit nicht nur einen Einblick in den Bau der betreffenden Flutkurve, sondern man ist dann auch imstande, den weiteren Verlauf der Erscheinung für beliebige Zeiten vorauszusagen. Dies ist aber eine Sache von großer Wichtigkeit für die Seefahrt. Die Kenntnis der Höhe und der Zeit des Eintrittes der Flut braucht der Seemann, um danach die Möglichkeit des Einlaufens in manchen Hafen beurteilen zu können. Die Kenntnis der Hafenzeit allein reicht da oft nicht aus. Es ist also das Bestreben, von möglichst vielen Stationen die harmonischen Konstanten kennen zu lernen[1]).

Ist die Bestimmung der Konstanten mit einer großen Rechenarbeit verbunden, so verlangt die Vorausberechnung der Gezeiten keine geringere. KELVIN hat daher eine Flutvorhersagemaschine (tide predicting engine)[2]) konstruiert, welche die Summierung der Glieder mechanisch vornimmt. Es gibt aber vorläufig nur drei Exemplare dieser Maschine, die im Besitze der Regierungen von Großbritannien, Frankreich und Britisch-Indien sind.

Den Einfluß von Seiches kann man auf diesem Wege nicht bestimmen, solange nicht die Periode der freien Schwingungen bekannt sind. Man kann nur den umgekehrten Weg gehen: Wenn die harmonischen Konstanten bestimmt sind, kann man den daraus folgenden Verlauf der Gezeiten mit den Beobachtungen vergleichen und untersuchen, ob etwa an Tagen nach größeren Stürmen oder plötzlichen Luftdruckänderungen noch periodische Schwankungen in den Unterschieden bleiben. Solche Untersuchungen hat KESSLITZ[1]) für die dalmatinische Küste durchgeführt.

14. Mittelwasser.

Das erste Glied der Reihe, welche man durch die harmonische Analyse erhält, ist von der Zeit frei und stellt die Höhe des Mittelwassers vor. Diese Höhe ist gezählt von dem Nullpunkt der Skala des betreffenden Flutmessers, und dieser fällt meistens mit dem tiefsten Niedrigwasser (Niedrigwasser der Springflut) zusammen. Er führt den Namen *Pegel*. Für die periodischen Glieder, welche nur aus den Höhendifferenzen abgeleitet werden, ist die Lage dieses Nullpunktes gleichgültig. Die Mittelwässer der einzelnen Stationen sind aber untereinander nur vergleichbar, wenn man die gegenseitige Lage ihrer Nullpunkte kennt. Diese müssen also durch ein Präzisionsintervall miteinander verbunden werden. Bei geringen Distanzen hat dies keine Schwierigkeiten. Die kleinen Unter-

[1]) W. v. KESSLITZ: Die Gezeiten im Adriatischen Meere (Mitteilungen aus dem Gebiete des Seewesens, 1913) enthält die harmonischen Konstanten von 12 Küstenorten des Adriatischen Meeres.

[2]) G. H. DARWIN: On Tidal Prediction (Phil. Trans. Ser. A, Bd. 182). ROBERTS: Tide predicting machine (The Engineer, 1879, Dez. 19).

schiede, die hier gefunden werden und die einige Zentimeter betragen, können ohne weiteres dem Einfluß konstanter oder vorherrschender Winde zugeschrieben werden. So ist z. B. das Mittelwasser in Stolpmünde an der Ostsee um 335 mm höher als in Kiel[1]).

Bei großen Distanzen aber wächst die Unsicherheit des Nivellements stark an. Die Frage des Niveauunterschiedes der großen Meere ist also nicht so leicht zu lösen, da sie durch Nivellements verbunden werden müssen, die über ganze Kontinente, meist auch über höhere Gebirge laufen. Neben der Anhäufung der Beobachtungsfehler, die dabei stattfindet, wirkt namentlich die Unsicherheit in der Länge der verwendete Meßlatten mit. Die Nivellements, welche die Meere verbinden, werden meist im Rahmen der Arbeiten der einzelnen Länder durchgeführt und an den Grenzen aneinander angeschlossen. Die einzelnen Länder verwenden aber verschiedene Latten, und nur der genaueste Vergleich kann davor schützen, daß dadurch größere Fehler in das Nivellement kommen. Durch solche Vergleichungen sind in der Tat die scheinbar so großen Differenzen, die früher zwischen den Ozeanen vermutet wurden, fast ganz geschwunden. Was noch bleibt, kann aber wohl reel sein und auf Unterschiede im mittleren Barometerstand, vorherrschende Winde, verschiedenen Salzgehalt usw. zurückgeführt werden. Die Abweichungen der Mittelwässer der Meere voneinander dürften den Betrag von 3—4 dm nicht überschreiten.

V. Die Konstitution der Erde.

15. Die mittlere Dichte der Erde.

Betrachten wir die Gleichung (18), S. 66, für die Schwere:

$$g = \frac{k^2 E}{r^2}\left[1 + \frac{3(C-A)}{2a^2E}(1 - 3\sin^2\varphi) - \frac{\omega^2 a^3}{k^2 E}\cos^2\varphi\right]. \qquad (1)$$

Setzen wir hier für r seinen Ausdruck (24), S. 66

$$r = a(1 - \mathfrak{a}\sin^2\varphi) \qquad (2)$$

und weiter nach (25) und (27)

$$\frac{\omega^2 a^3}{k^2 E} = \mathfrak{c} \quad \text{und} \quad \frac{3}{2}\frac{C-A}{a^2 E} = \mathfrak{a} - \frac{\mathfrak{c}}{2}, \qquad (3)$$

so erhalten wir leicht in Verbindung mit dem CLAIRAUTschen Theorem (27),

$$g = \frac{k^2 E}{a^2}\left[1 + \mathfrak{a} - \frac{3\mathfrak{c}}{2} + \mathfrak{b}\sin^2\varphi\right]. \qquad (4)$$

Die Größen a, $\mathfrak{a}$, $\mathfrak{b}$ und $\mathfrak{c}$ sind als Resultate der in den Kapiteln I und II besprochenen Operationen bekannt. Die Größe g kann für irgend-

[1]) Verhandlungen der XVII. allg. Konf. d. intern. Erdmessung in Hamburg. Annexe B. VIII, S. 222. Vgl. auch: A. WESTPHAL: Das Mittelwasser der Ostsee (Veröffentl. d. preuß. geod. Inst., Neue Folge 2).

einen Ort durch direkte Beobachtung bestimmt werden. Es ist also in der obigen Gleichung nur mehr die Größe $k^2 E$ unbekannt. Wird also k^2 bestimmt, so läßt sich E berechnen. Bezeichnen wir die mittlere Dichte der Erde mit ϑ_m, so ist

$$E = \frac{4\pi}{3} \vartheta_m a^3 (1 - \mathfrak{a}), \tag{5}$$

und wenn E bekannt ist, so liefert diese Gleichung den Wert von ϑ_m. Die Bestimmung der mittleren Dichte der Erde läuft also auf die Bestimmung der Gravitationskonstante hinaus.

Zur Bestimmung der Gravitationskonstante kann man verschiedene Methoden anwenden.

1. Die älteste Methode ist die von MASKELYNE (1775)[1]; sie besteht in der Bestimmung der Lotstörungen, welche durch isolierte Berge hervorgerufen werden, deren Masse sich infolge ihrer einfachen Form hinlänglich genau berechnen läßt. MASKELYNE stellte seine Beobachtungen an dem 3561 Fuß hohen Berge Shehallian in Schottland an. In neuerer Zeit hat PRESTON[2]) diese Methode bei den Vulkankegeln Haleakala und Mauna Kea auf den Hawaischen Inseln angewendet.

2. Die Bestimmung mit der Drehwage, welches Instrument von CAVENDISH (1798)[3]) zum erstenmal zu diesem Zwecke verwendet wurde. Es wird die Ablenkung gemessen, welche Massen von bekannter Größe, z. B. große Bleikugeln, an der Drehwage erzeugen. Die Versuche wurden später von REICH[4]), BAILY[5]), CORNU und BAILLE[6]) wiederholt. Moderne Bestimmungen rühren von BRAUN[7]), BOYS[8]) und EÖTVÖS[9]) her.

3. Man kann auch die gewöhnliche Wage verwenden, indem man die Gewichtsänderung bestimmt, die eine auf der Wagschale liegende Masse erfährt, wenn unter oder über der Wagschale eine große Masse angebracht wird. Um die störende Masse leicht in verschiedene Stellung zur abzuwägenden Masse zu bringen, wird an einem oder auch an beiden

---

1) N. MASKELYNE: An account of observations made on the mountain Shehallian for finding its attraction (Phil. Trans. 1775).

2) E. D. PRESTON: Mean density of the earth (Phil. Soc. of Washington Bulletin, Vol. XII).

3) H. CAVENDISH: Experiments to determine the density of the earth (Phil. Trans. 1798).

4) REICH: Versuche über die mittlere Dichtigkeit der Erde mit der Drehwage. Freiberg 1838.

5) BAILY: Experiments with the torsion rod for determining the mean density of the earth (Mem. of astr. soc., Vol. XIV, 1843).

6) A. CORNU und J. B. BAILLE: Determ. mouv. de la const. de l'attraction et de la densité de la terre (C. R. 76).

7) C. BRAUN: Gravitationskonstante, Masse und mittl. Dichte der Erde (Denkschr. d. Akad. d. Wiss. in Wien, Bd. 64, 1847).

8) C. V. BOYS: On the Newtonian constant of gravitation (Phil. Trans. of London. Ser. A, Bd. 186).

9) R. EÖTVÖS: Untersuchungen über Gravitation und Erdmagnetismus (Wiedemanns Ann. d. Physik, Bd. 59).

Armen der Wage eine zweite Wagschale in tieferer Lage angebracht. Hierher gehören die Messungen von JOLLY[1]), POYNTING[2]) und RICHARZ-KRIGAR-MENZEL[3]).

4. Statt der Wage verwendet WILSING[4]) das Pendel mit großer Schwingungsdauer und bestimmt den Einfluß bekannter Massen auf seine Ruhelage.

5. Die Methode von AIRY[5]) endlich, die später auch v. STERNECK[6]) gebrauchte, beruht auf Bestimmung der Zunahme der Schwere beim Eintritt in das Erdinnere. Sie findet auf S. 173 eine nähere Besprechung. Wegen der Unsicherheit, die über den anzunehmenden Wert der Oberflächendichte der Erde besteht, liefert diese Methode bedeutend unsicherere Resultate als die anderen.

Die neuesten Bestimmungen ergeben folgende Werte[7]):

PRESTON	$\vartheta_m = 5{,}35$
POYNTING	5,49
RICHARZ und KRIGAR-MENZEL . .	5,50
BRAUN	5,53
BOYS	5,53
WILSING	5,59
EÖTVÖS	5,53

Als Mittelwert können wir ansehen

$$\vartheta_m = 5{,}52 .$$

16. Schwere- und Lotstörungen; die Konstitution der Erdrinde.

Es ist eine selbstverständliche Folge des Gravitationsgesetzes, daß die Massenunregelmäßigkeiten der Erde sich als Störungen im Werte der Schwere und in der Richtung des Lotes äußern müssen.

Für die Bestimmung der Erdgestalt aus Schweremessungen war es notwendig, die Schwere im Meeresniveau zu bestimmen. Es ist also zu-

[1]) PH. JOLLY: Anwendung der Wage auf das Problem der Gravitation (Wiedemanns Ann. d. Physik, Bd. 5 und 14).

[2]) J. H. POYNTING: On the determination of the mean density of the earth and the gravitation costant (Phil. Trans. of London, Ser. A, Bd. 182).

[3]) F. RICHARZ und O. KRIGAR-MENZEL: Gravitationskonstante und mittl. Dichtigkeit der Erde, bestimmt durch Wägungen (Sitzungsber. d. preuß. Akad. d. Wiss. 1896, XLVIII).

[4]) J. WILSING: Anwendung des Pendels zur Bestimmung d. mittl. Dichtigkeit der Erde (Sitzungsber. d. preuß. Akad. d. Wiss. 1885, 1887).

[5]) G. AIRY: Pendulum experim. in the Harton colliery for determ. the mean density of the earth (Phil. Trans. 1856).

[6]) R. v. STERNECK: Untersuchungen über die Schwere im Innern der Erde (Mitteil. des mil. geogr. Inst. in Wien, II. Bd., 1882). Wiederholung der Untersuchungen über die Schwere im Innern der Erde (ibid. III. Bd., 1883). Untersuchungen über die Schwere im Innern der Erde (ibid. VI. Bd., 1886).

[7]) Eine umfassendere Zusammenstellung siehe W. TRABERT: Lehrbuch der kosmischen Physik (Leipzig, Berlin 1911).

erst die Frage zu beantworten, was wir darunter zu verstehen haben. Wir können dreierlei Auffassungen unterscheiden.

1. In der wörtlichen Bedeutung ist die Schwere im Meeresniveau jener Wert, den eine direkte Beobachtung daselbst ergeben müßte, die also beeinflußt wäre von allen Massen in ihrer natürlichen Lagerung. Da die Punkte des Meeresniveaus meist unzugänglich sind, da sie in der Kontinentalmasse liegen (Abb. 36), so ist eine direkte Beobachtung nicht möglich; die Werte müssen also aus den Beobachtungen auf der physischen Erdoberfläche errechnet werden. Dazu bestimmt man den Einfluß aller Massen außerhalb der Meeresfläche auf den Beobachtungspunkt und bringt ihn als Korrektion in Rechnung. Es kommt dies darauf hinaus, daß man sich diese Massen zunächst entfernt denkt. Dann wird der Punkt P auf der Meeresfläche nach P' hinunter verlegt, und nun werden die Massen wieder hinzugefügt, indem ihr Einfluß auf den Punkt in seiner neuen Lage berechnet wird.

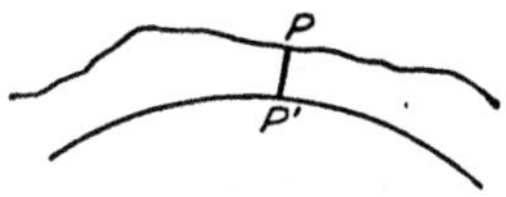

Abb. 36.

2. Man berücksichtigt nur den ersten Teil der obigen Reduktion; man entfernt also die äußeren Massen und verlegt den Punkt in die Meeresfläche.

3. Man nimmt bei der Reduktion eine Idealisierung oder eine Umlagerung der Massen vor, wie sie z. B. der schon besprochenen Kondensationsmethode zugrunde liegt.

Die gewöhnliche Form der Reduktion war bis vor kurzem allgemein die unter 2. gegebene. Sie beginnt mit der Berücksichtigung der Anziehung einer horizontalen Platte von einer Dicke, die der Meereshöhe der Beobachtungsstation entspricht. Diese Korrektion ist nach der Young-Bouguerschen Formel gegeben durch:

$$\Delta g = -\frac{3}{2}\cdot\frac{\vartheta}{\vartheta_m}\cdot\frac{h}{R}\cdot g. \qquad (1)$$

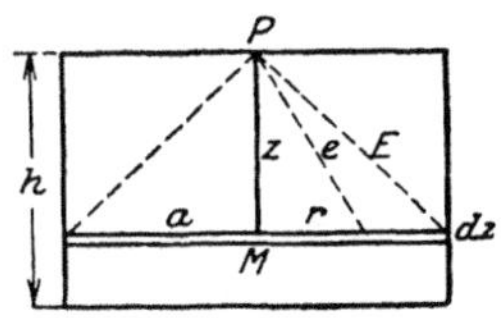

Abb. 37.

Wir erhalten diese Formel leicht auf folgendem Wege[1]): Wir suchen die Anziehung einer kreisförmigen Platte vom Radius a und der unendlich kleinen Dicke dz auf einen Punkt P im senkrechten Abstande z von ihrer Mitte (Abb. 37). Wir nehmen als Massenelement einen Ring von der unendlich kleinen Breite dr, dessen Punkte alle von P den gleichen Abstand

$$e = \sqrt{r^2 + z^2}$$

haben. Ist ϑ die Dichte, so ist das Potential dieses Ringes im Punkte P

$$dv = 2\pi k^2 \vartheta \frac{r\,dr\,dz}{\sqrt{r^2 + z^2}}$$

---

[1]) R. Helmert: Die mathem. und physik. Theorien der höheren Geodäsie, II. Bd., S. 141.

und das Potential der ganzen Scheibe

$$v = 2\pi k^2 \vartheta dz \int_0^a \frac{r\,dr}{\sqrt{r^2+z^2}} = 2\pi k^2 \vartheta dz \left[\sqrt{a^2+z^2} - z\right]$$
$$= 2\pi k^2 \vartheta dz (E - z) \qquad E = \sqrt{a^2+z^2}. \tag{2}$$

Die entsprechende Schwerestörung ist

$$\Delta g = -\frac{\partial v}{\partial z} = -2\pi k^2 \vartheta dz \left(\frac{\partial E}{\partial z} - 1\right) = 2\pi k^2 \vartheta dz \left(1 - \frac{z}{\sqrt{a^2+z^2}}\right).$$

Integrieren wir diesen Ausdruck nach z von 0 bis h, so erhalten wir die Anziehung eines Kreiszylinders von der Höhe h auf den Punkt P seiner oberen Grundfläche

$$\Delta g = 2\pi k^2 \vartheta \int_0^h \left(1 - \frac{z}{\sqrt{a^2+z^2}}\right) dz = 2\pi k^2 \vartheta \left(h - \sqrt{a^2+h^2} + a\right). \tag{3}$$

Vernachlässigen wir das Glied mit h^2, indem wir h gegen a sehr klein annehmen, so bleibt

$$\Delta g = 2\pi k^2 \vartheta h. \tag{4}$$

Ist ϑ_m die mittlere Dichte der Erde und R ihr Radius, so ist die Schwere auf der Oberfläche

$$g = \frac{4\pi k^2 \vartheta_m R^3}{3} \cdot \frac{1}{R^2} = \frac{4\pi k^2 \vartheta_m R}{3}, \tag{5}$$

somit

$$2\pi k^2 = \frac{3g}{2R\vartheta_m}$$

und

$$\Delta g = \frac{3}{2} \cdot \frac{\vartheta}{\vartheta_m} \cdot \frac{h}{R} \cdot g. \tag{6}$$

Wenn das Terrain hinlänglich eben ist, so können wir die Anziehung der unter ihm befindlichen Massen ersetzen durch die einer sehr ausgedehnten horizontalen Platte, deren Dicke gleich der Seehöhe des betreffenden Ortes ist: Ihr Einfluß ist durch Formel (6) gegeben und mit negativen Zeichen anzubringen, wenn die Schwere von der Anziehung der Platte befreit werden soll.

Mit der Reduktion wegen Höhe, Gleichung (5), S. 63, vereinigt, erhalten wir

$$\Delta g = \frac{2h}{R}\left(1 - \frac{3}{4}\frac{\vartheta}{\vartheta_m}\right) g. \tag{7}$$

An diese Formel ist bei sehr unebenem Terrain noch eine Reduktion auf horizontales Terrain oder eine topographische Korrektion anzubringen. Zu diesem Zwecke muß man die sichtbaren Masseanhäufungen einzeln in Rechnung bringen, indem man dieselben zur leichteren Berechnung durch einfache geometrische Gebilde entsprechend ersetzt, was namentlich in dem Falle gilt, als prägnante Formen darunter vorkommen. Sind solche nicht vorhanden, so kann man die ganze Umgebung durch konzentrische Kreise und Radien in Felder einteilen, deren Anziehung mit Hilfe einer für jedes Feld geltenden mittleren Höhe und mittleren Dichtigkeit leicht berechnet werden kann.

Den Schwereeinfluß eines solchen Feldes können wir auf Grund von (3), leicht bestimmen. Ist $a_i + 1$ der äußere Radius, a der innere, und entspricht der zugehörige Zentriwinkel dem $n$ten Teil der Peripherie, so finden wir, wenn wir vorläufig die mittlere Höhe des Feldes gleich der Höhe des Beobachtungspunktes nehmen:

$$\begin{aligned}\Delta g &= \frac{2\pi}{n} k^2 \vartheta\left[a_{i+1} + h - \sqrt{a_{i+1}^2 + h^2}\right] - \frac{2\pi}{n} k^2 \vartheta\left[a_i + h - \sqrt{a_i^2 + h^2}\right] \\ &= \frac{2\pi}{n} k^2 \vartheta\left[a_{i+1} - a_i - \sqrt{a_{i+1}^2 + h^2} + \sqrt{a_i^2 + h^2}\right] \\ &= \frac{3}{2n}\frac{\vartheta}{\vartheta_m} \cdot \left[a_{i+1} - a_i - \sqrt{a_{i+1}^2 + h^2} + \sqrt{a_i^2 + h^2}\right]\frac{g}{R}\,.\end{aligned}$$

Dieser Betrag ist vollständig in Formel (6) bereits enthalten. Wir haben also nur noch den Unterschied zu berücksichtigen, der aus der Höhendifferenz und aus der Verschiedenheit der Dichte entspringt. Ist die Dichte in dem beobachteten Felde gleich ϑ' und behalten wir die Höhe h noch bei, so folgt mit $\vartheta' - \vartheta = \Delta\vartheta$ die Verbesserung

$$\frac{3}{2n}\left(\frac{\Delta\vartheta}{\vartheta_m}\right)\left[a_{i+1} - a_i - \sqrt{a_{i+1}^2 + h^2} + \sqrt{a_i^2 + h^2}\right]\frac{g}{R}\,.$$

Ist nun die mittlere Höhe in dem Felde gleich h' und $h' < h$, so fällt noch die einer Dicke $h - h' = \Delta h$ entsprechende Anziehung weg, die wieder ausgedrückt ist durch

$$-\frac{3}{2n}\frac{\vartheta'}{\vartheta_m}\left[a_{i+1} - a_i \quad - \sqrt{a_{i+1}^2 + \Delta h^2} + \sqrt{a_i^2 + \Delta h^2}\right]\frac{g}{R}\,.$$

Die Korrektion ändert das Zeichen nicht, wenn $h' > h$ und $h' - h = \Delta h$ wird; eine Massenschicht oberhalb eines Punktes wirkt eben im gleichen Sinne wie eine fehlende Schicht unterhalb.

Ist $h : a$ und $h' : a$ klein, so erhält man leicht die Näherungsformeln

$$\begin{aligned}&\frac{3}{4n}\frac{\vartheta' - \vartheta}{\vartheta_m}\frac{h^2}{R}\left[\frac{1}{a_i} - \frac{1}{a_{i+1}}\right]g \\ &-\frac{3}{4n}\frac{\vartheta'}{\vartheta_m}\cdot\frac{\Delta h^2}{R}\left[\frac{1}{a_i} - \frac{1}{a_{i+1}}\right]g\,.\end{aligned} \tag{8}$$

Diese Verbesserungen sind am beobachteten Schwerewert mit umgekehrten Vorzeichen anzubringen, um ihn von der Störung zu befreien.

Die Berücksichtigung von Massen in sehr großer Distanz ist bei dieser Art der Reduktion überflüssig und zum Teil schädlich. Solange die Krümmung der Erde vernachlässigt werden kann, wirken weit entfernte Massen fast nur horizontal und liefern nur eine verschwindend kleine Komponente in der Richtung der Schwere. Ist die Distanz so groß, daß auch die Erdkrümmung in Rechnung gezogen werden muß, so wird der Einfluß zwar wieder größer, er ist aber dann für die Punkte P und P' (Abb. 36) fast gleich. Die einseitige Berücksichtigung des Einflusses auf P wäre daher fehlerhaft[1]).

Diese Form der Reduktion war selbstverständlich, solange man der Meinung war, daß die sichtbaren Massenunregelmäßigkeiten die einzigen seien. Dann wären mit dieser Methode alle Störungen beseitigt, und der Verlauf der so erhaltenen Schwerewerte müßte glatt und einfach sein. Es war nun eine merkwürdige Entdeckung, als man sah, daß dieser Zweck keineswegs erreicht wurde. Der Verlauf wurde nicht einfacher, sondern meist komplizierter. Man mußte daraus zwei Schlüsse ziehen:

1. Die *sichtbaren Massenunregelmäßigkeiten* sind nicht die einzigen, sondern es gibt auch *unsichtbare*.

2. Die unsichtbaren Massen haben vielfach den entgegengesetzten Charakter wie die sichtbaren, sonst hätte die Berücksichtigung der äußeren Massen eine Verbesserung im Verlauf der Schwere erzeugen müssen; mit anderen Worten: den äußeren *Massenanhäufungen* entsprechen *Massendefekte* unterhalb und umgekehrt. Man spricht in diesem Sinne von einer unterirdischen *Kompensation*. So zeigen namentlich die großen Kettengebirge (Alpen, Kaukasus, Himalaja) eine viel kleinere Schwere, als die sichtbaren Massen vermuten lassen. Nach Berücksichtigung der letzteren bleiben negative Beträge der Störungen bis zu $150 \cdot 10^{-3}$ cm. Wir dürfen nicht zweifeln, daß dies in irgendeinem Zusammenhang mit der Entstehungsweise der Gebirge steht.

Andere Gegenden, z. B. der Harz, zeigen unterirdische Massenanhäufungen. Ebenso sind alle vulkanischen Gebiete, sowie alle Inseln im Ozean durch positive Schwereanomalien ausgezeichnet. Der größte heute bekannte Wert ist[2]) $+ 341{,}10^{-3}$ cm, der in Port Lloyd (Bonininsel: 27° Br., 142° ö. L.) gemessen wurde.

Den großen Kontinenten scheinen unterirdische Massendefekte zu entsprechen. Auf dem Meere zeigt sich die Schwere ziemlich normal. Da aber das Meer selbst einen ungeheuren Massendefekt vorstellt, da es nur die Dichte 1 hat, während die übrige Erdkruste die Dichte 2,7 besitzt, so müssen wir für den Meeresgrund eine bedeutende Massenanhäufung annehmen. Zwischen Küste und Festland besteht ein konstanter Unterschied von $+ 0{,}036$ cm, zwischen Tiefsee und Flachsee ein solcher von $- 0{,}047$ cm[3]).

---

[1]) R. HELMERT: Die Schwerkraft und die Massenverteilung der Erde (Enzyklopädie der math. Wissenschaften, Bd. VI).

[2]) R. HELMERT: Spezialbericht über die relativen Schweremessungen (Verhandl. d. XVI. allg. Konf. d. intern. Erdmessung, III. Teil, 1911).

[3]) O. E. SCHIÖTZ: Die Schwerkraft auf dem Meere längs dem Abfall der Kontinente gegen die Tiefe. Christiania 1907.

Es ist nicht möglich, auf Grund der Schweremessungen die unterirdischen Massen oder Massendefekte zu lokalisieren, oder ihre Gestalt und Größe anzugeben, weil es unendlich viele Massenanordnungen gibt, welche sich nach außen in gleicher Weise äußern. Um aber bestimmte Vorstellungen damit verbinden zu können, denkt man sich die störende Masse als ideale Schicht im Meeresniveau gelegen. Bezeichnen wir wieder mit g die Größe

$$g = \frac{4\pi}{3} k^2 \vartheta_m R ,$$

welche nichts anderes ist als die Schwere auf der kugeligen Erde mit dem Radius R und der mittleren Dichte ϑ_m, so ist die Dicke der *ideellen Schicht* D[1])

$$D = 2\left(\frac{2R}{3g} \Delta g + N\right). \tag{9}$$

Hier ist Δg die beobachtete Schwerestörung und N die Entfernung zwischen dem Geoid und der angenommenen Referenzfläche. Das Auftreten der Größe N erklärt sich damit, daß wir die beobachteten Schwerewerte mit der Meereshöhe auf die Meeresfläche, das Geoid, reduzieren und sie dann mit der normalen Schwere vergleichen, die aber nach den Ausführungen des § 2 des II. Kapitels nicht für das Geoid, sondern für ein Niveausphäroid gilt, welches mit dem Geoid nicht zusammenfällt, sondern gegen dieses eben die Höhenunterschiede N aufweist. Wir werden sehen, daß wir allen Grund haben, die Größe N als ziemlich klein anzunehmen. HELMERT[2]) schätzt den Höchstbetrag auf $\pm$ 100 m. Man kann also in der obigen Formel N weglassen. Der verbleibende Ausdruck

$$D = \frac{4R}{3g} \Delta g \tag{10}$$

entspricht dann der Auflösung der Gleichung (6) nach h, an dessen Stelle D tritt, wobei $\frac{\vartheta}{\vartheta_m} = \frac{1}{2}$ gesetzt wird; das Vorzeichen richtet sich danach, ob es sich um einen Massendefekt oder einen Massenüberschuß handelt. So berechnet z. B. STERNECK für die Alpen eine ideelle Schicht von 1000 bis 1200 m Dicke mit der Dichte Null[3]).

---

[1]) R. HELMERT: Die mathem. und physik. Theorien der höheren Geodäsie Bd. II, S. 259. Nimmt man die ideelle Schicht nicht so ausgedehnt, daß man die Krümmung der Erde berücksichtigen muß, so hat man in (9) statt N: $\frac{4N}{3}$ zu setzen.

[2]) R. HELMERT: Die Bestimmung des Geoides im Harze (Sitzungsber. d. preuß. Akad. d. Wiss. 1913, XXVIII). A. GALLE: Das Geoid im Harze (Veröffentl. d. preuß. geod. Inst., Neue Folge Nr. 61. R. HELMERT: Unvollkommenheiten im Gleichgewichtszustande der Erde (Sitzungsber. d. preuß. Akad. d. Wiss. 1908, XLIV).

[3]) R. v. STERNECK: Die Schwerkraft in den Alpen (Mitteil. d. mil. geogr. Inst. in Wien, XI. Bd.) R. HELMERT: Die Schwerkraft im Hochgebirge (Veröffentl. d. preuß. geod. Inst., 1890.)

Es ist klar, daß diese ideelle Schicht noch keine richtige Vorstellung geben kann. Schon der Umstand, daß man den Defekten die Dichte Null gibt (also gegenüber den umgebenden Massen die Defektdichte — 2,7), was also darauf hinauskommt, direkte Hohlräume anzunehmen, zeigt, daß die Anordnung sehr unwahrscheinlich ist. Es ist zwar nicht augsgeschlossen, daß tatsächlich Hohlräume vorkommen, sind doch auch sonst in vielen Gebirgen große Höhlen nachgewiesen; im allgemeinen ist man aber mehr geneigt zu glauben, daß es sich nicht um Hohlräume, sondern nur um Gebiete geringerer Dichte handelt, deren Lage natürlich nicht näher festgelegt werden kann. Darüber können wir nur so viel aussagen: Sind die störenden Massen tiefer gelegen, so müssen sie größer sein, um die beobachtete Störung zu erklären. Sie werden sich dann aber auch auf einem größeren Gebiete äußern müssen. Liegen dagegen die Massen näher dem Meeresniveau, so können sie kleiner sein, werden sich aber nur auf einem kleineren Gebiete geltend machen. Dieser Umstand wird bei Berechnung der ideellen Schicht ganz außer acht gelassen: es wird nur aus der Schwerestörung Δg an irgendeiner Station die Dicke der Schicht berechnet, dabei aber gar nicht darauf Rücksicht genommen, inwieweit dadurch auch Nachbarstationen beeinflußt werden.

Diesem Umstand hat der Verfasser[1]) Rechnung zu tragen versucht in zwei Untersuchungen über die Schwereverhältnisse in den Tiroler Alpen. Dabei mußte eine Annahme über die Größe des Massendefektes gemacht werden, um dann auf Grund derselben eine Lokalisierung vorzunehmen. Es tritt also die Frage in den Vordergrund, welche Anhaltspunkte wir über die Größe solcher Massendefekte gewinnen können.

Die Antwort auf diese Frage gibt die Theorie des Massengleichgewichtes (*Isostasie*) von Airy, die von diesem zuerst auf Grund der Schweremessungen entwickelt wurde. Danach befindet sich die Erdrinde im Zustande des hydrostatischen Gleichgewichtes. Diese Vorstellung ist natürlich nur vereinbar mit der Annahme, daß die Massen in größerer Tiefe flüssig oder wenigstens plastisch sind, so daß die festen Schollen der Erdoberfläche auf den unteren Schichten gewissermaßen schwimmen können. Die letzteren müssen dann jedenfalls ein höheres spezifisches Gewicht besitzen. In der Tat unterscheiden die Geologen in der Erdkruste zwei Schichten. Die obere Schicht, welche vorwiegend aus silizium- und aluminiumhaltigen Gesteinen besteht, die mit dem Kürzungsworte *Sal* (Sial) bezeichnet werden, ist die leichtere, die zweite, mit silizium- und magnesiumhaltigen Gesteinen, kurz *Sima* genannt, ist die schwerere, auf der die Schollen der ersten schwimmen.

Das Herausragen einer Scholle über ihre Umgebung kann zweierlei Gründe haben: Entweder die Scholle ist mächtiger an Dicke als die an-

[1]) A. Prey: Untersuchungen über die Isostasie in den Alpen auf Grund der Schweremessungen in Tirol, I. Mitteil. (Sitzungsber. d. Akad. d. Wiss. in Wien, Bd. CXXI, Abt. II a), II. Mitteil. (Bd. CXXIII).

schließenden: sie taucht dann tiefer in die Unterlage ein, wird aber auch höher über die Meeresfläche herausragen (Abb. 38); oder die Scholle hat geringere Dichte als die benachbarten: sie sinkt dann weniger tief ein (Abb. 39).

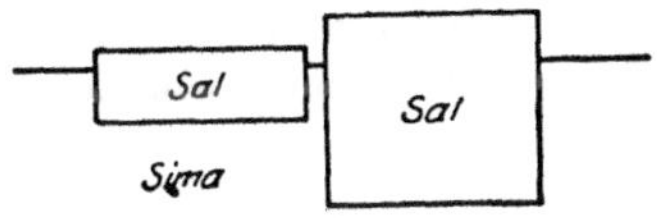

Abb. 38.

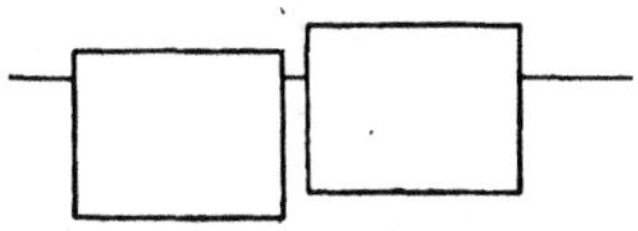

Abb. 39.

Nimmt man an, daß die Schollen der Erdkruste im allgemeinen die gleiche mittlere Dichte haben, die dann die des Sal wäre, so müssen wir bei dem ersten Fall bleiben. In beiden Fällen aber entsteht der Massendefekt dadurch, daß die schwereren unteren Massen durch die leichtere Schollenmasse verdrängt wird.

Nach dieser Vorstellung ist nun die Größe des Massendefektes unmittelbar gegeben. Aus dem archimedischen Prinzip folgt sofort, daß die über die Meeresfläche herausragende Masse genau dem gleich sein muß, was unten fehlt. Die Massendefekte sind also gleich den sichtbaren Massen[1]). Bei der Theorie des Massenausgleiches, wie sie PRATT gibt und die auch den unten besprochenen Untersuchungen von HELMERT und HAYFORD zu Grunde liegt, wird angenommen, daß die Höhenunterschiede nur von Auflockerungen oder Zusammenpressungen der Massen herrühren, daß also größeren Erhebungen geringere Dichte entspricht und umgekehrt. Da wir annehmen müssen, daß die Massenunregelmäßigkeiten sich nicht bis in die tiefsten Tiefen erstrecken, sondern die Schichten nach unten zu immer regelmäßiger und regelmäßiger werden, so muß bei einer gewissen Tiefe der Ausgleich perfekt sein. In diesem Sinne sprechen wir von einer *Ausgleichsfläche*, d. i. die erste Niveaufläche im Innern der Erde, von der Eigenschaft, daß auf jeder Flächeneinheit gleichviel Masse lastet.

Man darf sich nicht vorstellen, daß sich dieser Ausgleich bis in alle Einzelheiten genau vollzogen hat. Das zeigt sich deutlich an den schon oben erwähnten Verhältnissen im Harz, wo den äußeren Massen kein unterirdischer Defekt, sondern ein weiterer Massenüberschuß entspricht. Hier hat also offenbar ein Ausgleich nicht stattgefunden. Man kann sich dies etwa so erklären. In der Erdoberfläche gehen durch die geologischen Kräfte stets Veränderungen vor sich. Dadurch entstehen Druckunterschiede, die sich nicht sofort ausgleichen können, da die Massen jedenfalls schwer beweglich, zähflüssig oder plastisch sind. Erst im Laufe langer Zeiten wird der Ausgleich hergestellt werden. Daher werden Abweichungen vom Gleichgewichtszustande dort wahrscheinlich sein, wo in jüngster Zeit geologische Veränderungen vor sich gegangen sind. Damit stimmt die Beobachtung von Massenüberschüssen in vulkanischen

[1]) Eigentlich sollte der Ausgleich nicht nach der Masse, sondern nach dem Gewichte stattfinden, wobei der Zunahme der Schwere mit der Tiefe in der Nähe der Erdoberfläche Rechnung zu tragen wäre. Man pflegt diesen Umstand außer acht zu lassen.

Gegenden überein. Zur Herstellung des vollen Ausgleiches sind dann offenbar Horizontalverschiebungen unterirdischer Massen notwendig.

Man kann nun versuchen, aus den Schwerestörungen die Tiefe der Ausgleichsfläche zu berechnen. HELMERT[1]) verwendet hierzu eine größere Anzahl von Küstenstationen und findet die beste Übereinstimmung für eine Tiefe von 118 km.

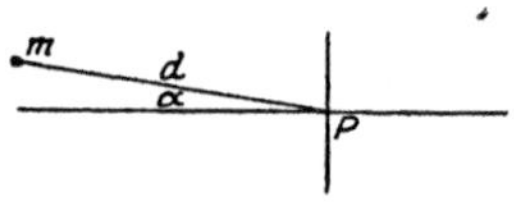

Abb. 40.

Es ist klar, daß die Massenunregelmäßigkeiten sich auch in den Lotstörungen äußern müssen. Die Sache ist nur hier viel komplizierter, weil die seitlich liegenden Massen viel wirksamer sind. Ist z. B. in Abb. 40 P der Beobachtungspunkt und m die störende Masse in der Nähe der Oberfläche, so wirkt in der Richtung der Schwere die Komponente

$$\frac{k^2 m}{d^2} \cdot \sin\alpha\,,$$

in der dazu senkrechten Richtung

$$\frac{k^2 m}{d^2} \cdot \cos\alpha\,.$$

Da nun m in der Nähe der Oberfläche liegt, wird der Winkel α schon bei mäßiger Distanz klein sein, somit der Kosinus gegen den Sinus weit überwiegen. Erst wenn die Entfernung so groß wird, daß die Krümmung der Erde berücksichtigt werden muß, wird sich dies ausgleichen. Man muß also die Berechnung der Lotstörungen mit größerer Genauigkeit vornehmen.

Im übrigen ist der Vorgang ganz der gleiche: Man zieht die sichtbaren Massenunregelmäßigkeiten in Rechnung und deckt so den Einfluß der unsichtbaren auf. Es müssen sich nun die Resultate aus den Schwere- und Lotstörungen gegenseitig bestätigen. Dies geschieht auch. Man macht auch hier die Beobachtung, daß die Lotstörungen im allgemeinen viel geringer sind, als die sichtbaren Massen vermuten ließen. Die drei hier folgenden Beispiele, welche den indischen Arbeiten[2]) entnommen sind, zeigen dies besonders deutlich.

Diesen drei Lotstörungsstationen stellen wir drei amerikanische Schwerestationen aus den Arbeiten HAYFORDS[3]) gegenüber, in welchen ebenfalls der Effekt isostatischer Behandlung hervortritt:

---

[1]) R. HELMERT: Die Tiefe der Ausgleichsfläche bei der PRATTschen Hypothese für das Gleichgewicht der Erdkruste und der Verlauf der Schwerestörung vom Innern der Kontinente und Ozeane nach den Küsten (Sitzungsber. d. preuß. Akad. d. Wiss. 1909, XLVIII).

[2]) Verhandl. der XVII. allg. Konf. d. intern. Erdmessung im Jahre 1912.

[3]) J. HAYFORD and W. BOWIE: The effect of topography and isostatic compensation upon the intensity of gravity (Coast and geod. survey, special publ. No. 10). W. BOWIE: Second paper (ibidem, special publ. No. 12).

Station	Breite	Länge östl. v. Gr.	Höhe	Lotstörung		
				beobachtet	berechnet aus den sichtbaren Maßen	isostatisch berechnet
Kurseong (Himalaya)	26° 52′	88° 18′	1338m	46″	70″,6	22″,7
Siliguri (Fuß des Himalaya)	26 42	88 27	121	18	52,0	11,5
Jalpaiguri (Gangesebene)	26 31	88 47	84	1	45	8

Station	Breite	Länge westl. v. Gr.	Höhe	Schwerestörung		
				beobachtet	berechnet nach BOUGUER	isostatisch berechnet
Grand Canyon, Wyo. (Gebirgsstation). .	44° 43′	110° 30′	2386m	− 0,700cm	− 0,492cm	− 0,706
Pierre S. Dak.. . .	44 22	100 21	454	− 0,139	− 0,100	− 0,161
West. Palm Beach, Fl. (Küstenstation) . .	26 43	80 3	2	+ 0,048	− 0,009	+ 0,022

In beiden Fällen sehen wir, um wieviel näher die isostatisch berechneten Werte den beobachteten kommen. Die Lotstörungen drängen also ebenso wie die Schwerestörungen zur Annahme einer Kompensation.

Stellt man sich auf den Standpunkt eines vollständigen Ausgleiches im Sinne der PRATTschen Hypothese, so läßt sich auch aus den Lotstörungen die Tiefe der Ausgleichsfläche bestimmen. Hier waren die umfangreichen Untersuchungen von TITTMANN und HAYFORD[1]) auf Grund des amerikanischen Beobachtungsmateriales bahnbrechend. Unter verschiedenen Annahmen über die Tiefe der Ausgleichsfläche wurde der Effekt der isostatischen Reduktion auf die Lotstörungen berechnet und endlich jener Wert als der richtige angenommen, welcher den besten Anschluß an ein Niveausphäroid herbeiführte, also die kleinsten Lotstörungen im Sinne der Methode der kleinsten Quadrate zurückließ. Die große Achse und die Abplattung des Niveausphäroides wurden dabei ebenso wie auf S. 25 als Unbekannte eingeführt. Die Tiefe der Ausgleichsfläche ergab sich zu 113—122 km, welche Werte sehr gut mit den später von HELMERT aus den Schweremessungen abgeleiteten übereinstimmen.

Bei der Unsicherheit, welche diesen Werten noch anhaftet, kann man für die Tiefe der Ausgleichsfläche also etwa 120 km annehmen. Die Übereinstimmung der Resultate aus beiden Methoden bildet eine außerordentliche Stütze für die Theorie vom Massenausgleich.

[1]) O. TITTMANN and J. HAYFORD: The figure of the earth and isostasy from measurments in the United States 1909.

Mit diesem Massenausgleich hängt es auch zusammen, daß die mehrfach gebrauchte Größe N keine großen Werte annimmt. Das Geoid ist eben trotz der so unregelmäßigen Massenverteilung viel glatter als man glauben sollte, und schließt sich daher einer einfachen Fläche sehr gut an.

Die isostatische Reduktion von Schwerewerten und Lotstörungen wird nun darin bestehen, daß man zunächst die sichtbaren Massenunregelmäßigkeiten bis zum Meeresniveau in Rechnung zieht. Dann denkt man sich die über jeder Flächeneinheit liegende Masse bis zu einer Tiefe von 120 km gleichmäßig verteilt und nun den Einfluß derselben neuerdings berechnet und mit umgekehrten Vorzeichen versehen.

Die Formeln für die isostatische Reduktion gestalten sich sowohl bei der Schwere wie bei den Lotstörungen recht verwickelt. Man verwendet auch hier die Methode, die Umgebung durch Kreise und Radien in Felder zu teilen, deren Wirkung einzeln bestimmt wird. Es müssen jedoch hier sehr weit entfernte Massen noch berücksichtigt w..., wenn auch nur in den Hauptformen[1]).

Wäre nun die Kompensation im Sinne dieser Theorie in allen Einzelheiten eine vollständige, so müßten die isostatisch reduzierten Schwerebeobachtungen ein störungsfreies System bilden. Dies ist aber nicht der Fall: es bleiben Gebiete, die deutlich systematische Störungen zeigen.

Solche ausgesprochene Störungsgebiete sind nach HELMERT[2]) z. B. die vulkanischen Inseln Oahu und Hawaii mit Massenüberschuß; ein breiter Streifen im Oberlaufe des Amudarja und Sirdarja in Turkestan mit etwa 1500 km Länge und 500 km Breite scheint dagegen einen Massendefekt zu zeigen, dem vielleicht horizontale Massenverschiebungen in der Richtung gegen das asiatische Hochland entsprechen; auch weiter nördlich am Ob in den Stationen Tobolsk, Beresew und Obdorsk auf einem Streifen von etwa 3000 km Länge ist die Schwere durchwegs zu klein, obwohl hier von äußeren Massenanhäufungen nichts zu sehen ist. Dagegen ist in ganz Europa (mit Ausschluß des südlichen Teiles und der Alpen), von England und Schottland angefangen durch die Norddeutsche Tiefebene bis zum Ural, eine positive Störung zu bemerken, speziell der Harz ist gar nicht kompensiert. Die Ozeane zeigen einen ganz normalen Verlauf der Schwere, dagegen zeigen die Küsten und die kleinen Binnen-

[1]) R. HELMERT: Die Tiefe der Ausgleichsfläche usw. (Sitzungsber. der preuß. Akad. d. Wiss. 1909, XLVIII). Die isostatische Reduktion der Lotrichtungen (ibid. 1914, XIV). E. HÜBNER: Beitrag zur Theorie der isostatischen Reduktion der Schwerebeschleunigung (Beiträge zur Geophysik, XII. Bd.). Gegen die Berechtigung, alle Schwerewerte nach diesem Prinzip einheitlich zu erledigen, erhebt R. SCHUMANN Bedenken: Über die Anwendung der Theorie vom Massenausgleich auf Vermessungen durch die Coast and Geodetic Survey der Vereinigten Staaten (Zeitschr. f. Vermessungswesen, IX. Bd., 1911).

[2]) R. HELMERT: Unvollkommenheiten im Gleichgewichtszustande der Erdkruste (Sitzungsber. d. preuß. Akad. d. Wiss. 1908, XLIV).

meere deutliche Störungen[1]). Ein sehr komplizierter Fall liegt im Himalaja und dem nördlichen Teile Indiens vor[2]). Diese Verhältnisse finden wahrscheinlich ihre Erklärung in wirklicher Abweichung von der Isostasie, also in Massenüberschüssen oder Massendefekten; teilweise könnten sie aber auch einer anderen Tiefe der Ausgleichsfläche zugeschrieben werden.

Solche große Störungsgebiete müssen auch größere N-Werte zur Folge haben. Nach den diesbezüglichen Rechnungen von SCHUMANN[3]) dürfte aber doch der Grenzwert ± 100 m kaum überschritten werden; GALLE[4]) findet für den Harz nur 4,4 m, bezogen auf das System der Längengradmessung im 52° Breite, d. h. auf das dieser Messung zugrunde gelegte Referenzellipsoid.

Hat uns die Untersuchung der Schwerestörungen zu dem Begriff der Isostasie geführt, so gibt diese ihrerseits nun ein Mittel an die Hand, Schwerewerte abzuleiten, welche, abgesehen von den obengenannten Gebieten, von Störungen möglichst frei sind, und die sich daher besonders zur Bestimmung der Erdgestalt eignen. Bezüglich der Lotstörungen haben die obenerwähnten Arbeiten in Amerika das Gleiche dargetan. Die isostatische Reduktion entspricht einer Idealisierung der Massenlagerung, indem die äußeren sichtbaren Massen in die Erdkruste hineinverlegt und daselbst bis zu einer Tiefe von 120 km verteilt gedacht werden. Sie entspricht daher einem Vorgange, wie er auf S. 133 unter Punkt 3 angegeben wurde. So findet auch die HELMERTsche Kondensationsmethode ihre Rechtfertigung, die, zunächst aus theoretischen Überlegungen entsprungen, nun einen physikalischen Sinn erhält. Durch das Hinterverlegen der Massen gleichen sich die Unterschiede aus.

Bei beiden Methoden entsteht durch die Verlagerung der Massen eine Verschiebung der Meeresfläche, also gerade jener Fläche, welche bestimmt werden soll. Bei der isostatischen Reduktion ist diese Verschiebung größer; da hier Tiefen bis zu 120 km in Betracht kommen, während HELMERTS Kondensationsfläche nur in 21 km Tiefe liegt, so wird ein großer Teil der Massen viel weiter aus der Anfangslage entfernt, als bei HELMERT.

Bei der isostatischen Reduktion kann die Verschiebung der Meeresfläche gegen 30 m erreichen, gegen 3 m bei der Kondensationsmethode[5]).

---

1) H. WOLFF: Die Schwerkraft auf dem Meere und die Hypothese von PRATT (Inaugural-Diss. Berlin 1913). Die Schwerkraft auf dem Mittelländischen Meere und die Hypothese von PRATT (Beiträge zur Geophysik, XIV. Bd.).

2) Verhandl. d. XVII. allg. Konferenz d. intern. Erdmessung in Hamburg 1912 Annexe A, XIX. Einen Überblick über die diesbezüglichen Arbeiten gibt A. MORLEY DAVIE's Referat zu R. D. OLDHAM: Geodetic observations in India (The geographical journal, Vol. LI).

3) R. SCHUMANN: Geoidabstände nach der Formel von STOKES bei schematischen Schwerebelegungen (Sitzungsber. der Akad. d. Wiss. in Wien, Bd. CXX).

4) A. GALLE: Das Geoid im Harz (Veröff. d. preuß. geod. Inst., Neue Folge Nr. 61).

5) R. HELMERT: Über die Reduktion der auf der physischen Erdoberfläche beobachteten Schwerebeschleunigungen auf ein gemeinsames Niveau (Sitzungsber. d. preuß. Akad. d. Wiss. 1902, XXXVI. 2. Mitteilung: 1903, XXXI).

Doch ist es nach dem Vorhergehenden klar, daß diese Verschiebung auch nur im Sinne einer Vereinfachung der Niveaufläche wirken kann.

Mit Rücksicht auf diese Verschiebungen ist die unter 1,, S. 133 genannte Reduktionsmethode die einzige, die ganz einwurfsfrei ist. Da die Massen in ihrer ursprünglichen Lage verbleiben, so bleibt auch das Geoid unverändert. Im übrigen aber ist die Methode für Untersuchungen über die Erdgestalt oder die Massenlagerung ganz unfruchtbar. Da sich die Anziehung der äußeren Massen und inneren Defekte wohl für einen Punkt der Oberfläche ausgleicht, nicht aber für einen Punkt im Innern, so tritt bei den so reduzierten Werten der Einfluß der unterirdischen Massenlagerung nicht gesondert hervor, so daß man sie nicht zu Untersuchungen hierüber verwenden kann. Andererseits sind eben wegen des mangelnden Ausgleiches die Werte so unruhig, daß sie auch zur Bestimmung der Erdgestalt keinen Vorteil bieten. Nur für die Reduktion des geometrischen Nivellements ist diese Methode zu verwenden, da man nach S. 73 hierfür die Schwerewerte in der Lotlinie der nivellierten Punkte ohne Massenverschiebung benötigt. Man hätte aber dann nicht nur auf die Meeresfläche, sondern auch auf andere Niveauflächen zu reduzieren[1]).

17. Die Dichtezunahme im Erdinnern.

Der Vergleich der mittleren Dichte der Erde mit dem Oberflächenwert, für welchen wir etwa 2,7 anzunehmen haben, beweist, daß die Dichte im Erdinnern jedenfalls größer sein muß, nicht nur als der Oberflächenwert, sondern auch als der Mittelwert. Es entsteht die Frage, ob wir imstande sind, aus den Größen, die wir auf der Oberfläche der Erde beobachten können, auf die Massenverteilung im Innern einen Schluß zu ziehen.

Das CLAIRAUTsche Theorem (Gleichung [27], S. 67) zeigt uns einen Zusammenhang zwischen der Umdrehungsgeschwindigkeit der Erde, ihrer Abplattung und dem Verlauf der Schwere. Die Schwere ihrerseits ist aber von der Massenverteilung im Innern abhängig; nur bei einer nach konzentrischen Kugelflächen geschichteten Erde wäre die Schwere von der Massenverteilung unabhängig. Es besteht also zwischen der Anordnung der Massen im Erdinnern, der Form der Erde und der Umdrehungsgeschwindigkeit eine Beziehung.

Um zu dieser zu gelangen, müssen wir von den Verhältnissen der homogenen Erde ausgehen. Wir wissen, daß für die theoretische Erdoberfläche die Bedingung erfüllt sein muß, daß die Resultierende aus Schwere und Fliehkraft mit der Flächennormalen zusammenfällt. Bezeichnen wir die Anziehungskomponenten mit X, Y, Z in der Richtung

[1]) Einen Versuch, solche Schwerewerte zu bestimmen, macht TH. NIETHAMMER: Die Schwere in der Lotlinie vom Simplonhospiz (Astron. geod. Arbeiten in der Schweiz, 12. Bd.).

der drei Koordinatenachsen, von denen die z-Achse die Rotationsachse sei; ist ferner ω die Umdrehungsgeschwindigkeit der Erde, so sind die drei Komponenten der Resultierenden

$$\begin{aligned} &-X+\omega^2 x \\ &-Y+\omega^2 y \\ &-Z, \end{aligned} \tag{1}$$

wobei Kräfte, welche die Koordinaten zu vergrößern streben, positiv genommen sind, und die Resultierende R selbst wird

$$R=\sqrt{(X-\omega^2 x)^2+(Y-\omega^2 y)^2+Z^2}. \tag{2}$$

Sie schließt somit mit den drei Achsen Winkel ein, welche gegeben sind durch:

$$\cos\alpha=\frac{-X+\omega^2 x}{R}, \quad \cos\beta=\frac{-Y+\omega^2 y}{R}, \quad \cos\gamma=\frac{-Z}{R}. \tag{3}$$

Ist $f(xyz)=0$ die Gleichung der Oberfläche, so sind die Richtungswinkel $\alpha'\beta'\gamma'$ der Normalen in irgendeinem Punkte gegeben durch

$$\begin{gathered} \cos\alpha'=\frac{\frac{\partial f}{\partial x}}{Q}, \qquad \cos\beta'=\frac{\frac{\partial f}{\partial y}}{Q}, \qquad \cos\gamma'=\frac{\frac{\partial f}{\partial z}}{Q}, \\ Q=\sqrt{\left(\frac{\partial f}{\partial x}\right)^2+\left(\frac{\partial f}{\partial y}\right)^2+\left(\frac{\partial f}{\partial z}\right)^2}. \end{gathered} \tag{4}$$

Soll nun die Richtung der Kraft mit der Flächennormalen zusammenfallen, so muß

$$\cos\alpha=\cos\alpha', \qquad \cos\beta=\cos\beta', \qquad \cos\gamma=\cos\gamma' \tag{5}$$

sein, oder

$$\frac{-X+\omega^2 x}{\frac{\partial f}{\partial x}}=\frac{-Y+\omega^2 y}{\frac{\partial f}{\partial y}}=\frac{-Z}{\frac{\partial f}{\partial z}}=\frac{R}{Q}. \tag{6}$$

Es sind dies auch die Bedingungsgleichungen für das Gleichgewicht einer rotierenden Flüssigkeitsmasse. Dies folgt aus dem Begriffe der Niveaufläche.

Die direkte Lösung dieser Gleichungen würde die Bestimmung der Funktion f verlangen; es wäre dies die Antwort auf die Frage: Welche Form nimmt eine gegebene Flüssigkeitsmasse unter dem Einfluß ihrer eigenen Anziehung und einer gegebenen Umdrehungsgeschwindigkeit an? In dieser Form ist die Lösung unmöglich, weil die Funktion f in sehr komplizierter Weise in den Grenzen der Integrale auftritt, durch welche X, Y und Z ausgedrückt werden. Man muß die Sache umkehren und die Frage folgendermaßen stellen: Kann eine gegebene geometrische Fläche die Gleichgewichtsfigur einer rotierenden Flüssigkeit sein?

Wir können zeigen, daß für eine homogene Masse ein Ellipsoid den Bedingungen genügt. Es sei also

$$f(xyz)=\frac{x^2}{a^2}+\frac{y^2}{b^2}+\frac{z^2}{c^2}-1=0 \tag{7}$$

die Gleichung der Oberfläche der rotierenden Flüssigkeit, und wir fragen nun, ob sich dazu eine Rotationsgeschwindigkeit finden läßt, derart, daß das Ellipsoid eine Gleichgewichtsfigur wird, daß also die resultierende Kraftrichtung auf der Oberfläche senkrecht steht.

Wir setzen voraus, daß c die kürzeste der drei Achsen ist, und es sei:

$$\lambda^2 = \frac{b^2 - c^2}{c^2}, \qquad \lambda'^2 = \frac{a^2 - c^2}{c^2}. \tag{8}$$

Die Anziehungskomponenten eines homogenen Ellipsoides auf einen Punkt x, y, z der Oberfläche sind dann durch die folgenden Ausdrücke gegeben[1]):

$$\begin{aligned} X &= \frac{3k^2E}{c^3}\cdot x\int\limits_0^1 \frac{\zeta^2 d\zeta}{(1+\lambda^2\zeta^2)^{\frac{1}{2}}(1+\lambda'^2\zeta^2)^{\frac{3}{2}}}, \\ Y &= \frac{3k^2E}{c^3}\cdot y\int\limits_0^1 \frac{\zeta^2 d\zeta}{(1+\lambda^2\zeta^2)^{\frac{3}{2}}(1+\lambda'^2\zeta^2)^{\frac{1}{2}}}, \\ Z &= \frac{3k^2E}{c^3}\cdot z\int\limits_0^1 \frac{\zeta^2 d\zeta}{(1+\lambda^2\zeta^2)^{\frac{1}{2}}(1+\lambda'^2\zeta^2)^{\frac{1}{2}}}. \end{aligned} \tag{9}$$

Ferner ist

$$\frac{\partial f}{\partial x} = \frac{2x}{a^2}, \qquad \frac{\partial f}{\partial y} = \frac{2y}{b^2}, \qquad \frac{\partial f}{\partial z} = \frac{2z}{c^2}. \tag{10}$$

Setzt man diese Ausdrücke in (6) ein, so fällt x, y und z aus den Gleichungen heraus. Daraus erkennt man eben die Möglichkeit der Lösung. Wenn x, y, z in den Gleichungen enthalten blieben, so würde der resultierende Wert von ω von x, y, z abhängig bleiben; wir erhielten für jeden Punkt des Ellipsoides eine andere Rotationsgeschwindigkeit, was sinnwidrig wäre.

Im Falle der Erde können wir von Anfang an aus dem Umstande Nutzen ziehen, daß wir es in großer Annäherung mit einem Rotationsellipsoid zu tun haben, welches sich von einer Kugel nur wenig unterscheidet. Es ist also $\lambda = \lambda'$ zu setzen und als eine kleine Größe von der Ordnung der Abplattung zu betrachten. Wir finden dann

$$\begin{aligned} \frac{X}{x} = \frac{Y}{y} &= \frac{3k^2E}{c^3}\int\limits_0^1 \frac{\zeta^2 d\zeta}{(1+\lambda^2\zeta^2)^2} = \frac{3k^2E}{c^3}\int\limits_0^1 \zeta^2(1-2\lambda^2\zeta^2)\,d\zeta = \frac{3k^2E}{c^3}\left(\frac{1}{3}-\frac{2\lambda^2}{5}\right) \\ \frac{Z}{z} &= \frac{3k^2E}{c^3}\int\limits_0^1 \frac{\zeta^2 d\zeta}{1+\lambda^2\zeta^2} = \frac{3k^2E}{c^3}\int\limits_0^1 \zeta^2(1-\lambda^2\zeta^2)\,d\zeta = \frac{3k^2E}{c^3}\left(\frac{1}{3}-\frac{\lambda^2}{5}\right). \end{aligned} \tag{11}$$

Die Erdmasse E können wir mit der gleichen Genauigkeit in der Form schreiben

$$E = \frac{4\pi}{3}\vartheta_m\, a\, b\, c = \frac{4\pi}{3}\vartheta_m\, c^3(1+\lambda^2).$$

---

1) F. TISSERAND: Traité de mécanique céleste, Tome II, p. 45. Zu bemerken ist, daß bei TISSERAND die Rotationsachse mit der x-Achse zusammenfällt.

Setzen wir dies in (11) ein und entwickeln wieder bis zu Größen von der Ordnung λ^2, so wird

$$\begin{aligned} \frac{X}{x} = \frac{Y}{y} &= 4\pi k^2 \vartheta_m (1 + \lambda^2)\left(\frac{1}{3} - \frac{2\lambda^2}{5}\right) = \frac{4\pi k^2 \vartheta_m}{3}\left(1 - \frac{\lambda^2}{5}\right) \\ \frac{Z}{z} &= 4\pi k^2 \vartheta_m (1 + \lambda^2)\left(\frac{1}{3} - \frac{\lambda^2}{5}\right) = \frac{4\pi k^2 \vartheta_m}{3}\left(1 + \frac{2\lambda^2}{5}\right). \end{aligned} \tag{12}$$

Die ersten beiden Glieder der Gleichung (6) sind nun identisch, und die Gleichgewichtsbedingung reduziert sich mit Hilfe von (10) auf:

$$\frac{\frac{4\pi k^2 \vartheta_m}{3}\left(1 - \frac{\lambda^2}{5}\right) - \omega^2}{\frac{1}{c^2(1+\lambda^2)}} = \frac{\frac{4\pi k^2 \vartheta_m}{3}\left(1 + \frac{2\lambda^2}{5}\right)}{\frac{1}{c^2}}$$

oder
$$(1 + \lambda^2)\left[\left(1 - \frac{\lambda^2}{5}\right) - \frac{3\omega^2}{4\pi k^2 \vartheta_m}\right] = 1 + \frac{2\lambda^2}{5},$$

oder weiter bei gleicher Genauigkeit:

$$\frac{2\lambda^2}{5} = \frac{3\omega^2}{4\pi k^2 \vartheta_m}. \tag{13}$$

Hier können wir k^2 eliminieren, indem wir die Schwere einführen. Es ist mit Vernachlässigung der Abplattung

$$g = \frac{k^2 E}{c^2} = \frac{4\pi k^2 \vartheta_m}{3} \cdot c$$

oder
$$\frac{4\pi k^2 \vartheta_m}{3} = \frac{g}{c}. \tag{14}$$

Diesen Wert können wir in (13) verwenden, da wir in den Gliedern, welche die kleine Größe ω^2 bereits enthalten, die Abplattung vernachlässigen dürfen. Wir erhalten so

$$\frac{2\lambda^2}{5} = \frac{\omega^2 c}{g} = \mathfrak{c} \tag{15}$$

in der Bezeichnungsweise des Kap. II. Die Größe $\mathfrak{c}$ ist das Verhältnis der Fliehkraft zur Schwere am Äquator und ist gleich $\frac{1}{289}$. Statt λ^2 führen wir die Abplattung $\mathfrak{a}$ ein. Es ist

$$\mathfrak{a} = \frac{a - c}{a} = \frac{c\sqrt{1 + \lambda^2} - c}{c\sqrt{(1 + \lambda^2)}} = \frac{\lambda^2}{2}, \tag{16}$$

somit
$$\mathfrak{a} = \frac{5}{4}\mathfrak{c} = \frac{5}{4} \cdot \frac{1}{289} = \frac{1}{232}. \tag{17}$$

$\frac{1}{232}$ wäre der Wert der Abplattung für eine homogene Erde, wenn also die Masse im Innern der Erde gleichmäßig verteilt wäre. Dies ist in gewissem Sinne ein Grenzfall, da wir die Annahme, daß die Dichte der Erde außen größer sei als innen, ganz von der Hand weisen müssen.

Der entgegengesetzte Grenzfall besteht in der Annahme, daß die ganze Masse im Mittelpunkte der Erde konzentriert ist. Dann ist

$$X = \frac{k^2 E}{r^2} \cdot \frac{x}{r}, \quad Y = \frac{k^2 E}{r^2} \cdot \frac{y}{r}, \quad Z = \frac{k^2 E}{r^2} \cdot \frac{z}{r}.$$

Es ist also

$$\frac{X}{x} = \frac{Y}{y} = \frac{Z}{z}$$

und die Gleichgewichtsbedingung lautet

$$a^2 \left(\frac{X}{x} - \omega^2\right) = c^2 \frac{Z}{z}. \tag{18}$$

Hier können wir

$$\frac{Z}{z} = \frac{X}{x} = \frac{k^2 E}{c^3} \quad \text{und} \quad a^2 = c^2 (1 + \lambda^2)$$

setzen, und finden

$$(1 + \lambda^2)\left(\frac{k^2 E}{c^3} - \omega^2\right) = \frac{k^2 E}{c^3}$$

oder

$$(1 + \lambda^2)\left(1 - \frac{\omega^2 c}{\frac{k^2 E}{c^2}}\right) = 1.$$

Daraus ergibt sich

$$\lambda^2 - \mathfrak{c} = 0 \tag{19}$$

oder

$$\mathfrak{a} = \frac{\mathfrak{c}}{2} = \frac{1}{578}, \tag{20}$$

der Wert der Abplattung unter der Annahme, daß die ganze Masse im Mittelpunkt konzentriert ist.

Zwischen diesen beiden Fällen muß der in der Natur verwirklichte eingeschlossen sein. Also

$$\frac{1}{232} > \mathfrak{a} > \frac{1}{578}. \tag{21}$$

In der Tat geben die Beobachtungen einen Wert etwa gleich $\frac{1}{300}$. Wir müssen also versuchen, ein derartiges Gesetz der Zunahme der Dichte im Innern aufzustellen, daß die Gleichgewichtsbedingung zu dem richtigen Werte der Abplattung $\left(= \frac{1}{300}\right)$ führt.

Das Dichtegesetz muß einer Anzahl von Bedingungen entsprechen, die nun der Reihe nach aufgestellt werden sollen.

Bedingungen für das Gesetz der Dichtezunahme. 1. Das hydrostatische Gleichgewicht. Die Clairautsche Gleichung. Man kann sich über die Art der Dichtezunahme verschiedene Vorstellungen machen. Man kann annehmen, daß die Dichte von der Oberfläche an gegen die Mitte kontinuierlich zunimmt; man kann aber auch annehmen, daß die Zunahme sprungweise erfolgt. In jedem Falle aber wird im Innern überall hydrostatisches Gleichgewicht herrschen müssen. Bei kontinuierlicher Dichtezunahme werden also die Flächen gleicher Dichte mit den Niveauflächen zusammenfallen, und bei sprungweiser Dichtezunahme wird das Gleiche von den Grenzflächen gelten. Mathematisch drückt sich darin aus, daß die Bedingung (6) S. 145 bei gleicher Rotaionsgeschwindigkeit nicht nur für die Oberfläche, sondern auch im Innern bzw. für die Grenzflächen gelten muß.

Wir wollen die daraus folgenden Beziehungen zunächst für kontinuierliche Dichtezunahme ableiten, da sie sich dann für sprungweise Zunahme leicht spezialisieren lassen.

Die Niveauflächen können nun keine Ellipsoide mehr sein, doch sind im Falle der Erde die Abweichungen von der ellipsoidischen Gestalt so gering, daß die Niveauflächen mit großer Annäherung als Ellipsoide gelten können[1]).

Unsere erste Aufgabe ist die Berechnung der Komponenten der Anziehung, welche von allen Schichten des Ellipsoides zusammen auf einen beliebigen Punkt in seinem Innern ausgübt wird. Ein Teil dieser Schichten wird den angezogenen Punkt umschließen: für diese ist er ein innerer, für den anderen Teil ist er ein äußerer Punkt. Dementsprechend kommen verschiedene Formeln für die Anziehung zur Verwendung.

Für ein homogenes Ellipsoid mit den Achsen a, b und c und der Dichte ϑ gelten folgende Formeln:

Die Anziehungskomponenten X_i, Y_i, Z_i auf einen Punkt (x, y, z) im Innern lauten[2]):

$$X_i = 2\pi k^2 \vartheta \frac{x}{a^2} \int_0^\infty \frac{ds}{\left(1 + \frac{s}{a^2}\right)\Delta}$$

$$Y_i = 2\pi k^2 \vartheta \frac{y}{b^2} \int_0^\infty \frac{ds}{\left(1 + \frac{s}{b^2}\right)\Delta}, \quad \Delta = \sqrt{\left(1 + \frac{s}{a^2}\right)\left(1 + \frac{s}{b^2}\right)\left(1 + \frac{s}{c^2}\right)}. \tag{22}$$

$$Z_i = 2\pi k^2 \vartheta \frac{z}{c^2} \int_0^\infty \frac{ds}{\left(1 + \frac{s}{c^2}\right)\Delta}$$

1) M. HAMY: Étude sur la figure des corps célestes (Annales de l'observatoire de Paris, Tome XIX). Hier wird gezeigt, daß eine ellipsoidische Schichtung nur möglich ist, wenn die Rotationsgeschwindigkeit nach innen nach einem bestimmten Gesetze zunimmt. Die Ellipsoide sind dann homofokal; die Abplattung der Schichten nimmt also nach innen zu.

2) F. TISSERAND: Traité de mécanique céleste, Tome II, S. 45 und 50; die auf S. 136 verwendeten Formeln eignen sich für die Entwicklung nach λ^2 besser, als (22) und (23) oben.

Die Anziehungskomponenten X_a, Y_a, Z_a auf einen Punkt (x, y, z) außerhalb lauten:

$$X_a = 2\pi k^2 \vartheta \frac{x}{a^2} \int\limits_{\nu}^{\infty} \frac{ds}{\left(1+\frac{s}{a^2}\right)\Delta}$$

$$Y_a = 2\pi k^2 \vartheta \frac{y}{b^2} \int\limits_{\nu}^{\infty} \frac{ds}{\left(1+\frac{s}{b^2}\right)\Delta}, \quad \Delta = \sqrt{\left(1+\frac{s}{a^2}\right)\left(1+\frac{s}{b^2}\right)\left(1+\frac{s}{c^2}\right)}, \tag{23}$$

$$Z_a = 2\pi k^2 \vartheta \frac{z}{c^2} \int\limits_{\nu}^{\infty} \frac{ds}{\left(1+\frac{s}{c^2}\right)\Delta}$$

wobei ν die positive Wurzel der Gleichung

$$\frac{x^2}{a^2+\nu} + \frac{y^2}{b^2+\nu} + \frac{z^2}{c^2+\nu} - 1 = 0 \quad \text{ist.} \tag{24}$$

Im geschichteten Ellipsoid setzt sich die Anziehung zusammen aus der Anziehung unendlich dünner ellipsoidischer Schalen, deren jede eine bestimmte Dichte hat. Lassen wir in den obigen Formeln c um dc wachsen, gehen wir also zu einem Ellipsoid über, dessen Achse $c + dc$ ist, wobei sich auch a und b entsprechend ändern, so gehen die Anziehungskomponenten in: $X_i + \frac{\partial X_i}{\partial c} \cdot dc$ $\;Y_i + \frac{\partial Y_i}{\partial c} \cdot dc$ usw. über. Da die Anziehung dabei um die der hinzugekommenen Schicht steigt, so ist die Anziehung der Schicht allein gegeben durch: $\frac{\partial X_i}{\partial c} \cdot dc$, $\frac{\partial Y_i}{\partial c} \cdot dc$ usw. Berücksichtigen wir noch, daß wir es im Falle der Erde mit Rotationsellipsoiden zu tun haben, so finden wir für die Anziehungskomponenten der ellipsoidischen Schale:

$$\left.\begin{aligned} \frac{X_i}{x} = \frac{Y_i}{y} &= 2\pi k^2 \vartheta \frac{\partial}{\partial c}\left[\frac{1}{a^2}\int\limits_0^{\infty} \frac{ds}{\left(1+\frac{s}{a^2}\right)\Delta}\right] dc \\ \frac{Z_i}{z} &= 2\pi k^2 \vartheta \frac{\partial}{\partial c}\left[\frac{1}{c^2}\int\limits_0^{\infty} \frac{ds}{\left(1+\frac{s}{c^2}\right)\Delta}\right] dc \end{aligned}\right\} \text{für einen Punkt innerhalb,} \tag{25}$$

$$\left.\begin{aligned} \frac{X_a}{x} = \frac{Y_a}{y} &= 2\pi k^2 \vartheta \frac{\partial}{\partial c}\left[\frac{1}{a^2}\int\limits_{\nu}^{\infty} \frac{ds}{\left(1+\frac{s}{a^2}\right)\Delta}\right] dc \\ \frac{Z_a}{z} &= 2\pi k^2 \vartheta \frac{\partial}{\partial c}\left[\frac{1}{c^2}\int\limits_{\nu}^{\infty} \frac{ds}{\left(1+\frac{s}{c^2}\right)\Delta}\right] dc \end{aligned}\right\} \text{für einen Punkt außerhalb.} \tag{26}$$

Die ganze Anziehung des Ellipsoides erhalten wir nun durch Integration. Bezeichnen wir die Achsen des durch den Punkt (xyz) gehenden Ellipsoides mit a_1, b_1, c_1, so sind für alle ellipsoidischen Schalen, deren kurze Achsen kleiner als c_1 sind, die unteren Formeln, für alle, deren Achsen größer als c_1 sind, die oberen Formeln anzuwenden. Hat das äußerste Ellipsoid die Achsen a_0, b_0, c_0, so finden wir endlich:

$$\frac{X}{x} = \frac{Y}{y} = 2\pi k^2 \int_0^{c_1} \vartheta \frac{\partial}{\partial c}\left[\frac{1}{a^2}\int_\nu^\infty \frac{ds}{\left(1+\frac{s}{a^2}\right)\Delta}\right] dc + 2\pi k^2 \int_{c_1}^{c_0} \vartheta \frac{\partial}{\partial c}\left[\frac{1}{a^2}\int_0^\infty \frac{ds}{\left(1+\frac{s}{a^2}\right)\Delta}\right] dc$$

$$\frac{Z}{z} = 2\pi k^2 \int_0^{c_1} \vartheta \frac{\partial}{\partial c}\left[\frac{1}{c^2}\int_\nu^\infty \frac{ds}{\left(1+\frac{s}{c^2}\right)\Delta}\right] dc + 2\pi k^2 \int_{c_1}^{c_0} \vartheta \frac{\partial}{\partial c}\left[\frac{1}{c^2}\int_0^\infty \frac{ds}{\left(1+\frac{s}{c^2}\right)\Delta}\right] dc. \qquad (27)$$

Diese Ausdrücke sind in die Gleichgewichtsbedingung (6) einzuführen, die wir in der Form schreiben können[1]):

$$\frac{-X+\omega^2 x}{\frac{x}{a_1^2}} = \frac{-Z}{\frac{z}{c_1^2}} \qquad \text{oder} \qquad \omega^2 = \frac{X}{x} - \frac{c_1^2}{a_1^2}\cdot\frac{Z}{z}.$$

Wir finden so:

$$\frac{\omega^2}{2\pi k^2} = \int_0^{c_1} \vartheta \frac{\partial}{\partial c}\int_\nu^\infty \frac{ds}{(s+a^2)\Delta}\, dc - \frac{c_1^2}{a_1^2}\int_0^{c_1} \vartheta \frac{\partial}{\partial c}\int_\nu^\infty \frac{ds}{(s+c^2)\Delta}\, dc$$

$$+ \int_{c_1}^{c_0} \vartheta \frac{\partial}{\partial c}\int_0^\infty \frac{ds}{(s+a^2)\Delta}\, dc - \frac{c_1^2}{a_1^2}\int_{c_1}^{c_0} \vartheta \frac{\partial}{\partial c}\int_0^\infty \frac{ds}{(s+c^2)\Delta}\, dc$$

$$= \int_0^{c_1} \vartheta \frac{\partial}{\partial c}\int_\nu^\infty \frac{(s+c^2) - \frac{c_1^2}{a_1^2}(s+a^2)}{(s+a^2)(s+c^2)\Delta}\, ds\, dc$$

$$+ \int_{c_1}^{c_0} \vartheta \frac{\partial}{\partial c}\int_0^\infty \frac{(s+c^2) - \frac{c_1^2}{a_1^2}(s+a^2)}{(s+a^2)(s+c^2)\Delta}\, ds\, dc. \qquad (28)$$

[1]) Die folgenden Entwicklungen für kontinuierliche Dichtezunahme schließen sich im Gedankengange genau an HAMYS Untersuchungen für diskontinuierliche Dichtezunahme an. Vgl. M. HAMY: Étude sur la figure des corps célestes (Ann. de l'obs. de Paris, Tome XIX) und F. TISSERAND: Traité de la mécanique céleste, Tome II.

Wir setzen nun

$$\varkappa = \frac{a-c}{c} \quad \text{oder} \quad a = c(1+\varkappa); \tag{29}$$

$\varkappa$ ist dann eine Größe, welche sich von der Abplattung $\frac{a-c}{a}$ nur um Größen 2. Ordnung unterscheidet. Wenn wir Größen dieser Ordnung vernachlässigen, was wir schon deshalb tun müssen, weil wir nur bis zu dieser Genauigkeit die Grenzflächen als Ellipsoide betrachten können, so finden wir:

$$\begin{aligned} s + c^2 - \frac{c_1^2}{a_1^2}(s+a^2) &= (s+c^2) - \frac{c_1^2}{c_1^2(1+\varkappa_1)^2}[s + c^2(1+\varkappa)^2] \\ &= s + c^2 - (1 - 2\varkappa_1)(s + c^2 + 2\varkappa c^2) \\ &= 2\varkappa_1(s+c^2) - 2\varkappa c^2. \end{aligned}$$

Der Zähler in den obigen Integralen ist also von der Ordnung $\varkappa$; wir können daher im Nenner die Abplattung ganz vernachlässigen, und $a = b = c$ setzen. Es wird dann

$$(s+a^2)(s+c^2)\Delta = \frac{1}{c^3}(s+c^2)^{\frac{7}{2}}.$$

Wir brauchen nun noch die Größe ν; doch können wir aus dem gleichen Grund wie oben bei ihrer Berechnung die Abplattung vernachlässigen. Die Gleichung (24) wird dann

$$\frac{x^2+y^2+z^2}{c^2+\nu} - 1 = 0. \tag{30}$$

Da der Punkt x, y, z, auf dem Ellipsoid mit den Achsen $a_1\, b_1\, c_1$ liegt, so ist

$$\frac{x^2}{a_1^2} + \frac{y^2}{b_1^2} + \frac{z^2}{c_1^2} - 1 = 0$$

oder, mit $a_1 = b_1 = c_1$:

$$\frac{x^2+y^2+z^2}{c_1^2} - 1 = 0.$$

Damit geht (30) über in

$$\frac{c_1^2}{c^2+\nu} - 1 = 0 \quad \text{oder} \quad \nu = c_1^2 - c^2. \tag{31}$$

Setzen wir alles in (28) ein, so erhalten wir

$$\frac{\omega^2}{4\pi k^2} = \int_0^{c_1} \vartheta \frac{\partial}{\partial c} \int_{c_1^2-c^2}^{\infty} c^3 \frac{\varkappa_1(s+c^2) - \varkappa c^2}{(s+c^2)^{\frac{7}{2}}}\, ds\, dc + \int_{c_1}^{c_0} \vartheta \frac{\partial}{\partial c} \int_0^{\infty} c^3 \frac{\varkappa_1(s+c^2) - \varkappa c^2}{(s+c^2)^{\frac{7}{2}}}\, ds\, dc. \tag{32}$$

Die Integrale nach s reduzieren sich also auf folgende einfache Formen:

$$\int_{c_1^2-c^2}^{\infty} \frac{ds}{(s+c^2)^{\frac{5}{2}}} = \frac{2}{3c_1^3}, \qquad \int_0^{\infty} \frac{ds}{(s+c^2)^{\frac{5}{2}}} = \frac{2}{3c^3},$$

$$\int_{c_1^2-c^2}^{\infty} \frac{ds}{(s+c^2)^{\frac{7}{2}}} = \frac{2}{5c_1^5}, \qquad \int_0^{\infty} \frac{ds}{(s+c^2)^{\frac{7}{2}}} = \frac{2}{5c^5}.$$

Die Gleichung (32) verwandelt sich nun in:

$$\frac{\omega^2}{8\pi k^2} = \int_0^{c_1} \vartheta \frac{d}{dc}\left(\varkappa_1 \frac{c^3}{3c_1^3} - \varkappa \frac{c^5}{5c_1^5}\right) dc + \int_{c_1}^{c_0} \vartheta \frac{d}{dc}\left(\frac{\varkappa_1}{3} - \frac{\varkappa}{5}\right) dc,$$

wo wir, da s nicht mehr vorkommt, nun totale Differentiale schreiben können.

Da $\varkappa_1$ eine Konstante ist, so verschwindet in dem 2. Integrale das 1. Glied, und es bleibt:

$$\frac{\omega^2}{8\pi k^2} = \int_0^{c_1} \vartheta \frac{d}{dc}\left(\frac{\varkappa_1}{3} \cdot \frac{c^3}{c_1^3} - \frac{\varkappa}{5} \cdot \frac{c^5}{c_1^5}\right) dc - \int_{c_1}^{c_0} \frac{\vartheta}{5} \frac{d\varkappa}{dc} \cdot dc$$

oder

$$\frac{5\,\omega^2}{8\pi k^2} = \frac{5\varkappa_1}{3c_1^3} \int_0^{c_1} \vartheta\, d(c^3) - \frac{1}{c_1^5} \int_0^{c_1} \vartheta \frac{d}{dc}(\varkappa c^5)\, dc - \int_{c_1}^{c_0} \vartheta \frac{d\varkappa}{dc}\, dc. \tag{33}$$

Wir setzen nun

$$D_1 = \frac{1}{c_1^3} \int_0^{c_1} \vartheta\, d(c^3). \tag{34}$$

Dieser Größe kommt eine besondere Bedeutung zu. Bezeichnen wir die vom Ellipsoid mit der Achse c_1 umschlossene Masse mit E_1, so können wir diese Größe folgendermaßen bestimmen, wobei wir von der Abplattung absehen. Die Masse einer Kugelschale von der Dichte ϑ und der Dicke dc ist gleich:

$$4\pi\vartheta c^2\, dc = \frac{4\pi\vartheta}{3}\, d(c^3).$$

Es wird also

$$E_1 = \frac{4\pi}{3} \int_0^{c_1} \vartheta\, d(c^3).$$

D_1 ist somit die mittlere Dichte dieser Kugel, denn es ist

$$E_1 = \frac{4\pi}{3} c_1^3 D_1$$

und daher

$$\int_0^{c_1} \vartheta\, d(c^3) = c_1^3 D_1.$$

Die Gleichgewichtsbedingung geht nun über in:

$$\frac{5\,\omega^2}{8\pi k^2} = \frac{5}{3}\varkappa_1 D_1 - \frac{1}{c_1^5} \int_0^{c_1} \vartheta \frac{d}{dc}(\varkappa c^5)\, dc - \int_{c_1}^{c_0} \vartheta \frac{d\varkappa}{dc}\, dc. \tag{35}$$

In die linke Seite der Gleichung können wir die schon mehrfach verwendete Größe $\mathfrak{c}$ einführen:

$$\mathfrak{c} = \frac{\omega^2 c_0}{\dfrac{k^2 E}{c_0^2}}.$$

Ist ϑ_m die mittlere Dichte der Erde, so ist

$$E = \frac{4\pi}{3} \vartheta_m c_0^3.$$

Daher

$$\mathfrak{c} = \frac{3\,\omega^2}{4\pi k^2 \vartheta_m} \tag{36}$$

oder

$$\frac{5\,\omega^2}{8\,\pi\,k^2} = \frac{5}{6}\,\vartheta_m\,\mathfrak{c}\,.$$

Wir finden somit

$$\frac{5}{6}\,\vartheta_m\,\mathfrak{c} = \frac{5}{3}\,\varkappa D - \frac{1}{c^5}\int_0^c \vartheta\,\frac{d}{dc}(\varkappa\,c^5)\,dc - \int_c^{c_0} \vartheta\,\frac{d\varkappa}{dc}\,dc \tag{37}$$

wo wir den nunmehr überflüssig gewordenen Index 1 weggelassen haben. Wenden wir die Gleichung auf die Oberfläche an, so haben wir $c = c_0$ und $D = D_0 = \vartheta_m$ zu setzen. Wir erhalten

$$\frac{5}{3}\,\vartheta_m\left(\varkappa_0 - \frac{\mathfrak{c}}{2}\right) = \frac{1}{c_0^5}\int_0^{c_0} \vartheta\,\frac{d(\varkappa\,c^5)}{dc}\,dc, \tag{38}$$

wo nun $\varkappa_0$ die Abplattung der Oberfläche, also den Wert $\frac{1}{297{,}8}$ bedeutet. Die Gleichung (37) stellt in Form einer Integralgleichung eine Beziehung vor zwischen der Dichte der einzelnen Schichten ϑ und der zugehörigen Abplattung $\varkappa$.

Man kann die obige Integralgleichung durch zweimalige Differentiation in eine Differentialgleichung verwandeln[1])

Wir multiplizieren sie mit c^5 und differenzieren nach c: dabei verschwindet das erste Integralzeichen, und wir finden

$$\frac{25}{6}\,c^4\,\vartheta_m\,\mathfrak{c} = \frac{5}{3}\,\frac{d}{dc}(\varkappa\,c^5 D) - \vartheta\,\frac{d}{dc}(\varkappa\,c^5) + \vartheta\,c^5\,\frac{d\varkappa}{dc} - 5\,c^4\int_c^{c_0} \vartheta\,\frac{d\varkappa}{dc}\,dc$$

oder nach Einsetzen von (34)

$$\begin{aligned}
\frac{25}{6}\,c^4\,\vartheta_m\,\mathfrak{c} &= \frac{5}{3}\,\frac{d}{dc}\left(\varkappa\,c^2\int_0^c \vartheta\,d(c^3)\right) - \vartheta\,\frac{d}{dc}(\varkappa\,c^5) + \vartheta\,c^5\,\frac{d\varkappa}{dc} - 5\,c^4\int_c^{c_0} \vartheta\,\frac{d\varkappa}{dc}\,dc \\
&= 5\,\frac{d}{dc}\left(\varkappa\,c^2\int_0^c \vartheta\,c^2\,dc\right) - \vartheta\,\frac{d}{dc}(\varkappa\,c^5) + \vartheta\,c^5\,\frac{d\varkappa}{dc} - 5\,c^4\int_c^{c_0} \vartheta\,\frac{d\varkappa}{dc}\,dc \\
&= 5\,\frac{d\varkappa}{dc}\cdot c^2\int_0^c \vartheta\,c^2\,dc + 10\,\varkappa\,c\int_0^c \vartheta\,c^2\,dc - 5\,c^4\int_c^{c_0} \vartheta\,\frac{d\varkappa}{dc}\,dc\,.
\end{aligned}$$

Daraus findet sich leicht die Form

$$5\left(c^2\,\frac{d\varkappa}{dc} + 2\,\varkappa\,c\right)\int_0^c \vartheta\,c^2\,dc - 5\,c^4\int_c^{c_0} \vartheta\,\frac{d\varkappa}{dc}\,dc - \frac{25}{6}\,c^4\,\vartheta_m\,\mathfrak{c} = 0\,.$$

Dividieren wir durch $5\,c^4$ und differenzieren abermals, so fällt auch das letzte Integralzeichen, hinter welchem noch $\varkappa$ vorkommt, weg. Wir finden zunächst

[1]) F. TISSERAND: Traité de la mécanique céleste, Tome II, p. 213.

$$\left(\frac{1}{c^2}\cdot\frac{d\varkappa}{dc}+\frac{2\varkappa}{c^3}\right)\int\limits_0^c \vartheta c^2\,dc-\int\limits_c^{c_0}\vartheta\frac{d\varkappa}{dc}\,dc-\frac{5}{6}\vartheta_m\,\mathfrak{c}=0, \tag{39}$$

somit durch Differentiation:

$$\left(\frac{1}{c^2}\frac{d^2\varkappa}{dc^2}-\frac{6\varkappa}{c^4}\right)\int\limits_0^c \vartheta c^2\,dc+\left(\frac{1}{c^2}\frac{d\varkappa}{dc}+\frac{2\varkappa}{c^3}\right)\vartheta c^2+\vartheta\frac{d\varkappa}{dc}=0$$

oder

$$\frac{d^2\varkappa}{dc^2}+\frac{2\vartheta c^2}{\int\limits_0^c\vartheta c^2\,dc}\frac{d\varkappa}{dc}+\left(\frac{2\vartheta c}{\int\limits_0^c\vartheta c^2\,dc}-\frac{6}{c^2}\right)\varkappa=0, \tag{40}$$

welche Gleichung unter dem Namen CLAIRAUTsche Differentialgleichung bekannt ist.

Um also die Lösung der vorliegenden Aufgabe durchzuführen, wählt man zunächst einen passenden analytischen Ausdruck, der ϑ als Funktion von c darstellt. Dieser muß in seiner einfachsten Form wenigstens zwei Parameter enthalten, die vorläufig noch unbestimmt bleiben. Diese Funktion wird in die CLAIRAUTsche Differentialgleichung eingesetzt, deren Integration $\varkappa$ als Funktion von c und zweier Integrationskonstanten liefert. Von diesen muß eine gleich Null gesetzt werden, damit $\varkappa$ für $c=0$ nicht unendlich wird[1]. Es bleiben somit noch drei Größen zur Verfügung, und es kann also noch drei Bedingungen genügt werden.

Bei sprungweiser Dichtezunahme bleibt man bei der Integralgleichung (37) stehen und verwandelt die Integrale in Summen. Es bestehe z. B. die Erde aus einem Kern von der Dichte ϑ_2; und zwei Schichten von der Dichte ϑ_1 und ϑ_0; ϑ_0 ist dann die Dichte des äußeren Mantels; sie fällt nicht mit der Oberflächendichte zusammen, sondern muß bedeutend größer angenommen werden. Die kurzen Achsen der ellipsoidischen Grenzflächen seien c_2, c_1 und c_0. Indem wir in Gleichung (34) der Reihe nach für c diese Werte setzen und beachten, daß innerhalb der einzelnen Schichten die Dichte konstant bleibt, finden wir zunächst:

$$\begin{aligned}
D_2&=\frac{1}{c_2^3}\int\limits_0^{c_2}\vartheta_2\,d(c^3)=\vartheta_2\\
D_1&=\frac{1}{c_1^3}\left[\int\limits_0^{c_2}\vartheta_2\,d(c^3)+\int\limits_{c_2}^{c_1}\vartheta_1\,d(c^3)\right]=\frac{1}{c_1^3}\left[\vartheta_2c_2^3+\vartheta_1(c_1^3-c_2^3)\right]\\
D_0&=\frac{1}{c_0^3}\left[\int\limits_0^{c_2}\vartheta_2\,d(c^3)+\int\limits_{c_2}^{c_1}\vartheta_1\,d(c^3)+\int\limits_{c_1}^{c_0}\vartheta_0\,d(c^3)\right]\\
&=\frac{1}{c_0^3}\left[\vartheta_2c_2^3+\vartheta_1(c_1^3-c_2^3)+\vartheta_0(c_0^3-c_1^3)\right]=\vartheta_m
\end{aligned} \tag{41}$$

---

[1] O. CALLANDREAU: Mémoire sur la théorie de la figure des planètes (Annales de l'observ. de Paris, Mémoires, Tome XIX).

ferner wird:

$$\frac{1}{c_2^5}\int_0^{c_2} \vartheta\, d(\varkappa c^5)\, dc = \vartheta_2 \varkappa_2$$

$$\frac{1}{c_1^5}\int_0^{c_1} \vartheta\, d(\varkappa c^5) = \frac{1}{c_1^5}\left[\int_0^{c_2} \vartheta\, d(\varkappa c^5) + \int_{c_2}^{c_1} \vartheta\, d(\varkappa c^5)\right]$$

$$= \frac{\vartheta_2 \varkappa_2 c_2^5}{c_1^5} + \vartheta_1 \frac{\varkappa_1 c_1^5 - \varkappa_2 c_2^5}{c_1^5}$$

$$\frac{1}{c_0^5}\int_0^{c_0} \vartheta\, d(\varkappa c^5) = \frac{1}{c_0^5}\left[\int_0^{c_2} \vartheta\, d(\varkappa c^5) + \int_{c_2}^{c_1} \vartheta\, d(\varkappa c^5) + \int_{c_1}^{c_0} \vartheta\, d(\varkappa c^5)\right] \quad (41')$$

$$= \vartheta_2 \frac{\varkappa_2 c_2^5}{c_0^5} + \vartheta_1 \frac{\varkappa_1 c_1^5 - \varkappa_2 c_2^5}{c_0^5} + \vartheta_0 \frac{\varkappa_0 c_0^5 - \varkappa_1 c_1^5}{c_0^5}$$

$$\int_{c_2}^{c_0} \vartheta\, d\varkappa = \int_{c_2}^{c_1} \vartheta\, d\varkappa + \int_{c_1}^{c_0} \vartheta\, d\varkappa = \vartheta_1 (\varkappa_1 - \varkappa_2) + \vartheta_0 (\varkappa_0 - \varkappa_1)$$

$$\int_{c_1}^{c_0} \vartheta\, d\varkappa = \vartheta_0 (\varkappa_0 - \varkappa_1).$$

Führt man diese Ausdrücke in (37) ein, so erhält man leicht die folgenden Gleichungen, indem man der Reihe nach $c = c_2$, c_1 und c_0 setzt:

$$\frac{5}{6}\vartheta_m \mathfrak{c} = \frac{2}{3}\vartheta_2 \varkappa_2 - \vartheta_1 (\varkappa_1 - \varkappa_2) - \vartheta_0 (\varkappa_0 - \varkappa_1)$$

$$\frac{5}{6}\vartheta_m \mathfrak{c} = (\vartheta_2 - \vartheta_1)\frac{c_2^3}{3 c_1^5}(5 \varkappa_1 c_1^2 - 3 \varkappa_2 c_2^2) + \frac{2}{3}\vartheta_1 \varkappa_1 - \vartheta_0 (\varkappa_0 - \varkappa_1) \quad (42)$$

$$\frac{5}{3}\vartheta_m\left(\varkappa_0 - \frac{\mathfrak{c}}{2}\right) = (\vartheta_2 - \vartheta_1)\cdot\frac{\varkappa_2 c_2^5}{c_0^5} + (\vartheta_1 - \vartheta_0)\frac{\varkappa_1 c_1^5}{c_0^5} + \vartheta_0 \varkappa_0 .$$

2. **Die mittlere Dichte der Erde.** Dieselbe beträgt nach S. 132 5,52 und muß aus dem Dichtegesetz mit diesem Werte resultieren. Bei kontinuierlicher Dichtezunahme ergibt sich aus Gleichung (34), wenn man sie auf die Oberfläche anwendet:

$$\vartheta_m = \frac{1}{c_0^3}\int_0^{c_0} \vartheta\, d(c^3) = 5{,}52. \quad (43)$$

Bei sprungweiser Änderung ist nach (41):

$$\vartheta_m = \frac{1}{c_0^3}\left[\vartheta_2 c_2^3 + \vartheta_1 (c_1^3 - c_2^3) + \vartheta_0 (c_0^3 - c_1^3)\right] = 5{,}52. \quad (44)$$

3. **Die Dichte der Erdoberfläche.** Für dieselbe nimmt man gewöhnlich den Durchschnittswert 2,7 an. Es sind also die Konstanten im Dichtegesetz derart zu bestimmen, daß dieselbe für die Oberfläche den Wert 2,7 erhält. Somit

$$\vartheta_0 = 2{,}7. \quad (45)$$

Bei sprungweiser Dichteänderung tritt an Stelle der Oberflächendichte die Dichte des Mantels, welche natürlich größer anzunehmen ist. Am besten scheint der Wert 3,4 zu entsprechen. Es ist somit in (42) zu setzen:

$$\vartheta_0 = 3{,}4. \tag{46}$$

4. **Die Abplattung der Erdoberfläche.** Für diese Größe ist auf Grund der direkten Bestimmungen durch die Gradmessungen ein Wert $\frac{1}{297}$ bis $\frac{1}{299}$ einzusetzen. Bei kontinuierlicher Dichtezunahme hat man die Konstantenbestimmung im Integral der CLAIRAUTschen Differentialgleichung (40), S. 155, so vorzunehmen, daß sich $\varkappa$ für $c = c_0$ auf

$$\varkappa_0 = \frac{1}{297} \text{ bis } \frac{1}{299} \tag{47}$$

reduziert. Bei sprungweiser Dichteänderung hat man diesen Wert direkt in die Gleichung (42) einzuführen.

5. **Die Änderung der Schwere zwischen Pol und Äquator.** Nach (22), S. 66, hängt der Verlauf der Schwere auf der Erdoberfläche mit der Dichteverteilung im Erdinnern durch der Größe $\frac{C-A}{E}$ zusammen. Nach Gleichung (25), S. 67, ist aber

$$\mathfrak{a} = \frac{\omega^2 a^3}{2k^2 E} + \frac{3}{2}\frac{C-A}{a^2 E}.$$

$\mathfrak{a}$, die Abplattung, ist mit $\varkappa_0$ nahezu identisch; es ist also

$$\frac{C-A}{E} = \frac{2}{3} a^2 \left(\varkappa_0 - \frac{\mathfrak{c}}{2}\right). \tag{48}$$

$\mathfrak{c}$ ist eine bekannte Größe $\left(= \frac{1}{289}\right)$; es hängt also $\frac{C-A}{E}$ direkt mit der Abplattung zusammen. Mit anderen Worten, ein Dichtegesetz, das auf den richtigen Wert der Abplattung führt, führt auch auf den richtigen Wert von $\frac{C-A}{E}$ und damit auch auf den richtigen Verlauf der Schwere.

Der Schwereverlauf bringt also keine neue Bedingung mit sich. Es ist dies eine Folge der im II. Kapitel entwickelten Sätze über das Potential. Diese Verhältnisse müssen also auch bestehen bleiben, wenn höhere Glieder mitberücksichtigt werden.

6. **Die Bewegung des Mondes.** Der Mond ist nicht so weit entfernt, daß wir für seine Bewegung die ganze Erdmasse in einem Punkt vereinigt denken können. Wir haben also für das Potential der Erdanziehung den vollständigen Ausdruck (16), S. 66 zu verwenden (mit Unterdrückung des Gliedes mit ω^2):

$$V = \frac{k^2 E}{r} + \frac{k^2}{2D^3}(C-A)(1 - 3\sin^2\delta).$$

Hier ist E wieder die Erdmasse; statt φ, der geographischen Breite, ist δ, die Deklination des Mondes, und statt r seine mittlere Entfernung D einzusetzen.

Nach dem 3. Keplerschen Gesetze ist

$$\frac{k^2 E}{D^3} = n^2$$

gleich dem Quadrat der mittleren Bewegung des Mondes. Setzen wir noch

$$\frac{3}{2} \cdot \frac{C - A}{E} \cdot \frac{1}{a^2} = \lambda, \tag{49}$$

wo a den Äquatorradius der Erde bezeichnet, so erhält V die Form

$$V = \frac{k^2 E}{r} + n^2 \lambda a^2 \left(\frac{1}{3} - \sin^2 \delta\right).$$

Es tritt also zu dem Gliede $\frac{k^2 E}{r}$, welches die Anziehung der Erde vorstellt, wenn die Masse im Mittelpunkt vereinigt ist, ein Korrektionsglied, welches von λ abhängt. Dadurch entsteht eine Abweichung von der Keplerschen Bewegung, die den Charakter einer Störung hat. Wir bezeichnen

$$R = n^2 \lambda a^2 \left(\frac{1}{3} - \sin^2 \delta\right)$$

als die zugehörige Störungsfunktion. Daraus folgt eine kleine Verschiebung des Mondortes, welche in den Koordinaten λ und β (Länge und Breite) die folgenden Ausdrücke hat[1]):

$$\left.\begin{aligned} d\beta &= \frac{n\lambda}{2h} \frac{a^2}{D^2} \sin 2\varepsilon \sin l &&= -8''382 \sin l \\ d\lambda &= -\frac{19}{4} \frac{n\lambda}{h} \frac{a^2}{D^2} i \sin 2\varepsilon \sin \Omega &&= -7 \cdot 624 \sin \Omega. \end{aligned}\right\} \tag{50}$$

D mittlere Entfernung des Mondes	Ω Länge des Mondknotens
l „ Länge „ „	h Bewegung des Mondknotens
n „ Bewegung „ „	i Neigung der Mondbahn
	ε Schiefe der Ekliptik.

Aus den numerischen Werten, die hier nach den Untersuchungen von Hansen gegeben sind, läßt sich λ bestimmen. Nach Gleichung (48) ist aber

$$\frac{C - A}{E} = \frac{2}{3} a^2 \lambda = \frac{2}{3} a^2 \left(\varkappa_0 - \frac{c}{2}\right).$$

Es folgt also, daß wir auch aus der Mondbewegung die Abplattung ableiten können[2]). Eine Dichteverteilung, welche also der Mondbewegung entspricht, wird auch auf die richtige Abplattung führen, und umgekehrt.

[1]) Tisserand: Traité de mécanique céleste tome III, S. 148.

[2]) Die beiden Gleichungen (50) liefern verschiedene Werte für die Abplattung. Helmert (Theorien usw., II. Bd., S. 471) findet aus der Diskussion der numerischen Grundlagen im Mittel $\frac{1}{297 \cdot 8}$ in sehr guter Übereinstimmung mit allen anderen Untersuchungen.

7. Die **Präzession** oder das Zurückweichen des Nachtgleichenpunktes, welches durch den Einfluß der Anziehung von Sonne und Mond auf den abgeplatteten Erdkörper hervorgerufen wird.

Bezeichnen wir mit M und S die Massen von Mond und Sonne, mit x, y, z bzw. x', y', z' ihre rechtwinkligen Koordinaten, mit p, q, r die Komponenten der Rotation und mit A, B, C wie früher die Trägheitsmomente der Erde, so lauten die allgemeinen Gleichungen der Drehbewegung

$$C \cdot \frac{dr}{dt} + (B - A) p q = \frac{3 k^2 M (B - A)}{D^5} x y + \frac{3 k^2 S (B - A)}{D'^5} x' y'$$

$$A \cdot \frac{dp}{dt} + (C - B) q r = \frac{3 k^2 M (C - B)}{D^5} y z + \frac{3 k^2 S (C - B)}{D'^5} y' z'$$

$$B \cdot \frac{dq}{dt} + (A - C) r p = \frac{3 k^2 S (A - C)}{D^5} z x + \frac{3 k^2 S (A - C)}{D'^5} z' a' .$$

Indem wir die Polarachse der Erde zur z-Achse machen, können wir $B = A$ setzen, und finden

$$C \frac{dr}{dt} = 0$$

$$\left.\begin{aligned} A \cdot \frac{dp}{dt} + (C - A) q r &= \frac{3 k^2 M (C - A)}{D^5} y z + \frac{3 k^2 S (C - A)}{D'^5} y' z' \\ A \cdot \frac{dq}{dt} + (A - C) r p &= \frac{3 k^2 M (A - C)}{D^5} z x + \frac{3 k^2 S (A - C)}{D'^5} z' x' . \end{aligned}\right\} \quad (51)$$

Die erste Gleichung gibt $r = \text{const}$; es bleibt also die Rotationsgeschwindigkeit der Erde $r = \omega$ ungeändert.

Wir sehen ferner, daß die Störung der Rotationsbewegung durch die Anziehung von Sonne und Mond auf die abgeplattete Erde durchweg von der Größe $\frac{C - A}{A}$ abhängt, wofür bei der Transformation der Gleichungen auf das System der Ekliptik: $\frac{C - A}{C}$ eintritt.

Die Erscheinung der *Präzession* besteht in einem konstanten Zurückrücken des Nachtgleichenpunktes auf der Ekliptik, wodurch die Längen aller Gestirne im Jahrhundert um 5037″032 wachsen. Dazu tritt eine große Anzahl periodischer Glieder, welche kleine Schwankungen in der Länge zur Folge haben. Ebensolchen Schwankungen unterliegt die Schiefe der Ekliptik. Die Gesamtheit der periodischen Glieder faßt man unter dem Namen *Nutation* zusammen.

Die wichtigsten Glieder sind die folgenden (gültig für das Jahr 1900)[1]:

$$d\lambda = -17{,}2819 \sin ☊ - 0''1255 \sin(L' - \pi') - 1''2648 \sin 2 L'$$
$$+ 0{,}2095 \sin 2 ☊ \qquad - 0''2044 \sin 2 L$$

$$d\varepsilon = + 9''2365 \cos ☊ + 0{,}5478 \cos 2 L' .$$

[1]) Th. v. Oppolzer: Lehrbuch zur Bahnbestimmung der Kometen und Planeten, I. Bd., 2. Aufl., S. 237.

Hierin bedeuten: L und L' die mittleren Längen von Sonne und Mond, Ω und π' die Längen des Mondknotens und des Sonnenperihels.

Das Hauptglied der Nutation in Schiefe ist nur von der Mondmasse abhängig, enthält also nur den Faktor $\frac{C-A}{C}\,.\,M$, während alle anderen Koeffizienten sich aus zwei Teilen zusammensetzen, von denen der eine $\frac{C-A}{C}\,.\,M$, der andere $\frac{C-A}{C}\,.\,S$ enthält. Löst man dieses Glied: 9″2365 cos Ω, welches eine 18½jährige Periode hat, aus den Beobachtungen heraus, so läßt sich der Faktor $\frac{C-A}{C}\,.\,M$ bestimmen. Man findet nach v. Oppolzer in astronomischen Einheiten[1]):

$$\frac{3k^2M(C-A)}{\omega C \cdot D^3} = 100547 \cdot 10^{-11}. \tag{52}$$

Mit diesem Faktor kann man nun den Anteil des Mondes an dem Hauptglied der Präzession berechnen. Derselbe beträgt 3448″518, im Jahrhundert (36525 Tage). Es bleibt also für die Sonne der Rest 5037,032 — 3443″578 = 1588″514. Aus dieser Größe ergibt sich nun

$$\frac{3k^2S(C-A)}{\omega CD'^3} = 45951 \cdot 10^{-11}. \tag{52'}$$

In astronomischen Einheiten ist S und D' gleich 1; ω, die Rotationsgeschwindigkeit der Erde, ist unter Berücksichtigung des Unterschiedes zwischen dem mittleren und dem Sterntag gleich $2\pi\,.\,1{,}002731$; endlich $\log k^2 = 6{,}47116^{-10}$. Mit diesen Zahlen findet man nach v. Oppolzer

$$\frac{C-A}{C} = 0{,}003261 = \frac{1}{306{,}6}. \tag{53}$$

Nach Hansen ist

$$\frac{C-A}{C} = 0{,}003272 = \frac{1}{305{,}6}. \tag{53'}$$

Man könnte auch Gleichung (52) direkt zur Bestimmung von $\frac{C-A}{C}$ verwenden, wenn die Mondmasse genau genug bekannt wäre. Es erscheint richtiger, die Sache umzudrehen und diese Gleichung zur Bestimmung der Masse des Mondes zu verwenden.

Während bei den unter 4, 5 und 6 behandelten Erscheinungen die Größe $\frac{C-A}{E}$ auftrat, liefert die Präzession die Größe $\frac{C-A}{C}$. Dadurch wird also eine neue Bedingung eingeführt: Das Dichtegesetz muß zu Werten der Trägheitsmomente führen, die der Gleichung (53) oder (53′) entsprechen.

[1]) Die astronomischen Einheiten sind: Einheit der Zeit: der mittl. Tag; Einheit der Länge: die Entfernung der Erde von der Sonne; Einheit der Masse: die Sonnenmasse. v. Oppolzer wählt als Zeiteinheit das Julianische Jahrhundert = 36525 mittl. Tage. Seine Zahlen sind daher um diesen Faktor größer.

Um bei kontinuierlicher Dichtezunahme die Ausdrücke für die Trägheitsmomente abzuleiten, können wir ebenso vorgehen wie auf S. 150 bei Berechnung der Anziehungskomponenten. Für ein homogenes Rotationsellipsoid mit den Achsen a und c ist:

$$A = \frac{4}{3}\pi\vartheta c a^2 \frac{a^2+c^2}{5} = \frac{4\pi}{3}\vartheta c^5(1+2\varkappa)\left(\frac{2+2\varkappa}{5}\right) = \frac{8\pi}{15}\vartheta c^5(1+3\varkappa)$$

$$C = \frac{4}{3}\pi\vartheta c a^2 \frac{2a^2}{5} = \frac{4\pi}{3}\vartheta c^5(1+2\varkappa)\frac{2(1+2\varkappa)}{5} = \frac{8\pi}{15}\vartheta c^5(1+4\varkappa).$$

Für veränderliche Dichte ist also:

$$A = \frac{8\pi}{15}\int_0^{c_0}\vartheta \frac{d}{dc}[c^5(1+3\varkappa)]\,dc$$

$$C = \frac{8\pi}{15}\int_0^{c_0}\vartheta \frac{d}{dc}[c^5(1+4\varkappa)]\,dc. \tag{54}$$

Also

$$\frac{C-A}{C} = \frac{\int_0^{c_0}\vartheta\frac{d}{dc}(\varkappa c^5)\,dc}{\int_0^{c}\vartheta\, d(c^5)} = \frac{1}{305{,}6}, \tag{55}$$

wobei im Nenner $\varkappa$ wegbleiben kann, weil es auf höhere Glieder führt.

Das Integral im Zähler können wir mit Hilfe von Gleichung (38) eliminieren, wodurch wir erhalten:

$$\frac{C-A}{C} = \frac{5}{3}c_0^5\left(\varkappa_0 - \frac{\mathfrak{c}}{2}\right)\frac{\vartheta_m}{\int_0^{c_0}\vartheta\, d(c^5)} = \frac{1}{305{,}6}$$

oder

$$\frac{1}{c_0^5}\int_0^{c_0}\vartheta\, d(c^5) = \frac{5}{3}\vartheta_m\left(\varkappa_0 - \frac{\mathfrak{c}}{2}\right)\frac{C}{C-A}$$

$$= \frac{5}{3}\cdot 5{,}52\left(\frac{1}{297{,}8} - \frac{1}{578}\right)305{,}6 = 4{,}338. \tag{56}$$

Für sprungweise Dichtezunahme verwandelt sich (55) in

$$\frac{C-A}{C} = \frac{\vartheta_2\varkappa_2 c_2^5 + \vartheta_1(\varkappa_1 c_1^5 - \varkappa_2 c_2^5) + \vartheta_0(\varkappa_0 c_0^5 - \varkappa_1 c_1^5)}{\vartheta_2 c_2^5 + \vartheta_1(c_1^5 - c_2^5) + \vartheta_0(c_0^5 - c_1^5)} = \frac{1}{305{,}6}. \tag{57}$$

Theoretisch wird mit (56) oder 57) eine ganz neue Bedingung für das Dichtegesetz eingeführt. Es läßt sich jedoch zeigen[1]), daß sich das In-

[1]) O. CALLANDREAU: Mémoire sur la théorie de la figure des planètes (Annales de l'observatoire de Paris, Mémoires, Tome XIX; siehe auch: Bulletin astronomique, Tome V, 1888).

tegral in (56) mit großer Annäherung durch die Abplattung $\varkappa_0$ und die bekannte Größe $\mathfrak{c}$ ausdrücken läßt, so daß mit Erfüllung der anderen Bedingungen auch dieser Bedingung wenigstens näherungsweise genügt wird.

Um dies zu zeigen, führen wir zunächst in die CLAIRAUTsche Differentialgleichung (40) statt ϑ die neue Variable D nach Gleichung (34) ein:

$$D c^3 = 3\int_0^c \vartheta c^2 dc .$$

Daraus durch Differenzieren:

$$\frac{dD}{dc} \cdot c^3 + 3c^2 D = 3\,\vartheta c^2 ;$$

somit

$$\vartheta = D + \frac{c}{3} \cdot \frac{dD}{dc} . \tag{58}$$

Dies in (40) eingesetzt, gibt:

$$\left(\frac{1}{c^2}\frac{d^2\varkappa}{dc^2} - \frac{6\varkappa}{c^4}\right)\frac{Dc^3}{3} + \left(\frac{2}{c^2}\frac{d\varkappa}{dc} + \frac{2\varkappa}{c^3}\right)\left(Dc^2 + \frac{c^3}{3}\frac{dD}{dc}\right) = 0$$

oder

$$\left(c\frac{d^2\varkappa}{dc^2} + \frac{6d\varkappa}{dc}\right)D + 2\left(c\frac{d\varkappa}{dc} + \varkappa\right)\frac{dD}{dc} = 0 . \tag{59}$$

Wir führen nun auch für $\varkappa$ eine neue Variable η [1]) ein durch die Gleichung

$$\eta = \frac{c\,d\varkappa}{\varkappa\,dc} , \tag{60}$$

welcher Größe, wie später gezeigt wird, eine besondere Bedeutung zukommt. Der Wert, den sie an der Erdoberfläche annimmt, läßt sich aus $\varkappa_0$ und $\mathfrak{c}$ berechnen. Wenden wir nämlich Gleichung (39) auf die Oberfläche an, so wird, da nach (43)

$$\int_0^{c_0} \vartheta c^2 dc = \frac{c_0^3}{3}\vartheta_m \tag{61}$$

ist:

$$\left[\frac{1}{c_0^2}\left(\frac{d\varkappa}{dc}\right)_0 + \frac{2\varkappa_0}{c_0^3}\right]\frac{c_0^3}{3}\vartheta_m = \frac{5}{6}\,\vartheta_m \mathfrak{c}$$

oder

$$\begin{aligned} \eta_0 + 2 &= \frac{5}{2}\frac{\mathfrak{c}}{\varkappa_0} \\ \eta_0 &= \frac{5}{2}\frac{\mathfrak{c}}{\varkappa_0} - 2 . \end{aligned} \tag{62}$$

Für Erde ergibt sich daraus

$$\eta_0 = 0{,}576 . \tag{63}$$

Es ist nun

$$\frac{d\eta}{dc} = \frac{1}{\varkappa}\frac{d\varkappa}{dc} - \frac{c}{\varkappa^2}\left(\frac{d\varkappa}{dc}\right)^2 + \frac{c}{\varkappa}\frac{d^2\varkappa}{dc^2}$$

oder

$$c\frac{d^2\varkappa}{dc^2} = \varkappa\frac{d\eta}{dc} - \frac{\varkappa}{c}\cdot\eta + \frac{\varkappa}{c}\eta^2 = \frac{\varkappa}{c}\left(c\frac{d\eta}{dc} - \eta + \eta^2\right)$$

$$\frac{d\varkappa}{dc} = \frac{\varkappa}{c}\cdot\eta .$$

[1]) R. RADAU, Remarques sur la théorie de la figure de la terre (Bull. astr. Tome II, 1885).

Es wird also aus (59)

$$\left(c\frac{d\eta}{dc}+5\eta+\eta^2\right)D+2c(\eta+1)\frac{dD}{dc}=0. \tag{64}$$

Diese Gleichung läßt sich, wie man sich leicht überzeugt, in der Form schreiben

$$\frac{d}{dc}(\sqrt{1+\eta}\,D)+\frac{5\eta+\eta^2}{2c\sqrt{1+\eta}}D=0. \tag{65}$$

Unter Verwendung dieser Gleichung finden wir

$$\frac{d}{dc}(c^5\sqrt{1+\eta}\,D)=5c^4\sqrt{1+\eta}\,D-c^5\cdot\frac{5\eta+\eta^2}{2c\sqrt{1+\eta}}D=5c^4D\frac{1+\frac{\eta}{2}-\frac{\eta^2}{10}}{\sqrt{1+\eta}}.$$

Integrieren wir diese Gleichung von 0 bis c_0, so wird

$$c_0^5\sqrt{1+\eta_0}\,\vartheta_m=5\int_0^{c_0}c^4D\frac{1+\frac{\eta}{2}-\frac{\eta^2}{10}}{\sqrt{1+\eta}}=\int_0^{c_0}D\frac{1+\frac{\eta}{2}-\frac{\eta^2}{10}}{\sqrt{1+\eta}}d(c^5) \tag{66}$$

und

$$\int_0^{c_0}D\,d(c^5)=c_0^5\sqrt{1+\eta_0}\,\vartheta_m-\int_0^{c_0}\left[\frac{1+\frac{\eta}{2}-\frac{\eta^2}{10}}{\sqrt{1+\eta}}-1\right]D\,d(c^5). \tag{67}$$

Von $\int_0^{c_0}D\,d(c^5)$ können wir nun leicht auf $\int\vartheta\,d(c^5)$ übergehen, denn es ist unter Verwendung von (34)

$$\int_0^{c_0}D\,d(c^5)=5\int_0^{c_0}\frac{c^4}{c^3}\int_0^{c}\vartheta\,d(c^3)=5\int_0^{c_0}c\int_0^{c}\vartheta\,d(c^3)$$

oder durch partielle Integration

$$\int_0^{c_0}D\,d(c^5)=5\left[\frac{c^2}{2}\int_0^{c}\vartheta\,d(c^3)\right]_0^{c_0}-5\int_0^{c_0}\frac{c^2}{2}\frac{d}{dc}\int_0^{c}\vartheta\,d(c^3)$$

oder:

$$\int_0^{c_0}D\,d(c^5)=5\frac{c_0^2}{2}\int_0^{c_0}\vartheta\,d(c^3)-\frac{5}{2}\int_0^{c_0}c^2\vartheta\,d(c^3)$$

$$=\frac{5}{2}c_0^5\vartheta_m-\frac{3}{2}\int_0^{c_0}\vartheta\,d(c^5).$$

Es ist also

$$\frac{1}{\vartheta_m}\int_0^{c_0}D\,d(c^5)=\frac{5}{2}c_0^5-\frac{3}{2\vartheta_m}\int_0^{c_0}\vartheta\,d(c^5). \tag{68}$$

Es ergibt sich somit mit Hilfe von (67)

$$\frac{1}{\vartheta_m}\int_0^{c_0}\vartheta\,d(c^5)=\frac{5}{3}c_0^5-\frac{2}{3}c_0^5\sqrt{1+\eta_0}+\frac{2}{3}c_0^5J$$

mit

$$J=\frac{1}{c_0^5}\int_0^{c_0}\left[\frac{1+\frac{\eta}{2}-\frac{\eta^2}{10}}{\sqrt{1+\eta}}-1\right]\frac{D}{\vartheta_m}d(c^5). \tag{69}$$

Es läßt sich nun zeigen, daß J eine kleine Größe ist. Bezeichnen wir mit ξ den Wert von η, für welchen die Funktion

$$\frac{1+\frac{\eta}{2}-\frac{\eta^2}{10}}{\sqrt{1+\eta}}-1$$

ein Maximum wird innerhalb des in Betracht kommenden Intervalles, das ist zwischen

$$\eta = 0 \quad \text{und} \quad \eta_0 = 0{,}576\,,$$

so ist dann jedenfalls

$$J < \frac{1}{c_0^5}\left[\frac{1+\frac{\xi}{2}-\frac{\xi^2}{10}}{\sqrt{1+\xi}}-1\right]\int\limits_0^{c_0}\frac{D}{\vartheta_m}\,d(c^5)\,.$$

Bezeichnen wir einen Mittelwert von D mit $\bar{D}$, so ist

$$J < \left[\frac{1+\frac{\xi}{2}-\frac{\xi^2}{10}}{\sqrt{1+\xi}}-1\right]\frac{\bar{D}}{\vartheta_m}\,. \tag{70}$$

Die Funktion in der eckigen Klammer erreicht ihr Maximum für $\xi = \frac{1}{3}$ mit 0,00074. Da $\bar{D}$ nicht größer als etwa $2\,\vartheta_m$ ist, so folgt

$$J < 0{,}0015\,. \tag{71}$$

Wenn wir somit J vernachlässigen können, so finden wir

$$\frac{1}{\vartheta_m}\int\limits_0^{c_0}\vartheta\,d(c^5) = c_0^5\left[\frac{5}{3}-\frac{2}{3}\sqrt{1+\eta_0}\right]$$

und nach (56)

$$\frac{C-A}{C} = \frac{5}{3}\,c_0^5\left(\varkappa_0-\frac{\mathfrak{c}}{2}\right)\frac{1}{c_0^5\left(\frac{5}{3}-\frac{2}{3}\sqrt{1+\eta_0}\right)}$$

$$= \frac{\left(\varkappa_0-\frac{\mathfrak{c}}{2}\right)}{1-\frac{2}{5}\sqrt{1+\eta_0}}\,. \tag{72}$$

Da nun η_0 nach (62) auch durch $\varkappa_0$ und $\mathfrak{c}$ ausgedrückt ist, so folgt das Gleiche für $\frac{C-A}{C}$. Ein Dichtegesetz, welches somit auf die richtige Abplattung führt, erfüllt gleichzeitig näherungsweise die Bedingung 7.

Bei sprungweiser Dichtezunahme läßt sich $\frac{C-A}{C}$ mit geringerer Genauigkeit durch Oberflächengrößen ausdrücken, wie die Rechnungen von HAMY[1]) zeigen. Hier wird man also die Bedingung 7 selbständig einführen.

Zusammenfassend haben wir also im Falle kontinuierlicher Dichtezunahme zur Bestimmung der drei Konstanten der Bedingung 1 (Gl. 40) die Bedingungen 2 bis 4 aufzustellen; 5 und 6 und im wesentlichen auch 7 werden mit 4 gleichzeitig erfüllt. Legt man ein komplizierteres Dichtegesetz zugrunde, so kann man genauer vorgehen und die Bedingung 7 selbständig einführen.

[1]) M. HAMY, l. c.

Bei sprungweiser Dichteänderung wie im Falle der Gleichungen (42) gibt die Bedingung 1 drei Gleichungen mit den sechs Unbekannten c_1, c_2, $\vartheta_1, \vartheta_2, \varkappa_1, \varkappa_2$, wobei durch Einsetzen der entsprechenden Werte von $\varkappa_0$ und ϑ_0 den Bedingungen 3 und 4 schon genügt ist. Es bleiben also drei Größen noch überschüssig, für welche nur mehr die Bedingungen 2 und 7 zur Verfügung sind; das Problem bleibt also unbestimmt, und es kann noch eine Größe willkürlich gewählt werden, z. B. die Lage einer Grenzfläche. Nimmt man auch die Lage der zweiten Grenzfläche als gegeben an, so ist die Aufgabe überbestimmt. Man kann dann auf die Bedingung 7 wieder verzichten, wie es KLUSSMANN macht[1]).

Eine einfachere Behandlung der vorliegenden Aufgabe bei kontinuierlicher Dichtezunahme ist die folgende:

Es ergibt sich aus der Abplattung, den Schweremessungen und der Mondbewegung

$$C - A = 0{,}0010365\, a_0^2 M.$$

Andererseits folgt aus der Präzession

$$\frac{C - A}{C} = 0{,}003272.$$

Daraus ergibt sich

$$C = 0{,}332 \cdot a_0^2 M,$$

in welcher Gleichung nun die 4. bis 7. Bedingung vereinigt sind. Fügt man noch die 2. und 3. Bedingung hinzu, so erhält man drei Gleichungen. Man kann also ein Dichtegesetz mit drei Parametern aufstellen, welche aus diesen drei Gleichungen bestimmt werden können[2]). Das Verfahren ist weniger korrekt als das früher geschilderte, da auf die CLAIRAUTsche Differentialgleichung ganz verzichtet wird. Es bleibt also die Bedingung des inneren Gleichgewichtes unerfüllt. Damit fällt auch Gleichung (72) und deshalb kann die Bedingung 7 selbständig verwertet werden.

Man kann übrigens auch die Integralgleichung (37) unmittelbar verwenden, ohne sie in die CLAIRAUTsche Form umzusetzen. Dann muß man aber auch für $\varkappa$ oder die mit ihr verwandte Abplattung $\mathfrak{a}$ eine Funktion von a ansetzen, also etwa mit HELMERT[3]) setzen:

$$\vartheta = \vartheta_c \left\{1 + d_1 \left(\frac{a}{a_0}\right)^2 + d_2 \left(\frac{a}{a_0}\right)^4 + d_3 \left(\frac{a}{a_0}\right)^6\right\}$$

$$\mathfrak{a} = \mathfrak{a}_c \left\{1 + c_1 \left(\frac{a}{a_0}\right)^2 + c_2 \left(\frac{a}{a_0}\right)^4 + c_3 \left(\frac{a}{a_0}\right)^6\right\}.$$

Die mit dem Index c versehenen Größen beziehen sich auf den Erdmittelpunkt. Nach Einsetzen in die Integralgleichung und Ausführung der Integrale ergeben sich durch Gleichsetzen des Koeffizienten gleicher

1) W. KLUSSMANN: siehe S. 171.

2) R. HELMERT: Theorien II, S. 473.

3) R. HELMERT: Theorien II, S. 481.

Potenzen von a Bedingungsgleichungen, welche mit den übrigen zusammen die Bestimmung der Größen c und d gestatten.

Die Abplattung der Schichten im Innern; Grenzen der Abplattung. Bevor wir dazu übergehen, die Resultate zu besprechen, welche auf diesen Wegen gewonnen wurden, müssen noch einige wichtige Sätze, welche sich auf die Art der Massenlagerung im Innern beziehen, abgeleitet werden.

1. Wir differenzieren die Gleichgewichtsbedingung in der Form (33) nach c_1, wobei ω, da es in allen Schichten gleich ist, als Konstante zu betrachten ist. Es wird also

$$\frac{5}{3c_1^3}\cdot\frac{d\varkappa_1}{dc_1}\int_0^{c_1}\vartheta\, d(c^3) - \frac{5\varkappa_1}{c_1^4}\int_0^{c_1}\vartheta\, d(c^3) + \frac{5\varkappa_1}{3c_1^3}[3\vartheta c^2]_{c=c_1} + \frac{5}{c_1^6}\int_0^{c_1}\vartheta\frac{d}{dc}(\varkappa c^5)\,dc$$
$$-\frac{1}{c_1^5}\left[\vartheta\frac{d}{dc}(\varkappa c^5)\right]_{c=c_1} + \left[\vartheta\frac{d\varkappa}{dc}\right]_{c=c_1} = 0.$$

Die Glieder außerhalb der Integralzeichen heben sich auf: denn es ist

$$\frac{5\varkappa_1}{3c_1^3}\cdot 3\vartheta_1 c_1^2 - \frac{1}{c_1^5}\left[\vartheta_1\left(\frac{d\varkappa}{dc}\right)_{c=c_1}c_1^5 + 5\vartheta_1\varkappa_1 c_1^4\right] + \vartheta_1\left(\frac{d\varkappa}{dc}\right)_{c=c_1} = 0.$$

Es bleibt also:

$$\frac{1}{3c_1^3}\frac{d\varkappa_1}{dc_1}\int_0^{c_1}\vartheta\, d(c^3) - \frac{\varkappa_1}{c_1^4}\int_0^{c_1}\vartheta\, d(c^3) + \frac{1}{c_1^6}\int_0^{c_1}\vartheta\, d(\varkappa c^5) = 0$$

oder

$$\frac{1}{3}\frac{d\varkappa_1}{dc_1}\int_0^{c_1}\vartheta\, d(c^3) - \frac{1}{c_1^3}\int_0^{c_1}\vartheta\frac{d}{dc}[c^3(\varkappa_1 c_1^2 - \varkappa c^2)]\,dc = 0. \qquad (73)$$

Auf das zweite Glied wenden wir die partielle Integration an:

$$\int_0^{c_1}\vartheta\frac{d}{dc}[c^3(\varkappa_1 c_1^2 - \varkappa c^2)]\,dc = \Big|\vartheta c^3(\varkappa_1 c_1^2 - \varkappa c^2)\Big|_{c=0}^{c=c_1} - \int_0^{c_1} c^3(\varkappa_1 c_1^2 - \varkappa c^2)\frac{d\vartheta}{dc}\,dc.$$

Das erste Glied rechts verschwindet an den Grenzen. Wir erhalten somit aus (73)

$$\frac{1}{3}\frac{d\varkappa_1}{dc_1}\int_0^{c_1}\vartheta\, d(c^3) = -\frac{1}{c_1^3}\int_0^{c_1} c^3(\varkappa_1 c_1^2 - \varkappa c^2\frac{d\vartheta}{dc}\,dc.$$

$\frac{d\vartheta}{dc}$ ist immer negativ, da wir annehmen, daß die Dichte vom Mittelpunkt gegen die Oberfläche beständig abnimmt. Wegen des Minuszeichens vor dem Integral ist also der Faktor von $\varkappa_1 c_1^2 - \varkappa c^2$ immer positiv. Wir erhalten also rechts jedenfalls etwas zu Kleines, wenn wir für c seinen größten Wert c_1 setzen. Es ist also

$$\frac{1}{3}\frac{d\varkappa_1}{dc_1}\int_0^{c_1}\vartheta\, d(c^3) > -\frac{1}{c_1}\int_0^{c_1} c^3(\varkappa_1 - \varkappa)\frac{d\vartheta}{dc}\,dc.$$

Wir setzen zunächst c_1 als klein voraus, jedenfalls so klein, daß $\varkappa_1 - \varkappa$ zwischen 0 und c_1 sein Vorzeichen nicht wechselt. $\frac{d\vartheta}{dc}$ ist immer negativ, wechselt daher sein

Vorzeichen ebenfalls nicht. Wir können dann auf obige Gleichung den Mittelwertsatz der Integralrechnung anwenden: Bezeichnen wir mit $\overline{(\varkappa_1 - \varkappa)\frac{d\vartheta}{dc}}$ und $\bar{\vartheta}$ Mittelwerte, welche im Intervall 0 bis c_1 angenommen werden, so wird

$$\frac{1}{3}\,\bar{\vartheta}\left(\frac{d\varkappa}{dc}\right)_1 \int\limits_0^{c_1} d(c^3) > -\overline{(\varkappa_1 - \varkappa)\frac{d\vartheta}{dc}} \cdot \frac{1}{c_1}\int\limits_0^{c_1} c^3\,dc$$

oder

$$\frac{1}{3}\,\bar{\vartheta}\left(\frac{d\varkappa}{dc}\right)_1 > -\frac{1}{4}\,\overline{(\varkappa_1 - \varkappa)\frac{d\vartheta}{dc}}. \tag{74}$$

Gehen wir nun zur Grenze über und machen $c_1 = 0$, so wird $\varkappa_1$ mit $\varkappa$ im Werte für den Mittelpunkt zusammenfallen, ϑ geht in ϑ_c über und es bleibt

$$\vartheta_c\left(\frac{d\varkappa}{dc}\right)_{c_1=0} > 0.$$

Die Größe $\varkappa$ wächst also vom Mittelpunkt an und wird zunächst jedenfalls einen positiven Wert erreichen. Es wird dann aber sofort $\varkappa_1 - \varkappa$ positiv werden, und aus (74) folgt, daß dann $\frac{\partial \varkappa_1}{\partial c_1}$ auch weiter positiv bleibt. Die Abplattung der Schichten wächst somit von innen heraus und erreicht an der Oberfläche ihren größten Wert. Es ist also immer:

$$\frac{d\varkappa}{dc} > 0. \tag{75}$$

2. Wir differenzieren nun die Gleichgewichtsbedingung in der Form (37) nach c_1. Es ergibt sich

$$\frac{5}{3}\frac{d(\varkappa_1 D_1)}{dc_1} + \frac{5}{c_1^6}\int\limits_0^{c_1}\vartheta\frac{d}{dc}(\varkappa c^5)\,dc - \frac{1}{c_1^5}\left[\vartheta\left(\frac{d\varkappa}{dc}c^5 + 5\varkappa c^4\right)\right]_{c=c_1} + \vartheta_1\left(\frac{d\varkappa}{dc}\right)_{c=c_1} = 0$$

oder

$$\frac{5}{3}\frac{d(\varkappa_1 D_1)}{dc_1} = \frac{5\varkappa_1\vartheta_1}{c_1} - \frac{5}{c_1^6}\int\limits_0^{c_1}\vartheta\frac{d}{dc}(\varkappa c^5)\,dc,$$

oder nach Anwendung der partiellen Integration:

$$\frac{1}{3}\frac{d(\varkappa_1 D_1)}{dc_1} = \frac{1}{c_1^6}\int\limits_0^{c_1}\varkappa c^5\frac{d\vartheta}{dc}\,dc.$$

Da $\frac{d\vartheta}{dc} < 0$ ist, so ist die rechte Seite immer negativ.

Es ist also immer

$$\frac{d(\varkappa_1 D_1)}{dc_1} < 0.$$

Gehen wir auf die Bedeutung von D_1 zurück (Gleichung 34), so wird

$$\frac{d}{dc_1}\left[\frac{\varkappa_1}{c_1^3}\int\limits_0^{c_1}\vartheta\,d(c^3)\right] < 0,$$

oder

$$\frac{d}{dc_1}\left(\frac{\varkappa_1}{c_1^3}\right)\int\limits_0^{c_1}\vartheta\,d(c^3) + \frac{3\varkappa_1\vartheta_1}{c_1} < 0.$$

Da $\frac{3\varkappa_1\vartheta_1}{c_1}$ immer positiv ist, so ist nun auch

$$\frac{d}{dc_1}\left(\frac{\varkappa_1}{c_1^3}\right)\int_0^{c_1}\vartheta\, d(c^3) < 0$$

und, weil das Integral ebenfalls immer positiv ist, endlich:

$$\frac{d}{dc_1}\left(\frac{\varkappa_1}{c_1^3}\right) < 0. \tag{76}$$

Die Größe $\frac{\varkappa}{c^3}$ nimmt also von der Mitte nach außen stets ab[1]).

3. Wir führen wieder die Größe η ein, durch die Definition (s. Gleichung 60)

$$\eta = \frac{c}{\varkappa}\cdot\frac{\partial\varkappa}{\partial c}.$$

Aus $\frac{d}{dc}\left(\frac{\varkappa}{c^3}\right) < 0$ folgt

$$\frac{1}{c^3}\frac{d\varkappa}{dc} - \frac{3\varkappa}{c^4} = \frac{\varkappa}{c^4}\left(\frac{c}{\varkappa}\cdot\frac{d\varkappa}{dc} - 3\right) = \frac{\varkappa}{c^4}(\eta - 3) < 0.$$

Es folgt somit $\eta < 3$. Da η wegen (75) andererseits immer positiv ist, so ist[2])

$$0 < \eta < 3. \tag{77}$$

Der Oberflächenwert von η ist nach (62) gegeben durch:

$$\eta_0 = \frac{5}{2}\frac{\mathfrak{c}}{\varkappa_0} - 2.$$

Nun hatten wir für die homogene Erde nach (17), da wir nach (29) $\varkappa_0$ und $\mathfrak{a}$ vertauschen dürfen,

$$\varkappa_0 = \frac{5}{4}\mathfrak{c}, \quad \text{also} \quad \eta_0 = 0. \tag{78}$$

Denken wir uns dagegen die ganze Masse im Mittelpunkt vereinigt, so ist nach (20)

$$\varkappa_0 = \frac{\mathfrak{c}}{2}, \quad \text{also} \quad \eta_0 = 3. \tag{79}$$

In diesen beiden Grenzfällen nimmt also auch η seine Grenzwerte an. Die Größe η ist also für den Grad der Massenkonzentration gegen die Mitte charakteristisch. Für die Erde ist $\eta_0 = 0{,}576$; während z. B. für Jupiter $\eta_0 = 1{,}0$, für Saturn 2,3 wird Die Erde ist also viel homogener als diese großen Planeten.

4. Es war nach Gleichung (66), S. 163:

$$c_0^5\sqrt{1+\eta_0}\,\vartheta_m = 5\int_0^{c_0} c^4 D\,\frac{1+\frac{\eta}{2}-\frac{\eta^2}{10}}{\sqrt{1+\eta}}\,dc.$$

Bezeichnen wir mit ξ einen Mittelwert, den η zwischen 0 und c_0 annimmt, so wird[3])

$$c_0^5\sqrt{1+\eta_0}\,\vartheta_m = 5\cdot\frac{1+\frac{\xi}{2}-\frac{\xi^2}{10}}{\sqrt{1+\xi}}\int_0^{c_0} c^4 D\,dc. \tag{80}$$

---

1) F. TISSERAND: Traité de la mécanique céleste, Tome II, p. 197. R. RADAU: Remarques sur la théorie de la figure de la terre (Bull. astr., Tome II, 1885).

2) H. POINCARÉ: Sur la figure de la terre (Bull. astr., Tome VI, 1889). O. CALLANDREAU: Mémoire sur la théorie de la figure des planètes (Annales de l'observ. de Paris, XIX).

3) H. POINCARÉ: l. c.

Das letzte Integral haben wir nach (68) bestimmt. Danach ist:

$$\int_0^{c_0} c^4 D\,dc = \frac{1}{5}\int_0^{c_0} D\,d(c^5) = \frac{1}{2} c_0^5 \vartheta_m - \frac{3}{10}\int_0^{c_0} \vartheta\,d(c^5).$$

Mit Hilfe von (56) wird also:

$$\int_0^{c_0} c^4 D\,dc = \frac{1}{2} c_0^5 \vartheta_m - \frac{1}{2} c_0^5 \vartheta_m \frac{\varkappa_0 - \frac{\mathfrak{c}}{2}}{\frac{C-A}{C}} = \frac{1}{2} c_0^5 \vartheta_m \left[1 - \frac{\varkappa_0 - \frac{\mathfrak{c}}{2}}{\frac{C-A}{C}}\right].$$

Setzen wir dies in (80) ein, so erhalten wir unter Rücksicht auf (62)

$$\frac{2}{5}\sqrt{\frac{5}{2}\frac{\mathfrak{c}}{\varkappa_0} - 1}\;\frac{1}{1 - \frac{\varkappa_0 - \frac{\mathfrak{c}}{2}}{\frac{C-A}{C}}} = \frac{1 + \frac{\xi}{2} - \frac{\xi^2}{10}}{\sqrt{1+\xi}} = f(\xi). \tag{81}$$

ξ liegt zwischen 0 und 3; innerhalb dieses Bereiches hat die Funkton $f(\xi)$ ein Maximum; dieses gehört zu $\xi = \frac{1}{3}$ und hat den Wert 1,00074. Berechnen wir aus der obigen Gleichung den zugehörigen Wert von $\varkappa_0$, wobei wir an $\mathfrak{c} = \frac{1}{289}$ und $\frac{C-A}{C} = \frac{1}{305{,}6}$ festhalten, so erhalten wir auch einen Maximalwert von $\varkappa_0$.

Man findet

$$\varkappa_{0\,(\text{Max.})} = \frac{1}{297{,}3}. \tag{82}$$

Eine Abplattung, die größer wäre, ist mit der obigen Bedingung nicht vereinbar, mit anderen Worten, es kann keine Dichteverteilung im Erdinnern als möglich angesehen werden, die auf einen größeren Wert der Abplattung führt als $\frac{1}{297{,}3}$. Es muß aber hervorgehoben werden, daß bei Verwendung der Näherungsformel (72) für $C - A$ (statt [56]) die linke Seite in (81) gleich Eins und damit die Bedingung immer erfüllbar wird. Dann besteht keine Grenze für die Abplattung. Man sieht also, daß die in (72) vernachlässigte Größe J doch für das Problem eine wesentliche Bedeutung hat, und daß man daher mit der Außerachtlassung der Bedingung 7 jedenfalls sehr vorsichtig sein muß.

Als man noch den CLARKEschen Wert der Abplattung $\frac{1}{293}$ für den wahrscheinlichsten hielt, glaubte man in (82) einen unlösbaren Widerspruch mit der Theorie zu finden[1]). Die neuesten Untersuchungen aber führen wieder auf einen Wert, der dem BESSELschen $\frac{1}{299}$ naheliegt. Der Widerspruch ist somit geschwunden. Der CLARKEsche Wert beruht also auf einer mehr zufälligen, lokalen Ausbiegung des Geoides in Indien.

[1]) F. TISSERAND: Réflexions au sujet de la constitution de la terre (Verhandl. d. IX. allg. Konf. d. intern. Erdmessung, Paris 1889).

Resultate. A) Kontinuierliche Schichtung. Die einzelnen Versuche, die gemacht wurden, um die Dichtezunahme im Innern der Erde zu bestimmen, unterscheiden sich durch die analytische Form, welche für das Dichtegesetz angenommen wurde. Die wichtigsten seien im folgenden zusammengestellt:

LEGENDRE[1])	$\vartheta = G \cdot \frac{\sin mc}{c}$	$G = 4{,}48 \quad m = 145^0$ $\vartheta_c = 11{,}34,$
ROCHE[2])	$\vartheta = \vartheta_c(1 - kc^2)$	$k = 0{,}764$ $\vartheta_c = 10{,}10,$
LIPSCHITZ[3])	$\vartheta = \vartheta_c(1 - kc^\lambda)$	$k = 0{,}736 \quad \lambda = 2{,}39$ $\vartheta_c = 9{,}453,$
HELMERT[4])	$\vartheta = \vartheta_c\left[1 - d_1\left(\frac{c}{c_0}\right)^2 + d_2\left(\frac{c}{c_0}\right)^4\right]$	$d_1 = 1{,}04 \quad d_2 = 0{,}275$ $\vartheta_c = 11{,}3,$
ÖKINGHAUS[5])	$\vartheta = \vartheta_c e^{-kx^3}$	$k = 1{,}707$ bis $1{,}4$ $\vartheta_c = 13{,}78$ bis $10{,}375.$

Die Formel von LEGENDRE entspricht dem von LAPLACE aufgestellten Gesetze, nach welchem die Änderung der Dichte mit der Tiefe nur von dem steigenden Druck der darüber lagernden Massen herrührt, wobei die Kompressibilität um so kleiner wird, je stärker die Massen schon komprimiert sind. Die Formel von ROCHE ist nur eine Weiterführung des LAPLACEschen Gedankens, auf Grund eines durch ein quadratisches Glied erweiterten Gesetzes für die Kompressibilität. Man kann auch den Koeffizienten der Kompressibilität herausrechnen, und findet ihn in beiden Fällen von der Größenordnung wie bei Quecksilber. HELMERT setzt die Dichte in Form einer Potenzreihe an, während ÖKINGHAUS von der Barometerformel ausgeht.

Als Resultat ergibt sich aus allen diesen Untersuchungen, daß die Dichte im Erdmittelpunkt etwa 10—12 sein dürfte[6]).

B. Sprungweise Dichtezunahme. Die Untersuchungen über die Fortpflanzungsgeschwindigkeit der Erdbebenwellen haben es wahrscheinlich gemacht, daß die Dichte in der Erde nicht kontinuierlich verläuft, sondern sich sprunghaft ändert. Da man sich auf zwei bis drei Unstetig-

---

[1]) F. TISSERAND: Traité de la mécanique céleste, Tome II, p. 232.

[2]) Ibidem p. 241.

[3]) R. LIPSCHITZ: Versuch zur Herleitung eines Gesetzes, das die Dichtigkeit für die Schichten im Innern der Erde annähernd darstellt, aus den gegebenen Beobachtungen (Journal f. d. reine und angewandte Mathemathik, 62. Bd.).

[4]) R. HELMERT: Die math. und physik. Theorien d. höheren Geodösie, 2. Bd., S. 487.

[5]) ÖKINGHAUS: Eine Hypothese über das Gesetz der Dichtigkeit im Innern der Erde (Archiv f. Math. u. Physik, Bd. 13, 1895).

[6]) Über die Grenzen, zwischen denen die Dichte im Innern der Erde liegen muß, siehe TH. STIELTJES: Variation de la densité dans l'intérieur de la terre (Amsterdam Akad. Mededel. 1, 1885, auch Archives Neerlandaises 19).

keiten in der Dichte beschränkt, so läßt sich die Aufgabe noch meistern. Zur Annahme einer größeren Anzahl von Schichten fehlt vorläufig noch jeder Anhaltspunkt.

Die ersten erfolgreichen Untersuchungen in dieser Hinsicht verdanken wir WIECHERT[1]), da HAMYS Arbeiten[2]), da er noch die Abplattung $\frac{1}{293}$ erhalten wollte, zu einem negativen Resultate geführt haben.

WIECHERT stellt sich die Erde vor bestehend aus einem homogenen Kern, bedeckt mit einer ebenfalls homogenen Rinde von der Dichte 3,0 bis 3,4, und sucht die Dichte des Kernes sowie die Lage der Trennungsfläche zu bestimmen unter Berücksichtigung der S. 148 ff. zusammengestellten Bedingungen. Als Resultat ergibt sich für die Dichte des Kernes 8,2. Die Trennungsfläche liegt bei 0,78 c_0. Der Kern reicht also bis auf etwa $^3/_4$ des Radius. Seine Dichte liegt etwas über der Dichte des Eisens, so daß die Annahme berechtigt erscheint, daß der Kern der Erde aus Eisen besteht, dessen Dichte unter dem großen Druck etwas gesteigert ist.

KLUSSMANN[3]) hat diese Untersuchungen weitergeführt. Es werden nunmehr drei Schichten verschiedener Dichte angenommen, deren Lage aber als durch die Erdbebenbeobachtungen gegeben betrachtet wird, im Gegensatze zu WIECHERT, der die Lage der Grenzfläche erst aus den Beobachtungen berechnet. Die Grenzflächen werden in den Tiefen 1193 km und 2454 km vorausgesetzt. Eine Trennungsfläche in 1712 km Tiefe wird als zuwenig gesichert nicht berücksichtigt. Für die Dichte des Mantels werden verschiedene Annahmen gemacht (3,0, 3,2, 3,4, 3,6), endlich aber 3,4 bevorzugt. Für den Kern ergibt sich als Material: Eisen Nickel und Kobalt mit einer Dichte von 7,8 bis 8,9; für die Mittelschicht: Eisenerz mit einer Dichte von etwa 5,5.

Die Entscheidung, ob die Erde eine kontinuierliche oder sprungweise Dichtezunahme aufweist, ist nicht leicht zu fällen. SCHWEYDAR zeigt[4]), daß auch bei kontinuierlicher Dichtezunahme infolge der Festigkeitsverhältnisse die Fortpflanzungsgeschwindigkeit der Erdbebenwellen in einer gewissen Tiefe sich so rasch ändert, daß daraus leicht auf einen Sprung in der Dichte geschlossen werden kann, der tatsächlich nicht vorhanden ist.

Druck im Innern. Unter der Voraussetzung, daß im Innern der Erde Verhältnisse herrschen, welche nach hydrostatischen Gesetzen behandelt werden können, läßt sich der Druck berechnen, der im Innern

[1]) E. WIECHERT: Über die Massenverteilung im Innern der Erde (Göttinger Nachr. 1897).

[2]) M. HAMY: Étude sur la figure des corps célestes (Thèse de Paris 1887, auch Bull. astr., Tome IV).

[3]) W. KLUSSMANN: Über das Innere der Erde (Beiträge zur Geophysik, XIV. Bd.).

[4]) W. SCHWEYDAR: Theorie der Deformation der Erde durch Flutkräfte (Veröffentl. d. preuß. geod. Inst. Neue Folge 66).

herrscht. Wir vernachlässigen dabei die Abplattung, und ersetzen dementsprechend in den Formeln c durch r.

Ist in irgendeinem Punkte der Erde, dessen Entfernung vom Mittelpunkte gleich r ist, die Schwere gleich g und die Dichte ϑ, so ist die Änderung des Druckes pro Flächeneinheit bei der Erhebung um dr gegeben durch

$$dp = -\vartheta g\, dr,$$

nämlich gleich dem Gewichte einer Masse von der Höhe dr und einer Basis gleich der Flächeneinheit. Die Schwere g ist gegeben durch die Anziehung einer Kugel vom Radius r, da die darüber lagernden Kugelschalen nach innen keine Anziehung ausüben. Es ist also

$$g = \frac{4\pi k^2}{r^2}\int_0^r \vartheta r^2 dr.$$

Führen wir für ϑ das ROCHEsche Dichtegesetz ein in der Form:

$$\vartheta = \vartheta_c\left[1 - \mu\left(\frac{r}{r_0}\right)^2\right],$$

so wird

$$g = \frac{4\pi k^2}{r^2}\vartheta_c\int_0^r\left(r^2 - \mu\frac{r^4}{r_0^2}\right)dr = 4\pi k^2\vartheta_c\left(\frac{r}{3} - \frac{\mu r^3}{5 r_0^2}\right), \tag{83}$$

somit

$$\begin{aligned} dp &= -4\pi k^2\vartheta_c^2\left(1 - \frac{\mu r^2}{r_0^2}\right)\left(\frac{r}{3} - \frac{\mu r^3}{5 r_0^2}\right) \\ &= -4\pi k^2\vartheta_c^2\left(\frac{r}{3} - \frac{8\mu r^3}{15 r_0^2} + \frac{\mu^2 r^5}{5 r_0^4}\right)dr. \end{aligned}$$

Durch Integration von Null bis zur oberen Grenze r_0 finden wir für den Druck im Mittelpunkte

$$p = \frac{2\pi}{3}k^2\vartheta_c^2 r_0^2\left(1 - \frac{4}{5}\mu + \frac{\mu^2}{5}\right).$$

Ist g_0 die Schwere an der Oberfläche, so können wir schreiben

$$g_0 = \frac{k^2 E}{r_0^2} = \frac{4\pi k^2}{3}\vartheta_m r_0$$

oder

$$2\pi k^2 = \frac{3 g_0}{2\vartheta_m r_0}.$$

Damit wird

$$p = \frac{\vartheta_c^2}{2\vartheta_m} r_0 g_0\left(1 - \frac{4}{5}\mu + \frac{\mu^2}{5}\right).$$

Der Druck einer Atmosphäre ist, wenn h die Höhe des Barometerstandes und ϱ die Dichte des Quecksilbers bedeutet, gleich

$$b = h\varrho\cdot g_0,$$

somit der Druck p ausgedrückt in Atmosphären:

$$\frac{p}{b} = \frac{\vartheta_c^2}{2\vartheta_m} \cdot \frac{r_0}{h\varrho}\left(1 - \frac{\mu}{5}\mu + \frac{\mu^2}{5}\right).$$

Mit den numerischen Werten:

$\vartheta_c = 10{,}1$, $\vartheta_m = 5{,}52$, $h\varrho = 1033{,}6$, $r_0 = 6{,}377 \cdot 10^8 \mathrm{cm}$, $\mu = 0{,}764$

findet man:

$$p = 2{,}9 \cdot 10^6 \text{ Atmosphären.}$$

In welchem Zustande wir uns die Massen im Erdinnern vorstellen sollen, darüber können wir eigentlich nichts aussagen. Wir sind gewohnt anzunehmen, daß die Temperatur im Erdinnern eine außerordentlich hohe ist, vielleicht so hoch, daß unter gewöhnlichen Verhältnissen alle Stoffe nicht nur vergast sein müßten, sondern daß auch die kritische Temperatur, bei der noch eine Verflüssigung durch Druck möglich ist, weit überschritten ist. Andererseits aber soll den Stoffen im Innern eine bedeutende Dichte zukommen. Einen gasförmigen Körper mit der Dichte 10 können wir uns nicht vorstellen. Man wird also wohl annehmen müssen, daß es unter diesen Bedingungen einen uns unbekannten Aggregatzustand gibt, bei welchem die Stoffe große Beweglichkeit der Teilchen, wie sie Gasen oder Flüssigkeiten eigen ist, mit großer Festigkeit und Dichte vereinigen, etwa ein Zustand der Plastizität, welche nur unter dem langandauernden Einfluß sehr großer Kräfte zum Ausdruck kommt.

Es muß nur noch hinzugefügt werden, daß wir für die hohe Temperatur des tiefsten Erdinnern keine Beweise haben.

Die Schwere im Innern der Erde. Während bei einer homogenen Erde die Schwere gegen den Mittelpunkt kontinuierlich abnimmt, ist dies bei Dichtezunahme nach innen nicht mehr der Fall. Wenn wir von der Oberfläche nach innen gehen, wächst die Schwere zunächst an, um erst nach Erreichen eines Maximums dann weiterhin abzunehmen. Es ist leicht einzusehen, daß dies eintreten wird, weil im Grenzfalle, wenn die ganze Masse im Mittelpunkt vereinigt ist, die Schwere mit Annäherung an die Mitte überhaupt nur zunimmt.

Wir wollen, wieder auf Grund des Rocheschen Gesetzes, die Lage des Maximums bestimmen. Die Schwere in einem beliebigen Punkte in der Entfernung r von der Mitte ist nach (83):

$$g = 4\pi k^2 \vartheta_c\left(\frac{r}{3} - \frac{\mu r^3}{5 r_0^2}\right).$$

Das Maximum tritt ein für

$$\frac{\partial g}{\partial r} = 4\pi k^2 \vartheta_c\left(\frac{1}{3} - \frac{3\mu r^2}{5 r_0^2}\right) = 0 \tag{84}$$

oder

$$\frac{r}{r_0} = \sqrt{\frac{5}{9\mu}} = 0{,}953 = \frac{6}{7}.$$

Die Schwere wächst also bis zu $\frac{1}{7}$ des Radius gegen innen. Sie erreicht hier 1,05 des Wertes an der Oberfläche.

Wenden wir diese Gleichung (84) auf die Oberfläche an, so erhalten wir:

$$\left(\frac{\partial g}{\partial r}\right)_0 = 4\pi k^2 \vartheta_c \left(\frac{1}{3} - \frac{3\mu}{5}\right). \tag{85}$$

Die Größe $\left(\frac{\partial g}{\partial r}\right)_0$ ist der Beobachtung zugänglich, in der Form, daß man den Unterschied der Schwerebeschleunigung zwischen einem Punkte der Erdoberfläche und einem Punkt in der Tiefe eines Schachtes durch Pendelbeobachtungen bestimmt. Auf der rechten Seite kann man mit Hilfe des Dichtegesetzes die beiden Größen ϑ_c und μ durch ϑ_m und ϑ_0 ersetzen. Da ϑ_0 bekannt ist, so bleibt nur noch die eine Unbekannte ϑ_m, die sich nunmehr bestimmen läßt. Darauf beruht die schon erwähnte Methode der Bestimmung der mittleren Dichte der Erde von Airy (S. 132).

Nach (43) finden wir für das Rochesche Gesetz:

$$\vartheta_m = \frac{3\vartheta_c}{r_0^3} \int_0^{r_0} \left(1 - \frac{\mu r^2}{r_0^2}\right) r^2 dr = \vartheta_c \left(1 - \frac{3}{5}\mu\right).$$

Ferner ist

$$\vartheta_0 = \vartheta_c (1 - \mu).$$

Aus diesen beiden Gleichungen ergibt sich

$$\vartheta_c = \frac{5\vartheta_m - 3\vartheta_0}{2}$$

$$\mu = \frac{5(\vartheta_m - \vartheta_0)}{5\vartheta_m - 3\vartheta_0}$$

und durch Einsetzen in (85):

$$\left(\frac{\partial g}{\partial r}\right)_0 = 4\pi k^2 \left(\vartheta_0 - \frac{2}{3}\vartheta_m\right).$$

Dividieren wir durch den Oberflächenwert der Schwere

$$g_0 = \frac{4\pi k^2 \vartheta_m}{3} \cdot r_0,$$

so wird

$$\frac{1}{g_0} \cdot \left(\frac{\partial g}{\partial r}\right)_0 = \frac{1}{r_0}\left(3\frac{\vartheta_0}{\vartheta_m} - 2\right). \tag{86}$$

Wenn man also um $h = -dr$ in die Tiefe geht, so ändert sich die Schwere um

$$\Delta g = \frac{h}{r_0}\left(2 - 3\frac{\vartheta_0}{\vartheta_m}\right) \cdot g_0.$$

Daher

$$\vartheta_m = \frac{3\vartheta_0}{2 - \frac{\Delta g}{g_0} \cdot \frac{r_0}{h}}. \tag{87}$$

Man kann diese Gleichung ganz allgemein aus der Potentialtheorie ableiten, wenn man von der LAPLACEschen und POISSONschen Gleichung ([12], S. 32, und [22], S. 34) ausgeht. Danach ist oberhalb der Erdoberfläche

$$\frac{\partial^2 W}{\partial x^2} + \frac{\partial^2 W}{\partial y^2} + \frac{\partial^2 W}{\partial z^2} = 2\omega^2, \tag{88}$$

unterhalb derselben aber

$$\frac{\partial^2 W}{\partial x^2} + \frac{\partial^2 W}{\partial y^2} + \frac{\partial^2 W}{\partial z^2} = 2\omega^2 - 4\pi k^2 \vartheta_0. \tag{89}$$

Legen wir die z-Achse in die Normale zur Erdoberfläche nach aufwärts gerichtet, so ist oberhalb der Erdoberfläche

$$\frac{\partial W}{\partial z} = -g \quad \text{und} \quad \frac{\partial^2 W}{\partial z^2} = -\frac{\partial g}{\partial r} = -\frac{\partial}{\partial r}\left(\frac{k^2 M}{r^2}\right) = \frac{2g}{r}.$$

Also an der Erdoberfläche

$$\left(\frac{\partial^2 W}{\partial x^2} + \frac{\partial^2 W}{\partial y^2}\right)_{\text{außerhalb}} = -\frac{2g_0}{r_0} + 2\omega^2. \tag{90}$$

Da nun beim Übergang in das Erdinnere in der Richtung der Normalen nur $\frac{\partial^2 W}{\partial z^2}$ springt, die beiden anderen zweiten Differentialquotienten aber stetig bleiben[1]), so gilt (90) auch für (89), und es wird

$$\left(\frac{\partial^2 W}{\partial z^2}\right)_{\text{innerhalb}} = \frac{2g_0}{r_0} - 4\pi k^2 \vartheta_0$$

oder mit:

$$g_0 = \frac{4\pi k^2 \vartheta_m}{3} \cdot r_0$$

$$\left(\frac{\partial^2 W}{\partial z^2}\right)_{\text{innerhalb}} = -\frac{\partial g}{\partial r} = \frac{g_0}{r_0}\left(2 - \frac{3\vartheta_0}{\vartheta_m}\right).$$

Diese Ableitung zeigt, daß in (87) für ϑ_0 nicht die mittlere Oberflächendichte der Erde, sondern im Sinne der POISSONschen Gleichung die Dichte des den Beobachtungspunkt umgebenden Gesteines einzusetzen ist.

Diese Methode der Dichtebestimmung wird keine besondere Genauigkeit bieten. Zunächst wird man, wenn nicht einheitliche geologische Formationen vorliegen, über die Wahl von ϑ_0 doch im Zweifel sein. Ferner sind die verwendeten Tiefen im Verhältnis zu r_0 zu gering: AIRY[2]) beobachtete im Schachte des Bergwerkes in Harton in 383 m Tiefe, v. STERNECK in Pribram in 534 m, in Freiberg i. S. in 1000 m Tiefe, ROSÉN in der Grube Sala in Schweden in 292 m. In Kolar in Indien werden derzeit Beobachtungen in 798 m Tiefe gemacht[3]). Die Größe $\frac{r_0}{h}$,

[1]) R. HELMERT: Die mathem. u. physik. Theorien der höheren Geodäsie, Bd. II, S. 25 ff.

[2]) Literaturnachweise siehe S. 132.

[3]) Verhandl. d. XVI. allg. Konf. d. intern. Erdmessung in London u. Cambridge 1909, I. Teil, Annex A, VIII b.

mit der in (87) Δg multipliziert ist, ist somit mindestens 6000. Außer dem zweiten Wert von v. STERNECK, der nach HELMERTS Reduktion 5,53 ist[1]), sind die Resultate auch nicht brauchbar. Gute Werte wird man überhaupt nur erhalten können, wenn man den Gesteinsdichten ganz besondere Aufmerksamkeit zuwendet. Ein Beispiel hierfür sind NIETHAMMERS Untersuchungen im Simplontunnel, welche auf den Wert 5,45 führen[2]).

18. Die Festigkeit der Erde.

Trotzdem man sich wenigstens in früheren Zeiten das Innere der Erde in flüssigem Zustande dachte, so glaubte man sie doch mit einer so festen Kruste umgeben, daß man ihre Gestalt allen äußeren Kräften gegenüber als unveränderlich ansehen konnte. Die Vermutung, daß die Erde nicht absolut fest sei, sondern unter dem Einfluß der außerordentlich großen Massenkräfte, welche auf sie wirken, sich deformieren müsse, hat zuerst KELVIN ausgesprochen und auch eine Methode angegeben, nach welcher eine Nachgiebigkeit der Erde konstatiert werden könnte. Diese beruht auf der Beobachtung der Fluterscheinungen des Meeres, die offenbar anders zum Ausdruck kommen, wenn der Meeresboden und die Kontinente die Bewegung ganz oder teilweise mitmachen. In der Tat: Wären die Massen der Erdkruste ebenso leicht beweglich wie das Wasser, so würde ein Wasserstandsmesser an der Küste gar keine Gezeiten mehr verzeichnen.

Einmal auf diese Möglichkeit aufmerksam gemacht, hat man den Einfluß der Nachgiebigkeit der Erde auch in anderen Erscheinungen gesucht und gefunden. Wir besitzen heute drei Methoden zur Bestimmung des Festigkeitskoeffizienten der Erde: 1. die Bestimmung der Periode der Polhöhenschwankung; 2. die Bestimmung der Änderung in der Lage der Lotlinie zur Erdscholle, welche in den Beobachtungen von Horizontalpendeln und in der Fluterscheinung in gleicher Weise zum Ausdruck kommt; 3. die Untersuchung der Fortpflanzungsgeschwindigkeit der Erdbebenwellen[3]). Wir haben uns hier nur mit den beiden ersten zu beschäftigen, während die dritte an anderem Orte zur Besprechung gelangt.

Die Veränderlichkeit der Polhöhe, die schon nach den älteren Pulkovaer Beobachtungen vermutet wurde, wurde einwandfrei als eine wahrscheinlich kurzperiodische Erscheinung komplizierter Natur von KÜSTNER[4]) festgestellt. Um zunächst Gewißheit zu erlangen, ob es sich

1) R. HELMERT: Die Schwerkraft und die Massenverteilung der Erde (Enzyklop. d. math. Wissenschaften, Bd. VI, 1).

2) Astronomisch-geodätische Arbeiten in der Schweiz, 12. Bd.

3) Eine vollständige Zusammenstellung und kurze Diskussion aller bisher vorliegenden Untersuchungen nach den drei Methoden gibt TOSHI SHIDA: On the elasticity of the earth and the earth's crust (Memoirs of the college of science and engineering Kyoto, imp. univers., Vol. IV, 1912.

4) F. KÜSTNER: Neue Methode zur Bestimmung der Aberrationskonstante nebst Untersuchungen über die Veränderlichkeit der Polhöhe, Berlin 1888.

tatsächlich um eine Verschiebung der Erdachse im Erdkörper handle oder nur um eine lokale Verlagerung der Lotlinie, wurde eine Expedition nach Honolulu entsandt[1]), welche gleichzeitig mit einer Station in Berlin fortlaufende Beobachtungen der Polhöhe anzustellen hatte. Wenn die Veränderung die Erdachse selbst betrifft, so mußte jedem Anwachsen der Breite in Berlin ein Abnehmen in Honolulu entsprechen, und umgekehrt, was sich tatsächlich in den Beobachtungen zeigte. Es beschreibt also der Rotationspol der Erde eine kleine Bahn um eine Mittellage. Seither hat sich das Beobachtungsmaterial außerordentlich vermehrt. Nachdem durch einige Jahre hindurch einzelne Sternwarten freiwillig längere Beobachtuugsreihen durchgeführt hatten[2]), wurde zum Studium der Erscheinung ein internationaler Dienst eingerichtet, und längs des 39. Parallelkreises sechs Stationen, rings um die Erde verteilt, aufgestellt, auf welchen nun seit fast 20 Jahren ununterbrochen die Veränderungen der Polhöhe beobachtet werden. Später sind noch zwei Stationen der Südhalbkugel dazugekommen. Um möglichst vergleichbare Resultate zu erhalten, wird auf allen Stationen nach dem gleichen Programm mit möglichst ähnlichen Instrumenten beobachtet und das ganze Material in einheitlicher Weise reduziert[3]).

Die angewendete Beobachtungsmethode ist die von HORREBOW-TALCOTT. Sie besteht darin, daß die Zenitdistanzen zweier zenitnaher Sterne, von denen der eine südlich, der andere nördlich des Zenites kulminiert, miteinander verglichen werden. Jedes solche Sternpaar liefert einen Wert der Polhöhe. Die Methode gestattet die Elimination der meisten Instrumentalfehler und des ohnehin kleinen Betrages der normalen Refraktion. Eine größere Anzahl von Sternpaaren wird zu einer Gruppe zusammengefaßt, und jeden Abend werden zwei solcher Gruppen beobachtet, die mit dem Fortschritt des Jahres gewechselt werden müssen.

Der zuerst eingeführte Vorgang bei der Reduktion ging von dem Grundsatz aus, daß sich der Winkel zwischen Zenit und Pol im Laufe eines Abends nicht ändert, daß also die beiden Gruppen desselben Abends den gleichen Wert der Polhöhe ergeben müssen. Der Unterschied, der sich findet, mußte dann den Sternpositionen zur Last gelegt werden. Bezeichnet man die Gruppen der Reihe nach mit I, II ... X, so erhält man so die Differenzen

I—II, II—III ... IX—X, X—I.

Da sich die Beobachtungen über das ganze Jahr erstrecken, so kommt man wieder auf die erste Gruppe zurück (Kettenmethode). Die Summe

[1]) Resultate der Beobachtungsreihe in Honolulu, betreffend die Veränderlichkeit der Polhöhe (Zentralbureau d. intern. Erdmessung, Berlin 1892).

[2]) Provisorische Resultate der Beobachtungen in Berlin, Potsdam und Prag, betreffend die Veränderlichkeit der Polhöhe (zusammengestellt v. TH. ALBRECHT, Publ. d. Zentralbureaus d. intern. Erdmessung, Berlin 1890).

[3]) Resultate des intern. Breitendienstes, Bd. I—V (Veröffentl. d. Zentralbureaus d. intern. Erdmessung, Neue Folge Nr. 8, 13, 18, 22, 30).

der obigen Differenzen sollte daher gleich Null sein. Es fand sich aber, daß diese Bedingung nicht erfüllt war, es verblieb ein Schlußfehler, der unerklärlich war.

Noch eine weitere merkwürdige Tatsache ergab sich. Es zeigte sich an allen Stationen eine kleine gleichzeitige Veränderung der Polhöhe in gleichem Sinne, mit etwa jährlicher Periode, bekannt unter dem Namen KIMURASches z-Glied. Die Erklärung der ersten Erscheinung suchte man zunächst in einer täglichen Veränderung der Polhöhe[1]), doch konnte trotz genauester Studien eine solche nicht entdeckt werden. Für die zweite Erscheinung fehlt jede Erklärung. Heute scheinen sich die Ansichten dahin zu einigen, daß beide Erscheinungen auf der sogenannten Zenitrefraktion beruhen. Die Refraktion im Zenit sollte theoretisch gleich Null sein. Da aber die Luftschichten infolge ungleicher Erwärmung des Bodens doch immer eine gewisse Neigung haben, so folgt daraus ein kleiner Betrag der Refraktion, der sich auch im Laufe der nächtlichen Beobachtung ändert. Man mußte also die Kettenmethode fallen lassen und neue Reduktionsmethoden suchen, die von den besprochenen Einflüssen unabhängig sind[2]). Es gelingt dies im wesentlichen nur dadurch, daß man die Sternpositionen eliminiert, indem man die gleichzeitig mit denselben Sternen gewonnenen Breitenwerte der Stationen unter sich vergleicht. Die Deklinationsverbesserungen ergeben sich aus dem gesamten Ausgleich, haben aber keinen Einfluß auf die Koordinaten des Poles[3]).

Um die Möglichkeit der Veränderlichkeit der Polhöhe theoretisch darzutun, brauchen wir nur auf die Grundgleichungen der Rotation zurückzugehen. Für die kräftefreie Bewegung gelten die Gleichungen (51), S. 159, in denen die rechte Seite gleich Null zu setzen ist. Die erste Gleichung hat die einfache Form

$$\frac{dr}{dt} = 0 \qquad \text{oder} \qquad r = r_0 = \text{const.} \tag{1}$$

Dadurch werden die anderen Gleichungen

$$\left.\begin{aligned} \frac{dp}{dt} &= -\frac{C-A}{A}\cdot r_0 q \\ \frac{dq}{dt} &= \frac{A-C}{A}\cdot r_0 p \end{aligned}\right\} . \tag{2}$$

---

1) R. SCHUMANN: Numerische Untersuchungen über Polhöhenschwankung und Aberrationskonstante (Ergänzungsheft zu den Astr. Nachr., Nr. 11 und Astr. Nachr., Bd. 173). R. SCHUMANN: Bericht über einige Ergebnisse aus neueren Untersuchungen über die Polhöhenschwankung (Verhandl. d. XVII. allg. Konf. d. intern. Erdmessung in Hamburg 1912, Beilage B, V^b und V^c).

2) F. KÜHNERT: Zur Frage der Pohlhöhenschwankungen (Astr. Nachr., Bd. 204).

3) B. WANACH: Resultate des internationalen Breitendienstes, Bd. V (Zentralbureau der intern. Erdmessung, Neue Folge Nr. 30). Einen Überblick über alle einschlägigen Fragen gibt B. WANACH: Die Pohlhöhenschwankungen (Die Naturwissenschaften, Bd. VII), ferner: E. PRZYBYLLOK: Über den gegenwärtigen Stand unserer Kenntnis von den Polhöhenschwankungen (Astr. Vierteljahrsschrift, 54. Jahrg).

Diese lassen das selbstverständliche Integral $p = q = 0$ zu. Das heißt, wenn zu Anfang die Bewegung r_0 um die Hauptträgheitsachse die einzige ist, so bleibt dieser Zustand auch weiterhin immer erhalten.

Die Gleichungen geben aber auch die Lösung

$$\begin{aligned} p &= a\cos(\lambda t + \mu) \\ q &= a\sin(\lambda t + \mu)\,, \end{aligned} \tag{3}$$

also eine periodische Lösung mit der Periode $\frac{2\pi}{\lambda}$. Mit dem Werte $\frac{C-A}{A} = 0{,}003283$ und der bekannten Rotationsgeschwindigkeit der Erde $r_0 = \frac{2\pi}{86164}$ finden wir $\frac{2\pi}{\lambda} = 303{,}8$ mittlere Tage.

Die drei Rotationskomponenten r_0, p und q setzen sich zu einer Resultierenden ω zusammen, um eine Achse, deren Richtungswinkel α, β, γ seien. Dann ist

$$\begin{aligned} r_0 &= \omega\cos\gamma\,, \\ p &= \omega\cos\alpha\,, \\ q &= \omega\cos\beta\,. \end{aligned} \tag{4}$$

Somit

$$\omega^2 = r_0^2 + p^2 + q^2 = r_0^2 + a^2\,.$$

Es ist also auch ω konstant und nach der ersten Gleichung (4) auch γ. Die Bewegung besteht also darin, daß die momentane Drehungsachse einen Kegel mit dem konstanten Öffnungswinkel γ um die Hauptträgheitsachse beschreibt und zu einem Umlauf die Zeit von 304 Tagen braucht. Man bezeichnet diese Bewegung als die EULERsche. Ihr entspricht eine Veränderlichkeit der Polhöhe im Betrage $\pm\gamma$. Die Amplitude derselben hängt von dem Anfangszustande ab.

Wenn man nun aber betrachtet, was die Beobachtungen ergeben, so sieht man, daß die Erscheinung ganz anders und äußerst kompliziert verläuft. Der Pol der Erde beschreibt eine spiralige Linie, die in bald engeren, bald weiteren Windungen die Mittellage umkreist, auch merkwürdige Schlingen macht usw. Die Schwankungen betrugen bisher nie mehr als $\pm$ 10 m. Es ist daher sehr schwierig, darin enthaltene Perioden abzuleiten. Deutlich erkennt man eine Periode von 428 bis 432 Tagen, die als CHANDLERsche Periode bekannt ist; darüber lagert sich eine jährliche Periode. Die EULERsche Periode zeigt sich nicht.

Wie ist das nun zu deuten? Bei der jährlichen Periode denkt man sofort an meteorologische Vorgänge, worauf schon KÜSTNER hingewiesen. In der Tat muß der große Massentransport, der durch die jährliche Verlagerung des Luftdruckmaximums entsteht, die Erde aus dem Gleichgewicht bringen[1]); der oben mit γ bezeichnete Winkel wird von Null verschieden, oder ändert seinen jeweiligen Wert.

[1]) R. SPITALER: Die Ursache der Breitenschwankungen (Denkschr. d. Akad. d. Wiss. in Wien, LXIV. Bd.). Die periodischen Luftmassenverschiebungen (Petermanns Mitteil., Ergänzungsheft 137).

Auf einen solchen Antrieb muß die Erde mit ihrer Eigenschwingung reagieren, deren Dauer bei der festen Erde 305 Tage beträgt. Erfolgen aber die Stöße regelmäßig in jährlicher Periode, so muß auch diese zum Ausdruck kommen. Ist die Eigenschwingung der Erde gedämpft, so entsteht eine erzwungene Schwingung, bei welcher die Eigenschwingung ganz unterdrückt wird und nur die jährliche Periode auftritt. Man könnte also so das Fehlen der EULERschen Periode erklären. Wo kommt aber nun die CHANDLERsche her?

Es ist nun sehr wahrscheinlich, daß die freien Schwingungen der Erde keiner merklichen Dämpfung unterliegen, und so bleibt nichts übrig, als in der CHANDLERschen Periode die durch irgendeinen Einfluß verlängerte EULERsche wiederzuerkennen.

NEWCOMB[1]) hat nun gezeigt, daß die Elastizität des Erdkörpers im Sinne einer Verlängerung der EULERschen Periode wirkt, und daß das Ausmaß der Verlängerung vom Werte der elastischen Konstanten abhängt. Die Theorie verlangt aber, daß diese verlängerte EULERsche Periode in bezug auf Amplitude und Phase konstant ist, während die aus den Beobachtungen abgeleitete CHANDLERsche Periode zwischen ziemlich weiten Grenzen (422—456 Tage) schwankt. In diesem Sinne sind die beiden somit verschieden, und einem Vorschlage WANACHS entsprechend[2]) wollen wir den theoretischen Wert als NEWCOMBsche Periode bezeichnen.

WANACH zeigt in der zitierten Arbeit weiter, daß die Amplitude und Phase der NEWCOMBschen Periode immer konstant ausfallen müssen, wenn sie beständig durch solche äußere Anlässe wieder erregt wird, die sich durch eine endliche Zahl periodischer Glieder darstellen läßt, wenn also z. B. die meteorologischen Vorgänge in dem Sinne wirken, daß der Trägheitspol der Erde eine geschlossene Bahn mit jährlicher Periode beschreibt.

Gerade dies ist aber nicht der Fall. Der meteorologische Vorgang ist viel komplizierter. Es bleibt gegenüber einer rein periodischen Bewegung immer ein Rest, der als unregelmäßiger Stoß auf die Erdachse wirkt. Dieser veranlaßt gewissermaßen eine Unterbrechung der laufenden Schwingung und den Beginn einer neuen, deren Phase und Amplitude von der früheren verschieden sein wird. Es ist klar, daß von dieser beständig gestörten Schwingung auch die Periode nicht rein zum Ausdruck kommt. Damit erklärt sich die Veränderlichkeit der CHANDLERschen Periode.

SCHWEYDAR[3]) zeigt unter Verwendung von Mittelwerten für die Luftdruckverteilung, daß auf diesem Wege tatsächlich die verwickelten Kurven zustande kommen, welche der Pol beschreibt[4]).

---

[1]) S. NEWCOMB: On the periodic variation of latitude (Astr. Journ., XI. Bd).

[2]) B. WANACH: Die CHANDLERsche und die NEWCOMBsche Periode der Polbewegung (Zentralbureau der intern. Erdmessung, Neue Folge Nr. 34).

[3]) W. SCHWEYDAR: Zur Erklärung der Bewegung der Rotationspole der Erde (Sitzungsber. d. preuß. Akad. d. Wiss. XX. 1919).

[4]) Einen Versuch, den umgekehrten Weg einzuschlagen und aus der Polbahn auf die Massenverlagerung zu schließen, machten J. LARMOR und E. HILLS: The irregular movement of the earth's axis of relation (Monthly Notices, Bd. 67).

Für die Bestimmung des Elastizitätskoeffizienten der Erde wird man die CHANDLERsche Periode für die NEWCOMBsche, die sich vorläufig nicht genauer bestimmen läßt, nehmen müssen.

Der Grundgedanke der Entwicklungen ist der folgende:

Da sich die Erde um eine Achse dreht, welche nicht mit der Polarachse zusammenfällt, sondern mit ihr den Winkel γ einschließt, so wird die Fliehkraft den elastischen Erdkörper unsymmetrisch deformieren. Die dadurch entstehenden Drehmomente treten als Störungsglieder auf der rechten Seite der Gleichungen (2) auf. Gleichzeitig verlieren die Größen A und C ihre Bedeutung als Hauptträgheitsmomente, und es entstehen auch von dieser Seite Zusatzglieder. Das Ergebnis der recht schwierigen Behandlung dieser Gleichungen ist das folgende[1]). Ist τ_0 die EULERsche Periode, und τ die NEWCOMBsche, so wird nach LOVE[2]) in bekannter Bezeichnungsweise:

$$1 - \frac{\tau_0}{\tau} = k \cdot \frac{a\omega^2}{2g} \cdot \frac{1}{\mathfrak{a} - \frac{a\omega^2}{2g}}. \tag{5}$$

Nach LARMOR[3]) ist die Form dieser Gleichung ähnlich wie beim CLAIRAUTschen Theorem vollständig unabhängig von irgendeiner Annahme über das Dichtegesetz des Erdinnern, welches nur in der konstanten Größe k enthalten ist.

Durch Vergleich mit HOUGH[4]) ergibt sich für eine homogene Erde:

$$k = \frac{3}{2} \cdot \frac{1}{1 + \frac{19\mu}{2ag\vartheta}}, \tag{6}$$

wo μ der Festigkeitskoeffizient der Erde ist. Für die homogene Erde ist $\mathfrak{a} = \frac{1}{232}$. Mit $\frac{a\omega^2}{g} = \frac{1}{289}$ und den Werten $\tau_0 = 305$ und $\tau = 427$ Tage für die EULERsche bzw. NEWCOMBsche Periode findet HOUGH: $\mu = 8{,}98 \cdot 10^{11}$, ein Wert, der die Festigkeit des Stahles $8{,}19 \cdot 10^{11}$ nur wenig übertrifft. Geht man aber von der beobachteten Abplattung $\mathfrak{a} = \frac{1}{297}$ aus, so erhält man $\mu = 17 \cdot 10^{11}$. Nach HERGLOTZ[5]) ist es jedoch unzulässig, die für die homogene Erde gültige Formel (6) mit der tatsächlichen Abplattung zusammenzunehmen. Er verläßt daher die

1) W. SCHWEYDAR: Die Bewegung der Drehachse der elastischen Erde im Erdkörper und im Raume (Astr. Nachr., Bd. 203).

2) A. E. H. LOVE: The yielding of the earth to disturbing forces (Proc. of Roy. Soc., Vol. 82).

3) J. LARMOR: The relation of the earth's free precessional nutation to its resistance against tidal deformation (Proc. of Roy. Soc., Vol. 82).

4) S. S. HOUGH: The rotation of an elastic spheroid (Phil. Trans. of London 1896, Ser. A, Vol. 187).

5) G. HERGLOTZ: Über die Elastizität der Erde bei Berücksichtigung ihrer variablen Dichte (Zeitschrift f. Math. u. Physik, 52. Bd.).

Hypothese der Homogeneität und findet dem WIECHERTschen Dichtegesetz der Erde entsprechend $\mu = 11{,}68 \cdot 10^{11}$. Die Einführung einer Kompressibilität erhöht nach LOVE diesen Wert auf $12 \cdot 10^{11}$. Führt man als deformierende Kraft noch den Druck der Meeresflut ein, der durch die Polbewegung selbst erzeugt wird (die sogenannte Polflut), so ergibt sich nach SCHWEYDAR die Festigkeit zu **16,4** $\cdot 10^{11}$ cgs.

Ist mit der Festigkeit der Erde auch eine gewisse *Zähigkeit* (*Plastizität, Viskosität*) verbunden, so unterliegen die durch die meteorologischen Ursachen ausgelösten Schwingungen einer Dämpfung. Der Begriff der Zähigkeit ist mathematisch folgendermaßen zu fassen. Wir nehmen zuerst einen vollkommen elastischen Körper. Ist F eine Kraft und S die durch dieselbe im Körper hervorgerufene Verschiebung, so wird

$$nS = F,$$

wo n den Elastizitätskoeffizienten bezeichnet. Für einen Körper, der mit der Elastizität eine gewisse Zähigkeit verbindet, ist die obige Gleichung zu ersetzen durch

$$nS = F + \frac{1}{t_1}\int F dt .$$

Während nun im ersten Falle die Größe S sofort den Wert $\frac{1}{n} \cdot F$ annimmt, denselben beibehält, solange F konstant bleibt und mit F wieder verschwindet, wächst im zweiten Falle die Verschiebung, mit $\frac{F}{n}$ beginnend, noch weiter um den Betrag

$$\frac{1}{n t_1}\int F dt ,$$

und wenn F verschwindet, bleibt der Körper in einem Zustande der Verschiebung, die durch den Wert dieses Integrals gegeben ist. t_1 wird in Zeit ausgedrückt. Je kleiner t_1 ist, desto rascher gibt die zähe Masse der Einwirkung der Kraft nach.

Hätte nun im Falle der Erde t_1 einen kleinen Wert, so müßte die Schwingung der Polbewegung eine rasche Dämpfung erfahren, und damit in kurzer Zeit verschwunden sein, was den Beobachtungen widerspricht. Mit Festigkeitsverhältnissen, welche die EULERsche Periode von 304 Tagen auf die CHANDLERsche von etwa 430 Tagen verlängern, ist eine große Zähigkeit nicht vereinbar. Man ist im Gegenteil gezwungen, die Erde diesen Kräften gegenüber als vollkommen elastisch zu betrachten[1]).

Gilt dies gegenüber der Polbewegung mit ihrer Periode von 430 Tagen, so gilt es um so mehr von der Flutbewegung des festen Erdkörpers, von der unten zu sprechen sein wird. In diesem Zusammenhange möge nur darauf hingewiesen werden, daß mit diesen Verhältnissen die Frage nach der Unveränderlichkeit der Dauer des Tages in engster Beziehung steht.

[1]) W. SCHWEYDAR: Die Polbewegung in Beziehung zur Zähigkeit und zu einer hypothetischen Magmaschicht der Erde (Veröffentl. d. preuß. geod. Inst., Neue Folge 79). H. JEFFREYS: The viscosity of the earth (Monthly Notices, Vol. 75, 76, 77).

Nach der berühmten von DARWIN entwickelten Theorie der ***Flutreibung*** sollte der vom Monde auf der festen Erde erzeugte Flutberg infolge der schweren Beweglichkeit der Massen und der damit verbundenen Reibung eine Verzögerung erfahren, somit erst zustande kommen, wenn sich der betreffende Punkt der Erde schon unter dem Monde weg gedreht hat. Der Flutberg ist also gegen den Mond voraus (Abb. 41).

Hier bedeutet M den Mond, E den Erdmittelpunkt und der Pfeil den Drehungssinn der Erde. Infolge der ungleichen Distanz der beiden Flutberge F_1 und F_2 vom Monde geht die Richtung der resultierenden Anziehungskraft des Mondes nicht mehr durch den Erdschwerpunkt, es entsteht ein Drehmoment, welches auf die Erddrehung verzögernd wirkt: die Dauer des Tages wird größer. Der Mond seinerseits erfährt eine Reaktion: er wird zunächst beschleunigt, die gesteigerte Fliehkraft treibt ihn von der Erde weg, die Dauer des Monates steigt.

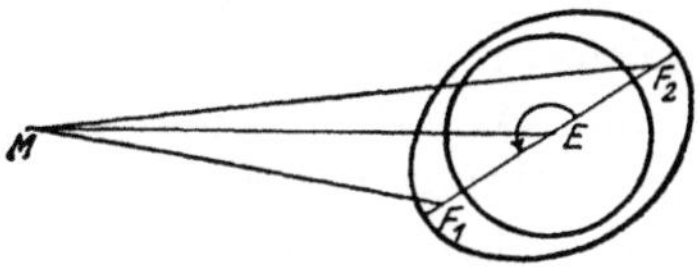

Abb. 41.

Die Verlängerung der Dauer des Tages ist eine Verlängerung der Zeiteinheit. In dieser größeren Zeiteinheit gemessen, erscheinen alle Bewegungen rascher, die Gestirne erfahren eine scheinbare Akzeleration, die somit nur daher rührt, daß wir bei Annahme einer gleichförmigen Erdrotation einen Zeitfehler von bestimmter Größe machen. Diejenigen Gestirne, welche innerhalb dieser kleinen Zeitdifferenz den größten Weg zurücklegen, werden die Erscheinung am deutlichsten zeigen, das sind also die raschest bewegten Gestirne, in erster Linie wieder der Mond[1]). In der Tat zeigen die Mondbeobachtungen seit dem Altertum den wachsenden Einfluß dieser Beschleunigung. Diese Erscheinung würde also auf Grund der Theorie von der Flutreibung ihre hinlängliche Erklärung finden, wenn nicht die oben besprochenen Untersuchungen über die Festigkeit der Erde gezeigt hätten, daß die Zähigkeit der Erde so gut wie Null ist, und daß die Erde vollkommen elastisch ist gegenüber Kräften von der Periode der Gezeitenerscheinung. Das Vorhandensein einer Flutreibung im festen Erdkörper muß daher geleugnet werden; noch weniger kann eine solche von den Wassermassen des Ozeans ausgehen[2]).

In früheren Zeiträumen, wo die Erde in einem anderen Zustande und jedenfalls zähflüssiger war als jetzt, hat die Flutreibung vielleicht eine größere Rolle gespielt, und diesbezüglich behalten die DARWINschen Untersuchungen ihre Bedeutung. Heute müssen wir aber für die Verzögerung der Erdrotation eine andere Ursache suchen, die etwa in irregulären Veränderungen im Erdkörper selbst gefunden werden kann.

---

1) H. GLAUERT: The Rotation of the earth (Monthly Notices, vol. 75). J. LARMOR: On Irregularities in the earth's Rotation, in relation to the outstanding discrepancies in the orbital motion of the moon (Monthly Notices, Vol. 75).

2) H. JEFFREYS: l. c.

Nach GLAUERT war die Korrektion der Tageslänge

1866—1875 — 0^s0038
1898—1900 + 0,0058.

Es hätte sich also die Tageslänge um 0^s01 im Laufe von etwa 30 Jahren verlängert.

Die Beobachtung der Bewegung von Horizontalpendeln unter dem Einfluß der Flutkräfte. Ein Horizontalpendel ist ein Pendel, dessen Schwingungsebene fast mit der Horizontalebene zusammenfällt. In der Ruhestellung des Pendels fällt sein Schwerpunkt in jene Ebene, welche durch die Pendelachse und die Schwererichtung gelegt werden kann. Ändert sich nun z. B. durch die Wirkung einer störenden Kraft die Richtung der Schwere, so muß sich das Pendel eine neue Ruhelage suchen, man beobachtet eine Verschiebung, die die Veränderung der Schwererichtung stark vergrößert zeigt, und um so größer ausfällt, je empfindlicher das Pendel ist. Die Empfindlichkeit wird dadurch gesteigert, daß man die Achse mehr und mehr der Vertikalen nähert. Fallen beide Richtungen zusammen, so wird die Ruhestellung des Pendels unbestimmt.

Wenn die Verschiebung der Vertikalen in jener Ebene erfolgt, durch welche die Ruhestellung bestimmt ist, so wird diese offenbar nicht verändert werden. Es wirkt also nur jene Komponente der Kraft auf das Pendel, welche quer zur Ruhelage steht. Um also den ganzen Einfluß konstatieren zu können, braucht man zwei Pendel, die um 90° verschieden orientiert sind.

Bleibt die Scholle, auf welcher das Instrument steht, von der Störung unberührt, ändert sich also nur die Vertikalrichtung, so verschiebt sich die Ruhelage des Horizontalpendels um eine Größe, die dem ganzen Betrag der Störung entspricht. Gibt jedoch auch die Scholle in irgendeinem Ausmaße nach, so erscheint der Effekt verkleinert. Folgt sie endlich der Einwirkung vollständig, im Sinne der Gleichgewichtstheorie der Gezeiten, so bleibt die Beziehung zwischen der Vertikalen und dem Pendel die gleiche, und man beoachtet überhaupt keinen Ausschlag. Aus der Größe des Ausschlages läßt sich somit der Grad der Nachgiebigkeit und somit die Festigkeit der Erde angeben.

Es ist natürlich möglich, daß die Scholle durch andere Einflüsse als die, welche zur Beobachtung kommen sollen, ihre Lage ändert: Das Pendel würde auch hier mit einem entsprechenden Ausschlage antworten. Ein solcher Einfluß ist namentlich in der täglichen und jährlichen Temperaturänderung zu suchen. Deshalb müssen derartige Instrumente eine Aufstellung finden, wodurch sie diesen Einflüssen entrückt sind. Die Aufstellung in dem Potsdamer Brunnen, 25 m unter dem Boden, wo HECKER seine Beobachtungen anstellte, scheint den Anforderungen noch nicht vollständig entsprochen zu haben[1]. Dagegen scheint die

[1] O. HECKER: Beobachtungen an Horizontalpendeln über die Deformation des Erdkörpers unter dem Einfluß von Sonne und Mond (Veröffentl. d. preuß. geod. Inst., Neue Folge Nr. 49).

Aufstellung in dem 189 m tiefen Schachte des Bergwerkes in Freiberg in Sachsen in jeder Hinsicht zu genügen.

Die Grundgleichung, auf welcher die Theorie dieser Untersuchungen beruht, nimmt eine außerordentlich einfache Gestalt an: Unter dem Einfluß der Flutkraft, deren Potential W sei, deformiert sich die Erdkugel zu einer Fläche, deren Gleichung gegeben sei durch (vgl. Gleichung 5 und 6, S. 95):

$$r = a + \frac{h}{g} \cdot W\,[1], \qquad W = \frac{k^2 M a^2}{D^3}\left(\frac{3}{2}\cos^2\psi - \frac{1}{2}\right). \tag{7}$$

Das ursprüngliche Potential der Erdanziehung $\frac{k^2 E}{a}$ wird dadurch geändert um einen Betrag, den wir gleich kW setzen können (vgl. S. 98). Das Gesamtpotential V wird also

$$V = \frac{k^2 E}{r} + W(1 + k). \tag{8}$$

Der Winkel α_1, den die Normale zur neuen Niveaufläche $V = \text{const}$ mit dem Radiusvektor einschließt, und der für die ungestörte Erde gleich Null wäre, läßt sich leicht finden. Ist $f(r\psi) = 0$ die Gleichung einer Kurve in Polarkoordinaten, so ist der gesuchte Winkel gleich

$$\alpha = \frac{1}{r} \cdot \frac{dr}{d\psi} = -\frac{1}{r} \cdot \frac{\frac{\partial f}{\partial \psi}}{\frac{\partial f}{\partial r}}. \tag{9}$$

Die Niveaufläche ist eine Rotationsfläche, deren Pol in jenen Punkt fällt, für welchen der Mond im Zenit steht ($\psi = 0$). Die Gleichung $V = \text{const}$ kann daher auch als Gleichung eines zugehörigen Meridianschnittes aufgefaßt werden. Die obige Gleichung (9) ergibt dann:

$$\alpha_1 = -\frac{1}{r} \cdot \frac{\frac{\partial V}{\partial \psi}}{\frac{\partial V}{\partial r}} = -\frac{1}{r} \cdot (1 + k) \cdot \frac{\partial W}{\partial \psi} \cdot \frac{1}{-\frac{k^2 E}{r^2}} = \frac{1 + k}{a g} \cdot \frac{\partial W}{\partial \psi}, \tag{10}$$

wobei unter Vernachlässigung von Gliedern zweiter Ordnung im Nenner das Glied mit W weggelassen und r mit a (Äquatorradius) vertauscht ist. In gleicher Weise finden wir für die deformierte Erdoberfläche:

$$r - a - \frac{hW}{g} = 0$$

den entsprechenden Winkel α_2:

---

[1]) Die Größe h hat hier eine andere Bedeutung als auf S. 95. Dort war h die Fluthöhe, hier ist diese gegeben durch $\frac{hW}{g}$ wo h konstant ist; für die Gleichgewichtstheorie wäre $h = 1$.

$$\alpha_2 = -\frac{1}{r}\cdot\frac{-\frac{h}{g}\cdot\frac{\partial W}{\partial\psi}}{1} = \frac{h}{ag}\cdot\frac{\partial W}{\partial\psi}\,. \tag{11}$$

Daraus finden wir den Winkel, den die durch die Flutkraft geänderte Richtung der Vertikalen (oder der Richtung der Schwere) mit der Normalen zur deformierten Erdoberfläche einschließt, gleich:

$$\alpha_1 - \alpha_2 = \frac{1}{ag}\cdot\frac{\partial W}{\partial\psi}(1 + k - h)\,. \tag{12}$$

Die Horizontalpendelbeobachtungen gestatten somit die Bestimmung der Größe $1+k-h$ oder $h-k=K$. In so einfacher Weise wird sie aber nur unter der oben eingeführten Annahme gefunden, daß das Potential W und die dadurch hervorgerufene Deformation der Erde keine Phasenverschiebung gegeneinander haben. Ist eine solche vorhanden, so läßt sich die Größe K gleichzeitig mit der Phase bestimmen[1]).

Es läßt sich zeigen, daß die Beobachtung der Fluthöhen des Meeres ebenfalls auf die Größe K führt. Ist wieder W das Flutpotential, so ist nach der Gleichgewichtstheorie die zugehörige Erhebung des Wassers gleich (Gleichung [6], S. 95):

$$\frac{W}{g}\,. \tag{13}$$

Berücksichtigen wir dabei noch die Änderung der Anziehung, die durch die Verschiebung des Wassers selbst entsteht, so wird daraus (vgl. S. 98):

$$h_1 = \frac{W}{g}(1 + k)\,. \tag{14}$$

Die feste Erdoberfläche deformiert sich wieder unter dem Einfluß der Flutkraft zu

$$r = a + \frac{hW}{g}\,. \tag{15}$$

Es ist also die Erhebung des festen Landes:

$$h_2 = \frac{hW}{g}\,. \tag{16}$$

Die Beobachtung der Fluthöhe an einem Wasserstandsmesser, der sich selbst um den Betrag h_2 hebt, ist also

$$h_1 - h_2 = \frac{W}{g}(1 + k - h) = \frac{W}{g}(1 - K)\,. \tag{17}$$

Man kann diese Beziehung jedenfalls nur anwenden auf Flutwellen, welche der Gleichgewichtstheorie entsprechen; es kommen also nach S. 100 nur die langperiodischen Wellen in Betracht. Die Untersuchungen von DARWIN verwenden die 14tägige Mondflut.

---

[1]) W. SCHWEYDAR: Untersuchungen über die Gezeiten der festen Erde und die hypothetische Magmaschicht (Veröffentl. d. kgl. preuß. geod. Inst., Neue Folge Nr. 54).

DARWIN findet für K den Wert $\frac{1}{3}$, welcher Wert mit den aus älteren Horizontalpendelmessungen gut übereinstimmt[1]). Die neueren Beobachtungen geben einen etwas größeren Wert.

Die Größe k hat hier die gleiche Bedeutung wie bei den Untersuchungen über die NEWCOMBsche Periode; h ergibt sich aus der Elastizitätstheorie. Für einen homogenen Körper wird

$$h = \frac{5}{2}\left(1 + \frac{19\mu}{2g\varrho a}\right)^{-1}. \tag{18}$$

Durch Vergleich mit dem Ausdruck für k (Gleichung [6]) findet man für die homogene Erde

$$k = \frac{3}{5} h. \tag{19}$$

Der DARWINsche Wert

$$1 + k - h = \frac{2}{3} \tag{20}$$

liefert dazu $h = \frac{5}{6}$ und daraus $\mu = 7{,}6 \cdot 10^{11}$ cgs.

Dieser Wert steht nun im Widerspruche zu dem Ergebnisse der Polschwankungen, aus welchen nach den erwähnten Untersuchungen von HERGLOTZ und SCHWEYDAR 12 bis $16 \cdot 10^{11}$ cgs folgen. Dieser Widerspruch erklärt sich offenbar aus zu einfachen Grundlagen der theoretischen Behandlung. In der Tat: die vier Gleichungen für die homogene Erde:

$$\left.\begin{aligned} 1 + k - h &= \frac{2}{3} \\ k &= \frac{5}{3} h \\ h &= \frac{5}{2}\left(1 + \frac{19}{2} \cdot \frac{\mu}{g\varrho a}\right)^{-1} \\ k &= \frac{2g}{\omega^2 a}\left(1 - \frac{\tau_0}{\tau}\right)\left(\alpha - \frac{\omega^2 a}{2g}\right) \end{aligned}\right\} \tag{21}$$

enthalten nur die drei Unbekannten h, k und μ. Die Aufgabe ist also überbestimmt. Man wird daher den Widerspruch beseitigen können, wenn man noch eine vierte Unbekannte einführt, wobei sich natürlich die Form der obigen Gleichungen verändert und jedenfalls komplizierter

[1]) W. SCHWEYDAR: Ein Beitrag zur Bestimmung des Starrheitskoeffizienten der Erde (Gerlands Beiträge zur Geophysik, Bd. IX.). CH. LALLEMAND: L'élasticité du globe terrestre et les marées de l'écorce (Bull. astron., Bd. XXVIII, 1911). Über die Polemik, die sich an diese Arbeit knüpfte, s. CH. LALLEMAND: Note sur les marées de l'écorce terrestre etc. (Verhandl. d. XVII. allg. Konf. d. intern. Erdmessung in Hamburg, 1912) und SCHWEYDARS Arbeiten (Geodät. Institut, Neue Folge 54 und 66). A. A. MICHELSON und H. G. GALE (Astrophysical Journal 50) verwenden 150 m lange, horizontal im Boden eingegrabene zur Hälfte mit Wasser gefüllte Röhren, und zur Messung der Schwankungen eine Interferenzmethode.

wird. SCHWEYDAR hat in seiner älteren Arbeit[1]) diesen Versuch gemacht. Auf Grund der WIECHERTschen Vorstellung über die Konstitution der Erde wurde für Kern und Rinde verschiedene Festigkeit angenommen. Der auffallend kleine Wert für die Festigkeit der Rinde ($0{,}9 \cdot 10^{11}$) aber zeigte, daß in dieser Lösung noch etwas Gewaltsames lag. In der zweiten Abhandlung[2]) werden neue Voraussetzungen eingeführt und die Untersuchungen mit der Frage verknüpft, ob zwischen Kern und Rinde eine Magmaschicht angenommen werden darf, wie sie manche Erdbebenforscher verlangen.

Bezüglich der Magmaschicht ergibt sich folgendes Resultat: Wäre sie 1200 km mächtig, so würde die Erde sich schon wie ein flüssiger Körper verhalten, wenn der Zähigkeitskoeffizient der Schicht von der Ordnung 10^{13} ist; bei 120 km Mächtigkeit reicht hierzu ein Zähigkeitskoeffizient von der Ordnung 10^{10}. Solche Koeffizienten entsprechen aberschon festen Körpern. Eine leichtflüssige Magmaschicht ist also gewiß nicht vorhanden. Eine Magmaschicht von 600 km Dicke und einem Zähigkeitskoeffizienten von 10^{13} bis 10^{14} läßt sich mit den Beobachtungen vereinbaren.

In einer weiteren Arbeit aber zeigt SCHWEYDAR, daß die Annahme einer solchen Magmaschicht zu Widersprüchen mit der Polbewegung führt. Das Vorhandensein einer Schicht zäher Flüssigkeit, die etwa mit geschmolzener Lava vergleichbar wäre, muß also geleugnet werden[3]).

Die Untersuchungen[2]) über die Phasenverschiebung der Erdbewegung gegenüber der fluterzeugenden Kraft, führen zur Feststellung des Vorhandenseins eines sekundären Einflusses, der im Gezeitendruck gefunden wird. Die Gleichgewichtstheorie erweist sich als nicht entsprechend; unter ihrem Einfluß fällt auf das Maximum der elastischen Gezeiten auch das Maximum des Flutdruckes. Ohne diesen wären also die elastischen Gezeiten größer, die Festigkeit muß zu klein ausfallen ($3{,}6 \cdot 10^{11}$). Es wird daher die dynamische Theorie eingeführt und speziell die halbtägige Welle M_2 betrachtet. Für die Tiefe des Ozeans wird eine Veränderung mit dem Quadrat des Sinus der Poldistanz, mit den Ausgangswerten 3300 m und 5000 m Tiefe am Pole angenommen. Dann wird die M_2-Flut invers (vgl. S. 108); und der Festigkeitswert wird jetzt größer werden. Unter den beiden Annahmen über die Tiefe findet man: $11{,}8 \cdot 10^{11}$ bzw. $17{,}6 \cdot 10^{11}$.

Es war dabei die Voraussetzung gemacht worden, daß der Ozean die ganze Erde bedeckt. Dies entspricht nicht den Tatsachen. Die wirklichen Flutverhältnisse sind aber zu kompliziert, um in Rechnung gezogen zu werden[4]) und für den freien Ozean eigentlich nicht bekannt. Man wird also wohl verläßlichere Resultate erhalten, wenn man eine Flut-

[1]) Gerlands Beiträge, Bd. IX.

[2]) Geod. Institut Nr. 54.

[3]) W. SCHWEYDAR: Die Polbewegung in Beziehung zur Zähigkeit und zu einer hypothetischen Magmaschicht der Erde (Veröffent. d. preuß. geod. Inst., Neue Folge 79).

[4]) TOSHI SHIDA, l. c., führt bei seinen Untersuchungen den Einfluß der Flut im Stillen Ozean direkt nach den Beobachtungen ein.

welle nimmt, welche möglichst klein bleibt. Als solche bietet sich die Deklinationstide O mit einer Periode von 25^h 819 mittlere Zeit (siehe S. 94). Sie verschwindet nach der dynamischen Theorie für einen Ozean mit gleichförmiger Tiefe (S. 107) und ist im Atlantischen Ozean tatsächlich gering. Die zugehörigen Schwankungen des Horizontalpendels müssen durch harmonische Analyse herausgelöst werden (S. 126)[1]. Der Faktor $1 + k - h$ ergibt sich nun zu 0,85 (gegen 0,67 bei M_2) und die Festigkeit wird jetzt:

$$\underline{19{,}3 \cdot 10^{11}\,\mathrm{cgs}}\,.$$

Es führen nun alle Untersuchungen auf übereinstimmende Werte der Starrheit, die alle dem Zwei- bis Dreifachen der Starrheit des Stahles entsprechen und zwischen etwa 16 und $20{,}10^{11}$ cgs liegen.

Werden für Kern und Rinde verschiedene Werte der Starrheit angesetzt, so findet SCHWEYDAR nach seiner verbesserten Theorie nunmehr:

$$\text{für die Rinde: } \underline{6{,}8} \cdot 10^{11}\,\mathrm{cgs},$$
$$\text{für den Kern: } \underline{19{,}7} \cdot 10^{11}\,.$$

SCHWEYDAR[2]) dehnt seine Untersuchungen auch auf den Fall aus, daß die Dichtezunahme im Erdinnern kontinuierlich ist. Es wird hierbei das ROCHEsche Dichtegesetz (S. 170) zugrunde gelegt und auch für die Konstante der Starrheit eine Annahme gleicher Form gemacht. Aus den Resultaten der Horizontalpendelbeobachtungen und der CHANDLERschen Periode der Polbewegung findet sich für die Starrheit

$$\mu = 29{,}03 \cdot 10^{11}\left(1 - 0{,}909\,\frac{r^2}{r_0^2}\right)\mathrm{cgs},$$

oder

$$\text{Starrheit an der Oberfläche: } \underline{2{,}64 \cdot 10^{11}\,\mathrm{cgs}}$$
$$\text{,, im Mittelpunkte: } \underline{29{,}7 \cdot 10^{11}\,\mathrm{cgs}}\,.$$

Als Mittelwert mit Rücksicht auf die Abhängigkeit von r findet sich

$$\mu = \underline{20{,}2 \cdot 10^{11}\,\mathrm{cgs}}\,.$$

Vergleicht man die obige Formel für μ mit dem Dichtegesetz

$$\vartheta = 10{,}10\left(1 - 0764\,\frac{r^2}{r_0^2}\right),$$

so erkennt man, daß die Starrheit im Innern rascher wächst als die Dichte.

LOVE[3]) untersucht auch den Einfluß einer Kompressibilität der Erdmasse; dies kommt darauf hinaus, daß man auch die zweite Konstante

---

1) In seiner jüngsten Arbeit: Lotschwankung und Deformation der Erde durch Flutkräfte (Zentralbureau der intern. Erdmessung. Neue Folge 38) zieht SCHWEYDAR auch andere Partialtiden heran.

2) W. SCHWEYDAR: Theorie der Deformation der Erde durch Flutkräfte (Veröffentl. d. preuß. geod. Inst., Neue Folge 66).

3) A. E. H. LOVE: Some problems of geodynamics (Cambridge, university press 1911). Referat hierzu: Beiträge zur Geophysik, Bd. XIII, 1913.

der Elastizität, die in der Physik mit λ bezeichnet wird, einführt. Dadurch wird h vergrößert, die elastischen Gezeiten also verstärkt.

Noch auf eine andere merkwürdige Erscheinung muß aufmerksam gemacht werden. Aus den Horizontalpendelbeobachtungen in Potsdam hat sich ergeben, daß die Nachgiebigkeit des Erdbodens in verschiedenen Azimuten verschieden ist. LOVE findet die Ursache dieser Erscheinung in der Anziehung und dem Druck der Flut des Atlantischen Ozeans, die in Potsdam jedenfalls einseitig wirken müssen. In Übereinstimmung damit findet sich in der vom Ozean weiter entfernten Station Dorpat nach ORLOFFS Beobachtungen ein viel kleinerer azimutaler Unterschied. SCHWEYDAR[1]) widmet dieser Sache eine genauere Untersuchung auf Grund der HOUGHschen Fluttheorie (S. 109) und findet die Vermutung bestätigt. Er berechnet den Druck der halbtägigen Flut M_2, wobei die Tiefe des Meeres zu 4800 m angenommen wird, was beiläufig den tatsächlichen Verhältnissen entspricht; es zeigt sich, daß sich dieser Druck in einer azimutalen Verschiedenheit in der Bewegung des Bodens äußern muß in dem Sinne, wie ihn die Beobachtungen verlangen. Der verbleibende Rest mag dem Umstande zugeschrieben werden, daß der Ozean nur etwa 0,7 der Erde bedeckt, während die HOUGHsche Theorie einen die ganze Erde bedeckenden Ozean voraussetzt.

Es wurde noch eine dritte Methode zur Bestimmung der Festigkeit der Erde erwähnt: die Beobachtung der Fortpflanzungsgeschwindigkeit der Erdbebenwellen. Die Resultate, welche an anderer Stelle zu eingehenderer Besprechung gelangen, stimmen mit denen der geodätischen Methoden im allgemeinen überein. So zeigt SCHWEYDAR, daß der Oberflächenwert der Festigkeit, der aus den Erdbeben abgeleitet ist, zusammen mit der CHANDLERschen Periode auf einen Wert führt, der von dem S. 189 gegebenen nicht erheblich abweicht; nämlich

$$32{,}12 \cdot 10^{11} (1 - 0{,}907\, r^2) \text{ cgs}.$$

Zusammenfassend können wir sagen: Gegenüber allen kurzperiodischen Einflüssen, wozu auch noch die Polbewegung mit einer Periode von 430 Tagen gerechnet werden muß, verhält sich die Erde wie ein vollkommen elastischer Körper. Nur gegenüber säkularen Kräften zeigt die Erde eine gewisse Plastizität. So stellt sich unter dem Drucke der Gebirge, Kontinente und Meere der Zustand der Isostasie her, und auf eine Änderung in der Umdrehungsdauer antwortet die Erde mit einer entsprechenden Änderung der Abplattung.

[1]) W. SCHWEYDAR: Theorie der Deformation der Erde durch Flutkräfte. B: Über den Unterschied der Deformation der Erde in nord-südlicher und ost-westlicher Richtung (Veröffentl. d. preuß. geod. Inst., Neue Folge 66).

Zweiter Teil.

Erdbebenwellen.

Von Professor Dr. C. **Mainka.**

I. Seismische Instrumentenkunde.

Das hier zu behandelnde Gebiet der Erdbebenkunde umfaßt die Lehre von den durch Erdbeben veranlaßten Bewegungen der Erdteilchen, wie sie in der Nähe oder in beliebiger größerer Entfernung vom Erdbebengebiet auftreten. Die ersten derartigen Beobachtungen sind in dem von einem Beben heimgesuchten Gebiet, im eigentlichen Schüttergebiet, Epizentrum, von den Bewohnern ohne besonderes Beobachtungsgerät, wenn es sich nur um Art und Stärke des Stoßes handelte, angestellt worden. Es wurden stoßartig wirkende von hin und her gehenden Bewegungen unterschieden.

Um 1850 herum wurde das getrennte Auftreten longitudinaler und transversaler Bewegungen erkannt. Im ersten Fall schwingen die Erdteilchen in der Fortschreitungsrichtung der Bewegung, im zweiten Fall quer zu dieser. Unter der Annahme des gleichzeitigen Entstehens beider Bewegungsarten im Ausgangsort der Störung, Erdbebenherd, wurde bald erkannt, daß die Wellen longitudinaler Natur denen transversaler Natur voraneilen. Diese den unmittelbaren Erfahrungen entnommenen Feststellungen sind mit der Elastizitätstheorie isotroper Körper, in denen alle Richtungen physikalisch gleichwertig sind, in Übereinstimmung. Bei anisotropen Körpern, bei denen für irgendwelche Richtungen verschiedenes physikalisches Verhalten vorhanden ist, kommen dagegen drei Arten von Wellen mit verschiedenen Ausbreitungsgeschwindigkeiten in Frage. Erst neuere Beobachtungen scheinen auch hierfür Nachweise zu liefern. Hopkins wies 1847 auf Oberflächenwellen hin, die nach seiner Ansicht an der Grenzfläche zwischen dem Magma, das nach seiner Meinung das Erdinnere bilden könne, und der dieses einschließenden Erdkruste entstehen können.

Als vor etwa einem halben Jahrhundert zuerst in Japan und Italien, nachher in Deutschland besondere Geräte zur Beobachtung der durch ein Erdbeben ausgelösten Bodenbewegungen aufgestellt wurden, wurde erkannt, daß bei einem eingehenden Studium solcher Bewegungen und der nötigen Apparate nicht nur die Geologie, sondern auch Physik und Mathematik eine große Rolle spielen.

Als Erster hat Thomas Gray 1880 in einem in Tokio vor der Seismologischen Gesellschaft gehaltenen Vortrag auf die Anwendung der gestörten Schwingungsgleichung auf seismische Instrumente, denen das Prinzip des Pendels zugrunde liegt, hingewiesen. Er setzt in seiner kurz gehaltenen Entwicklung auch der Geschwindigkeit proportionale reibende Widerstandskräfte voraus.

Ist u der Ablenkungswinkel des beliebig aufgehängten Pendelgewichtes von der Ruhelage, l die Pendellänge, T die Eigenperiode des Pendels, $n = \frac{2\pi}{T}$, T_1 und a Periode und Amplitude der Störunng, $n_1 = \frac{2\pi}{T_1}$, so besteht nach GRAY folgende Differentialgleichung 2. Ordnung:

$$\frac{d^2u}{dt^2} + f \cdot \frac{du}{dt} + n^2 \cdot u + \frac{a}{l} \cdot n^2 \cdot \cos n_1 \cdot t = 0$$

und als Lösung:

$$u = \frac{a}{l} \cdot \frac{n^2 \cdot \cos n_1 t + l}{\sqrt{(n^2 + n_1^2) + n_1^2 f^2}} \cdot$$

Später haben sich mit dieser Beziehung, aber ohne Beachtung reibender Kräfte, u. a. POINCARÉ und LIPPMANN, dann aber mit Berücksichtigung solcher Kräfte SCHLÜTER, WIECHERT, GALITZIN besonders eingehend beschäftigt. Namentlich die Arbeiten der drei letztgenannten Forscher zeigen die große Rolle, die die Schwingungsgleichung in dem physikalisch-mathematischen Teil der Erdbebenkunde, Seismik, spielt. Es wird somit angebracht erscheinen, in Kürze auf die Beziehungen zwischen Bodenbewegungen und Schwingung des Pendelkörpers einzugehen.

Als Beispiel (vgl. Abb. 1) eines für solche Beobachtungen geeigneten, einfachen Gerätes, Seismograph, auch Seismometer, gelte ein an einer horizontal gelagerten Drehachse $D_1 - D_2$, die z. B. leicht drehbar zwischen zwei Spitzen $s_1 - s_2$ an einem Gestell G angebracht ist, mittels einer unbiegsamen Stange st aufgehängtes Gewicht p.

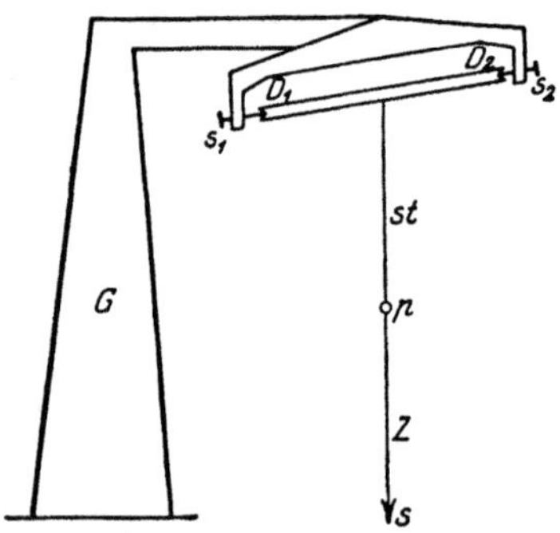

Abb. 1.

WIECHERT hat 1901 in seiner theoretischen Untersuchung über Seismographen nachgewiesen, daß sich jeder beliebig gebaute Seismograph S durch ein einfaches Pendel P in seiner Wirkung ersetzen läßt. Die Bedingung ist nur die Übereinstimmung der Hauptkonstanten beider Instrumente. Besitzt das Gestell eine Fußplatte mit Rollen und Fußschrauben, die abwechselnd in Tätigkeit gesetzt werden können, so kann durch einfache Versuche auf mancherlei aufmerksam gemacht werden.

Wird die Fußplatte horizontal gleichförmig langsam bewegt, so schwingt das Pendel nicht, wogegen es bei ungleichförmigen Bewegungen in Pendelungen gerät. Im ersten Fall entstehen also keine Kräfte, durch die das Pendel oder der beliebig gebaute Seismograph in Tätigkeit gesetzt wird; im zweiten Fall entstehen Beschleunigungen, die p in Bewegung setzen. Auch aus theoretischen Untersuchungen geht das Ergebnis hervor, daß Seismographen nur auf Bodenbeschleunigungen ansprechen. Wirken diese senkrecht zur Schwingungsebene, d. i. die Ebene, in der das Pendel schwingt, so tritt eine Bewegung dieses nicht ein. Wird das Fußgestell ruckweise in einer mit der genannten Ebene den Winkel α bildenden Richtung $\mathfrak{R}$ horizontal verschoben, so wirkt nur die Komponente $\mathfrak{K} \cdot \cos \alpha$ der erzeugten Kraft $\mathfrak{K}$ auf das Pendel. Wird das Gestell $\mathfrak{G}$ genau senkrecht gehoben und gesenkt, so zeigt ein Horizontalseismograph keine Ausschläge.

Der Horizontalseismograph ist aber auch gegen Neigungen empfindlich. Wird das Gestell auf einer Tischplatte verschoben, die stellenweise gegen die Horizontalebene geneigt ist, so verläßt der Pendelkörper p seine Ruhelage. Dasselbe geschieht, wenn mittels der Fußschrauben das Gestell ein wenig langsam geneigt wird. Es ist das eine unangenehme, jedem derartigem Seismographen anhaftende Eigenschaft. Auch die Theorie zeigt, daß es nicht möglich ist, aus den Aufzeichnungen solcher Beobachtungsgeräte zu schließen, ob Bodenverschiebungen oder Neigungen wirken. Durch besondere Apparate, Neigungsmesser, Klinographen und Beobachtungen ist aber erwiesen, daß in einiger Entfernung vom Epizentrum sich Bodenneigungen merklich nicht nachweisen lassen und nur Bodenverschiebungen den Seismographen beeinflussen.

Der senkrechte Abstand zwischen $D_1 - D_2$ und p (vgl. Abb. 1) heißt Pendellänge; wird p angestoßen und sich selbst überlassen, so führt es Eigenschwingungen aus. Die Zeit zwischen Ruhelage und folgendem Umkehrpunkt ist gleich $1/4$ der Schwingungsperiode, Eigenperiode T_0 des Pendels. Bekanntlich ist: $\frac{T_0^2}{L} = \frac{4\pi^2}{g}$ oder genau genug $= 4$, $T_0 = 2\sqrt{L}$ bzw. $L = \frac{T_0^2}{4}$ (L Pendellänge in Metern, T_0 in Sekunden gezählt). Hochperiodische Pendel müssen also entsprechend Abb. 1, wenn nur die Bauart möglich wäre, große Gestelle G haben.

Die bei Erdbeben auftretenden Bodenverschiebungen sind meist so schwach, daß die Ausschläge des Pendelkörpers p sehr klein sind. Um diese sichtbar zu machen, kann st über p hinaus zu einem Zeiger Z mit Schreibspitze s genügend verlängert gedacht werden.

Für die weiteren Darlegungen sei angenommen, daß die Bodenbewegungen senkrecht zur Achse $D_1 - D_2$ stattfinden. Für Warten, die einige hundert Kilometer vom Epizentrum entfernt sind, können Neigungen und Drehungen ihrer Kleinheit wegen vernachlässigt werden. In der Abb. 2 bezeichne D die Drehachse, p das Pendelgewicht, bei dem entsprechenden mathematischen Pendel ist für $st = Dp$ die reduzierte Pendellänge L und für p der Schwingungsmittelpunkt, genau genug auch der Schwerpunkt von p, zu denken. Infolge der horizontalen ungleichförmigen Gestellbewegung von D nach $D' = x$ schlägt das Pendel aus; der Ausschlag pp' wird von dem erwähnten Zeiger Z vergrößert wiedergegeben. Anstatt eines langen Zeigers Z kann die gewünschte vergrößerte Wiedergabe des Pendelausschlages pp' in bezug auf das Gestell durch einen Schreibhebelarm BAC in der Abb. 2 geschehen. Seine Drehachse ist mit dem Gestell G bei B gelenkig verbunden, bei A ist eine gelenkige Verbindung mit p durch einen Verbindungsarm $pA = p'A'$ hergestellt.

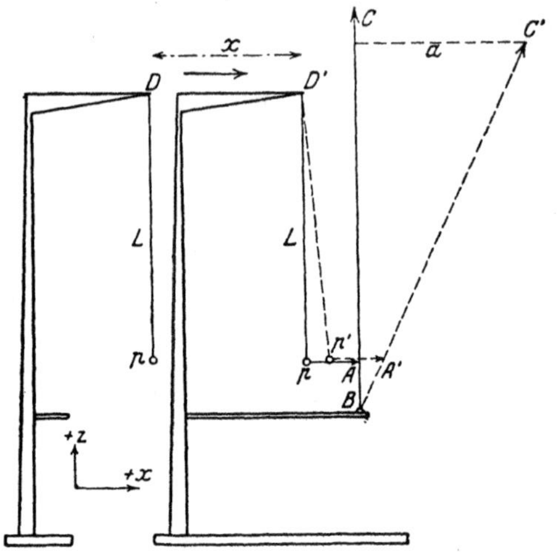

Abb. 2.

Es wird zunächst angenommen, daß die in den Gelenkstellen auftretende Reibung verschwindend ist.

Infolge der Schwerkraft wirkt auf p die Zugkraft $m \cdot g$, wenn m die Masse des Pendelkörpers bedeutet; in Richtung pA wirkt:

$$- m \cdot g \cdot \sin(p'D'p)$$

$$= - m \cdot g \cdot \frac{pp'}{L} = - mg \frac{a}{LV},$$

wo a der Ausschlag der Spitze des Schreibarmes und V seine Vergrößerung $\frac{BC'}{BA'}$ ist. Die durch die Verschiebung $x + pp'$ von p in bezug auf die Erde, also auf die Anfangslage des Gestelles in D hervorgerufene Beschleunigung ist: $\frac{d^2}{dt^2}(x + pp')$. Es ist schließlich aus Gründen des Gleichgewichtes, da $pp' = \frac{a}{V}$ und $\frac{4\pi^2}{T^2} = \frac{g}{L}$ ist:

$$\frac{d^2 a}{dt^2} = - \frac{4\pi^2}{T^2} \cdot a - V \cdot \frac{d^2 x}{dt^2},$$

oder

$$\frac{d^2 x}{dt^2} = \frac{1}{V} \cdot \frac{4\pi^2}{T^2} \cdot a - \frac{1}{V} \cdot \frac{d^2 a}{dt^2}. \tag{1}$$

Bei der obigen Auseinandersetzung ist noch vorausgesetzt, daß Schwerestörungen bei einem Beben nicht stattfinden, wenn der Beobachtungsort weit genug vom Epizentrum entfernt ist.

Die Gleichung (1) erhält noch Zusätze, wenn Dämpfung und Reibung berücksichtigt werden sollen, letztere fällt aber weg, wenn die Registrierung auf photographischem Weg geschieht, indem angenommen wird, daß die Reibung in den Gelenken der Aufhängung des Pendelkörpers auf ein unschädliches Minimum herabgedrückt ist.

Wird das in Abb. 1 und 2 angedeutete Pendel ein wenig angestoßen, so gerät es in „Eigenschwingungen", die Ausschläge, Amplitüden, nehmen allmählich ab, und zwar in geometrischer Progression, d. h. der Quotient zweier aufeinanderfolgender Ausschläge bleibt feststehend. Obwohl eine besondere Dämpfungsvorrichtung zunächst nicht vorhanden ist, so wirkt doch vor allem die umgebende Luft und, wie bemerkt, ein wenig die Reibung in den Aufhängungsgelenken dämpfend, d. h. das Pendelgewicht

p führt gedämpfte Schwingungen aus. Der erwähnte Quotient heißt Dämpfungsverhältnis und wird in der Seismik gewöhnlich mit ε bezeichnet. Schwingt p in einem dasselbe umschließenden Gefäß, oder in einer Flüssigkeit z. B. Öl, so wird ε größer. Wird das Pendelgestell mit Hilfe des Wagens hin und her bewegt, so gerät das Pendel auch in Bewegung, es führt jetzt neben Eigenschwingungen auch erzwungene Schwingungen aus. Diese wachsen besonders an, wenn das Tempo der Gestellbewegung gleich oder nahezu gleich der Eigenperiode T_0 des Pendels ist, d. h. im Fall der Resonanz. Werden Gestell- und Pendelschwingungen aufgezeichnet, so zeigt ein Vergleich beider Diagramme, daß es außerordentlich schwer, fast unmöglich ist, wenn nicht die Perioden beider Bewegungen voneinander sehr verschieden sind, aus den Bewegungen von p auf die von G zu schließen. Dieses wird aber besser, sobald eine stärkere Dämpfung des Pendels eingeführt wird. Durch die Einführung der Dämpfung wird T_0, die Eigenperiode des Pendels, vergrößert, und der Einfluß der Eigenbewegung des Pendels vermindert, wie eine weitere Behandlung der gestörten Schwingungsgleichung (1) und auch einfache Versuche mit Hilfe des Wagengestelles zeigen. Zur Darstellung der Dämpfungsstärke kann auch die Zeit, Abklingungszeit oder Relaxationszeit τ, angegeben werden, nach deren Verlauf die Amplitüde auf $\frac{1}{e}$ des Wertes der Ausgangsamplitüde herabgesunken ist, $e = 2{,}718$. Zwischen T_0 und der Periode des Pendels bei eingeschalteter Dämpfung T besteht folgende Beziehung:

$$\frac{1}{\tau^2} = \left(\frac{2\pi}{T_0}\right)^2 - \left(\frac{2\pi}{T}\right)^2.$$

Liegen die Umkehrpunkte der Ausschläge der Schwingungen eines Pendels nicht auf einer Exponentialkurve, wie oben, sondern auf einer Geraden, so sind die auftretenden Widerstandskräfte von der Geschwindigkeit der bewegten Teile unabhängig, die Amplitüden nehmen nach einer arithmetischen Progression ab, d. h. die Differenz $2r$ zweier aufeinanderfolgender Amplitüden ist konstant. In solchen Fällen spielen die Reibungen fester Körper aufeinander die Hauptrolle. $2r$ wird auch oben als doppelte Reibungsbreite und als Maß der Reibung $\frac{r}{T_0^2}$ bezeichnet. Eine Veränderung der Größe der Eigenperiode erfolgt nicht, wenn Reibungskräfte dämpfend wirken.

Unter Berücksichtigung von Dämpfung und minimaler Reibung nimmt Gleichung (1) folgendes Aussehen an:

$$\frac{d^2x}{dt^2} = -\frac{1}{V}\left(\frac{d^2a}{dt^2} + b\cdot\frac{da}{dt} + n_0 a'\right), \tag{2}$$

wo $b = \frac{2}{\tau}$, $n_0 = \frac{4\pi^2}{T_0^2}$ und $a' = a \pm r$, je nach der Lage des Schreibstiftes zur Nullage; ein weiteres Korrektionsglied kommt hinzu, wenn die Reibung am Schreibstift noch berücksichtigt werden soll; bei photographisch schreibenden Apparaten fallen die Reibungsglieder weg. Dann lautet (2):

$$\frac{d^2x}{dt^2} = -\frac{1}{V}\left(\frac{d^2a}{dt^2} + \frac{2}{\tau}\frac{da}{dt} + \frac{4\pi^2}{T_0^2}a\right). \qquad (2')$$

Gegeben ist in dieser Gleichung, abgesehen von den Apparatkonstanten V, τ und T_0 die Amplitüde a als Funktion der Zeit aus dem Seismogramm, der Aufzeichnung des Seismographen. Wird in Sonderfällen τ sehr groß, d. h. ε sehr klein und T_0 sehr groß, so wird $\frac{d_2x}{dt^2} = -\frac{1}{V}\cdot\frac{d^2a}{dt^2}$, und durch zweifache Integration ergäbe sich dann x in einfacher Weise, genügend genau: $x = -\frac{a}{V}$. Hat vor einem sehr plötzlichen, ruckartigen Einsatz einer Bebenaufzeichnung die Schreibspitze eine gerade Linie aufgezeichnet, war also der Boden vorhei ruhig, so ist der Ausschlag von der Nullage bis zum Umkehrpunkt gemessen durch V, Vergrößerung für sehr rasche Bewegungen des Bodens, zu dividieren, um die wahre Bodenverschiebung zu erhalten.

So einfach liegen die Verhältnisse aber nicht immer. Einmal verschwinden die Glieder $\frac{da}{dt}$ und a nicht und dann können die Störungsbewegungen x auch in periodischer Weise vor sich gehen. Um die in diesem Fall nötige Vergrößerung $\mathfrak{V}$ für periodische Bewegungen zu erhalten, ist V mit einem Faktor f zu multiplizieren, der von der Periode der Störungswelle T', die im Seismogramm abgelesen werden kann, vom Dämpfungsverhältnis ε und von T_0 abhängt. Es nimmt schließlich f folgende Form an:

$$f = (1 - 2cy + y^2)^{-\frac{1}{2}},$$

wo $c = \frac{1 - 0{,}5372(\log\varepsilon)^2}{1 + 0{,}5372(\log\varepsilon)^2}$ und $y = \frac{T'^2}{T_0^2}$ ist; somit $\mathfrak{V} = f \cdot V$.

Die folgende kleine Tabelle gibt einen Überblick über f.

Tabelle Nr. 1.

$\frac{T'}{T_0} =$ / $\varepsilon : 1$	2,0	2,5	3,0	3,5	4,0
	f	f	f	f	f
1,1	0,333	0,193	0,125	0,090	0,067
2,0	0,320	0,180	0,123	0,089	0,066
3,0	0,305	0,182	0,121	0,087	0,066
4,0	0,293	0,179	0,120	0,087	0,065
5,0	0,285	0,175	0,118	0,086	0,065
8,0	0,268	0,169	0,115	0,084	0,064
10,0	0,262	0,165	0,114	0,083	0,064

Ist z. B. in Abb. 3 die Diagrammamplitüde $A'B = 8$ mm, so ist a, da in der Seismik die Amplitüde von der Mittellage an gerechnet wird, $= 4$ mm $= 4000$ Mikrons (μ), ferner $AC = T' = 25$ sec und $\varepsilon : 1 = 5 : 1$, dann gibt die Tabelle für $f = 0{,}175$ und $\mathfrak{V} = 0{,}175 \cdot V = 21$, wenn $V = 120$, $T_0 = 10^{\text{sec}}$ war. Es war $a = 4000\,\mu$, also $x = \frac{4000}{21} = 190\,\mu$ für den Ausschlag $\frac{AB}{2}$ der wahren periodischen Bodenverschiebung.

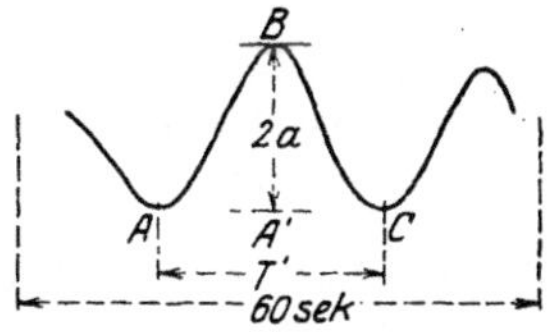

Abb. 3.

Für unregelmäßig gestaltete Bodenbewegungen läßt sich die Ermittlung der wahren Bodenverschiebung nicht so einfach durchführen. Genügt eine geringere Genauigkeit, so kann durch Tangentenkonstruktion $\frac{da}{dt}$ und $\frac{d^2a}{dt^2}$ der Gleichung (2') bzw. (2) erhalten und unter Berücksichtigung der Faktoren durch Addition $\frac{d^2x}{dt^2}$ als Funktion der Zeit t ermittelt werden. Durch weitere zweimalige Integration ergibt sich dann x. Genauer wird das Resultat, wenn die Gleichung (2') bzw. (2) erst zweimal integriert wird und nachher die numerische Berechnung stattfindet.

Ist das Dämpfungsverhältnis sehr groß, so werden die Eigenschwingungen des Seismographen nahezu unschädlich gemacht, aber die Vergrößerung $\mathfrak{V}$, wie schon die Tabelle andeutet, sehr herabgedrückt. Bei auf Rußpapier schreibenden Apparaten, wie es jetzt vorwiegend der Fall ist, muß die Vergrößerung V sehr groß sein, und infolge der sich namentlich an der Schreibspitze stärker bemerkbar machenden Reibung muß das Pendelgewicht p möglichst schwer gewählt werden.

Bei Anwendung photographischer Registrierung läßt sich nach dem Vorgange von B. Galitzin und, unabhängig von diesem, L. Grunmach die galvanometrische Registriermethode für seismische Zwecke benutzen. Mit dem beliebig aufgehängten Pendelkörper wird im ersten Fall ein Drehspulgalvanometer, im zweiten ein Saitengalvanometer elektrisch verbunden.

Grunmach hat seine Registriermethode für die Aufzeichnung künstlicher Bodenerschütterungen ausgebaut. Da hier besonders kurze Perioden vorkommen, ist das Saitengalvanometer von besonderem Vorteil. Für reine seismische Zwecke ist die Benützung eines Drehspulgalvanometers zu empfehlen. Diese Methode hat B. Galitzin eingehend behandelt.

Mit dem Pendelgewicht p (Abb. 1 oder 2) ist mit einem Arm ein System flacher Spulen aus isoliertem Kupferdraht fest verbunden. Diese Spulen befinden sich zum Teil in einem durch permanente Magnete gebildeten Magnetfeld. In geeigneter Weise werden die Zuleitungsdrähte, ohne die Pendelbewegungen zu beeinflussen, mit dem Galvanometer (Galitzin benutzt Drehspulgalvanometer vom Typus Deprez-d'Arsonval, hergestellt von Hartmann & Braun in Frankfurt a. M.) verbunden. Indem bei einer Bewegung des Pendelkörpers, also auch der mit ihm verbundenen Spulen, ein Teil des Spulensystems in das magnetische Feld hinein-, ein anderer herausgeht, werden in den Drähten der Spulen elektrischer Ströme induziert, deren Stärke der Winkelgeschwindigkeit des Pendels proportional ist. Diese Ströme bringen den Galvanometerrahmen, mit dem ein Spiegel verbunden ist, zur Drehung. Die Drehspulgalvanometer sprechen auf die schwächsten Ströme an und eignen sich somit zur Aufzeichnung auch sehr schwacher Bewegungen des Seismographen. Ein Galvanometer spielt gewissermaßen die Rolle eines Hebels, der mit dem Pendelkörper elektrisch verbunden ist. Die Registrierung geschieht photographisch. Von einer geeigneten Lichtquelle wird Licht auf den Galvanometerspiegel geworfen, dieses, hier zurückgeworfen, geht durch eine vor dem Galvanometer aufgestellte Sammellinse und durch eine vor der Registriertrommel, die mit lichtempfindlichen Papier bezogen ist, befindliche Zylinderlinse. So entsteht auf dem Registrierpapier ein scharfer Punkt, dessen Größe aber so eingestellt werden muß, daß auch größere kurzperiodische Bewegungen aufgezeichnet werden. Die Schärfe der Linien bei photographischer Schreibart steht denen bei Ruß- oder Farbschrift nach. Vielleicht wird einmal die 1902 von BELAR angeregte Registrierung mit Hilfe eines Gasstrahles so weit ausgebildet, daß sie auch mit einem Galvanometer verbunden werden kann. Eine Rückwirkung der Galvanometerbewegung auf das Pendel wird dadurch vermieden, daß das Pendelgewicht p einige Kilogramm schwer ist.

In der mathematischen Behandlung der elektrischen Verbindung eines beliebig aufgehängten Pendelgewichtes mit einem Drehspulgalvanometer ist die Differentialgleichung der Galvanometerbewegung der Ausgang. Infolge der Winkelgeschwindigkeit des aus der Ruhelage abgelenkten Pendelkörpers p wird die Ablenkung φ des Galvanometerrahmens hervorgerufen. Es ergibt sich folgende Beziehung:

$$\frac{d^2\varphi}{dt^2} + \alpha \cdot \frac{d\varphi}{dt} + \beta \cdot \varphi + k\frac{d\xi}{dt} = 0,$$

wo $\xi = pD'p'$ ist, in der α von der Dämpfung des Galvanometers, β von der Eigenperiode desselben abhängt und k, nach GALITZIN der Übertragungsfaktor genannt, die Vergrößerung, mit der die Bewegungen des Pendelkörpers durch den mit Hilfe des Galvanometerspiegels auf der Schreibfläche erzeugten Lichtpunktes wiedergegeben werden. Aus der oben angegebenen Verbindung zwischen der Bewegung des Bodens und der des Pendels läßt sich der Faktor von $k = \frac{d\xi}{dt}$ bestimmen und in die erwähnte gestörte Schwingungsgleichung des Galvanometers einsetzen. Weitere Rechnungen ergeben den Zusammenhang zwischen Bodenbewegung und Galvanometerausschlag und somit die Möglichkeit, jene aus diesem zu ermitteln.

Die Bewegung des Bodens wird mit einer Verspätung, Phasenverzögerung Δt, durch das Pendel aufgezeichnet. Diese, wie auch die bei der Galvanometerregistrierung auftretende, von dem Dämpfungsverhältnis, der Periode des Beobachtungsgerätes und der Störungsperiode abhängige Größe kann rechnerisch ermittelt werden. Sie kommt vor allem in Betracht bei der Vergleichung der Maximalbewegungen einzelner Wellen an verschiedenen Warten und verschiedener Seismographen an einer Warte.

Ist t_{max} der Zeitpunkt des Maximums der periodischen Bodenbewegung, t_m der des Seismogrammaximums der Welle, Δt die Verspätung, Phasendifferenz, bei direkter Registrierung (optisch oder mechanisch), so ist:

$$t_{max} = t_m - \Delta t, \quad \text{wo} \quad \frac{\Delta t}{T'} = \frac{1}{2\pi} \operatorname{arc\,tang}\left[\frac{2u}{u^2-1} \cdot (1-u^2)^{\frac{1}{2}}\right]$$

ist. $u = \frac{T'}{T_0}$ = Störungsperiode der Welle dividiert durch die Eigenperiode des Pendels bei ausgeschalteter Dämpfung. Bei der Anwendung der galvanometrischen Registrierung tritt noch eine weitere Verspätung hinzu: $\Delta t'$. Es ist:

$$\frac{\Delta t'}{T'} = \frac{1}{2\pi}\left\{\text{arc tang}\left(\frac{2u_1}{u_1^2 - 1}\right) + 2\pi\right\},$$

wo $\frac{T'}{T_g} = u_1$ = Störungsperiode der Bodenbewegung dividiert durch Eigenperiode des Galvanometers bei ausgeschalteter Dämpfung ist.

Für die Berechnung der Phasenverzögerung Δt hat WIECHERT eine graphische, GALITZIN eine tabellarische gegeben. Die folgende Tabelle gibt eine Übersicht über die Größen $\frac{\Delta t}{T'}$ und $\frac{\Delta t'}{T'}$.

Tabelle Nr. 2.

$\frac{T'}{T_0}$	Werte für $\frac{\Delta t}{T'}$							$\frac{\Delta t'}{T'}$
	$\varepsilon : 1 =$ 4 : 1	$\varepsilon : 1 =$ 5 : 1	$\varepsilon : 1 =$ 8 : 1	$\varepsilon : 1 =$ 10 : 1	$\varepsilon : 1 =$ 13 : 1	$\varepsilon : 1 =$ 23,1 : 1	$\varepsilon : 1 =$ ∞ : 1	
0,1	0,49	0,49	0,48	0,48	0,48	0,48	0,47	0,72
0,5	43	41	40	40	39	38	36	60
1,0	25	25	25	25	25	25	25	50
1,5	11	13	14	15	16	16	19	44
2,0	06	09	09	10	11	11	15	40
2,5	06	06	08	08	09	09	12	37
3,0	05	05	06	07	07	08	10	35
3,5	04	04	05	06	06	07	09	34
4,0	0,03	0,04	0,05	0,05	0,05	0,06	0,08	0,33

Die Art der Aufhängung des Pendelgewichtes hängt davon ab, ob horizontale oder vertikale Bodenbewegungen oder schließlich Neigungen des Bodens aufgezeichnet werden sollen. Instrumente für die Registrierung von Drehungen sind in der Seismik nicht in Anwendung. Für technische Zwecke sind Apparate angegeben worden, mit deren Hilfe die u. a. durch Maschinenbetrieb hervorgerufenen Bodenbeschleunigungen unmittelbar festgestellt werden können; sie kommen hier nicht weiter in Betracht.

Bei den Horizontal- und Vertikalseismographen spielt die Anordnung der Aufhängung des Pendelgewichtes und der Vorrichtung zur vergrößerten Wiedergabe der wahren Bodenbewegungen eine große Rolle.

Die einfachste Form eines Horizontalseismographen ist ein an einem Faden aufgehängtes Gewicht, die frühzeitig in Erdbebengegenden in Anwendung gewesen ist. Für die Beobachtung von Fernbeben ist dieses Gerät nicht geeignet, da einer größeren Pendellänge L und somit einer höheren Eigenperiode $T_0 = 2\pi\sqrt{\frac{L}{g}}$ praktisch bald Grenzen gezogen sind.

Aus der Beziehung $T_0 = 2\pi \sqrt{\frac{L}{g}}$ ist die Abhängigkeit der Eigenperiode T_0 auch von der Schwerebeschleunigung g ersichtlich. Wird die Aufhängung derart angeordnet, daß nur eine Komponente von g wirkt, so wird eine Erhöhung von T_0 in einfacher Weise erreicht.

In Abb. 4. ist mit dem Gestell G in O drehbar ein Querarm QQ' verbunden. Der Querarm trägt in Lagern bei D und D' einen dreieckigen Rahmen, an dessen Spitze A sich das Pendelgewicht p befindet. In der Lage L wird ein schon in der Abb. 1 dargestelltes Pendel wiedergegeben, wo p in der zu DD' senkrechten Ebene schwingen kann. In dieser Lage ist: $T_0 = 2\pi \sqrt{\frac{L}{g}}$, die Schwerebeschleunigung g wirkt auf p senkrecht zu DD'. Wird QQ' aus der Lage L um den Winkel i in die neue Lage L' gedreht, so wirkt anstatt g nunmehr $g \cos i$ auf p und daher $T_0 = 2\pi \sqrt{\frac{L}{g \cos i}}$. Aus beiden Beziehungen wird: $T_0 \cdot \sec i = T'_0$; je größer i wird, um so größer wird T'_0.

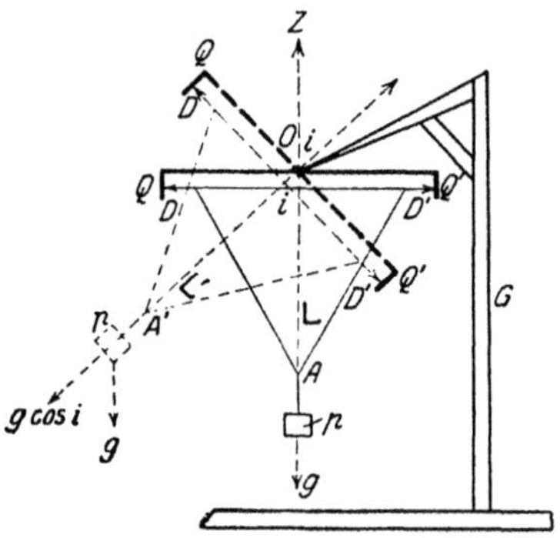

Abb. 4.

Wird $i = 90°$, so wird die neue Eigenperiode T'_0 unendlich groß, das Pendel, dessen Drehachse jetzt senkrecht steht, hat keine bestimmte Lage.

Zur Darstellung dieser Beziehung hat zuerst E. MACH 1883 einen einfachen Apparat angegeben, der in seiner historisch-kritischen Darstellung der Mechanik wiedergegeben ist.

1886 baute der Astronom E. v. REBEUR-PASCHWITZ für die Beobachtung der Deformation des Erdkörpers ein Instrument, das sich an die MACHschen Darlegungen anlehnte, 1889 empfahl er die Anwendung von Dämpfung, auf die bereits, in bezug auch auf seismische Apparate, 1875 der Amerikaner ROOD hingewiesen hatte.

Im Jahre 1832 gab der Württemberger HENGLER, damals Student in München, ein Instrument an, dem er den Namen „astronomische Pendelwage" beilegte. Das Grundprinzip dieses Apparates ist 1862 von PERROT, 1869 von ZOELLNER voneinander und von HENGLER unabhängig, angegeben worden. ZOELLNER baute dieses Gerät weiter aus, wozu HENGLER seinerzeit die Mittel fehlten, gab ihm den Namen „Horizontalpendel" und wies als Erster auf seine Brauchbarkeit als Erdbebenbeobachtungsinstrument hin.

Die Abb. 5 stellt schematisch dieses Horizontalpendel, das für spätere Bauarten von Seismographen anregend wirkte, dar.

Der Arm CD trägt auf seiner über D hinaus erfolgten Verlängerung ein Gewicht p. Bei D und C ist der Arm mit Hilfe der Fäden f_1 und f_2 an den Punkten A und B des Gestells G aufgehängt. Mittels dreier Fußschrauben kann dieses so eingestellt werden, daß die die Punkte A, C, B, D und den Schwerpunkt p enthaltende Ebene senkrecht zur Horizontalebene steht. Fällt die Drehungsachse AB nicht gerade in die Vertikale BZ, sondern bildet sie mit dieser einen Winkel $ZBA = i$, so schwingt p, leicht angestoßen, hin und her. Die Eigenperiode T_0 ist abhängig von dem Winkel i und kann mit Hilfe der Fußschrauben oder besonderer Einstellungsvorrichtungen bei

A und *B* beliebig eingestellt werden. Ein Nachteil bei dieser Aufhängungsanordnung ist der Umstand, daß der Schwerpunkt von *p* sich auch in der Ebene *ACBD* in Richtung von *C* nach *D* und von *D* nach *C* bewegen kann. Diesem Übelstand abzuhelfen, ließ GALITZIN gegen 1904 in der Mitte von *CD* eine Spitze *sp* anbringen, die sich gegen ein mit dem Gestellarm *EF* verbundenes Achatlager *a* lehnte. Dieses Hilfsmittel ist aber infolge der hervorgerufenen Zwangslage der Drehachse nicht als einwandfrei zu bezeichnen. 1875 beschäftigte sich der Amerikaner ROOD mit dem HENGLER-ZOELLNERschen Horizontalpendel und vervollkommnete es durch Anbringen einer Flüssigkeitsdämpfung; bei dieser Gelegenheit wies er auch auf die Anwendung von Luftdämpfung hin. Zwischen *D* und *p* wurde eine Platte *p C*, etwa 1 dm², angebracht, deren Ebene in die *A*, *C*, *B*, *D* enthaltende Ebene fiel. Infolge dieser Anordnung treten aber bei bewegtem Arm vor allem Druck- und Saugerscheinungen auf. Auf das unter gewissen Umständen, namentlich bei kurzperiodischen, stoßartigen Bewegungen, Fehlerhafte einer solchen Bauart, die auch später bei Luftdämpfung mit wenig Abänderung befolgt wurde, machte 1909 und auch früher MAINKA aufmerksam und gab Hinweise für die Anfertigung einer einwandfreien Dämpfung. Der ROODsche Vorschlag der Anwendung von Dämpfung wurde leider zunächst nicht beachtet.

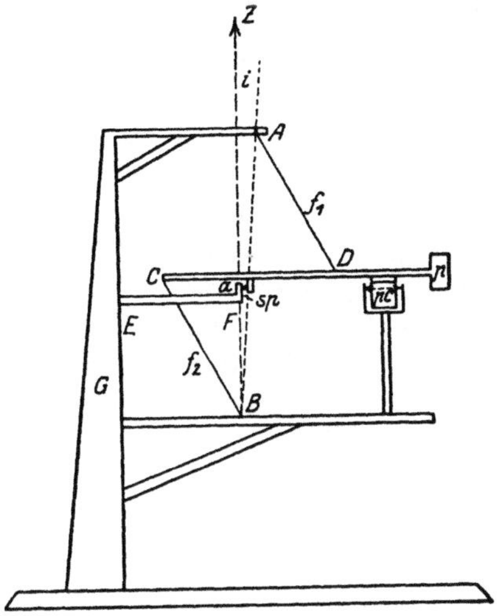

Abb. 5.

Nach ROOD, 1875, arbeiteten innerhalb der nächsten zwei Dezennien mehrere Forscher vor allem in Italien und Japan an der Verbesserung der Seismographen. GRAY in Tokio ließ 1881 ein Instrument bauen, das er konisches Pendel nannte. Da dieser Apparat in der Aufhängungsart Neues brachte, sei er hier in Kürze beschrieben: Das Pendelgewicht *p* (Abb. 6) wird, um Zapfen *z* drehbar, von dem Rahmen *r* getragen, der einerseits mittels des Fadens *f* am Gestell *G* hängt und andererseits sich mit Hilfe des Armes *a*, der bei *s* eine Stahlspitze besitzt, gegen das Lager *l* lehnt. Der Winkel, den *uo* mit *a* bildet, ist nahezu ein rechter. Der Winkel zwischen *u o* und der Vertikalen bedingt aus schon erwähntem Grunde die Größe der Eigenperiode. Fast gleichzeitig ersetzte EWING die Spitze durch eine Blattfeder; diesen Gedanken hatte bereits ZOELLNER einige Jahre vorher gehabt. Um eine unverrückbare Drehachse und ein Minimum an innerer Reibung zu erhalten, gab 1907 MAINKA dem Stahlband bei *u* eine besondere Form: eine etwas dickere, kurze Stahllamelle wurde an den beiden Flachseiten

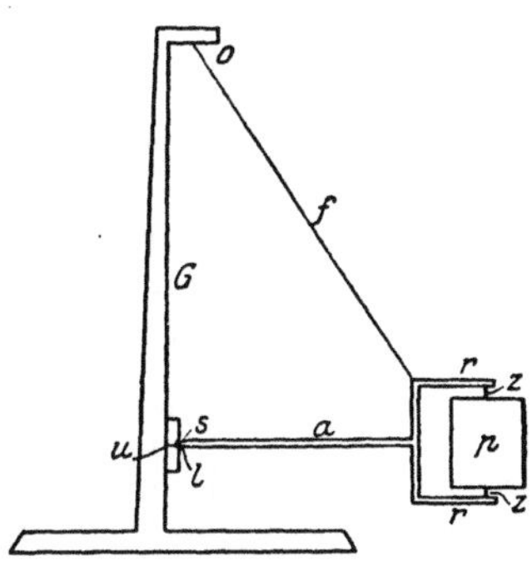

Abb. 6.

nach einem geeigneten Halbmesser ausgeschliffen, so daß die dünnste Stelle dem Zug in der Richtung *a*, von *p* nach *u*, entsprach.

Die ursprüngliche Graysche Form wurde insbesondere von Omori in Tokio ausgebaut; er behielt die untere Stahlspitze bei, und ließ bei *o* eine Stahlschneide, die gegen ein Stahllager drückte, anbringen. Nach Omoris Angaben wurden zwei Formen von Horizontalseismographen gebaut. Bei der einen Form war *a* sehr kurz, 3—4 cm, bei der anderen hatte *a* eine gewisse Länge, etwa 60—70 cm. Im ersteren Fall (Abb. 7) wurde das Pendelgewicht *p* mit einem längeren Arm *AB* versehen, der bei *B* gelenkig mit einem Schreibhebel verbunden war. Im anderen Fall war der Apparat so wie in Abb. 6 gebaut, nur daß der Rahmen *r* wegfiel und das Gewicht *p* an zwei seitlichen Ansätzen *a'* (Abb. 7) mittels zweier Drähte *f* wie in Abb. 7 aufgehängt wurde. Bei *b* (Abb. 8) befand sich in einem Galgen zwischen zwei Stahlpfannen gelagert ein beiderseits zugespitzter kurzer Stahlstift, der die

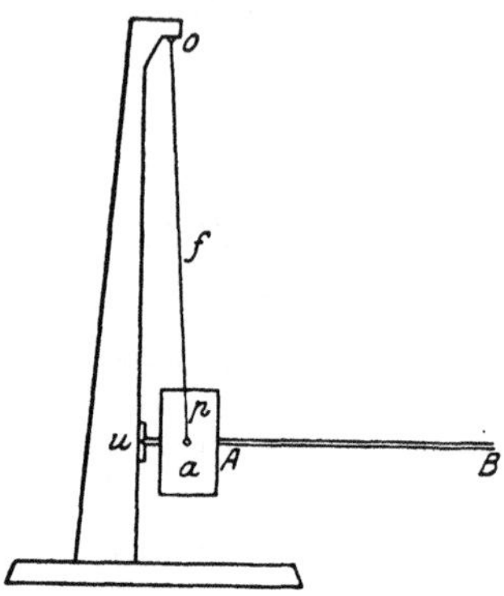

Abb. 7.

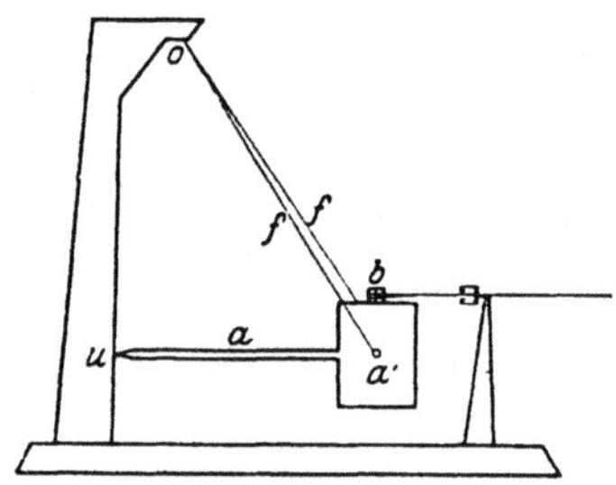

Abb. 8.

gelenkige Verbindung mit dem Schreibhebel herstellte, ebenso wie in Abb. 7 bei *B*. Das Gewicht des in Abb. 8 skizzierten Omorischen Horizontalseismographen ist 10—15 kg, das des in Abb. 7 angedeuteten Instrumentes ist 50—100 kg schwer. Diese beiden Apparatarten werden vor allem in Japan benutzt; sie haben keine Dämpfungsvorrichtung.

Der Grundgedanke eines Horizontalseismographen mit schräger Drehungsachse wurde auch von Mainka, s. Zt. an der nun nicht mehr bestehenden Hauptstation für Erdbebenforschung in Straßburg i. Els. tätig, bei dem „bifilaren Kegelpendel" beibehalten. Entsprechend der Forderung nach größerer Empfindlichkeit und nach Dämpfungsmöglichkeit sind von Mainka verschiedene Neuerungen in der Aufhängung des Pendelgewichtes und Anordnung der Schreibvorrichtung für Rußregistrierung angegeben worden. Das Schreibhebelsystem greift im Schwerpunkt des Gewichtes an und besitzt zwei einzelne Hebelarme, die miteinander passend durch Verbindungsarme gelenkig verbunden sind. Der mit dem Schwerpunkt in ähnlicher Weise verbundene erste Hebelarm trägt die Dämpfungsvorrichtung, eine leichte Platte, in einem Gehäuse eingeschlossen. Statt der vorgesehenen Luftdämpfung kann auch, wie Mainka angegeben, geeignete Flüssigkeitsdämpfung angebracht werden. Die obere Aufhängung des Pendelgewichtes *p* bei *o* geschieht durch einen im Querschnitt dem Zug von *p* entsprechend starken Stahldraht; die untere *u* wird durch eine auf Zug beanspruchte, besonders geschliffene Stahllamelle L hergestellt. Die Entfernung zwischen Schwerpunkt von p und der dünnsten Stelle der Lamelle ist möglichst klein. Die Abb. 9 gibt schematisch die Anordnung der Aufhängung des Gewichtes (hier nur der Schwerpunkt angezeigt) und des Hebelsystems wieder. Bei dem fertigen Instrument ist die Konstruktion so durchgeführt, daß eine Fläche von 1 m^2 für die Aufstellung einer Komponente bei einer Höhe von 2 m genügt.

In Göttingen hatte 1900 Wiechert einen Horizontalseismographen angegeben, bei dem die Aufhängung des Gewichtes p in anderer Weise als oben geschah. 13 Jahre vorher hatte G. Grablowitz eine Aufhängungsanordnung angegeben, die der Wiechertschen Aufstellung des Pendelgewichtes p zugrunde liegt, die, in Kürze gesagt, darin besteht, daß der Schwerpunkt des Pendelgewichtes p oberhalb der Drehachse angeordnet ist. Federkraft bewahrt das Gewicht vor dem Umfallen. Zum Verständnis dieses „astatischen Horizontalseismometers" sei auf Abb. 10 hingewiesen. Die das Pendelgewicht p tragenden zwei Arme a_1 und a_2

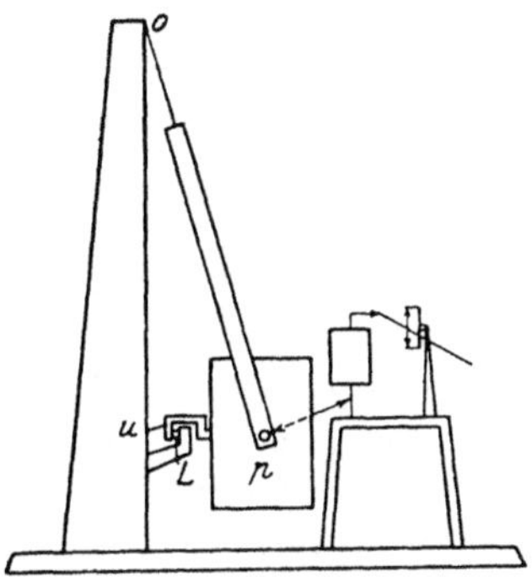

Abb. 9.

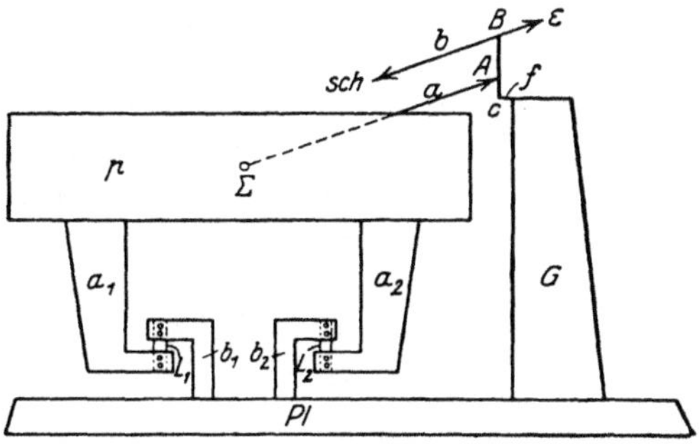

Abb. 10.

sind mit dem Erdboden mittels der beiden Stahlbänder L_1 und L_2, die an den Stutzen b_1 und b_2 angeschraubt sind, gelenkig verbunden. Vom Schwerpunkt Σ führt ein Arm a nach einem mit dem Gestell G elastisch durch die Blattfeder f verbundenen Hebelarm CAB. Von B aus führt der Arm b einerseits nach der Dämpfung ε, andererseits zum Schreibhebelarm *sch*. Auf diese Weise wird ein Umfallen von p vermieden; die Höhe der Eigenperiode hängt von den Abmessungen der Blattfeder f und von der Größe des Armes CA ab.

Wird CAB über B hinaus verlängert und auf dieser Verlängerung ein verstellbares Gewicht angebracht, so läßt sich auch hierdurch eine Periodenerhöhung erzielen. Dieses Doppelpendelprinzip ist in der seismischen Instrumentenkunde auch bereits früher angewendet worden.

Auf S. 193 oben ist angedeutet worden, daß unter Umständen nur eine Komponente der den Pendelseismographen beeinflussenden horizontalen Bodenbewegung wirken kann. Die Richtung der Bodenverrückung ist meist unbekannt, soll doch auch erst bestimmt werden.

Ist R_1 die Wirkungsrichtung des Horizontalseismographen, d. h. die Richtung, in der sein aufgehängtes Gewicht durch die horizontale Bodenbewegung beeinflußt, sich hin und her bewegen kann, so wird offenbar ein zweiter Horizontalseismograph nötig sein, um die ganze horizontale Projektion der Bodenbewegung und deren Richtung festzustellen. Der zweite habe die Wirkungsrichtung R_2, und es stehen der Einfachheit wegen R_1 und R_2 senkrecht zueinander (Abb. 11). Sind z. B. β_1 und β_2 die in Mikrons ausgedrückten horizontalen Bodenbewegungen in den entsprechenden R_1 und R_2, so ist die ganze Bodenbewegung im horizontalen Sinn $= \beta_h = \sqrt{\beta_1 + \beta_2^2}$ (Abb. 11) und ferner $\tang \xi = \frac{\beta_2}{\beta_1}$ für die Bestimmung der Richtung. Wiederum aus Mründen der Einfachheit wird die eine Wirkungsrichtung in den eGridian, die andere in den ersten Vertikal des Ortes gelegt.

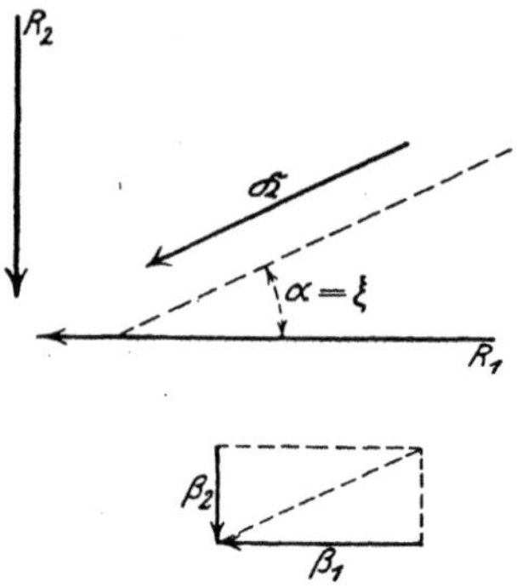

Abb. 11.

Bei den Horizontalseismographen mit schräg angeordneter Drehachse müssen somit zwei voneinander getrennte Instrumente an einem Ort aufgestelltwerden, um β und ξ zu erhalten. Anders ist es bei den Horizontalseismometern, deren horizontaler Drehpunkt oberhalb oder unterhalb des Gewichtsschwerpunktes angeordnet ist. Für diesen Fall haben u. a. bereits Vicentini und Grablowitz dargetan, daß für die Bestimmung von β_1 und β_2, somit schließlich von β_h und ξ ein einziges Pendelgewicht genügt, das mit zwei Schreibhebelarmen, die senkrecht zueinander stehen, gelenkig verbunden ist. Statt aller Beschreibung zeigen die Abb. 12 und 13 die Anordnung. Bei dieser Bauart muß allerdings darauf geachtet werden, daß beide Komponenten voneiander unabhängig sind, was aber sehr oft leider nicht eintrifft.

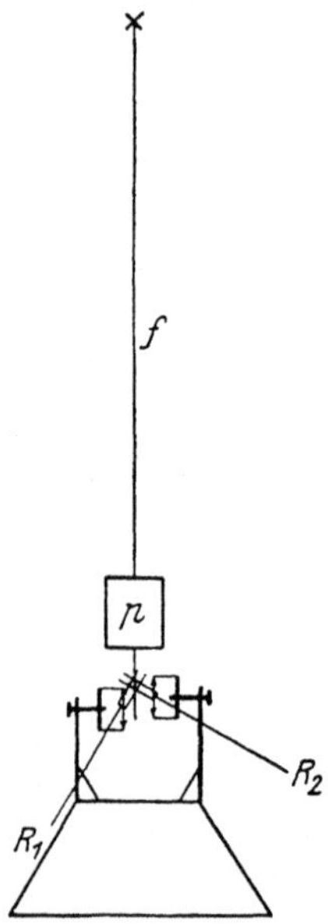

Abb. 12.

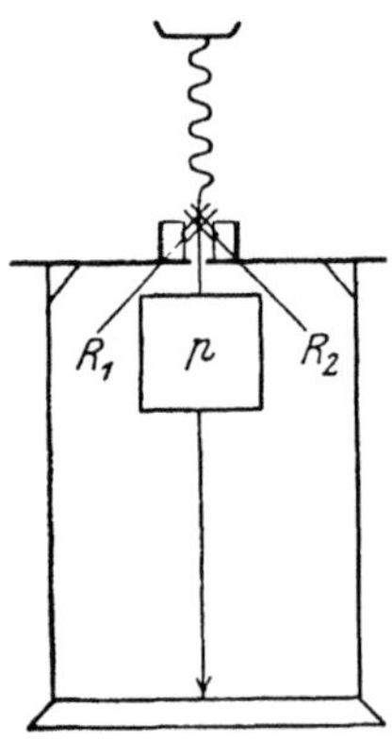

Abb. 13.

Wiechert hat bei dem nach seinen Angaben gebauten astatischen Pendelseismometer ein kardanisches Gelenk angewendet, das aus vier einzelnen Stahlbändern be-

steht. Dieses Gelenk trägt das Pendelgewicht. Die Anordnung der beiden Schreibarme zeigt Abb. 14 schematisch.

Die oben öfters genannte horizontale Bodenbewegung ist in Wirklichkeit die Projektion einer schief gegen die Horizontale des Aufstellungsortes einsetzenden Bewegung auf die Horizontalebene, es muß also auch der vertikale Anteil bestimmt werden, um die tatsächliche, räumliche Bodenbewegung zu erhalten. Die Feststellung dieser vertikalen Komponente geschieht mit Hilfe von Vertikalseismographen, deren Pendelgewichte sich aber auf und ab bewegen können.

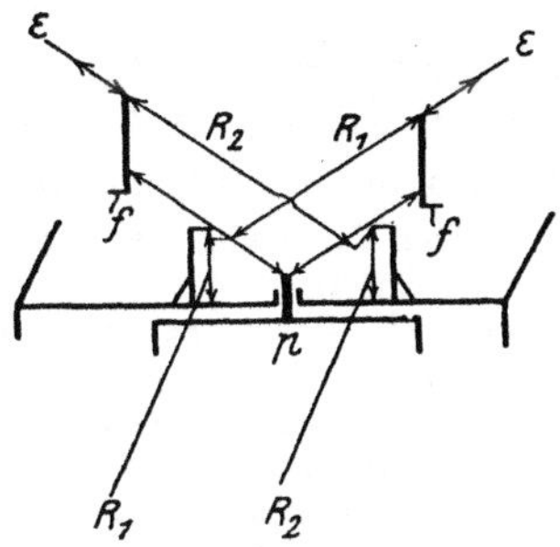

Abb. 14.

Von den verschiedenen Anordnungen der Gewichtsaufhängung seien hier nur zwei erwähnt. Bei der einfacheren 1860 von G. M. Cavalleri angegebenen hängt das Pendelgewicht *p* an einer zylindrischen Spiralfeder *sp*. Die Anzahl der Windungen, die Dicke des Drahtes und der Durchmesser der Feder bedingen die Größe der Eigenperiode (Abb. 15). 1881 gab

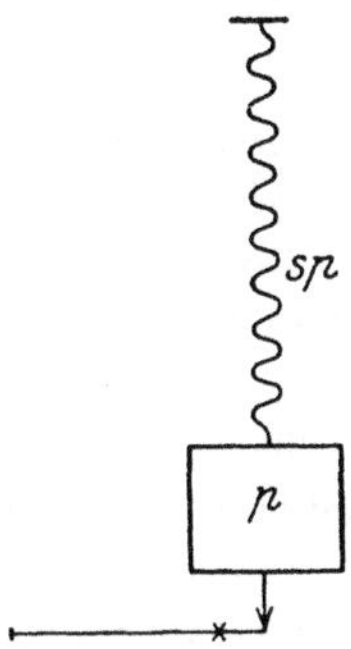

Abb. 15.

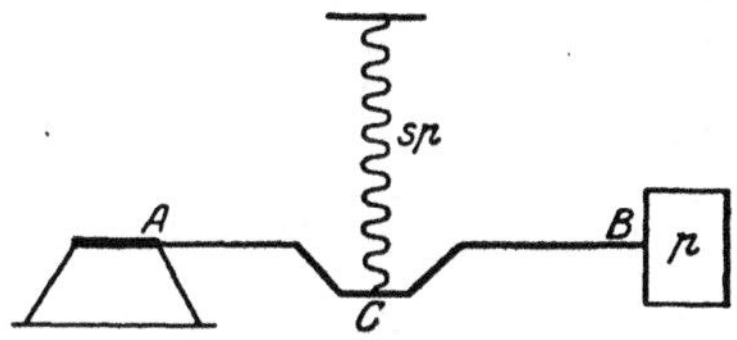

Abb. 16.

Ewing eine andere Aufhängungsart an. Nach Abb. 16 greift eine Spiralfeder *sp* nicht unmittelbar am Gewicht *p* an, sondern bei *C*, unterhalb eines Armes *AB*, der bei *A* gelenkig (Blattfedern) mit dem Boden verbunden ist. Bei *C* ist ebenfalls ein solches Gelenk angebracht. Durch diese Verbindung von *sp* mit *p* wird die Eigenperiode ganz besonders erhöht. Ist β_3 die vertikale Komponente der Bodenverrückung, so ist die gesamte Bodenbewegung in Richtung ihrer Fortschreitung gemessen: $\beta = \sqrt{\beta_1^2 + \beta_2^2 + \beta_3^2}$. Ferner ist: $\operatorname{tang} e = \frac{\beta_3}{\beta_2} = \sqrt{\beta_1^2 + \beta_2^2}$, wenn *e* der Winkel zwischen der eben genannten Richtung und der Horizontalprojektion β_4 ist, dieser Winkel wird der „Emergenzwinkel", seine Ergänzung *i* zu einem Rechten der „Inzidenzwinkel" genannt (Abb. 17).

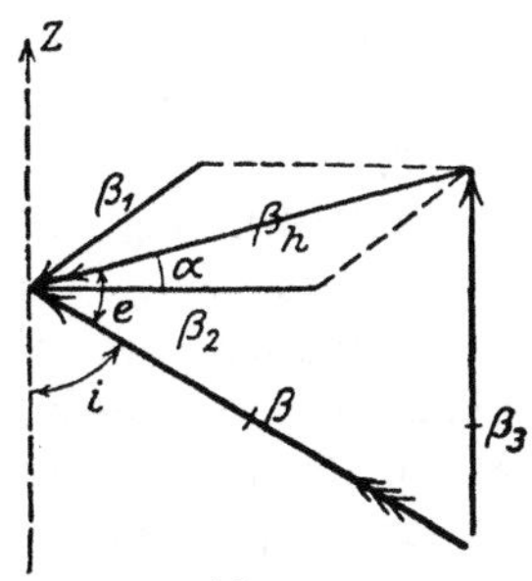

Abb. 17

Der auf Grund der Amplitüden der Bodenverrückungen ermittelte Winkel · heißt der „scheinbare Emergenzwinkel", im Gegensatz zu dem mit Hilfe der zeitlichen Beobachtungen errechneten „wahren" Emergenzwinkel. Die Größe des ersteren ist durch die Reflexionen der seismischen Wellen an der Erdoberfläche beeinflußt (SCHUSTER, WIECHERT).

Der Benutzung des Wagebalkenprinzips zur Beobachtung der Bodenneigungen durch W. SCHLÜTER ist bereits gedacht worden. Vor etwa vier Jahrzehnten hatte BERTIN ein Rad nahe im Schwerpunkt zur Beobachtung von Schiffsschwankungen aufgehängt und auf spätere ähnliche instrumentelle Anordnungen anregend gewirkt. 1903 schlägt E. WIECHERT vor, am gleichen Beobachtungsort nur in verschiedenen Höhen Horizontalpendel aufzustellen, um auf diesem Weg die bei Fernbeben sehr kleinen, praktisch zu vernachlässigenden Bodenneigungen festzustellen. Später hat GALITZIN, dem für seine Untersuchungen sehr große Mittel zur Verfügung standen, diesen Vorschlag verwendet, nachdem er vorher die SCHLÜTERschen Beobachtungen mit Hilfe der galvanometrischen Schreibweise wiederholt hatte.

Genau betrachtet ist die Aufhängungsart der Horizontal- und Vertikalseismometer verschieden, es besteht bisher keine Untersuchung, die das Belanglose dieser Verschiedenheit nachgewiesen hätte. MAINKA schlug 1907 eine Aufhängung vor, die für beide Komponenten in gleicher Weise möglich ist (Abb. 18). 1910 wies auch RUDZKI auf diesen Unterschied hin.

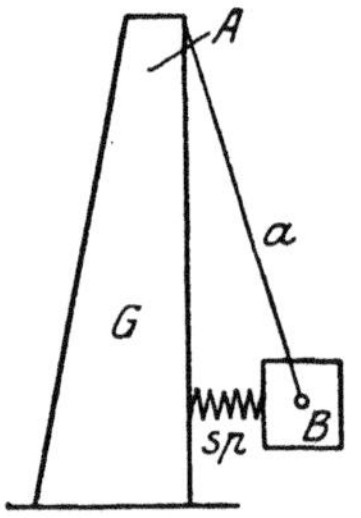

Abb. 18a.

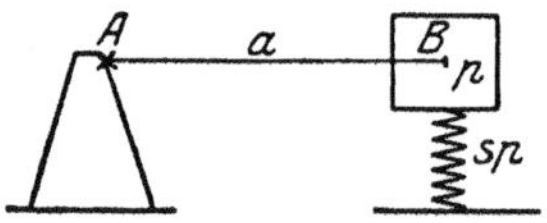

Abb. 18b.

Für die Untersuchung von Seismographen ließen OMORI, GALITZIN, MAINKA nach ihren Angaben Untersuchungsplatten herstellen; letzterer gab eine Platte an, die bei beliebiger Richtung äußerst kleine Bewegungen gestattete. Bei derartigen Prüfungen ist darauf zu achten, daß die Plattenbewegungen von der Größenordnung der seismischen Bodenbewegungen sind.

Im Vordergrund stehen auch hier noch die mechanisch schreibenden (Rußschreiber) Seismometer. Sind sie richtig gebaut und aufgestellt, so stehen sie den photographisch arbeitenden Instrumenten nicht nach, zeichnen sich vielmehr noch durch die Feinheit der Kurvenzüge aus und könnten auch für die Deformationsbeobachtungen Anwendung finden.

In Anlehnung an das v. REBEURsche Prinzip haben HECKER und an das OMORIsche Prinzip BOSCH unmittelbar photographisch arbeitende Seismographen, die mit Luftdämpfung versehen sind, gebaut. In der Drehachse des aufgehängten Gewichtes ist ein Spiegel angebracht, der das auf ihn fallende Licht in geeigneter Weise auf das lichtempfindliche Registrierpapier wirft.

II. Seismometrie und Seismophysik.

In den Aufzeichnungen der Seismographen jeder Erdbebenwarte (Erdwarte) fallen zunächst die regelmäßigen aufeinander folgenden Wellen von 4—6 sec Periode auf, denen Bodenbewegungen von 1—5 Mikrons durchschnittlicher Amplitüdengröße zukommen (0,001 mm = 1 Mikron). Oft wird der gleichmäßige Charakter dieser Wellenfolgen durch das Auftreten von Schwebungen gestört. Derartige sinusartige Wellenzüge, deren Ursachen meteorologische Vorgänge und deren Folgeerscheinungen z. B. Anprallen von Brandungswellen an felsigen Steilküsten sind, nennt der Seismologe mikroseismische Unruhe (Mi. U.). Stärkere Mi. U. kann leicht die Deutlichkeit der Bebenaufzeichnungen störend beeinflussen. Erdwarten, nicht zu küstennah gelegen, mit felsigem Untergrund werden von der Mi. U. weniger betroffen. Das Aufschlagen der Brandungswellen an der Küste von Teneriffa machte sich auch in den Diagrammen eines in den Cañadas am Pic de Teyde in etwa 2500 m Höhe aufgestellten Seismographen deutlich bemerkbar.

Befinden sich in der Nähe des Aufstellungsortes des Seismographen industrielle Betriebe, so sind in den Schaulinien je nach der Art der Betriebe mehr oder weniger häufig auch die Aufzeichnungen des künstlich erschütterten Bodens aufzufinden. Sie bestehen in der Aufeinanderfolge sehr kleiner Wellen von etwa 0,05—1 sec Periode. Über die Ausbreitungsgeschwindigkeit solcher Bodenbewegungen und auch der Mi. U. ist bisher nichts bekannt geworden. Das Auffinden schwächerer lokaler Beben, namentich einsturzartigen Charakters, können für den mit dem Aussehen seismischer Aufzeichnungen weniger Vertrauten unter Umständen durch erwähnte Störungen erschwert werden. In neuerer Zeit wird dem Studium künstlicher Bodenerschütterungen erfreulicherweise mehr Beachtung geschenkt; es ist hier noch manches zu klären, wobei aber Vorsicht sehr zu empfehlen ist.

Die eigentlichen Bebenregistrierungen, Seismogramme, der Beobachtungsgeräte einer Erdwarte machen sich durch ihre mehr oder weniger häufigen Einsätze, durch ihre Wellenzüge mit Einzelwellen verschiedener Perioden und Amplitüden auf dem Registrierbogen bald bemerkbar. Besitzt eine Erdbebenwarte eine Sammlung von Seismogrammen, denen verschiedene Entfernungen der Ursprungsorte der Beben von der Warte, Epizentralentfernungen, zukommen, so wird beim Durchblättern dieser Sammlung auch der Laie bald erkennen, daß zunächst das Aussehen der Seismogramme von der Epizentralentfernung abhängt. Dem Nichtfachmann, der nur meist von einem Bebenstoß im Epizentrum hört, wird die minuten- und stundenlange Aufeinanderfolge der aufgeschriebenen Wellen auffallen, die auch die Diagramme sehr stark gedämpfter Seismographen aufweisen, also von Eigenschwingungen des Pendelgewichtes nicht herrühren können. Der Umstand, daß u. a. Zurückwerfungen, Brechungen, Interferenzen der seismischen Wellen stattfinden, daß das Beben an Ort und Stelle örtlich ausgedehnt und jeder Punkt des erregten Störungsraumes ein Ausgangsort elastischer Wellen ist, erklärt diese Wellenfolge im Seismogramm. Daß sie Bewegungen des Bodens wirklich entspricht, dafür spricht auch die Tatsache, daß am gleichen Ort Seismographen verschiedener Bauart und Konstanten die gleichen Seismogramme liefern.

Den einleitend bereits erwähnten, nacheinander auftretenden longitudinalen und transversalen Wellen entsprechen besondere infolge Änderung von Amplitüde oder Periode, oder beider zugleich, leicht erkennbare Einsätze. Heben sich diese Einsätze scharf heraus, so werden sie mit *i* (impetus), tauchen sie dagegen allmählich auf, so werden sie mit *e* (emersio) bezeichnet. Da dem Diagramm mit Hilfe instrumenteller Vorrichtungen minutliche Zeitzeichen beigegeben sind, so können diese Einsätze und somit das Auftreten der entsprechenden Wellengattung zeitlich mit Sekundengenauigkeit festgelegt werden. Das Eintreffen der longitudinalen Wellen wird mit P, das der transversalen Wellen mit S vermerkt.

Auch die Ankunft von an anderen Stellen der Erdoberfläche oder an inneren Unstetigkeitsschichten zurückgeworfenen seismischen Wellen (Reflexionen, ähnlich wie z. B. in der Optik) machen sich im Seismogramm meist mehr oder weniger deutlich durch Einsätze bemerkbar.

Liegen die Seismogramme Σ_n eines am Entstehungsort (Herd, Hypozentrum) nicht zu schwachen Erdbebens für eine Reihe von Beobachtungsorten B_n mit verschiedenen Epizentralentfernungen Δ_n vor, ist T_E die Zeit des im Epizentrum E gefühlten Stoßes, die Epizentralzeit, aus unmittelbaren Beobachtungen erhalten, P_n, S_n die obengenannten Zeiten an den verschiedenen B_n, so ist $P_n - T_E$ bzw. $S_n - T_E$ und dementsprechend auch $S_n - P_n$ als Funktion von Δ_n graphisch und analytisch darstellbar. Die graphisch erhaltenen Kurven heißen Laufzeitkurven, sind parabelähnlich und konkav gegen die Abszissen, d. i. Entfernungsachsen. Allgemein läßt sich für jeden Einsatz eine solche Laufkurve aufstellen, nur dürfen die Einsätze der verschiedenen B_n nicht verschiedenen Wellen zugehören.

Entsprechend Δ_n treten einige Zeit nach S-Wellen regelmäßigeren Charakters und längerer Störungsperiode T auf: L-Wellen. Die Perioden T der Wellen zwischen P und S liegen, für E nicht zu nahe gelegene B_n, zwischen etwa 4 und 7 bis 8 Sekunden; zwischen S und dem Beginn der Wellen L treten Perioden von etwa 7 bis 10, auch 12 Sekunden je nach der Größe von Δ_n auf; größeren Δ_n kommen höhere T-Werte zu. Mit dem Beginn L der höherperiodischen und sinusartigen Wellen setzen Wellen ein, deren Perioden, auch, wie eben, mit zunehmender Entfernung Δ_n wachsen, und zwar von etwa 12—15 bis 18—20 und mehr Sekunden. Werden die Laufzeiten $L_n - T_E$ in ihrer Abhängigkeit von Δ_n dargestellt, so ergibt sich eine gerade Linie; die Ausbreitungsgeschwindigkeit $\frac{L - T_E}{\Delta}$ bleibt für alle Werte Δ gleich. Die L-Wellen breiten sich an der Erdoberfläche mit konstanter Geschwindigkeit, etwa $v_L = 3^3/_4$ km sec^{-1}, aus. Die Epizentralentfernungen Δ sind entlang der Erdoberfläche im größten Kreis gemessen.

Bei den P- und S-Wellen, die an Ort und Stelle als gleichzeitig entstehend angenommen werden, liegen die Verhältnisse nicht so einfach, da sie sich nicht an der Erdoberfläche ausbreiten. Statt von Wellen, Wellenoberflächen, zu sprechen, wird auch die Bezeichnung Strahl, Wellenstrahl, d. i. die Senkrechte zur zugehörigen Wellenfläche, analog optischen Vorgängen, benutzt. Die Gestalt des Strahles aus den Beobachtungen klarzustellen, ist eine der Hauptaufgaben seismischer Forschung.

In der folgenden tabellarischen Zusammenstellung Nr. 3 sind die Laufzeiten — Zeiten, innerhalb deren die seismischen Wellen vom Ausgangsort bis zum Beobachtungsort gelangen — für die ein Bebendiagramm einleitenden longitudinalen Wellen und für die den zweiten Einsatz S veranlassenden transversalen Wellen gegeben. Außer diesen Haupteinsätzen P, S und L in einem Seismogramm, die nicht immer die stärksten zu sein brauchen, gibt es, wie schon angedeutet, noch andere. Nach den Untersuchungen von A. Mohorovičić hat es sich herausgestellt, daß es zwei Arten der einsetzenden P- und S-Wellen gibt. Die erste Art, die der individuellen Primae und Secundae, reicht vom Ausgangsort bis etwa 700 km und ist bisher auf den Seismogrammen entfernterer Warten nicht aufzufinden gewesen. Die zweite Art, die der normalen P- und S-Wellen, scheint nach den vorhandenen Erfahrungen sich erst auf den Seismogrammen von Erdwarten mit $\varDelta = 500$ bis 700 km beginnend bemerkbar zu machen. Mohorovičić nimmt als Erklärung an, daß hier Erscheinungen der Zurückwerfung an inneren Erdschichten in Frage kommen. Es kann auch möglich sein, daß verwickeltere elastische Verhältnisse der Erdkruste mitsprechen.

Tabelle Nr. 3.

1. $\varDelta$ km	2. $t_P = P - T_E$ sec	3. $t_S = S - T_E$ sec	4. $t_S - t_P = S - P$ sec	5. sec	6. sec	7. sec	8. sec
2 000	256	465	203 *	+ 5	+ 7	+ 6	+ 10
2 500	310	558	245 *	+ 3	+ 6	+ 5	+ 5
3 000	357	642	283 *	+ 1	− 1	+ 6	+ 2
3 500	401	719	317 *	+ 2	+ 1	+ 4	− 1
4 000	441	790	347 *	+ 4	+ 4	+ 4	+ 1
4 500	478	857	375 *	+ 4	+ 7	+ 5	+ 6
5 000	511	919	401 ·	+ 4	+ 6	+ 7	+ 12
5 500	544	981	432 ·	+ 2	+ 9	+ 8	+ 19
6 000	573	1041	464 ·	+ 1	+ 4	+ 12	+ 25
6 500	601	1098	488 ·	+ 1	+ 2	+ 17	+ 28
7 000	630	1154	506 ·	+ 3	+ 3	+ 20	+ 28
7 500	658	1208	527 ·	+ 5	+ 5	+ 22	+ 28
8 000	685	1262	554 ·	+ 7	+ 5	+ 25	+ 26
8 500	712	1314	586 ·	+ 9	+ 6	+ 26	+ 27
9 000	738	1367	606 ·	+ 10	+ 6	+ 25	+ 26
9 500	765	1418	628 ·	+ 11	+ 10	+ 23	+ 27
10 000	792	1468	674 ·	+ 13	+ 17	+ 20	+ 29
10 500	816	1516	(700)	+ 14	+ 16	+ 20	+ 32
11 000	839	1564	(725)	+ 14	+ 12	+ 21	+ 37
11 500	860	1610	(750)	+ 15	—	+ 23	+ 44
12 000	882	1656	(774)	+ 13	—	+ 24	+ 53

Tabelle Nr. 3a.

Δ	P-Wellen		S-Wellen	
km	ind. sec	norm. sec	ind. sec	norm. sec
100	13		23	
200	31		53	
300	50		86	
400	69		118	
500	86	69	148	
600	103	82	176	150
700	119	95	203	174
800		108		198
900		120		221
1000		133		244
1200		158		290
1400		183		334
1600		209		378
1800		233		421
2000		255		462

In der Tabelle Nr. 3 sind auch die Zeitunterschiede $S - P$ aufgeführt, die von der Epizentralentfernung Δ abhängig sind. Infolgedessen kann jede Warte auf Grund des vorliegenden Seismogrammes, d. h. des in diesem abgelesenen Unterschiedes $S - P$ eine verhältnismäßig genaue, sofortige Entfernungsbestimmung von E vornehmen. Wird auf einem Globus mit dem zugehörigen Δ in km als Radius um B ein Kreis geschlagen, so ist dieser der geometrische Ort für E. Dasselbe kann nun auch für zwei weitere Warten B vorgenommen werden. Der Schwerpunkt des entstehenden sphärischen Dreiecks gibt die Lage des gesuchten Epizentrums E an. Für die Genauigkeit einer solchen Festlegung von E ist auch die Lage der Punkte B zum Epizentrum maßgebend; am besten ist es, wenn die drei Orte B die Ecken eines E einschließenden gleichseitigen Dreiecks bilden. Stillschweigend ist angenommen, wie durchweg in der Seismik, daß die Ausbreitungsgeschwindigkeit der seismischen Wellen nach allen Richtungen die gleiche ist.

Sind, beiläufig bemerkt, umgekehrt die Örter dreier Epizentra E gegeben, die in ähnlicher Anordnung wie eben einen Beobachtungsort B umgeben, und liegen in B die Seismogramme, also auch die $S - P$, mindestens dreier Beben vor, so ist es möglich, auf seismischem Wege die Lage des Ortes B zu bestimmen.

Auf mikroseismischem Weg, d. h. mit Hilfe der Laufzeiten der P- und S-Wellen und der aus $S - P$ hervorgehenden Entfernung Δ läßt sich auch T_E, die Zeit des Bebens, im Epizentrum feststellen, indem von der Einsatzzeit P bzw. S im Seismogramm die zugehörige Laufzeit abgezogen wird.

Ist z. B.: $\Delta = 5500$ km entsprechend $S - P = 432$ sec, $P = 15^h 37^m 17^s$ m. Gr. Zt. (mittl. Greenwicher Zeit), $P - T_E = 544$ sec die zur Epizentralentfernung $\Delta = 5500$ km gehörige Laufzeit, so ist die Epizentralzeit $T_E = 15^h 28^m 13^s$.

Als einwandfreie Bestimmungen der Lage des am stärksten erschütterten Gebietes, Epizentrums, und der Epizentralzeit T_E wären makroseismische, d. h. unmittelbare von Menschen angestellte Beobachtungen anzusehen; leider sind sie bislang noch nicht genau genug. Die von Beobachtern angestellten Schätzungen über die Bebenstärke auf Grund der gefühlten Erschütterungen und vorhandener Gebäudeschäden an verschiedenen Punkten macht eine Festlegung von E möglich. Derartige ohne jede instrumentelle Hilfsmittel erhaltene Intensitätsbeobachtungen haben aber manche Nachteile. Die Beschaffenheit des Bodens, auf dem der beschädigte Bau steht, beeinflußt u. a. sehr die Stärke des Bebenstoßes, ganz abgesehen von der Beschaffenheit des Gebäudes vor Eintritt des Bebens. Auch die mit Hilfe einer Uhr angestellten zeitlichen unmittelbaren Beobachtungen des Bebeneintrittes T_E lassen in bezug auf Genauigkeit meist noch zu wünschen übrig. Am genauesten ist es immer noch, örtliche und zeitliche Festlegung des Bebens mit Hilfe der Aufzeichnungen zuverlässiger, sehr naher Erdbebenwarten vorzunehmen. Die makroseismischen Beobachtungen liefern aber trotzdem sehr wertvolle Aufklärungen und können bezüglich Genauigkeit immer noch sehr gesteigert werden.

Liegen bereits Laufzeitkurven vor, so werden mit ihrer Hilfe oft Orts- und Zeitbestimmungen von Beben vorgenommen, die wieder als Grundlagen für weitere Laufkurven dienen, aber wohlgemerkt im System dieser Ausgangskurven liegen, also ‚relativen" Charakter tragen. Sind dagegen die für die Konstruktion von Laufkurven nötigen Zeit- und Ortsangaben ohne solche Hilfe aus genauen makroseismischen Beobachtungen oder aus den Angaben sehr naher Warten gewonnen, so können diese Kurven „absolute" Laufzeitkurven genannt werden.

Die Genauigkeit der Laufkurven wird immer noch verbessert. Die in der Tabelle Nr. 3 angeführten Werte t_P sind die Mittelwerte der von Zoeppritz (1906), A. Mohorovičić (1912), Hecker-Gutenberg (1914) aufgestellten Laufzeitwerte. Die Zahlenkolonne 5 gibt die Unterschiede zwischen den von Zoeppritz und Mohorovičić, Kolonne 6 die zwischen den von Hecker-Gutenberg und Mohorovičić gefundenen t_P-Werte an. Die unter 7 angeführten Zahlen entsprechen den Unterschieden einer von Rudolph-Szirtes 1912 veröffentlichten t_P-Kurve gegen die unter 2. gegebenen Mittelwerte. Die Werte t_S unter Nr. 3 sind Mittelwerte der von Zoeppritz-Geiger 1906/1907 und Rodolph-Szirtes 1912 dargestellten Laufzeiten; die Kolonne 8 gibt die Differenzen im Sinn Zoeppritz-Geiger—Rulolph Szirtes. Die $S — P$- bzw. $t_S — t_P$-Werte sind einmal einfach aus der Differenzenbildung 3.—2. zu erhalten, wie die unter 4. eingeklammerten Zahlen. In der Kolonne 4 sind ferner die Göttinger Arbeiten (Zoeppritz, Geiger) entnommenen $S — P$-Werte mit * bezeichnet, wogegen die mit einem Punkt versehenen Mainkas Arbeit entnommen sind. Es gibt verschiedene Gründe, die die zum Teil beträchtlichen Abweichungen herbeiführen.

In der Tabelle Nr. 4 ist für kleine Epizentralentfernungen eine Laufzeitkurve longitudinaler Wellen nach A. Mohorovičić, gültig für eine mittlere Herdtiefe, wiedergegeben. In den Laufzeitkurven der Tabelle Nr. 3 ist der Einfluß der Herdtiefe, der übrigens für größere Werte Δ verschwindend ist, nur bei den unter t_P auftretenden Werten von A. Mohorovičić beachtet.

Tabelle Nr. 4.

Δ km	t_P sec	Δ km	t_P sec
200	31	1200	157
300	43	1300	169
400	56	1400	182
500	69	1500	194
600	81	1600	206
700	94	1700	218
800	107	1800	229
900	119	1900	241
1000	132	2000	252
1100	144		

Die im Gebrauch befindlichen Laufzeiten können als mittlere Werte angesehen werden, indem sie aus einer Reihe von Beobachtungen verschiedener Erdbeben erhalten sind. Durch diese Mittelbildung sind Eigentümlichkeiten der von den Wellen durchzogenen Gebiete verwischt. Es ist nicht unmöglich, daß, wie auch schon von anderer Seite bemerkt worden ist, jedem Erdbebengebiet und jeder Richtung besondere Laufzeitkurven zugehören (u. a. TAMS, RUDOLPH-SZIRTES).

Eine analytische Darstellung der Laufzeitkurven t_P und t_S ist zuerst durch BENNDORF unter der Form: $T = a + b \,.\, \Delta + c \,.\, \Delta^2$ gegeben worden. Da es aber nur möglich ist für Abschnitte der Laufkurve derartige Formeln, wo a, b, c bestimmte Zahlenwerte haben, aufzustellen, wird von der analytischen Darstellung der Laufzeitkurve abgesehen. Eine Differenzierung von $T = f\,(\Delta)$ gibt $\frac{d\Delta}{dT} = \mathfrak{V}$, die scheinbare Oberflächengeschwindigkeit der Wellen, die Geschwindigkeit, mit der sich die Schnitte der Wellenflächen longitudinaler und transversaler Wellen mit der Erdoberfläche auf dieser ausbreiten. In manchen Rechnungen tritt statt der Erdoberfläche eine zu dieser konzentrische Niveaufläche. Die Geschwindigkeit, mit der sich die genannten Wellen entlang den zugehörigen Strahlen ausbreiten, heißt die wahre, räumliche, auch Emergenzwinkelgeschwindigkeit: v_{long} bzw. v_{trans}, kurzweg auch v.

Die folgenden Betrachtungen gelten wie sonst auch, sowohl für longitudinale als auch für transversale Wellen. In der Abb. 19 stellt $\mathfrak{E}BB'\mathfrak{E}'$ einen Teil der Erdoberfläche im Schnitt eines größten Kreises dar. B, B' sind zwei nahe beieinander gelegene Warten, $BB' = d\Delta$, w und w' sind die Wellenoberflächen, *str* und *str'* die zugehörigen Strahlen. In dem bei H rechtwinkligen kleinen Dreieck BHB' ist: $\cos e_0 = \frac{HB'}{BB'}$ $= \frac{v_0 \cdot dT}{\mathfrak{V} \cdot dT} = \frac{v_0}{\mathfrak{V}} = v_0 \cdot \left(\frac{dT}{d\Delta}\right) = \sin i_0$, wo i_0, e_0, v_0 für die oberste Schicht der Erdkruste gelten. $\frac{d\Delta}{dT} = \mathfrak{V}$ ergibt sich aus der Konstruktion der

Tangenten an die Laufzeitkurve für die gewünschten Epizentralentfernungen. Indem die Erdkruste verschieden beschaffen ist, kann auch nicht erwartet werden, daß v_0 und dementsprechend auch i_0 bzw. e_0 für alle Punkte B konstant ist. Der am meisten gebräuchliche Mittelwert für die Endoberfläche v_0 ist: $v_{0\,\text{long}} = 7{,}2$ km sec^{-1} und $v_{0\,\text{trans}} = 4{,}0$ km sec^{-1}. Der auf S. 206 erwähnte wahre Emergenzwinkel e_0 läßt sich somit unter Benutzung der Laufkurve, d. h. zeitlicher Beobachtungen, errechnen. Der Wert $\sin i_0$ (vgl. Tabelle Nr. 7) wird oft graphisch als abhängig von Δ dargestellt. In der folgenden Tabelle Nr. 5 sind e_0 und $\mathfrak{B}$, die scheinbare oberflächliche Geschwindigkeit, in ihrer Abhängigkeit von Δ gegeben; es ist $i_0 + e_0 = 90°$.

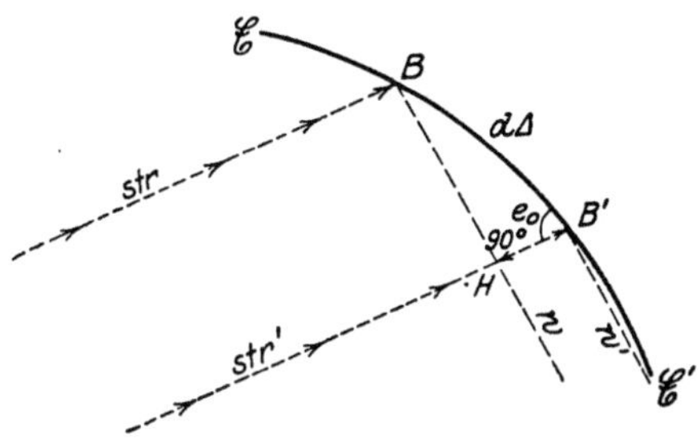

Abb. 19.

Tabelle Nr. 5.

Δ	longit.		transv.		Δ	longit.		transv.	
	e_0	$\mathfrak{B}$	e_0	$\mathfrak{B}$		e_0	$\mathfrak{B}$	e_0	$\mathfrak{B}$
km	Grad	km sec^{-1}	Grad	km sec^{-1}	km	Grad	km sec^{-1}	Grad	km sec^{-1}
0	0	7,2	0	4,0	7 000	65	17,2	64	9,0
1000	21	7,7	21	4,3	8 000	66	17,8	65	9,4
2000	37	9,0	37	5,0	9 000	67	18,7	66	9,8
3000	49	11,0	49	6,1	10 000	69	19,9	67	10,5
4000	57	13,1	57	7,4	11 000	70	21,4	69	11,3
5000	63	15,7	62	8,6	12 000	71	22	70	12,2
6000	65	16,9	63	8,8					

Es wird sich noch zeigen (vgl. S. 229 ff.), daß die Beziehungen zwischen e_0 bzw. i_0 und Δ es möglich machen, die Gestalt des Erdbebenstrahles, die bisher als unbekannt angesehen ist, und die Ausbreitungsgeschwindigkeit der seismischen Strahlen im Erdinnern kennen zu lernen. Damit ist ein Weg gegeben, Aufschluß über die Beschaffenheit des Erdinnern zu erlangen, auch wenn nur zeitliche seismische Beobachtungen vorliegen (vergl. S. 217).

Für die durch Reflexion hervorgerufenen Einsätze im Seismogramm lassen sich auch Laufzeitkurven aufstellen (Abb. 20). In Abb. 20 ist ein durch den Erdmittelpunkt C_0, das Epizentrum E, den Beobachtungsort B gehender Schnitt dargestellt. Mit P, P', P'' sind Stellen der Erdoberfläche angedeutet, an denen die von E ausstrahlenden seismischen Wellen, in der Abbildung durch die Strahlen dargestellt, zurückgeworfen werden. Nach der Reflexion treffen sie auf B auf, aber später als die auf direktem Weg EAB nach B eilenden Wellen. Es kann eine einfache, zweifache, dreifache usw. Reflexion stattfinden.

In der Abb. 20 sind die Strahlen EAB, $EA'P$, $PA''B$, $EA'''P'$, $P'A^{IV}P''$, $P''A^{V}B$ als Bögen gezeichnet. Es geschah dies nur, um zunächst eine Darstellungsmöglichkeit für die Strahlen zu haben, es hätten ebensogut gerade Linien sein können, da über die Gestalt seismischer Strahlen in den obigen Zeilen noch nichts ausgeführt worden ist. Die Betrachtungen über Reflexion gelten für beide Arten von Wellen.

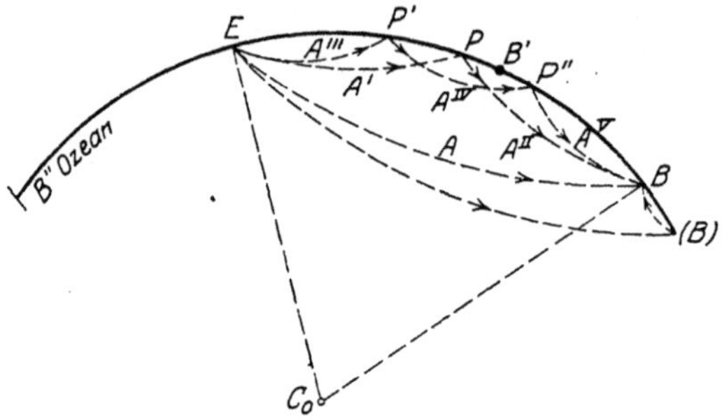

Abb. 20.

Beispiel für longitudinale Wellen: Einmalige Zurückwerfung; Stelle der Reflexion ist P. Weg der unmittelbar nach B sich ausbreitenden Welle ist EAB, $EB = \Delta = 6500$ km; $\frac{\Delta}{2} = EP = PB = 3250$ km. Für $\Delta = 3250$ km ist nach Tabelle Nr. 3 die Laufzeit $= 379$ sec; die Laufzeit für die auf dem Weg $EA'PA''B$ dahinziehenden Wellen ist $2 \times 379 = 758$ sec $= T_{R_1} - T_E$ für $\Delta = 6500$ km.

Zweimalige Reflexion: P' und P'' sind die entsprechenden Stellen, an denen Zurückwerfung stattfindet. Der Weg der reflektierten Wellen ist: $EA'''P'A^{IV}P''A^{V}B$. Die Laufzeit für $\frac{6500}{3} = \frac{EB}{3} = EP' = P'P'' = P''B$ rund $= 2167$ km ist 274 sec und $T_{R_2} - T_E = 3 \times 274 = 722$ sec.

Auf Grund vorhandener Laufzeitkurven für P- und S-Wellen lassen sich solche für reflektierte Wellen aufstellen; mit ihrer Hilfe können wiederum Einsätze von Reflexionen im Seismogramm, wenn sie undeutlich sind, aufgesucht werden, ohne daß aber Beeinflussung stattfinden darf. Ähnlich den Zeitunterschieden $S - P$ können auch die Differenzen Reflexionseinsätze gegen die P- bzw. S-Einsätze gebildet werden $P_{R_1} - P$, $P_{E_2} - P$, $P_{R_3} - P$ bzw. $S_{R_1} - S$ usw. Sind in einem Seismogramm, wie es manchmal vorkommt, die P- oder S-Einsätze unsicher, also auch $S - P$, so ist dann mit Hilfe der reflektierten Wellen eine Entfernungsbestimmung möglich.

Sind die den Reflexionen zukommenden Einsätze unklar, so sind die Seismogramme des betreffenden Bebens benachbarter Warten heranzuziehen, die freilich dann oft auch unklar sind, indem diese Unklarheiten nicht immer am Apparat, sondern an der Örtlichkeit von B liegen. Manchmal hilft auch ein Diagramm eines zeitlich anders gelegenen Bebens, aber vom gleichen Epizentrum, da Beben vom gleichen Epizentrum und gleicher Stärke daselbst meist in B die gleiche Niederschrift liefern, freilich tritt aus diesem Grund auch oft die gleiche Unklarheit im Einsatz R_i auf.

Sind andererseits zwei Warten B' und B'' vom Epizentrum E gleichweit entfernt, etwa einige Megameter (1 Meg. = 1000 km), zwischen B'' und E der Ozean, zwischen B' und E der Kontinent gelegen, so unterscheiden sich nach den bisherigen Erfahrungen die Diagramme eines Bebens in B' und B'' voneinander im Aussehen. Auch die Ausbreitungsgeschwindigkeiten der Oberflächenwellen L scheinen dann, wie z. B. die neueste Arbeit von TAMS zeigt, etwas verschiedene Werte zu haben.

Zeitweise kommt es auch vor, daß in E einige Zeit nacheinander, etwa einige Minuten, zwei Stöße stattgefunden haben, welche Tatsache dem Beobachter zunächst unbekannt ist. Wie leicht erklärlich, kann er dann den Irrtum begehen, die den P und S entsprechenden folgenden Einsätze als Reflexionen aufzufassen. Sind P_1 und P_2 bzw. S_1 und S_2 die aufeinanderfolgenden Einsätze, so muß für den erwähnten Fall $S_1 - P_1$

$= S_2 - P_2$ sein; für den einen Einsatz, herrührend von einer Reflexion, ist dieses aber nicht gültig. Da die zeitliche Differenz der beiden oder auch mehrerer Stöße am gleichen E schließlich belanglos ist, so kann nach MAINKA, wenn irgendeiner der Bebenstöße örtlich aus anderen Beobachtungen bekannt ist, dieser Umstand eine relative Bestimmung des den anderen Einsätzen zukommenden Ausgangsortes (Anschlußmethode) ergeben.

Es ist auch darauf hingewiesen worden (ODDONE, MESSERSCHMIDT), daß durch Reflexion Erdbeben an anderen Stellen der Erdrinde ausgelöst werden können.

Wie schon bemerkt, sind im Herd, isotrope Verhältnisse angenommen, longitudinale und transversale Wellen voneinander unabhängig. Für den Fall der Reflexion hört aber diese Unabhängigkeit auf; aus einer einfallenden Welle longitudinalen oder transversalen Charakters entstehen dann zwei zurückgeworfene Wellen verschiedener Art.

Unter besonderen Umständen können, ähnlich der totalen Reflexion des Lichtes, bei der Zurückwerfung transversaler Wellen auch Oberflächenwellen entstehen. Diese gehören zu jener großen Gruppe von seismischen Bodenbewegungen, die im Seismogramm eines nicht zu nahen Bebens einige Minuten nach dem Einsatz S der transversalen Wellen sich bemerkbar machen, vor allem durch Anwachsen der Störungsperiode. Das Eintreten dieser „langen" Wellen ist nur mit Minutengenauigkeit anzusetzen.

Bei den gelegentlich der Reflexion transversaler Wellen entstehenden langperiodischen Oberflächenwellen schwingen die Bodenteilchen in einer Ellipse, deren Ebene parallel der Einfallsebene, d. h. der EC_0B enthaltenden Ebene ist. Aber auch ohne Mitwirkung von Reflexion ist das Bestehen von Oberflächenwellen möglich, wie zuerst RAYLEIGH theorisch gezeigt hat. Bei diesen Wellen schwingen die Bodenteilchen ebenfalls in Ellipsen, deren Ebene parallel zur Fortpflanzungsrichtung und senkrecht zur Erdoberfläche sind.

Die Ausbreitungsgeschwindigkeit dieser Wellen ist kleiner als die der erstgenannten langperiodischen Wellen, etwa zwischen $3^1/_2$ und $3^3/_4$ kmsec^{-1} liegend. Aus dem Umstand, daß die großen Achsen der Oszillationsellipsen senkrecht zur Erdoberfläche stehen, ist ersichtlich, daß diese Wellen eine vertikale Schwingungskomponente haben. Die Neigungen, die hieraus hervorgehen, sind aber infolge der 40 bis 70 und mehr Kilometer großen Wellenlängen, $\lambda = v \cdot T$, unmerklich und nur mit besonders gebauten und empfindlichen Instrumenten nachweisbar (vgl. S. 206). Die Aufzeichnungen zweier gegeneinander meist rechtwinklig orientierten Seismographen für die horizontalen Komponenten und eines für die Niederschrift des vertikalen Anteiles der Bodenschwingungen geben die Möglichkeit, die Lage der Ebene, in der die Bodenteilchen schwingen, festzulegen. Die hier angestellten Untersuchungen werden mit Fortschreiten der Forschung sicher zahlreicher werden, noch manches sicherer stellen und hierzu auch den Vergleich der Seismogramme naher Warten hinzuziehen, was bisher noch gar nicht geschehen.

Die vom Entstehungsort des Bebens, der für seismische Rechnungen an der Erdoberfläche gelegen, also mit dem Epizentrum zusammenfallend angenommen wird, allseitig ausstrahlenden Oberflächenwellen treffen zunächst am Beobachtungsort B ein, Einsatz L_1, oben L, eilen weiter und gelangen schließlich nach G, Gegenpunkt des Epizentrums (Abb. 21). Von G strahlen sie zurück über B, machen sich hier im Seismogramm bemerkbar, Einsatz L_2, nach E, von wo sie dann wieder nach B wandern, Einsatz L_3, usf. Sind T_{L1}, T_{L2}, T_{L3} die dem Seismogramm entnommenen Einsatzzeiten, v_{L1}, v_{L2}, v_{L3} die diesen Wellengattungen zukommenden Ausbreitungsgeschwindigkeiten, so ist:

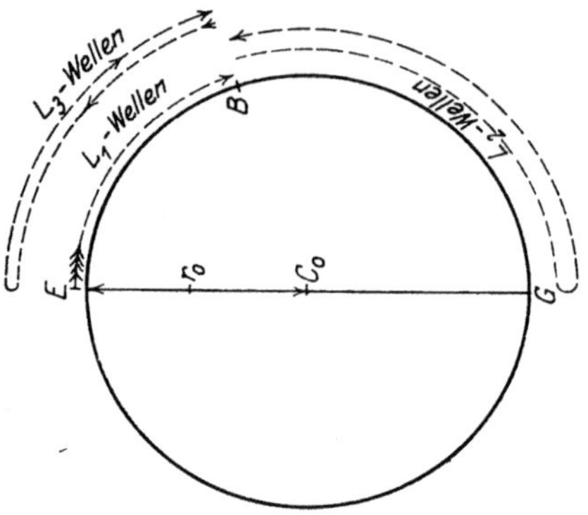

Abb. 21.

$$v_{L_1}[\text{kmsec}^{-1}] \cdot (T_{L_1} - T_E)\,[\text{sec}] = \Delta\,[\text{km}]$$
$$v_{L_3}[\text{kmsec}^{-1}] \cdot (T_{L_2} - T_{L_1})[\text{sec}] = (2\,r_0\,\pi - 2\,\Delta)[\text{km}]$$
$$v_3\;[\text{kmsec}^{-1}] \cdot (T_{L_3} - T_{L_1})[\text{sec}] = 2\,r_0\,\pi[\text{km}],$$

wo $r_0 = 6370$ km, $2\,r_0\,\pi = 40\,000$ km (Erdumfang) ist.

Bei stärkeren Beben und empfindlichen Seismographen können noch weitere Wellen beobachtet werden. Als durchschnittliche Werte für die Ausbreitungsgeschwindigkeiten ergeben sich folgende Werte: $v_{L1} = 3^3/_4$ kmsec^{-1}, $v_{L2} = 3^1/_2$ kmsec^{-1}, $v_{L3} = 3^1/_3$ kmsec^{-1}. Da bei großen Epizentralentfernungen, 13000 km und mehr, die Einsätze P und S meist nicht sehr scharf sind, die Bestimmung der Epizentralentfernung also fraglich oder unmöglich wird, schlägt K. Mack vor, die genannten Formeln und Wellen zur Errechnung dieser Entfernung zu benutzen.

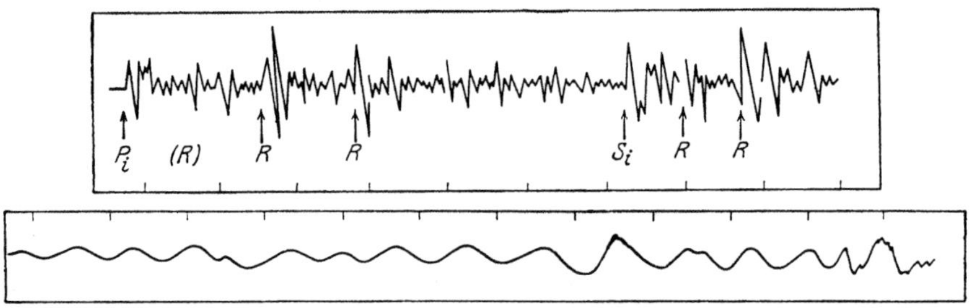

Abb. 22.

Als Abschluß dieser Betrachtungen über Seismogramme möge ein solches in Abb. 22 wiedergegeben werden. Sein Epizentrum lag im turkestanischen Gebiet und die Aufstellungsorte der Aufnahmeapparate der seismischen Wellen befanden sich etwa 5000 km weit entfernt.

Mit P, S sind die Einsätze der einleitenden Wellen longitudinalen bzw. transversalen Charakters bezeichnet; die Ankunft der Wellen in B, nachdem sie einmal, in P, zweimal, in P' und P'', zurückgeworfen worden sind, ist durch PR_1, PR_2 bzw. mit SR_1, SR_2 angedeutet (vgl. auch Abb. 20). Weitere Einsätze im Diagramm können auch u. a. dadurch entstehen, daß von Punkten (B), die B benachbart sind (Abb. 20) und von unmittelbar von E anlangenden Wellen getroffen sind, reflektierte Wellen nach B ausgehen uud Welleneinsätze etwa wie (R) in Abb. 22 hervorrufen. In der Figur 22a steht versehentlich nur R.

Nach den Erfahrungen hängt das Aussehen der Seismogramme auch von der Art der Auslösung des Bebens an Ort und Stelle ab. Bestand die Auslösung der Störung z. B. aus einem einzigen scharfen Ruck, so ist das Bild der aufgenommenen Bodenbewegungen deutlich und macht einer Einteilung keine Schwierigkeit. Setzte sich dagegen das Beben z. B. aus mehreren nacheinander folgenden Zerreißungen oder Verschiebungen von Schollen längs Verwerfungen zusammen, dann ist es, zumal in größeren Epizentralentfernungen, mit der Deutlichkeit des Seismogrammes nicht weit her.

Im Anschluß sei hier kurz auf ähnlich aussehende Diagramme akustischer Vorgänge hingewiesen. Verläßt ein Geschoß die Rohrmündung mit Überschallgeschwindigkeit, so hört der geeignet aufgestellte Beobachter gewöhnlich hintereinander zwei Knalle: den Geschoßknall und den Mündungsknall. Werden die so entstehenden akustischen Wellen mit Hilfe geeigneter Apparatur photographisch aufgenommen, so zeigt das erhaltene Diagramm eine gewisse Ähnlichkeit mit einem Seismogramm, die sich noch steigert, wenn Echoerscheinungen mitsprechen.

Da die Deutlichkeit der Einsätze und damit die Sicherheit der Laufzeitkurve, namentlich für bestimmte Entfernungen, nicht immer über allem Zweifel erhaben ist, hat K. Zoeppritz den Vorschlag gemacht, die Amplitüdenmessungen zu benutzen, um eine Verbesserung der Laufkurven zu erreichen. Es können hierzu nicht nur die Aufzeichnungen einer Warte, sondern auch die aller vorhandenen Erdwarten herangezogen werden, wenn sie nur zuverlässig und dem Störungsgebiet nicht zu nahe gelegen sind. Natürlich müssen verschiedene vereinfachende Annahmen gemacht werden, und nicht jedes Bedenken, das sich gegen manche Voraussetzung erhebt, kann entkräftet werden, aber es geschieht doch ein Schritt vorwärts. Von den Annahmen seien einige erwähnt: punktförmiger Störungsort an der Erdoberfläche gelegen, Störung selbst aus einem kurzen Ruck bestehend, Fehlen von Unstetigkeitsstellen im Innern und von Absorption, über die bisher überhaupt nur ganz allgemeine Angaben bestehen, allseitig gleichmäßige Ausbreitung der ausgelösten Energie auf Kugeloberflächen. Erforderlich ist das Vorhandensein einigermaßen genauer Laufzeitkurven, die zur Errechnung der Epizentralentfernung Δ und der Bodenverrückung in Richtung des am Beobachtungsort anlangenden Strahles dienen, d. h. des Einfalls- bzw. des Emergenzwinkels. Es ist leider nicht möglich, die aus den Amplitüdenmessungen berechneten scheinbaren Emergenzwinkel e_{app} zu benutzen, da deren Zusammenhang mit dem wahren Emergenzwinkel und der Laufkurve noch nicht sehr sichergestellt ist. Für den Wert des Quotienten aus der Geschwindigkeit longitudinaler und transversaler Wellen an der Erdoberfläche muß auch zurzeit ein Mittelwert für alle Beobachtungsorte genommen werden, auch er macht sich in den notwendigen Rechnungen geltend und ist der Verbesserung bedürftig.

Wäre ein Seismograph vorhanden, dessen Pendelgewicht sich in der Richtung des am Beobachtungsort anlangenden Erdbebenstrahles bewegen und somit die Bodenverrückungen in dieser Richtung aufzeichnen könnte, was nach dem Vorschlag MAINKAS innerhalb gewisser Grenzen wohl möglich ist, so wäre die Rechnung einfacher.

Die aus den Amplitüdenmessungen zweier Horizontal- und eines Vertikalseismographen in B hervorgehenden Bodenverrückungen lassen sich aber auch allein auf dem Weg der Rechnung ermitteln. Der Vergleich der berechneten mit den beobachteten Bodenverrückungen ist der Grundgedanke der Methode von ZOEPPRITZ.

Sehr einfach wird dieser Weg — ihn geht ZOEPPRITZ zunächst —, wenn nur die Bodenverrückungsverhältnisse an einem Beobachtungsort B und dann nur zwischen solchen, die durch anderswo zurückgeworfene, in B anlangende und dort geradenwegs ankommende Wellen gebildet werden, also z. B.: Verrückung an der Stelle PR_1 im Diagramm zu der dem Einsatz P entsprechenden. Sind zwischen Rechnung und Beobachtung noch zu große Unterschiede, so werden die Reduktionsfaktoren für die Umrechnung bei der Umwandlung von Amplitüden in Bodenverrückung, die vom wahren Emergenzwinkel abhängig sind, so lange geändert, bis eine bessere Übereinstimmung vorhanden ist. Die neuen Emergenzwinkel geben wiederum die Grundlagen für eine neue verbesserte Laufzeitkurve. Diese kurz angedeutete ZOEPPRITZsche Methode ist nach seinem Tod von L. GEIGER und B. GUTENBERG weiter ausgebaut worden. Die obengenannten Quotienten werden als abhängig von der Epizentralentfernung Δ graphisch dargestellt; diese graphische Darstellung heißt Amplitüdenfunktion.

Die Durchführung der Rechnung ergibt folgendes: Jeder Unstetigkeitsstelle im Innern des Erdkörpers entspricht in der Amplitüdenfunktion ein Sprung. Die in der Kurvendarstellung abgelesene, zur Knickstelle gehörige Entfernung Δ kommt dabei jenem seismischen Strahl zu, der die Unstetigkeitsstelle im Erdinnern streift. Dem doppelten Wert von Δ entsprechend zeigt sich in der Amplitüdenkurve eine Wiederholung des Sprunges. Die Methode hat eine große Empfindlichkeit. Dadurch, daß die Quotienten von Amplitüden im gleichen Seismogramm gebildet werden, wird die Wirkung der instrumentellen Fehler teilweise unterdrückt.

Am Schluß des Abschnittes über seismometrisches Gerät ist kurz auf die Bestimmung der räumlichen Lage des in B ankommenden Erdbebenstrahles hingewiesen worden. Nach S. 200 läßt sich das Azimut des Erdbebenstrahles und somit auch das der Richtung $B \rightarrow E$, d. i. des

Winkels zwischen $B \rightarrow E$ und der Nord-Südlinie auf Grund der Amplitüdenaufzeichnungen der ersten einsetzenden Wellen longitudinalen Charakters bestimmen. Eine solche Azimutrichtung ist ein geometrischer Ort für das Epizentrum. Wird die gleiche Ermittlung für einen zweiten Beobachtungsort B' vorgenommen, so ist in dem Schnittpunkt beider Azimutrichtungen eine genäherte Bestimmung des Epizentrums gegeben. Auf diesen Weg hat zuerst GALITZIN und nachher unabhängig MAINKA hingewiesen. Für eine genauere Berechnung der Lage des Epizentrums sind mehrere Azimutrichtungen und die Anwendung der Methode der kleinsten Quadrate nötig, wenn nicht ein graphisches Verfahren, unter Umständen unter Zuhilfenahme eines nicht zu kleinen Globus, vorgezogen wird.

Es mag hier darauf hingewiesen sein, daß die Zuhilfenahme eines genügend großen Globus oder einer genügend großen Kugel manche zeitraubende Rechnuugen erspart, deren Ergebnisse oft aus manchen Gründen nicht genauer sein können, als bei Anwendung einfacher Meßmethoden auf dem Globus, oder auch nicht genauer zu sein brauchen.

Eine Bestimmung der Azimutrichtung $B \rightarrow E$ und der Epizentralentfernung Δ für den gleichen Beobachtungsort B ergibt, wie leicht zu übersehen, einen weiteren Weg der Lagebestimmung des Epizentrums. Auf den S. 210, 215 bis 216 sind gelegentlich anderer Mitteilungen bereits Fingerzeige für die Berechnung von Ort und Zeit eines Bebens auf Grund seismometrischer Aufzeichnungen gegeben worden. Ist eine Laufkurve für die zeitlichen Unterschiede $S - P$ nicht vorhanden, so kann mit Hilfe einer von LASKA vorgeschlagenen Faustregel doch die Epizentralentfernung ermittelt werden. Sind P und S die bekannten zeitlichen Angaben im Seismogramm, so ist $(S - P) - 1 = D'$, wo $S - P$ in Minuten und deren Bruchteilen, D' in Megametereinheiten zu setzen ist. R. SCHNEIDER in Wien hat für eine bessere Gültigkeit dieser Formel für die verschiedenen Entfernungen D' Verbesserungen dD' angegeben, die in der Tabelle Nr. 6 angeführt sind.

Tabelle Nr. 6.

D' Meg.	dD' Meg.	D' Meg.	dD' Meg.	D' Meg.	dD' Meg.	D' Meg.	dD' Meg.
1	+ 0,13	4	− 0,75	6	− 0,70	9	− 0,18
2	− 0,23	4,5	− 0,80	7	− 0,55	10	+ 0,12
3	− 0,55	5	− 0,79	8	− 0,45	11	+ 0,47
						12	+ 1,10

Die in der Tabelle angegebenen dD' genügen für die Herstellung einer graphischen Darstellung für die Abhängigkeit der dD' von den $D' - 1$ Meg $= 1000$ km.

Beispiel: $P = 8^h\,7^m\,43^s$, $S = 8^h\,14^m\,20^s$; $(S - P) - 1 = 5{,}6$ Meg. $= D'$, $dD' = -0{,}74$ Meg., also D' korrig $= 4{,}86$ Meg. Die verschiedenen Methoden der Ermittlung der Lage des Epizentrums gehen letzten Endes doch immer auf eine Auf-

lösung des Dreiecks: Erdpol—Epizentrum—Beobachtungsort zurück. Dieses Dreieck kann man in Analogie zum nautischen Dreieck: Himmelspol—Stern—Zenit, das seismische Dreieck nennen. Handelt es sich in diesem um die Berechnung der geographischen Länge und Breite des Beobachtungsortes (Zenits), so kommt in jenem die Bestimmung der geographischen Länge und Breite des Epizentrums in Frage. Zwischen beiden Problemen besteht eine deutliche Ähnlichkeit; die Auflösung des nautischen Dreiecks hat manche Anregung für die Behandlung seismischer Aufgaben ähnlicher Richtung gegeben und wirkt anregend weiter.

Es können nicht alle Methoden seismischer Ortsbestimmung angeführt werden, eine zum größten Teil graphische sei noch ihrer Einfachheit wegen in folgendem kurz wiedergegeben. Sie ist von E. Rosenthal angegeben und benutzt als Grundlage ein in sterographischer Projektion ausgeführtes Kartenblatt. Hierbei werden bekanntlich Kreise auf der Erdoberfläche wieder als Kreise bzw. als Gerade abgebildet. Ein solches Blatt kann leicht hergestellt werden, nachdem einige Hilfsgrößen, die von den geographischen Koordinaten (Länge, Breite) der Erdbebenwarten abhängen, gerechnet sind. O. Klotz hat für die meisten Warten

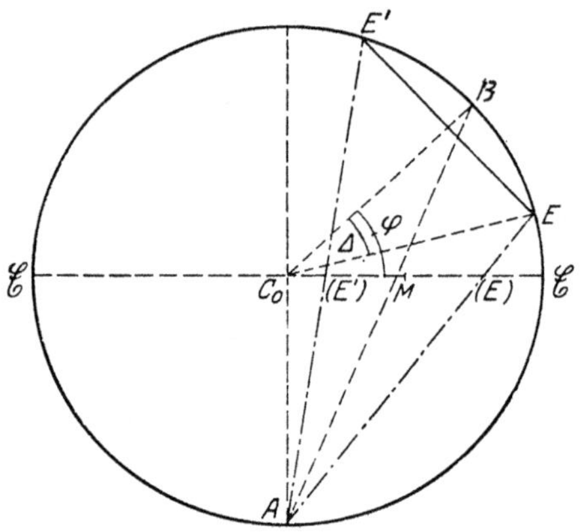

Abb. 23.

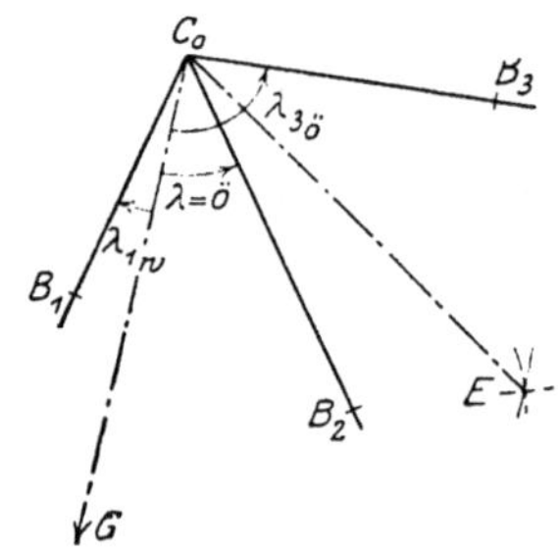

Abb. 24.

diese Hilfsgrößen berechnet, in tabellarischer Form veröffentlicht und dadurch die Methode bequem anwendbar gemacht. In der einen Meridianschnitt der Erde darstellenden Abb. 23 sei A der Projektionspunkt, B die Warte mit der geographischen Länge λ und der geographischen Breite φ, $BE = BE' = \Delta$, wo E das Epizentrum bedeutet. Die Projektionsstrahlen AE' und AE schneiden die auf AC_0 senkrechte Projektionsebene 𝔈𝔈 in (E') bzw. (E), so daß (E') (E) der Durchmesser des projizierten Kreises ist, M ist der Mittelpunkt desselben, also $(E')M = (E)M = r$. Die Entfernung des Mittelpunktes M von C_0 ist $MC_0 = d = \dfrac{\cos\varphi}{\sin\varphi + \cos\Delta}$ und ferner $r = \dfrac{\sin\Delta}{\sin\varphi + \cos\Delta}$. Der Erdradius C_0A ist als Längeneinheit angesetzt. Stellt die Zeichenebene die Projektionsebene dar, dann ist der Vorgang folgender: Die Projektion des Erdpoles sei C_0, C_0G sei der durch Greenwich gehende Nullmeridian (Abb. 24). Mit Hilfe eines Transporteurs werden die den geographischen

Längen λ entsprechenden Winkel der Warten B an C_0G in C_0 angetragen (östliche Längen nach rechts, westliche nach links). Die geographischen Poldistanzen von B $90 - \varphi = C_0B = d = \frac{\cos\varphi}{\sin\varphi + \cos\Delta}$ werden im entsprechenden Maße von C_0 aus auf den Strahlen C_0B aufgetragen und um deren Endpunkte B die Kreise mit r als Radien geschlagen. Die verschiedenen Kreisbögen schneiden sich in einer Schnittfigur, deren Schwerpunkt die Lage des Epizentrums geben. Durch Abmessung in der Zeichnung lassen sich dann leicht die geographischen Koordinaten von E ermitteln. Es ist $C_0E = \mathrm{tg}\left(45 - \frac{1}{2}\varphi_E\right)$ in Zentimetern, λ_E ist mit Hilfe des Winkelmessers leicht zu erhalten.

Beispiel: $\varphi = 47°30'$, $\Delta = 40°20'$: $d = 0{,}450$, $r = 0{,}432$ oder für einen Kartenkreisradius $\varrho = 10$ cm: $d = 4{,}50$, $r = 4{,}32$; bei $\varrho = 20$ cm: $d = 9{,}0$, $r = 8{,}64$.

Sind φ_B, λ_B, die Koordinaten der Erdbebenwarte, φ_E, λ_E die des Epizentrums, so ist für eine rein rechnerische Ermittlung der gesuchten φ_E und λ_E: $\cos\Delta = \sin\varphi_B \cdot \sin\varphi_E + \cos\varphi_B \cdot \cos\varphi_E \cdot \cos(\lambda_E - \lambda_B)$. Bei einer größeren Anzahl von Warten ist die Methode der kleinsten Quadrate anzuwenden.

Die meisten Bestimmungen der Epizentra geschehen, wenn nicht makroseismische Beobachtungen eine Festlegung erlauben, auf Grund der Aufzeichnungen ferngelegener Warten und sind dementsprechend nur als angenäherte anzusehen. Genauer würden solche Ermittlungen sein, wenn sie mit Hilfe der Registrierungen von dem Epizentrum nahegelegener Warten geschehen würden, was bisher nur in wenigen Fällen geschehen konnte.

Bisher ist der Umstand vernachlässigt worden, daß die Störungsquelle H (Abb. 25) unterhalb der Erdoberfläche in einer gewissen Tiefe h gelegen ist. Es sind einige Methoden, die Herdtiefe h zu bestimmen, ausgedacht worden, ohne daß aber einwandfreie Ergebnisse erzielt worden wären. Ähnliches gilt auch von der Größe der Steigzeit t_0, d. h. der Zeit, die die im Störungsort ausgelösten Wellen brauchen, um an die Erdoberfläche zu gelangen. Die geologische Beschaffenheit der Erdrinde kann ferner zur Folge haben, daß der eigentliche Störungsort nicht senkrecht unter E liegt. Bei den Laufzeiten für nicht zu nahe Warten ist der Einfluß von h unmerklich. Auch für eine sichere Bestimmung von t_0 und h sind mehrere dem Epizentrum nahegelegene Warten erforderlich, die, wenn es möglich zu machen wäre, die Zeiten mit einer Genauigkeit von Zehntelsekunden geben müßten.

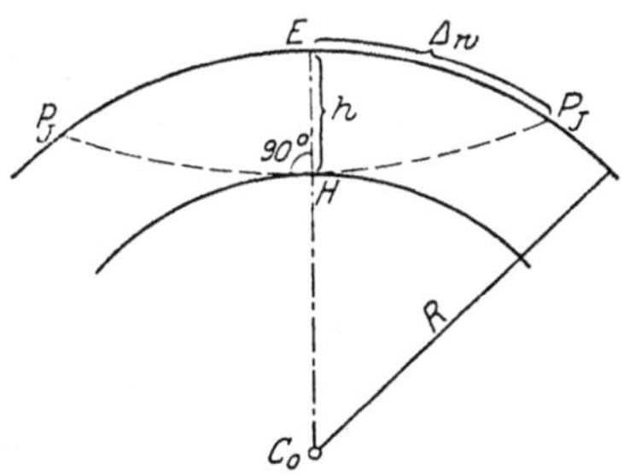

Abb. 25.

Mit der Frage nach der Herdtiefe h eng verbunden ist die Kenntnis der Lage des Wendepunktes P_w in der Laufzeitkurve L. K. In der

Nähe des Nullpunktes ist die L. K. nicht konkav gegen die Abszisse gestaltet, sondern sie ist erst konvex, dann einige hundert Kilometer vom Nullpunkt entfernt konkav gegen die x-Achse werdend und so bleibend. Der Übergang — Wendepunkt P_w — von dem einen Teil zum anderen ist selten genau festzulegen. Der von der Herdtiefe h abhängigen Entfernung dieses Wendepunktes vom Nullpunkt O der Kurve $= OQ_w$ entsprechen Punkte auf der Erdoberfläche, die von Strahlen getroffen werden, die aus der Störungsquelle senkrecht zur Verbindungslinie Herd—Erdzentrum austreten (Inflexions- oder Inversionspunkte P_J in Abb. 25). Unter einfachen Voraussetzungen liegen die P_J auf einem das Epizentrum umgebenden Kreise, was tatsächlich nicht eintreffen wird. Die Lage des Wendepunktes P_w in der L. K. ist von der Epizentralzeit T_E unabhängig. Ist die Lage von P_w in der L. K. bekannt und Δ_w die in der Kurve abgelesene Epizentralentfernung dieses Punktes, so ist nach E. Rosenthal die Herdtiefe $h = 2\,R \cdot \sin^2 \frac{\Delta_w}{2}$, wo $R = 6370$ km.

A. de Quervain gibt eine andere Formel an, um h zu bestimmen. Ist Δ die Epizentralentfernung für einen dem Bebengebiet nahegelegenen Beobachtungsort B, v_{long} die als konstant angenommene mittlere Geschwindigkeit longitudinaler Wellen, v die Geschwindigkeit der Oberflächenwellen, so wird:

$$h = 0{,}5 \cdot \left(\Delta \cdot \frac{v_{\text{long}}}{v} - dt \cdot v_{\text{long}}\right)^{-1} \cdot \left\{\Delta^2 - \left(\Delta \frac{v_{\text{long}}}{v} - dt \cdot v_{\text{long}}\right)^2\right\},$$

wenn mit dt der Zeitunterschied des Eintreffens longitudinaler und Oberflächenwellen in B bezeichnet wird. Der Grad von Genauigkeit, den die zwei obengenannten Ausdrücke haben, hängt von den Größen Δ_w bzw. $\frac{v_{\text{long}}}{v}$ und dt ab; mit großer Sicherheit lassen sich diese Daten freilich nicht bestimmen. Es liegt noch die Möglichkeit vor, mit Hilfe des Emergenzwinkels e die Herdtiefe h zu bestimmen; da die unmittelbaren Amplitüdenaufzeichnungen aber den scheinbaren Emergenzwinkel ergeben, so muß die Beziehung zum wahren, aus der L. K. abgeleiteten Emergenzwinkel sichergestellt sein.

Wie aus den kurzen Hinweisen über die Methoden zur Bestimmung der Herdtiefe hervorgeht, ist eine genaue L. K. als vorhanden vorausgesetzt, das ist auch bei allen anderen neueren Methoden der Fall. Mit Ausnahme einer von L. Pilgrim und einer von S. Mohorovičić abgeleiteten Laufkurve sind alle bisherigen L. K. aber unter der schon erwähnten Voraussetzung eines auf der Erdoberfläche befindlichen Herdes (E und H zusammenfallend) hergestellt. Gelegentlich einer Untersuchung über die Ausbreitung seismischer Wellen in der obersten Erdschicht nahm S. Mohorovičić für h zunächst einen mittleren Wert an, zeigte aber, wie diese Aufgabe auf eine solche mit einem auf der Erdoberfläche angenommenen Störungsausgang zurückgeführt, reduziert, werden kann. Auf diese Weise ergab sich die auf die Erdoberfläche „reduzierte Laufzeitkurve" (red. L. K.) und aus der weiteren Behandlung des Problems gleichfalls ein Weg zur Bestimmung der Herdtiefe. Ist Δ_w die Entfernung des Punktes P_J in Abb. 25 von E, so liegt in der L. K. der Wendepunkt P_w vom Nullpunkt O in der Entfernung $2\,\Delta_w$; P_w ist der Anfang der red. L. K. Sind mehrere Beben mit verschiedenen Herdtiefen, also auch verschiedenen $2\,\Delta_w$ vorhanden, so kann aber schließlich die red. L. K. doch bis zum Nullpunkt verlängert werden, so daß eine im Nullpunkt O beginnende red. L. K. vorhanden ist. Eine erforderliche Extrapolation bis O in Abb. 26 ist nicht schwierig, da die red. L. K. hier geradlinig verläuft.

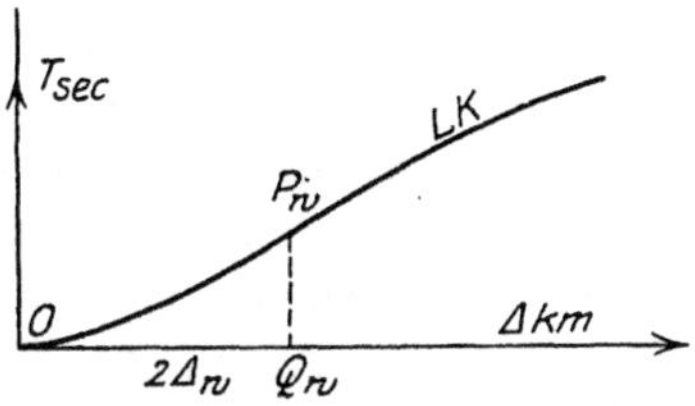

Abb. 26.

S. Mohorovičić gibt u. a. eine einfache Formel zur Bestimmung der Herdtiefe an, die an die oben von E. Rosenthal angeführte erinnert: $h = \frac{R}{k+1} \cdot \{1 - \cos (k+1)\,\Delta_w\}$; für $k = 0$ ergibt sich die Rosenthalsche Formel. Für das bekannte süddeutsche Beben vom 16. November 1911 fand S. Mohorovičić eine Herdtiefe von rund 40 km und für die Entfernung $\Delta_w = 336$ km, d. h. die red. L. K. beginnt in der Entfernung $2\,\Delta_w = 672$ km vom Nullpunkt. Als Ordinate für diesen Punkt P_w kommt die Laufzeit $T = 2\,(t_0 + t_i)$ in Betracht, wo t_0, Steigzeit, die Anzahl der Sekunden ist, die die Wellen brauchen, um von H nach E zu gelangen. Für das genannte Beben findet S. Mohorovičić $t_0 =$ rund 7 Sekunden; t_i, die Laufzeit von E zum Inflexionspunkt P_J, ist gleich 54 Sekunden. Die Bemühungen, die Herdtiefe eines Bebens zu bestimmen, bringen uns der Hauptaufgabe der Seismik: Ermittlung des Weges und der Ausbreitungsgeschwindigkeit der durch ein Beben ausgelösten elastischen Wellen und damit der Erforschung tiefer gelegener Erdschichten näher. Da ein Teil eines Seismogrammes, wie schon bemerkt, entlang der Erdoberfläche dahinziehenden Wellen entspricht, so wird dieser für solchen Zweck zunächst nicht in Frage kommen. Aus verschiedenen einfachen vorbereitenden Rechnungen ist es schon in den ersten Jahren seismischer Forschung klar geworden, daß die ein Bebendiagramm einleitenden Wellen longitudinaler und transversaler Art durch tiefer gelegene Erdschichten gegangen sein müssen. Die Niederschrift eines Bebens an einem Beobachtungsort weist in ihrer Perioden- und Amplitüdenfolge auf gewisse Eigentümlichkeiten des obersten Teiles der Erdkruste hin. Die Zusammenfassung der Seismogramme mehrerer Beben einer oder mehrerer Warten zu einer Laufzeitkurve, auch bisweilen nach A. Schmidt Hodograph genannt, ermöglicht über den Winkel, unter dem diese Wellen auf die Erdoberfläche auftreffen, und über die scheinbare Oberflächengeschwindigkeit (vgl. S. 213) bestimmte Angaben zu machen. Indem angenommen wird, daß der Erdbebenstrahl senkrecht zur Wellenfläche steht, wird eine isotrope Beschaffenheit des von den Wellen durchzogenen Mittels vorausgesetzt, das aber inhomogen und bezüglich seiner physikalischen Beschaffenheit von der senkrechten Entfernung von der Erdoberfläche abhängig ist. Schließlich wird das Erdinnere bis zu einer gewissen Tiefe als geschichtet betrachtet. Für einen aus dem Störungsort, der als punktförmig angesehen wird, austretenden Strahl ist symmetrischer Bau angenommen, d. h. er trifft an seinen Enden auf die Erdoberfläche unter gleichem Winkel. Wie in der atmosphärischen Refraktion wird auch hier von einer Gleichung des Strahles und seiner Krümmung gesprochen.

Mit den angedeuteten Fragen haben sich mehrere Forscher beschäftigt, u. a.: A. Schmidt, R. v. Koevesligethy, Rudzki, Oldham, Benndorf, Laska, Wiechert, Knott, A. und S. Mohorovičić. Genäherte Berechnungen wiesen zunächst darauf hin, daß der Sehnenwinkel der Epizentrum E und Warte B verbindenden Sehne kleiner als sowohl der scheinbare, als auch der wahre Emergenzwinkel ist, der seismische Strahl von E nach B somit nicht in die Sehne fallen kann, wenn die Entfernung E—B nicht zu klein angenommen und von verwickelteren Vorgängen abgesehen wird. Es erwies sich schließlich immer mehr die Annahme als am geeignetsten, die seismische Strahlen als kreisbogenähnlich voraussetzte und für alle derartigen Rechnungen Herd und Epizentrum, sofern nicht Punkte in Frage kamen, die dem Epizentrum sehr nahegelegen waren, als zusammenfallend hinstellte. Auch die Krümmung der Erdoberfläche, Wirkung der Schwerkraft, Unterschied zwischen ozeanischem und kontinentalem Untergrund und andere Feinheiten mehr mußten bei den ersten das Studium der Beschaffenheit des Erdinnern verfolgenden Rechnungen unberücksichtigt bleiben.

Der weitere Weg konnte ein indirekter, d. h. ein von bestimmten Annahmen über das Gesetz der Geschwindigkeitszunahme nach dem Innern zu ausgehender und an eine Laufzeitkurve sich anlehnender, oder ein direkter ohne besondere Voraussetzungen, nur mit Hilfe der vorhandenen Laufzeitkurve vorgehender sein. Beide Wege sind kurz nacheinander begangen worden, und beide haben in großen Zügen das gleiche Ergebnis geliefert, daß vor allem die Einteilung des Erdinnern in konzentrische Schichten eine nicht widersprechende Annahme ist.

Wiechert, der 1906 zuerst zeichnerisch, dann auch rechnerisch den indirekten Weg einschlug, konnte gleich zeigen, daß die Anzahl der das Erdinnere unterteilenden Schichten eine sehr kleine ist. Die in Betracht kommenden einfachen der Optik und atmosphärischen Refraktion entnommenen Gesetze mögen in Kürze genannt werden. Die Abb. 27 stellt die Strahlenebene dar, d. h. eine Ebene, die Erdzentrum C_0, Epizentrum E, Warte B und den von E ausgehenden Strahl $EPP_u P_o$ enthält; seitliche Brechungen sind als nicht vorhanden angenommen. Auch das Nichtübereinstimmen dieser Annahme mit der Tatsache wird das Ergebnis in seinen großen Zügen nur wenig beeinflussen. Die Strahlensymmetrie ist in der Zeichnung ersichtlich. Es ist i, Winkel zwischen Strahl und Radius, der Einfallswinkel, e der Emergenzwinkel, P ein beliebiger Strahlenpunkt, P_u der tiefste und P der Auftreffpunkt $=E$ bzw. $=B$; die entsprechenden Radien sind r, r_u und r_o. Ist v die Strahlgeschwindigkeit in irgendeinem Punkt P des Strahles str, v_u die in P^u v_o die in P_o, so lautet die Gleichung des Strahles:

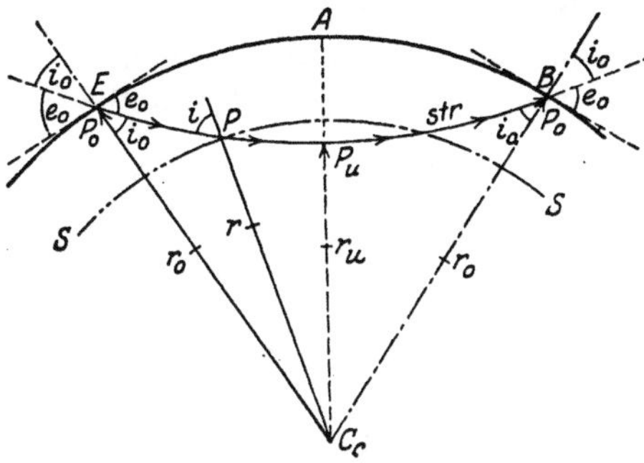

Abb. 27.

$$\frac{r}{v}\cdot\sin i = \frac{r}{v}\cdot\cos e = n\cdot r\cdot\sin i = n_o\cdot r_o\cdot\sin i_o = n_u\cdot r_u = c\,,$$

wo also für alle Punkte des Strahles c eine Konstante $=\frac{r_o}{v_o}\cdot\sin i_o = \frac{r_u}{v_u}$ ist. Es ist $r_o = 6370$ km, i_o ist der Laufzeitkurve für ein bestimmtes $\varDelta$, wie bereits gezeigt (S. 213), zu entnehmen; für v_o, die Emergenzwinkelgeschwindigkeit longitudinaler oder transversaler Wellen für die Erdoberfläche, wird, wie schon bemerkt, für die ganze Oberfläche der Erde ein Mittelwert als gültig angenommen, was freilich genau betrachtet nicht zutreffen wird. Abgesehen hiervon ist der Ausdruck $\frac{r_o}{v_o}\cdot\sin i_o$ für alle Punkte P_o mit gegebener Epizentralentfernung $\varDelta$ zu berechnen möglich und somit auch die Strahlkonstante c für jeden Strahl $EPP_o = EPB$. Für einen bestimmten Punkt von str in einer Schichtgrenze S wird die Strahlenkrümmung, d. h. der reziproke Krümmungsradius, bestimmt nach der Formel

$$\frac{1}{\varrho} = \frac{1}{v}\cdot\frac{dv}{dr}\sin i = n\cdot\frac{dv}{dr}\cdot\cos e$$
$$= \frac{c}{r}\cdot\frac{dv}{dr}\,.$$

Alle Strahlenteile in dieser Schichtgrenze haben die gleiche Krümmung, wenn $\frac{1}{r}\cdot\frac{dv}{dr}$ für einen Strahlenteil in einer Schichtgrenze S gegeben ist.

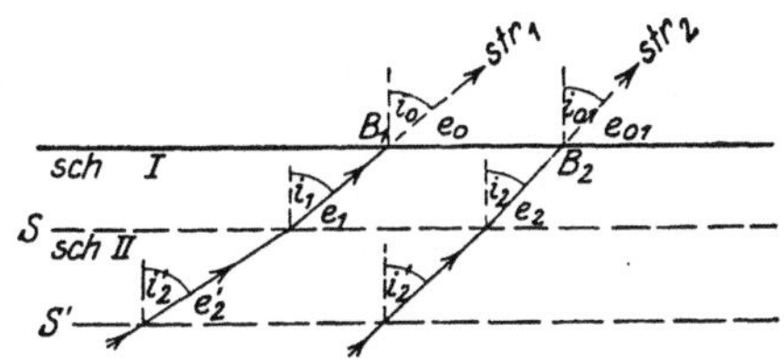

Abb. 28.

Durchziehen zwei Strahlen str_1 und str_2 (vgl. Abb. 28) die gleiche Schichtgrenze (Niveaufläche) S unter den Neigungen i_1 und i_2, so gilt: $\sin i_1 : \sin i_2 = \frac{1}{\varrho_1} : \frac{1}{\varrho_2}$. Durchsetzen diese Strahlen eine andere Schichtgrenze S' unter den Winkeln i_1' und i_2', so ist: $\sin i_1 : \sin i_2 = \sin i_1' : \sin i_2'$ und schließlich: $\varrho_1 : \varrho_2 = \varrho_2' : \varrho_1'$.

Innerhalb der zwischen zwei Schichtgrenzen S und S' verlaufenden Strahlenteile haben der Annahme nach denselben Krümmungsradius, das ist der Kunstgriff der Methode. Für die einzelnen Schichten *sch* werden die Strahlenteile als kreisbogenförmig angenommen, d. h. $\frac{1}{r} \frac{dv}{dr}$ gleich einem konstanten Wert. Der Anschluß der einzelnen Schichten

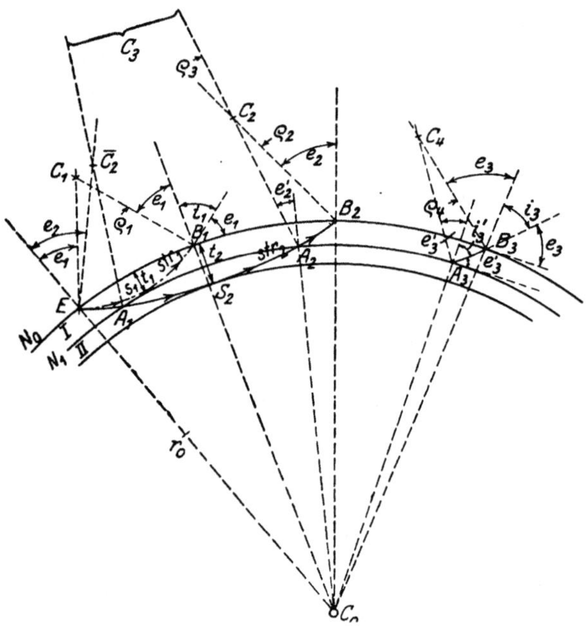

Abb. 29.

aneinander geschieht stetig, so daß sich nur der Krümmungsradius des Strahlenteiles ändert, eine Brechung aber nicht stattfindet. Auf diese Weise läßt sich zeichnerisch mit wenig Rechnung der Gang des Strahles für verschiedene Epizentralentfernungen bis in die entsprechenden Tiefen verfolgen.

Beispiel: Der Erdmittelpunkt C_0 (Abb. 29) wird mit E und B_1 ($EB_1 = \Delta_1$) verbunden, die Radien über E und B verlängert und an die Verlängerungen die zu Δ_1 gehörigen, der Laufzeitkurve entnommenen Winkel i bzw. e, die wahren Emergenzwinkel, eingetragen (vgl. S. 213, Tabelle 5). Schnitt der freien Schenkel ist C_1. $C_1E = C_1B_1 = \varrho_1$ ist der Krümmungsradius des Strahles $EB_1 = str$, dessen tiefste Stelle S_1 sich als Schnitt von str_1 und C_1C_0 ergibt. Scheiteltiefe t_1 = Schichtdicke der Schicht I; ϱ_1 und t_1 können der Zeichnung entnommen werden. Gang des Strahles EB_2: Radius $C_0B_2 = r_0$ zu ziehen; Winkel e_2, aus der Laufkurve für Δ_2 bekannt, an die verlängerten C_0E und C_0B_2 anzutragen. Der Krümmungsradius ϱ_2 des in der Schicht I verlaufenden Strahlenteiles ist aus: $\varrho_2 = \varrho_1 \cdot \frac{\cos e_1}{\cos e_2}$ bekannt und wird maßstabgerecht auf den freien Schenkeln der in B_2 bezw. E angetragenen Winkel e_2 abgegriffen; so ergibt sich der Mittelpunkt des Strahlenteiles $B_2A_2 = EA_1$ als C_2 bzw. $\overline{C_2}$. Werden A_2C_2 und $A_1\overline{C_2}$ bis zum Schnitt verlängert, so ist C_3 der Krümmungsmittelpunkt des Strahlenbogens A_1A_2, dessen tiefste Stelle S_2 sich als Schnitt von C_3C_0 mit dem Bogen A_1A_2 ergibt. Scheiteltiefe $t_2 - t_1$ = Schichtdicke von II. Nach der Formel $\varrho_i = \varrho_1 \cdot \frac{\cos e_1}{\cos e_i}$ kann für jeden in I verlaufenden Strahlenteil der Krümmungsradius ϱ_i berechnet werden. Die Krümmungsradien der in II verlaufenden Strahlenteile werden ähnlich wie die für I erhalten, ebenso die der ganzen ergänzenden Schlußbögen. Für die ersteren ist zu beachten:

$$\frac{\cos e'_2}{\cos e'_3} = \frac{\cos e_2}{\cos e_3} \quad \text{und} \quad \frac{\cos e_2}{\cos e_3} \cdot A_2C_3 = \frac{\cos e_2}{\cos e_3} \cdot \varrho_3 = \varrho_4 = A_3C_5 \quad \text{usw.}$$

Winkelgrößen und Strecken lassen sich in einer in größerem Maßstab ausgeführten Zeichnung ablesen. Die Ausbreitungsgeschwindigkeiten v der Wellen an den tiefsten Strahlpunkten sind, da die Winkel der schließenden Strahlbögen in den Scheitelpunkten $= 90°$ sind, aus der Gleichung: $\frac{r_o \cdot \sin i_i}{v_o} = \frac{r'}{v_x}$ zu errechnen. i_i ist für die fragliche Entfernung $\Delta_i = EB_i$ aus der Laufzeitkurve zu ermitteln. $r_o = EC_o$, v_o ist bekannt und gleich der Ausbreitungsgeschwindigkeit longitudinaler bzw. transversaler Wellen an der Erdoberfläche, r' ist der Radius der Schichtgrenze N_i der Zeichnung zu entnehmen.

Der Verlauf der Geschwindigkeiten v (vgl. Tabelle Nr. 7, S. 229) im Innern der Erde läßt sich auch an einer graphischen Darstellung des Verlaufes der v mit den zugehörigen Strahlentiefen bequem ablesen.

Aus dem obigen zeichnerischen indirekten Verfahren Wiecherts ergibt sich, daß für einige aufeinanderfolgende Schichtgrenzen die Krümmungsmittelpunkte sehr nahe beieinander liegen. Es lassen sich also mehrere Schichten zu einer zusammenfassen, für die der Krümmungsradius konstant ist. Diese Zusammenziehung ergibt, daß für die Darstellung des Erdinnern zwei Schichten und ein Kern genügen. Weitere eingehendere Untersuchungen zeigten, daß noch Unterteilungen vorhanden sind.

Diese Untersuchungen beruhen aber auf rein rechnerischem Verfahren. Wiechert hat seinem zeichnerischen, indirekten Verfahren bald ein rechnerisches, indirektes folgen lassen. 1907 hat Herglotz mit Hilfe der Abelschen Integralgleichungen eine direkt arbeitende Methode angegeben, um aus den Laufzeitkurven ohne weitere Hilfsannahmen über das Erdinnere den Verlauf der seismischen Strahlen finden zu können. Die rein theoretischen Ausführungen von Herglotz hat 1910 Wiechert in eine für die praktische Rechnung geeignete Form gebracht. Nach diesem Vorgehen wird eine Beziehung zwischen Scheiteltiefe, tiefster Einsenkung eines Strahles und zugehöriger Epizentralentfernung hergestellt. Bei allen bisherigen derartigen Arbeiten ist aber bei der Konstruktion der Laufzeitkurve stets angenommen, daß Epizentrum und Herd zusammenfallen. Der Erste, der von solcher Voraussetzung abgeht (vgl. S. 222), ist S. MOHOROVIČIĆ, der, anlehnend an eine von dieser Annahme freien Laufkurve die HERGLOTZsche direkte Methode für die Untersuchung des Verlaufes der Ausbreitungsgeschwindigkeiten der ein Seismogramm einleitenden Wellen benutzt.

Die Ergebnisse der einzelnen größeren neueren Untersuchungen über die Verteilung der Ausbreitungsgeschwindigkeiten und somit schließlich über die Beschaffenheit des Erdinnern zeigen in den Hauptzügen keine auffallende Abweichung voneinander.

1873 hat DANA, 1897 E. WIECHERT die Hypothese aufgestellt, das Erdinnere sei ein Eisenkern, umgeben von einem Steinmantel, der Halbmesser des ersteren etwa gleich $^4/_5$ des Erdradius und die Dicke des Mantels rund 1500 km. Als mittlere Dichte für die Erde nimmt WIECHERT $5^1/_2$, für den Eisenkern 8 und für die Steinkruste $3^1/_5$ an. Dieser Hypothese lagen die Resultate der Arbeiten über die Abplattung der Erde, Nutation, Präzession, Variation der Schwerkraft, Lot- und Polschwankungen, Ebbe und Flut zugrunde.

Bedeutend gefördert wurden die Untersuchungen über die Beschaffenheit des Erdinnern nach 1900, als der physikalische Teil der Erdbebenkunde, vor allem aber die Berechnung des Ganges der seismischen Strahlen immer mehr Boden gewann. Auf Grund der Göttinger Laufzeitkurven für Wellen dilatationaler und torsionaler Art (1906—1907) wurden erst mit Hilfe der indirekten Methode WIECHERTS, dann unter Anwendung der direkten Methode von HERGLOTZ, für die praktische Rechnung von WIECHERT umgearbeitet, in Göttingen (1907—1910) von WIECHERT und seinen Schülern K. ZOEPPRITZ und L. GEIGER Berechnungen in obiger Richtung ausgeführt. Nach diesen Arbeiten nehmen die Ausbreitungsgeschwindigkeiten longitudinaler und transversaler Wellen im Steinmantel von 7,0 bzw. 4,0 kmsec^{-1} an der Erdoberfläche bis 12,8 bzw. 6,9 kmsec^{-1} in rund 1500 km Tiefe allmählich zu und bleiben dann bis etwa 3300 km Tiefe konstant. Das Fehlen eines Sprunges in der Darstellung der Geschwindigkeiten beim Übergang des Steinmantels zum Eisenkern muß als bemerkenswert verzeichnet werden. Die beigefügte Tabelle Nr. 7 gibt eine Zusammenstellung der eben erwähnten Laufzeiten T, der aus ihnen abgeleiteten sinus i_o-Werte (vgl. S. 229) — $i_o = 90 - e_o$ ist der Einfallswinkel (vgl. Tabelle Nr. 5, S. 213 —, der Scheiteltiefen t der Strahlen und der für t berechneten Ausbreitungsgeschwindigkeiten v_{long} bzw. v_{trans}. Unter Δ sind die Epizentralentfernungen angegeben, zu denen die Größen T, $\sin i_o$ und t gehören.

Tabelle Nr. 7.

Δ	T		$\sin i_0$		t		v	
km	long sec	trans sec	long	trans	long km	trans km	long kmsec^{-1}	trans kmsec^{-1}
2 000	257	460	0,7960	0,7960	330	330	8,55	4,77
2 500	310	555	7233	7233	487	487	9,18	5,12
3 000	358	641	6554	6554	654	654	9,81	5,48
3 500	402	719	5980	5941	825	831	10,45	5,86
4 000	442	789	5477	5398	996	1016	11,07	6,25
4 500	478	854	4997	4916	1183	1204	11,70	6,60
5 000	512	913	4570	4653	1374	1310	12,35	6,83
5 500	542	971	4274	4624	1520	1345	12,78	6,85
6 000	572	1028	4260	4571	1535	1397	12,78	6,87
6 500	601	1084	4228	4527	1575	1455	12,78	6,87
7 000	631	1140	4179	4455	1629	1516	12,78	6,87
7 500	660	1194	4116	4379	1705	1600	12,78	6,87
8 000	688	1294	4037	4289	1790	1695	12,78	6,87
8 500	716	1301	3948	4190	1885	1800	12,78	6,87
9 000	743	1354	3847	4082	2006	1925	12,78	6,87
9 500	769	1404	3737	3958	2125	2050	12,78	6,87
10 000	795	1453	3616	3830	2269	2198	12,78	6,87
10 500	820	1500	3492	3689	2415	2335	12,78	6,87
11 000	844	1545	3356	3545	2565	2510	12,78	6,87
11 500	867	1588	3210	3384	2730	2670	12,78	6,87
12 000	888	1629	3053	3220	2905	2858	12,78	6,87
12 500	909	1668	2893	3048	3090	3030	12,78	6,87
13 000	929	1705	0,2732	0,2875	3272	3235	12,78	6,87

Anschließend an die von K. ZOEPPRITZ eingeführte Amplitüdenmethode, stellten L. GEIGER und ein anderer Schüler WIECHERTS, B. GUTENBERG, weitere Berechnungen über den Verlauf der seismischen Strahlen im Erdinnern an. Die Tabelle Nr. 8 gibt Auskunft über die Tiefen, in denen die Unstetigkeitsflächen auftreten, gleichzeitig sind die Geschwindigkeiten v_{long} und v_{trans}, mit der sich die longitudinalen bzw. transversalen Wellen dort ausbreiten, angeführt. Unter Δ' ist jetzt die zum Grenzstrahl — Strahl, der die Unstetigkeitsfläche berührt — gehörige Epizentralentfernung zu verstehen. Die Zahlenwerte sind abgerundet gegeben. Bis zur ersten Unstetigkeitsfläche, in einer Tiefe von 1200 km, steigen die Geschwindigkeiten von 7,0 bzw. 4,0 allmählich an, nehmen dann weiter langsam zu und erreichen an der dritten Unstetigkeitsfläche die Werte 13,3 bzw. 7,3 kmsec^{-1}. An dieser Fläche fallen beide v-Werte auf 13,15 bzw. 7,2 kmsec^{-1} und bleiben bis zur vierten Unstetigkeitsfläche konstant. Hier in 2900 km Tiefe tritt ein weiteres Fallen auf 8,5 bzw. 4,7 kmsec^{-1} ein.

Tabelle Nr. 8.

	Tiefe km	v long kmsec^{-1}	v trans kmsec^{-1}	Δ' km
1	1200	11,9	6,6	4480
2	1700	12,2	6,9	7000
3	2450	13,3	7,3	8450
4	2900	13,15	7,2	9500

Die in der Tabelle Nr. 8 angegebenen v_{trans}-Werte beziehen sich auf Wellen torsinaler Art, bei denen die Erdteilchen in der Erdmittelpunkt, Störungsquelle, Beobachtungsort enthaltenden Strahlenebene schwingen.

Mit der obenerwähnten Abnahme der Geschwindigkeiten longitudinaler Wellen bis zur Tiefe 1700 km stimmen E. Rudolph und S. Szirtes gelegentlich der Bearbeitung des kolumbianischen Bebens (31. Januar 1906) nahezu überein. Dann aber bleibt der Wert für v_{long} bis zur Tiefe von 3500 km konstant, um dann wieder langsam zu fallen.

S. Mohorovičić in Agram (Zagreb) hat sich unter Benutzung der mikroseismischen Beobachtungen, die sich gelegentlich des süddeutschen Bebens (16. November 1911) ergaben, ebenfalls sich an die Herglotz-Wiechertsche Methode anlehnend, mit der Berechnung der Geschwindigkeiten longitudinaler Wellen im Erdinnern beschäftigt. Er findet für die Dicke der obersten Erdkruste 50—60 km; innerhalb dieser nimmt er in den Tiefen 3—3$^1/_2$ km und 30—35 km zwei weitere Unstetigkeitsflächen an. v_{long} steigt nach S. Mohorovičić vom Oberflächenwert $v_{\text{long}} = 5{,}8$ kmsec^{-1} langsam an und erreicht in der Tiefe 50—60 km den Wert 7,9 kmsec^{-1}. Diese Diskontinuitätsfläche wurde schon von A. Mohorovičić gelegentlich der Bearbeitung des Kulpatalbebens (10. Oktober 1909), ebenso der Gang von v_{long} gefunden. In einer Tiefe von 120 km findet S. Mohorovičić eine weitere auffallende Grenzfläche zweier Schichten: in der oberen Schicht wächst v_{long} schneller an als in der unteren. Eine weitere bereits von Milne, Laska, Benndorf erwähnte Unstetigkeitsfläche ist nach S. Mohorovičić in einer Tiefe von 400 km zu suchen; hier fällt v_{long} von 8,9 auf 8,7 kmsec^{-1}. Er weist ferner auf zwei merkwürdige Ergebnisse hin: Der vom Herd ausgehende und in 2530 km Entfernung die Erdoberfläche wieder treffende Strahl hat seine größte Tiefe in 366 km, wogegen der in einem Abstand von 3025 km die Erdoberfläche wieder erreichende Strahl in 633 km seine größte Tiefe erreicht. Nach S. Mohorovičić sind noch weitere Unstetigkeitsflächen in den Tiefen 1200, 1740, 2000 und 2500 km anzunehmen. Der Verlauf der v_{long}-Werte ist in diesen Tiefen etwa folgender: Von der Unstetigkeitsfläche in 1200 km Tiefe an steigt der Wert für $v_{\text{long}} = 12{,}3$ kmsec^{-1} langsamer an, als oberhalb dieser Fläche. In der Tiefe von 1740 km wird v_{long} schließlich $= 13{,}2$ kmsec^{-1} und nimmt dann bis zur Fläche in 2000 km Tiefe langsam bis 13,3 kmsec^{-1} zu. An dieser Unstetigkeitsfläche fällt dann innerhalb 150 km v_{long} von 13,3 auf 13,2 kmsec^{-1}, bleibt bis 2500 km Tiefe konstant, und geht dann bis 2800—2900 km Tiefe allmählich auf 13,0 kmsec^{-1} herab.

Als allerdings noch nicht abgeschlossenes Gesamtergebnis geht aus den obigen Einzelresultaten von S. Mohorovičić ein Eisenkern von 3500 km Radius hervor, der von einem Steinmantel von 2870 km Dicke umschlossen ist. Der Steinmantel ist seinerseits wieder öfters von Unstetigkeitsflächen, an denen auffallende Änderungen der v_{long}-Werte auftreten, unterteilt.

Zwischen den Ausbreitungsgeschwindigkeiten elastischer Wellen und den elastischen Koeffizienten des Stoffes bestehen bestimmte Beziehungen, so daß es möglich ist, aus den ersteren die letzteren zu berechnen. Auf diese Weise wird das elastische Verhalten des Materiales des Erdinnern solchen Wellen gegenüber bekannt.

Nach E. Wiechert wird der Widerstand eines Körpers gegen einseitige Kompression bzw. Dilatation mit a^2, der gegen Formveränderung mit b^2 bezeichnet. Zwischen diesen und den Laméschen elastischen Konstanten λ und μ bestehen folgende Gleichungen: $\lambda = a^2 - b^2$ und $\mu = b^2$.

Ist δ die Dichte des Materiales für die betrachtete Stelle, so ist:

$$\lambda = \delta \cdot (v^2_{\text{long}} - 2 v^2_{\text{trans}}), \quad \mu = \delta \cdot v^2_{\text{trans}}.$$

Das Verhältnis aus der Verminderung der Querdimension zur Vergrößerung der Länge beim Wirken von Zugkräften, Poissonsche Konstante σ, deren Konstanz aber doch nicht außer Zweifel steht, steht ebenfalls zu den Werten v_{long} und v_{trans} in Beziehung. Es ist:

$$\sigma = 0{,}5 \cdot \frac{v^2_{\text{long}} - 2 \cdot v^2_{\text{trans}}}{v^2_{\text{long}} - v^2_{\text{trans}}} = \frac{\alpha^2 - 2}{2(\alpha - 1)}, \qquad \alpha = \frac{v_{\text{long}}}{v_{\text{trans}}}.$$

Ist: $\alpha = 2\frac{1}{2},\ 2,\ 1\frac{3}{4},\ 1\frac{1}{2}$ so ist:

$$\sigma = \frac{2}{5}, \quad \frac{1}{3}, \quad \frac{1}{4}, \quad \frac{1}{10}.$$

Es seien noch die lineare Elastizität, Youngscher Modul, Widerstand, den ein freier Stab von der Länge 1 einer Dehnung entgegensetzt, $= E$ und die kubische Kompressibilität, Koeffizient, Volumenelastizität K genannt. Es ist:

$$E = \sigma \cdot v^2_{\text{trans}} \cdot \frac{3 v^2_{\text{long}} - 4 v^2_{\text{trans}}}{v^2_{\text{long}} - v^2_{\text{trans}}} = \frac{(1 - 2\sigma) \cdot (1 + \sigma)}{1 - \sigma} \cdot v^2_{\text{long}},$$

$$K = \delta \cdot \left(v^2_{\text{long}} - \frac{4}{3} v^2_{\text{trans}}\right) = \frac{1}{3} \cdot \frac{1 + \sigma}{1 - \sigma} \cdot a^2 = \frac{2}{3} \cdot \frac{1 + \sigma}{1 - 2\sigma} \cdot b^2,$$

wo $$v_{\text{long}} = \sqrt{\frac{a^2}{\delta}} \quad \text{und} \quad v_{\text{trans}} = \sqrt{\frac{b^2}{\delta}}$$ ist.

Diese kurze Zusammenstellung über den Stand des physikalischen Teiles der Erdbebenkunde, die sich dem Rahmen dieser geophysikalischen

Monographie einfügen sollte, weist u. a. darauf hin, daß es mit Hilfe der durch ein Beben ausgelösten elastischen Wellen möglich ist, über die Beschaffenheit der unter uns befindlichen Erdschichten Aufschluß zu erhalten.

Die auf künstlichem Weg z. B. durch Sprengungen erregten elastischen Wellen longitudinaler und tranversaler Art sind auch bereits vor längerer Zeit dazu benutzt worden, um die Geschwindigkeitswerte dieser Wellen in den oberen Erdschichten zu bestimmen, damit aber einen Aufschluß über die Elastizitätsverhältnisse der obersten Erdschichten zu erhalten.

Literaturangaben.

I. R. EHLERT, Zusammenstellung, Erläuterung und kritische Beurteilung der wichtigsten Seismometer mit besonderer Berücksichtigung ihrer praktischen Verwendbarkeit. Beitr. z. Geoph. III. 1898. — W. SCHLÜTER, Schwingungsart und Weg der Erdbebenwellen. Beitr. z. Geoph. V. 1903. — E. WIECHERT, Theorie der automatischen Seismographen. Göttingen 1903. — E. WIECHERT, Ein elastisches Pendel hoher Empfindlichkeit zur mechanischen Registrierung von Erdbeben. Beitr. z. Geoph. VI. 1904. — L. GRUNMACH, Über neue Methoden und Apparate zur Messung von Erderschütterungen kleinster Periode. Nach gemeinsam mit Herrn Dr. Franz Weideit ausgeführten Untersuchungen. Berlin 1909. — B. GALITZIN, Seismometrische Untersuchungen. St. Petersburg 1906. — B. GALITZIN, Über ein neues aperiodisches Horizontalpendel mit galvanometrischer Fernregistrierung. St. Petersburg 1912. Weitere Arbeiten von B. Galitzin sind in den C. R. des séances de la Commission sismique permanente à St. Pétersbourg enthalten. — C. MAINKA, Kurze Übersicht über die modernen Erdbebeninstrumente und einige Winke für die Konstruktion solcher. Ztschr. für Feinmechanik 1907. Eine Reihe von Aufsätzen über seismische Instrumente vom gleichen Verfasser sind in den folgenden Jahrgängen dieser Zeitschr. enthalten. — C. MAINKA, Das bifiliare Kegelpendel. Philomatische Gesellschaft. Straßburg 1912 und Physik. Ztschr. 1912. — C. MAINKA, Eine neue seismische Untersuchungsplatte. Straßburg 1909. Zentralbüro der internation. seismol. Assoziation. — C. MAINKA, Über einige Veränderungen am bif. Kegelpendel. Nachrichten der Hohenheimer Erdbebenwarte 1914.

II. E. WIECHERT und K. ZOEPPRITZ, Über Erdbebenwellen. Nachr. d. Ges. d. Wiss. Göttingen 1907. Weitere Arbeiten von Wiechert und seinen Schülern GEIGER, GUTENBERG ebenda 1910, 1912, 1914. — K. ULLER, Elastische Oberflächenwellen. Ann. d. Phys. 1918. — S. MOHOROVIČIĆ, Die reduzierte Laufzeitkurve und die Abhängigkeit der Herdtiefe eines Bebens von der Entfernung des Inflexionspunktes der primären Laufzeitkurve. Beitr. z. Geoph. XIII. — A. MOHOROVIČIĆ, dessen Arbeiten über Erdbebenwellen in den Akademieschriften von Agram (Zagreb) 1914, 1915. — H. BENNDORF, Über die Art der Fortpflanzung der Erdbebenwellen im Erdinnern Akad. d. Wiss. Wien 1905 u. 1906. — K. MACK, Über Weltbeben und lange Wellen. Phys. Ztschr. 1920. — O. KLOTZ, Über die stereographische Methode zur Herdbestimmung von Erdbeben. Beitr. z. Geoph. 1912. — A. DE QUERVAIN, Über Herdtiefenbestimmung. Beitr. z. Geoph. XIII. — E. ROSENTHAL, Über die Tiefenbestimmung von Erdbebenherden. Beitr. z. Geoph. XIV. — E. TAMS, Neuere Fortschritte auf dem Gebiete der Erdbebenforschung. Verhdlg. d. Naturw. Ver. Hamburg 1913. 3. Folge, XXI — F. POCKELS, Die Ergebnisse der neueren Erdbebenforschung in Bezug auf die physikalische Beschaffenheit des Erdinnern. Geolog. Rundschau 1910. — C. MAINKA, Über die Realität von Einsätzen in einem Seismogramm. Phys. Ztschr. 1915. Ebend. vom gleichen Verf. über Emergenzwinkel 1919, über Rayleigh'sche Oberflächenwellen 1915.

Dritter Teil.

Die endogen-dynamischen Vorgänge der Erde.

Von Professor Dr. E. Tams.

Einleitung.

Im 3. Teile dieses Buches handelt es sich um den Versuch einer kurz zusammenfassenden Darstellung des Grenzgebietes von Geophysik und Geologie, nämlich der endogen-dynamischen Vorgänge, welche an der Ausgestaltung des Antlitzes der Erde, wie es uns in den Kontinenten und Ozeanen, Gebirgen und Vulkanen entgegentritt, gearbeitet haben und noch gegenwärtig tätig sind. Wir bewegen uns hierbei der Natur der Sache nach meist auf dem schwankenden Boden der Hypothesen, weshalb auch davon abgesehen wurde, die verschiedenen Ideen in ein formelmäßiges Gewand zu kleiden. Es würde dadurch vielfach der Schein einer solchen Bestimmtheit und Genauigkeit erweckt worden sein, welche den einzelnen Überlegungen infolge der Unsicherheit mancher Voraussetzungen nicht zugeschrieben werden kann. Um aber den Vorstellungen einen festen Halt zu geben, wurden überall dort, wo es möglich war, mehr oder weniger bestimmte Zahlenwerte mitgeteilt. Andererseits mußte es bei dem wesentlich allgemeinen Charakter der Darstellung ebenso vermieden werden, der außerordentlichen Mannigfaltigkeit der Beobachtungstatsachen zu sehr Raum zu geben.

Es kam dem Verfasser in erster Linie darauf an, in einer auch dem Nichtgeophysiker verständlichen Weise einen Überblick über die leitenden Grundideen einer endogenen Dynamik der Erdrinde zu geben. Das Methodische mußte dabei ganz zurücktreten. Nur im Abschnitt über Erdbeben sind die direkten (im Felde anwendbaren) makroseismischen Untersuchungsweisen kurz berührt worden. Im übrigen konnte bezüglich der einschlägigen Forschungsmethoden vielfach auf den 1. und 2. Teil dieses Buches verwiesen werden, zu denen eben dieser 3. Teil eine nach der Geologie hinüberleitende Ergänzung darstellen soll. Bei dem Lesen mancher Abschnitte dieses 3. Teils dürfte die gleichzeitige Benutzung eines guten Atlasses sehr förderlich sein. Einige für die hier behandelten Fragen in erster Linie in Betracht kommende umfangreichere Lehr- und Handbücher sind am Schluß noch besonders angeführt.

I. Die Herausbildung des Grundgerüstes der Erdrinde.

1. Horizontale und vertikale Gliederung der Erdrinde.

Betrachtet man eine Weltkarte, so fällt einem sogleich der Gegensatz von Land und Wasser oder, bestimmter ausgedrückt, zwischen Kontinenten und Ozeanen in die Augen; und erfaßt man dann diese Gegensätze in ihrer ihnen eigentümlichen räumlichen Ausdehnung, so hat man die beiden Typen der Großformen der Erdrinde, den *Kontinentalblock* und das *Tiefseebecken*, vor sich. Jener gehört der *Lithosphäre* unserer Erde an, dieses ist von der *Hydrosphäre* erfüllt, welche aber ihrerseits seicht und mehr oder weniger weit auch noch die Oberfläche des Kontinentalblocks, die *Kontinentaltafel*, überspült. Trägt man nämlich in einem rechtwinkligen Koordinatensystem auf der Ordinatenachse die Höhen und Tiefen und auf der Abszissenachse die Maßzahlen der zu den einzelnen Höhen- und Tiefenstufen gehörigen Flächenareale ab, so lehrt die so gewonnene *hypsographische Kurve der Erdrinde* (Abb. 1), daß der Abfall in die Tiefseeregion erst etwa 200—300 m unter dem Meeresspiegel beginnt (stellenweise vergrößert sich dieser Betrag noch um einige 100 m), so daß also die Kontinente ringsum von einem bald breiteren, bald schmäleren Flachseegürtel umgeben sind. Diese Außenzone der Kontinentaltafel heißt *der Schelf*; sie reicht bis zum *Kontinentalrand*, an dem der *Kontinentalabhang*, die steile, *aktische Region*, einsetzt und in die *Tiefseetafel* überführt.

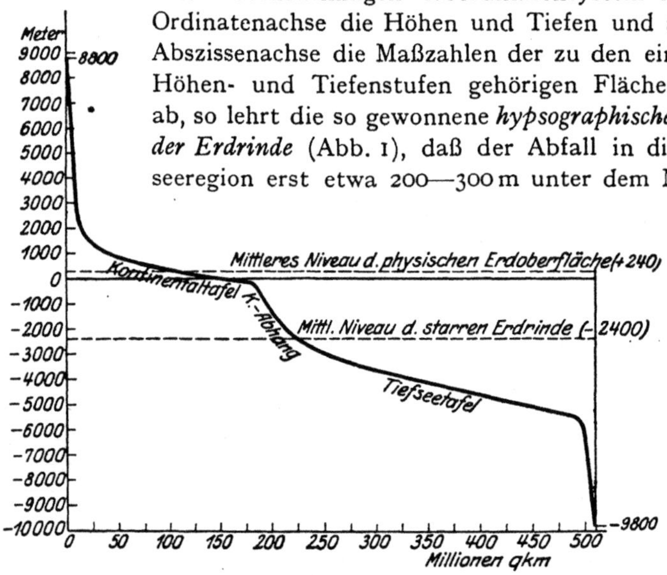

Abb. 1. Hypsographische Kurve der Erdrinde nach H. WAGNER.

Wie nun die Kontinentaltafel vielfach Kulminationsgebiete (Gebirge, Hochländer), die zu großen Höhen (Maximalhöhe: Gaurisankar 8840 m) ansteigen, aufweist, so zeigen sich in der Tiefseetafel stellenweise besondere Depressionsgebiete (die ozeanischen Gräben) von vergleichsweise geringer Ausdehnung, aber bedeutenden Tiefen (bisher gelotete Maximaltiefe: 9788 m im Philippinen-Graben). Nach H. WAGNER[1]) ist die mittlere Höhe der Landfläche über dem Meeresspiegel nach unseren gegenwärtigen Kenntnissen auf 820 m und die mittlere Meerestiefe auf rund 3700 m zu veranschlagen. Von Interesse sind dann noch die beiden Begriffe des *mittleren Niveaus der starren Erdrinde* oder auch des *mittleren Krustenniveaus* sowie des *mittleren Niveaus der physischen Erdoberfläche.* Jenes ergibt sich, wenn man sich das Wasser fortgeschafft und alle vorhandenen Unebenheiten durch gleichmäßige Verteilung der gesamten Landmasse ausgeglichen denkt; es liegt rd. 2400 m unterhalb des Meeresniveaus und kann begrifflich als Grenze zwischen Kontinentalblock und Tiefseetafel angesehen werden. Dieses wird gewonnen, wenn man nun über die so eingeebnete Kruste die Wassermasse ausbreitet; es befindet sich etwa 240 m über dem Meeresniveau und stellt im Mittel die Grenze gegen die Atmosphäre dar.

Rechnet man einmal die Kontinentaltafel bis zu 200 m Tiefe, den Kontinentalabhang also von 200m bis 2400 m Tiefe, so gehören von der Erdoberfläche der ersteren einschließlich des Kulminationsgebietes rd. 35%, der Tiefseetafel einschließlich des Depressionsgebietes rd. 56%, dem Kontinentalabhang dagegen nur rd. 9% an. Schon diese Zahlen deuten an, daß in bezug auf die Beteiligung der gesamten Krustenoberfläche an den einzelnen Höhen- und Tiefenstufen *zwei* Häufigkeitsmaxima vorhanden sind. Klarer hervor tritt dieser wichtige Umstand indessen erst durch die folgenden Angaben: Allein 27% der Erdoberfläche, d. h. also reichlich $^3/_4$ der Kontinentaltafel, gehören zu der Stufe von — 200 m bis + 1000 m und 22%, d. h. $^2/_5$ der Tiefseetafel, zu den Tiefen von 4000 m bis 5000 m, so daß insgesamt nur 51% auf alle übrigen Höhen und Tiefen von + 1000 m bis + 9000 m (8%) bzw. von — 200 m bis — 4000 m (29%, davon $15^1/_2$% auf die Stufe von — 3000 m bis — 4000 m) und von — 5000 m bis — 10 000 m (14%, davon 13% auf die Stufe von — 5000 m bis — 6000 m) entfallen. Ein anschaulicheres Bild von diesen Verhältnissen als die hypsographische Kurve gibt noch Abb. 2, in welcher die Verteilung der Prozente auf die einzelnen Höhen- und Tiefenstufen derart graphisch dargestellt ist, daß die Höhen und Tiefen als Abszissen und die Prozentzahlen für 1000 m-Stufen als Ordinaten abgetragen wurden. Einer solchen Verteilung der Höhen und Tiefen muß eine tiefere Ursache zugrunde liegen. Würde der Zufall gewaltet haben, so könnte nur *ein* Häufigkeitsmaximum in der Lage des mittleren Krustenniveaus (— 2400 m) vorhanden sein (siehe 4, S. 245).

Zerlegen wir nun die Erdoberfläche weiter in ihre großen natürlichen Einheiten, so erkennen wir, daß die sechs Kontinente Eurasien, Afrika, Nordamerika, Südamerika, Australien und die Antarktis drei Ozeanen, nämlich dem Pazifik, dem Atlantik (mit dem Arktischen Meer)

[1]) Lehrbuch der Geographie I, Hannover 1912, S. 277ff.

und dem Indik gegenüberstehen. Dabei ist beachtenswert, daß hinsichtlich der Lage dieser Erdräume eine gewisse Gegensätzlichkeit zwischen nördlicher und südlicher Halbkugel besteht. Während auf der Nordhalbkugel die Landmassen den 70. Breitengrad in weiter Front überschreiten und stellenweise (in Grönland und Ellesmereland) auch noch über den 80. Grad hinausreichen und ein nordpolares Tiefseebecken fast ganz umschließen, laufen die großen Landmassen auf der Südhalbkugel in auffallend spitzer Form schon in rd. 35° (Afrika), 44° (Australien mit Tasmanien) und 56° Breite (Südamerika mit Feuerland) aus und wird hier ein südpolares Festland von einem breiten, alle drei Ozeane untereinander verbindenden Wassergürtel umgeben. Auch im übrigen aber ist eine bemerkenswerte antipodische Anordnung von Land und Wasser vorhanden. Das Antipodengebiet von Eurasien und Afrika gehört fast ausschließlich dem Pazifik, das von Australien und Neuguinea ganz dem

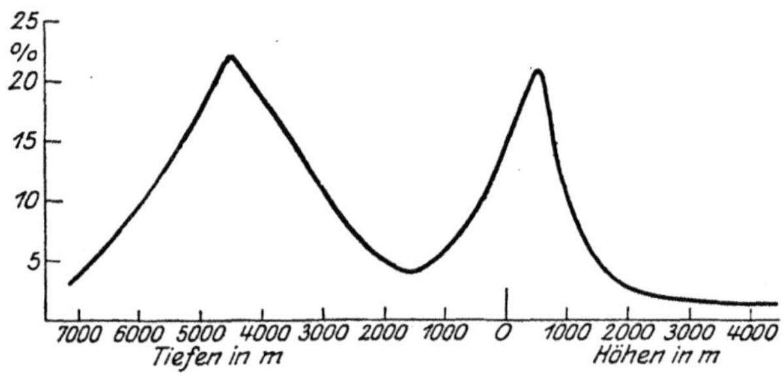

Abb. 2. **Prozentuale Verteilung der Höhen- und Tiefenstufen.**

Atlantik an, und der südliche Indik liegt antipodisch zu Nordamerika. Nur die Gegenfüßler von Südamerika entfallen zum Teil auf die australasiatischen Inseln und auf das östliche Asien und diejenigen von Grönland und dem nordamerikanischen Inselarchipel auf die Antarktis. Im einzelnen charakterisieren sich die genannten neun Erdräume mit den ihnen zugehörigen Nebenteilen nach ihrer horizontalen Ausdehnung und ihren mittleren Höhen bzw. Tiefen durch folgende Zahlen, die wieder auf Angaben von WAGNER beruhen:

Eurasien:	54,2	Mill.	qkm	Fläche,	830	m	mittlere	Höhe,
Afrika:	29,8	„	„	„	650	„	„	„
Nordamerika:	24,1	„	„	„	700	„	„	„
Südamerika:	17,8	„	„	„	580	„	„	„
Australien:	8,9	„	„	„	350	„	„	„
Antarktis:	(14)	„	„	„	(2000)	„ [1]	„	„
Pazifik:	180	„	„	„	3850	„	„	Tiefe,
Atlantik:	105,4	„	„	„	3300	„	„	„
Indik:	75	„	„	„	3900	„	„	„

[1]) Dieser Wert wurde von W. MEINARDUS auf Grund von Erwägungen über die jahreszeitlichen Schwankungen des wahren Luftdrucks im Südpolargebiet abgeleitet (Petermanns Mitteilungen LV, 1909, S. 304ff. u. 355ff.).

Hiernach entfallen rd. 29% der Erdoberfläche auf das Land und rd. 71% der Erdoberfläche auf die drei Ozeane nebst Nebenmeeren.

2. Die beiden Hauptreliefzonen der Erde.

Ein anderer Blick auf die Weltkarte lehrt uns ferner, daß die Erde im wesentlichen von zwei Hauptreliefzonen umzogen wird. Die eine umfaßt u. a. die Gebiete des europäisch-afrikanischen und des australasiatischen Mittelmeers und wird daher auch als *mediterraner Gürtel* bezeichnet, die andere schließt die Gestade des Pazifischen Ozeans in sich und wird *zirkumpazifischer Gürtel* genannt. Zu dem mediterranen Gürtel gehören die Kettengebirge Südspaniens und Nordafrikas, d. i. die betische Kordillere (Mulhacen 3481 m) und der Atlas (Tisintamdjurt 4700 m), dann die Alpen (Montblanc 4810 m), die Apenninen, die Gebirge der Balkanhalbinsel, ferner die vorder- und mittelasiatische Gebirgswelt, so besonders das armenische Hochland (Ararat 5160 m), der Kaukasus (Elbrus 5630 m), der Elburs (Demawend 5670 m) und die iranischen Faltenzüge, der zentralasiatische Gebirgsknoten (Dapsang 8620 m), der Tianschan (Chantengri 6850 m?), der Himalaja (Gaurisankar 8840 m), und schließlich noch die burmanischen Ketten sowie die Gebirgszüge der Großen und Kleinen Sunda-Inseln und der Molukken (Goenoeng Korintji auf Sumatra 3805 m). Hier trifft er auf sein pazifisches Gegenstück, das sich über die Philippinen (Apo 3200 m), Formosa (Niitakayama 4145 m) und die japanischen Gebirgsbögen (Fujiyama 3778 m) nach Kamtschatka (Klutschew 4916 m) und von dort über den Aleuten-Archipel und Alaska (Mount MacKinley 6240 m) nach der Westküste Nordamerikas (Kanada: Mount Logan 5948 m, Kalifornien: Mount Whitney 4419 m, Mexiko: Pic von Orizaba 5550 m) und weiter durch Mittelamerika (Fuego in Guatemala 3900 m) sowie an der andinen Küste Südamerikas (Chimborazo 6310 m, Pic von Sorata 6617 m, Aconcagua 7040 m) entlang erstreckt. Auch die Gebirgsketten von Neuseeland (Mount Cook 3768 m) und Neuguinea (Karl-Ludwig-Berge 5100 m) sind Glieder dieser zirkumpazifischen Reliefzone; und zweckmäßig wird man zu ihr auch die Region des amerikanischen Mittelmeers mit den Inselbögen der Großen und Kleinen Antillen (Tina auf Haiti 3140 m) und den venezuelanischen Gebirgszügen (Pic Concha 4700 m), obgleich geographisch dem Atlantischen Ozean angehörig, zu rechnen haben, denn die Ketten von Venezuela stellen jedenfalls eine Abzweigung der Anden dar und leiten nach dem Antillenbogen hinüber.

Insofern nun diese beiden soeben verfolgten Reliefzonen die hauptsächlichsten Gebirge enthalten, stellen sie zwei mächtige Aufwölbungen unserer Erde, zwei *Geantiklinalen*, dar; es ist aber für sie auch ein wichtiges Charakteristikum, daß vorwiegend ihnen zugleich die Depressionen der Tiefseerinnen oder ozeanischen Gräben, also die größten Tiefen, angehören.

Bei der Bedeutung, welche den Tiefseegräben für die Dynamik der Erdrinde zukommt, soll hier nach dem bisherigen Stand unseres Wissens eine kurze Übersicht über die ausgeprägteren Bildungen dieser Art gegeben werden. Die hinter den nach einfachen geographischen Gesichtspunkten gewählten Grabennamen stehenden, in Klammern eingeschlossenen Zahlen bedeuten die geloteten Maximaltiefen. Sie sind den Tiefenkarten der Ozeane von M. GROLL[1]) entnommen. Für den Pazifischen Ozean diente ein besonderer, zum Teil schon ergänzter Abdruck als Unterlage, welcher einem Aufsatz von G. SCHOTT[2]) über die GROLLschen Karten beigegeben ist.

Die südamerikanische Küste wird von dem *Valparaiso-Graben* (5667 m), dem *Atacama-Graben* (7635 m), dem *Arica-Graben* (6867 m) und dem *Callao-Graben* (5868 m), die Küste Mexikos von dem *mexikanischen Graben* (5120 m und 5428 m) begleitet. Aus dem Winkel von Alaska führt dann an der konvexen Außenseite des Aleuten-Archipels die *Aleuten-Grabenzone* (6700 m, 6985 m, 7318 m und 7382 m) nach dem *Kamtschatka-Graben* (6865 m) hinüber, der seinerseits weiter nach der großen *japanischen Grabenzone* leitet, die wieder im wesentlichen aus dem *Kurilen-Graben* (8514 m), dem *Nippon-Graben* (8491 m), dem *Bonin-Graben* (7955 m) und dem *Vulkan-Graben* (6574 m) besteht. Südlich von Japan werden dann die Riukiu-Inseln von dem *Riukiu-Graben* (7481 m) begleitet, der mit diesem Inselbogen unmittelbar auf die Ostküste von Formosa stößt und dann in deutlicher Umbiegung nach Süden auf die Philippinen hinweist. An der Außenseite dieses Archipels zieht sich von Süd-Luzon ab der *Philippinen-Graben* (9788 m) entlang, der im Süden in den *Talaut-Graben* (9032 m) übergeht. Nach Osten zu schließen sich dann der *Palau-Graben* (8138 m), der *Yap-Graben* (7538 m) und der *Marianen-Graben* (9635 m) an. Im Winkel von Neupommern und den Salomon-Inseln befindet sich der diesem Winkel entsprechend im Bogen verlaufende *Neupommern-Graben* (9140 m), dessen östlicher Schenkel weiterhin auf den sich zwischen den Neuen Hebriden und den Loyalty-Inseln erstreckenden *Neuhebriden-Graben* (7570 m) weist. Es ist dabei bemerkenswert, daß in dieser Streichungsrichtung, etwa in der Mitte zwischen beiden Gräben, bei der Insel Bauro des Salomonen-Archipels noch eine örtlich zwar beschränkte, aber beträchtliche Tiefe von 6880 m gelotet worden ist. Endlich ist im Pazifik noch die große, bis auf zwei nicht breite unterseeische Schwellen in rd. 5500 m und 4000 m Tiefe in sich zusammenhängende Rinne des *Tonga-* und *Kermadec-Grabens* (8284 m, 9184 m und 9427 m) zu nennen, die sich südlich von Samoa am Außenrande der Tonga- und Kermadec-Inseln durch mehr als 20 Breitengrade bis hart an das Ostkap der Nordinsel von Neuseeland erstreckt.

Demgegenüber sind im Indischen und Atlantischen Ozean nebst Nebenmeeren nur noch je zwei ausgeprägtere Grabenbildungen zu nennen, und zwar im Indischen Ozean die *Sunda-Grabenzone* (6205 m, 6772 m und 7000 m) an der Außenseite der Sumatra vorgelagerten Mentawei-Inseln sowie südlich von Java und Soembawa und der *Kei-Graben* (6504 m) an der konkaven Innenseite des Inselbogens, der von Ceram an den Kei-Inseln vorbei nach den Babar-Inseln hinüberführt und jenseits des Grabens von dem parallel verlaufenden Bogen der Banda- und Damar-Inseln begleitet wird; im Atlantischen Ozean der *Portorico-Graben* (8525 m?) nördlich der gleichnamigen Insel und der *Cayman-Graben* (6269 m) bei den Cayman-Inseln im Karibischen Meer. Eine besondere Stellung nimmt dann im Atlantik, abgesehen von einigen anderen weniger markanten Depressionen im offenen Ozean, noch die örtlich ganz beschränkte Romanche-Tiefe (7370 m) in 0° Br. 18° w. Gr. ein.

Die beschriebenen beiden Hauptreliefgürtel stellen nun auch die erdgeschichtlich jüngsten und gegenwärtig beweglichsten Zonen unserer Erde dar. Die große Mehrzahl aller Erdbeben und gerade die bedeutendsten gehen, wie hier vorweggenommen werden mag, von den ihnen angehörigen Gebirgs- und Tiefseeregionen aus; hier liegen auch die tätigen

[1]) Veröffentl. d. Inst. f. Meereskunde, Berlin 1912.

[2]) Zeitschr. d. Gesellsch. f. Erdkunde, Berlin 1913.

Vulkane; und in Übereinstimmung damit lehrt ein Studium ihrer geologischen Entwicklung, soweit sie genauer verfolgt werden kann, daß ihre Tektonik in den heutigen Hauptzügen wesentlich nicht weit über das Tertiär hinaus zurückgreift, vielfach aber überhaupt erst im Tertiär und noch im Quartär, welches in die Jetztzeit überleitet, ausgebildet worden ist.

3. Pazifischer und atlantischer Küstentypus. Entstehung der Tiefseegräben.

Eine besondere Bedeutung haben diese beiden Geantiklinalen da, wo sie an das Meer herantreten, für den Verlauf der Küsten, indem derselbe hier überall durch die Streichungsrichtung der anliegenden Gebirgsketten bedingt ist. Da dieses Merkmal besonders charakteristisch und verbreitet in der Umrandung des Pazifischen Ozeans (ostasiatische Inselbögen, kalifornische Küste, andine Küste von Südamerika) auftritt, spricht E. Suess von einem *pazifischen Küstentypus*, welchem er gleichzeitig einen *atlantischen* entgegenstellt. Der atlantische Typus, den wir in kennzeichnender Weise besonders an der atlantischen Küste von Südamerika, an der West- und Ostküste Afrikas sowie an der Küste Vorderindiens zwischen Indus- und Gangesmündung vorfinden, weist eine auffallende Selbständigkeit der Festlandsgrenzen gegenüber dem Bauplan der Gebirge auf, indem die Küsten ganz unabhängig von der Streichungsrichtung der Faltenzüge verlaufen. Ohne näher auf das eigentlich Geologische dieser Frage eingehen zu können, ist es aber noch notwendig, in diesem Zusammenhang der besonderen Stellung, welche die ozeanischen Gräben in der Tektonik der Erdrinde einnehmen, einige Aufmerksamkeit zu schenken. Gerade auch diese eigenartigen steilen Depressionen der Tiefseetafel dürften durchweg ein jugendliches Alter, eine in der Regel noch gegenwärtig nicht abgeschlossene Ausbildung besitzen, wie immer wieder durch die Großbeben erwiesen wird, welche aus ihren Bezirken stammen. Im Einklang hiermit wird auch von allgemeineren Gesichtspunkten aus von verschiedenen Seiten eine mehr oder weniger ausgesprochene Jugendlichkeit ihrer Entstehung angenommen, wenn auch im übrigen die Auffassungen hinsichtlich ihrer Genesis zum Teil weit auseinander gehen.

Die morphologische Gestaltung eines Tiefseegrabens geht sehr gut aus einem schematischen, stark übertieften Profil hervor, wie es G. Schott und P. Perlewitz[1]) gezeichnet haben (Abb. 3). Danach lehnt sich die eine meist besonders steile Grabenflanke an den Sockel, sagen wir, einer Inselgruppe an, während die andere, weniger steile Flanke auf die Tiefseetafel des offenen Weltmeeres führt, dabei aber zuweilen erst noch zu einem unterseeischen Horst ansteigend, von dem dann der Übergang zur Tiefseetafel mit geringer Senkung erfolgt. Besonders der auf der kontinentalen Seite gelgene Abhang ist indessen in seiner ganzen Ausdehnung nicht gleichmäßig geneigt, sondern weist im allgemeinen in seiner oberen Hälfte einen etwas geringeren

[1]) Lotungen I. N. M. S. „Edi“ u. d. Kabeldampfers „Stephan“ im westlichen Stillen Ozean. Archiv d. Deutschen Seewarte XXIX, 1906, Nr. 2.

Abfall als in seinen tieferen Teilen auf. Die Steilheit der Gräben übertrifft bei der Ausdehnung ihrer Abhänge diejenige der hohen Faltengebirge.

Vom genetischen Standpunkt aus bezeichnet E. Suess[1]) die Gräben als Vortiefen im Unterschied von einer Synklinale, d. i. einer Einwölbung; denn sie sind vielfach der Außenseite einer Kordillere, die oft freilich, wie bei den pazifischen Inselketten, nur in einzelnen Baustücken vorhanden ist, vorgelagert und scheinen von dem Gebirge teilweise überfaltet zu sein. Ihre beiden Seiten gehören jedoch zwei verschiedenen Einheiten in der Struktur des betreffenden Krustenteils an, dem Faltengebirge und dem Vorland. Indem dieses unter jenes absank, z. B. das nordpazifische Becken unter die Gebirgsketten der Aleuten und der ostasiatischen Inselkränze, und dabei gleichzeitig auch vom Lande her überschoben wurde, sollen die Tiefseegräben entstanden sein. Diese Deutung ist jedoch, wie schon das in Abb. 3 abgebildete schematische Profil zeigt, jedenfalls nicht allgemein anwendbar. Der Neupommern-Graben und der Neuhebriden-Graben liegen nicht an der Außenseite der sie begleitenden Inselzüge nach dem offenen Ozean zu, und auch die Grabenreihe an der pazifischen Küste Südamerikas, welche, dem Verlauf der Anden entsprechend, einen konkaven Bogen beschreibt und somit auf der Innenseite des Gebirges gelegen ist, bereitet dieser Erklärung Schwierigkeiten. Der Faltungs- und Überschiebungsvorgang der Anden ist, wie J. Geikie[2]) insbesondere geltend macht, von den Gräben weg nach Osten zu gerichtet, so daß diese dann vielmehr Rücktiefen wären. Es erscheint einfacher, mit Schott und Perlewitz[3]) in den randständigen Depressionszonen die etwa als Staffelbrüche aufzufassenden Leitlinien von Festlandsgrenzen und so auch in der südamerikanischen Grabenreihe nur die Kennzeichen des gegenwärtigen Bruchrandes Südamerikas zu sehen. Diese Meinung deckt sich übrigens auch im wesentlichen mit der Ansicht von Geikie, der ebenfalls darauf hinweist, daß die Gräben am Rande von Kontinentalplateaus, nämlich entweder an den Küsten bestehender Kontinente oder an denen kontinentaler Inselreihen liegen. Bei ihrem weiten räumlichen Ausmaß reichen einfache orogenetische, d. i. gebirgsbildende, Prozesse zu ihrer Erklärung nicht

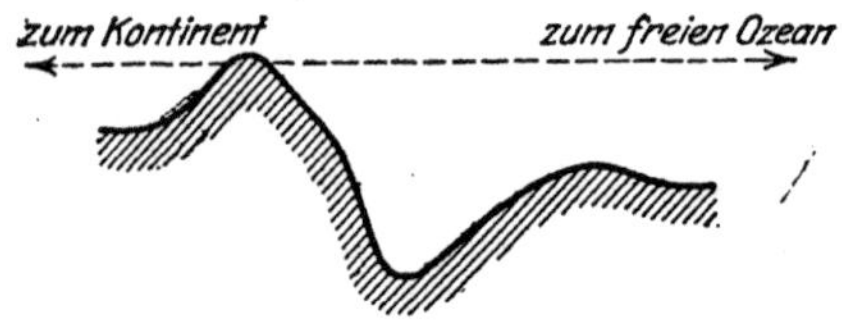

Abb. 3. Schematisches Profil eines Tiefseegrabens nach G. Schott und P. Perlewitz.

[1]) Das Antlitz der Erde III, 2, Wien 1909, S. 336, 581 u. 582, 722. Vgl. auch E. Horn: Über die geologische Bedeutung der Tiefseegräben. Geolog. Rundschau V, 1915, S. 422—448.

[2]) The "Deeps" of the Pacific Ocean and their Origin. The Scottish Geographical Magazine XXVIII, 1912, S. 113ff.

[3]) Siehe auch P. Perlewitz: Die Gräben im Stillen Ozean. Geogr. Zeitschr. XIV, 1908, S. 241ff.

aus. Soweit die pazifischen Gräben in Betracht kommen, dürften diese Gebilde vielmehr zur Hauptsache auf den großen tektonischen Vorgängen rings um den Großen Ozean beruhen, welche während des Tertiärs durch Spannungsauslösungen eine das ganze Ozeanbecken ergreifende Senkungsbewegung herbeiführten und so an den Rändern des Beckens in den zu Bruch neigenden Gebieten Grabenverwerfungen erzeugten. Und wenn diese Senkung wahrscheinlich jetzt noch andauert, so müssen auch besonders die Regionen der Gräben noch Dislokationen ausgesetzt sein, was, wie schon erwähnt wurde, zwingend durch die seismischen Beobachtungen dargetan wird. Einem anderen Versuch, die Entstehung der Tiefseerinnen zu erklären, werden wir im Abschnitt 7 begegnen, wenn wir auf die von A. WEGENER entwickelten Vorstellungen über Faltungs- und Verschiebungskräfte innerhalb der Erdkruste zu sprechen kommen.

4. Entstehung der Kontinente und Ozeane.

Weit schwieriger noch wird das Problem, wenn man sich allgemein von der Entstehung der Kontinente und Ozeane Rechenschaft zu geben versucht. Vom physikalischen Standpunkt aus ist dabei zunächst auf den nicht unbeträchtlichen Dichteunterschied zwischen Kontinent und Ozean hinzuweisen. Da den wichtigeren festen Substanzen der Erdoberfläche eine Dichte von 2,6—2,8 und dem Meerwasser eine solche von etwas über 1 (an der Oberfläche 1,024—1,029) eigen ist, so stellen jedenfalls die Kontinente gegenüber den Ozeanen einen bedeutenden Massenüberschuß dar, und es fragt sich, wieweit sich diese äußerlich sichtbaren Massenunregelmäßigkeiten, die regional noch durch die Gegensätze von Gebirge und Tiefseedepression eine besondere Verschärfung erfahren, in der Massenverteilung der tieferen Erdkruste geltend machen. Da zeigt sich, daß nach den Schwerkraftsuntersuchungen von HAYFORD und HELMERT (siehe den Abschnitt V, 2. S. 132 von A. PREY) erst rd. 120 km unterhalb der Erdoberfläche ein Ausgleich stattgefunden hat, derart, daß über nicht zu kleinen Teilen (sagen wir, von mindestens 10 000 qkm Ausdehnung) der in dieser Tiefe befindlichen Niveaufläche überall gleiche Massen gelagert sind. Nach dieser Lehre vom Gleichgewicht oder von der *Isostasie* in der Massenanordnung der Erdrinde müssen demnach, von einigen regionalen und lokalen Abweichungen abgesehen, innerhalb der angeführten *Ausgleichstiefe* die Massenüberschüsse der Kontinente unterhalb derselben durch Zonen der Massenauflockerung und die ozeanischen Massendefizite unter dem Meeresboden durch Zonen der Massenverdichtung kompensiert sein[1]). Wenn nun auch der Betrag von 120 km

[1]) Ausnahmen sind z. B. der Harz, sowie Schwarzwald und Vogesen, deren Massive sich in der Tiefe nicht als ausgeglichen erweisen. Auch ist das große Massendefizit der Tongarinne nicht durch größere Dichte unter ihrem Boden kompensiert, ein Umstand, der vielleicht allgemein für die Entstehung dieser Art Gebilde in der Tiefseetafel von Bedeutung ist.

für die mittlere Tiefenlage der *Ausgleichsfläche* im Vergleich zur Länge des Erdradius (6370 km) nur unbedeutend ist, so ist er es aber doch nicht gegenüber den Höhendifferenzen an der Erdoberfläche, deren Maximum (vom Gipfel des Gaurisankar bis zur Sohle des Philippinen-Grabens) nur wenig über 18,6 km beträgt, so daß von diesem Gesichtspunkt aus die Herausbildung der Großformen an unserer Erdrinde nicht als etwas mehr Zufälliges und Oberflächliches angesehen werden kann, sondern als mit der Entwicklung der ganzen Erdkruste wesentlich Zusammenhängendes zu betrachten ist.

Es ist denkbar, daß die schon in einem frühen Entwicklungsstadium der Erde vorhandenen Massenunregelmäßigkeiten ihrer sich mehr und mehr verfestigenden Rinde in derselben Richtung allmählich immer weiter ausgebildet worden sind und sich auf diese Weise hauptsächlich unter den Ozeanen die schwereren, im Kontinentalblock dagegen die leichteren Gesteinsmaterialien angehäuft haben, wobei die *Gravitation*, d. i. die Anziehung der Himmelskörper, in erster Linie von Sonne und Mond, auf die Erde, wie auch vor allem der einzelnen irdischen Massenteile untereinander, den maßgebenden Einfluß ausübte. Die Wirkung der Umdrehung der Erde um ihre Achse, die in der annähernd rotationsellipsoidischen Gestalt unseres Planeten zum Ausdruck kommt, ist in dieser Hinsicht von untergeordneter Bedeutung[1]). Daß bei der Erde als Ganzes jedenfalls eine durchgreifende Sonderung ihrer einzelnen Bestandteile nach der Schwere stattgefunden hat, lehren auch die neueren Forschungen über die Konstitution des Erdkörpers, nach denen man denselben als im wesentlichen aus drei Teilen bestehend anzusehen hat, nämlich aus einem bis 1200 km Tiefe reichenden Gesteinsmantel (mittlere Dichte etwa 3,4), einer dann folgenden rd. 1700 km mächtigen Zwischenschicht aus Eisenerzen (m. D. 6,0) und einem rd. 7000 km im Durchmesser haltenden Kern aus vorwiegend Eisen, Nickel und Kobalt (m. D. 9,2)[2]) (siehe auch den Abschnitt Seismometrie und Seismophysik S. 206 von C. MAINKA). Das Anwachsen der Dichte nach dem Erdinnern beruht danach auf Materialverschiedenheiten und nur ganz unerheblich auf Kompression infolge zunehmenden Druckes.

Ein ausschlaggebender Faktor, der ursprünglich vorhandene, aber zunächst noch weniger deutlich ausgeprägte Unebenheiten in der Erdoberfläche im Laufe der Zeit schärfer herausarbeitet, indem er stetig ein weiteres Einsinken der mit Wasser angefüllten Vertiefungen bewirkt, ist nach W. TRABERT[3]) auch der ungleiche Wärmestrom, der bei der Abkühlung der Erde durch das Land und durch den Meeresboden geht.

[1]) A. E. H. LOVE: Some Problems of Geodynamics. Cambridge 1911. Siehe auch die eingehende Besprechung von A. PREY in Gerlands Beiträgen z. Geophysik XIII, 1914, S. 25ff.

[2]) W. KLUSSMANN: Über das Innere der Erde. Gerlands Beitr. z. Geophysik XIV, 1, 1915, S. 1—38.

[3]) Lehrbuch der kosmischen Physik. Leipzig 1911, S. 561ff.

Der am Meeresboden herrschenden Temperatur von rd. 0° entspricht in gleicher Tiefe unter dem Lande eine Temperatur von rd. 140°, wenn als mittlere Tiefe der Tiefsee 4300 m, als Mitteltemperatur der Landoberfläche 10° und als Temperaturgradient 3° auf 100 m angenommen wird. Sonach ist, da diese Differenz weiter nach dem Erdinnern zu ausgeglichen sein wird, der Temperaturgradient unter den Ozeanen nicht unwesentlich größer als unter dem Lande, was eine stärkere Abkühlung und damit eine stärkere Zusammenziehung der Schichten unter dem Meeresgrunde zur Folge hat. TRABERT zeigt weiter, wie diese Betrachtungsweise wenigstens teilweise zu Zahlen führt, die der Größenordnung nach in befriedigender Übereinstimmung mit der Wirklichkeit stehen und hinsichtlich des Beginns des Vorganges auf ein weit zurückliegendes Stadium in der Entwicklung unserer Erde hinweisen. Wenn sich nun auch der Abkühlungsprozeß der Erde, sofern er überhaupt nur allein zu berücksichtigen wäre, gewiß nicht in der einfachen und gleichmäßigen Weise abgespielt haben dürfte, wie er dabei in Rechnung gesetzt worden ist, so dürfte in der regionalen Differenzierung der Abkühlung immerhin ein wichtiger Umstand gegeben sein, der die Großformen an der Erdoberfläche von Anbeginn an mit vorbereitete und, wenn auch mit zunehmender Verfestigung der Erdrinde in immer abgeschwächterem Maße, noch ständig an ihrer weiteren Herausmodellierung arbeitet.

So führen alle diese Gedankengänge zu der Auffassung, daß die gegenwärtigen Kontinentalblöcke und Ozeanbecken in ihren für sie wesentlichen Umrissen schon bei der Bildung der planetaren Erstarrungskruste vorgezeichnet waren und seitdem in ihren Hauptformen *permanent* geblieben sind. Die Überflutungen, denen das Land in verschiedener Ausdehnung im Laufe der geologischen Perioden nach dem Zeugnis der dabei abgesetzten Sedimente mehrfach ausgesetzt gewesen ist, sind dann sehr wohl als mehr oder weniger seichte Transgressionen und Ingressionen von Randteilen der Ozeane, d. h. als *Epikontinentalmeere*, zu erklären. Die Tatsache, daß sich die eigentlichen landfernen Tiefseeablagerungen (nach O. KRÜMMEL[1]) die *eupelagischen Sedimente* im Gegensatz zu den *hemipelagischen* oder denen geringerer Tiefen und den *litoralen* oder landnahen Sedimenten), nämlich Globigerinenschlamm, Pteropodenschlamm, Diatomeenschlamm, roter Tiefseeton und Radiolarienschlamm, wenn überhaupt, so jedenfalls nur in ganz geringen Mengen unter den Meeresablagerungen auf dem Lande finden, kann hierfür noch besonders geltend gemacht werden. In dieser Beziehung ist die exklusive Stellung, welche die den abyssischen Tiefen angehörige Bildung des roten Tiefseetons seiner Beschaffenheit nach einzunehmen scheint, von hohem Interesse; und A. PENCK[2]) macht in diesem Zusammenhange weiter darauf aufmerksam, daß, wenn, wie aus biologisch-paläontologischen

1) Handbuch der Ozeanographie I, Stuttgart 1907, S. 151 ff.
2) Morphologie der Erdoberfläche I, Stuttgart 1894, S. 174 ff.

Gründen angenommen werden muß, seit dem Paläozoikum, dem Altertum in der Erdgeschichte, gewisse Landflächen immer Land geblieben sind und, wenn seitdem die Wassermasse der Erde nicht zugenommen oder keine Verkürzung des Erdradius stattgefunden hat, immer auch abyssische Tiefen bestanden haben müssen, und zwar wegen der Gegensätzlichkeit zwischen den eigentlichen Tiefseeablagerungen und dem kontinentalen Baumaterial wesentlich an den Stellen, an denen sie sich gegenwärtig befinden.

Für eine Permanenz der Hauptzüge in der Konfiguration der äußeren Erdrinde, die zuerst von J. DANA um die Mitte des vorigen Jahrhunderts behauptet und neben manchen anderen Forschern später namentlich auch von A. R. WALLACE von pflanzen- und tiergeographischen Gesichtspunkten aus verfochten wurde, treten von geologisch-paläontologischer Seite erst neuerdings wieder C. DIENER[1]) und W. SOERGEL[2]) mit großer Bestimmtheit ein. Nach Ansicht von DIENER waren bereits im Kambrium, dem ersten Abschnitt des paläozoischen Zeitalters, deutliche Anzeichen des Pazifischen, Atlantischen und Indischen Ozeans vorhanden, und SOERGEL faßt das Ergebnis seiner Untersuchung in ähnlicher Weise dahin zusammen, daß die ozeanischen und kontinentalen Räume auf der Erdoberfläche in den wesentlichsten Zügen seit mindestens präkambrischen Zeiten existieren. Wenn dieser Autor dann weiter ausführt, daß seitdem aber sehr wohl in den Grenzgebieten beider Räume mehr oder weniger tiefgreifende Änderungen vor sich gegangen sind, und zwar in dem Sinne, daß durch Senkung und Einbruch kontinentaler Randteile der Ozean weiter an Ausdehnung gewonnen hat und die ehemals vermutlich sanftere Kontinentalböschung dadurch wie auch infolge weiteren allgemeinen Einsinkens der Tiefseebecken schärfer herausgebildet, d. h. steiler geworden ist, so liegt hierin eine enge Berührung einerseits mit der weiter oben dargelegten Auffassung der ozeanischen Grabenzonen als Leitlinien früherer Kontinentalränder, sowie andererseits mit der hier ebenfalls skizzierten Ansicht von TRABERT bezüglich des stetigen Niederganges der Tiefseetafel infolge besonders starker Zusammenziehung der unter dem Meeresboden befindlichen Schichten. In einer großzügigen Darlegung der Prinzipien der Paläogeographie tritt mit Entschiedenheit auch B. WILLIS[3]) für eine Ursprünglichkeit der großen ozeanischen Becken ein, eine Frage, die für ihn nach den Ergebnissen der Theorie vom Gleichgewicht in der Erdkruste überhaupt nicht mehr umstritten sein kann.

Mit unseren gegenwärtigen geophysikalischen Grundvorstellungen, wie sie in der Lehre von der Isostasie und von der Anordnung der Erdmaterie nach ihrem spezifischen Gewicht zum Ausdruck kommen, läßt sich indessen doch auch die der Ansicht von der Permanenz der Kontinente und Ozeane entgegenstehende Meinung von A. WEGENER[4]) über die *Horizontalverschiebung der Kontinente* vereinigen. Den Ergebnissen einer ersten von E. WIECHERT[5]) angestellten Untersuchung über die Massenverteilung im Innern der Erde entsprechend, nach denen sich zunächst eine Zweiteilung des Erdkörpers in einen Steinmantel und einen — sagen

---

[1]) Die Großformen der Erdoberfläche. Mitteil. d. geograph. Gesellsch. Wien, LVIII, 1915, S. 329—349.

[2]) Das Problem der Permanenz der Ozeane und Kontinente. Habilitationsvortrag. Stuttgart 1917.

[3]) Principles of Paleogeography. Science XXXI, New York 1910, S. 241—260.

[4]) Die Entstehung der Kontinente und Ozeane. 2. Aufl. Die Wissenschaft, Bd. 66. Braunschweig 1920.

[5]) Nachr. d. Ges. d. Wissensch. z. Göttingen, math.-phys. Kl. 1897, S. 221—243.

wir kurz — metallischen Kern ergab, stellte E. Suess eine nach ihren wesentlichen Bestandteilen Nickel (Ni) und Eisen (Fe) als *Nife* bezeichnete *Barysphäre* einer Gesteinszone gegenüber, die er nach den an ihrer Zusammensetzung hauptsächlich beteiligten Elementen Silizium (Si) und Magnesium (Ma) *Sima* nannte. Vom geologisch-petrographischen Standpunkt aus ist es aber zweckmäßig, mit Suess außerdem noch eine äußere dünne Schale zu unterscheiden, welche die Simazone umhüllt und nach den in ihr vorwiegend vorhandenen Elementen Silizium und Aluminium (Al) mit dem Namen *Sal* oder — wie neuerdings sehr zweckmäßig vorgeschlagen worden ist, um eine Verwechslung mit dem lateinischen Wort für Salz zu vermeiden — *Sial* belegt werden kann. Das sialische Material ist spezifisch leichter als das simatische, und es ist nun der Kernpunkt der Wegenerschen Vorstellung, daß die Kontinentalblöcke die Reste der durch Zerreißen und Zusammenschub verkleinerten, ehemals die ganze Erde umschließenden sialischen Hülle darstellen, welche nach isostatischen Gesetzen in das darunter liegende Sima eingetaucht und in ihm verschiebbar sind, soweit dies bei der jedenfalls hochgradigen Zähigkeit des letzteren möglich ist. Die Mächtigkeit dieser sialischen Kontinentalschollen wird dabei nach den Resultaten über die Lage der Ausgleichsfläche auf 50 bis 200 km veranschlagt; in den Böden der Ozeanbecken soll schon das Sima selbst zutage treten. Eine wichtige Stütze findet diese Auffassung in der schon im Abschnitt I, 1. näher dargelegten auffallenden Tatsache, daß die Krustenoberfläche bezüglich der Höhen- und Tiefenverteilung zwei ausgesprochene Häufigkeitsmaxima aufweist, nämlich bei —200 m bis +1000 m und bei —4000 m bis —5000 m; denn diese Verhältnisse, die sich nicht zufällig herausgebildet haben können, finden eine gute geophysikalische Erklärung, wenn man diese beiden Niveaus als die Grenzflächen zweier verschiedener Sphären des Erdballs, eben der sialischen und der simatischen, anspricht. Ein anderer Umstand, daß sich nämlich die infolge eines Erdbebens längs der Oberfläche ausbreitenden elastischen Wellen am Meeresboden etwas schneller (im Mittel 3,9 km pro sec) fortzupflanzen scheinen als durch die Kontinente (im Mittel 3,8 km pro sec), was auf eine verschiedene elastische Beschaffenheit beider Arten von Krustenteilen hinweist, ist aber natürlich sowohl auf dem Boden der Wegenerschen Ideen, als auch auf dem der Lehre von der Permanenz der Großformen der Erdrinde begreiflich[1]).

[1]) E. Tams: Über die Fortpflanzungsgeschwindigkeit der seismischen Oberflächenwellen längs kontinentaler und ozeanischer Wege. Zentralblatt f. Mineralogie usw. 1921, Nr. 2, S. 44—52 und Nr. 3, S. 75—83. Aus einer neuesten Arbeit von G. Angenheister über »Beobachtungen an pazifischen Beben« (Nachr. d. Ges. d. Wissensch. z. Göttingen, math.-phys. Kl. 1921, 34 S.) ergibt sich — allerdings nur auf Grund von 2 Beben und von Beobachtungen an vier Stationen —, indem in der Hauptphase eines Seismogramms noch die rein horizontalen Schwingungen quer zur Fortspflanzungsrichtung von den sog. Rayleigh'schen Wellen zu trennen versucht wurden, sogar ein Unterschied von rd. 20%.

Durch Ursachen, welche hypothetisch im wesentlichen in einer Polflucht und in einer Westwanderung der Kontinente, zum Teil aber auch in Simaströmungen gesehen werden, sollen die Festlandsmassen unter Abreißen bisher zusammenhängender Teile horizontale Bewegungen erfahren, deren Ausmaß bei stetiger Fortdauer so bedeutend sein kann, daß sich anfänglich schmale Spalten bis zu Ozeanweite verbreitern. Gleichzeitig sollen dabei die vorderen Ränder der sich verschiebenden Schollen infolge entgegenstehender Reibungswiderstände zu Gebirgen aufgestaut und teilweise rückwärts gebogen werden.

So wird der Atlantische Ozean, in dessen Anlage die Parallelität seiner Küsten eine so hervortretende Eigenschaft ist, auf eine erst im Tertiär, also der Neuzeit in der Erdentwicklung, einsetzende Abspaltung der Neuen Welt von Europa—Afrika zurückgeführt und mit der relativ zum unterlagernden Sima westwärts gerichteten Bewegung der amerikanischen Tafel die Auffaltung der Anden und die Rückwärtsbiegung der südchilenischen und feuerländischen Küste in Zusammenhang gebracht. In ähnlicher Weise wird ein in der Trias, d. i. dem ersten Zeitabschnitt des Mesozoikums oder Mittelalters der Erdgeschichte, beginnendes Abreißen Australiens von Indien und Afrika angenommen, wodurch Australien bis an die gegenwärtig noch von Neuseeland eingenommene Stelle gelangte, und die Entstehung des Himalaja einerseits mit einer Pressung durch die vorderindische, sich von Madagaskar—Afrika lostrennende und nach Nordosten schiebende Scholle und andererseits mit einer äquatorwärts gerichteten Bewegung des asiatischen Kontinents in Beziehung gesetzt. Dieser letzte gewaltige Vorgang des Zusammenschubs soll aber auch in Verbindung mit einem gleichzeitigen Westwärtsdrängen Asiens den ganzen östlichen Teil dieses Kontinents beeinflußt und hier zur Ablösung der charakteristischen Inselbögen geführt haben, wobei dann das Sima selbst in den Randmeeren fensterartig hervortrat. Ebenso wurden auf dem afrikanischen Kontinent Zugkräfte ausgelöst, welche die ostafrikanische Grabenzone entstehen ließen und Madagaskar vom Festland trennten. Im Posttertiär soll sich dann endlich auch Australien noch von Neuseeland geschieden und zusammen mit Neuguinea nach Nordwesten gewandt haben, um so durch Biegung und Schleppung die gegenwärtige Konfiguration Australasiens und Melanesiens zu veranlassen.

Überblickt man die durch die Annahme derart beträchtlicher Verschiebungen großer Festlandsmassen unschwer zu erzielenden Zusammenhänge zwischen gegenwärtig weit getrennten, aber strukturell und biologisch doch miteinander verwandt erscheinenden Gebieten, wobei noch besonders auf die Beziehungen zwischen Südamerika, Australien und der Antarktis hingewiesen sei, so kann man sich aber doch dem Eindruck eines großen, einheitlichen Zuges in dieser Auffassung der Entwicklung des Erdantlitzes nicht entziehen, obschon andererseits C. Diener und W. Soergel entsprechend ihrem oben dargelegten Standpunkt in dieser Hinsicht vielfach gerade erhebliche Widersprüche glauben nachweisen zu können. Insbesondere sollen sich die Verhältnisse während der Triasperiode mit dieser Theorie durchaus nicht vereinigen lassen und die ost- und westatlantischen Kontinentalränder keineswegs als relativ junge Spaltenränder aufgefaßt werden können[1]).

[1]) Vgl. hierüber W. Köppen: Über Isostasie und die Natur der Kontinente (Geograph. Zeitschr. XXV, 1919, S. 39—48), wo auch zu der Kritik von Diener und Soergel Stellung genommen wird.

Betreffs der Ursachen der Verschiebungen möchte W. KÖPPEN[1]) die Polflucht dadurch erklären, daß der Auftriebspunkt eines in das Sima eingetauchten Kontinentalblocks um rd. $2^1/_2$ km tiefer liegt als sein Schwerpunkt, die zu diesen beiden Punkten gehörigen Niveauflächen aber in den zwischen Pol und Äquator liegenden Breiten einander nicht parallel laufen, da ihre Abplattung mit der Entfernung vom Erdmittelpunkt zunimmt. Auftrieb und Schwerkraft wirken daher nicht in derselben Lotrechten, denn die ihre Wirkungsrichtung bestimmenden Senkrechten auf den betreffenden Niveauflächen müssen wegen der Nichtparallelität dieser Flächen einen Winkel miteinander einschließen, woraus eine kleine äquatorwärts gerichtete Kraft resultiert. Das Westwärtswandern ist möglicherweise in Verbindung mit der Polflucht analog den Passatwinden eine Folge der Erdrotation, wahrscheinlich aber auch eine auf Reibung zwischen Sial und Sima beruhende Wirkung einer Gezeitenbewegung des Sima.

Diese Gedankenreihe beansprucht aber noch ein erhöhtes Interesse durch den Umstand, daß die u. a. von LORD KELVIN und SCHIAPARELLI auch vom geophysikalischen Standpunkt aus zugelassenen beträchtlichen Polwanderungen früherer geologischer Zeiten in den Kontinentalverschiebungen infolge der durch diese bedingten Verlagerungen der Trägheitsachse der Erde eine ausreichende Ursache finden. Es kann hier nur angedeutet werden, daß so kontinentale Horizontalverschiebungen und Polwanderungen sich gegenseitig bedingen und die paläoklimatischen Verhältnisse auf unserer Erde — namentlich während der diluvialen und permokarbonischen Eiszeit — im wesentlichen zu erklären vermögen.

Von geologischer Seite sieht E. DACQUÉ[2]) in diesen Ideen einen gangbaren Ausweg, um die Gegensätze zwischen der Ansicht einer wesentlichen Permanenz der Ozeane und Kontinente und der Annahme ehemaliger ausgedehnter, inzwischen in die Tiefe gesunkener Brückenkontinente, wie der Nord- und Südatlantis im Bereich des Atlantischen Ozeans und des Gondwanalandes im heutigen Indik, auszugleichen. Eine sehr alte, persistierende, wohl mindestens paläozoische Bildung ist allein der Pazifik, der bestehen bleibt, auch wenn man mit WEGENER Nord- und Südamerika sowie Australien ihre frühere Lage näher bei Europa und Afrika einnehmen läßt und sich den in den Gebirgsfaltungen dieser Schollen zum Ausdruck kommenden Zusammenschub rückgängig gemacht denkt. Die Kontinente sind demgegenüber nur permanent in dem Sinne, daß niemals ihr sialisches Material in größeren, zusammenhängenden Festlandsmassen der Tiefseetafel einverleibt und niemals simatischer Ozeanboden in Festland umgewandelt worden ist; wohl aber haben sie sich im Laufe der Erdgeschichte mehrfach gespalten und teilweise hori-

[1]) Siehe A. WEGENER: Die Entstehung der Kontinente und Ozeane, a. a. O., S. 121.
[2]) Grundlagen und Methoden der Paläogeographie. Jena 1915, S. 181—185.

zontal beträchtlich verschoben, wobei dann eben die Räume des jugendlicheren Indik und Atlantik mit ihren gleichfalls simatischen Böden frei geworden sind. Dieser vorläufige Versuch einer Vereinigung der erörterten gegensätzlichen Anschauungen dürfte freilich nicht völlig befriedigen. Es wird aber auch die Zukunft erst zu lehren haben, wie sicher die Stützen und Folgerungen der WEGENERschen Theorie, deren Gerüst ja erst im großen aufgeführt wurde, im einzelnen sind[1]). Immerhin aber wird man mit K. ANDRÉE[2]) jedenfalls schon jetzt den Grundsatz der horizontalen Beweglichkeit der sialischen Erdhaut in das Lehrgebäude einer endogenen Dynamik hinübernehmen müssen, wenn auch der bisherige durch vergleichende astronomische Längenbestimmungen erbrachte Nachweis, daß sich Grönland auch in der unmittelbaren Gegenwart noch um etwa 10 bis 30 m jährlich westwärts verschiebt, angesichts der hierbei benutzten zu wenig genauen Methode nicht als stichhaltig angesehen werden kann[3]).

Auch FR. KOSSMAT[4]), der zwar u. a. für den Indik das weite, erst in der Trias begonnene Abtreiben der indischen und australischen Scholle im WEGENERschen Sinne auf Grund bestimmter einheitlich in sich geschlossener geotektonischer Züge der ihn umrahmenden Kontinentalmassen während des Karbons ablehnt, beansprucht tangentiale Verschiebungen größerer Teile einer äußeren Erdschale über einer beweglichen Unterlage zur Erklärung des in den großen Faltenzügen auftretenden Zusammenschubs, der aber vorzugsweise dort eintreten soll, wo infolge solcher auf tiefer liegenden Krustenveränderungen beruhenden Horizontalbewegungen starrere Kontinentalgebiete an weicheren Zwischenstreifen zusammentreffen. Als Kraftquellen werden hierbei in verwickeltem Zusammenwirken letzthin Einflüsse der Gravitation und Erdrotation sowie der regional differentiierte Vorgang der Abkühlung und magmatische Strömungen angesprochen.

Mit der Theorie der isostatischen Lagerung der Massen in der Erdrinde läßt sich nun aber schwer die Annahme umfassender Veränderungen in der Verteilung von Kontinenten und Tiefseebecken, wie sie in der Ansicht von der Existenz ehemaliger großer Festlandsmassen in den Bereichen der heutigen Ozeane zum Ausdruck kommt, vereinigen. Die damit notwendig verbundene Folgerung, daß solche Kontinente durch

---

[1]) Vgl. die Besprechung des WEGENERschen Buches durch den Verfasser dieser Darstellung im Zentralbl. für Mineralogie usw. 1921, Nr. 16, S. 506—512.

[2]) Alfred Wegeners Hypothese von der Horizontalverschiebung der Kontinentalschollen und das Permanenzproblem im Lichte der Paläogeographie und dynamischen Geologie. Petermanns Mitteilg. 1917, S. 50ff. u. S. 77ff.

[3]) FR. BURMEISTER: Die Verschiebung Grönlands nach den astronomischen Längenbestimmungen. Petermanns Mitteilg. 1921, S. 225—227.

[4]) Die mediterranen Kettengebirge in ihrer Beziehung zum Gleichgewichtszustande der Erdrinde. Abh. d. Sächs. Akademie d. Wiss., math.-phys. Kl. XXXVIII, Nr. 2, 61 S. Leipzig 1921.

Senkung und Einbruch verschwunden sind, ist mit der Vorstellung einer vorhandenen Kompensation von Land- und Wasserblock durch unterirdische Massendefizite bzw. -überschüsse nicht gut verträglich. In der Tat kann auch E. SUESS[1]), für den die Meerestiefen Einsenkungen und die Kontinente zur Hauptsache stehengebliebene Horste darstellen, für den u. a. der westliche Indische Ozean wesentlich durch Einbruch des Süd- und Mittelafrika mit Ostindien verbindenden Gondwanalandes entstanden ist, diese Lehren nicht anerkennen. Nicht nur erscheint ihm nach dem gegenwärtigen Stand der Forschung die Existenz von Zonen der Massenauflockerung unterhalb der Gebirge als unerwiesen, sondern er faßt auch das durch O. HECKERS Schwerkraftsbeobachtungen auf den Ozeanen erschlossene Vorhandensein dichterer Gesteinsschichten unter dem Meeresboden als wahrscheinlich nur örtlich beschränkt auf, indem er für den Atlantik und Pazifik auf das Zusammenfallen der Bezirke relativ hoher Schwerkraftswerte mit der Ausbreitung des schweren vulkanischen Materials in der Region der St. Pauls-Insel und der Hawaii-Inseln hinweist und die größere Dichte unter dem Boden des heutigen Indik auf eine durch den ehemaligen Gondwanakontinent gegebene weite Ausbreitung des basaltischen Dekan-Trap sowie der Basalte der Crozet-Inseln und der Kerguelen zurückführen möchte. Doch ist eine solche Stellungnahme kaum mehr berechtigt, nachdem F. R. HELMERT[2]) in einer zusammenfassenden Untersuchung gezeigt hat, daß in der Tat gerade umgekehrt für die ganze Erdkruste im allgemeinen Isostasie besteht und Unvollkommenheiten in ihrem Gleichgewichtszustand nur regionale Ausnahmen sind. KOSSMAT sucht freilich gerade auch bezüglich des Gondwanalandes den Standpunkt zu halten, daß kontinentale Schollen im Laufe der Erdgeschichte in subozeanische umgewandelt werden können, und vereinigt diesen Vorgang mit dem Gesetz der isostatischen Anordnung der einzelnen Krustenteile mittels der Annahme, daß die betreffenden eingesunkenen Rindenstücke durch besonders starke Abkühlung wie auch durch Zuströmen von Magmamassen aus den Randzonen schwerer als ihre Umgebung gemacht worden sind. Es erscheint aber doch sehr zweifelhaft, ob dies ein gangbarer Weg ist, um noch nach Bildung der äußeren Erstarrungskruste so weitgehende Änderungen in der Konfiguration der Erdoberfläche zu erklären, wie sie eben die Forderung eines größeren Gondwanalandes oder einer ausgedehnteren Nord- und Südatlantis und eines südpazifischen oder gar pazifischen Festlandes als sogenannte *Brückenkontinente* einschließt. Schmälere und losere Zusammenhänge durch Inselarchipele oder Landverbindungen in der Art, welche durch die Maskarenen-Schwelle und den Tschagos-Rücken zwischen

[1]) Das Antlitz der Erde III, 2, 1909, S. 700—716.

[2]) Die Erfahrungsgrundlagen der Lehre vom allgemeinen Gleichgewichtszustande der Massen der Erdkruste. Sitzungsber. d. Preuß. Akad. d. Wissensch. Berlin 1912, S. 308—332.

Madagaskar und Vorderindien oder durch die sich von Schottland über Island nach Grönland erstreckende unterseeische Bodenschwelle noch gegenwärtig angedeutet wird, sind dagegen, da es sich dabei doch immer nur um regional beschränkte Einsenkungen handelt, mit diesen isostatischen Vorstellungen wohl vereinbar, wie es ja auch unabweisbar ist, daß z. B. in den drei großen Mittelmeeren unserer Erde, dem europäisch-afrikanischen, dem australasiatischen und dem amerikanischen mehr oder weniger bedeutende Einbrüche noch in geologisch junger Zeit stattgefunden haben. In der Tat erweist sich auch nach KOSSMAT aus den Schwerkraftsmessungen z. B. das junge, wohl noch jetzt im Niedergehen begriffene westliche Becken des Mittelmeeres als ein Gebiet des Massenüberschusses, das seine größere Schwere in Verbindung mit der Auffaltung der es umgebenden Kettengebirge (Apenninen, Atlas, Betische Kordillere) erhalten hat, indem diese letzteren bei ihrer Entstehung in ihre Unterlage einsanken und dabei die dichteren Massen der Tiefe vornehmlich nach ihrer Innenseite verdrängten.

5. Hypothese der Mondablösung. Tetraederhypothese. Sphärische Harmonien.

Eine andere zur Erklärung der Großformen der Erdrinde herangezogene Hypothese trägt mehr kosmischen Charakter, nämlich die Idee, *der Mond habe sich von der Erde abgelöst* und so zur Herausbildung der Ozeanbecken Veranlassung gegeben. In Anknüpfung an die Arbeiten von H. POINCARÉ und G. H. DARWIN hat namentlich W. H. PICKERING[1]) diesen Gedanken weiter ausgebaut und die Ansicht vertreten, daß der Mond aus den durch die ozeanischen Wassermassen als fehlend angezeigten Krustenteilen bestände und seine Haftstelle im Pazifik bei Neuseeland gehabt hätte. Bei seiner Loslösung sei dann gleichzeitig auf der entgegengesetzten Seite der Erde Europa-Afrika und Nord- und Südamerika auseinandergerissen und so durch Abtreiben dieser Schollen der Atlantische Ozean entstanden. Auch hier spielt demnach das Prinzip einer horizontalen Beweglichkeit der Kontinente hinein und wird die Parallelität der atlantischen Küsten als ein besonders hervorstechender Charakterzug im Antlitz der Erde aufgefaßt; im übrigen aber dürfte die Meinung, der Mond sei ursprünglich ein Teil unseres Planeten gewesen, vom speziell mathematisch-analytischen[2]) wie allgemein auch vom kosmogonischen Standpunkt aus zu wenig gesichert sein, als daß eine weitere Verfolgung dieses Gedankens im Rahmen dieser Darstellung zweckmäßig erscheinen könnte.

[1]) The Place of Origin of the Moon — The Volcanic Problem. The Scottish Geographical Magazine XXIII, 1907, S. 523ff. und ferner H. EBERT: Der Ursprung des Mondes und das Vulkanproblem nach WILLIAM H. PICKERING. Gerlands Beitr. z. Geophysik X, 1910, Kl. Mitteilg. S. 1—10.

[2]) M. P. RUDZKI, Physik der Erde. Leipzig 1911, S. 210—213.

Als sehr zweifelhaft müssen auch die Grundlagen der sogenannten auf W. L. Green (1875) zurückgehenden *Tetraederhypothese* angesehen werden, die indessen hier ebenfalls nicht unerwähnt bleiben kann, da sie doch viel Beachtung gefunden hat. In Deutschland schenkte ihr besonders Th. Arldt[1]) seine Aufmerksamkeit, indem er sie gleichzeitig, wie u. a. auch A. de Lapparent und M. Bertrand, durch Abänderungen besser der tatsächlichen Konfiguration auf der Erde anzupassen suchte. Der Grundgedanke ist darin enthalten, daß bei gegebener Oberfläche von allen regelmäßigen Körpern die Kugel den größten und das Tetraeder den kleinsten Rauminhalt aufweist und daher die Erde bei ihrer Abkühlung infolge Zusammenschrumpfens ihres die Wärme hauptsächlich verlierenden Kerns tetraederähnliche Gestalt anzunehmen trachten soll. Man glaubte so eine Erklärung für die im großen und ganzen antipodische Lage von Wasser und Land auf der Erde zu haben, indem die Wassermassen sich in den dem Schwerpunkt am nächsten liegenden Tetraederflächen angesammelt haben sollen, die Landmassen sich aber auf die Ecken und Kanten des Tetraeders verteilen. Sehr bestechend erscheint besonders die Auffassung von A. de Lapparent, der ein ungleichseitiges Tetraeder annahm, und seine Lage schließlich so festsetzte, daß drei Ecken mit den archäischen Massiven des kanadischen und fennoskandischen Schildes sowie mit dem ostasiatischen Gneisgebiet westlich von Jakutsk und die vierte Ecke (Eckfläche) mit der antarktischen Landmasse zusammenfallen. In der durch die drei ersten Ecken bestimmten Fläche würde dann das Arktische Meer liegen, und die von ihnen zur vierten Ecke laufenden Kanten würden in der Tat entsprechend der nach der Antarktis gerichteten Zuspitzung der Kontinente südwärts konvergieren. Versuche, noch andere bedeutsame Tatsachen im Bau der Erdrinde mit dieser Hypothese in Einklang zu bringen, lassen aber doch auch eine unbefriedigende Willkür in den Abänderungsvorschlägen deutlich erkennen; so, wenn M. Bertrand zur Erklärung der Lage der Hauptgebirgs- und Vulkanzonen *zwei* recht unregelmäßige, mit ihrer Grundfläche zusammenfallende Tetraeder annimmt, derart, daß die beiden Spitzen dieser Doppelpyramide in die Region des Beringmeeres bzw. in die Gegend von Enderby-Land in der Antarktis zu liegen kommen. Ausschlaggebend für eine Ablehnung der ganzen Hypothese müssen aber die geophysikalischen Bedenken sein, die gegen ihre Grundlage zu erheben sind. Warum, so können wir mit A. v. Böhm[2]) fragen, soll denn die einem Abkühlungsprozeß unterliegende Erde tetraedrische Umformungen erleiden, da doch für das Erdinnere eine radial gleichförmige Zusammenziehung das Gegebene ist? Die dünne Erdkruste, welche dabei am längsten ihr ursprüng-

[1]) Die Gestalt der Erde. Gerlands Beitr. z. Geophysik, VII, 1905, S. 283—326; und: Die antipodische Lage von Land und Meer. Ebenda IX, 1908, S. 78—95.

[2]) Zur Tetraederhypothese. Petermanns Mitteilg. 1911, II, S. 14 u. 15; ferner: Arldt, v. Böhm u. Ampferer, ebenda, S. 301—305.

liches Volumen beibehält, ist nicht imstande, den Erdkern zu dieser notwendig mit großen Massenverschiebungen verbundenen Umbildung zu nötigen, zumal sie ihren Überschuß natürlicher durch Faltungen ausgleichen kann.

In diesem Zusammenhange weisen wir schließlich noch hin auf die bedeutungsvollen mathematisch-physikalischen Untersuchungen englischer Forscher wie JEANS, LORD RAYLEIGH und LOVE[1]). Hier wird der Versuch unternommen, die Herausbildung des Antlitzes der Erde analytisch als eine Übereinanderlagerung *sphärischer Harmonien*, d. i. von Kugelfunktionen, darzulegen, die ihrerseits unter der Mitwirkung der Gezeitenbewegung und der Rotation einen Ausfluß der Instabilität darstellen, welche die gravitationalen Verhältnisse der Erde in einem frühen Entwicklungsstadium noch beherrschte. Diese Auffassung und Behandlung des Problems entspricht daher in erster Linie der Ansicht von der Permanenz der Hauptzüge in der Gestaltung der Erdrinde, kann aber naturgemäß nur erste Annäherungen liefern.

II. Ursachen der Krustenbewegungen.

6. Die thermischen Vorgänge in der Erdrinde.

Neben den im vorhergehenden Kapitel bereits berührten allgemeineren Ideen dürfte unter den Theorien, welche die Krustenbewegungen, die Verschiebungen der einzelnen Rindenteile gegeneinander und in sich selber und damit zusammenhängend vornehmlich die Gebirgsbildung zu erklären versuchen, zunächst die *Kontraktionstheorie*, d. i. die Lehre von der Abkühlung und Zusammenziehung der Erde, eine eingehendere Würdigung verdienen. Freilich liegen die Verhältnisse nicht so einfach, daß man sich der Vorstellung hingeben könnte, es handele sich zur Hauptsache um eine Kontraktion des die Wärme in erster Linie verlierenden Erdkerns und um ein Nachbrechen und einen Zusammenschub der sich dem schwindenden Kern anpassenden Erdrinde, denn der Abkühlungs- und Kontraktionsvorgang steht in verwickelterer Abhängigkeit von der Tiefe. Dieser nach der geotektonischen Seite in geschlossener Großzügigkeit namentlich von J. DANA, ALB. HEIM und besonders E. SUESS ausgewerteten Auffassung sind aber auch schon durch entgegenstehende geologische Beobachtungen vielfach ernste Schwierigkeiten erwachsen; denn die mit ihr allein vereinbare Möglichkeit wesentlich abwärts gerichteter (zentripetaler) und wesentlich horizontal gerichteter (tangentialer, faltender) Bewegungen läßt das Auftreten vertikal aufwärts, der Schwerkraft entgegengerichteter Bewegungen größerer Schollen, deren Vor-

[1]) Siehe neben dem auf S. 242 zitierten Werk von LOVE die kurz zusammenfassende Darstellung von J. W. GREGORY: Recent Literature on the Plan of the Earth. The Geographical Journal XXXII, 1908, S. 151ff. Vgl. auch E. SUESS: Das Antlitz der Erde. III, 2, 1909, S. 694—700.

kommen aber — auch in bedeutenderem Ausmaß — nach neueren geologischen und morphologischen Untersuchungen nicht bezweifelt werden kann[1]), unerklärt. Der richtige Kern, der indessen wohl zweifellos in der Vorstellung von der fortschreitenden Abkühlung und Zusammenziehung des Erdballs enthalten ist, läßt aber auch neuerdings von geologischer Seite F. Toula[2]) wieder für die Schrumpfungstheorie eintreten, indem er durch Experimente mit verschieden bestrichenen Gummiballonen im einzelnen zu zeigen sucht, wie durch Kontraktionsvorgänge tektonische Verhältnisse erzeugt werden können, die denen auf unserer Erde ähnlich sind.

Vom geophysikalischen Standpunkt aus hat Ch. Davison[3]) den Abkühlungsprozeß und die dabei auftretenden Dilatationen und Kompressionen einer genaueren Analysierung unterworfen. Er geht von den Untersuchungen Lord Kelvins aus und kommt zu dem Ergebnis, daß die Intensität der Abkühlung in einer gewissen Tiefe unterhalb der Erdoberfläche ihr Maximum besitzt, so daß sie sich von hieraus sowohl nach außen wie nach dem Erdinnern zu vermindert, und ferner, daß nur in einer äußersten, sehr dünnen Kugelschale, deren untere Begrenzung durch eine Fläche ohne Spannung gegeben ist, die Abkühlung so gering ist, daß hier zwecks Anpassung an die sich stärker zusammenziehende Unterlage Faltung und Pressung erfolgen muß. Die Kompression ist nahe der Erdoberfläche am größten und geht an der spannungslosen Fläche in eine Dehnung über, welche ihrerseits bis dicht unter der Tiefe intensivster Abkühlung wächst, um dann mit weiter zunehmender Tiefe allmählich wieder zu verschwinden.

Unter der Voraussetzung, daß die Erde kugelförmig sei und ihre Oberfläche bei der Erstarrung keinerlei Unregelmäßigkeiten aufgewiesen habe, berechnet sich die Dicke jener äußersten Schale zu nur rd. 8 km und die Tiefe der Fläche stärkster Abkühlung zu etwa 114 km, wenn noch die seit der Verfestigung verstrichene Zeit zu 174240000 Jahren angesetzt wird. Lord Kelvin nahm bei einer Erstarrungstemperatur von 7000° F (= 3870° C) als untere und obere Grenze für diesen Zeitraum 20000000 bzw. 400000000 Jahre an (siehe auch S. 256f.). Die auch schon beim Festwerden, z. B. infolge der Gezeitenwirkung, vorhandenen großen regionalen Ungleichmäßigkeiten an der Oberfläche ließen indessen den Faltungs- und Pressungsvorgang auch tiefer greifen; doch hat derselbe im Laufe der geologischen Perioden beständig an Stärke abgenommen und damit für die Entwicklung des Grundgerüstes der Erdrinde wie auch insbesondere der Gebirge an Bedeutung verloren, was indessen mit den geologischen Beobachtungen nicht völlig übereinstimmt. Indem jedoch O. Fisher[4]) darauf hinweist, daß die Tiefenlage der „Fläche ohne Spannung" von

[1]) So dürfte es z. B. sichergestellt sein, daß Fennoskandia im Tertiär eine Hebung erfahren hat, durch welche sein Niveau vor der Eiszeit um 2000—3000 m höher als gegenwärtig zu liegen kam.

[2]) Schrumpfungsversuche. Petermanns Mitteilg. 1914, II, S. 8—15.

[3]) On the Distribution of the Strain in the Earth's Crust resulting from Secular Cooling; with special reference to the Growth of Continents and the Formation of Mountains Chains. Phil. Trans. of the Roy. Soc. of London, 1887, CLXXVIII, S. 231—42.

[4]) Philosophical Magazine, London, XXIII, 1887, S. 145—149; XXIV, 1887, S. 391—394; XXV, 1888, S. 7—20.

der Zeit abhängt und zwar mit derselben wächst, kommt er auch auf analytischem Wege zu dem Schluß, daß die Intensität der Gebirgsbildung mit der Zeit zunimmt, sowie, daß die Tiefe der spannungslosen Fläche bei Annahme einer Erstarrungstemperatur von 7000° bzw. 4000° F gegenwärtig nur rd. 3 km bzw. gar 1 km beträgt und die mittlere Höhe der durch Kompression erzeugten Erhebung sich nur auf 6 m bzw. nur 0,6 m belaufen dürfte, so daß das jetzige Oberflächenrelief nicht lediglich auf die durch den Abkühlungsvorgang eines festen Erdkörpers bedingte Kontraktion der äußeren Schichten zurückgeführt werden kann. In der Tat beträgt die Dicke der Schicht, mit welcher die Erde in der Höhe des mittleren Meeresbodens umgeben sein würde, wenn man alle Erhebungen ausgliche, rd. 1300 m, d. i. der Abstand des mittleren Krustenniveaus (— 2400 m) von dem mittleren Meeresboden (— 3700 m) (siehe S. 235).

Ganz unabhängig von DAVISON und FISHER gelangte MELLARD READE[1]) betreffs des Vorhandenseins einer Fläche ohne Spannung zu praktisch den gleichen Ergebnissen, die ihn aber auch mit FISHER die Kontraktionstheorie als zur Erklärung des Erdreliefs und der Gebirgsbildung unzureichend erscheinen lassen. Diese Übereinstimmung ist um so bemerkenswerter, als die Beweiskraft der angedeuteten mathematisch-physikalischen Überlegungen durch die stark vereinfachenden und daher künstlichen Voraussetzungen, welche notwendig zugrunde gelegt werden mußten, um eine Lösung des Problems zu ermöglichen, nicht unwesentlich vermindert wird, was ja auch schon aus den im einzelnen abweichenden Resultaten von DAVISON und FISHER hervorgeht. Der Kontraktionslehre, welche jedenfalls *nach* Bildung der Erstarrungsrinde nur von der Entstehung weniger wesentlicher Züge im Antlitz der Erde Rechenschaft zu geben vermag, hat nun READE[2]) seine *thermische Theorie* gegenübergestellt. Der Hauptfaktor in der Entwicklung der Erdstruktur wird in Temperaturänderungen in einer unterhalb der festen Erdkruste befindlichen Zone teigartiger, zum Teil vielleicht glühendflüssiger Massen, d. i. einer *Magmaschicht*, sowie in den zur Ablagerung gelangten sedimentären Schichten selber gesehen. Die durch chemische und mechanische Vorgänge in der magmatischen Unterlage hervorgerufenen Temperatur- und damit verbundenen Volumenschwankungen werden aber als die durchaus bedeutenderen angesprochen und zur Erklärung der großen vertikalen Erhebungen und Einsenkungen und des im Laufe der Erdgeschichte zwischen ihnen teilweise stattgefundenen Wechsels, d. i. der *epirogenetischen* Bewegungen herangezogen. Die Entstehung der großen Gebirgszüge, also die Abwicklung der *orogenetischen* Prozesse, wird dagegen so vorgestellt, daß die durch Denudation weiter Landflächen an deren Rändern aufgehäuften Sedimente im Maße ihrer Ablagerung eine

---

1) Philosophical Magazine, London, XXIV, 1887, S. 212—214; XXV, 1888, S. 210—215. Siehe auch das Buch desselben Verfassers: The Origin of Mountain-Ranges, considered Experimentally, Structurally, Dynamically, and in Relation to their Geological History. London 1886.

2) The Evolution of Earth Structure, with a Theory of Geomorphic Changes. London 1903. Vgl. J. MILNE: Earth Structure. Nature, London 1903/04, LXIX, S. 251—252.

allmähliche Temperatursteigerung in den unter ihnen liegenden Schichten und somit infolge der dadurch bedingten und durch den Widerstand nicht erwärmter, starrer Schollen beschränkten Ausdehnung Aufrichtung und Emporfaltung derselben bewirkten. Temperaturerniedrigungen aber werden Zusammenziehung der davon betroffenen Krustenteile, Bruch- und Spaltenbildung und Absinken keilförmiger Blöcke zur Folge haben.

Wenn nun auch der Vorgang der Temperaturerhöhung durch Sedimentation, wie z. B. die horizontale Lagerung der mächtigen Schichten des Colorado-Hochlandes zeigt, für sich allein genommen zur Bildung hoher Faltenzüge nicht ausreichen dürfte, so ist ihm aber doch vom geophysikalischen Standpunkt aus besondere Beachtung zu schenken. Er wird durch die bekannten Temperaturbeobachtungen in Bohrlöchern, Bergwerksschachten und Tunnels gut beleuchtet. Aus ihnen geht hervor, daß im Mittel einem Anwachsen der Temperatur um 1° C eine Tiefenzunahme von 30—35 m entspricht. Diese im einzelnen in den oberflächlichen Schichten um einige Zehner von Metern schwankende und außer von der Leitfähigkeit der Gesteine auch von der Nähe etwaiger Wärmequellen (Vulkanherde) oder beträchtlicherer abkühlender Wassermassen abhängige *geothermische Tiefenstufe* dürfte in größerer Tiefe aber einen erheblich höheren Wert haben, der dann mit Annäherung an den Erdmittelpunkt noch weiter wachsen wird. Ein konstanter Wert von 33 m würde zu der ganz unwahrscheinlich hohen Temperatur von fast 200 000° C im Erdzentrum führen, während doch neuere physikalische Erwägungen dafür sprechen, daß diese Temperatur nur einige Tausende Grad beträgt. Nach TAMMANN[1]) entspricht einer Tiefe von 10—40 km eine Temperatur von 300—800°, was eben für die oberen Erdschichten zu einer geothermischen Tiefenstufe von 33 m führt, aber schon für die Schichten zwischen 10 und 40 km einen durchschnittlichen Wert von 60 m ergibt.

Zu einer Veranschaulichung der Temperaturverteilung innerhalb der Erde kann man gelangen, wenn man die Punkte gleicher Temperatur durch die sog. *Geoisothermflächen* miteinander verbindet. Es zeigt sich, daß sich diese Flächen in den oberen Erdschichten im großen und ganzen dem Oberflächenrelief anpassen, mit zunehmender Tiefe aber einen mehr und mehr gleichmäßigen Verlauf annehmen. Unter Bergen steigen sie aufwärts und rücken weiter auseinander (geothermische Tiefenstufe am Gotthardscheitel 45 m, am Simplonscheitel 43,5 m), unter Tälern biegen sie abwärts und drängen sich zusammen (geothermische Tiefenstufe im Gotthardtal und Simplontal 29 m). Gute Wärmeleitfähigkeit und der Einfluß abkühlender Wassermassen bewirken eine Verlangsamung der Temperaturzunahme mit der Tiefe und daher eine Vergrößerung der Abstände benachbarter Geoisothermen, schlechte Leitfähigkeit und die Anwesenheit von Wärmeherden machen sich im umgekehrten Sinne geltend[2]). Eine Wärmequelle ist auch das in den Gesteinen enthaltene *radioaktive Material*, insofern als sein kontinuierlich vor sich gehender Zerfall, dadurch daß die von ihm mit ungeheurer Geschwindigkeit ausgesandten Strahlen (in erster Linie die sogen.

---

[1]) Kristallisieren und Schmelzen. Leipzig 1903. S. 183/184.

[2]) Einzelne Werte hat J. KÖNIGSBERGER zusammengestellt in: Normale und anormale Werte der geothermischen Tiefenstufe. Zentralbl. für Mineralogie usw. 1907, S. 673—679.

α-Teilchen) in der umgebenden Substanz gebremst und schließlich absorbiert werden, mit einer bemerkenswerten Wärmeentwicklung verbunden ist; und so ist auch J. JOLY[1]) der Ansicht, daß der im Vergleich zu den Verhältnissen im Gotthardtunnel stellenweise steilere Temperaturgradient im Simplontunnel auf dem nachweisbar relativ höheren Radiumgehalt des Simplongesteins beruht.

Das verbreitete Vorkommen *radioaktiver Substanzen*, namentlich des Urans und seiner Verbindungen, in der Erdkruste und, wenn auch wohl in geringeren Mengen, im Innern der Erde muß aber überhaupt einen bedeutsamen Einfluß auf den ganzen Wärmehaushalt unseres Planeten haben. Ohne bei der Unsicherheit unserer Kenntnis der hier in Betracht kommenden quantitativen Verhältnisse im einzelnen zuverlässige Daten geben zu können, vertritt JOLY in dieser Hinsicht am angeführten Ort den Standpunkt, daß der Erdkern zurzeit trotz der ständig vor sich gehenden Wärmeausstrahlung der Erde und der in ihrem Innern stattfindenden Wärmeleitung zur Hauptsache seine Wärme behält, da er einerseits von einem sehr wärmereichen Mantel umgeben ist und andererseits selbst wärmeerzeugende Materialien enthält. Soweit aber in dem gegenwärtigen Entwicklungsstadium eine Abkühlung im ganzen stattfindet, wird sie jedenfalls durch die Gegenwirkung der zerfallenden radioaktiven Substanzen verzögert; doch wird diese Gegenwirkung mit fortschreitendem Zerfall mit der Zeit abnehmen und daher das Maß der Abkühlung wachsen, wie dieses auch in einem früheren Zustand unserer Erde weit stärker war.

Um eine Vorstellung von den hierbei in Frage kommenden Größenordnungen zu geben, sei darauf hingewiesen, daß das Uran durch den Zerfallsprozeß jährlich nur etwa ein Zehntausendmilliontel ($1 \cdot 10^{-10}$) seiner Masse verliert. Der Wärmestrom, welcher jährlich durch die Erdoberfläche in den Weltenraum geht, kann nach der Größe des Temperaturgradienten in den oberen Schichten auf etwa 260 Trillionen ($2{,}6 \cdot 10^{20}$) Grammkalorien geschätzt werden[2]). Um diesen Wärmeverlust zu decken, würde es nach einer Berechnung von RUTHERFORD genügen, wenn in jedem Gramm der Erdmasse 460 Billiontel ($4{,}6 \cdot 10^{-14}$) Gramm Radium enthalten wären.

Auch diese Überlegungen sind geeignet, der Kontraktionslehre in ihrer allgemeinen Bedeutung Abbruch zu tun und u. a. auch die oben erwähnten von LORD KELVIN vorgenommenen Abschätzungen der seit der Verfestigung der Erde verstrichenen Zeit und die daran geknüpften Folgerungen zu modifizieren, wenn sie auch die Gültigkeit der Theorie keineswegs ganz aufzuheben vermögen, denn die Schrumpfung wird in ihrem schließlichen Gesamtbetrage nicht dadurch vermindert, daß sie durch die Gegenwirkung der radioaktiven Substanzen gehemmt wird.

Unter Berücksichtigung der mit der Anwesenheit radioaktiven Materials im Erdkörper verbundenen Wärmeerzeugung ergibt sich gegenüber dem KELVINschen Maximalwert von 400 Millionen Jahren unter bestimmten Voraussetzungen als viel wahrscheinlicher, daß die sich verfestigende Erde ein Alter von wesentlich mehr als

[1]) Uranium and Geology. Nature, London 1908, LXXVIII, S. 456—466.

[2]) Eine Grammkalorie bedeutet diejenige Wärmemenge, welche einem Gramm Wasser bei 15° C zugeführt werden muß, damit seine Temperatur um 1° steige.

1300 Millionen Jahren besitzt[1]). Aus dem Gehalt an Blei, welches sich in radioaktiven Substanzen neben dem Element Helium als Endprodukt des Zerfalls mit einer bekannten gesetzmäßigen Geschwindigkeit allmählich ansammelt, hat man ferner unter der Annahme, daß diese Zerfallsgeschwindigkeit des Urans sich im Laufe der geologischen Zeiten nicht geändert hat, z. B. das Alter eines Minerals aus der jüngeren Steinkohlenzeit (Oberkarbon) zu 320 Millionen Jahren und dasjenige eines Minerals aus dem (mittleren) Devon, welches dem Karbon unmittelbar vorhergeht, zu 300 bis 340 Millionen Jahren ermittelt. Für die ältesten archaischen Gesteine ergab sich hiernach ein Alter von 1000 bis 1500 Millionen Jahren.

Eine Hauptursache der Krustenbewegungen sieht jedoch JOLY ähnlich wie READE in der Hebung der Geoisothermen infolge beständiger Sedimentation, indem aber dadurch zugleich auch eine Anhäufung Wärme entwickelnder radioaktiver Stoffe stattfindet. Die radioaktive Wirkung einer 10 km mächtigen Schichtenablagerung wird dabei auf ein Ansteigen der Geoisothermen um rd. 13 km veranschlagt, so daß dadurch die Geoisotherme in 40 km Tiefe, welche etwa der unteren Begrenzung der festen Rinde entsprechen könnte, um ein Drittel dieser Tiefenlage gehoben und so die Dicke der ursprünglichen Kruste um den gleichen Betrag vermindert würde. Damit wäre an dieser Stelle aber auch noch die Widerstandsfähigkeit gegen tektonische Bewegungen erheblich herabgesetzt.

In prinzipieller Übereinstimmung mit diesen letzten Erwägungen sieht übrigens auch G. VON DEM BORNE[2]) im Hinblick auf die mannigfachen, in ganz verschiedener Weise für den Wärmehaushalt der Erde in Betracht kommenden Umstände nicht so sehr in dem wesentlich konzentrisch vor sich gehenden Schrumpfungsprozeß als vielmehr in unregelmäßigen, örtlich mehr oder weniger variierenden Schwankungen von Temperatur und Volumen einzelner Erdpartien eine Erklärung der tektonischen Erscheinungen. Wie weit ein anderes Moment, nämlich die *Abnahme der Abplattung der Erde* infolge einer etwaigen durch die Reibung der Gezeiten bewirkten Verlangsamung ihrer Umdrehungsgeschwindigkeit, welche in ihrer Bedeutung für die Gebirgsbildung durch A. v. BÖHM[3]) eingehender darzulegen versucht worden ist, bei dem Versuch einer genetisch vollständigen Erfassung der Krustenbewegungen zu berücksichtigen ist, kann bei der für die Lösung gerade dieser Frage noch zu großen Unsicherheit der zu machenden geophysikalischen Annahmen kaum entschieden werden. Nach W. SCHWEYDAR kann mit einem wirksamen Einfluß der Reibung der Gezeiten der festen Erde auf die Rotationsdauer im Laufe ihrer geologischen Geschichte nicht gerechnet werden, und die Bedeutung der Meeresgezeiten ist in dieser Hinsicht noch geringer.

---

1) R. W. LAWSON: Über absolute Zeitmessung in der Geologie auf Grund der radioaktiven Erscheinungen. Die Naturwissenschaften. 1917, S. 429—435 u. 452—459.

2) Die physikalischen Grundlagen der tektonischen Theorien. Gerlands Beitr. z. Geophysik IX, 1908, S. 378—403.

3) Abplattung und Gebirgsbildung. Leipzig 1910, 83 S. Vgl. hierüber die Kritik von F. POCKELS in Geolog. Rundschau II, 1911, S. 141—144.

Neuerdings hat auch H. QUIRING[1]) diesen Gedanken weiter auszubauen unternommen, der dabei hinsichtlich des Kontraktionsvorganges der Erde die Ansicht vertritt, daß derselbe gegenwärtig nur von untergeordneter geotektonischer Bedeutung ist, daß er aber in der ältesten geologischen Zeit, dem Archaikum, wo die stärkere Zusammenziehung des Erdkerns im Vergleich zur Schrumpfung der Erdrinde noch wesentlich ausgeprägter war, eine größere Rolle für die Gebirgsbildung spielte, wenn auch schon damals der säkularen Zunahme der Rotationsdauer durch Gezeitenreibung und der damit verbundenen Verminderung der Abplattung das Hauptgewicht zugefallen sein soll. Wichtig ist für seine Überlegungen die Voraussetzung einer zähflüssigen Magmazone unterhalb der starren Kruste, in der sich im Zusammenhang mit der eintretenden Verkürzung der äquatorialen und der Verlängerung der polaren Achse und der dadurch im Erdmantel bedingten Druckverschiebung ganz bestimmte Unterströmungen sowie Temperatur- und Volumenschwankungen (vgl. II, 8. S. 262) abspielen sollen. Im übrigen aber wirkt die einfache Behandlungsweise des an sich sehr verwickelten mechanischen Problems, die u. a. nach eingetretener Verlangsamung der Achsendrehung sogar wieder mit einer geringen Vergrößerung der Rotationsgeschwindigkeit rechnet, bezüglich der gezogenen Folgerungen nicht durchaus überzeugend. Soweit die Änderungen der Abplattungsverhältnisse unserer Erde infolge Schwankungen in ihrer Rotationsdauer seit Bestehen einer festen Rinde überhaupt ansehnlich genug sind, um bemerkenswertere Gestaltsänderungen hervorgebracht zu haben, dürften diese Änderungen aber doch jedenfalls ganz langsam und stetig und nicht, wie der Autor einmal sagt, gewissermaßen ruckweise erfolgt sein.

7. Das Prinzip der Isostasie und Kompensation.

Eine besondere Bedeutung kommt für die Krustenbewegungen, wie schon im Abschnitt 4 berührt, den sich nach *isostatischen* Gesetzen abspielenden Vorgängen auf unserer Erde zu; und dies führt uns hin zu den Gedankengängen, wie sie zuerst und prinzipiell sehr umfassend von CL. EDW. DUTTON[2]) in seiner *Gleichgewichtstheorie* entwickelt worden sind. Der Prozeß der Denudation und Sedimentation, wie er sich besonders intensiv an steil abfallenden Kontinentalrändern, z. B. an der andinen Küste von Südamerika, abspielt, muß an sich eine beständige Störung des Gleichgewichts in der gegenseitigen Lagerung der aneinander grenzenden Erdschollen hervorrufen, indem das der Abtragung unterliegende kontinentale Gebiet leichter wird und daher Hebungstendenz erhält und der der Ablagerung ausgesetzte Meeresboden beschwert wird und somit Senkungstendenz bekommt. Der durch eine solche Hebung und Senkung eingeleitete Ausgleich bedingt aber als Kompensation gleichzeitig auch eine seitliche Massenströmung unterhalb der sich vertikal verschiebenden Krustenteile, und zwar von der Zone der Sedimentation nach der Zone der Denudation hin und setzt eine solche Ausgleichsbewegungen überhaupt erst ermöglichende mehr oder minder zähflüssige oder doch plastische Unterlage der Erdrinde voraus. Diese Vorstellungen passen sich gut der bereits im Abschnitt 4 kurz dargelegten Theorie der isostatischen

[1]) Über das Problem der Krusten- und Gebirgsbildung usw. Geolog. Rundschau XI, 1921, S. 193—234.

[2]) On some of the greater problems of physical geology. Bull. of the Philosoph. Society of Washington XI, 1892, S. 51—64.

Anordnung der Massen in der Erdkruste sowie der Annahme einer, wenn auch nicht notwendigerweise völlig in sich zusammenhängenden Magmazone in einer Tiefe von einigen Zehnern von Kilometern an. Geht nun der Denudations- und Sedimentationsprozeß kräftig genug vor sich, so daß die einem isostatischen Ausgleich zunächst entgegenwirkende Starrheit der Kruste überwunden wird, so muß hauptsächlich zufolge der von der horizontalen Kompensationsströmung ausgehenden Kraft eine Stauung und Auffaltung der abgelagerten Schichten gegen den Kontinentalrand erfolgen, die auch noch dadurch gefördert wird, daß diese Schichten fortschreitend in tiefere Lagen gelangen und dadurch wärmer und somit biegsamer werden. So scheint hier in der Tat die Möglichkeit der Entstehung langgestreckter Gebirgszüge, wie z. B. der pazifischen Küstenketten Amerikas, gegeben, während nach Duttons Meinung aus der Kontraktionstheorie doch nur eine allseitige Zusammenpressung in verschiedenster, nicht aber in einer systematisch einheitlichen Richtung zu folgern ist. Demgegenüber weist allerdings F. Löwl[1]) wohl mit Recht darauf hin, daß, wie des Näheren bereits Le Conte eingewendet hat, sich die auf der Kontraktion der Erde beruhende Faltung doch auf die zurzeit gerade aus irgendwelchen Gründen nachgiebigeren und räumlich sehr wechselnd angeordneten Schollen beschränken wird, während die starrere, als Widerlager wirkende Umgebung ungefaltet bleibt, so daß auf diese Weise die tatsächlich vorhandenen Gebirge auch aus der Schrumpfungstheorie zu erklären seien. Ob dies freilich, abgesehen von den früher gegen diese Lehre erhobenen Bedenken, auch bei den sich durch mehr als 60 Breitengrade in wesentlich meridionaler Richtung erstreckenden südamerikanischen Anden möglich ist, erscheint aber doch zweifelhaft. Andererseits ruft der Zweifel, ob durch die isostatischen Ausgleichsbewegungen wirklich eine zur Faltung großer Schichtkomplexe hinreichend große horizontal gerichtete Kraft ausgelöst wird, ernste Bedenken gegen eine zu weitgehende Anwendung auch dieser isostatischen Theorie von Dutton wach, wie ja auch u. a. das allmählich aus mächtigen Seichtwasserablagerungen gebildete Colorado-Plateau nicht zu einem Kettengebirge aufgestaut worden ist. Eine wichtige Einschränkung hat aber Dutton selbst schon gemacht, indem er die Ursache der bedeutenderen säkularen Hebungen und Senkungen weiter Gebiete, d. i. also wieder der epirogenetischen im Gegensatz zu den orogenetischen Bewegungen, nicht in den soeben erörterten isostatischen Vorgängen sieht, deren Streben ja vielmehr letzthin darauf gerichtet ist, die Gestaltung des Profils auf der Erdoberfläche zu konservieren. Für die großen regionalen Hebungen möchte auch er, wie Reade, sehr wesentlich Expansionen und damit Dichteverminderungen der magmatischen Unterlage in Anspruch nehmen. Betreffs der Gebirgsbildung ist aber in Duttons Gedanken-

[1]) Einige Bemerkungen zu Pencks Morphologie der Erdoberfläche. Verhandl. d. Geol. Reichsanst. Wien 1894, S. 455—475.

gängen der erneute Hinweis auf die Bedeutung von *Geosynklinalen*, also von langgestreckten Trögen, festzuhalten, in denen erst durch Ablagerung Schichten von großer Mächtigkeit angehäuft werden müssen — wobei sie selbst noch eine ständige weitere Ausbildung erfahren —, bevor der Faltungsprozeß einsetzen kann. Schon J. DANA machte auf die Notwendigkeit des Vorhandenseins geosynklinaler Bildungen für die Entstehung von Gebirgen aufmerksam und betonte, wie auch wieder READE, das Voraufgehen langanhaltender beträchtlicher Sedimentation auf ausgedehnten Flächen.

Die gleiche Idee des isostatischen Ausgleichs ist es, wenn T. F. JAMIESON[1]) Hebungen und Senkungen des Landes zum Teil auf zunehmende Belastung durch Eis während der Eiszeit und dann wieder eingetretene Entlastung infolge Abschmelzung zurückführt, und wenn er insbesondere zur Erklärung rezenter Verschiebungen des Meeresspiegels an der Küste, wie z. B. in Schottland und Irland, an die Denudation des Landes auch durch Regenfälle denkt, die beständig und namentlich dort stark wirksam ist, wo eine steile Abdachung zur Küste besteht. Gegenüber allen solchen Prozessen, die sich allmählich in außerordentlich langen Zeiträumen abspielen, muß die Erde in der Tat als in gewissem Grade plastisch angesehen werden, während sie sich bei anderen rascher wirkenden Vorgängen, wie es namentlich die elastischen Deformationen durch die Erdbebenwellen, dann aber auch noch die Gezeiten und die periodischen Breitenschwankungen sind, durchaus mehr oder weniger starr verhält. Die den geologischen Kräften gegenüber vorhandene Plastizität und elastische Nachwirkung der Erdrinde erklärt auch das aus den Beobachtungen (z. B. auch in Fennoskandia) zu erschließende Nachhinken der Auf- und Abwärtsbewegung eines Krustenteils unter dem Einfluß einer wechselnden Belastung, das bei vollkommener Elastizität nicht möglich wäre (vgl. V, 17). Im einzelnen aber wird man M. P. RUDZKI[2]) zustimmen müssen, wenn er bemerkt, daß man bei der Mannigfaltigkeit denkbarer isostatischer und anderer Deformationen, deren verwickeltes Ineinandergreifen treffend auch von J. F. HAYFORD[3]) kurz dargestellt wurde, kein allgemeiner gültiges Schema aufstellen kann. Die Belastung und Entlastung, die physikalisch und chemisch bedingte Widerstandsfähigkeit der Schichten gegen Druck- und Volumänderungen, ihre räumliche Anordnung, der von unten auf sie ausgeübte Druck wird bei der Heterogenität der Erdrinde von Ort zu Ort variieren und dadurch viele Komplikationen in den schließlich resultierenden Krustenbewegungen bedingen.

---

1) On Changes of Level and the Production of Raised Beaches. The Geolog. Magazine V, 1908, S. 206—209; und: On the Cause of the Depression and Reelevation of the Land during the Glacial Period. Ebenda 1882.

2) Physik der Erde. Leipzig 1911, Kap. VI.

3) The Relations of Isostasy to Geodesy, Geophysics and Geology. Science XXXIII, New York 1911, S. 199—208.

Die durchgreifende Bedeutung des Prinzips der Isostasie und Kompensation für die Geotektonik tritt aber besonders auch in der bereits im Abschnitt 4 ausführlicher herangezogenen WEGENERschen Theorie der *Horizontalverschiebung der Kontinente* hervor. Wie nach dieser Auffassung die sialischen Schollen nach isostatischen Gesetzen in ihre simatische Unterlage eingetaucht sind und gleichsam in ihr schwimmend sich horizontal verlagern können, so werden auch die mit solchen Bewegungen verbundenen gebirgsbildenden Vorgänge von den Gesetzen der Isostasie beherrscht. Die infolge des Stirnwiderstandes, welche die sich verschiebende Scholle an ihrer Vorderseite im Sima findet, eintretende Zusammenpressung und Aufrichtung der im Schelfgebiet als in einer Geosynklinalregion allmählich abgelagerten Schichten bedingt gleichzeitig, wenn das Gleichgewicht gewahrt bleiben soll, eine nach unten in das Sima hineingerichtete Stauung. Hierbei muß aber die vertikale Dimension dieser abwärts gerichteten Faltung diejenige der sichtbaren Gebirgsfaltung noch ganz erheblich übertreffen, da das Verhältnis der mittleren Höhe des über dem Tiefseeboden, d. i. der Simaoberfläche, herausragenden Teils der Kontinente (etwa 4800 m) zu ihrer ganzen Dicke nur $^1/_{25}$ beträgt, wenn wir als Mächtigkeit der Kontinentalschollen die mittlere Tiefe der Ausgleichsfläche von 120 km annehmen. Die gebirgsbildenden Kräfte sind dabei naturgemäß die gleichen wie diejenigen, welche die Verschiebungen der Schollen bewirken und als welche wir hypothetisch eine Polflucht und eine Westwanderung der Kontinente kennengelernt haben. Nach dieser Vorstellung können auf der einen (der West-) Seite einer Scholle Druck- und auf der anderen (der Ost-) Seite gleichzeitig Zugwirkungen ausgeübt werden. Auf Beanspruchung durch Zug wird so auch die Entstehung der Tiefseerinnen am Ostrande Asiens, wie ebenfalls des langgestreckten Tonga- und Kermadec-Grabens nordnordöstlich von Neuseeland zurückgeführt, indem dieselben als aufgerissene Spalten im alten schon erhärteten simatischen Tiefseeboden des Pazifik aufgefaßt werden, während im Gegensatz hierzu bei den Tiefseegräben an der südamerikanischen Westküste ein ursächlicher Zusammenhang mit der Gebirgsbildung der Anden für wahrscheinlich gehalten wird, insofern durch die damit verbundene nach unten gerichtete Stauung des sialischen Materials dieses gleichzeitig auf das angrenzende Sima eine Saugwirkung ausgeübt haben soll und zwar um so mehr, als es in der Tiefe zum Teil schmolz und so infolge der Westwanderung Südamerikas zurückblieb. Diese gegensätzlichen Erklärungsversuche können jedoch so lange nicht befriedigen, als nicht auch in der morphologischen Gestaltung der Tiefseegräben zwischen denen des pazifischen Ost- und denen des Westrandes ein wesentlicher Unterschied nachgewiesen worden ist. Bis dahin erscheint die im Abschnitt 3 besprochene einheitliche Auffassung von J. GEIKIE annehmbarer, der freilich, wie wir sahen, ausgedehnte, wohl letzthin nur durch eine auch gegenwärtig noch nicht ganz abgeschlossene Abkühlung und

Schrumpfung des Erdballs zu erklärende Senkungsbewegungen in Anspruch nimmt.

Auf vertikale Schollendislokationen regionaler Ausdehnung führt desgleichen die Ansicht von G. DE GEER[1]) über die Entstehung des europäischen Nordmeeres oder des Skandik zwischen Spitzbergen, Skandinavien, Island und Grönland und über die mit ihr mutmaßlich in Zusammenhang gebrachten tertiären Hebungen dieser Landgebiete. Danach handelt es sich bei dem Skandik und den angrenzenden Teilen des Arktik und des Nordatlantik um einen großen im Spättertiär begonnenen und noch jetzt andauernden Einsenkungsprozeß, durch den gleichzeitig die unterlagernden magmatischen Massen an die Ränder der sich bildenden Becken gedrängt wurden und hier im Ausgleich, soweit sie nicht, wie namentlich in Island, in mächtigen Basaltergüssen zutage treten konnten, die erwähnten großartigen Landhebungen bewirkten. Wir dürfen wohl jedenfalls auch in derartigen Stauungen und Kompensationswirkungen des Magmas eine mögliche Erklärung bedeutender Krustendislokationen sehen. Unterströmungen sialischen Materials, das bei der während einer Gebirgsbildung auch in die Tiefe gerichteten Faltung geschmolzen ist und an der Rückseite der sich bewegenden und zusammenstauenden Scholle wieder unter Hebungserscheinungen empordrängt, werden übrigens desgleichen in der Horizontalverschiebungstheorie angenommen.

8. Unterströmungshypothese. Synthese. Zyklen in der Entwicklung der Erdrinde.

Das führt schließlich auf eine von O. AMPFERER[2]) aufgestellte Hypothese der Gebirgsbildung hin, die von ihrem Autor geradezu als *Unterströmungshypothese* bezeichnet worden ist und die nunmehr noch etwas eingehender betrachtet werden soll. Diese Hypothese nimmt im Gegensatz zu der Vorstellung, daß eine Gebirgsbildung erst durch eine weitgehende Summierung der Schub- und Faltungskräfte, sei es z. B. infolge einer allgemeinen Kontraktion des Erdballs und des damit verbundenen Gewölbedruckes in der Erdrinde oder sei es etwa infolge horizontaler Bewegungen einzelner Teile der Lithosphäre, zustande kommen kann, den Standpunkt ein, daß vielmehr durchweg die Faltenzonen als Streifen eigener Entstehungskraft aufzufassen seien, d. h. auf Vorgängen ihres Untergrundes, nicht aber so sehr auf Wirkungen ihrer Umgebung beruhen. Zu dieser Ansicht soll die verwickelte innere Struktur der meisten Gebirge und vor allem auch der Umstand nötigen, daß gegenüber einer resultierenden Häufung von Fernwirkungen die Druckfestigkeit der Gesteine im allgemeinen viel zu gering ist, als daß dieselben solche Kräfte

[1]) Kontinentale Niveauveränderungen im Norden Europas. Petermanns Mitteilg. 1912, II, S. 121—125.

[2]) Über das Bewegungsbild von Faltengebirgen. Jahrbuch d. Geolog. Reichsanst. Wien LVI, 1906, S. 539—622.

von weither bis zu einer bestimmten, gerade einer tektonischen Umformung unterliegenden Scholle hinzuleiten vermöchten. Auf diesem Wege könnte nur eine viel allgemeinere und auch gleichmäßigere, mit Zermalmung verbundene Faltung und Schiebung der *Erdhaut*, d. i. der im Vergleich zum Untergrunde leicht zerdrückbaren äußeren Erdrinde oder Erdschale, erzeugt werden. Wird somit Faltung durch Fernschub nicht durchaus abgelehnt, so soll aber doch die Entstehung von Gebirgszügen, welche sich ohne Abzweigungen durch große Teile der Erdoberfläche erstrecken, wie also z. B. die Anden, auch aus dem Grunde nicht auf Schüben von Schollen beruhen können, weil es keine so großen einheitlich bewegten Gebilde der Lithosphäre geben kann. Dieser Einwand ist indessen angesichts der durch die WEGENERsche Vorstellung der Horizontalverschiebung der Kontinente aufgezeigten Möglichkeiten nicht mehr ohne weiteres als stichhaltig anzuerkennen.

Nach der hier zur Erörterung stehenden Hypothese sind nun aber die Faltenstränge im wesentlichen nicht als passive Zonen geringsten Widerstandes, sondern als Kraftstreifen aufzufassen, die umgekehrt oft aus ihren Bereichen Bewegungen gegen ihre Umgebung ausstrahlen lassen und daher auch als „Kraftlinien im Antlitz der Erde" bezeichnet werden können. Der Herd dieser Kraftäußerungen liegt aber in der Tiefe, nämlich im Untergrund der Erdhaut, die, an sich unselbständig und auf ihrer Unterlage ruhend, genötigt ist, sich in ihrer Struktur ganz den Verschiebungen der unter ihr befindlichen nachgiebigeren und daher leichter beweglichen Massen anzupassen, sie gleichsam abzubilden. Allgemein sind diese Massenbewegungen als molekulare Unterströmungen, unter denen Gleitbewegungen infolge eines irgendwie hervorgerufenen Schwergefälles eine besonders wichtige Rolle spielen dürften, zu charakterisieren und in Verbindung mit der Verschiedenartigkeit in der Beschaffenheit der Massen auf physikalische und chemische Ursachen zurückzuführen. Hier kommen diese Vorstellungen dem obenerwähnten Standpunkt von v. d. BORNE sehr nahe, der gegenüber der Annahme einer vorwiegend konzentrisch abgestuften Wärmeabgabe im Sinne der Kontraktionstheorie das Vorhandensein von örtlich ganz verschieden und vielfach in entgegengesetzter Richtung verlaufenden Temperatur- und Volumenschwankungen für wahrscheinlicher hält. Auf diese Weise können mannigfaltig Hebungen und Senkungen und damit hin und her gerichtete Massenströmungen in der Tiefe hervorgerufen werden, die dann in der darüber befindlichen Erdhaut je nach den besonderen Umständen des örtlichen und zeitlichen Verlaufs des Prozesses wie auch der Gesteinsbeschaffenheit neben Einbrüchen und allmählichen Auf- und Abwärtsbewegungen auch verwickelte horizontale Verschiebungen und folglich Zerrungen, Faltungen und Überschiebungen herbeiführen müssen. Bezüglich der Bedeutung der Gesteinsbeschaffenheit für die entstehenden Strukturverschiedenheiten findet hierbei eine gewisse

Berührung mit der Auffassung von H. STILLE[1]) statt. Dieser Autor lehnt eine grundsätzliche Scheidung zwischen tangential und vertikal gerichteter Gebirgsbildung ab und sieht, indem er als Grundlage der Orogenese seitlichen Druck anspricht, hauptsächlich in dem variierenden Grade der *Mobilität oder Gefügigkeit des Untergrundes* die Erklärung für die Verschiedenheit der tektonischen Typen. Als Hauptformen dieser Typen werden unterschieden: 1. Das *Deckengebirge* (charakterisiert durch liegende Falten und Deckenüberschiebungen von oft weiter Herkunft), 2. das *Faltengebirge* (die Überschiebungen treten gegenüber den mehr oder weniger normal gebauten Falten zurück), 3. das *Bruchfaltengebirge* (der Faltenbau wurde bei seiner Entstehung durch Bruchbildungen in Schollen zerlegt) und 4. das *Blockgebirge* (der Boden ist in einzelne Blöcke disloziert, deren Schichten gar nicht oder nur schwach verbogen sind).

Wertvoll ist in den AMPFERERschen Überlegungen die Betonung der Mannigfaltigkeit und Kompliziertheit der tektonischen Gebilde, welche die Anwendung eines einheitlichen Schemas auf ihre Entstehung in der Tat nicht zuläßt und daher vielfach die Inanspruchnahme räumlich und zeitlich variierender und örtlich auf die jeweilige, eine tektonische Umgestaltung erfahrende Zone begrenzter Vorgänge notwendig macht. Doch erscheint die zu diesem Zweck eingeführte Vorstellung der Unterströmung in dem hier gebrauchten Sinne zu unbestimmt, um befriedigen zu können. Es besagt zu wenig, wenn angegeben wird, daß dieselbe letzthin auf dem Vorhandensein von verschiedenartigen mehr oder weniger ausgedehnten Massen im Untergrunde der Erdhaut beruht, zwischen denen physikalisch und chemisch veranlaßte molekulare Ausgleichsbewegungen, Hebungen und Senkungen, Hin- und Herflutungen, stattfinden. Und können denn diese Unregelmäßigkeiten in der Beschaffenheit der tieferen Schichten ohne weiteres als so beträchtlich angenommen werden, daß die allein durch sie bedingten örtlichen Massenverschiebungen einen Energiegehalt haben, welcher die erörterten bedeutenden tektonischen Wirkungen an der Erdoberfläche hervorzubringen imstande wäre? Auch ist es nicht unbedenklich, von der äußeren sedimentären Hülle oder der Stratosphäre als von einer völlig haltlosen und den Regungen ihres Untergrundes im einzelnen nachgebenden Erdhaut zu sprechen; die Einheitlichkeit und die Selbständigkeit der verschiedenen sialischen Kontinentalschollen läßt sich damit nicht gut vereinigen.

Die Ideen AMPFERERS hat nun K. ANDRÉE[2]) durch eine *Synthese* mit dem Prinzip der Isostasie und der Gleitfaltungslehre von ED. REYER für eine Theorie der Gebirgsbildung verwertbarer zu machen gesucht, indem er sich zugleich bemühte, den Charakter der Unterströmungen näher zu präzisieren. Auf den ausführlicher im nächsten Kapitel zu be-

[1]) Über Hauptformen der Orogenese und ihre Verknüpfung. Nachr. d. Gesellsch. d. Wiss. z. Göttingen, math.-phys. Kl. 1918, S. 362—393.

[2]) Über die Bedingungen der Gebirgsbildung. Berlin 1914, 101 S.

handelnden Untersuchungen von DOELTER, TAMMANN und v. WOLFF über die mit der Kristallisation von Silikatschmelzen verbundenen Volumänderungen fußend, möchte ANDRÉE u. a. neben lokalen Schwankungen der Temperatur und damit auch des Volumens vor allem in der in größerer Tiefe (wahrscheinlich mindestens 150 km unterhalb der Erdoberfläche) beim Kristallisieren notwendigen *Volumenvermehrung* eine mögliche Energiequelle sehen, auf welcher nicht nur die vulkanische Tätigkeit auf unserer Erde beruht, sondern auch der säkulare Vorgang der epirogenetischen Hebungen, namentlich aber die Erzeugung derjenigen Niveauunterschiede in der Massenanordnung des Untergrundes, welche nötig sind, um die von AMPFERER geforderten Unterströmungen auszulösen. Die Richtung dieser nach früherem auch die Erdhaut in Mitleidenschaft ziehenden Bewegungen wird nun durch das Gesetz des isostatischen Ausgleichs bestimmt. Es wird sich dabei wesentlich um einseitige Gleitungen auf plastischem Grunde infolge eines Schweregefälles handeln, die dann durch Zusammenschub der Schichten an der Erdoberfläche zu der zuerst von ED. REYER[1]) gewürdigten Gleitfaltung führen. Als für die Abwicklung dieser Vorgänge besonders günstig veranlagt müssen die Festlandsränder mit den ihnen vorgelagerten Schelfregionen gelten, da in diesen Zonen durch die Neigung der Sedimentlagen schon an sich die Vorbedingungen zu einem durch die Gravitation bewirkbaren Gleitphänomen gegeben sind. Dieselben dürften ferner aber auch zu den labilsten Zonen der Erdrinde gehören; denn die sialischen Schollen müssen, sofern sie isostatisch in das Sima eingebettet sind, hier am wenigsten mächtig sein, da ja schon der über der Simaoberfläche, d. i. also dem Tiefseeboden emporragende Teil der Schelfe um etwa 500—1000 m weniger hoch ist als der des eigentlichen Festlandes.

Wenn nun auch aus später zu erörternden Gründen (siehe III, 10, a) bezweifelt werden muß, daß der als hauptsächliche Ursache der Unterströmungen herangezogene Kristallisationsprozeß in der erforderlichen Weise vor sich geht, und damit die von AMPFERER gedachten Unterströmungen auch weiter wesentlich hypothetisch bleiben, so liegt aber doch wohl in der Verbindung der REYERschen Idee der Gleitfaltung mit dem Prinzip der Isostasie ein fruchtbarer Gedanke, indem dadurch vermittels der dabei auftretenden einseitigen Schubkraft sehr glücklich die geologisch vielfach festgestellte Einseitigkeit im Bau der großen Kettengebirge erklärt werden kann. Besonders das in den letzten Jahrzehnten in immer ausgedehnterem Maße erkannte Vorhandensein großer Überschiebungen durch Deckschollen weist zwingend auf einseitig gerichtete Gleitphänomene auf mehr oder minder plastischer Unterlage hin.

Wie bereits berührt (siehe S. 248—250), zieht auch FR. KOSSMAT Massenströmungen im tieferen Untergrunde zur Erklärung der tekto-

[1]) Ursachen der Deformationen und der Gebirgsbildung. Leipzig 1892, 40 S.

nischen Vorgänge an der Erdoberfläche in erheblichem Maße mit heran, jedoch nicht so sehr, um durch sie im Sinne AMPFERERS die Faltenzonen als Streifen eigener Entstehung zu erklären, sondern um die mit der Gebirgsbildung in dem gerade betroffenen Bezirk und seiner weiteren Umgebung nachweislich auftretenden *Schwereanomalien* und die damit verbundenen Einsenkungen begreiflich zu machen. Wohl stieg während der Faltung auch magmatisches Material in die Antiklinalen auf und verstärkte dadurch die Wirkung des gebirgsbildenden Prozesses; zur Hauptsache aber handelte es sich doch, wie auch früher schon bemerkt, bei der Faltung um tangentiale Pressung eines Schwächestreifens der äußeren Erdrinde infolge gegeneinander gerichteter horizontaler Bewegung zweier starrerer Schollen. Zumal dabei zugleich von KOSSMAT als letzte Ursache auf die Erdrotation, die Gravitation und die regional verschieden intensive Schrumpfung der Erdkruste zurückgegriffen wird, treten so die Unterströmungen, soweit sie die unseres Erachtens nicht ausreichend zu erklärende aktive Hauptrolle spielen sollen, ganz zurück. Indem nun aber die aus den leichten Materialien der oberen Erdschichten aufgestauten Ketten infolge ihres eigenen Gewichts in die nachgiebige Unterlage einsanken (nach A. HEIM bei den Westalpen um 20—25 km), auch infolge des vorhandenen elastischen Zusammenhanges vielfach die ungefalteten Randpartien mit in die Tiefe zogen und dadurch das schwerere Magma der Tiefe weiter nach außen abdrängten, entstanden in Übereinstimmung mit den Beobachtungen unterhalb der eigentlichen Gebirgszone und ihrer unmittelbaren Umgebung Massendefizite (Dichtetröge oder -synklinen) und jenseits derselben Massenüberschüsse (Dichteschwellen oder -antiklinen).

Bei den Alpen faßt KOSSMAT z. B. das jetzt mit Molasse ausgefüllte Schweizer Vorland in diesem Sinne als eine nördliche, eine Dichtesynkline darstellende Randsenke auf, der sich weiter nordwärts in den Vogesen und im Schwarzwald eine Dichteantikline anschließt. Während das Defizit in der Tiefe der Schweizer Alpen zur Hauptsache durch die in die Höhe ragende Gebirgsmasse isostatisch ausgeglichen ist, gesellt sich aber bei Vogesen und Schwarzwald zu der in ihrer Tiefe bestehenden Verdichtung noch ihre eigene Masse hinzu, so daß hier wie beim Harz keine Kompensation vorhanden ist. Andererseits stellt, wie auch weiter oben bereits angeführt, im Süden u. a. der Boden des Mittelmeerbeckens ein ausgesprochenes Überschußgebiet dar, in das bei der Auffaltung und dem Einsinken der Alpen und der Apenninen wie des Atlas und der betischen Kordillere große Mengen schweren Materials eindrangen und welches so zum Sinken gebracht wurde und wohl als eine in sehr fortgeschrittener Bildung begriffene Geosynklinale aufgefaßt werden muß, aus der sich nach Auffüllung mit Sedimenten in Anlehnung an die gegenwärtigen mediterranen Faltenzüge ein neues Kettengebirge erheben kann. Analog dürfte auch das Adriatische Meer ein Zweig der großen Mittelmeergeosynklinale sein, der seinen das Sinken bewirkenden Schwereüberschuß durch Abschub dichten Materials der Tiefe aus der apenninischen und dinarischen Zone erhalten hat. So bedingen sich auch hier wieder wie bei der Theorie der Gebirgsbildung von DUTTON Faltengebirge und Geosynklinale gegenseitig, nur daß jetzt die durch Abtragung des Gebirges entstehenden und an seinem Fuß zur Ablagerung gelangenden Sedimente bei dem Einsinken der Mulde mehr eine Nebenrolle spielen und in noch wesentlicherem Unterschied auch der Faltungsdruck nicht auf einer horizontalen von der Mulde fortgerichteten Kompensationsströmung beruht[1].

Epirogenetische und orogenetische Bewegungen schaffen die Hauptzüge im Antlitz der Erde. Wir haben gesehen, daß noch keineswegs befriedigende Klarheit über ihre eigentlichen Ursachen gewonnen ist, aber auch erkannt, daß sie in dieser Hinsicht bei der Mannigfaltigkeit ihres Charakters und der großen Zahl denkbarer Erklärungsmöglichkeiten jedenfalls keinem einheitlichen, sie alle ausschließlich beherrschenden Gesetz unterworfen sein dürften. Von diesem Gesichtspunkt aus sind, wie im einzelnen dargelegt wurde, in jeder der erörterten Theorien oder Hypothesen richtige und anwendbare Momente enthalten, wie aber eben auch andererseits sich keine von ihnen für sich genommen als völlig stichhaltig bei der Erklärung der tatsächlichen Verhältnisse oder als geophysikalisch ganz gesichert erwiesen hat. Dies kann indessen bei der Schwierigkeit des Problems, die vor allem in der physikalisch ganz unzureichenden Zugänglichkeit des Objekts und seiner natürlichen Umwandlungsbedingungen begründet ist, nicht weiter wundernehmen.

Bezüglich des zeitlichen Auftretens jener beiden großen Klassen von Krustenbewegungen mag aber zum Abschluß dieses Kapitels noch auf eine anscheinend in der Erdgeschichte liegende Regel aufmerksam gemacht werden, die man neuerdings nach H. STILLE[2]) etwa in der Form aussprechen kann, daß die epirogenetischen Bewegungen als die säkular wirksamen *tektonischen Evolutionen* periodisch wechseln mit den orogenetischen Bewegungen als den episodisch auftretenden *tektonischen Revolutionen*. Die Evolutionen sind das den Rohbau der Erdrinde bestimmende Element; sie schaffen in langen Zeiträumen die geosynklinalen Einwölbungen und die kontinentalen Aufwölbungen, d. h. Faltenwürfe größter Spannweite oder *Undationen*. Die Revolutionen dagegen sind zeitlich eng begrenzt auftretende Kraftäußerungen erhöhter Intensität; und diese kommen in erster Linie als Gebirgsbildung in den Faltungen oder *Undulationen* der nach Maßgabe des Einsinkens der Geosynklinalen in diesen abgelagerten Sedimente zur Geltung. Indem dann die evolutionäre Entwicklung im Sinne einer Neubildung der geosynklinalen Räume wiederum einsetzt, verschwinden die Gebirge mehr oder weniger wieder, und der ganze Zyklus setzt abermals ein.

---

[1]) Mehr ins einzelne gehende Untersuchungen über die Beziehungen zwischen der Schwere und den geologischen Verhältnissen bestimmter Gebiete finden sich in den diesbezüglichen Arbeiten von W. DEECKE über Pommern und dessen Nachbargebiete im Neuen Jahrb. f. Min., Geol. u. Pal. XXII. Beil.-Bd. 1906, S. 114—138; über den südlichen Schwarzwald u. Elsaß-Lothringen in den Berichten d. Naturforsch. Gesellsch. zu Freiburg i. Br. XVIII, 1910, S. 57—65 und über die Apenninen-Halbinsel im Neuen Jahrb. f. Min. usw. Festbd. 1907, S. 129—158. Siehe ferner: O. AMPFERER: Über die geologische Deutung von Schwereabweichungen. Verhandl. d. Geol. Reichsanstalt in Wien 1918, S. 38—50, wo namentlich die von A. HEIM vorgenommene geologische Deutung der Schwereanomalien in der Schweiz besprochen wird. Siehe noch den Nachtrag auf Seite 328.

[2]) Tektonische Evolutionen und Revolutionen in der Erdrinde. Leipzig 1913, 32 S.

III. Vulkanismus.

9. Art und Verbreitung des Vulkanismus auf der Erde.

Neben den bisher erörterten Krustenbewegungen geht nun vielfach noch eine andere Art von endogen-dynamischen Kraftäußerungen einher, welche den Namen *Vulkanismus* trägt. Es handelt sich dabei um eine Verlagerung teigartigen oder verschiedengradig zähflüssigen Gesteinsmaterials, d. i. des *Magmas*, und der in ihm eingeschlossenen Gase innerhalb der Erdkruste oder auch um eine Emporförderung desselben an die Erdoberfläche. Zeugen dieser Kraftäußerungen sind vor allem die *Vulkane*, deren Anzahl sich nach K. SAPPER[1]) bezüglich der noch in historischer Zeit tätig gewesenen angenähert auf mindestens 430 (davon 80 untermeerische) beläuft. Ganz erheblich größer aber ist naturgemäß noch die Zahl der als erloschen zu bezeichnenden Vulkane. Die bei den Vulkanausbrüchen zutage tretenden magmatischen Gesteinsmassen stehen als *plutonische* oder *Eruptivgesteine* in ihrer kompakten Lagerung ohne Schichtung den vom Wasser oder Wind in feinen Einzelschichten abgesetzten *Sedimentgesteinen* gegenüber. Ausbruchsstellen, deren Tätigkeit auf Ausstoßung von Gasen beschränkt bleibt, bezeichnet man insbesondere als *Fumarolen* oder *Solfataren*. Eine solche ständig tätige Eruptionsstelle befindet sich z. B. in den phlegräischen Feldern bei Pozzuoli am Golf von Neapel. Doch sind solche Gasexhalationen in mehr oder weniger selbständiger Weise überhaupt charakteristisch für das Ende einer intensiveren Vulkaneruption oder die ruhigere Zeit zwischen zwei Ausbruchsperioden und finden sich daher vielfach an Rändern und Abhängen der Krater.

Soweit es sich um an der Erdoberfläche sichtbar vor sich gehende vulkanische Äußerungen handelt, spricht man auch wohl von *extrusiven* Vorgängen und stellt diesen dann die sich innerhalb der Erdrinde abspielenden *intrusiven* oder *kryptovulkanischen* Prozesse, von denen in erster Linie die *batholithischen* und *lakkolithischen* Bildungen Zeugnis ablegen, gegenüber. Solche *Intrusionen* oder auch *Injektionen* sind demnach plutonische Massen, die aus irgendeinem Grunde nicht bis an die Erdoberfläche gelangt, sondern in dem System der sedimentären Schichten der Erdkruste stecken geblieben sind. Ist dabei die Verbindung mit der Tiefe in breiter Front aufrechterhalten worden, so spricht man von einem *Batholithen*, im anderen Falle, wenn eine mehr oder weniger vollständig durch die sedimentäre Schichtreihe abgeschlossene kompakte magmatische Anhäufung vorliegt, von einem *Lakkolithen*. Schmalere und langausgedehnte intrasedimentäre Einschaltungen eruptiver Gesteinsmassen werden vulkanische *Gänge* und *Stöcke* genannt. Alle solche Ge-

[1]) Beiträge zur Geographie der tätigen Vulkane. Zeitschr. für Vulkanologie III, 1916/17, S. 65—197.

bilde können natürlich erst dadurch der Beobachtung unmittelbar zugänglich werden, daß ihre fremde Hülle wenigstens teilweise durch Erosion entfernt worden ist. Batholithische Körper sind z. B. aus dem Erzgebirge und dem Harz gut bekannt, und über typische lakkolithische Bildungen liegen besonders zahlreiche Feldbeobachtungen aus dem Gebiet des Felsengebirges im Westen der Vereinigten Staaten vor. Im übrigen aber sind solche Intrusionen mit allen ihren Zwischenformen mehr oder weniger in jeder Gebirgsregion mit plutonischem Einschlag vertreten. Als von besonderem Interesse sei dabei noch auf die zahlreichen senkrechten Gänge (oder auch die *Necks*) der Schwäbischen Alb und des schottischen Hochlandes hingewiesen, welche aber schon zu dem extrusiven Vulkanismus hinüberleiten, da es sich bei ihnen um Eruptionsschlote handelt, die bereits bis zur Oberfläche durchsetzen und so zum Teil auch mit lockerem Eruptionsmaterial und den Trümmern der durchschlagenen Sedimentgesteine erfüllt sind. Sie stellen durchweg in der Entwicklung stehengebliebene vulkanische Bildungen, sogenannte *Vulkanembryone*, dar, bei denen es nicht weiter zur Aufschüttung eines Vulkanberges gekommen ist. Auch die Maare der Eifel sind Beispiele hierfür.

Was nun die Verteilung der Hauptzentren der eruptiven Tätigkeit an der Erdoberfläche, also der eigentlichen *Vulkane*, betrifft, so zeigt sich, daß dieselben, wie bereits im Abschnitt I, 2 angedeutet wurde, ganz überwiegend den zwei großen Reliefgürteln auf unserer Erde, der mediterranen und der zirkumpazifischen Zone, angehören. Außerhalb dieser beiden Zonen sind bemerkenswertere tätige Vulkangebiete nur in der Region von Island und Jan Mayen, in der Mandschurei sowie im äquatorialen Atlantik und in der Region des ostafrikanischen Grabensystems vorhanden. Auch sei noch die Vulkanzone der Hawaii-Inseln und des Viktoria-Landes in der Antarktis hervorgehoben. Eine eingehende neue Behandlung dieser Frage liegt in der angeführten Arbeit von K. Sapper vor, nach der sich insbesondere die Anzahl der geschichtlich tätigen selbständigen Ausbruchsstellen in der atlantisch-indischen Erdhälfte auf mindestens 94 (davon 33 submarine) und für die pazifische Erdhälfte auf mindestens 336 (davon 47 submarine) beläuft. Das hieraus ersichtliche Zurücktreten des Vulkanismus im atlantisch-indischen Gebiet würde auch dann nicht wesentlich geändert werden, wenn man demselben die rd. 50 tätigen Vulkane der nordöstlichen Umrandung des Indik, in erster Linie auf Sumatra, Java und den Kleinen Sunda-Inseln (45) sowie die 9 tätigen Eruptionspunkte der Kleinen Antillen zuwiese, welche bei dieser Zählung dem pazifischen Gebiet zugerechnet wurden, da es sich ja um pazifisch gebaute Regionen handelt (siehe Abschnitt I, 3). Allein auf die eigentliche Umrandung des Pazifik entfallen etwa $^3/_5$ aller tätigen Vulkane auf der Erde, und hiervon weisen u. a. Japan mit den Kurilen sowie den Zonen der Riu-kiu- und der Bonin-Inseln mindestens 55, der

Aleuten-Archipel vielleicht 25, Mittelamerika 26 und das andine Gebiet Südamerikas von 15° s. Br. an südwärts etwa 30 auf. Im atlantisch-indischen Gebiet besitzt demgegenüber eine besonders hohe vulkanische Aktivität nur das Mittelmeergebiet mit 18 und der isländische Bezirk mit 25 Ausbruchsstellen.

Zu diesem deutlich ausgesprochenen äußeren Gegensatz in der rezenten eruptiven Tätigkeit zwischen beiden Erdhälften tritt nun aber noch ein wichtiger innerer Unterschied in der Beschaffenheit des zutage geförderten Magmas. Es hat sich nämlich nach den Untersuchungen von BECKE[1]) und PRIOR gezeigt, daß die jungvulkanischen atlantischen Gesteine eine etwas andere Zusammensetzung aufweisen als die pazifischen. Die *atlantische Sippe* ist durch einen verhältnismäßig großen Gehalt von Alkalien ausgezeichnet (Alkalireihe), während in der *pazifischen Gesteinsfamilie* Kalzium, Magnesium und Eisen mehr hervortreten (Kalkalkalireihe). Diese Verschiedenheit, welche sich auch für die älteren Eruptivgesteine nachweisen läßt, spricht sich jedoch in petrographischer Hinsicht nicht so aus, daß von den Hauptvertretern der plutonischen Gesteinsarten wie Granit, Syenit, Porphyr, Porphyrit, Diabas, Melaphyr, Liparit, Trachyt, Basalt, ein Teil nur dieser Sippe und ein anderer Teil nur jener angehörte, wenn auch andererseits z. B. die Phonolithe und Leuzite meist atlantisch sind und Diorite, Gabbro, Dazite und Andesite durchweg die pazifischen Merkmale tragen. Im einzelnen richtet sich die Zugehörigkeit zu jenen beiden petrographischen Hauptprovinzen oder Hauptgauverwandtschaften nach besonderen Einzelkomponenten der genannten Gesteinsarten.

Verfolgt man nun die geographische Verbreitung dieser beiden Sippen genauer für die Tertiärzeit, jener erdgeschichtlichen Periode einer jüngsten maximalen Entfaltung der endogenen Kräfte, so ergibt sich nach F. VON WOLFF in den Hauptzügen das folgende Bild. Die Magmen des zirkumpazifischen und mediterranen Gürtels gehören ganz der pazifischen Sippe an, doch zeigt sich dieselbe auch auf diese beiden Zonen beschränkt. Die Magmen der weiten übrigen Gebiete, wie von ganz Afrika, Australien, der Antarktis (mit Ausnahme der Westantarktis) sowie Eurasiens und Nord- und Südamerikas, vor allem aber der Böden des offenen Pazifik, Indik und Atlantik unter Ausschluß eben der Anteile an den beiden Hauptreliefgürteln, tragen die Merkmale der atlantischen Gauverwandtschaft. Nur die ausgedehnten basaltischen Magmen der arktischen Gebiete, d. h. des nördlichen Asiens und Nordamerikas (Labrador) und der Region des europäischen Nordmeeres und seiner Umrandung (namentlich Grönland, Island) nehmen mit den großen Basaltdecken des Dekan-

[1]) Die Eruptivgesteine d. böhmischen Mittelgebirges u. d. amerikanischen Anden. — Atlantische u. pazifische Sippe der Eruptivgesteine. Tschermaks mineralog. u. petrographische Mitteilungen XXII, 1903, S. 209—265. Siehe auch F. v. WOLFF: Der Vulkanismus I, 1914, Kap. IV.

Hochlandes in Vorderindien eine Mittelstellung zwischen jenen beiden Hauptfamilien ein und werden zweckmäßig zu einer besonderen *arktischen Sippe* zusammengefaßt. In den Grenzgebieten der einzelnen petrographischen Provinzen treten mannigfache Übergänge und auch fremde Enklaven auf, so weisen z. B. die Vulkanreihen auf Sumatra und Java, Celebes und den Philippinen deutlich atlantische Einschlüsse auf, und auch die Region des europäischen Mittelmeeres trägt gemischten Charakter. Geht man aber in frühere geologische Zeiten zurück, so zeigt sich, daß das atlantische Magma, welches als das jüngere aufzufassen sein dürfte, erst allmählich die gegenwärtige große Ausdehnung gewonnen hat, indem es das ältere pazifische immer mehr verdrängte. Betreffs des Zusammenhanges mit der Tektonik der Lithosphäre verdient dabei noch der Umstand hervorgehoben zu werden, daß seit dem Tertiär die pazifische Sippe ausschließlich auf die Gebiete mit ganz vorwiegend faltenden, also den eigentlich gebirgsbildenden Vorgängen beschränkt ist, während die atlantische Sippe sich an die Regionen mit großen vertikalen Dislokationen und daher Schollenbildungen gebunden erweist. So tritt auch in dieser Hinsicht von neuem wieder der Gegensatz zwischen den atlantisch und pazifisch gebauten Teilen der Erde in Erscheinung. Der Versuch einer Erklärung der erörterten Magmenverschiedenheiten und der Gegensätzlichkeit in ihrer geographischen Verbreitung führt weiter zu den genetischen Fragen des Vulkanismus, deren Betrachtung der folgende Abschnitt gewidmet ist.

10. Physikalisch-chemisches Verhalten des Magmas. Ursache der vulkanischen Tätigkeit.

a. Zusammensetzung und Schmelzpunkt des Magmas.

Will man in die Dynamik des Vulkanismus näheren Einblick gewinnen, so muß man sich vor allem über das physikalisch-chemische Verhalten des Magmas Klarheit zu verschaffen suchen. Angesichts der außergewöhnlichen Druck- und Temperaturverhältnisse, denen das Magma in den Tiefen der Erde ausgesetzt ist, sowie seiner komplizierten Zusammensetzung ist man freilich noch weit davon entfernt, in dieser Beziehung zu endgültigen Ergebnissen gelangt zu sein; doch liegen aus der neueren Zeit immerhin einige wertvolle Ansätze vor, so daß man nach gewissen Richtungen hin wenigstens ein ungefähres Bild entwerfen kann.

Das Magma ist eine mit Gasen stark durchsetzte Schmelze mannigfacher Silikate, d. h. also von Verbindungen der Kieselsäure (oder des Kieselsäureanhydrids, SiO_2), sowie auch von anderen Verbindungen, vornehmlich des Aluminiums (Tonerde, Al_2O_3), Kalziums (Kalk, CaO), Kaliums (Pottasche, K_2CO_3), Natriums (Soda, Na_2CO_3), Magnesiums (Magnesia, MgO) und Eisens (Eisenoxyd, Fe_2O_3, und Eisenoxydul,

FeO) mit Sauerstoff und Kohlensäure[1]). Je nach dem größeren (60—80%) oder geringeren (40—60%) Gehalt an Kieselsäure unterscheidet man die aus dem Magma hervorgehenden Massengesteine als *sauer* und als *basisch*. Kieselsäurereich sind in diesem Sinne Granit, Syenit und namentlich die quarz- (SiO_2-) haltigen Porphyre und Trachyte (Liparite), aber auch der quarzfreie Trachyt; kieselsäurearm dagegen Diorit, Diabas, Melaphyr und besonders Basalt. Die Phonolithe und Andesite nehmen eine Zwischenstellung ein. Die sauren Eruptivgesteine sind im allgemeinen die leichteren; ihr spezifisches Gewicht befindet sich im Mittel etwa bei 2,5 (2,3 bis 2,7), während dasjenige der basischen Vertreter im Durchschnitt näher bei 3 (2,7—3,2) liegt. Ferner besitzen die sauren Trachyte einen höheren Schmelzpunkt als die basischen Basalte; es erweisen sich daher auch die trachytischen Laven (der Schmelzfluß) als zähflüssig, die basaltischen Laven dagegen als vergleichsweise dünnflüssig. Wesentlicher als der Säuregehalt ist aber für die Lage des Schmelzpunktes noch der Gehalt an Gläsern, d. h. an glasiger, amorpher im Gegensatz zu kristallisierter Substanz. Glasarme Laven verfestigen früher als glasreiche. Nach Bestimmungen von BRUN[2]) lagen die ungefähren Schmelztemperaturen verschiedener Lavaströme des Vesuv, Ätna, Stromboli, Kilauea, der Hekla, von Tenerifa und Lanzarote (Kanarische Inseln), Santorin (Kykladen) und Sawaii (Samoa) zwischen 984° und 1260°, und zwar z. B. für:

glasfreie doleritische (basaltische) Lava des Ätna bei 1260°,
sehr glasreichen Andesit von Santorin bei 1050°,
Basalt von Tenerifa und Lanzarote zwischen 1060° und 1080°,
Basaltlava von Sawaii bei 1053°,
eine Vesuvlava bei 984°.

Ein wichtiger Gesichtspunkt, nach dem die plutonischen Gesteine noch geordnet werden können, ist schließlich die Tiefe, in der ihre Verfestigung stattfand. In dieser Hinsicht rechnen die geologisch ältesten Bildungen wie Granit, Syenit, Diorit, Gabbro zu den *abyssischen Gesteinen*, insofern sie in der Tiefe unter hohem Druck langsam in körniger Struktur kristallisierten, und Porphyr, Porphyrit, Diabas, Melaphyr sowie die jüngsten und gegenwärtigen Erzeugnisse Phonolith, Liparit, Trachyt, Andesit, Basalt, Dazit, Leuzit zu den *Ergußgesteinen*, welche bis an die Erdoberfläche vordrangen und hier vergleichsweise rasch in sogenannter porphyrischer und zum Teil auch glasiger Struktur erstarrten, so daß bei ihnen in einer gleichförmigeren dichten Grundmasse Kristallbildungen nur vereinzelt auftreten bzw. ganz fehlen.

[1]) Nähere Einzelheiten siehe in der zusammenfassenden Darstellung von P. NIGGLI über: Forschungen im Gebiete der physikalisch-chemischen Eruptivgesteinskunde (Die Naturwissenschaften 1916, S. 641—645, 663—667 u. 683—687) und über: Das Magma und seine Produkte (Ebenda 1921, S. 463—471).

[2]) Siehe F. v. WOLFF: Der Vulkanismus I, 1914, S. 38.

Von besonderer Bedeutung für eine Erfassung der dynamischen Verhältnisse des Vulkanismus ist nun das höchstwahrscheinliche Vorhandensein eines ***maximalen Schmelzpunktes*** für das Magma. Es hat sich gezeigt, daß sein Schmelzpunkt zunächst mit wachsendem Druck steigt, dann aber nach Erreichung eines Grenzwertes vermutlich wieder langsam abnimmt. Unterhalb der maximalen Schmelztemperatur geht die Schmelzung mit Volumenausdehnung, die Erstarrung also, wie wir es von den meisten Stoffen (Ausnahme Wasser und Eis) unter gewöhnlichen Verhältnissen wissen, mit Volumenverkleinerung vor sich; jenseits dieser Grenztemperatur aber muß umgekehrt beim Schmelzen Zusammenziehung und beim Erstarren Ausdehnung stattfinden.

Diese Verhältnisse lassen sich auch leicht formelmäßig erfassen[1]). Bezeichnet V das Volumen der Substanz, T ihre Schmelztemperatur nach der absoluten Temperaturskala (Nullpunkt: -273° C) bei dem in Atmosphären gemessenen Druck p und R_p die zu dem Druck p gehörige sogen. Schmelzwärme bei konstantem Druck, so ist die mit dem Übergang von der festen in die flüssige Phase verbundene Volumenänderung ΔV (und zwar das Volumen im flüssigen Zustande vermindert um das Volumen im festen Zustande) durch die Gleichung $\frac{dT}{dp} = \frac{\Delta V \cdot T}{R_p}$ gegeben, in der die linke Seite der Differentialquotient der Temperatur nach dem Druck ist, also die Veränderlichkeit der Temperatur in ihrer Abhängigkeit vom Druck darstellt. Solange die Schmelztemperatur mit dem Druck wächst, ist dieser Differentialquotient und daher auch die Volumenänderung ΔV positiv, d. h. das Flüssigwerden ist mit Volumenvergrößerung oder einer Dilatation verbunden. Hat das Ansteigen der Schmelztemperatur mit zunehmendem Druck seine Grenze, die Schmelztemperatur also ihr Maximum erreicht, so ist der Differentialquotient und damit auch ΔV gleich Null: ein Phasenwechsel ist mit keinerlei Volumenänderung verknüpft. Wird dann der Druck noch weiter vermehrt, so sinkt die Schmelztemperatur wieder, $\frac{dT}{dp}$ und folglich auch ΔV werden negativ; d. h. das Volumen der Schmelze ist kleiner als das des festen Stoffes, Erstarrung ist mit Volumendilatation verbunden.

Der zu dem maximalen Schmelzpunkt gehörige Druck ist nun aber für die meisten Substanzen so bedeutend, daß er experimentell kaum zu erzielen ist. Für das Glaubersalz (oder Natriumsulfat, Na_2SO_4) ist es indessen TAMMANN gelungen, die soeben erörterten Verhältnisse zu verwirklichen. Für diesen Stoff liegt der Schmelzpunkt schon bei Drucken von 2000—3000 kg pro qcm niedriger als bei einem Druck von 1 kg, und es zeigte sich, daß in der Tat bei größerem Druck Schmelzung unter Kontraktion eintritt. Schätzungsweise kann der zum maximalen Schmelzpunkt des Magmas gehörige Druck auf etwa 40 000 kg pro qcm oder rd. 40 000 Atmosphären (1 Atmosphäre gleich 1033,3 g pro qcm) angenommen werden, ein Betrag, der in etwa 150 km Tiefe unter der Erdoberfläche erreicht wird, wenn mit C. DOELTER[2]) als mittleres spezifisches Gewicht der bis zu solchen Tiefen in Frage kommenden Erdmaterie 2,8 in Ansatz gebracht wird, so daß eine Atmosphäre dem Druck

[1]) G. TAMMANN: Kristallisieren und Schmelzen. Leipzig 1903, S. 72ff.

[2]) Zur Physik des Vulkanismus. Sitzungsber. d. Akad. d. Wissensch. z. Wien, math.-naturw. Kl. CXII, Abtlg. I, 1903, 25 S.

einer 3,7 m mächtigen Gesteinsschicht gleichkäme. Nach einer von demselben Autor vermutungsweise entworfenen Schmelzdruckkurve des Magmas (Abb. 4) würde sich dabei die maximale Schmelztemperatur selbst auf rd. 1500° belaufen, d. h. auf eine Temperatur, die wohl schon in einer Tiefe von eben über 100 km herrscht, wenn wir in Ergänzung der im Abschnitt II, 6. S. 255 gemachten Angaben hypothetisch von 40 km bis 100 km Tiefe eine geothermische Stufe von 100 m, d. i. gleich dem dreifachen Betrag ihres Wertes nahe der Oberfläche in Rechnung setzen und in 40 km Tiefe, wie im Abschnitt II, 6 geschehen, 800° annehmen[1]). Hieraus geht aber hervor, daß in den Tiefen, in welchen der zum maximalen Schmelzpunkt gehörige Druck besteht, und darüber hinaus festes Magma an sich nicht mehr vorhanden sein wird; und da ferner hier Abkühlungen bis auf den maximalen Schmelzpunkt und darunter nicht wohl denkbar sind, so kann auch eine etwaige Kristallisation unter Volumenausdehnung schwerlich stattfinden. Selbst wenn der zum maximalen Schmelzpunkt gehörige Druck 100 000 Atmosphären betragen würde, was einer Tiefe von rd. 350 km entspräche und die Schmelztemperatur sich dann auf etwa 2500° beliefe, würden diese Schlußfolgerungen nach den im Erdinnern anzunehmenden Verhältnissen zu Recht bestehen bleiben. Damit wird man aber die von A. Stübel vertretene Ansicht, nach welcher die auftreibende Kraft des Magmas in dem Expansionsdruck im Laufe seines Erkaltungsprozesses zu suchen ist, als nicht haltbar betrachten müssen, wie auch die Möglichkeit, dadurch wesentlich die Ampfererschen Unterströmungen zu erklären, entfallen dürfte (siehe Abschnitt II, 8). Wie v. Wolff[2]) näher dargelegt hat, wäre es allerdings bei bestimmten Annahmen über die Beschränkung radioaktiver Vorgänge auf einen äußeren Erdmantel möglich, daß durch die Wärmeverhältnisse in der Tiefe ein Verfestigen des Magmas unter Dilatation nicht ausgeschlossen ist. Doch sind die Grundlagen dieser Überlegungen nicht sicher genug, um dadurch den Stübelschen Standpunkt als begründeter erscheinen zu lassen.

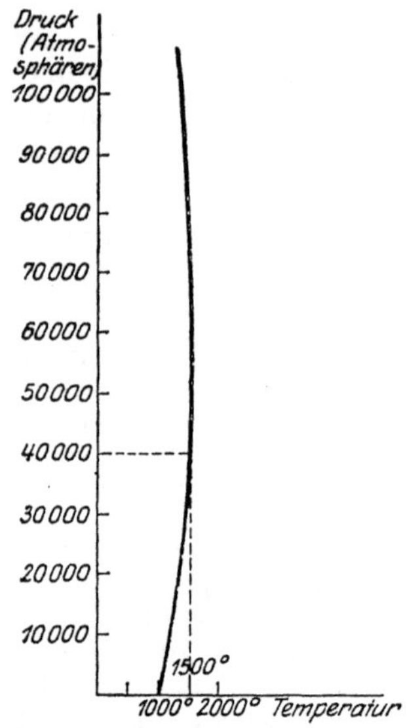

Abb. 4. Schmelzdruckkurve des Magmas nach C. Doelter.

[1]) Der Anfangspunkt der Kurve entspricht dabei dem Umstande, daß die Schmelztemperatur der Laven an der Erdoberfläche etwa 1000° beträgt. Die durch die maximale Schmelztemperatur von 1500° gehende Ordinate berührt die Kurve im maximalen Schmelzpunkt; ihre Länge entspricht einem Druck von 40000 Atmosphären.

[2]) Die vulkanische Kraft und die radioaktiven Vorgänge in der Erde. Zeitschr. d. Deutschen Geolog. Gesellsch. LX, 1908, S. 431—465.

Die Hauptquelle des Vulkanismus ist nun zweifellos in den an der unteren Grenze der starren Erdrinde beginnenden, mehr oder minder zusammenhängenden ausgedehnteren Magmapartien anzunehmen, von denen aber nach oben in die Kruste hinein kleinere Magmanester abzweigen, die dann ihrerseits, soweit es nicht bei kryptovulkanischen Vorgängen sein Bewenden gehabt hat, unmittelbar mit den Vulkanen an der Oberfläche in Verbindung stehen. Diese sekundären Vulkanherde mögen, wie DOELTER wahrscheinlich macht, nur etwa 10—20 km tief gelegen sein; ihre Speisung muß aber immer aus den umfangreicheren primären Reservoiren in größerer Tiefe erfolgen.

Über die für diese Magmapartien in Betracht kommende Tiefenlage ist nun aber noch keine ganz sichere Auskunft zu geben. Seismographische Beobachtungen lassen auf das Vorhandensein einer sehr nachgiebigen Zone in nur 30—40 km Tiefe schließen, insofern nämlich nach E. WIECHERT[1]) gewisse Wellen der Hauptphase in einem Seismogramm so gedeutet werden können, daß es sich bei ihnen um die Eigenschwingungen einer äußeren Erdkruste handelt und zwar derart, daß dabei auch die untere der beiden Begrenzungsflächen dieser Kruste als frei beweglich vorzustellen ist. Indem so bei den Eigenschwingungen an den beiden Grenzflächen Schwingungsbäuche liegen, würde die Dicke dieser Kruste eine halbe Wellenlänge darstellen, was bei einer vorherrschenden Wellenperiode von etwa 20 sec und einer Fortpflanzungsgeschwindigkeit von rd. $3^1/_2$ km pro sec für diese Dicke einen Betrag von 35 km ergibt. Andererseits würden wir nach den oben über den Wert der geothermischen Tiefenstufe gemachten Annahmen erst in 60—80 km Tiefe Temperaturen von 1000^0 bis 1200^0 antreffen, die den Schmelztemperaturen der Lava unter normalen Druckverhältnissen entsprechen, so daß hiernach wegen des mit zunehmendem Druck zunächst statthabenden Anwachsens der Schmelztemperatur der Beginn der Magmazone noch etwas tiefer anzunehmen wäre. Und W. SCHWEYDAR[2]) folgert wiederum aus den von ihm angestellten Untersuchungen über die Gezeiten der festen Erde und ihre Polbewegung, daß eine zusammenhängende Schicht zäher Flüssigkeit, insbesondere in dem Zustande geschmolzener Lava, unter der Erdrinde, deren Dicke dabei gleich der mittleren Ausgleichstiefe von 120 km gesetzt wurde, nicht angenommen werden kann.

Die sekundären Herde DOELTERS entsprechen in gewissem Sinne den getrennten und erschöpflichen peripherischen Herden STÜBELS[3]), der von der Vorstellung ausgeht, daß die planetare Erstarrungskruste, welche sich infolge fortschreitender Abkühlung zuerst um den glutflüssigen Erdball bildete, durch gewaltige Eruptionen aus der Tiefe durchbrochen und dabei von einer immer mächtiger werdenden, aus dem emporgetriebenen Magma aufgebauten Panzerdecke überlagert wurde. In dieser Panzerdecke, deren oberste Schichten durch Verwitterung all-

[1]) Über Erdbebenwellen. Nachr. d. Gesellsch. d. Wissensch. z. Göttingen, math.-phys. Kl. 1907, S. 52—55.

[2]) Untersuchungen über die Gezeiten der festen Erde und die hypothetische Magmaschicht. (Veröffentl. d. preuß. geod. Instituts. N. F. Nr. 54, Berlin 1912, 58 S.) und: Die Polbewegung in Beziehung zur Zähigkeit und zu einer hypothetischen Magmaschicht der Erde. (Ebenda, Nr. 79, Berlin 1919, 10 S.)

[3]) Ein Wort über den Sitz der vulkanischen Kräfte in der Gegenwart. Leipzig 1901, 14 S.

mählich zu den sedimentären Gesteinen umgebildet wurden, blieben aber lokalisierte Einzelherde zurück, auf deren Tätigkeit zur Hauptsache allein noch der Vulkanismus der Gegenwart beruhen soll. Eine Verbindung mit dem inzwischen in immer bedeutendere Tiefe gerückten großen Zentralherd wird kaum irgendwo vorhanden sein. Stübel nimmt nämlich an, daß die Erstarrung der Erde bereits außerordentlich weit fortgeschritten ist, so daß das Magma des noch übriggebliebenen „flüssigen" Kerns infolge des ungeheuren auf ihm lastenden Druckes nicht im geringsten mehr imstande ist, bis in die peripherischen Schichten vorzudringen. Diese Vorstellung, daß der „flüssige" Aggregatzustand im wesentlichen jetzt auf eine zentrale Region von vielleicht nur rd. 4000 km Radius beschränkt sein soll, läßt sich aber nach den vorhin gemachten Ausführungen nicht aufrechterhalten, und somit muß in der Tat die Auffassung, daß der rezente Vulkanismus lediglich auf einer Speisung durch begrenzte und bald versiegende Einzelherde, die sich noch in größerer Nähe der Erdoberfläche erhalten haben, beruhe, als zu eng erscheinen. Doch muß auch der Vorstellung, daß das Material in größerer Tiefe der Erde und vor allem im Zentrum im gewöhnlichen Sinne glühendflüssig sei, durchaus entsagt werden. Dem widerspricht entschieden der Umstand, daß, wie die Fernbebenregistrierungen lehren, neben den Longitudinalwellen auch die Transversalwellen überall durch den Erdkörper fortgeleitet werden (siehe den Abschnitt Seismometrie u. Seismophysik von C. Mainka). Denn transversale Wellen können sich nur durch Medien fortpflanzen, welche Gestaltselastizität oder Riegheit, d. h. Widerstandsfähigkeit gegen Formänderungen besitzen, mithin nicht durch Flüssigkeiten. Von diesem Gesichtspunkt aus muß die Erde gegenüber den rasch deformierenden elastischen Kräften der Erdbebenwellen als wesentlich fest bezeichnet werden. Aber auch den viel langsamer wirkenden Gezeitenkräften gegenüber verhält sich die Erde als Ganzes zwei- bis dreimal starrer als Stahl.

b. Die Rolle der Gase bei dem Aufsteigen des Magmas.

Worin aber ist nun die emportreibende Kraft des Magmas zu suchen, wenn die Ansicht, daß dieselbe in einem Druck infolge Volumenvergrößerung bei Erstarrung zu sehen ist, ebenfalls als ungenügend begründet gelten muß? Eine wichtige, übrigens auch von Stübel anerkannte Rolle wird in dieser Hinsicht dem im Magma enthaltenen Gasgemenge zuzuschreiben sein. Die von den eingeschlossenen Gasen ausgeübte Spannung wird jedenfalls mit dazu beitragen, den auf dem Magma lastenden Druck zu überwinden, wenn sie nicht überhaupt bei nur geringer Tiefenlage der eruptiven Masse allein imstande ist, die überlagernden sedimentären Schichten explosionsartig zu durchschlagen und dann das Magma mitzureißen. Es ist dabei noch zu beachten, daß das bei Druckverminderung aufsteigende Magma während seiner Aufwärtsbewegung an Temperatur verliert, dadurch aber, wie diesbezügliche Untersuchungen gelehrt haben, der Gasdruck wächst. Hat sich das Magma beim Aufsteigen sogar bis zur Erstarrung abgekühlt, so werden neue Gasmengen frei, die weitere Druckentlastung und damit auch wieder mit Dilatation verbundene Schmelzung herbeiführen, denn diesseits des maximalen Schmelzpunkts sinkt ja die Schmelztemperatur mit abnehmendem Druck und erfolgt Verflüssigung unter Ausdehnung.

Genauere Analysen über den Gasgehalt der Eruptivgesteine hat A. BRUN[1]) ausgeführt. Er fand, indem er vulkanische Gläser und Laven erhitzte, daß bei einer Temperatur nahe ihrem Schmelzpunkte die in ihnen gebundenen Gase in besonders lebhafter Entwicklung entweichen. Diese Temperatur, bei der auch die Vulkanausbrüche vor sich gehen sollen, wird *Explosionspunkt* genannt. Die wichtigsten dabei freiwerdenden gasigen Bestandteile sind Wasserstoff (H), Stickstoff (N), Chlor (Cl), Chlorwasserstoff (HCl), Salmiak (NH_4Cl) und andere Chlorverbindungen, sodann Kohlensäure (CO_2), Kohlenoxyd (CO), ferner Schwefelwasserstoff (H_2S), Schwefeldioxyd (SO_2), Methan oder Sumpfgas (CH_4), d. h. gerade die Dämpfe, welche bei den Eruptionen in der Natur selbst zutage treten. Diese Übereinstimmung führte BRUN nun zu dem Schluß, daß es immer dann zu einem eigentlichen Vulkanausbruch oder *Paroxysmus* kommen muß, wenn die Temperatur im Magmareservoir des Vulkans durch irgendwelche Umstände bis auf den Explosionspunkt gestiegen ist, indem eben dann eine stürmische Gasentwicklung eintritt und dabei auch die Lava hochgetrieben wird. Bemerkenswert ist indessen, daß BRUN weder bei seinen Laboratoriumsversuchen unter den bei der Explosionstemperatur entweichenden Gasen noch bei seinen im Felde angestellten Untersuchungen der vulkanischen Aschen und Exhalationen Wasserdampf oder sonst Stoffe erhielt, in denen Wasser chemisch gebunden wäre. Diese anhydrische Beschaffenheit zusammen mit dem Vorhandensein einer Explosionstemperatur unterscheidet nach ihm die sogenannten *aktiven Magmen* oder die „eigentlichen“ vulkanischen Gesteine von den *toten Magmen* wie Granit und seinen Verwandten, die bei ihrer allmählichen Erkaltung vielfach in die Tiefe gesickertes Wasser der Erdoberfläche aufgenommen haben sollen. Nur auf solche von E. SUESS als *vados* bezeichnete Wässer, wie namentlich Regen, sollen auch die wasserdampfhaltigen Gasaushauchungen vieler Fumarolen, welche bei weit unter dem Explosionspunkt liegenden Temperaturen vor sich gehen, beruhen. Somit bestreitet BRUN jegliches Vorhandensein von Wasser endogener magmatischer oder nach SUESS *juveniler* Herkunft.

[1]) Recherches sur l'exhalaison volcanique. Genf 1911, 277 S. Siehe auch CH. SARASIN: Le caractère de l'exhalaison volcanique d'après M. ALBERT BRUN. Archives d. Sciences Phys. et Nat. XXXI, Genf 1911, S. 346—355; und F. v. WOLFF: Der Vulkanismus a. a. O. S. 82ff.

Zu einer etwas anderen Auffassung über den Ursprung der Gase ist jedoch A. GAUTIER[1]) gelangt, der sich mit dieser Frage ebenfalls experimentell befaßt hat, indem er Granit, Gneis, Porphyr und auch basische Eruptivgesteine im luftleeren Raum bis zur Rotglut erhitzte, wobei er desgleichen die genannten Produkte der vulkanischen Aushauchungen, zugleich aber auch große Mengen Wasserdampf erhielt. Nach diesem Autor hat man sich den Vorgang in der Natur so vorzustellen, daß das Magma bei seinem Aufsteigen das umgebende Urgestein, so besonders Granit und Gneis, stark erhitzt und es in erster Linie zur Abgabe seines Konstitutionswassers nötigt, das dann seinerseits in mannigfachen Reaktionen auf die vornehmlich in der Gesteinssubstanz enthaltenen Eisenverbindungen zu einer weiteren chemischen Zersetzung führt und auf diesem Wege, wie oben, namentlich Wasserstoff, Stickstoff, Chlor, Chlorwasserstoff, Schwefelwasserstoff, Kohlensäure, Kohlenoxyd usw. liefert. Nach den Versuchen von GAUTIER kann man aus 1 cbkm Granit, welches auf 400—450° erhitzt wird, allein 27 Millionen Tonnen Wasser und außerdem 7 Milliarden cbm Gase (berechnet auf 15°) gewinnen, so daß dadurch in der Tat zugleich eine gewaltige Spannung erzeugt wird, welche wohl imstande ist, auch das Magma selbst schließlich zur Eruption zu bringen. Nach dieser Auffassung handelt es sich also bei dem auch von BRUN zugegebenen Wassergehalt der kristallinischen Gesteine um juveniles Verbindungswasser und entstammt der Wasserdampf, soweit er bei Ausbrüchen mit vertreten ist, dem bei der chemischen Zersetzung übrigbleibenden Teil desselben. Die oft festgestellte örtliche Verschiedenheit in der Zusammensetzung der Exhalationen und die wechselnde Intensität der Eruptionen wird auf die verschiedene Beschaffenheit und die verschiedengradige Erhitzung der durchquerten Tiefengesteinsmassen zurückgeführt. Die von BRUN angenommenen, im Magma selbst vor sich gehenden und hier zur Gasentbindung führenden chemischen Reaktionen treten in dieser Auffassung also ganz in den Hintergrund.

Die Rolle, welche der Wasserdampf bei den vulkanischen Vorgängen spielt, ob diese letzteren, wie BRUN behauptet, wirklich ihrem Wesen nach anhydrisch ablaufen und es sich im übrigen nur um vadoses Sickerwasser handelt, oder ob schon an sich vorhandenes juveniles magmatisches Wasser dabei in ausschlaggebende Wirksamkeit tritt, ist indessen gegenwärtig noch keineswegs endgültig entschieden. Es sind über diese Frage viele bis in die letzten Jahre fortgesetzte Einzelbeobachtungen und -untersuchungen vorhanden, die sich wenigstens scheinbar widersprechen und jedenfalls noch keine ausgleichende Klärung erfahren haben. Allgemeiner gesprochen wird man bezüglich der vulkanischen Gasentwicklung mit v. WOLFF Druck- und Temperaturänderungen im Magma und seiner Umgebung als wesentlichste Faktoren ansprechen müssen,

[1]) Théorie des volcans. Bull. de la Société Belge de Géologie etc. XVII, 1903, S. 555—562.

indem das Eintreten chemischer Prozesse und die Intensität ihres Ablaufs oder die Störung eines vorhandenen chemischen Gleichgewichts und die Art und Geschwindigkeit der Wiederherstellung neuer stabiler Verhältnisse zur Hauptsache von Druck und Temperatur abhängig ist.

c. Die Bedeutung tektonischer Bewegungen.

Hinsichtlich des Druckes handelt es sich nun in erster Linie um Druckverminderung, die ja ein Haupterfordernis für ein Aufsteigen des Magmas ist und zu deren Herbeiführung in Anbetracht der gewaltigen auf den unterhalb der Erdkruste anzunehmenden Hauptherden liegenden Last (10 000 bis reichlich 25 000 Atmosphären in 40—100 km Tiefe) die Spannkraft der bereits im ungebundenen Zustand im Magma befindlichen Gase nicht ausreicht. Hierzu bedarf es vor allem auch tektonischer Bewegungen in den die Magmaherde umschließenden und überlagernden Rindenteilen, welche hauptsächlich auf dem Wege von Bruch- und Spaltenbildungen Verbindungen nach außen schaffen, dann aber auch durch das Niedersinken von Schollen Magma hinaufpressen können. Auf einen solchen Zusammenhang zwischen tektonischen Vorgängen und Vulkanismus weist zwingend schon die geographische Verbreitung der Vulkane, die sich, wie wir gesehen haben, wesentlich auf die schon mehrfach genannten beiden Hauptreliefgürtel tertiären Alters konzentrieren, in denen sich in geologisch junger Zeit besonders intensive Bruch- und Faltungsprozesse, Schollenhebungen und -senkungen abgespielt haben. In der Tat erscheinen so die tätigen Vulkane an die rezenten großen Bruchlinien, an die tektonisch gelockerten und dadurch einen geringsten Widerstand bietenden Schwächezonen unserer Erde gebunden; und wenn Branca darauf aufmerksam gemacht hat, daß vornehmlich nach den Vorkommnissen in Schwaben Vulkane auch unabhängig von präexistierenden Spalten auftreten können, so handelt es sich bei diesen Vulkanembryonen doch höchstens nur um ein explosives Durchschlagen einer obersten Rindenschicht. Nach neueren Untersuchungen von W. Deecke[1]) zeigt sich aber auch für Südwestdeutschland und insbesondere Schwaben nur eine scheinbare Unabhängigkeit des Vulkanismus von der Tektonik; die sicher festgestellten echten vulkanischen Durchbrüche erweisen sich auch hier als auf tektonischen Linien liegend. Man wird daher an der auf geologisch-geographischer Seite namentlich von E. Suess, K. Sapper und A. de Lapparent vertretenen, von A. Stübel dagegen bekämpften Ansicht einer wesentlich tektonischen Bedingtheit der Vulkane, ihres Gebundenseins an die Dislokationen der Erdrinde, festzuhalten haben, ohne aber dabei ein besonderes Gewicht auf das Vorhandensein offener, auseinanderklaffender Spalten zu legen. Schon die Abzweigung der sekundären, peripherischen Magmanester, welche die Vulkanherde im

[1]) Tektonik und Vulkanismus in Südwestdeutschland. Zeitschr. d. Deutschen Geolog. Gesellsch. LXIX, 1917, Monatsber. S. 197—219.

engeren Sinne darstellen, von den in vermutlich 40—100 km Tiefe vorhandenen größeren Magmapartien ist als zur Hauptsache durch das tektonische Gefüge der Erdkruste bestimmt zu denken; und hieraus leitet sich auch wohl wesentlich die Lage der batholithischen und lakkolithischen Intrusionen ab, wenn auch andererseits nicht bestritten werden kann, daß namentlich größeren, aus irgendeinem Grunde aufsteigenden magmatischen Massen die Fähigkeit, ihrerseits aus ihrem eigenen Energievorrat raumschaffend zu wirken, zugeschrieben werden muß. In sehr ausgedehntem Maße dürfte diese Fähigkeit neben der Wirkung des hydrostatischen Drucks in der oben herangezogenen Hypothese von de Geer zur Erklärung der bedeutenden tertiären Niveauänderungen im Norden Europas in Anspruch zu nehmen sein.

Auf einen anderen wichtigen Umstand, der geeignet ist, das häufige Vorkommen von Intrusionen gerade in Gebirgen zu erklären, hat noch L. Milch[1]) hingewiesen, indem er darauf aufmerksam machte, daß nach den Schwerkraftsmessungen unterhalb der Gebirge Zonen der Massenauflockerung oder der Dichtigkeitsverminderung vorhanden sind, und in diese, auch ohne daß Spalten in die Tiefen hinabreichen, durch den auf das Erdinnere ausgeübten und örtlich vielleicht durch besondere geologische Vorgänge vermehrten Druck schmelzflüssiges Magma hinaufgepreßt werden muß. Durch fortwirkende orogenetische Kräfte können solche Tiefengesteinsmassive noch bei ihrem Aufsteigen weiter umgestaltet werden; sie werden aber auch aus eigener Kraft, wenn die eigentlich gebirgsbildenden Prozesse zur Ruhe gekommen sind, in die aufgelockerten Partien weiter vorzudringen und durch Aufwölbung der Schichten lakkolithische Räume zu schaffen imstande sein.

Für ein eigenartiges geophysikalisches *Schema* in den Beziehungen zwischen den vulkanischen und orogenetischen Vorgängen spricht sich R. Schwinner[2]) aus, indem er in Verwandtschaft mit den Ideen von O. Fisher[3]) und in Weiterbildung der Unterströmungshypothese von O. Ampferer infolge irgendwie durch Temperatur-, Dichte- und Druckänderungen gestörten hydrostatischen und thermodynamischen Gleichgewichts in dem oberhalb der Ausgleichstiefe von 120 km liegenden Erdmantel bestimmte *auf- und absteigende Konvektionsströme* und entsprechende horizontale Kompensationsströme annimmt.

Zur Hauptsache sollen sich diese Ströme, wenn auch vielfach durch die örtlich wechselnde Wärmeabgabe an der Erdoberfläche beeinflußt, in dem aktiven unteren Teil dieses Mantels, der von dem Autor auch als Sitz der großen Bewegungsvorgänge mit dem Namen *Tektonosphäre* belegt wird, abspielen, während die festere und darum

---

[1]) Über den möglichen Zusammenhang zwischen der Dichtigkeitsverminderung (den Massendefekten) in der Erdrinde und der Entstehung von Tiefengesteins-Massiven. Zentralbl. f. Mineral. usw. 1903, S. 444—448.

[2]) Vulkanismus und Gebirgsbildung. Ein Versuch. Zeitschr. f. Vulkanologie V, 1920, S. 175—230.

[3]) The Geological Magazine 1904, S. 495—497.

passivere äußere Krustenzone in ihren endogenen Umgestaltungen mehr im AMPFERERschen Sinne als Erdhaut das Abbild dieser Strömungen in der Tiefe liefert. Während aber FISHER sich das System der Konvektionsströme ganz allgemein so vorstellen zu können glaubt, daß diese Ströme unter den Ozeanen aufwärtssteigen, dann horizontal nach den Kontinenten abfließen und unter den Gebirgen wieder abwärtssteigen und auf diese Weise Kompression und damit Faltung und Überschiebung der kontinentalen Küste verursachen, hält SCHWINNER den Ort dieser Ströme nicht für ursprünglich bereits regional festgelegt; denn, wenn er auch ebenfalls die absteigenden Ströme den Stauungs- und Faltungszonen zuordnet, setzt er aber auch aufsteigende Ströme überall dort in Rechnung, wo erloschener oder rezenter Vulkanismus vorhanden ist, und nimmt unter den eigentlichen kontinentalen und Tiefsee-Tafeln nur horizontale Strömungen an. Analog den meteorologischen Vorgängen wird der aufsteigende und sich an der unteren Krustenoberfläche pinienartig nach außen ausbreitende Konvektionsstrom mit einer Antizyklone und der absteigende Strom, dem das Material von allen Seiten durch Horizontalströmungen zugeführt wird, mit einer Zyklone verglichen. Der aufsteigende Strom fördert Magma empor und kann so besondere Magmaherde bereiten, aus denen dann das vulkanische Material je nach den besonderen physikalisch-chemischen Verhältnissen sowie der tektonischen Beschaffenheit der überlagernden Kruste weiter aufsteigt und unter Umständen eruptiv zutage tritt. Der absteigende Strom saugt Material in die Tiefe und die in seine Verschluckungszone gerichteten horizontalen Nährströme treiben die auf ihnen lastenden Krustenteile durch Reibung mit sich und schieben sie an ihrem Konvergenzpunkt gegen- und übereinander, dieselben auf diese Weise stauend und nach oben und unten faltend.

d. Assimilation und Differentiation.

Schließlich wird noch die Möglichkeit einer teilweisen Aufschmelzung des Nebengesteins durch das heiße Magma in Betracht zu ziehen sein, insofern auch dadurch dazu beigetragen werden kann, dem Aufstieg oder Eindringen in fremde Gesteinskomplexe entgegenstehende Widerstände zu beseitigen. Hiermit aber werden wir noch zu den bemerkenswerten Vorgängen der *Assimilation* und *Differentiation* hingeführt, durch welche die viel beobachteten örtlichen und zeitlichen Verschiedenheiten in der Beschaffenheit des Magmas und das Vorkommen der einzelnen petrographischen Provinzen oder Magmasippen ihre Erklärung finden. Ein solcher Aufschmelzungsvorgang muß nämlich notwendig den chemisch-petrographischen Charakter des Magmas ändern, zumal wenn ihm ein solcher Umfang zugeschrieben wird, wie R. A. DALY[1]) es tut. Nach diesem Forscher sollen alle größeren Magmaräume nicht so sehr Dislokationsbewegungen in der Erdrinde, als vielmehr in erster Linie der nach oben und nach den Seiten gerichteten korrodierenden, also mechanisch aushöhlenden, zernagenden und zerreibenden Arbeit, dann aber auch der ätzenden und auflösenden Wirkung der Intrusionsmassen selbst zuzuschreiben sein. Durch Schmelzung und chemische Umwandlung werden nun die losgelösten Blöcke des anstehenden Gesteins völlig in das Magma übergeführt, d. h. demselben assimiliert. Dieser am Rande und in der Tiefe des Intrusionskörpers vor sich gehende Assimilationsprozeß erzeugt

---

[1]) The Nature of volcanic action. Proceedings of the American Acad. of Arts and Sciences, XLVII, 1911, S. 47—122; ferner F. v. WOLFF: Der Vulkanismus a. a. O. S. 160ff.

aber naturgemäß eine Änderung in der Beschaffenheit des Magmas und kann so seinerseits wieder Differentiationsprozesse desselben, d. h. Spaltungen in Teilmagmen, bedingen. DALY ist daher auch geneigt, alle Eruptivgesteine aus einem einheitlichen basaltischen Fundamentalmagma abzuleiten, das als wirklicher oder potentieller Schmelzfluß in einer Tiefe von einigen Zehnern von Kilometern (mindestens 40 km) unter der Erdoberfläche angenommen wird und von hier aus als Ursache des gesamten Vulkanismus in die überlagernden Schichten vorwiegend mechanisch intrudiert. Ein solches Stammagma, dessen Vorhandensein übrigens auch H. ROSENBUSCH als gemeinsamen Ursprung aller gegenwärtig vorhandenen Varietäten voraussetzt, nimmt im allgemeinen durch die Aufzehrung fremder Bestandteile, sei es sedimentärer oder bereits erstarrter plutonischer Gesteine, den hiernach genannten syntektischen Charakter an, kann aber auch in mehr oder weniger ursprünglicher Beschaffenheit zutage treten. Da nun aber zur Einschmelzung fester Gesteinsmassen große Wärmemengen nötig sind, einerseits zur Erwärmung bis auf die Schmelztemperatur und andererseits zur Lieferung der eigentlichen Schmelzwärme, so muß das auflösende Magma eine wesentlich über seinem Kristallisationspunkt liegende Temperatur besitzen, soll es nicht vor Beendigung des ganzen Assimilationsvorganges infolge zu starker Wärmeabgabe selber fest werden. Es muß daher mit VON WOLFF geschlossen werden, daß, wie es übrigens auch DALY annimmt, eine Assimilierung im großen nur in beträchtlicherer Tiefe stattfinden kann, wo der Schmelzpunkt des Nebengesteins an sich schon nahezu erreicht ist, daß sie aber nahe der Erdoberfläche durchaus örtlich beschränkt sein wird.

Neben der Assimilation ist nun noch die durch diese auf noch nicht hinreichend geklärte Weise vielfach veranlaßte Differentiation zu berücksichtigen, bei der es sich um Sonderungen einzelner Bestandteile innerhalb der plutonischen Masse oder auch um ihre Ausscheidung aus derselben handelt. Indem Druck- und Temperaturänderungen die inneren physikalisch-chemischen Bedingungen des betreffenden Magmas ändern, werden aber auch sie wesentlich mit zum Eintritt und Ablauf einer Differentiierung beitragen, sei es, daß molekulare Diffusionsbewegungen oder Massenströmungen, also Konvektionsbewegungen, ausgelöst werden. Diese letzteren spielen auch eine Rolle, wenn unter dem Einfluß der Schwerkraft eine Scheidung einzelner Komponenten des Magmas nach ihrem spezifischen Gewicht erfolgt, indem die schwereren Stoffe nach unten sinken und die leichteren sich oben ansammeln, und werden ferner noch durch örtliche Verschiedenheiten des Gasgehalts gefördert werden können. Schließlich ist auf die Abstoßung gasförmiger Verbindungen und die Abspaltung einzelner Stoffe durch Auskristallisierung hinzuweisen. Alle diese auf derartigen chemisch und physikalisch begründeten Stoffwanderungen beruhenden, sehr verwickelten und ganz allmählich verlaufenden Differentiationsvorgänge haben in Verbindung mit den Assimilationsprozessen nach der Hypothese von DALY, wie bereits angedeutet, im Laufe der Erdgeschichte die Gesamtheit der Eruptivgesteine als mehr oder weniger differentiierte Syntektika eines einheitlichen Urmagmas entstehen lassen und erzeugen sie in verschiedengradigen Abwandlungen desselben auch heute noch. So sind denn auch die beiden gegenwärtigen Hauptsippen der atlantischen und pazifischen Magmen als solche differentiierte Syntektika aufzufassen. Nach VON WOLFF ist das atlantische Magma jünger und tieferen Ursprungs als das pazifische und hat dieses langsam verdrängt, so daß danach mit der im Tertiär sich geltend machenden Vorherrschaft der atlantischen Familie zugleich eine Tieferlegung der Magmazone stattgefunden hätte. Das seitdem auf die großen Reliefgürtel beschränkte pazifische Magma wird auf alte, bereits erstarrte plutonische Massen zurückgeführt, die durch die mit Senkung verbundenen, der Entstehung der Gebirgszüge vorangegangenen Synklinalbildungen in Gebiete höherer Geoisothermen gelangten und dadurch wieder schmolzen.

Die Tatsache, daß auch im übrigen vielfach besondere petrographische Provinzen bestehen, die eben dadurch charakterisiert sind, daß die in ihnen geförderten Laven bestimmte stoffliche Eigentümlichkeiten gemeinsam haben, führt nun auch, wie schon A. BERGEAT[1]) und nicht ganz so ausgesprochen A. DE LAPPARENT[2]) betont haben, zu einer Ablehnung der STÜBELschen Ansicht von dem Vorhandensein getrennter und erschöpflicher, nahe der Oberfläche gelegener Einzelherde. Die Verwandtschaft, die z. B. durch den hohen Kali- und Natrongehalt zwischen den Basalten des Vesuv und den Trachyten der Phlegräischen Felder angezeigt wird, erklärt sich am besten aus Differentiierungen innerhalb einer größeren gemeinschaftlichen Magmazone, deren Produkte in einzelnen peripheren Ausläufern dieser Zone geschieden sind und so räumlich getrennt zutage treten; und diese Auffassung läßt auch am ehesten die zeitlichen Veränderungen in der Beschaffenheit des Eruptionsmaterials ein und derselben Region begreifen, wie sie z. B. in dem Vulkangebiet der Liparischen Inseln festgestellt worden sind, dessen pazifische Laven seit dem Miozän wiederholt Schwankungen in ihrem Kieselsäuregehalt aufgewiesen haben.

11. Zwei Beispiele vulkanischer Ausbrüche.

Als lehrreiche und gut untersuchte Beispiele intensiver vulkanischer Tätigkeit seien unter der großen Zahl der nach Erscheinung und Wirkung außerordentlich mannigfaltigen bedeutenderen vulkanischen Ereignisse an der Oberfläche nun im folgenden noch besonders der Ausbruch der *Montagne Pelée* in den Jahren 1902/03 und der *Vesuv*-Ausbruch des Jahres 1906 nach den auf eingehenden eigenen Beobachtungen beruhen-

[1]) Betrachtungen über die stoffliche Inhomogenität des Magmas im Erdinnern. Mitteilg. d. Geograph. Gesellsch. in München III, 1908, S. 152—171.

[2]) Le volcanisme. Annales de Géographie XII, 1903, S. 385—402.

den Darlegungen von A. LACROIX[1]) bzw. H. J. JOHNSTON-LAVIS[2]) näher behandelt. Diese beiden Ereignisse dürften nach der Natur ihres Ablaufs etwa die Mitte einnehmen zwischen den effusiven Masseneruptionen von Magma, wie sie in großem Maßstabe aus dünnflüssiger, vorwiegend basaltischer Lava z. B. die sogenannten Schildvulkane auf Island und den Hawaii-Inseln aufgebaut haben, und den ausschließlich explosiven Eruptionen, wie sie u. a. für die gewaltige Tätigkeit des Krakatau im Jahre 1883 charakteristisch waren, während welcher Lavaströme nicht gefördert wurden.

a. Der Ausbruch der Montagne Pelée in den Jahren 1902/03.

Die Montagne Pelée ist ein vulkanisches Massiv im nördlichen Teil der zu den Kleinen Antillen gehörigen Insel Martinique, das vor dem Ausbruch in einer besonderen zahnförmigen Emporragung, dem Morne la Croix, eine Höhe von 1351 m erreichte. Im Südwesten dieser Gipfelhöhe befand sich der Krater der Eruption, der vor dem Einsetzen dieser jüngsten Tätigkeitsperiode durch einen weiten Schlund gekennzeichnet war, an dessen Boden sich ein kleines, nur zeitweilig mit Wasser gefülltes Becken, der Etang sec, befand. Die ersten Anzeichen eines Wiedererwachens der vulkanischen Tätigkeit nach den vergleichsweise nicht bedeutenden eruptiven Äußerungen von 1792 und 1851 wurden seit 1889 als allmählich zunehmende, zunächst aber kaum beachtete Schwefelwasserstoffaushauchungen im östlichen Teil des eben genannten großen Kraterbeckens wahrgenommen. Ende April 1902 begannen demselben dann unter zeitweiligem Getöse und Auftreten leichter Erdbebenstöße in seiner näheren und weiteren Umgebung Rauch- und Aschensäulen zu entsteigen, welche Anfang Mai an Intensität derart zugenommen hatten, daß sie, tiefschwarz und von Blitzen durchfurcht, bis in die höheren Luftschichten eindrangen, wo sie sich auch entgegen den in den unteren Schichten wehenden Winden nach allen Richtungen ausbreiteten und so über fast der ganzen Insel einen Aschenregen bewirkten. Durch heftige Detonationen angekündigt, trat am 5. Mai eine gewaltige, mit großen Gesteinsblöcken durchsetzte dichte Schlammasse heraus, durchbrach die Umwallung des Etang sec und wälzte sich unter Zerstörung des Baum- und Pflanzenwuchses sowie der im Wege stehenden Gebäude stromartig abwärts in das Meer. Auch die an den Abhängen der Montagne Pelée niedergehenden Flüsse, so namentlich die 3 km nördlich des Ortes St. Pierre mündende Rivière Blanche und die durch den Ort selber fließenden Gewässer schwollen nun und in der folgenden Zeit, unterstützt durch heftige Regenfälle, wiederholt zu mächtigen Schlammströmen an und

[1]) La Montagne Pelée et ses Éruptions. Paris 1904, 662 S.

[2]) The Eruption of Vesuvius in April 1906. Scientific Transactions of the Royal Dublin Society IX, Nr. 8, 1909, S. 139—200.

trugen ihrerseits zur völligen Vernichtung der Vegetation und der umliegenden kleinen Weiler bei. St. Pierre aber mit seinen 28 000 Einwohnern sollte bereits am 8. Mai in wenigen Augenblicken gänzlich zerstört werden, als am Morgen dieses Tages eine gewaltige, glühendheiße, aus Gasen und festen Substanzen bestehende Eruptionswolke hervorbrach, welche sich sogleich als schwarze und von Blitzen erhellte Masse mit ungeheuerer Geschwindigkeit auf St. Pierre zu die Berghänge hinabwälzte und dabei auch Lavablöcke von mehr als 100 cbm Inhalt mit sich führte. Gleichzeitig ging ein Regen heißen Schlammes, von Lapillistücken (d. h. von kleinen festen Auswürflingen) und von feiner Asche nieder und überzog vor allem das durch diese absteigende Glutwolke in einem Umfange von 58 qkm in kürzester Zeit verwüstete Gebiet mit einer dichten Decke vulkanischen Schuttes. Sehr bald aber hatte sich in der Höhe eine Aschenwolke auch über die übrigen Teile der Insel ausgebreitet und hüllte diese gleichfalls in eine dünne derartige Decke ein. Indem nun auf dieses mehr oder weniger erhitzte und lockere Material zeitweilig Regengüsse einwirkten, wurden sekundäre Eruptionen, Aschengeiser und Dampfexplosionen ausgelöst, die auch dann noch eintraten, als die oberflächlichen Aschenlagen bereits abgekühlt waren, jetzt aber durch Erosion die noch heißen unteren Schichten mit dem Regenwasser in Berührung kamen.

Diesem ersten Maximum oder Paroxysmus der neu entfachten eruptiven Tätigkeit folgten nun unter ganz ähnlichen Begleitumständen bis Ende August 1902, nämlich am 20. und 26. Mai, 6. Juni, 9. Juli und 30. August, noch fünf andere große Paroxysmen, abgesehen von vielen weniger heftigen Ausbrüchen, die jedoch meistens auch von solchen Glutwolken begleitet waren und in größerer Lebhaftigkeit noch bis September 1903 andauerten. Der letzte Paroxysmus vom 30. August 1902 wurde eingeleitet durch einen langsamen, zuerst im Juni bemerkbar gewesenen Aufstieg einer mächtigen Lavamasse, die, zum Teil verfestigt, im Laufe der Zeit zu einem immer größeren, aus dem Krater steil herausragenden, vielfach glühenden Pflock anwuchs, indem sie aber dabei in mannigfacher Weise die Gestalt änderte und auch durch Niederstürzen ganzer Blocklawinen oft erhebliche Einbuße erlitt. Dazu gesellten sich dann in der zweiten Augusthälfte wieder besonders intensive, sich mehr und mehr häufende, mit Erdstößen verbundene Explosionen unter Entwicklung neuer gewaltiger Glutwolken, die wie ihre Vorgänger an den Hängen des Bergmassivs abstiegen und in ihrer stärksten Entfaltung am 30. August den Umfang der Verwüstung gegenüber derjenigen am 8. Mai verdoppelten. Mit der hiernach trotz zeitweiligen Wiederaufflackerns eintretenden allmählichen Abnahme der explosiven Erscheinungen hörte aber die Magmaförderung nicht auf, denn die aus dem Krater emporgetriebene Lavakuppe wuchs weiter und wurde schließlich, seit Ende Oktober, noch von einer besonderen magmatischen Nadel gekrönt

(Abb. 5 und 6). Eine um die Jahreswende 1902/03 abermals statthabende auffallende Vermehrung der Ausbruchstätigkeit ließ dann deutlich erkennen, wie die Eruptionswolken aus Spalten in der Wandung dieses Staukegels entwichen, die erst jedesmal explosiv aufgerissen wurden. Die Felsnadel erreichte Anfang Juli 1903 eine größte Höhe von 1619 m, um darauf aber rasch einzufallen und während eines letzten bemerkenswerteren Eruptionsabschnitts im August und September 1903 von einem

Abb. 5. **Die Felsnadel des Magmadomes am 8. März 1903. Nordseite.** (Nach A. Lacroix.)

anderen gleichartigen, jedoch um etwa 150 m niedriger bleibenden Gebilde abgelöst zu werden. Gegen Jahreswende hatte sich endlich die Höhe des Staukegels mit seiner Nadel bis auf 1430 m vermindert. Die gesamte in dieser ganzen Zeit in erster Linie durch die absteigenden Glutwolken, sodann aber auch durch starken Aschenfall auf Martinique verwüstete Fläche belief sich auf rd. 160 qkm, die Zahl der Toten betrug ungefähr 29 000.

Die beiden charakteristischen Eigentümlichkeiten dieser großen Eruptionsperiode der Montagne Pelée, das Auftreten der *absteigenden Glutwolken* und die Entstehung eines *Magmadomes*, dem zeitweise noch eine

Felsnadel aufgesetzt war, sind um so mehr der besonderen Beachtung wert, als der Vorgang ihrer Entwicklung noch niemals so gut beobachtet und im einzelnen verfolgt werden konnte als wie in diesem Fall (Abb. 7). Hinsichtlich des Domes handelte es sich um ein saures andesitisches Magma, das bei seiner Zähflüssigkeit weniger fähig ist, eigentliche Lavaströme zu bilden, überdies aber auch beim Hervorquellen im Etang sec durch die hohe Kraterumwallung an seiner weiteren Ausbreitung gehindert

Abb. 6. Die Felsnadel des Magmadomes am 8. März 1903. Südseite. (Nach A. LACROIX.)

wurde und sodann bei der nur geringen Fördergeschwindigkeit nach außen rasch erkaltete. So staute sich bei ständigem Nachschub allmählich ein Kegel auf, der im allgemeinen nur durch Abbruch von seinen erstarrten Außenwänden auch wieder an Masse verlor, im übrigen aber durch explosive Eruptionsvorgänge in seiner weiteren Ausbildung nicht wesentlich gestört wurde, da diese nur mit größeren Unterbrechungen stattfanden. Doch wenn, unterstützt von gewaltigen Gas- und Dampfentwicklungen, das Magma des schmelzflüssigen Kerns die äußere Panzerung durchbrach, dann trat in den aufgerissenen Spalten das glutige

Innere selbst zutage, und neue Lavamassen drangen heraus und trugen zu weiterem Wachstum des Domes bei; aber auch glühende Blöcke wurden ausgestoßen und stürzten dann lawinenartig ab. Bei zunehmender Erstarkung der Wandungen sammelte sich jedoch schließlich der

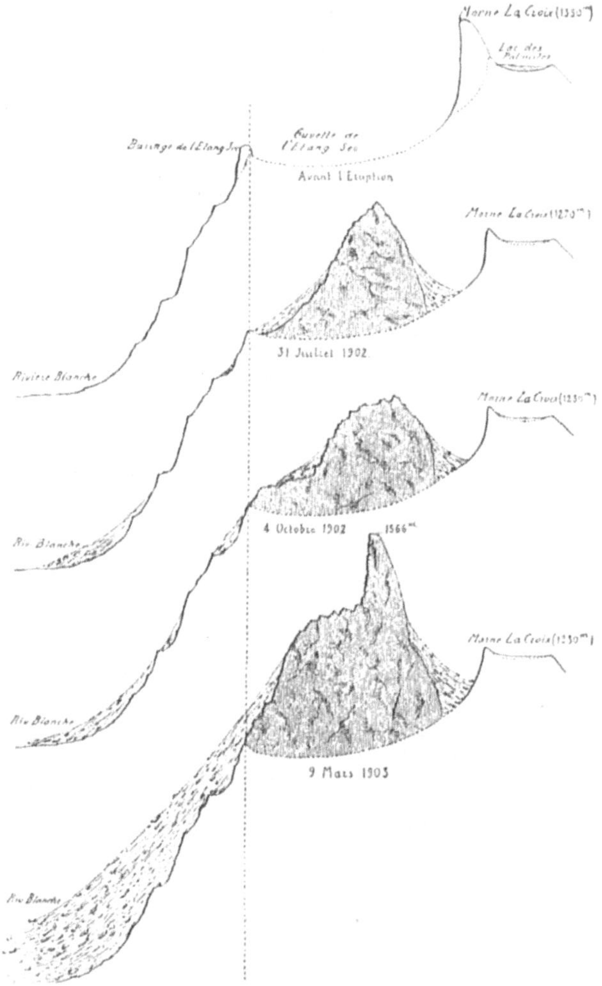

Abb. 7. **Ein in nordöstlich-südwestlicher Richtung durch das Kraterbecken gelegter Schnitt zu verschiedenen Zeiten der Eruptionsperiode. (Nach A. Lacroix.) Die dicht schraffierten Teile stellen den Magmadom und seine Felsnadel dar. Durch hellere Schraffur sind die abstürzenden Block- und Schuttmassen angedeutet.**

von unten nach oben gerichtete magmatische Druck vorzugsweise gegen den Gipfel des Domes, so daß es hier noch zu einer besonderen Extrusion kam, die dann, soweit sie nicht schon aus verfestigtem Material bestand, unter mannigfachen, durch Massenabsturz bzw. -nachschub bedingten Gestaltsänderungen zu der erwähnten Felsnadel erstarrte.

Mit den Explosionen war nun das andere Charakteristikum der betrachteten Tätigkeitsperiode der Montagne Pelée, die *absteigenden Glut-*

Abb. 8. Die Glutwolke vom 16. Dezember 1902 bei ihrer Ankunft an der Küste. Höhe 4000 m. (Nach A. LACROIX.)

wolken, verbunden (Abb. 8). Aus den dabei anfänglich im Kraterbecken selbst, später in der Panzerung des Staukegels aufgerissenen Öffnungen wurden große, mit festen Materialien verschiedenster Größe dicht durchsetzte Mengen heißer Gase und Dämpfe herausgeschleudert, die, von dem gewaltigen auf ihnen lastenden Druck befreit, sich bei ihrem Eintritt in die Atmosphäre in Kürze um mehr als das Tausendfache ihres ursprünglichen Volumens ausdehnten. Ihre Bewegungsrichtung aber wurde außer durch die Richtung des ersten explosiven Impulses vor allem wegen der reichlichen Beimischung fester Substanzen von der Schwerkraft bestimmt, so daß diese Gas- und Aschenwolken in den meisten Fällen weniger vertikal aufwärts stiegen, sondern auch nach ihrer so plötzlichen Ausdehnung bis zu einigen tausend Meter Höhe unter scharfer Abhebung von der umgebenden Luft lawinenartig an den Hängen abwärts rollten, und zwar mit einer außerordentlichen Geschwindigkeit, zumal wenn auch der anfängliche Explosionsstoß horizontal oder gar schräg abwärts orientiert war. Selbst die heftigsten Winde konnten sie in ihrer Fortbewegung nicht wesentlich beeinträchtigen oder gar ablenken. Durch ihre hohe Temperatur — in einem Falle lag dieselbe in mehr als 6 km Entfernung vom Krater nahe am Meer zwar unter 230°, dem Schmelzpunkt des Zinns, das nicht geschmolzen war, aber sicher noch über 125° — und ihren ungeheueren Gehalt an mechanischer Energie — wie erwähnt, wurden Lavablöcke von mehr als 100 cbm Inhalt mitgerissen — sowie durch die Menge der aus ihnen niederfallenden Aschen und sonstigen größeren Auswürflinge mußten sie notwendig katastrophal auftreten, wie dies bis zu einem Umkreis von rd. 10 km Radius um ihren Ursprungsort beobachtet worden ist.

b. Der Ausbruch des Vesuv im Jahre 1906.

Der sich am Golf von Neapel aus der kampanischen Ebene unvermittelt erhebende Kegel des Vesuv gehört infolge seiner regen Tätigkeit in der Gegenwart und der historischen Vergangenheit bei seiner günstigen Lage in altem Kulturland zu den am besten bekannten vulkanischen Zentren der Erde. Im Norden und Osten umgeben ihn noch die Reste einer gewaltigen vorgeschichtlichen Kraterumwallung, welche unter dem Namen Monte Somma bekannt ist. Der erste große Ausbruch in geschichtlicher Zeit ist derjenige des Jahres 79 n. Chr., dem die Städte Herkulanum, Pompeji und Stabiä zum Opfer fielen, und der die Entstehung des jetzigen eigentlichen Vesuvberges innerhalb der Monte Somma einleitete. In dem letzten Jahrhundert waren die Jahre 1822, 1834, 1850, 1855, 1858, 1861 und 1872 durch bedeutendere Paroxysmen ausgezeichnet; aber auch in der Zwischenzeit von 1872 bis 1906 ist der Vesuv niemals völlig ruhig gewesen und hat zeitweilig aus verschiedenen Spalten beträchtliche Lavamassen gefördert, die den Vulkan weiter vergrößerten, seinen Gipfel erhöhten, und an seinen Flanken sekundäre Kegel wie den Colle Margherita und den Colle Umberto aufbauten. Vor dem großen Ausbruch von 1906 hatte so der Hauptkegel eine Höhe von rd. 1330 m erreicht.

Anfang April 1906 stellten sich die ersten Anzeichen erneut verstärkter Tätigkeit ein: Die Dampfwolke über dem Krater des zentralen Gipfels wurde größer und auch dunkler infolge stärkerer Beimischung von ausgeworfener Asche; die Explosionen und Erdstöße mehrten sich. Am 4. April bildete sich an der südlichen Abdachung des Kegels eine neue Öffnung, die der Lava Austritt verschaffte. Durch Sinken des Lavaniveaus im Hauptkrater begannen nun hier die Seitenwände einzustürzen; das niederbrechende Material wurde in Gestalt von Lapilli und Sand zum Teil herausgeschleudert und breitete sich, von den gleichzeitig geförderten Gaswolken getragen, pinienartig auch über Neapel aus, das, in etwa 15 km Entfernung wnw. vom Krater gelegen, am Abend dieses Tages von einem grauschwarzen vulkanischen Staub bedeckt wurde. Sodann riß der inzwischen fortgebildete neue Lavagang am Abhang weiter abwärts auf, und am 6. April gesellte sich in seiner Nachbarschaft in etwa Kilometerabstand ein anderer Spalt hinzu. Von hier breiteten sich Ströme dünnflüssiger Lava aus, die in der Nähe ihrer Austrittspunkte an steileren Stellen eine Geschwindigkeit von 5 m in der Minute gehabt haben sollen, mit fortschreitender Abkühlung und Abnahme des Gefälles aber allmählich an Geschwindigkeit verloren. Am 7. April fand eine wesentliche Verstärkung der Explosionen und eine weitere Vermehrung der Lavaausflüsse statt. Auswürflinge wurden bis zu dem $2^1/_2$ km vom Krater entfernten Observatorium geschleudert. Glühendes und flüssiges Material schoß in Gestalt von Feuergarben aus dem Krater heraus. Infolge elektrischer Entladungen traten vulkanische Gewitter hinzu. Stellenweise brach Lava hervor, welche so dünnflüssig war, daß sie anfänglich bei starkem Gefälle wohl 1 km in 15 Minuten zurücklegte. Die Lavaströme gelangten im Süden bis in die Nähe der an der Küste gelegenen Stadt Torre Annunziata und zerstörten auf ihrem Wege den westlichen Teil der Ortschaft Boscotrecase.

Nach geringem und kurzem Abflauen der ganzen Tätigkeit wuchs diese dann gleich nach Mitternacht am 8. April zu einem gewaltigen Maximum an, indem aus dem Hauptkrater und einem neu entstandenen Nebenkrater derart heftige Eruptionen vor sich gingen, daß der ganze Vulkanbezirk erschüttert wurde. Die Trümmer der mehr und mehr einstürzenden Wände des Hauptkraters wurden dabei von den herausbrechenden Gaswolken bis zu über 7000 m Höhe emporgeschleudert, während die leichteren Aschenmassen an diesem Tage vielleicht gar eine Höhe von 10000 bis 13000 m erreichten und über den Apennin hinweg bis an die Ostküste des Adriatischen Meeres getrieben wurden. Da die Eruptionswolken hauptsächlich nordöstlich gerichtet waren, so litten in erster Linie die am Nordostrande gelegenen Orte Somma, Ottajano und S. Guiseppe unter ihren zerstörenden Wirkungen. Ein dichter Regen fester Auswürflinge fiel nieder und ließ die Häuser unter der auf ihre flachen Dächer fallenden Last zusammenbrechen und viele Bewohner unter den Trümmern als Leichen begraben. Im Durchschnitt mag die Aschen- und Lapillischicht hier 76 cm hoch gewesen sein, so daß dadurch ein Druck von rd. 2000 kg pro qm ausgeübt wurde, wenn man dem lockeren

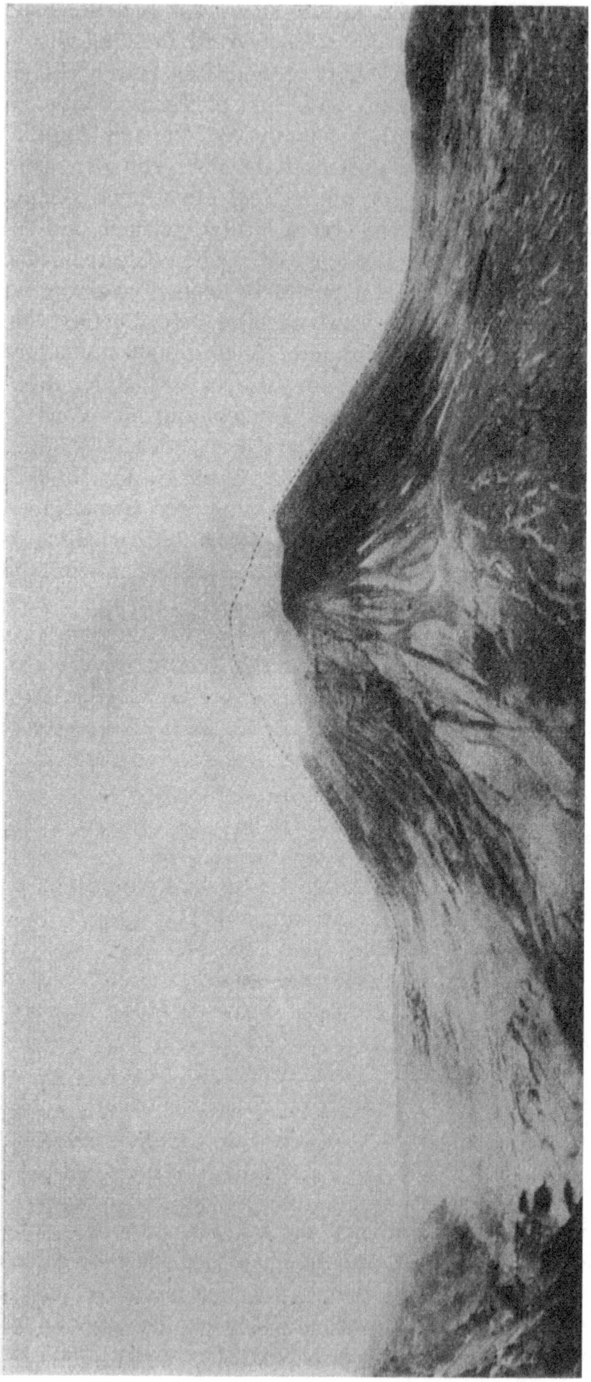

Abb. 9. Der Vesuv am 4. Mai 1906 von Norden aus gesehen.
Die gestrichelte Linie gibt die Gestalt des Vesuv im Oktober 1903 an. (Nach H. J. JOHNSTON-LAVIS.)

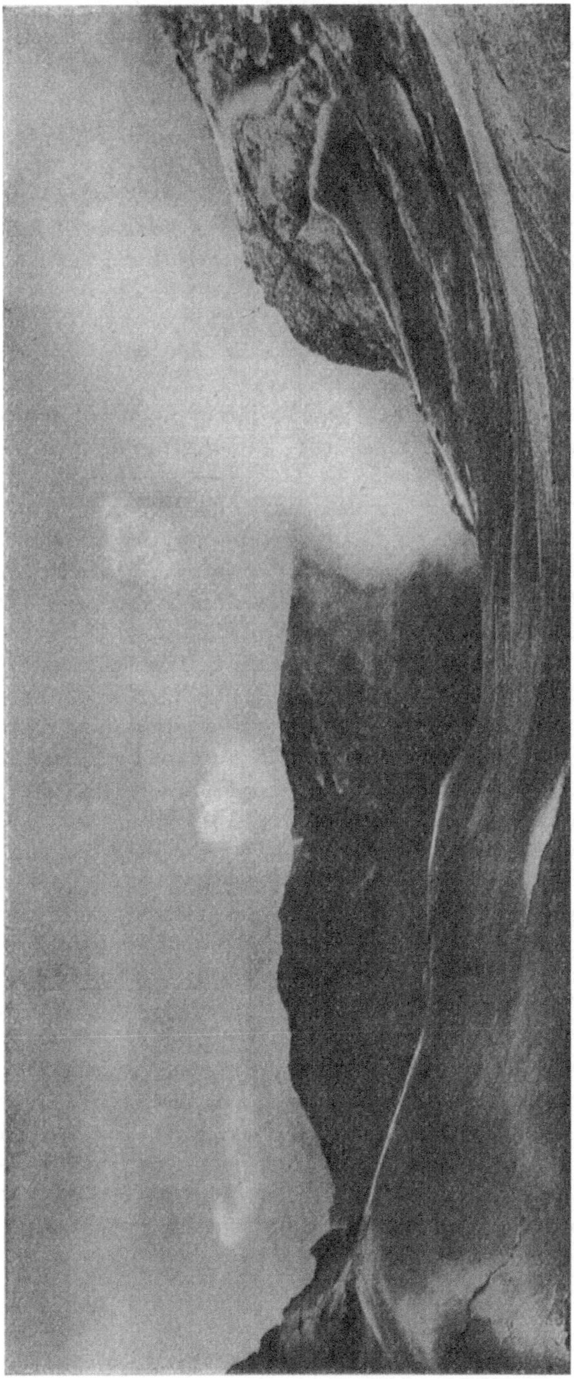

Abb. 10. Der neue Vesuvkrater am 2. Mai 1906 von seinem Nordrand aus gesehen.
(Nach H. J. Johnston-Lavis.)

Auswurfsmaterial ein spezifisches Gewicht von 2,6 gibt. Doch finden sich bei Ottajano auch Stellen, wo die Gesamtmächtigkeit des abgelagerten vulkanischen Materials 120 cm betrug. Mit dem 9. April trat dann aber eine merkliche Abnahme der vulkanischen Energie ein; doch wird von den an diesem Tage auf der westlichen Abdachung niedergehenden Aschenwolken noch gesagt, daß sie eine Dunkelheit wie in einem Tunnel hervorriefen. Am 11. April fanden noch einige ziemlich starke Explosionen statt, und am 14. und 15. überzogen von neuem stärkere Staubfälle die umliegenden Ortschaften mit einer stellenweise bis zu einigen Zentimetern dicken grauen Schicht. Vielfach waren noch leichte Erdstöße fühlbar, mit Ablauf des Monats aber war in der gesamten geodynamischen Tätigkeit des Vesuv weiter eine ganz wesentliche Beruhigung eingetreten. Wahrscheinlich trug sehr viel die zunehmende Verstopfung des Hauptausbruchskanals durch die noch immer nicht zum Stillstand gekommenen Einbrüche und Abrutschungen der Randteile des großen Kraters hierzu bei.

Das Ergebnis dieser bedeutenden Eruptionsperiode war, daß der von allen Seiten fast symmetrisch ansteigende und am Gipfel ziemlich gleichmäßig gewölbte alte Vesuvkegel auf etwa zwei Drittel seines Umfanges verstümmelt wurde, indem jener neue große Krater gebildet wurde, der seitdem das Kennzeichen des Vesuv geblieben ist (Abb. 9 und 10). Im September 1906 lag die höchste und tiefste Stelle seines Randes in 1223 m bzw. nur 1103 m Höhe, so daß also der Kegel um reichlich 100 bis 200 m an Höhe eingebüßt hat. Der Kraterdurchmesser hatte zu derselben Zeit die ansehnliche Länge von 720 m im Maximum und von 620 m im Minimum; seine Tiefe wurde im Mai 1906 auf 400 m geschätzt. Das Material des zertrümmerten Gipfels sowie der Kraterinhalt wurden bei den Explosionen zur Hauptsache natürlich auf die Kegelflanken verfrachtet; hier fielen vor allem die größeren Blöcke nieder, die dann mit kleineren Auswürflingen, Schlacken und Bimssteinen sowie Asche und Staub vermischt, wiederholt als Schuttlawinen abwärts gingen, auf diese Weise die Berghänge mit tiefen Furchen durchziehend. Gefährlicher aber waren noch die Schlammströme, die sich besonders dort bildeten, wo feiner Staub in größeren Mengen abgelagert war, und auch nach Beendigung der Eruptionsperiode dadurch entstanden, daß bei heftigen Regengüssen das den Berg niederstürzende Wasser sich mit diesen Staubmassen verband. Auf diese Weise ist u. a. den Ortschaften Torre del Greco, Portici, Barra im Westen des Vesuv noch mehrfach ernstlicher Schaden zugefügt worden. Zum Schluß mag nicht unerwähnt bleiben, daß nach örtlichen Funden vesuvianischer Staub wahrscheinlich noch bis nach Holstein, Paris und Spanien getrieben worden ist.

IV. Erdbeben.

12. Die makroseismischen Elemente eines Bebens.

Als Begleiterscheinungen der tektonischen und vulkanischen Vorgänge treten die Erdbeben auf, deren Studium seit wenigen Jahrzehnten Aufgabe einer besonderen Disziplin, der *Seismologie*, geworden und ebenfalls sehr geeignet ist, unsere Kenntnisse der endogenen Dynamik der Erdrinde wesentlich zu fördern.

Man teilt nach den zur Anwendung kommenden Beobachtungsmethoden das *Schüttergebiet* eines Erdbebens zweckmäßig in einen *makroseismischen* und einen *mikroseismischen* Bereich ein. Die Grenzscheide zwischen beiden ist durch die Linie gegeben, bis zu welcher die Erschütterungen mit unseren menschlichen Sinnen unmittelbar wahrnehmbar sind, so daß also jenseits derselben zur Verfolgung der Bodenbewegung besonders empfindliche Registrierapparate, die *Seismographen*, benutzt werden müssen. Solche instrumentellen mikroseismischen Aufzeichnungen können bei hinreichender Stärke des Erdbebens und genügender Vergrößerung der Apparate überall auf der Erde gewonnen werden; in diesem Fall würde das mikroseismische Schüttergebiet die gesamte Erdoberfläche umfassen. Uns sollen hier nur die *makroseismischen* Erscheinungen beschäftigen. Die Mikroseismik und die mit ihr zusammenhängenden Probleme sind in dem Abschnitt von C. Mainka über die Ergebnisse der physikalischen Erdbebenforschung behandelt. In Übereinstimmung mit dem Sprachgebrauch soll daher auch im folgenden unter „Schüttergebiet“ nur der makroseismische Bereich verstanden werden.

a. Intensität.

Ein für die nähere Bearbeitung eines Erdbebens besonders wichtiges Element ist die Stärke oder *Intensität*, mit der es in den einzelnen Teilen seines Schüttergebietes auftritt. Gelingt es, ein richtiges Bild der Intensitätsverteilung zu entwerfen, so sind damit wichtige Anhaltspunkte für die Lage des Ausgangsgebietes und damit auch für eine Erklärung der Entstehung des Bebens gegeben. Das Ausgangsgebiet wird nämlich durch die stärksten Wirkungen charakterisiert sein, und von ihm aus wird mit zunehmender Entfernung im allgemeinen eine ausgesprochene Abnahme der Intensität statthaben.

Zu einer zu diesem Zweck notwendigen gradweisen Abschätzung der Bebenstärke bedient man sich einer *empirischen Intensitätsskala*, wie sie u. a. von Rossi und Forel und von Mercalli aufgestellt worden ist. Die einzelnen Skalengrade, deren von den eben genannten Autoren zehn unterschieden werden, sind durch besonders typische Wirkungen auf Menschen, Hausgerät, Gebäude und Landschaft umschrieben. Im folgenden ist die *Mercallische Skala*[1]) wiedergegeben, die der Rossi-

[1]) Sulle modificazioni proposte alla scala sismica de Rossi-Forel. Bollettino della Società Sismologica Italiana VIII, 1902/03, S. 184—191.

Forelschen infolge teils treffenderer, teils eingehenderer Kriterien etwas überlegen ist.

1. Grad. Instrumentaler Stoß. Nur von seismischen Apparaten angezeigt.

2. Grad. Sehr leicht. Nur von Personen bemerkt, welche sich im Zustande vollständiger Ruhe, namentlich in den oberen Stockwerken der Häuser, befanden, oder auch von sehr empfindsamen und nervösen Personen.

3. Grad. Leicht. Von verschiedenen Personen bemerkt, deren Zahl jedoch im Vergleich zur Einwohnerzahl der betreffenden Gemeinde gering ist. Es wird gesagt, daß die Erschütterung kaum fühlbar war, keinerlei Furcht erregte und im allgemeinen nicht als Erdbeben aufgefaßt worden wäre, wenn man nicht nachher erfahren hätte, daß andere den Vorgang auch beobachtet haben.

4. Grad. Nicht unerheblich oder mäßig. Nicht allgemein bemerkt, aber von vielen Personen im Innern der Häuser, doch nur von wenigen im Erdgeschoß; kein Schrecken. Erzittern der Türen und Fenster, Knarren des Zimmergebälks; leichtes Schwingen aufgehängter Gegenstände.

5. Grad. Ziemlich stark. Allgemein in den Häusern bemerkt, aber nur von wenigen Personen auf der Straße; Erwachen der Schlafenden; bei einigen Schrecken. Hin- und Herschlagen der Türen, Anschlagen kleiner Glocken, ziemlich starkes Schwingen aufgehängter Gegenstände, Stillstehen von Uhren.

6. Grad. Stark. Von allen in den Häusern bemerkt, viele eilen erschrocken auf die Straße. Umstürzen von Gegenständen in den Häusern, Abfallen von Putz, stellenweise leichte Beschädigung an weniger soliden Gebäuden.

7. Grad. Sehr stark. Allgemeiner Schrecken und Flucht aus den Häusern; auch auf der Straße fühlbar. Anschlagen der Turmglocken; Umstürzen der Schornsteine, Ablösen von Dachziegeln; Beschädigungen an zahlreichen Gebäuden, durchweg jedoch leichter Art.

8. Grad. Zerstörend. Panik. Teilweise Zerstörung einiger Häuser und allgemein beträchtliche Beschädigungen der übrigen. Noch kein Verlust an Menschenleben; nur vereinzelt persönliche Unfälle.

9. Grad. Verheerend. Gänzliche oder nahezu vollständige Zerstörung einiger Häuser und schwere Beschädigungen an vielen anderen, so daß sie unbewohnbar sind. Todesfälle noch nicht sehr zahlreich, aber an verschiedenen Stellen der Wohnorte.

10. Grad. Außerordentlich verheerend. Zerstörung vieler Gebäude. Viele Todesfälle. Bildung von Rissen im Erdboden, Massenabstürze im Gebirge usw.

Die Anwendung einer solchen Skala gestattet aber natürlich nur eine *relative* Bestimmung der Intensitäten an den verschiedenen Orten. Will man außerdem auch zu einem *absoluten* Maß kommen, so muß man noch versuchen, ein Urteil über die Größe der Beschleunigung zu gewinnen, welche an einer gegebenen Stelle den Bodenteilchen infolge des Erdbebens erteilt wurde. Setzen wir dabei eine periodisch verlaufende schwingende Bodenbewegung voraus, so handelt es sich insbesondere um die Ermittlung des maximalen Wertes dieser Beschleunigung im Verlauf einer ganzen Schwingungsperiode. Derselbe beläuft sich absolut genommen auf $\left(\frac{2\pi}{T}\right)^2 A$, wenn A die Maximalamplitüde, d. h. die halbe Schwingungsweite des Bodenteilchens, T die Schwingungsperiode, π die Kreiszahl 3,142 ist, und wird in den Umkehrpunkten der Schwingung erreicht. Anhaltspunkte für die Größe solcher bei Erdbeben wirklich auftretenden Beschleunigungen können aus den Dimensionen umgefallener Grabsteine oder umgestürzter freistehender Mauern u. dgl. erhalten werden, und so hat auch A. CANCANI versucht, die Werte der maximalen Beschleunigungen zu bestimmen, welche den einzelnen Graden der MERCALLIschen Skala entsprechen. Er gelangte dabei zu dem Ergebnis, daß einer eben fühlbaren Erschütterung eine Beschleunigung von 2,5 bis 5,0 mm pro Sekunde entspricht, und daß von diesem Werte ab die Zunahme nach dem Gesetze einer geometrischen Reihe mit dem Quotienten 2 vor sich geht, daß aber auch noch Intensitäten auftreten, welche diejenige des 10. Grades der MERCALLIschen Skala wesentlich übertreffen, so daß es angebracht erscheint, noch einen 11. und 12. Grad hinzuzufügen.

Die auf diese Weise abgeleitete *absolute* Intensitätsskala von CANCANI hat demnach das folgende Aussehen:

1. Grad.	Instrumentaler Stoß	$< 2{,}5$	mmsec^{-2}
2.	„	Sehr leicht	2,5—5,0	„
3.	„	Leicht	5—10	„
4.	„	Nicht unerheblich oder mäßig	10—25	„
5.	„	Ziemlich stark	25—50	„
6.	„	Stark	50—100	„
7.	„	Sehr stark	100—250	„
8.	„	Zerstörend	250—500	„
9.	„	Verheerend	500—1000	„
10.	„	Außerordentlich verheerend	1000—2500	„
11.	„	Katastrophal	2500—5000	„
12.	„	Außerordentlich katastrophal	5000—10000	„

Die beiden höchsten Grade, denen somit der Größenordnung nach Beschleunigungen von $^1/_4$ bis $^1/_2$ und von $^1/_2$ bis zu dem ganzen Betrage der Schwerkraftsbeschleunigung entsprechen, können hinsichtlich der zerstörenden Wirkungen auf Grund einer Untersuchung von A. SIEBERG[1]) kurz noch folgendermaßen charakterisiert werden:

11. Grad. Katastrophal. Vollständige Zertrümmerung von Steinbauten. Massive Brückenpfeiler aus Stein brechen ab; eiserne Pfeiler knicken durch. Deiche und Dämme reißen ganz auseinander. Entstehung breiter Spalten; vermehrtes Auftreten von Landabrutschungen und Felsstürzen.

12. Grad. Außerordentlich katastrophal. Selbst widerstandsfähigere Bauten wie Holzhäuser werden sämtlich zerstört. Auch im Felsboden treten beträchtliche horizontale und vertikale Dislokationen auf. Zahlreiche Massenabstürze, Uferabbrüche u. dgl. in großem Umfang.

Man bezeichnet zweckmäßig die einzelnen Stufen dieser so entstandenen zwölfteiligen Skala als *Mercalli-Cancani*-Grade.

b. Epizentrum. Hypozentrum. Isoseisten. Homoseisten.

Indem man nun mit Hilfe einer solchen Stärkeskala die an den einzelnen Stellen zur Geltung gekommene Intensität abschätzt, gelangt man weiter durch Verbindung der gleichstark erschütterten Orte mittels Kurven zur Konstruktion der Linien gleicher Bebenstärke oder der sogenannten *Isoseisten* und damit zu einem leicht überschaubaren Bild der makroseismischen Erscheinungsform des betreffenden Erdbebens. Die Isoseiste des 2. Grades entspricht dabei etwa der Grenze des makro-

[1]) Über die makroseismische Bestimmung der Erdbebenstärke. Beitr. z. Geophysik XI, 1912, Kl. Mitteilg. S. 227—239.

seismischen Bereichs, und die Isoseiste des in jedem Einzelfall vorkommenden höchsten Grades umschließt das Ausgangsgebiet, welches, sofern es an der Oberfläche und mehr oder weniger im Mittelpunkt des ganzen von dem Beben betroffenen Gebietes gelegen ist, auch *Epizentralregion* genannt wird. Das Epizentralgebiet kann je nach seiner geologischen Struktur und der Natur der Vorgänge, welche das Beben herbeiführten, sehr verschiedenartig gestaltet sein. Es kann sich, wie z. B. bei vulkanischen Beben, um einen nahezu punktförmigen Auslösungsvorgang handeln; dann wird man besser noch von einem *Epizentrum* sprechen, an welches sich auf allen Seiten ziemlich gleichmäßig das Gebiet stärkster Wirkung oder auch das pleistoseiste Gebiet anschließt. Beruht aber z. B. das Erdbeben auf einer Schollenverschiebung an einer langgestreckten Dislokationslinie, so wird die Epizentralregion in eine der Erstreckung dieser Linie entsprechende schmale Zone ausarten, und nur insofern, als der die Verschiebung einleitende Bruch an einer bestimmten Stelle seinen Anfang genommen haben muß, kann auch hier von einem Epizentrum im engeren Sinne die Rede sein. Treten zwei oder mehrere Bruchlinien zusammen in Wirksamkeit, so kommt dies in einer verwickelteren Gestaltung des Epizentralgebietes zum Ausdruck.

Hinsichtlich einer Aufklärung der wahren Ursache eines Bebens ist nun aber noch zu berücksichtigen, daß nur in seltenen Fällen der Auslösungsvorgang seinen Sitz in den Oberflächenschichten haben wird. Im allgemeinen spielt er sich in einer zunächst noch unbekannten Tiefe unter dem Epizentrum ab. Diese in der Tiefe gelegene Ausgangsstelle ist der eigentliche *Herd* des Bebens oder das *Hypozentrum*; und ihr Abstand von dem im allgemeinen senkrecht darüber befindlichen Epizentrum heißt die *Herdtiefe*. Auch über diese Größe, deren richtige Ermittlung für eine vollständige Erfassung des genetischen Prozesses besonders notwendig ist, vermag die Intensitätsverteilung an der Oberfläche oft wichtige Aufschlüsse zu geben. Ist der makroseismische Bereich eines Bebens nur klein, seine maximale Wirkung aber dennoch beträchtlich, so wird das Hypozentrum nur flach gelegen sein, während im Falle ausgedehnter makroseismischer und insbesondere pleistoseister, d. i. also am stärksten erschütterter Fläche bei vergleichsweise nicht bedeutender Stärke auf einen tief gelegenen Herd zu schließen ist. Auf eine exakte Grundlage haben R. v. Koevesligethy[1]) und J. v. Jánosi[2]) die Methode der Herdtiefenbestimmung aus makroseismischen Beobachtungen zu stellen gesucht. Sie gehen dabei, wie hier nur angedeutet werden mag, von der Mercalli-Cancanischen Intensitätsskala aus; doch entspricht vor allem die theoretische Ausgangs-

[1]) Seismischer Stärkegrad und Intensität der Beben. Beitr. z. Geophysik VIII, 1907, S. 363—366.

[2]) Bestimmung der Herdtiefe und des seismischen Absorptionskoeffizienten des Charlestoner Erdbebens. Bollettino della Società Sismologica Italiana XI, 1906, S. 251—255.

gleichung über die Ausbreitung der seismischen Energie den wirklichen Verhältnissen zuwenig, als daß auf diesem Wege zuverlässige Werte der Herdtiefe zu erhalten wären, ganz abgesehen davon, daß auch die makroseismischen Schätzungen der Bebenstärke im allgemeinen nicht sicher genug sind. Auf anderem Wege kann das Problem der Herdtiefenberechnung mittels genauer Feststellung des *Emergenzwinkels*, d. i. des Winkels, unter dem die ersten elastischen Bebenwellen an der Erdoberfläche hervortauchen, gelöst werden; oder es müssen aus dem Epizentrum und seiner nächsten Nähe präzise Angaben über die Eintrittszeiten der Erschütterung vorliegen. Beide Methoden erfordern, wie die Erfahrung gelehrt hat, eine sehr hohe Genauigkeit der zu verwendenden Daten, die daher nur durch sorgfältige instrumentelle Beobachtung zu gewinnen sind; hinsichtlich der Zeiten hat sich z. B. eine Genauigkeit von $^1/_{10}$ bis $^2/_{10}$ Sekunde als notwendig erwiesen. (Siehe den Abschnitt von C. MAINKA.)

Im folgenden mögen die Resultate einiger auf verschiedene Weise ausgeführter, zuverlässigerer Bestimmungen der Herdtiefe von gut beobachteten Beben der neueren Zeit mitgeteilt werden. Für das große süddeutsche Beben vom 16. November 1911[1]), das wohl das bisher am besten unmittelbar und instrumentell beobachtete Erdbeben ist, ergab eine erste vom Fürsten B. GALITZIN angestellte Berechnung für die Herdtiefe den Betrag von 9,5 km mit einem mittleren Fehler von 3,8 km; eine vollständige Verarbeitung des für diesen Zweck geeigneten Materials zeigte dagegen nach B. GUTENBERG, daß die Beobachtungen sich ebensogut mit einer Herdtiefe von 15 km wie von 45 km vereinigen lassen, und es nicht möglich ist, den wahrscheinlichsten Wert anzugeben. Für das Messina-Beben von 1908 ist aus Zeitbeobachtungen die Herdtiefe zu 5 km mit einem mittleren Fehler von ungefähr 25 km und aus den makroseismischen Stärkeangaben nicht wesentlich abweichend zu 9 km errechnet worden. Schließlich wird als Herdtiefe des San Franzisko-Bebens von 1906 20 km mit einem mittleren Fehler von 20 km angegeben. Diese Resultate, die zu den am besten verbürgten gehören, sind einzeln betrachtet wenig befriedigend; und doch lassen sie mit einiger Wahrscheinlichkeit die nicht unwichtige Folgerung ziehen, daß die Herdtiefe verhältnismäßig nur gering ist, d. h. daß sie im Maximum einige Zehner von Kilometern wohl nicht überschreitet.

Was nun das Entwerfen von *Isoseistenkarten* betrifft, so hat man mit Vorsicht zu verfahren, und zwar sowohl in der Anwendung der zugrunde gelegten Intensitätsskala, als auch im Ziehen der Kurven; denn einerseits stützen sich die Kriterien der verschiedenen Grade zum Teil auf rein subjektive, von Person zu Person wechselnde Empfindungen und zum Teil auf Faktoren, die stark von der Bauweise und dem be-

[1]) B. GUTENBERG: Die mitteleuropäischen Beben vom 16. Nov. 1911 und vom 20. Juli 1913. I. Bearbeitung der instrumentellen Aufzeichnungen. Veröffentl. d. Zentralbureaus d. Internat. Seismolog. Assoziation. Straßburg 1915, S. 60ff.

nutzten Baumaterial abhängen, und andererseits zeigt sich, daß von dem im wesentlichen geltenden Gesetz der Abnahme der Intensität mit wachsendem Abstand vom Epizentrum im einzelnen doch viele örtliche Ausnahmen vorkommen. Diese Abweichungen von dem Grundgesetz sind entweder durch die Struktur des Schüttergebiets oder durch seine lithologischen Verhältnisse, d. h. durch die stoffliche Beschaffenheit seines Untergrundes, bedingt. In der Streichungsrichtung der Schichten oder eines ganzen Gebirgszuges breitet sich die Erschütterung ungehinderter aus als quer dazu, es sei denn, daß besondere transversal verlaufende Dislokationen auch nach dieser Richtung die Ausbreitung begünstigen. Auch sonst ist an Spalten und Verwerfungen oft eine Verstärkung der Intensität zu beobachten, ja, es kann nach Art einer Relaiswirkung durch die Wellen eines starken Bebens in einer ganz außerhalb seiner Epizentralregion gelegenen, an sich schon erdbebenreifen Bruchregion geradezu ein anderes sekundäres oder *Relaisbeben* ausgelöst werden. Wichtiger für den Grad der Erschütterung ist aber doch die Natur des Bodens. Plötzlicher Wechsel von hartem Felsboden mit lockeren, durchfeuchteten Alluvialschichten, wie sie in Tälern vorhanden sind, kann in der Intensität einen Sprung um mehrere Grade bewirken; und zwar ist der lockere Boden seismisch gefährlicher als der feste. Noch weniger widerstandsfähig als angeschwemmtes Marschland aber ist nach den in Süditalien gemachten Erfahrungen loser Sandboden; am ungefährlichsten erwies sich hier u. a. das kristallinische Gestein. In großer Mächtigkeit auftretende lockere Massen üben dagegen auch wieder eine dämpfende Wirkung aus. Besonders lehrreiche Beispiele für diese Gesetzmäßigkeiten liefern die eingehender verarbeiteten Erdbeben in Kalifornien (18. April 1906; siehe IV, 14, a und Abb. 11)[1]) und Süddeutschland (16. November 1911)[2]).

Eigenheiten der Struktur und Wechsel der Bodenformationen bedingen aber natürlich auch Verschiedenheiten in der Fortpflanzungsgeschwindigkeit der Bebenwellen, so daß die Linien, welche die Orte gleicher Eintrittszeiten der Erschütterung miteinander verbinden, oder die *Homoseisten*, nur in seltenen Fällen Kreise um das Epizentrum darstellen. Im allgemeinen werden sie, wenn nur die Zeitbeobachtung genau genug ist, einen durchaus unregelmäßigen Verlauf aufweisen. Die Konstruktion von Homoseisten ist aber bei der meistens völlig unzureichenden Genauigkeit der makroseismischen Zeitangaben zur Festlegung des Epizentrums nur sehr unvollkommen geeignet.

---

1) The California Earthquake of April 18, 1906. Report of the State Earthquake Investig. Com. I, Washington D. C. 1908, S. 160—350 und Atlas, bes. Karte Nr. 23.

2) R. Lais u. A. Sieberg, Das mitteleuropäische Erdbeben vom 16. Nov. 1911 und seine Beziehungen zum geologischen Aufbau Süddeutschlands. Beitr. z. Geophysik XII, 1913, S. 186—206. Siehe auch E. Tams: Über die Intensitätsverhältnisse in den Schüttergebieten starker Erdbeben. Geograph. Zeitschrift XXII, 1916, S. 315—328.

c. Seebeben und seismische Flutwellen.

Eine für sich stehende makroseismische Erscheinungsform ist das *Seebeben*, das überall dort auftritt, wo sich die Stöße eines Erdbebens auch einer beträchtlichen Wassermasse mitteilen, wie dies bei Küstenbeben und vor allem bei Erschütterungen des Meeresgrundes der Fall ist, so daß dann die Wirkungen auch an der Meeresoberfläche unmittelbar beobachtbar sind. Letzteres wird allerdings tatsächlich nur der Fall sein, wenn sich zufällig gerade ein Schiff im makroseismischen Bereich des Bebens befindet, welches die durch das Wasser fortgeleiteten Stoßwellen auffängt und dadurch in mehr oder minder starke, von der Besatzung wahrzunehmende Erschütterung gerät. Hier macht sich aber in ähnlicher Weise wie bei lockeren Schotter- und Schwemmlandmassen von großer Mächtigkeit der dämpfende Einfluß des Wassers geltend. E. RUDOLPH[1]), der zum erstenmal die submarinen Beben einer gründlichen Untersuchung unterzogen hat, stellte auch für diese nach den von ihnen auf Schiffen hervorgebrachten Wirkungen eine besondere Intensitätsskala auf, aus der hervorgeht, daß ihr unterster Grad schon etwa dem 3. Grad der ROSSI-FORELschen oder der MERCALLIschen Skala für Landbeben entspricht. Die Skala führt dann bis zu 10 Grad hinauf; doch darf es eben in Anbetracht der stark abschwächenden Wirkung tiefen Wassers als zweifelhaft angesehen werden, ob Vorgänge der Art, daß ein Schiff auf die Seite gestoßen oder in der Fahrt aufgehalten wird, oder daß gar Kanonen auf Deck aus ihren Lafetten springen und das Schiff leck wird, wie sie dem 9. bzw. 10. Grad entsprechen würden, im Zusammenhang mit Seebeben wirklich zuverlässig verbürgt sind.

Infolge der Zufälligkeit und stets bestehenden Lückenhaftigkeit direkter Seebebenbeobachtungen wäre nun unsere Kenntnis von dem seismischen Verhalten des Meeresbodens recht mangelhaft, wenn nicht, wie aus dem Abschnitt von C. MAINKA über die physikalische Erdbebenforschung zu ersehen ist, die Registrierungen der Seismographen uns ein Mittel an die Hand gäben, auch solche Erdbeben richtig zu lokalisieren, von denen keinerlei makroseismische Daten vorliegen. Diese mikroseismischen Methoden der Epizentrumbestimmung ermöglichen es erst, im Laufe der Zeit ein vollständiges Bild von der geographischen Verbreitung der Erdbeben über die Landfläche und den Meeresboden zu zeichnen.

Von besonderem Interesse ist aber noch eine andere Erscheinung, wie sie im Gefolge starker Beben in der Küstenzone, so des Lissaboner Erdbebens von 1755 und der kalabrischen Erdbeben von 1783 und 1908, oder auch des eigentlichen Ozeangrundes, z. B. der aus der Zone der japanischen und der südamerikanischen Tiefseegräben stammenden Beben,

---

[1]) Über submarine Erdbeben und Eruptionen. Beitr. z. Geophysik I, 1887, S. 133—365; II, 1895, S. 537—666; III, 1898, S. 273—336. Siehe ferner F. DE MONTESSUS DE BALLORE: La science séismologique. Paris 1907, S. 182—225.

auftritt, nämlich die *Erdbebenflutwelle* (japanisch tsunami). (Siehe IV, 14, b.) Die Ursache wird in der Regel eine mit dem Beben verbundene bedeutendere Versetzung von Teilen des Meeresbodens sein; die Wirkung ist dort, wo solche Flutwellen auf in der Nähe liegendes Land stoßen, vielfach verwüstend. Unterseeische Vulkanausbrüche pflegen dagegen im allgemeinen hiervon nicht begleitet zu werden, es sei denn, daß, wie im Falle der großen Eruption des Krakatau im Jahre 1883, auch mit dem vulkanischen Vorgang eine beträchtliche Veränderung in der äußeren Gestaltung der in Mitleidenschaft gezogenen Meeresregion verbunden ist. Bei solchen Gelegenheiten können Wellen mit einer Höhe von einigen Zehnern von Metern erzeugt werden, die sich dann durch Ozeanbreite fortpflanzen und an entfernten Küstenstationen noch deutlich durch Flutmesser oder Mareographen zur Aufzeichnung gelangen. So sind Ausläufer der infolge des Krakatau-Ausbruchs von 1883 entstandenen Flutwellen noch an der Westküste Europas registriert worden[1]). Und die bei dem verheerenden Erdbeben von Iquique (1877) an der pazifischen Küste Südamerikas erzeugten großen Flutwellen konnten ähnlich wie diejenigen des zerstörenden peruanischen Bebens von 1868 bis an die westliche Umrandung des Pazifik verfolgt werden. Noch an der japanischen Küste wurden Dörfer unter Wasser gesetzt und dabei auch Menschenleben vernichtet[2]). Auf offenem Ozean aber sind diese Wellen infolge ihrer außerordentlichen, im Falle des Bebens von 1868[3]) auf 400—900 km berechneten Länge, d. h. des weiten Abstandes ihrer Berge bzw. Täler, kaum beobachtbar. Auch im übrigen rufen submarine Erdbeben auf der freien Meeresfläche keinerlei sichtbare Wirkungen hervor; wohl aber tritt dieses bei submarinen Eruptionen ein, sei es, daß das Wasser nach Art des Kochens in Wallung gerät oder daß sogar Wassergarben emporschießen.

13. Häufigkeit, Verbreitung und Ursache der Erdbeben.

a. Häufigkeit und Verbreitung.

Erdbeben sind eine weit häufigere Erscheinung als im allgemeinen angenommen wird. Nach einer neuerdings vorgenommenen Schätzung gibt F. de Montessus de Ballore die jährlich auf der ganzen Erde, der Landfläche und dem Meeresboden, sich ereignenden fühlbaren Erschütterungen auf rd. 80 000 an, so daß im Laufe eines Tages reichlich 200 und somit stündlich 9 dem Menschen bemerkbare Beben auftreten. Die wirkliche Anzahl der Erdbeben dürfte aber noch erheblich größer

---

1) R. D. M. Verbeek: Krakatau, II. Batavia 1886, S. 396—461.

2) E. Geinitz: Das Erdbeben von Iquique am 9. Mai 1877 und die durch dasselbe verursachte Erdbebenflut im Großen Ozean. Nova Acta d. Leop.-Carol.-Deutschen Akad. d. Naturforscher XL, Nr. 9, Halle 1878, S. 385—444.

3) F. v. Hochstetter: Über das Erdbeben in Peru am 13. August 1868 und die dadurch veranlaßten Flutwellen im Pazifischen Ozean usw. Sitzungsber. d. math.-naturwiss. Kl. Akad. d. Wiss. Wien, II. Abtlg. LVIII bis LX, 1868 und 1869.

sein, da ein nicht unbeträchtlicher Teil von ihnen glücklicherweise so unbedeutend ist, daß er selbst von empfindlichen Seismographen nur dann registriert wird, wenn diese in unmittelbarer Nähe des Herdes aufgestellt sind. Man dürfte der Wirklichkeit noch besser gerecht werden, wenn man sagt, daß unsere Erde sich fast keinen Augenblick in völliger seismischer Ruhe befindet. Andererseits sind die bedeutenderen oder die sogenannten Großbeben verhältnismäßig gering; so gibt J. MILNE für die 11 Jahre von 1899 bis 1909 ihre Anzahl nur auf 976, also im Durchschnitt auf jährlich etwa 90, an, wobei alle diejenigen Beben berücksichtigt sind, die in einem Gebiet von mindestens der Größe Eurasiens registriert wurden.

Zur näheren Beleuchtung des Gesagten mögen für einige erdbebenreiche und einige erdbebenärmere Gegenden, die bereits längere Zeit hindurch einer guten seismischen Kontrolle unterstehen, zuverlässig verbürgte Angaben über ihre Bebenhäufigkeit folgen. In einem der erdbebenreichsten Gebiete unserer Erde, Japan—Formosa und dessen Nähe, ereigneten sich in der Zeit von 1902 bis 1907 einschließlich allein 9628 Erdbeben, also jährlich etwa 1600, täglich 4 bis 5; doch waren von diesen nur 14 ausgesprochene Großbeben, deren makroseismischer Bereich 150 000 bis 300 000 qkm betrug. In Italien, das bisher an Flächenareal (287 000 qkm) fast genau Japan ohne Hokkaido und Formosa gleichkam, fanden im Durchschnitt des 20 jährigen Zeitraums von 1891 bis 1910 unter Ausschluß der Nachstöße starker Beben jährlich ungefähr 290 Erderschütterungen statt. Aber selbst ein Land wie Großbritannien, das gemeinhin als seismisch ruhig gilt, wies in den 21 Jahren von 1889 bis 1909 insgesamt 250, d. h. im Mittel jährlich 12 Beben auf, welche von mehr als einem Beobachter festgestellt worden waren; ihr Schüttergebiet hatte zuweilen auch bedeutendere Ausdehnung (bis zu 300 000 qkm), ihre Intensität erreichte indessen im Maximum nur den 7. Grad der MERCALLIschen Skala, d. h. es wurden ungünstigstenfalls Schornsteine umgeworfen, Risse in den Häusern hervorgerufen u. dgl.

Diese letzte Bemerkung weist nun schon darauf hin, daß es zur vollständigen Beschreibung des seismischen Verhaltens eines Landes nicht genügt, nur die mittlere Bebenhäufigkeit anzugeben, sondern daß dabei auch die Stärke der Erschütterungen und die Größe ihrer Bereiche, die sehr wesentlich auch von der Herdtiefe abhängt und daher in Einzelfällen eine auffallende Unabhängigkeit von der Intensität aufweist, berücksichtigt werden muß. Es ist daher nicht ohne weiteres möglich, ein exaktes Maß für die *Seismizität* eines Gebietes aufzustellen; immerhin erscheint das im folgenden kurz dargelegte, von F. DE MONTESSUS DE BALLORE[1]) vorgeschlagene Verfahren in besonderen Fällen als eine annehmbare Aushilfe.

[1]) La science séismologique. Paris 1907, S. 126—138. Ferner: Introduction à un essai de description sismique du globe et mesure de la sismicité. Beitr. z. Geophysik IV, 1900, S. 331—382.

Da nämlich im Durchschnitt einer sehr großen Zahl von Beben die mittlere Ausdehnung der Schüttergebiete wenigstens in erster Annäherung einerseits der mittleren Intensität und andererseits auch der Häufigkeit der Beben in der betreffenden Region proportional gesetzt werden darf, so kann doch die aus einem genügend großen Zeitraum abgeleitete Bebenfrequenz als ungefähres Maß der Seismizität gelten. Bezeichnet daher Q die Größe des zu untersuchenden Gebietes in Quadratkilometern und N die Anzahl der in ihm im Laufe von a Jahren stattgefundenen Erdbeben, also $n = \frac{N}{a}$ ihre jährliche Häufigkeit, so ist der Quotient $\frac{n}{Q}$ gleich der Anzahl der Beben, die sich bei Annahme einer gleichmäßigen Verteilung der Beben über das betrachtete Gebiet während eines Jahres innerhalb einer 1 qkm großen Fläche ereignen, während der Ausdruck $S = \sqrt{\frac{Q}{n}}$ in Kilometern die Länge der Seite des Quadrats angibt, in welchem unter der gleichen Voraussetzung jährlich 1 Beben auftritt. Der Wert von S kann nun als Charakteristik der Seismizität dienen, die eben um so größer ist, je kleiner S ist, und umgekehrt. Es ist indessen klar, daß diese Darstellung die wirklichen Verhältnisse nur dann einigermaßen richtig kennzeichnen wird, wenn das untersuchte Gebiet nicht zu groß und der für die Ermittlung der Bebenhäufigkeit berücksichtigte Zeitraum nicht zu klein ist. Namentlich für zu ausgedehnte Gebiete kann dieses Verfahren zu falschen Schlüssen führen, da dann die vorausgesetzte Gleichförmigkeit der Bebenverteilung gewiß nicht mehr angenommen werden kann.

Zur allgemeinen Charakterisierung der Seismizität der einzelnen Länder leistet aber vielfach schon eine einfache relative Gegenüberstellung gute Dienste, wie sie in ihrer besonderen Bedeutung durch die drei Begriffe *seismisch*, *peneseismisch* und *aseismisch* ausgesprochen wird. *Seismisch* sind diejenigen Gebiete, in denen die Erdbeben häufig und stark auftreten, wie also z. B. Italien, Griechenland, Turkestan, Japan, Chile; als *peneseismisch* bezeichnet man die Länder, in denen die Erdbeben zwar nicht selten, aber doch nur ausnahmsweise von besonderer Stärke sind, z. B. Südwestdeutschland, Großbritannien, Ungarn; während endlich *aseismische* Gegenden, wie das englisch-französisch-deutsche Tiefland, die russische Tafel, nur wenige und schwache Beben aufweisen oder völlig stabil sind. Die Gebiete hoher Seismizität gehören fast ausschließlich der mediterranen und zirkumpazifischen Zone an (siehe Abschnitt I, 2); außerhalb dieser beiden Gürtel und ihrer Abzweigungen sind nur noch die Region des europäischen Nordmeeres und des ostafrikanischen Grabenbruchs sowie im Atlantischen Ozean das Gebiet bei und östlich der St. Paul-Insel als erdbebenreich zu bezeichnen. Demgegenüber erscheinen als ganz oder nahezu erdbebenfrei die tafelförmig gebauten kontinentalen Gebiete alter Architektur wie das europäische Rußland mit dem baltischen Schilde, das nördliche Asien, der kanadische Schild, die atlantische Abdachung Nord- und Südamerikas, Arabien, Dekan und fast ganz Afrika und Australien mit nennenswerter Ausnahme nur von Algerien, der ostafrikanischen Grabenzone und von Madagaskar sowie der australischen Alpen und von Teilen Südaustraliens. Ferner müssen als wesentlich stabil weite Teile des offenen Atlantischen und Indischen Ozeans, der zentrale Teil des Pazifik und der zusammenhängende Wasserring auf der Südhalbkugel mit der von ihm umschlossenen Antarktis angesehen werden. Zwischen diesen seismischen und aseismischen Gebieten liegen dann die peneseismischen Gebiete mannigfach zerstreut.

b. Ursache der Erdbeben.

Wird nun schon durch die geographische Lage der Haupterdbebengebiete die naheliegende Annahme eines ursächlichen Zusammenhangs der seismischen Erscheinungen mit den Vorgängen der Gebirgsbildung und des Vulkanismus bestätigt, so erhebt sich aber doch sehr bald die Schwierigkeit hinsichtlich einer Erforschung ihrer Entstehung, sowie man bestrebt ist, die Anteile zu scheiden, welche den tektonischen Prozessen einerseits und den vulkanischen Prozessen andererseits zukommen. In dieser Beziehung muß zunächst die namentlich von R. Hoernes vorgenommene Einteilung in *tektonische* und *vulkanische* Beben genannt und als wesentlicher Fortschritt gewertet werden. Eine reinliche Scheidung zwischen diesen beiden Klassen von Beben ist aber durchaus nicht immer möglich, da, wie wir gesehen haben, diese beiden Arten endogener Vorgänge sich vielfach gegenseitig bedingen. Das zeigt sich noch besonders bei den als *kryptovulkanische Beben* bezeichneten Äußerungen einer an der Erdoberfläche erloschenen oder extrusiv gar nicht zur Geltung gekommenen vulkanischen Tätigkeit, also auch des Vordringens von Batholithen und Lakkolithen; denn namentlich bei den intrusiven Bildungen wird schwer zu entscheiden sein, wieweit bei ihrer Entstehung oder Umbildung neben rein magmatischen Vorgängen auch tektonisch zu begreifende Krustenbewegungen mit in Rechnung zu ziehen sind.

Unter *eigentlich tektonischen Beben* versteht man solche Erderschütterungen, die eine deutliche Gebundenheit an gegebene Dislokationslinien zeigen, wie dies z. B. von dem großen kalifornischen Beben von 1906 gilt, das nachweisbar von einem sich in einheitlicher Richtung und über 450 km Länge erstreckenden System solcher Linien, der sogenannten San Andreas-Spalte, ausging (siehe Abschnitt 14, a). Solche seismisch tätigen Linien, von denen als gut bekanntes Beispiel noch die sich in Steiermark durch das Mur- und Mürztal hinziehende Stoßlinie erwähnt sei, bezeichnet man auch wohl als *seismotektonisch*, wobei aber zu bemerken ist, daß dieselben nicht immer offenkundig zutage zu liegen brauchen und sich mit dem eintretenden Beben auch ihrerseits weiter fortbilden können. Immer aber wird bei den tektonischen Beben ein mehr oder weniger deutlicher Zusammenhang mit der geologischen Struktur ihres pleistoseisten Gebietes überhaupt vorhanden sein müssen, weshalb sie auch als *Strukturbeben* bezeichnet werden können. Als von besonderer Art unter den tektonischen Beben mögen die vogtländischen Erdbebenschwärme erwähnt werden, die in dem tektonisch stark bearbeiteten und daher auch von einem dichten Netz von Bruchlinien durchzogenen Gebiet der Durchschneidung des erzgebirgischen Gebirgssystems mit dem thüringischen auftreten.

F. Etzold[1]) denkt bei dem Zustandekommen dieser räumlich und zeitlich in verschiedenem Maße ausgedehnten, der Intensität nach aber kaum bedeutenderen Bebenreihen an ein schwaches Fortwirken der mit Hebung verbundenen erzgebirgischen Dislokation, das zu Rißbildungen (Gesteinszerreißungen nach Art der Bergschläge) führt. Mit einem tektonischen Erdbeben werden stets wenn auch noch so geringe Schollenbewegungen, seien es Senkungen oder Hebungen oder auch Verschiebungen in horizontaler Richtung, verknüpft sein. E. Rudolph[2]) unterscheidet insbesondere noch Bruch- und Faltungsbeben, indem er in jener Art die eigentlichen von den großen, tiefgreifenden Brüchen in der Erdrinde, in erster Linie längs der pazifisch gebauten Küsten, ausstrahlenden Großbeben, und in dieser Art die weniger bedeutenden, an die nicht so tiefgehenden Spalten der Gebirgsfaltung gebundenen Erschütterungen (z. B. die meisten alpinen Beben) sieht.

Solchen ausgesprochen tektonischen oder auch *Dislokationsbeben* stehen nun die *eigentlich vulkanischen Beben* gegenüber, die von einem als nicht erloschen zu betrachtenden Vulkan ausstrahlen und als jeweilige Begleitäußerungen seines inneren Zustandes aufzufassen sind. Die Erfahrung hat gelehrt, daß diese Beben immer nur örtlich sehr begrenzt auftreten, indem sie auf den Vulkanbezirk beschränkt bleiben. Hier können sie allerdings auch heftig sein, doch ist ihre Energie im Vergleich zu derjenigen eines tektonischen Großbebens stets nur gering und in größerer Entfernung vom Herde bald absorbiert. Indem sie wesentlich auf den mit den Eruptionsvorgängen verknüpften Bewegungen und Explosionen der Lava und ihrer Gase im Krater und in den in unmittelbarer Verbindung mit diesem stehenden magmatischen Gängen und Räumen beruhen, handelt es sich bei ihnen auch nur um ganz flach gelegene Herde. Diesen Charakter tragen durchaus die häufigen vesuvianischen und etnäischen Erdbeben, und auch eine genaue Untersuchung der von den aktiven Vulkanen Japans ausgehenden Erderschütterungen hat diese Auffassung wieder bestätigt, mochten nun die Beben Begleiterscheinungen gleichzeitiger Eruptionen sein oder in den Zwischenzeiten relativer Ruhe auftreten. Wo, wie besonders in Japan, eine sorgfältige instrumentelle Beobachtung der vulkano-dynamischen Verhältnisse stattfindet, zeigt sich aber auch, daß ein Vulkan in den Zeiten erhöhter Tätigkeit fast beständig seismisch bewegt ist. So wurden am Abhang des Asama-Yama (Zentralnippon) in den Jahren 1911 bis 1916 über 10 000 Erdbeben im Zusammenhang mit der starken Aktivität dieses Vulkans registriert. Der katastrophale Ausbruch des Sakura-Iima in der Bucht von Kago-

---

[1]) Die sächsischen Erdbeben während der Jahre 1907—1915. Abhandl. d. math.-phys. Kl. d. Sächsischen Gesellschaft d. Wissenschaften XXXVI, Nr. 3, Leipzig 1919, 215 S.

[2]) Über die geographische Verteilung der Epizentralgebiete von Weltbeben und ihre Beziehungen zum Bau der Erdrinde. Compte rendu du XI. Congrès Géol. Internat. 1910. Stockholm 1912, S. 837—847.

shima (am südlichen Ende von Kiushiu) im Januar 1914 wurde nach den in Kagoshima erhaltenen Registrierungen allein in den letzten vorangehenden 31 Stunden durch 418 Erdbeben eingeleitet, und vor der maximalen Entfaltung der eruptiven Energie trat dann noch eine bedeutende Erderschütterung ein, welche in Kagoshima teilweise zerstörend wirkte und noch in Europa deutliche Aufzeichnungen lieferte. Die Ursache zu diesem auffallend starken Beben ist aber mit F. OMORI[1]) nicht eigentlich in der Tätigkeit des Sakura-Iima, sondern in einer Spannungsanhäufung längs der ganzen vulkanischen Zone des südlichen Kiushiu zu sehen, die auch Schollenverschiebungen tektonischer Art herbeiführte. So liegt hier jedenfalls kein rein vulkanisches, sondern zum mindesten ein tektonisch-vulkanisches Beben vor.

Andererseits ist aber gerade dieses letzte Beispiel besonders geeignet, die Möglichkeit des Ineinandergreifens vulkanisch-magmatischer und tektonischer Vorgänge hinsichtlich einer Bebenauslösung zu zeigen; und insoweit als es berechtigt ist, auch von einem allgemeineren Standpunkt aus, z. B. demjenigen der thermischen Theorie von READE oder der Unterströmungshypothese von AMPFERER (siehe II, 6 u. 8), dem Magma für die Krustenbewegungen eine aktivere Rolle zuzuschreiben, wird man allerdings auch für die Entstehung bedeutenderer Erdbeben magmatischen Prozessen eine größere Wichtigkeit zuerkennen müssen. Diesen Standpunkt nimmt namentlich W. BRANCA[2]) ein, wenn er unter Zusammenfassung der eigentlich vulkanischen und der kryptovulkanischen Beben die neue Klasse der *magmatischen Beben* aufstellt und unter Hinweis auf die mit der Natur des Magmas verbundenen Explosions-, Intrusions- und Kristallisationsvorgänge, die sämtlich zu Erschütterungen der Erdoberfläche, und zwar teilweise unter tektonischen Begleiterscheinungen, führen können, betont, daß die magmatischen Beben sehr viel häufiger sein dürften, als im allgemeinen angenommen wird, und daß zum mindesten vielfach bei vermeintlich rein tektonischen Beben im Grunde auch eine magmatische Ursache mitgespielt hat, so daß dann doch ein kombiniert tektonisch-magmatisches Beben vorliegt. Bemerkenswert ist in diesem Zusammenhang auch der Umstand, daß die mediterrane und die zirkumpazifische Zone, also die seismisch tätigsten Gebiete der Erde einheitlich durch den pazifischen Lavatypus charakterisiert sind, während die weiten aseismischen Gebiete zur Hauptsache von atlantischem Magma unterlagert werden; doch ist diese Eigentümlichkeit, wie wir im Abschnitt III, 10 sahen, vermutlich gerade umgekehrt durch das Eingreifen umfassender geotektonischer Prozesse zu erklären, so daß es jedenfalls als gar zu einseitig abgelehnt werden muß, wenn E. RUDOLPH

[1]) The Sakura-Iima Eruptions and Earthquakes I. Bulletin of the Imperial Earthquake Investig. Com. VIII, Nr. 1, Tokyo 1914, 34 S.

[2]) Über die Bedeutung der magmatischen Erdbeben gegenüber den tektonischen. Sitzungsber. d. Preuß. Akad. d. Wiss. Berlin 1917, I, S. 380—399.

und S. Szirtes[1]) die große seismische Regsamkeit der beiden genannten Zonen in letzter Linie auf die höhere Lage und daher intensivere Wirkungsweise des pazifischen Magmas im Gegensatz zum atlantischen zurückführen. Eine notwendige Bedingung für hohe Seismizität eines Gebietes ist die Gegenwart pazifischer Laven gewiß nicht; denn die Laven unter der seismisch sehr tätigen Region des europäischen Nordmeeres oder des Skandik gehören einer besonderen Sippe, der basaltischen oder arktischen, an, und die instabile Zone des großen ostafrikanischen Grabenbruchs ist durch atlantisches Magma gekennzeichnet. Die seismischen Verhältnisse des Europäischen Nordmeeres und seiner Umrandung[2]) weisen aber noch auf die Möglichkeit einer anderen Art des Zusammenwirkens von magmatischen und tektonischen Vorgängen hin. Wenn nämlich die Hypothese von G. de Geer zu Recht besteht, daß durch den Einbruch des Skandik unter seinem Boden Magma nach seinen Rändern verschoben worden ist und hier, in Grönland, Fennoskandia und Spitzbergen, soweit es nicht in umfangreicheren Eruptionen, wie namentlich auch in Island, frei zutage treten konnte, beträchtliche horstförmige Landhebungen bewirkt hat, dann ist es nicht von der Hand zu weisen, daß für das Zustandekommen sowohl der Großbeben der Zentralzone, als auch der minder bedeutenden Erschütterungen ihrer festländischen Randgebiete auch gegenwärtig noch magmatische Bewegungen eine wichtige Rolle mitspielen können.

Für die Erdbeben Norwegens und Schwedens, die sich im Unterschied von den eigentlichen Strukturbeben im allgemeinen durch eine auffallend unbestimmte flächenhafte Ausbreitung ihres Ausgangsgebiets auszeichnen, erscheint ein Zusammenhang mit den säkularen Niveauverschiebungen, zur Zeit der langsamen Hebung des Landes, sichergestellt. Da es sich hierbei um vertikale Bewegungen von Schollen großer Spannweite handelt, bezeichnet man solche Beben zweckmäßig als *epirogenetisch*, wobei die Frage nach der Ursache dieser Bewegungen noch offen bleibt. Auch F. de Montessus de Ballore zieht zur Erklärung des jetzigen peneseismischen Verhaltens mancher Gebiete, so auch des Südrandes des kanadischen Schildes, die epirogenetischen Bewegungen aus dem Ende des Tertiärs und aus dem Quartär heran.

Von besonderem Interesse für die Aufklärung seismogenetischer Beziehungen ist nun vor allem noch eine Folgerung, die O. Meissner[3]) neuerdings aus einer Bearbeitung einer Reihe von Schwerkraftsbeobachtungen an Küstenstationen gezogen hat, daß nämlich der seismisch fast

[1]) Zur Erklärung der geographischen Verteilung von Großbeben. Petermanns Mitteilg. 1914, I, S. 124—130 und 184—189.

[2]) Siehe die gleichnamige Abhandl. von E. Tams in den Mitteilg. d. Geogr. Gesellsch. in Hamburg XXXIII, 1921, S. 35—67.

[3]) Isostatische Reduktion von 34 Stationen usw. Astronom. Nachr. Nr. 4967 Nov. 1918. Vgl. hierzu ferner den Artikel von E. Tams über Isostasie und Erdbeben im Zentralbl. f. Mineral usw. 1920, S. 182—189.

ruhige atlantische Küstentypus sich im allgemeinen als isostatisch ausgeglichen erweist, während bei den erdbebenreichen Küsten pazifischer Bauart ein Gleichgewichtszustand in der Massenanordnung noch nicht erreicht ist. Zwar sind von diesem Gesetz bemerkenswerte Ausnahmen vorhanden, so daß, wenn auch mangelnde Isostasie in der gegenseitigen Lagerung der Krustenteile durch das dadurch bedingte unablässige Streben nach Ausgleich die Seismizität des betreffenden Gebietes sehr fördern muß, fehlende Kompensation allein bei der Starrheit der Schollen und den auch sonst großen Reibungswiderständen in der Erdkruste und den darunter befindlichen Partien nicht ausreicht, um erdbebenerregend zu wirken, sondern hierzu noch einer primären, also etwa einer tektonischen oder magmatischen Ursache bedarf. Wo aber solche primären Ursachen am Werke sind, können sie naturgemäß auch bereits mehr oder weniger vollständig vorhandenes Gleichgewicht wenigstens oberflächlich immer wieder von neuem stören und auf solche Weise einen hohen Grad von Instabilität erzeugen. Einen exakten Nachweis für das Vorhandensein lokaler, nicht tiefgreifender isostatischer Störungen konnte R. v. Eötvös[1]) im Falle der 1908 und 1911 stattgefundenen Erdbeben von Kecskemét in der ungarischen Tiefebene durch Untersuchungen mittels der von ihm angegebenen, für Schwerestörungen äußerst empfindlichen Drehwage erbringen, so daß es hier besonders naheliegt, einen Zusammenhang zwischen den seismischen Äußerungen dieses Gebietes und örtlichen Kompensationsbestrebungen anzunehmen; und zwar dürfte die Mächtigbeit der betroffenen Schichten nach der Herdtiefenermittlung der Größenordnung nach nur wenige (etwa 4) Kilometer betragen haben. Ausgleichsbewegungen in den Oberflächenschichten werden aber zweifellos von Zeit zu Zeit auch, namentlich an Küsten mit gebirgigem Hinterland, durch den Vorgang der Denudation und Sedimentation angeregt werden können (vgl. Abschnitt II, 7). Es ist daher durchaus denkbar, daß Erdbeben mit flach gelegenem Herd letzten Endes auf solcher rein exogenen Ursache beruhen. V. Cornish[2]) macht diesen Umstand sogar für das große Jamaika-Beben vom 14. Januar 1907 geltend, das in Kingston zerstörend auftrat und für welches auch aus dem Charakter seiner instrumentellen Registrierungen auf eine ganz geringe Herdtiefe zu schließen war. Im übrigen aber beziehen sich die isostatischen Kompensationsbewegungen größeren Maßstabes auf einen Erdmantel von immerhin rd. 120 km Dicke, denn erst in dieser Tiefe befindet sich ja die Ausgleichsfläche, bis zu welcher alle äußeren und inneren Massenunregelmäßigkeiten der Erdkruste so ausgeglichen sind, daß oberhalb dieses Niveaus überall gleiche Massen liegen. Der für die Tiefenlage dieser Niveaufläche er-

---

[1]) Bericht über Arbeiten mit der Drehwage usw. Verhandl. d. 17. allgem. Konferenz d. internat. Erdmessung zu Hamburg 1912, S. 427—438.

[2]) On the Cause of the Jamaica Earthquake of January 14, 1907. Geographical Journal XL, London 1912, S. 299—303.

schlossene mittlere Wert von 120 km stimmt nun, worauf zuerst M. P. Rudzki[1]) aufmerksam gemacht hat, gut mit dem weiter oben näher erörterten Ergebnis überein, daß die Tiefe der Erdbebenherde im Maximum wohl einige Zehner von Kilometern nicht überschreiten dürfte; denn unterhalb der Ausgleichsfläche werden kaum plötzliche Änderungen in der Massenanordnung, die zu Erdbeben führen, eintreten können.

Der Vollständigkeit halber mag zum Schluß noch neben den beiden Hauptklassen der tektonischen und magmatischen Erdbeben auf die Klasse der *Einsturzbeben* hingewiesen werden. Dieselben hängen nicht eigentlich mit endogenen Vorgängen zusammen, sondern beruhen, wie schon der Name angibt, auf dem Einbruch unterirdischer Hohlräume. Ihnen ist mit den rein vulkanischen Beben die flache Lage des Herdes gemeinsam, weshalb sie auch wie diese immer nur ein sehr beschränktes Schüttergebiet haben und, obwohl ebenfalls zuweilen von zerstörenden Wirkungen begleitet, nur eine vergleichsweise sehr geringe Energie ausstrahlen lassen. Wo wie in Kalkgebirgen und Salzlagerstätten das Wasser auf dem Wege mechanischer Erosion und chemischer Auflösung unter Tage leicht Höhlen und Gänge schaffen kann, sind die Bedingungen für das Zustandekommen von Einsturz- oder auch Auswaschungsbeben natürlich besonders günstig. Aus dem Karst und dem dalmatinischen Küstengebiet sowie den Salzlagern von Leopoldshall und Staßfurt und auch von Reichenhall sind solche Beben daher gut bekannt. Es ist aber auch möglich, daß sich Einsturzbeben in vulkanischen Gegenden ereignen, insofern auch hier, zumal nach einem größeren Ausbruch, durch Magmaverschiebungen Hohlräume entstehen, die unter geeigneten Umständen zusammenbrechen können.

Welches nun immer die primäre (Haupt-)Ursache eines Erdbebens sein mag — oft werden durch einen längeren Zeitraum mehrere Einflüsse zusammenwirken, wie säkulare Schollenverschiebung in horizontaler oder vertikaler Richtung, Kompensationsbestrebungen infolge irgendwie gestörten Gleichgewichts, physikalische und chemische Änderungen in der Magmaunterlage —, wenn dadurch schließlich ein an sich instabiles Gebiet wieder erdbebenreif gemacht worden ist, so daß also die Spannungen in der Erdkruste hier ein kritisches Maß erreicht haben, dann ist es sehr wohl denkbar, daß ein exogener Vorgang, z. B. eine hereinbrechende Barometerdepression, durch die damit verbundene plötzliche Änderung des auf der betreffenden Gegend lastenden Luftdruckes den letzten Anstoß zur eigentlichen Auslösung des Erdbebens geben kann. Im einzelnen sind die Zusammenhänge zwischen dem Auftreten der Erdbeben und solchen anderen Vorgängen, wie sie auch in bezug auf die verschiedenen Konstellationen von Sonne und Mond zu unserem Planeten und die dadurch bewirkten ozeanischen und körperlichen Gezeiten sowie in bezug auf das Entstehen und Verschwinden der Sonnenflecken, die

[1]) Ausgleichsfläche und Erdbebentiefe. Die Naturwissenschaften 1913, S. 406—407.

Breitenschwankungen oder Polwanderungen, den Wechsel der Tages- und Jahreszeiten vorstellbar wären und in entsprechenden Periodizitäten zum Ausdruck kommen könnten, infolge der bisher für einen genügend langen Zeitraum noch nicht hinreichenden Vollständigkeit des seismischen Beobachtungsmaterials nur mehr vereinzelt und vorläufig untersucht. Es liegen daher teils (Beziehungen zu den Sonnenflecken) noch ganz unbestimmte, teils (Beziehungen zu Ebbe und Flut des Meeres und zu den Polverschiebungen) widersprechende und jedenfalls noch keine allgemeingültigen Ergebnisse vor.

Es sei indessen erwähnt, daß z. B. die von 1897 bis 1907 in den österreichischen Alpen- und Karstländern gefühlten Erdbeben deutlich sowohl einen jährlichen Gang (große Häufigkeit Januar bis April, geringe Häufigkeit Juni bis Oktober), als auch einen täglichen Gang (Maximum 2 Uhr nachts, Minimum von 8 Uhr morg. bis etwa 4 Uhr nachm.) erkennen lassen. Auch zeigte sich, daß Luftdruckverteilungen mit starken Gradienten über den Schüttergebieten als sekundäre Ursachen in Betracht kommen können[1]). Für das süddeutsche Erdbeben vom 16. November 1911 sind möglicherweise nach Lage der Dinge als zwei die Auslösung fördernde Faktoren die Stellung der Erde in Sonnennähe sowie die damalige Wetterlage, in erster Linie wieder die Luftdruckverteilung, anzusprechen[2]), und betreffs der Nachstöße dieses Bebens soll u. a. eine jährliche Periode (Häufigkeit im Winter größer als im Sommer) und eine tägliche Periode (größte Häufigkeit zwischen Mitternacht und 7 Uhr morg.) vorhanden gewesen sein[3]). In der Frequenz der Nachstöße des Erdbebens von Avezzano in Mittelitalien (13. Januar 1915) scheint schließlich ein Einfluß der Mondgezeiten in der festen Erdkruste oder in der unter ihr liegenden Magmaschicht angedeutet zu sein.[4])

14. *Zwei* Beispiele starker Erdbeben.

Zur Erläuterung der in den beiden vorangehenden Abschnitten gemachten Ausführungen mögen zwei bedeutende Erdbeben der neueren Zeit, die durch den Umstand, daß sie hochentwickeltes Kulturland betrafen, auch eine eingehende makroseismische Bearbeitung erfahren konnten, noch näher behandelt werden, und zwar das *kalifornische Erd-*

[1]) V. Conrad: Die zeitliche Verteilung der in den österreichischen Alpen- und Karstländern gefühlten Erdbeben in den Jahren 1897 bis 1907. Mitteilg. d. Erdbebenkomm. d. Akad. d. Wiss. zu Wien N. F. XXXVI, 1909, 23 S. u. XLIV, 1912, 22 S.

[2]) L. Neumann u. W. Deecke: Das Erdbeben vom 16. November 1911 in Südbaden. Mitteilg. d. Bad. geol. Landesanst. VII, 1912, S. 149—199.

[3]) R. Lang: Klassifikation und Periodizität der tektonischen und kryptovulkanischen Beben, dargestellt an dem Erdbeben vom 16. November 1911 und den jüngeren Erderschütterungen in Südwestdeutschland. Neues Jahrb. f. Mineral. usw. 1913, Beilage Bd. XXXV, S. 776—838.

[4]) J. Friedländer: Über die Nachbebenstöße des Erdbebens vom 13. Januar 1915 in Avezzano. Beitr. z. Geophysik XIV, 4, 1918, S. 318—326.

beben vom 18. *April* 1906[1]) und das *kalabrisch-sizilische Erdbeben vom* 28. *Dezember* 1908[2]).

a. Das kalifornische Erdbeben vom 18. April 1906.

Das große kalifornische Erdbeben des Jahres 1906, dem ein großer Teil von San Franzisko zum Opfer fiel, besaß auf dem Lande ein Schüttergebiet von etwa 450 000 qkm. Da sich aber seine Epizentralzone unmittelbar an der Küste entlang erstreckte, muß man annehmen, daß sich die Erschütterung in ungefähr demselben Maße über den Meeresboden ausgebreitet hat, so daß dann das gesamte Schütterareal auf 900 000 bis 1 000 000 qkm, d. h. auf etwa $^1/_{10}$ der Fläche Europas zu veranschlagen wäre. Zerstörende Wirkungen machten sich in einer Küstenzone von der Humboldt-Bucht im Norden bis zu dem über 550 km entfernten Ort King City im Süden geltend, und zwar erwies sich die pleistoseiste Zone, wie schon weiter oben erwähnt, eng an ein System von Dislokationslinien gebunden, das als *San Andreas-Spalte* bei einer nach dem Ozean zu gerichteten schwach konvexen Krümmung in einer Länge von 450 km im ganzen einheitlich in der Streichungsrichtung NWzN der kalifornischen Küstenketten verläuft. An dieser noch während der ganzen Quartärzeit sehr regsamen Herdlinie vollzog sich im Augenblick des Eintritts des Bebens von neuem ein Bruch und im Zusammenhang damit eine wesentlich horizontale, zum Teil aber auch vertikale Verschiebung der aneinander grenzenden Schollen. Das Maß der *relativen* Verrückungen an dieser Linie betrug dabei nach den unmittelbaren Feldbeobachtungen in der horizontalen Komponente etwa 3 m, stellenweise aber sogar 4 bis über 6 m, in der vertikalen Komponente dagegen weniger, indem wohl nirgends $^1/_2$ bis 1 m überschritten wurde. In diesem Falle war aber auch über die Größe der *absoluten* Bewegung durch eine nach dem Beben von Juli 1906 bis Juli 1907 durchgeführte Triangulierung des Schüttergebiets Aufschluß zu gewinnen, da die neuen Vermessungsergebnisse mit älteren aus der zweiten Hälfte des vorigen Jahrhunderts verglichen werden konnten. Daraus ergab sich, daß es sich um einheitliche Bewegungen zweier größerer Krustenteile gehandelt hatte, derart, daß das südwestlich der Herdlinie gelegene Gebiet nach Nordwesten und das auf der anderen Seite gelegene Gebiet nach Südosten verschoben worden

1) The California Earthquake of April 18, 1906. Report of the State Earthquake Investigation Commission. In two Volumes and Atlas. Vol. I by ANDREW C. LAWSON etc., Washington D. C. 1908, 451 S., 146 Taf. mit Photographien usw. Vol. II The Mechanics of the Earthquake. By HARRY FIELDING REID. Washington D. C. 1910, 192 S. Im Atlas 25 Karten u. 15 Taf. mit Seismogrammen.

2) M. BARATTA: La Catastrofe Sismica Calabro-Messinese (28 dicembre 1908). Relazione alla Società Geografica Italiana. Rom 1910, 426 S. Ferner G. MERCALLI: Contributo allo Studio del Terremoto Calabro-Messinese del 28 dicembre 1908. Atti del R. Istituto d'incorragiamento di Napoli, VII, 1909, 46 S., und GIOV. PLATANIA: Il maremoto dello Stretto di Messina del 28 dicembre 1908. Bollettino d. Società Sismologica Italiana, XIII, 1908/09, S. 369—458.

war, wobei innerhalb 10 km von der Herdlinie die Verschiebung auf der Südwestseite im Mittel das Doppelte mehr betrug als auf der Nordostseite. Das Maß der Dislozierung aber verminderte sich naturgemäß mit der Entfernung von der San Andreas-Spalte; es belief sich z. B. westlich (östlich) von ihr für 12 (10) Punkte in mittlerem Abstand von 2,0 (1,5) km im Durchschnitt auf 2,95 (1,54) m und für 7 (3) Punkte in mittlerem Abstand von 5,8 (4,2) km im Mittel auf 2,38 (0,86) m.

Diese auf solche Weise exakt nachgewiesenen Dislokationen hingen unmittelbar mit dem Bruch an der Herdlinie zusammen, der indessen seinerseits zunächst nur an einer begrenzten Stelle, dem eigentlichen Herd, eintrat, sich aber von dort mit großer Geschwindigkeit weiter ausbreitete. Für den zerstörenden Stoß lag das hypozentrale Gebiet in wahrscheinlich etwa 20 km Tiefe unterhalb des zwischen Olema und dem südlichen Ende der Tomales-Bucht befindlichen Teils der San Andreas-Linie; das Epizentrum befand sich somit 45 km nnw. von San Franzisko. Eine hiervon etwas abweichende Lage, bei dem Goldenen Tor der Bucht von San Franzisko, ergab sich für den Herd der 30 Sekunden früher einsetzenden einleitenden Erschütterung.

Sehr lehrreich ist die aus der in Abb. 11 wiedergegebenen Isoseistenkarte hervorgehende *Intensitätsverteilung* des Bebens. Der Darstellung ist die Rossi-Forelsche Skala zugrunde gelegt. Wie sich die Maximalintensität (10. Grad) scharf an die unmittelbare Umgebung der San Andreas-Spalte gebunden zeigte, so hatten auch die übrigen Isoseisten einen der Erstreckung dieser schmalen Zone größter Zerstörung entsprechenden Verlauf. Deutlich traten aber auch lokale Ausnahmen von diesem allgemeinen Gesetz hervor, indem überall dort Inseln mit relativ hoher Bebenstärke vorhanden waren, wo alluviale, also lockere und durchfeuchtete Talböden inmitten von Gegenden mit festem Gesteinsboden eingelagert sind. Insbesondere kamen im Stadtgebiet von San Franzisko Intensitätsschwankungen zwischen dem 7. und 10. Grad vor, je nachdem es sich um felsigen Untergrund oder um aufgeworfenen oder Marschboden handelte. Wie Abb. 11 zeigt, wuchs z. B. auch im unteren Tal des Salinas innerhalb einer Entfernung von 10 bis 20 km die Intensität wieder von 5 auf 9 Grad, und die höhere Intensität schloß sich eng dem Verlauf des mit Alluvium bedeckten Talbodens an und verminderte sich talaufwärts, da hier wieder die felsige Unterlage zutage tritt. Ähnliche Beispiele bieten ferner das Santa Clara-Tal bei San José sowie das Santa Rosa-Tal nördlich von Olema, deren Gebiete sich inselartig mit Intensitäten von 9 bis 10 Grad aus ihrer unmittelbaren Umgebung mit Intensitäten bis herab zu 7 Grad herausheben. Auffallend ist schließlich noch besonders die hohe Intensität bei Los Banos im San Joaquin-Tal in über 60 km Abstand von der Herdlinie, wo die Bebenstärke wieder auf 9 Grad anstieg, während sie in der dazwischen liegenden Gegend bereits auf 5 bis 6 Grad herabgesunken war. Es ist jedoch in diesem Falle nicht sicher zu

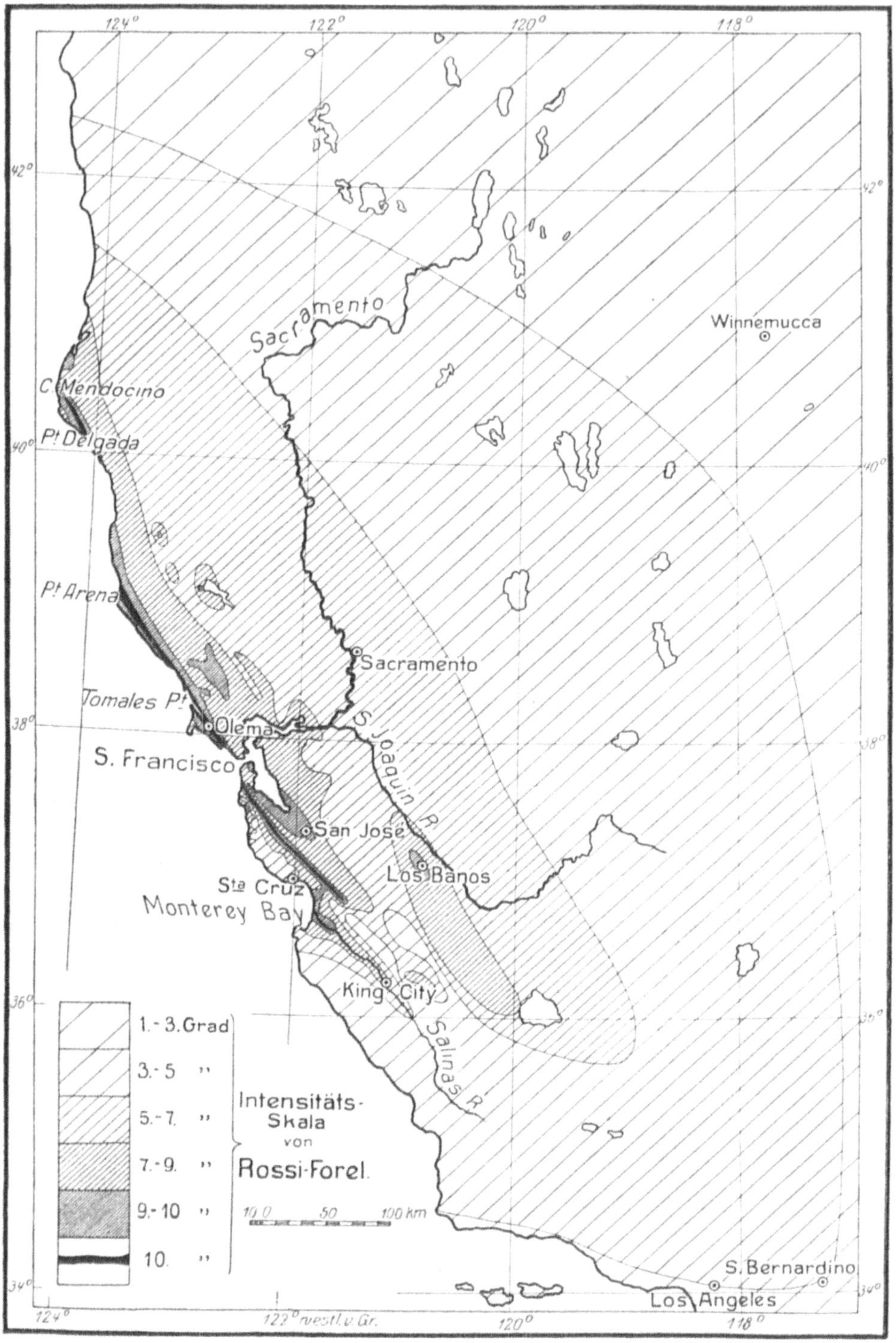

Abb. 11. Die Verteilung der Intensität im Schüttergebiet des kalifornischen Erdbebens vom 18. April 1906. (Auf Grund der Karte Nr. 23 in dem über das Beben herausgegebenen Atlas vereinfacht dargestellt.)

entscheiden, ob dieser Intensitätswechsel nur durch die verschiedene Bodenbeschaffenheit oder nicht vielleicht auch durch eine etwa gleichzeitig stattgefundene, selbständige lokale Erschütterung bedingt wurde. Nach den Feldbeobachtungen dürfte hierbei die intensitätsverstärkende Wirkung der Sandschichten wesentlich mit darauf beruhen, daß der Sand teilweise wie eine gallertartige Masse erzitterte und teilweise sich setzte und verschob. Es ist ferner möglich, daß sich, wie H. F. Reid ausgeführt hat, in alluvialen Schichten besonders starke, den Wasserwellen vergleichbare Oberflächenwellen ausbilden können und überdies infolge der örtlich schnell wechselnden elastischen Beschaffenheit des ungleichartigen Materials die Bodenbewegung an benachbarten Stellen ganz verschiedenartig erfolgt und dadurch gefährlicher ist.

Auf Grund einer allgemeineren Verarbeitung der Vermessungsergebnisse kann man nun, wie A. C. Lawson und H. F. Reid gezeigt haben, zu einer neuartigen Auffassung der Massenbewegungen bei Erdbeben mit Herd*linien* gelangen. Danach wird die vor dem Bruch in den Gesteinsschichten schließlich vorhandene potentielle Energie ganz allmählich — sagen wir in etwa 100 Jahren — durch langsam vor sich gehende Verschiebungen erzeugt. Sobald dann der kritische Wert überschritten wird, d. h. die so in zwei aneinander stoßenden Krustenteilen hervorgerufenen Änderungen von Gestalt und Volumen die elastische Widerstandsfähigkeit der betreffenden Gesteine übersteigen, tritt der mit plötzlichen Verrückungen verbundene Bruch ein, indem dabei nämlich die Schollen in eine neue Gleichgewichtslage hineinschnellen und die potentielle Energie sich somit in die kinetische Energie der bewegten Massen und der Schwingungen der elastischen Erdbebenwellen sowie auch in die durch gegenseitige Reibung der aneinander längsgleitenden Schollenränder außer den Schwingungen noch entstehende Wärme umsetzt. Möglicherweise hingen im vorliegenden Falle die langsamen, vor dem Beben stattgefundenen Verschiebungen mit isostatischen Massenflüssen unterhalb des bewegten Gebietes zusammen, deren näherer Charakter jedoch dunkel bleibt; nach der ganzen Art des Auslösungsvorgangs muß aber, wie es neben der Bedingtheit durch die geologische Struktur die Triangulierungsergebnisse auch in exakter Weise erhärten, das kalifornische Beben zweifellos in die Klasse der tektonischen Beben gewiesen werden. Und wie es namentlich für bedeutende tektonische Erdbeben charakteristisch ist, so folgten auch diesem Beben durch mehrere Monate hindurch eine größere Zahl von *Nachstößen*. So wurden in Berkeley, östlich von San Franzisko in 29 km Abstand von der San Andreas-Spalte, innerhalb der ersten 14 Monate 111 Stöße beobachtet, von denen aber allein auf die ersten 19 Stunden (d. h. noch auf den 18. April, da das Beben um 5 Uhr 12 Minuten vormittags pazifische Zonenzeit [Zeit des 120. Grades w. Greenwich] eintrat) 25 entfielen. Doch waren die meisten Nachbeben ganz unbedeutend; nur 7 erreichten den 4. und 4. bis 5. Stärkegrad Rossi-

Forel. Immerhin sind sie ein Zeichen dafür, daß sich durch die mit dem zerstörenden Stoß eingetretene Auslösung des Spannungszustandes noch keineswegs sofort wieder stabiles Gleichgewicht zwischen den einzelnen Schollen im Schüttergebiet einstellte, dieses vielmehr erst ganz allmählich hergestellt wurde. Die mit der Zeit zunehmende Annäherung an endgültige Verhältnisse spiegelte sich dabei in einer entsprechenden Abnahme der Frequenz und Intensität der Stöße wieder, welche im übrigen jedoch in ihrem Auftreten bis zu ihrem gänzlichen Erlöschen ein recht unregelmäßiges Verhalten mit deutlich ausgeprägten größten und kleinsten Häufigkeitswerten aufwiesen[1]).

b. Das kalabrisch-sizilische Erdbeben vom 28. Dezember 1908.

Das Schüttergebiet des großen Erdbebens, welches Messina und Reggio di Calabria zerstörte, wird auf 250 000 bis 300 000 qkm geschätzt, war also nicht unerheblich kleiner als dasjenige des kalifornischen Bebens von 1906; an seiner Grenze lagen u. a. die Inseln Zante und Malta, ferner Neapel und Cettinje. Im Maximum erreichte die Intensität den 11. Grad der zwölfteiligen Skala Mercalli-Cancani; die entsprechende Isoseiste umschloß das Gebiet der Straße von Messina mit den Städten Messina, Reggio und Villa San Giovanni. Im ganzen war diese pleistoseiste Zone von elliptischer Gestalt mit einer nord-südlich orientierten großen Achse von 18 bis 20 km und einer kleinen Achse von ungefähr 10 km Länge. Die eigentliche *Epizentralregion* dürfte sich submarin in Richtung der großen Achse erstreckt haben und der kalabrischen Küste etwas näher gewesen sein als der sizilischen (Abb. 12). Hier wurde das Beben am Morgen des 28. Dezember 1908 um 5 Uhr 20 Minuten mitteleurop. Zeit ausgelöst, und zwar wird teils von zwei fast unmittelbar aufeinander folgenden Stößen oder Phasen mit einer Gesamtdauer von etwa 40 Sekunden und teils von drei maximalen Erschütterungen von insgesamt nur 30 Sekunden Dauer berichtet. Zum Schluß nahm die Bodenbewegung einen komplexen Charakter an, demzufolge nach Beobachtungen in Messina und Reggio zahlreiche Gegenstände auf ihrer Unterlage gedreht wurden. Bemerkenswert ist auch der Umstand, daß mit dem Erdbeben in dem heftiger betroffenen Gebiet fast überall ein lärmendes Krachen verbunden war, sei es, daß dasselbe voranging, gleichzeitig auftrat oder folgte; in der pleistoseisten Zone und ihrer Nachbarschaft wurde es geradezu mit einem gewaltigen Kanonenschuß oder auch dem Getöse beim Ausbruch eines Orkans verglichen.

Hinsichtlich der *Ursache* des Bebens ist darauf hinzuweisen, daß die Zone der Straße von Messina ein stark disloziertes, von Brüchen umrahmtes Gebiet darstellt, dessen tektonische Hauptzüge bereits im Eozän (dem ersten Abschnitt des Tertiärs) entwickelt wurden. Die seit-

[1]) Vgl. E. Tams: Über die Frequenz der Nachstöße starker Beben. Die Naturwissenschaften 1915, S. 145—150.

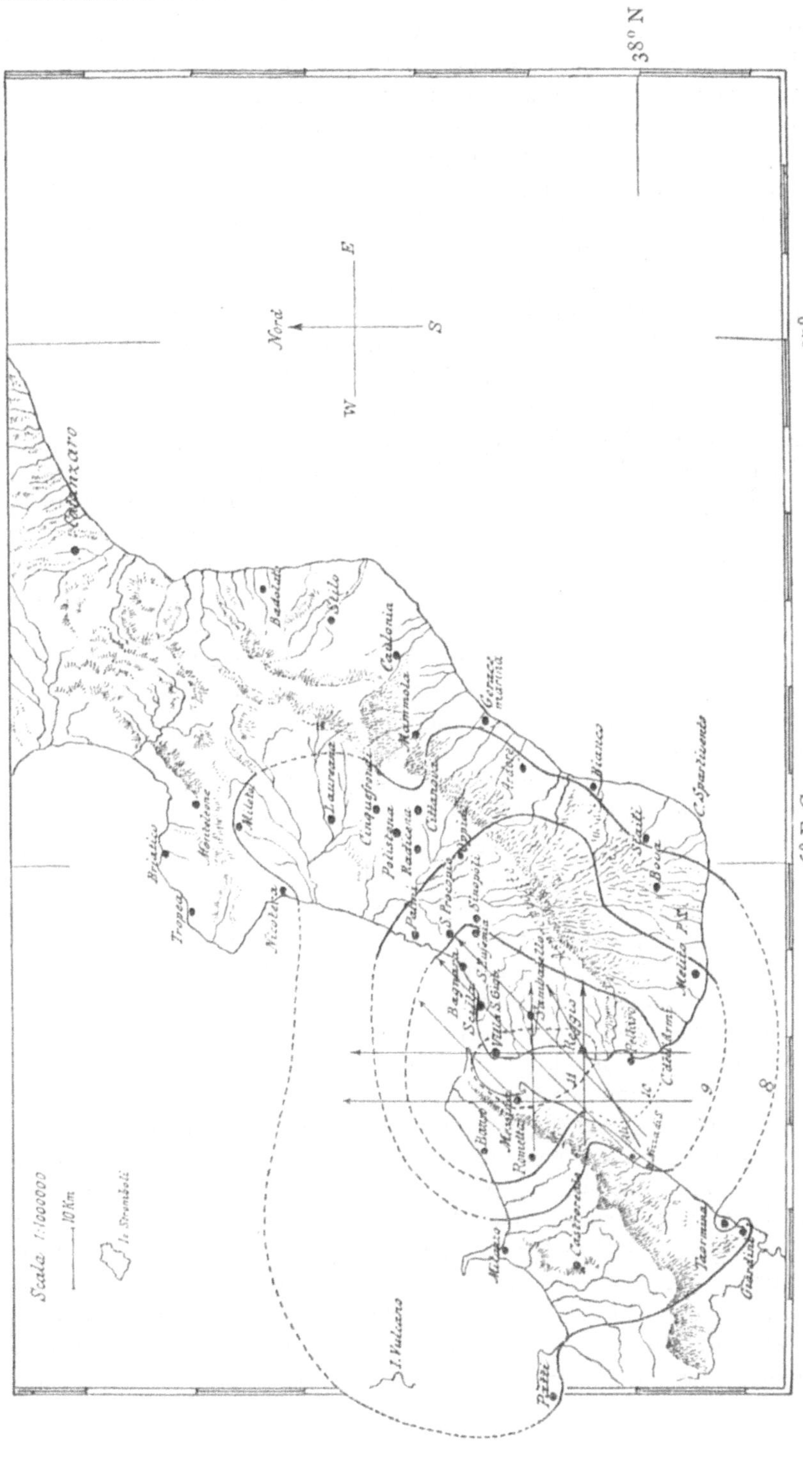

Abb. 12. Isoseisten und Hauptstoßrichtungen des kalabrisch-sizilischen Erdbebens vom 28. Dezember 1908. (Nach G. MERCALLI.)

dem hier wie überhaupt in der ganzen seismisch so regen kalabrisch-sizilischen Region von Einfluß gewesenen endogenen Kräfte dürften noch gegenwärtig am Werke sein und so auch das in Rede stehende Beben verursacht haben. Bei Messina und Reggio konnten Bodensenkungen von über 60 cm festgestellt werden. Wie weit dabei letzthin tektonische und magmatische Vorgänge ineinander gegriffen haben mögen, bleibe dahingestellt. Der Ätna, der Vulkano und der Vesuv wiesen im Zusammenhang mit dem Erdbeben in ihrem Verhalten keine Besonderheiten auf; der Stromboli zeichnete sich dagegen in der Zeit vor, während und nach dem Beben durch eine erhöhte eruptive Tätigkeit aus, wie auch das Erdbeben hier mit einer im Vergleich zu dem generellen Verlauf der Isoseisten auffallend hohen Intensität auftrat.

Sehr groß war die Anzahl der *Nachstöße*, deren allein in den vier Tagen bis zum Schluß des Jahres 58 fühlbare und 114 nur instrumentell beobachtete gezählt wurden; im Januar bzw. Februar und März folgten dann aber noch weitere 83 (davon 32 fühlbare) bzw. 20 (7) und 18 (5), und G. Agamennone gibt die Gesamtzahl bis Ende 1909 sogar auf 949 an. Im ersten Vierteljahr machte sich sowohl der Zahl als auch der Intensität nach eine deutliche Abnahme geltend; so traten im Dezember noch sechs, im Januar nur zwei, im Februar und März dagegen gar keine Stöße vom 5. bis 6. Stärkegrad auf. Später aber erwachte die seismische Tätigkeit zeitweise recht beträchtlich wieder, indem sich noch im Mai 1909 zwei Stöße vom 7. Grad und im Juli desselben Jahres ein Stoß vom 8. bis 9. Grad ereigneten.

Die Haupterschütterung trat nun infolge der submarinen Lage ihrer Epizentralzone auch als heftiges *Seebeben* auf und erzeugte namentlich an den Küsten von Kalabrien und Sizilien stellenweise verheerende Flutwellen. Auf den gerade in der Straße von Messina befindlichen Schiffen wurden Stöße von einer Stärke, die dem 6. und 7. und in einem Fall vielleicht sogar dem 8. Grad der Mercallischen Skala für Landbeben entsprach, wahrgenommen. Von einem aus Alexandrien kommenden Schiff liegen auch aus etwa 40 km Entfernung von Messina Beobachtungen über eine Erschütterung auf offener See vom 6. Stärkegrad vor. Ferner erlitten sowohl das südlich von Messina die Meerenge von Gallico nach Gazzi durchquerende wie auch das Milazzo an der Nordostküste Siziliens mit der Insel Lipari verbindende unterseeische Kabel Unterbrechungen, die nur als Folgen der seismischen Bewegung des Meeresbodens und der damit sehr wahrscheinlich verbundenen Dislozierung einzelner Teile der Kabelunterlage aufgefaßt werden können. Das zwischen Malta und Zante gezogene Kabel erfuhr erst 10 bzw. 18 Stunden nach Eintritt des Hauptstoßes in dem südlich von Kalabrien gelegenen Meeresgebiet zwei Störungen, die sich bei der Untersuchung als Verdrehungen erwiesen.

Flutwellen wurden an den Küsten vielfach drei bis vier von bedeutender Höhe beobachtet. Hierüber liegen besonders zahlreiche Daten von der sizilischen Ostküste vor, von der mehrere Berichte über Wellenhöhen im Betrage von 8 bis 9,50 m und in einem Fall (bei S. Alessio) sogar von 11,70 m einliefen. Solche Maximalwerte wurden aber nicht bei Messina erreicht, wo die genauer ermittelten Werte nur 2,40 bis 3,00 m betrugen und an einer Stelle 6 m geschätzt wurde. Aber auch in Catania belief sich die Wellenhöhe noch auf 2,70 m. An der gegenüberliegenden kalabrischen Küste erreichten indessen die Flutwellen bei Pellaro sogar Höhen von reichlich 13 m, in Reggio von 6 bis 7 m. Die Mareographen (Flutmesser) auf Malta und Ischia registrierten noch Wellen mit einer Maximalamplitude von 91 cm bzw. 20 cm. In Civitavecchia (nw. von Rom) wurde 2 cm gemessen und in Porto Maurizio an der ligurischen Küste waren in dem Mareogramm Spuren einer Erdbebenflutwelle nicht mehr zu erkennen. Soweit die Aufzeichnungen der Mareographen nicht durch sekundäre Wasserstandsschwankungen meteorologischer Herkunft gestört waren, ließen sie als ersten Welleneinsatz deutlich einen Anstieg erkennen; bezüglich der unmittelbar beobachteten Flutwellen in größerer Nähe des Epizentrums weichen indessen die Angaben hierüber voneinander ab, wie auch in diesen Fällen keineswegs immer die erste Welle als höchste beschrieben wird. Hier spielen noch im einzelnen nicht näher bekannte Faktoren der Art der Ausbreitung der Wasserwellen, wie auch der Gestaltung und Orientierung der Küste mit hinein. Die das Seebeben mit den Flutwellen herbeiführende Erschütterung des Bodens der Straße von Messina war sehr wahrscheinlich an einigen Stellen mit einer leichten Senkung verbunden.

V. Säkulare Verschiebungen der Grenzen zwischen Land und Meer.

15. Allgemeiner Charakter der Niveauverschiebungen.

Grenzverschiebungen zwischen Wasser und Land finden, wie die alltägliche Erfahrung lehrt, in bestimmten regelmäßigen Perioden infolge von Ebbe und Flut, d. i. der Meeresgezeiten unter dem Einfluß der Anziehung von Mond und Sonne, statt, dann aber auch in unregelmäßigen Zeitabständen besonders in abgeschlosseneren Wasserbecken unter der Einwirkung der Witterung, wie namentlich ablandiger und auflandiger Winde. Auch können lokale Vorgänge, wie Landabrutschungen und -sackungen oder Anhäufung von Sedimenten an den Flußmündungen und Anschwemmungen dauerhaftere Niveauverschiebungen zwischen Küste und See und damit Strandverlegungen herbeiführen. Außerdem aber spielen sich noch ganz langsame, sich in säkularen Zeiträumen allmählich summierende Wanderungen der Strandlinie von regionalem und kontinentalem Umfange ab, und diese *säkularen Niveauverschiebungen* haben für die Entwicklung des Erdantlitzes eine besondere Bedeutung. Sie werden vielfach notwendig mit den in den vorhergehenden Abschnitten behandelten endogen-dynamischen Vorgängen zusammenhängen; doch sind daneben auch Vorgänge exogenen Charakters als mitwirkende Ursache anzusprechen. Aus diesem Grunde ist daher auch die Behandlung der hier einschlägigen Fragen diesem letzten Teil vorbehalten worden.

Bei den Niveauverschiebungen kann es sich sowohl um eine Hebung des Meeresspiegels oder Senkung des Landes als auch um eine Senkung des Meeresspiegels oder Hebung des Landes handeln; im ersten Fall hebt sich die Strandlinie und gewinnt das Meer, im zweiten Fall senkt sich die Strandlinie und gewinnt das Land. Nach dem Vorgang von E. Suess nennt man jene Verschiebung *positiv*, diese *negativ* und läßt so durch diese Bezeichnungsweise die oft schwer oder gar nicht zu beantwortende Frage offen, ob es sich dabei um eine Niveauänderung des Wassers oder des Landes handelt. Diese Benennung erscheint in der Tat vom objektiven, neutralen Standpunkt aus sehr annehmbar. Indem die Kennzeichen stattgehabter Niveauschwankungen die einzelnen Lagen des Strandes sind, entspricht sie auch der Gewohnheit, in der mathematischen Analysis der vertikalen Richtung nach aufwärts das positive, nach abwärts aber das negative Zeichen zu geben. Für Niveauverschiebungen, welche sich infolge des Zusammenhangs der offenen Teile der Hydrosphäre untereinander gleichzeitig in weiter Erstreckung auf der Erdoberfläche bemerkbar machen, hat sich noch ebenfalls nach einem Vorschlage von E. Suess die Bezeichnung *eustatische* Bewegungen eingebürgert.

Als Beispiele gut verfolgter jugendlicher säkularer Niveauveränderungen möge hier auf die Verhältnisse in der Bucht von Neapel und ihrer weiteren Umgebung[1]) sowie auf diejenigen in Fennoskandia[2]) hingewiesen werden.

Geologische und archäologische Befunde auf Capri, in den phlegräischen Feldern (Serapistempel bei Pozzuoli), in Amalfi, Gaeta usw. zeigen an, daß die Strandlinie an der *neapolitanischen Küste* zur Zeit der griechischen Kolonisation wenigstens 7 bis 8 m und während der Römerherrschaft noch etwa 5 m tiefer lag als gegenwärtig. Die Fortdauer der Niveauverschiebung brachte dann bis ins 12. Jahrhundert eine weitere positive Verlagerung des Strandes um 11 bis 12 m zustande, worauf aber im 16. Jahrhundert eine negative Bewegung um etwa 6 m erfolgte, durch welche die Strandlinie ein wenig unter ihre jetzige Lage gelangte, so daß seitdem von neuem eine nach manchen Anzeichen auch gegenwärtig noch andauernde positive Verlagerung eingesetzt hat. Vorkommen rezenter mariner Ablagerungen auf Ischia in 500 m Höhe über dem Meeresspiegel deuten ferner auf eine ganz bedeutende negative Niveauänderung in vorgeschichtlicher Zeit hin.

Räumlich und zeitlich noch weiter ausgreifend aber sind die Zeugnisse von Niveauschwankungen in *Skandinavien und Finnland*, die hier besonders eingehend

[1]) R. T. Günther: Contributions to the Study of Earth-Movements in the Bay of Naples. Oxford u. Rom 1903.

[2]) A. G. Högbom: Fennoskandia. Handbuch d. regionalen Geologie IV, 3, Heidelberg 1913. Ferner E. Geinitz: Das Quartär Nordeuropas in Fr. Frech, Lethaea Geognostica III, 2, Stuttgart 1904.

seit dem Ausgang der Eiszeit verfolgt werden konnten. Danach hat in der Spätglazialzeit eine positive Strandverschiebung bis zu stellenweise fast 300 m stattgefunden, der zufolge beträchtliche Teile der Küstengebiete von Wasser, dem Yoldiameer, bedeckt waren. Sodann setzte eine negative Bewegung ein, durch welche die bis dahin sehr wahrscheinlich mit dem Ozean sowohl nach Westen als nach Norden hin bestehende offene Verbindung der Ostsee stark eingeengt, wenn nicht aufgehoben und ein Binnenwasser, der Ancylussee, geschaffen wurde; und dieser in die Postglazialzeit hineinreichenden Periode folgte von neuem eine positive Phase von etwa 100 m Ausmaß im Maximum, während welcher sich im Südbaltikum das Litorinameer ausbreitete. Die seitdem wieder zur Geltung gekommene negative Strandlinienverschiebung ist an der schwedisch-finnischen Ostseeküste auch jetzt noch nicht abgeschlossen, während sie an der norwegischen Küste beendet zu sein scheint, denn hier haben sich in den letzten Jahrhunderten nur mehr kleine, vorwiegend wohl mit Klimaschwankungen zusammenhängende periodische Wasserstandsveränderungen von einigen Zentimetern in beiden Richtungen gezeigt. — Wahrscheinlich handelt es sich bei der postglazialen negativen Niveauveränderung in Fennoskandia, wie aus den von G. de Geer konstruierten Linien gleicher Hebung oder den *Isobasen (Isoanabasen)* hervorgeht, um eine schildförmige Aufwärtsbiegung des ganzen Gebietes, derart, daß das Maximum der Hebung im Gesamtbetrage von etwa 250 m an den Küsten des mittleren Teils des Bottnischen Busens stattfand, und sich die Hebung von dort aus nach dem Rande zu mehr und mehr verminderte. Die Null-Isobase, welche bei dieser Darstellung die Grenzlinie der Aufwölbung bedeutet, verläuft durch Nordjütland, am Nordrand von Rügen entlang, südlich vom Peipussee, zwischen den Halbinseln Kola und Kanin und längs des Außenrandes der Lofoten.

Von ganz außerordentlichem Ausmaß dürfte aber noch eine präglaziale tertiäre Hebung Fennoskandias gewesen sein; denn es gilt aus morphologischen Gründen einerseits als sehr wahrscheinlich, daß sein Niveau im Mesozoikum eine nicht wesentlich andere Höhenlage eingenommen hat als gegenwärtig, und andererseits als sicher, daß es zu Beginn der Eiszeit zwischen 2000 bis 3000 m höher gelegen hat als jetzt.

16. Endogene Ursachen.

Langsame Strandlinienverschiebungen von regionaler oder kontinentaler Ausdehnung sind, soweit sie nicht lediglich auf Schwankungen des Meeresniveaus beruhen, als Anzeichen der schon in den vorhergehenden Abschnitten mehrfach berührten epirogenetischen Bewegungen aufzufassen und führen zu den in der Erdgeschichte eine so bedeutende Rolle spielenden Überflutungen und Rückzügen oder *Transgressionen* und *Regressionen* epikontinentaler Meere. So ist in Fennoskandia die Yoldia- und die Litorinazeit durch je eine Transgression und die dazwischenliegende Ancyluszeit durch eine Regression gekennzeichnet (siehe Abschnitt 15). Die ursächlichen Beziehungen, die zwischen den ausgedehnten marinen Transgressionen und Regressionen der geologischen Vorzeit und den geosynklinalen und kontinentalen Bildungen bestehen, hat E. Haug[1]) näher untersucht; und wenn auch in seinen Ausführungen viel Hypothetisches enthalten ist, so sind sie doch besonders geeignet, den uns hier in erster Linie interessierenden Zusammenhang der säkularen Niveauschwankungen mit den großen Krustenbewegungen unserer Erde in seiner

[1]) Les Géosynclinaux et les Aires continentales. Contribution à l'étude des transgressions et des régressions marines. Bulletin de la Soc. Géol. de France XXVIII, 1900, S. 617—711.

grundsätzlichen Bedeutung zu beleuchten. Aus den stratigraphischen Daten der Erdgeschichte glaubt HAUG entnehmen zu können, daß den kontinentalen Transgressionen stets Regressionen in den Geosynklinalen entsprochen haben und umgekehrt. Sofern nun nach seiner Auffassung die Geosynklinalbezirke als die eigentlich mobilen und vor ihrer Auffüllung ziemlich tiefen marinen Zonen[1]) immer zwischen je zwei relativ stabilen Kontinentalgebieten gelagert sind, weist diese gegenseitige Korrespondenz der Niveauänderungen entschieden auf endogen bedingte Bewegungen der Lithosphäre, nicht aber auf mehr exogen, kosmisch oder tellurisch, bedingte Schwankungen der Hydrosphäre als Ursache hin. In den Geosynklinalen, aus welchen sich, wie früher ausgeführt worden ist, durch Faltungsprozesse die Gebirge erheben, fallen die Regressionen in die orogenetischen Phasen, worauf dann wieder, wenn aus irgendeinem Grunde die entstandene Geosynklinale sich zu senken beginnt, Überflutung eintreten und so der ganze Vorgang von neuem beginnen kann.

Schon diese auf verhältnismäßig schmale Zonen beschränkten Krustenbewegungen müssen natürlich für die übrigen Teile der Erdoberfläche eustatische Strandlinienverschiebungen zur Folge haben, doch reichen sie nicht aus, um alle, zum Teil außerordentlich umfangreichen kontinentalen Transgressionen und Regressionen früherer Epochen zu erklären. Hierzu scheint es noch durchaus notwendig, vertikale Schwankungen der Kontinente selbst anzunehmen, wie sie auch nach den z. B. aus Fennoskandia und Nordamerika vorliegenden Beobachtungen nicht abgewiesen werden können. Für die zwischen diesen epirogenetischen und jenen orogenetischen Bewegungen nun zweifellos bestehenden Beziehungen sind nach HAUG nur die beiden Möglichkeiten denkbar, daß entweder die vertikalen Schwankungen der Kontinente oder die Vorgänge in den Geosynklinalen das Primäre sind. Im ersten Fall würde in einem Gewölbe, wie es die Erdkruste darstellt, für zwei gleichsinnig bewegte und zwischen sich eine Geosynklinale einschließende Kontinentalmassen eine einer positiven Strandverschiebung entsprechende Senkung gegenseitige Annäherung, dagegen eine einer negativen Verschiebung entsprechende Hebung gegenseitige Entfernung bedeuten, so daß dadurch die Geosynklinale auf ihren beiden Flügeln eine Druckvermehrung erleidet und somit komprimiert und gefaltet wird (Regression), bzw. eine Druckverminderung erfährt und somit einsinken wird (Transgression). Im zweiten Fall wird umgekehrt eine mit negativer Strandverschiebung verbundene Kompression und Faltung in der Geosynklinale eine Druckverminderung auf die beiden einschließenden Kontinentalmassen und somit ein Sinken (Transgression) derselben zur Folge haben, während ein mit positiver

[1]) In diesem Sinne können nach HAUG in den gegenwärtigen Meeren vielleicht der westliche Teil des Ärmelkanals zwischen Frankreich und England, der Kanal von Mozambique zwischen Afrika und Madagaskar, die Straße von Malakka und der Persische Golf als sich entwickelnde Geosynklinalen aufgefaßt werden.

Strandverschiebung verknüpftes weiteres Einsinken der geosynklinalen Zone eine Druckvermehrung auf ihre Widerlager zu beiden Seiten und somit deren Hebung (Regression) bewirken wird.

Hinsichtlich der möglichen Ursachen für den ganzen Komplex dieser Krustenbewegungen sind wir auf die bereits früher dargelegten Theorien und Hypothesen angewiesen. Die namentlich im Rahmen der Kontraktionstheorie zu begreifenden Einbrüche ehemaliger Landverbindungen, wie im Ägäischen Meer und in der australasiatischen Mittelmeerregion, sind naturgemäß von mehr oder minder bedeutenden Transgressionen auch der stehenbleibenden Gestade begleitet, da die bisherige, über den Meeresspiegel herausragende Landmasse nach ihrem Versinken Wasser verdrängt, es sei denn, daß sich gleichzeitig der ganze in Betracht kommende Krustenteil mit gesenkt hat, wodurch dann neue Meeresbecken entstehen und an den alten Küsten eustatisch negative Niveauverschiebungen hervorgerufen werden. Ferner sei bezüglich der epirogenetischen Bewegungen auch wieder an die STILLEsche Vorstellung der Bildung von Undationen oder Falten größter Spannweite in den evolutionären Zeiten im Wechsel mit dem Entstehen von Undulationen oder der eigentlichen Gebirgsfaltung in den Zeiten der Erdrevolutionen erinnert. Vielleicht kann man das sich senkende Mississippibecken (Sink Country) in Verbindung mit der Region der Großen Seen, die nach den an den Seeufern angestellten Beobachtungen sehr wahrscheinlich eine Aufwölbung erfährt, als eine solche in Entwicklung begriffene Undation auffassen[1]). Als Ursache ausgedehnter säkularer Niveauverschiebungen wird man sich aber vor allen Dingen die in der thermischen Theorie von MELLARD READE in Anspruch genommenen Schwellungen und Zusammenziehungen einer unterhalb eines Krustenteils gelegenen Magmamasse zu vergegenwärtigen haben. Senkt sich oder hebt sich dadurch z. B. der Boden eines größeren Meeresbeckens, so muß das Wasser an seinen Rändern notwendig fallen bzw. steigen. Auch die Bedeutung der Wärme entwickelnden radioaktiven Substanzen ist in diesem Zusammenhang nicht außer acht zu lassen, indem dieselben an der Erdoberfläche durch den Sedimenttransport der Ströme vom Festlande nach dem Ozean verfrachtet werden und hier in allmählicher Anhäufung ein Ansteigen der Geoisothermen und damit verbunden eine Ausdehnung und Hebung der Schichten hervorrufen können. Endlich sei noch der von G. DE GEER im Hinblick auf die Einsenkung des Europäischen Nordmeers und der bedeutenden präglazialen Hebung seiner skandinavischen und grönländischen Umrandung entwickelten Vorstellung eines großen magmatischen Kompensationsprozesses besonders gedacht.

[1]) Nach G. K. GILBERT (Recent Earth Movement in the Great Lakes Region in Ann. Report of the U. S. Geol. Survey XVIII, 1898, II, S. 601—647) kann die Niveauänderung dahin charakterisiert werden, daß sich das Nordende einer 100 km langen Linie relativ zu ihrem Südende um etwa 8 cm in 100 Jahren (0,42 engl. Fuß pro 100 engl. Meilen) hebt.

Mit jeder Änderung in der Konfiguration des Erdantlitzes müssen sich im allgemeinen die Grenzen zwischen Land und Meer verschieben. In merklichem Grade wird dies daher auch bei dem Abspalten und Abtreiben kontinentaler Schollen im WEGENERschen Sinne der Fall sein, insofern nämlich die Verschiebungen der sialischen Blöcke in ihrer simatischen Unterlage niemals rein horizontal vor sich gehen, sondern auch eine geringe vertikale Komponente mit wechselndem Vorzeichen haben werden. Die Horizontalbewegung der Kontinente beeinflußt nun aber mittelbar noch in ganz anderer Weise die Niveaulage der Ozeane, indem sie durch die mit den Schollenwanderungen verknüpfte Verlagerung der Trägheitsachse der Erde beträchtliche Polverschiebungen zur Folge haben kann. Mit der Lage der Rotationsachse ändert sich nun auch die Verteilung der durch die Achsendrehung hervorgerufenen Zentrifugalkräfte, denen in erster Linie die Wasserhülle zu folgen imstande ist. Die Meere werden, solange noch kein Gleichgewichtszustand erreicht ist, immer die Tendenz haben, sich von den Polen nach dem Äquator hin umzusetzen, da ja die Fliehkraft vom Werte Null an den Polen mit abnehmender Breite bis zu einem Maximalwert am Äquator wächst. Sollten wirklich so beträchtliche Polwanderungen stattgefunden haben, wie sie in der Annahme WEGENERS enthalten sind, daß sich im Karbon bzw. Eozän der Nordpol in 25° N, 155° W. Gr. bzw. in 45° N, 180° Gr. und der Südpol entsprechend in 25° S, 25° O. Gr. bzw. in 45° S, 0° Gr. befunden haben, so müßten seitdem allein aus diesem Grunde ganz gewaltige Umsetzungen der Wassermassen und damit ausgedehnte Transgressionen und Regressionen stattgehabt haben. Aber auch weniger bedeutende Polschwankungen, wie sie im Quartär hypothetisch noch im Betrage von 10 bis 20 Breitengraden in bezug auf die gegenwärtige Lage angenommen werden können, müssen in bemerkenswerten Niveauverschiebungen zum Ausdruck kommen.

17. Exogene Ursachen.

Insofern nun geringe Polverschiebungen auch durch anderweitig schon primär bedingte Versetzungen größerer Wassermassen oder durch Massenverlagerungen innerhalb der Atmosphäre hervorgerufen werden können, leiten sie zu den exogenen Ursachen über, welche der Vollständigkeit halber noch in diesem abschließenden Abschnitt eine kurze Besprechung erfahren sollen.

Der exogene Vorgang der Sedimentation an den Kontinentalrändern muß infolge der dabei stattfindenden allmählichen Aufhöhung des Meeresbodens eine eustatisch positive Verschiebung der Strandlinie bewirken, gleichzeitig aber auch in Verbindung mit dem Denudationsprozeß auf dem Lande eine negative Verschiebung, denn nach dem Prinzip der Isostasie unterliegt ja das leichter werdende Land einer Hebung und der schwerer werdende Meeresgrund einer Senkung. Der schließlich an der

Küste der denudierten Landmasse resultierende Effekt der Niveauänderung hängt davon ab, welcher von diesen beiden einander entgegenarbeitenden Faktoren den anderen an Intensität überwiegt. Wir brauchen in diesem Zusammenhange ebenfalls nur auf die bereits auf S. 260 berührten Ideen von T. F. JAMIESON hinzuweisen, daß die jüngsten Niveauschwankungen in den zur Eiszeit vergletscherten Gebieten zweifellos zum Teil auf der wachsenden Belastung des Landes durch die Eisbedeckung und auf der in den Interglazialzeiten und im Postglazial wieder nach Maßgabe der Abschmelzung stattfindenden Entlastung beruhen, und daß insbesondere die rezenten Verschiebungen des Meeresspiegels an der schottischen und irischen Küste mit der Abtragung des Landes durch den hier reichlich niedergehenden Regen zusammenhängen. M. P. RUDZKI[1]) hat die Deformation des Landes unter der Last des Inlandeises theoretisch abgeleitet, und zwar sowohl bei der Annahme, daß die Erde ein elastischer Körper von einer etwas größeren Starrheit als derjenigen des Stahls sei, als auch mit der Voraussetzung, daß die Erde wenigstens in einem äußeren Mantel vollkommene Fluidität oder mit anderen Worten ein vollkommenes isostatisches Ausgleichsvermögen besitze.

Im ersten Fall bewirkt eine Eisbedeckung, deren Mächtigkeit im Maximum am Nordpol 2035 m beträgt und von hier aus gleichmäßig bis zu dem in 60° N angenommenen Rande auf 138 m abnimmt, in der Mitte eine Senkung von 185 m, am Rande aber eine relative Hebung von beinahe 15 m. Im zweiten Fall vergrößert sich die Senkung im Zentrum auf 628 m und vermindert sich die Hebung am Rande auf 4 m. Diese randliche Hebung gegenüber dem derzeitigen Meeresniveau beruht wesentlich auf dem zur Bildung dieser Gletschermasse notwendigen Verbrauch einer rd. 80 m mächtigen Schicht Ozeanwasser; sie geht bei vollkommen isostatischem Verhalten der Erde ebenfalls in eine Senkung über, wenn das Inlandeis horizontal weniger ausgedehnt vorausgesetzt wird. So kommt RUDZKI dann zu dem Schluß, daß die hochgelegenen quartären Strandlinien in Skandinavien und Nordamerika in Übereinstimmung mit der Beobachtung im allgemeinen erst beim Rückgang der Vereisung entstanden sind, indem das nun freiwerdende Wasser in das noch gesenkte Land eindrang. Die hierbei angenommene unvollkommene Elastizität der Kruste, die eben ein Nachhinken in der Auf- und Abwärtsbewegung bedingt, wird auch durch das gegenwärtige Verhalten Skandinaviens bestätigt, das sich stellenweise noch immer hebt, trotzdem die Eislast seit langem geschwunden ist.

Wie soeben angedeutet, wird eine stärkere Vergletscherung des Landes auch dadurch niveauändernd wirken, daß der in der Eismasse erstarrte Teil des Wassers dem Meere bis zur Abschmelzung entzogen bleibt. Andererseits aber übt die Eisdecke auf das Wasser an der Küste nach dem Gravitationsgesetz eine anziehende Kraft aus und deformiert dadurch den Meeresspiegel, insofern er sich unter diesem Einfluß heben muß. Mit dem Schwinden des Eises machen sich dann die entgegengesetzten Wirkungen geltend. Die von A. PENCK[2]) herangezogene gra-

[1]) Deformationen der Erde während der Eiszeit. Zeitschr. f. Gletscherkunde I, 1907, S. 182—192.

[2]) Schwankungen des Meeresspiegels. Jahresber. d. Geogr. Gesellsch. in München f. 1880 u. 1881, S. 47—116. Ferner von demselben: Morphologie der Erdoberfläche II, Stuttgart 1894, S. 525—546.

vitationale Wirkung des Inlandeises, die übrigens auch im Gefolge jeder anderen Massenumlagerung auf der Kruste oder innerhalb derselben, also namentlich in Verbindung mit der Sedimentation und Denudation und der Hebung und Senkung einzelner Teile der Lithosphäre[1]), auftreten muß, ist indessen nach E. v. DRYGALSKI[2]) und H. HERGESELL[3]) stark überschätzt worden. Der auf der nördlichen Halbkugel für das Quartär festgestellte ehemals hohe Stand des Meeres, das sich in Skandinavien stellenweise bis zu 200—300 m erhob, könnte durch die Anziehung des Eises nur dann erklärt werden, wenn man u. a. dessen Mächtigkeit auf 10 000 m und mehr beziffern würde, was aber die beobachtete Dicke um mehr als das Dreifache überträfe. Es ist auch nicht möglich, die lokalen Unregelmäßigkeiten in der Höhenlage der Strandterrassen und Muschelbänke, welche z. B. zwischen Kristiania und Trondhjem bis zu 70 m betragen, lediglich auf eine verschieden starke Anziehung infolge örtlich wechselnder Mächtigkeit der Eisdecke zurückzuführen, denn die Rechnung liefert für die Zeit der stärksten Vereisung ganz erheblich geringere Verbiegungen der Niveaufläche, für die ganze Erstreckung der skandinavischen Küste z. B. nur Höhenunterschiede, die im Maximum kaum 10 m betragen. Man wird vielmehr auf Bewegungen des Landes zurückgreifen müssen, zumal sich ja stellenweise ein hohes Meeresniveau erst eingestellt hat, nachdem die Gletscher bereits beträchtlich zurückgewichen waren.

Solche Bewegungen des Festen können aber auch sehr wohl, wie es E. v. DRYGALSKI wahrscheinlich gemacht hat, noch auf eine andere Art als diejenige der Zu- und Abnahme der Eislast mit dem Vorgang der Vergletscherung zusammenhängen. Unter der Eisbedeckung kühlte der Boden im allgemeinen, d. h., wie eine nähere Untersuchung lehrt, jedenfalls dort, wo vor Beginn der Vereisung die mittlere Jahrestemperatur 0° oder mehr betrug, allmählich aus und zog sich infolgedessen mehr und mehr zusammen. Die hierdurch bedingte, aber naturgemäß nicht gleichförmig vor sich gehende Senkung wurde dann noch durch den Druck der aufliegenden Eismassen unterstützt und rief so in Übereinstimmung

[1]) K. ZOEPPRITZ zeigt in einer eingehenderen theoretischen Untersuchung dieser Fragen „Über Schwankungen des Meeresspiegels infolge von geologischen Veränderungen" (Wiedemanns Annalen der Physik u. Chemie XI, 1880, S. 1016—1034), daß z. B. eine Sedimentzone von 5° Breite und 500 m Dicke, deren Material der Gegend von 50° N entstammt, an der Küste des Arktischen Meeres infolge Vermehrung der Anziehung eine Hebung der Strandlinie um rd. 15 m herbeiführen würde, und daß eine solche Wirkung mit wachsender Entfernung des Ursprungsorts der Sedimente zunimmt, dagegen nahezu verschwindet, wenn die Sedimente von der Küste selbst herrühren. Meeresströmungen und Abschwemmungen können aber eine solche Hebung des Wasserspiegels erheblich beeinträchtigen.

[2]) Die Geoiddeformationen der Eiszeit. Zeitschr. d. Gesellsch. f. Erdkunde XXII, Berlin 1887, S. 169—280; und: Über Bewegungen der Kontinente zur Eiszeit usw. Verhandl. d. 8. Deutschen Geographentages, Berlin 1889, S. 162—180.

[3]) Über die Änderung der Gleichgewichtsflächen der Erde durch die Bildung polarer Eismassen usw. Beiträge z. Geophysik I, Stuttgart 1887, S. 59—114.

mit der Beobachtung gegen das Ende der Eiszeit das in seinem Betrage örtlich vielfach wechselnde Maximum einer positiven Strandverschiebung hervor. Mit dem Rückzuge der Gletscher setzte aber wieder unter dem wachsenden Einfluß der Sonnenstrahlung eine Erwärmung der Bodenschichten ein, der zufolge nun eine durch das langsame Schwinden der Eislast begünstigte Schwellung des Bodens und damit eine negative Niveauänderung eintreten mußte. Nach v. Drygalski sind die für diese Erklärungsweise mancher tatsächlich stattgefundenen eiszeitlichen Verlagerungen der Strandlinie erforderlichen Temperaturschwankungen in den Erdschichten nicht bedeutend und liegen auch die benötigten Ausdehnungskoeffizienten derselben ihrer Größe nach unterhalb der bekannten Werte.

Da E. Suess[1]) ganz auf dem Boden der Kontraktionstheorie stand und jede Möglichkeit vertikal aufwärts gerichteter Schollenbewegungen epirogenetischen Charakters abwies, findet sich bei diesem Autor mit am ausgesprochensten der Standpunkt vertreten, daß die Niveauschwankungen kleinen und großen Maßstabes, also auch die bedeutenderen Transgressionen und Regressionen epikontinentaler Meere, zur Hauptsache lediglich auf Eigenbewegungen der Hydrosphäre beruhen. Die Annahme eines periodisch vor sich gehenden Umsetzens der Wassermassen von Pol zu Pol infolge wechselnder Anziehung durch die bald stärkere arktische, bald stärkere antarktische Eismasse oder, wie Suess annimmt, zwischen den Polen und dem Äquator infolge Änderungen in der Rotationsdauer der Erde und damit ihrer Abplattungsverhältnisse, widerspricht aber auch den vorliegenden Beobachtungsdaten über Strandverschiebungen, welche bezüglich ihres Vorkommens in den polaren und äquatorialen Breiten keinerlei Periodizität erkennen lassen, derart, daß positiven Verschiebungen in den arktischen Breiten gleichzeitig negative in der antarktischen Region oder positiven Verschiebungen in den polaren Gebieten negative in den Tropen entsprechen und umgekehrt. Im Gegensatz hierzu weist vielmehr E. Haug auf Grund eingehender stratigraphischer Untersuchungen ausdrücklich darauf hin, daß die großen marinen Transgressionen sowohl auf beiden Halbkugeln als auch in den hohen und niederen Breiten gleichzeitig auftreten.

Die Niveaulage von Binnenmeeren, wie des Schwarzen Meeres, oder von nahezu abgeschlossenen Meeresteilen, wie der Ostsee, kann aber auch durch die auf den exogenen Faktoren des Zu- und Abflusses bzw. der Verdunstung beruhenden Änderungen des Volumens der Wassermasse merklich beeinflußt werden, wie dies deutlich die Untersuchungen von E. Brückner[2])

[1]) Das Antlitz der Erde II, 1888, S. 677ff. Vgl. auch F. E. Suess: Zur Deutung der Vertikalbewegungen der Festländer und Meere. Geolog. Rundschau XI, 1920/21, S. 144—168, 249—263, 361—406.

[2]) Über Schwankungen der Seen und Meere. Verhandl. d. 9. Deutschen Geographentages zu Wien 1891, S. 209—223.

und R. SIEGER[1]) gelehrt haben. Und neben solchen das Gesamtniveau des betreffenden Wasserbeckens gleichmäßig hebenden oder senkenden Einwirkungen gehen vielfach noch örtliche Deformationen des Seespiegels, z. B. durch den Wind oder durch Luftdruckvariationen, einher. Die jährlichen Schwankungen im Wasserstand der Ostsee zeigen einen klaren Zusammenhang mit allen diesen Faktoren. Noch bemerkenswerter aber ist der Umstand, daß in der Niveaulage der Ostsee und der skandinavischen Seen sowie des Schwarzen Meeres auch die 35jährige BRÜCKNERsche Klimaperiode zum Ausdruck gelangt, indem einer feuchtkalten, niederschlagsreichen Halbperiode ein hoher, und einer trockenwarmen Halbperiode ein niedriger Stand entspricht. Hierüber hinaus bleibt aber an der schwedischen und finnischen Küste noch eine rezente und örtlich in ihrem Betrage wechselnde negative Niveauverschiebung übrig (der Größenordnung nach im 19. Jahrhundert von einigen Zehnern von Zentimetern), für welche die Erklärung von E. SUESS[2]), daß die Ostsee sich infolge Abnahme ihrer Speisung und des Vorhandenseins eines längs der Gestade Schwedens und Finnlands in die Nordsee gerichteten Ausströmens weniger salzhaltigen Wassers allmählich entleere, nicht ausreicht, ganz abgesehen davon, daß eine solche Vorstellung auch den klimatologischen Daten sowie den hydrostatischen Befunden über Verteilung und Änderung des Salzgehaltes widerspricht. Hier dürfte nur die Annahme einer Hebung Schwedens und Finnlands das Richtige treffen. Und diese Hebung mag hinsichtlich der ganzen negativen Phase des Postglazials einerseits nach NATHORST mit einer flachen Aufwärtsbiegung des fennoskandischen Urgebirges und andererseits nach HANSEN und HOLST entsprechend den oben erörterten Ideen von JAMIESON und RUDZKI mit dem Schwinden der Eislast, die vorher Senkung herbeigeführt hatte, zusammenhängen, wobei die lokalen Unregelmäßigkeiten in der Höhenlage der Strandlinien zum Teil auch auf unterschiedlichen und vielfach selbständigen Bewegungen einzelner Teile des baltischen Schildes an Brüchen und Verwerfungen beruhen werden[3]).

Nachtrag zu Anmerkung [1]) auf Seite 267.

In einer anderen Veröffentlichung (»Geometrische Erwägungen über den Bau der Alpen« in den Mitt. d. Geol. Ges. in Wien XII, 1919, S. 135—150) weist O. AMPFERER ferner selbst auf die Notwendigkeit einer Erweiterung seiner Unterströmungshypothese in der Richtung hin, daß wenigstens zeitweise auch die weitere Umgebung der Faltungszonen als von Unterströmungen ergriffen vorgestellt werden muß, so daß wesentlich neben Senkungen des Untergrundes geradezu auch »Landtriften« stattfanden. So macht sich auch hier in der stärkeren Hervorhebung einer horizonlalen Verschiebbarkeit einzelner Krusteneinheiten eine bemerkenswerte Annäherung an andere in

[1]) Niveauveränderungen an skandinavischen Seen und Küsten. Ebenda, S. 224 bis 236; und: Seenschwankungen und Strandverschiebungen in Skandinavien. Zeitschr. d. Gesellsch. f. Erdkunde XXVIII, 1893, S. 1—106 u. 393—488.

[2]) Das Antlitz der Erde II, 1888, S. 523ff.

[3]) E. GEINITZ: Das Quartär Nordeuropas a. a. O.

dieser Darstellung behandelte Ansichten geltend. Nicht unerwähnt aber darf schließlich in diesem Zusammenhang auch der Standpunkt von W. PENCK bleiben, den dieser Autor in einer umfangreichen Arbeit über den Südrand der Puna de Atacama (NW-Argentinien) in den Abh. d. math.-phys. Kl. d. Sächs. Ak. d. Wiss. Bd. XXXVII, Nr. 1 (Leipzig 1920, 420 S.) dargelegt hat. Darnach soll das Eindringen großer Magmamassen in die überlagernde Kruste die Hauptursache des Faltungsvorganges und der unabhängig von diesem auftretenden Hebung der Gebirge sein. Eine gefaltete Region würde somit keine Raumverkürzung aufweisen, sondern durch ihren »Zusammenschub« nur den durch das Vordringen des Magmas bewirkten Raumzuwachs horizontal wieder ausgeglichen haben. Hier tritt also wieder eine erhebliche Abweichung in der Auffassung, insbesondere auch von der S. 266 dargelegten Meinung von KOSSMAT zutage. Vergl. auch die Ausführungen über die Bedeutung tektonischer Bewegungen für das Aufsteigen des Magmas in Abschnitt III, 10, c.

Literaturbemerkung.

Zwecks weiterer Unterweisung über die hier behandelten Probleme, der „Endogenen Dynamik“ und andere damit zusammenhängende Fragen sei außer der angeführten Spezialliteratur besonders noch auf die folgenden Lehr- und Handbücher hingewiesen:

E. DACQUÉ: Grundlagen und Methoden der Paläogeographie. Jena 1915.

B. GALITZIN: Vorlesungen über Seismometrie. Deutsche Bearbeitung von O. HECKER. Leipzig 1914.

E. KAYSER: Lehrbuch der Geologie. I. u. II. Band (Allgemeine Geologie). 6. Auflage, Stuttgart 1921.

M. P. RUDZKI: Physik der Erde. Leipzig 1911.

A. SUPAN: Grundzüge der physischen Erdkunde. 6. Auflage, Leipzig 1916.

W. TRABERT: Lehrbuch der kosmischen Physik. Leipzig 1911.

H. WAGNER: Lehrbuch der Geographie. I. Band (Allgemeine Erdkunde). 9. Auflage, Hannover 1912.

F. v. WOLFF: Der Vulkanismus. I. Band (Allgemeiner Teil). Stuttgart 1914.

Ferner: Geographisches Jahrbuch, herausgegeben von H. WAGNER (Gotha, Justus Perthes), mit fortlaufenden Berichten von R. LANGENBECK, E. RUDOLPH und E. TAMS über die einschlägige in- und ausländische Literatur.

Bei der vorliegenden Darstellung konnte u. a. nicht mehr berücksichtigt werden:

H. CLOOS: Der Mechanismus tiefvulkanischer Vorgänge. Braunschweig 1921.

L. KOBER: Der Bau der Erde. Berlin 1921.

E. KOSSINNA: Die Tiefen des Weltmeeres. Veröffentl. des Instituts f. Meereskunde. Berlin 1921.

sowie: Die Physikalische Geographie von H. WAGNER in Band II der 10. Auflage seines oben genannten Lehrbuchs. Hannover 1921.

Namenverzeichnis.

Sachverzeichnis.

GPSR Compliance

The European Union's (EU) General Product Safety Regulation (GPSR) is a set of rules that requires consumer products to be safe and our obligations to ensure this.

If you have any concerns about our products, you can contact us on ProductSafety@springernature.com

In case Publisher is established outside the EU, the EU authorized representative is:

Springer Nature Customer Service Center GmbH
Europaplatz 3
69115 Heidelberg, Germany

Batch number: 10682323

Printed by Printforce, the Netherlands